Eiserne Eremitage

Sergej G. Fedorov, Bernhard Heres, Werner Lorenz

EISERNE EREMITAGE

Bauen mit Eisen im Russland der ersten Hälfte des 19. Jahrhunderts

Tafeln

EDITION BAUTECHNIKGESCHICHTE

Ernst & Sohn
A Wiley Brand

Dieses Buch entstand mit finanzieller Förderung der Deutschen Forschungsgemeinschaft
und in Kooperation mit der Staatlichen Eremitage Sankt Petersburg.

Autoren
Sergej G. Fedorov, Fachgebiet Tragkonstruktionen, Institut Entwerfen und Bautechnik, KIT Karlsruhe
Bernhard Heres, Fachgebiet Bautechnikgeschichte, Institut für Bau- und Kunstgeschichte, BTU Cottbus-Senftenberg
Werner Lorenz, DFG-Schwerpunktprogramm Kulturerbe Konstruktion, BTU Cottbus-Senftenberg

Titelbild Blick in den Thronsaal (Aquarell Konstantin Uchtomskij, 1862),
Visualisierung der Eisentragwerke (Mark Gielen, BTU Cottbus-Senftenberg, 2020)

Bibliografische Information der Deutschen Nationalbibliothek
Die Deutsche Nationalbibliothek verzeichnet diese Publikation in der Deutschen Nationalbibliografie;
detaillierte bibliografische Daten sind im Internet über http://dnb.d-nb.de abrufbar.

Technische Illustrationen Mark Gielen, BTU Cottbus-Senftenberg
Gestaltung und Satz Sophie Bleifuß, Berlin, Uta-Beate Mutz, Leipzig
Produktion HillerMedien, Berlin
Druck und Bindung mediaprint solutions GmbH, Paderborn

Printed in the Federal Republic of Germany.
Gedruckt auf säurefreiem Papier.

Print ISBN 978-3-433-03156-8
ePDF ISBN 978-3-433-60814-2
oBook ISBN 978-3-433-60813-5

Inhaltsverzeichnis

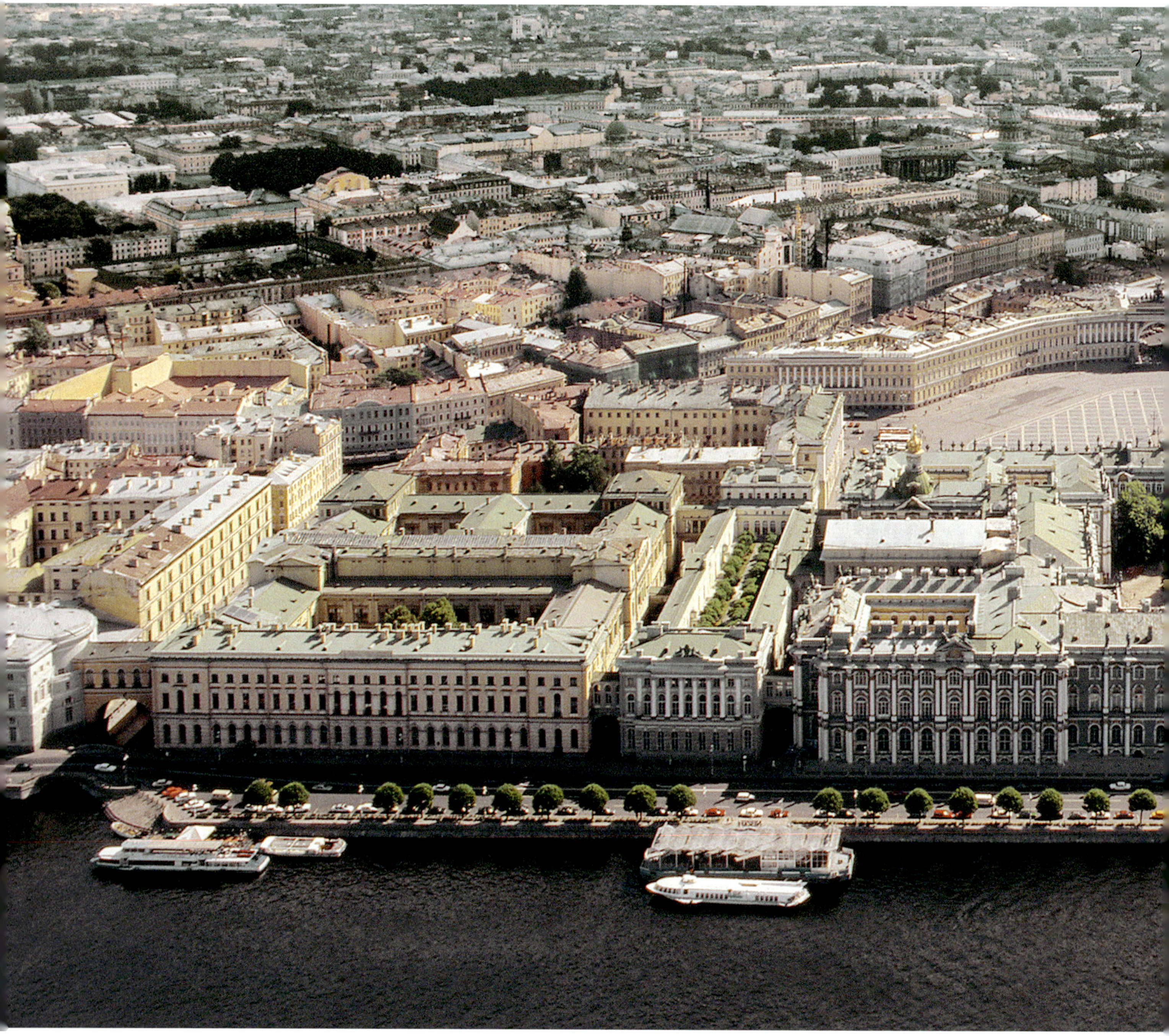

Von rechts nach links: Winterpalast (1754–1762, 1838–1842), Kleine Eremitage (1764–1775, 1850–1852), Alte Eremitage (1771–1787, 1850–1852), dahinter: Neue Eremitage (1839–1852); angegeben sind jeweils die wesentlichen Bauphasen der ursprünglichen Errichtung und des Umbaus mit Eisentragwerken.

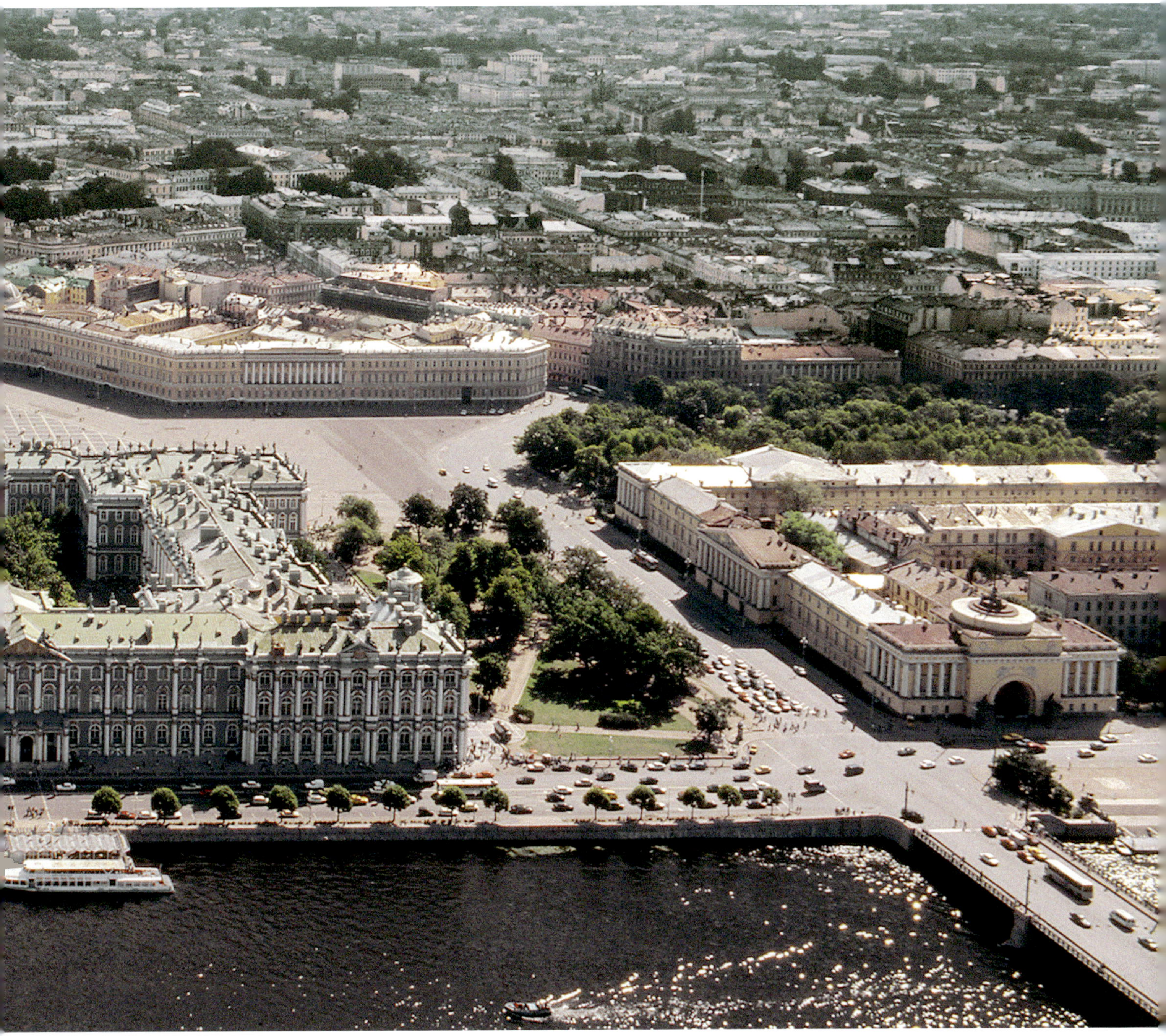

Der Winterpalast mit anliegenden Gebäuden,
die heutige Staatliche Eremitage,
Luftbild 2005 (Evgenij Sinjaver)

Teil 1

Graphische Quellen zu zeitgenössischen Eisentragwerken in Russland

Tafeln 1 bis 18

Verzeichnis der Tafeln 1 bis 18

Einführung

Die folgende Zusammenstellung graphischer Quellen vermittelt anhand exemplarischer Bauwerke einen Einblick in den eigenständigen Kontext und die vielfältigen Anwendungsbereiche von Eisen im russischen Bauwesen der ersten Hälfte des 19. Jahrhunderts. Erst in diesem Kontext lässt sich das Phänomen der „Eisernen Eremitage" erklären und wissenschaftlich erfassen.

Den Auftakt bilden drei Tafeln zu frühen schmiedeeisernen Dachtragwerken im Ural, die in den 1820er und 1830er Jahren von den dortigen Eisenwerken für ihre eigenen Produktionsgebäude errichtet wurden. Einige davon hatten bereits Eingang in die schon mehrfach erwähnten Publikationen von Nikolaj Ol'chovskij (1839) und Charles Eck (1841) gefunden.

Als exemplarisch für die Verwendung gusseiserner Elemente in der Architektur kann zu etwa derselben Zeit der bemerkenswerte Versuch gelten, das Landgut von Aleksej Arakčeev in Gruzino als ein klassizistisches „Gesamtkunstwerk in Gusseisen" zu gestalten. Unter den verschiedenen Bauwerken, Brücken und Pavillons wird der von Vasilij Stasov und Matthew Clark entworfene und vom Petersburger Aleksandrovskij-Eisenwerk ausgeführte Kirchturm mit seiner 17,50 m langen gusseisernen Spitze vorgestellt (1823 – 1824); zusammen mit dem übrigen Ensemble wurde das – hier erstmals publizierte – Bauwerk im Zweiten Weltkrieg leider zerstört.

Der in den 1820er Jahren einsetzende fruchtbare Austausch zwischen den eher empirisch arbeitenden, aus Großbritannien kommenden Eisenindustriellen wie Clark, Baird und Wilson und Vertretern der neuen, wissenschaftlich fundierten französischen Ingenieurschule – ein Charakteristikum der damaligen Petersburger Ingenieurpraxis – führte zu einer erstaunlichen Vielfalt an Bauwerken und Entwürfen. In diesem Zusammenhang sei als erster Pierre Dominique Bazaine erwähnt, einer der führenden Vertreter der Petersburger Ingenieurschule. Sein (nicht realisierter) Entwurf für die Kuppel der von Stasov konzipierten Dreifaltigkeitskathedrale (1834) reflektiert die intensive Auseinandersetzung mit ganz anderen Konstruktionsprinzipien als den im Gusseisen üblichen, nämlich denen des „Leichtbaus" und der damit verbundenen geschickten Nutzung zugbeanspruchter Elemente. Auch Alexander Wilson setzt Anfang 1836 mit seinem Entwurf für komplexe unterspannte Sparrenbinder über dem Zentralbau des Petersburger Infanteriehospitals ganz auf die Tragwirkung filigraner Zugstäbe; realisiert werden sollte allerdings ein konstruktiv deutlich zu unterscheidendes Pfettendach. Über dem Kirchenraum des Hospitals wiederum konnte Clark zweieinhalb Jahre später gekrümmte Elliptische Balken realisieren, die denen im Winterpalast sehr ähnlich sind.

Als dem Eremitagekomplex vergleichbar in Hinblick auf die konstruktive Komplexität der Eisentragwerke müssen in erster Linie indes die bogengestützten Dachtragwerke des Aleksandrinskij-Theaters (1828–1832) und die mit dem Winterpalast fast zeitgleich errichtete dreischalige Kuppelkonstruktion der Isaakskathedrale (1838–1841) genannt werden. Nicht von ungefähr waren hier mit Matthew Clark und Charles Baird zwei Persönlichkeiten für die Eisenkonstruktionen verantwortlich, deren Namen dann auch mit der „Eisernen Eremitage“ unmittelbar verbunden sind. Für das Aleksandrinskij-Theater hatte Ende der 1820er Jahre zunächst Bazaine schwere gusseiserne Bögen entworfen, deren Schub durch Zugbänder aufgenommen werden sollte; realisiert wurden jedoch die später von Clark vorgeschlagenen Fachwerkbögen in Schmiedeeisen.

Als beeindruckendes Beispiel für Kontext und Wirkungsgeschichte der über dem Winterpalast ausgeführten unterspannten Dachtragwerke werden abschließend zunächst die nahezu zeitgleich für die Dächer über dem Großen Kremlpalast und dem Museum Rüstkammer des Moskauer Kremls (1839–1849) entwickelten Dachkonstruktionen vorgestellt. Die letzte Tafel zeigt zwei Beispiele von Wiegmann-Polonceau-Bindern aus der Petersburger Entwurfspraxis der 1840er Jahre – mehrfach unterspannte Sparrenbinder, die vermutlich für die Börse konzipiert waren, sowie einfach unterspannte Träger für 31 Kornmagazine am Petersburger Obvodnij-Kanal (1847).

Bei den ins Deutsche übersetzten Zeichnungseinträgen handelt es sich im Übrigen sämtlich um Übersetzungen des Verfassers.

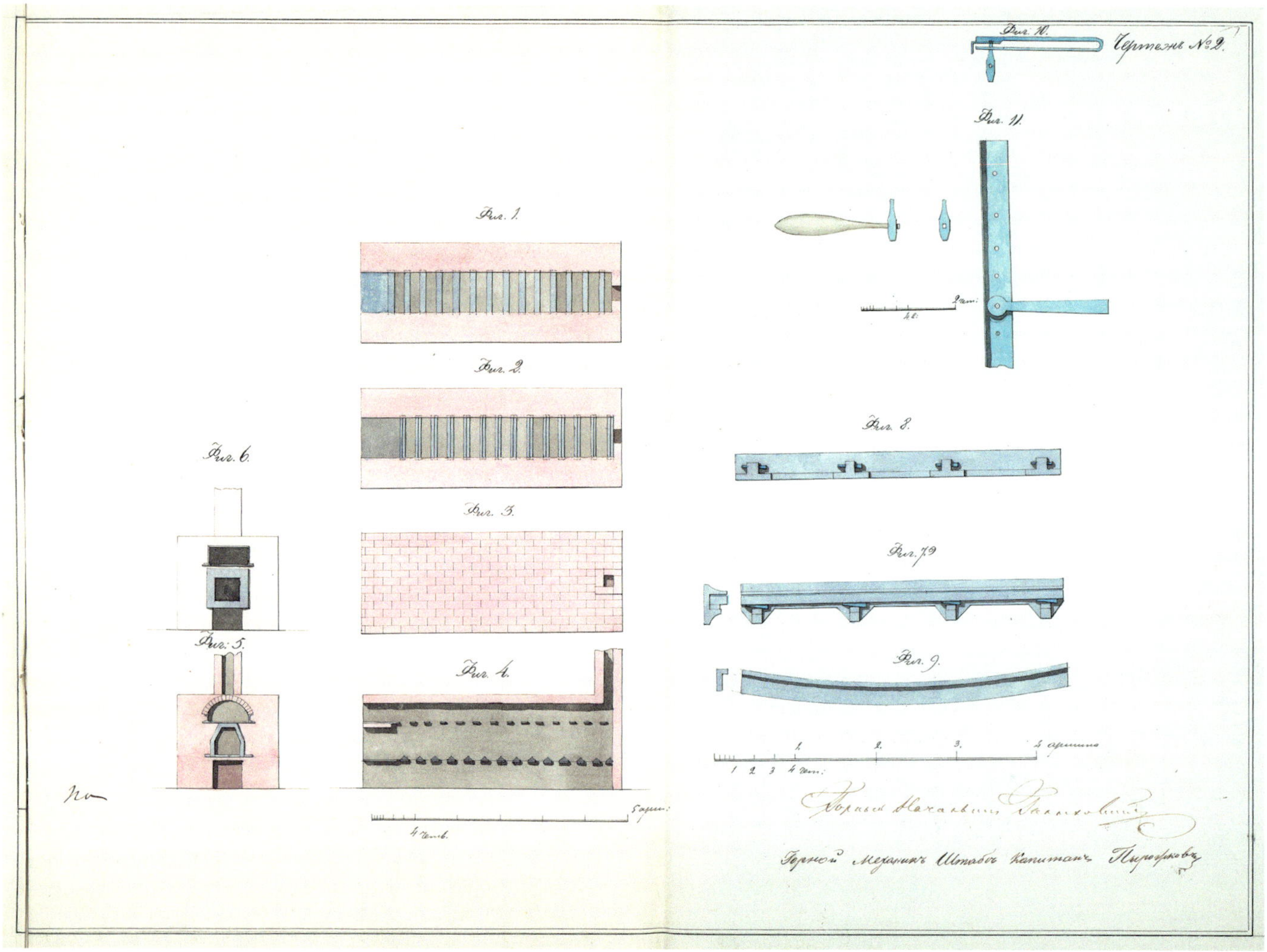

6 Glühofen zum Warmbiegen von Winkelprofilen aus Bandeisen.
Ansichten, Schnitte, Details, unterzeichnet wie rechts
(RGIA 44-2-558, Bl. 14)

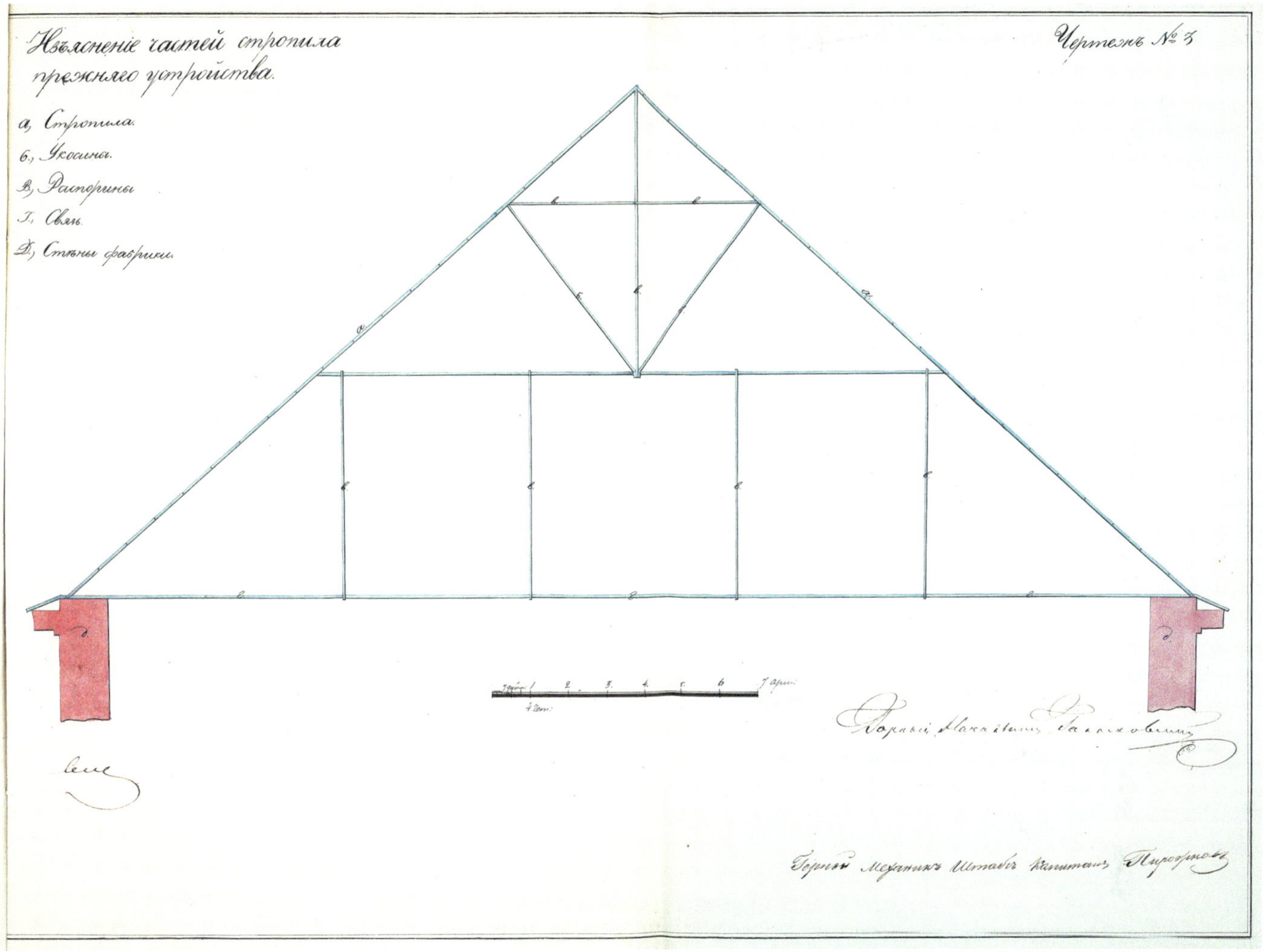

Dachbinder des *alten Arrangements*, Spannweite ca. 21 m, um 1830, unterzeichnet: *Bergleiter Galachovskij, Mechanicus Stabskapitän Pirozkov* (RGIA 44-2-558, Bl. 15)

Erklärung der Sparrenbinder des alten Arrangements
a. Sparren
b. Stützen
v. Hängestäbe
g. Zugbänder
d. Fabrikwände

Tafel 1

Ungenanntes Eisenwerk im Ural
Älteres Uraler Dachtragwerk,
um 1825–1835
Glühofen zum Warmbiegen

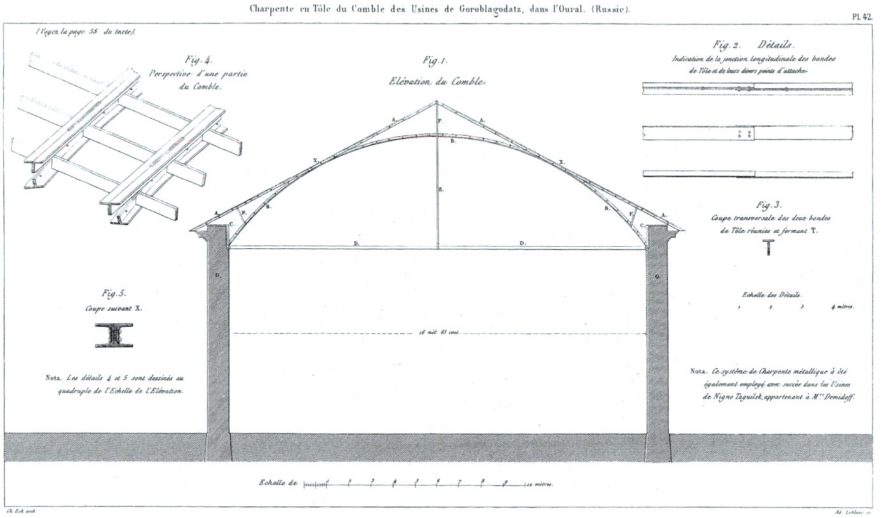

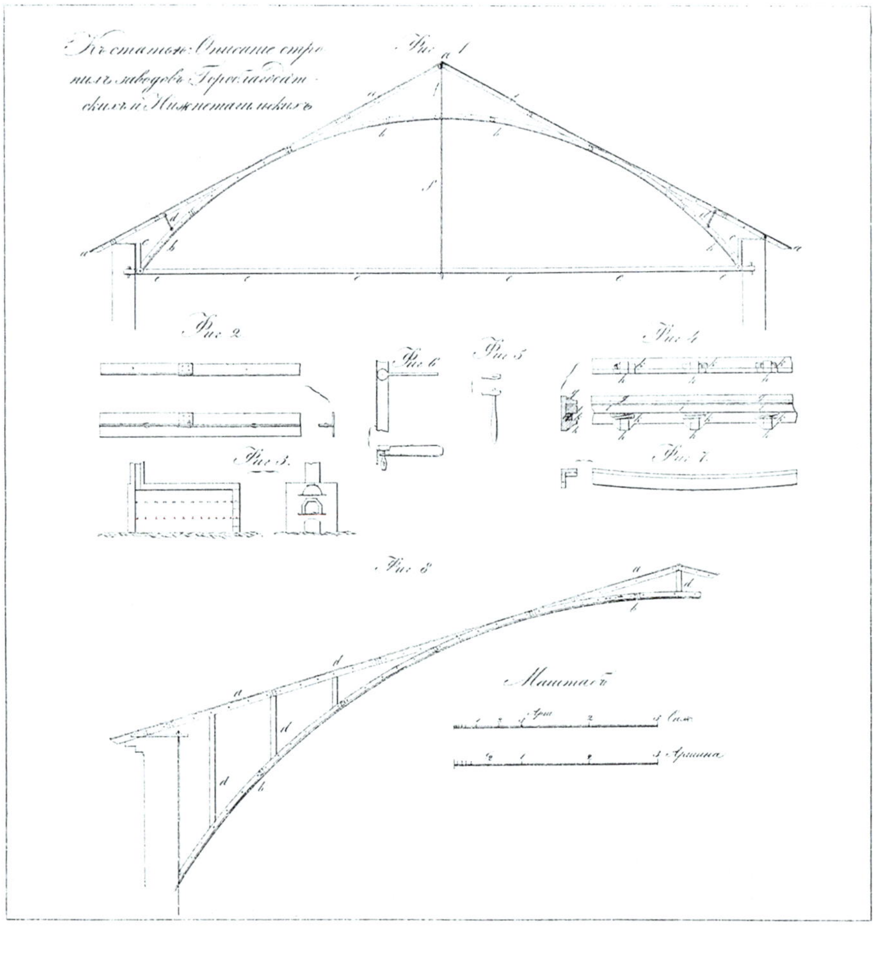

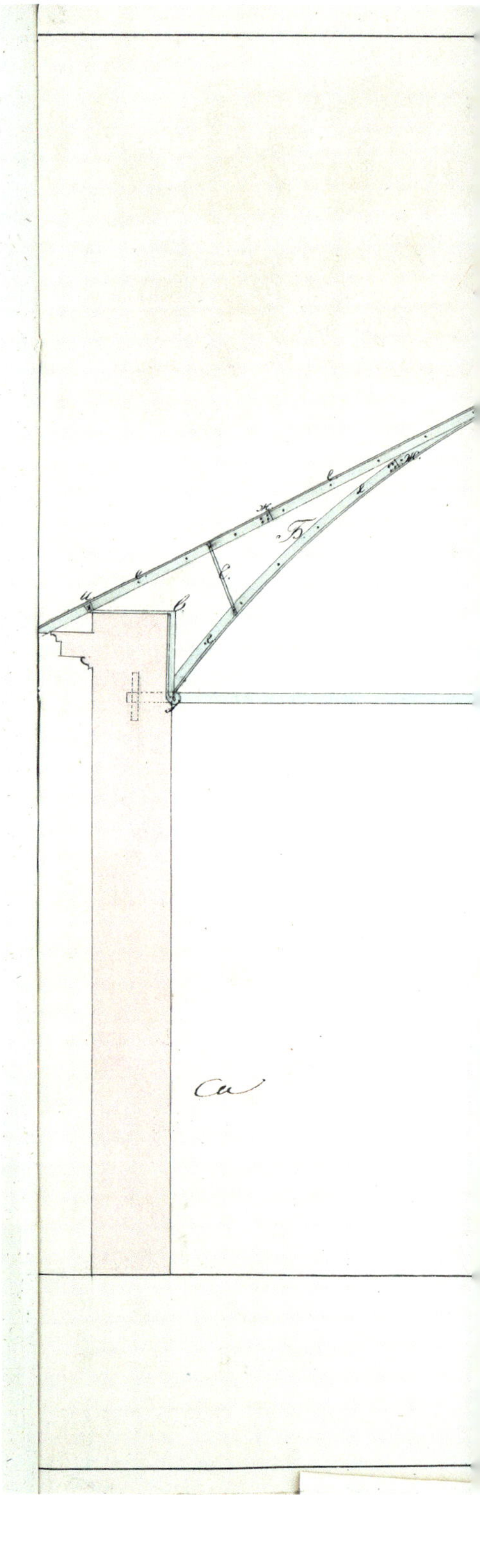

8 Darstellung mit Details nach Eck (oben) und Ol'chovskij (unten), dort ergänzt um ein ähnliches Dachtragwerk in Nižnij Tagil und eine Darstellung des Glühofens von Tafel 1 (Eck 1841, Taf. 42 bzw. Ol'chovskij 1840, Taf. o. Nr.)

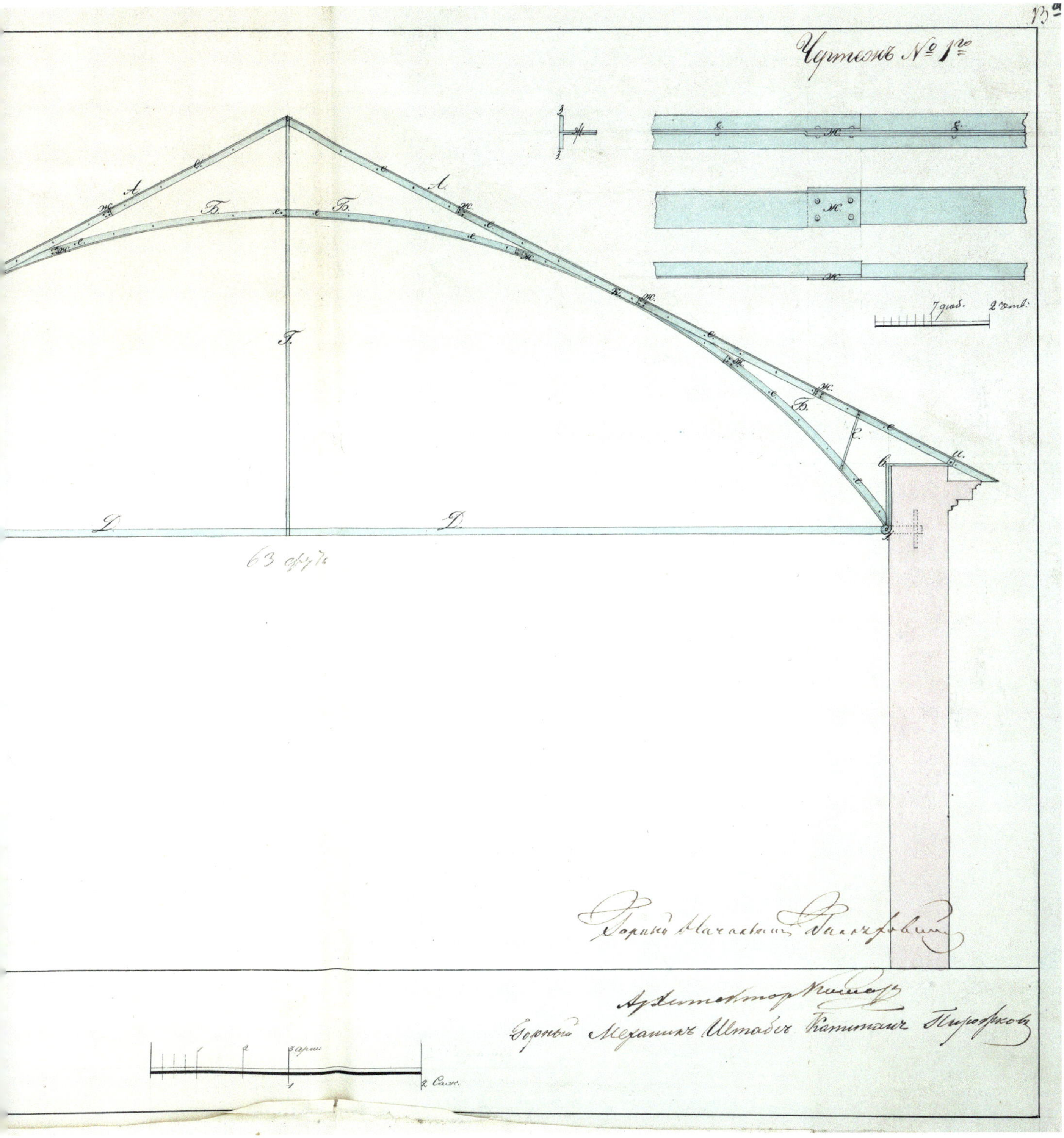

Dachtragwerk mit bogengestützten Sparren aus schmiedeeisernen Winkelprofilen und Zugband, Spannweite ca. 18,80 m, um 1835, unterzeichnet: *Bergleiter Galachovskij, Architekt Komar, Mechanicus Stabskapitän Pirozkov* (RGIA 44-2-558, Bl. 13a)

Tafel 2

Goroblagodatskische Eisenwerke
Neueres Dachtragwerk, um 1835

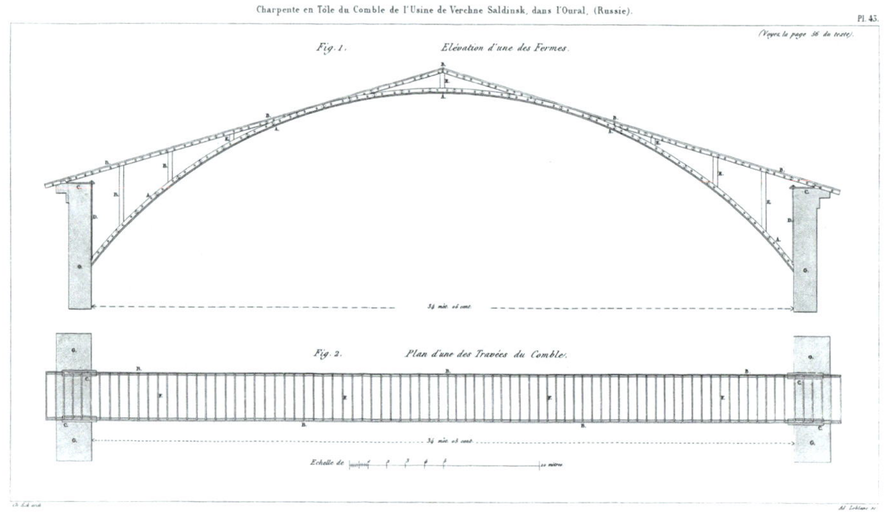

Darstellung nach Eck, Spannweite dort angegeben mit 34 m
(Eck 1841, Taf. 43)

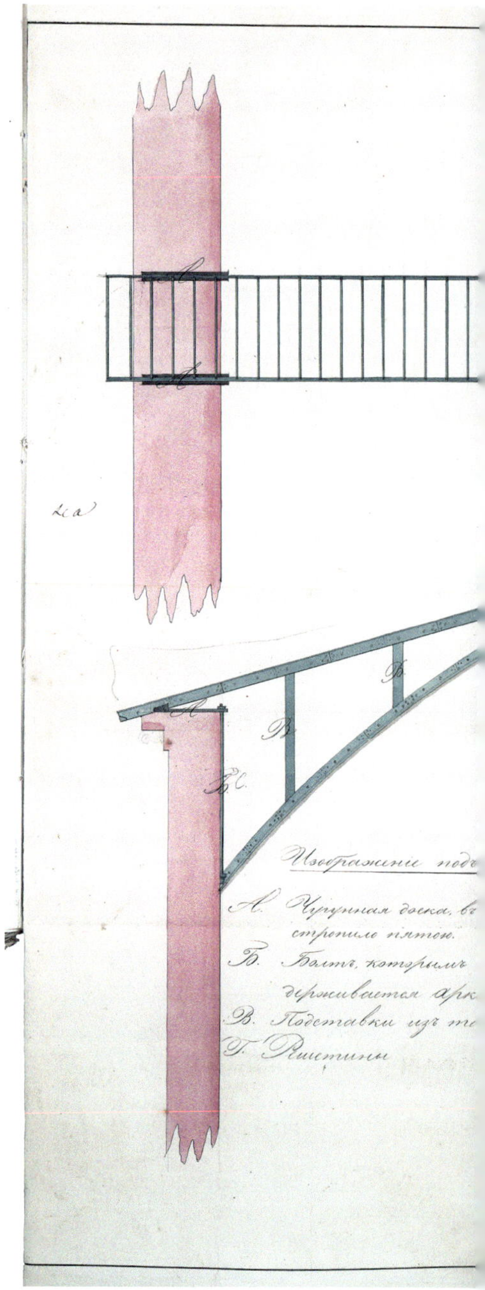

Text der (finalen) französischen Legende (Verortung der Kleinbuchstaben in der Darstellung bei Eck):

Charpente de toiture en tôle de fer executée en 1835 à l'usine de Saldinsk à l'Oural

a. arc boutant en tôle de fer
b. supports droits faits aussi en tôle
c. plaque d'appui en fer de fonte
d. Triangle en fer forgé pour soutenir l'arc boutant a et le lier avec la plaque ou niches de fonte c.
e. fleches de supports en fer forgé
f. petites triangles en fer pour fixer la toiture de tôle

(Dachtragwerk aus Eisenblech, ausgeführt 1835 im Werk von Saldinsk im Ural:
a. Tragbogen aus Eisenblech
b. gerade Träger, ebenfalls aus Blech
c. Auflagerplatten aus Gusseisen
d. Winkel aus Schmiedeeisen zur Sicherung des Tragbogens a und zur Verbindung mit den gusseisernen Lagerplatten
e. Stütze aus Schmiedeeisen
f. kleine Winkel aus Schmiedeeisen zur Befestigung der Dachbleche)

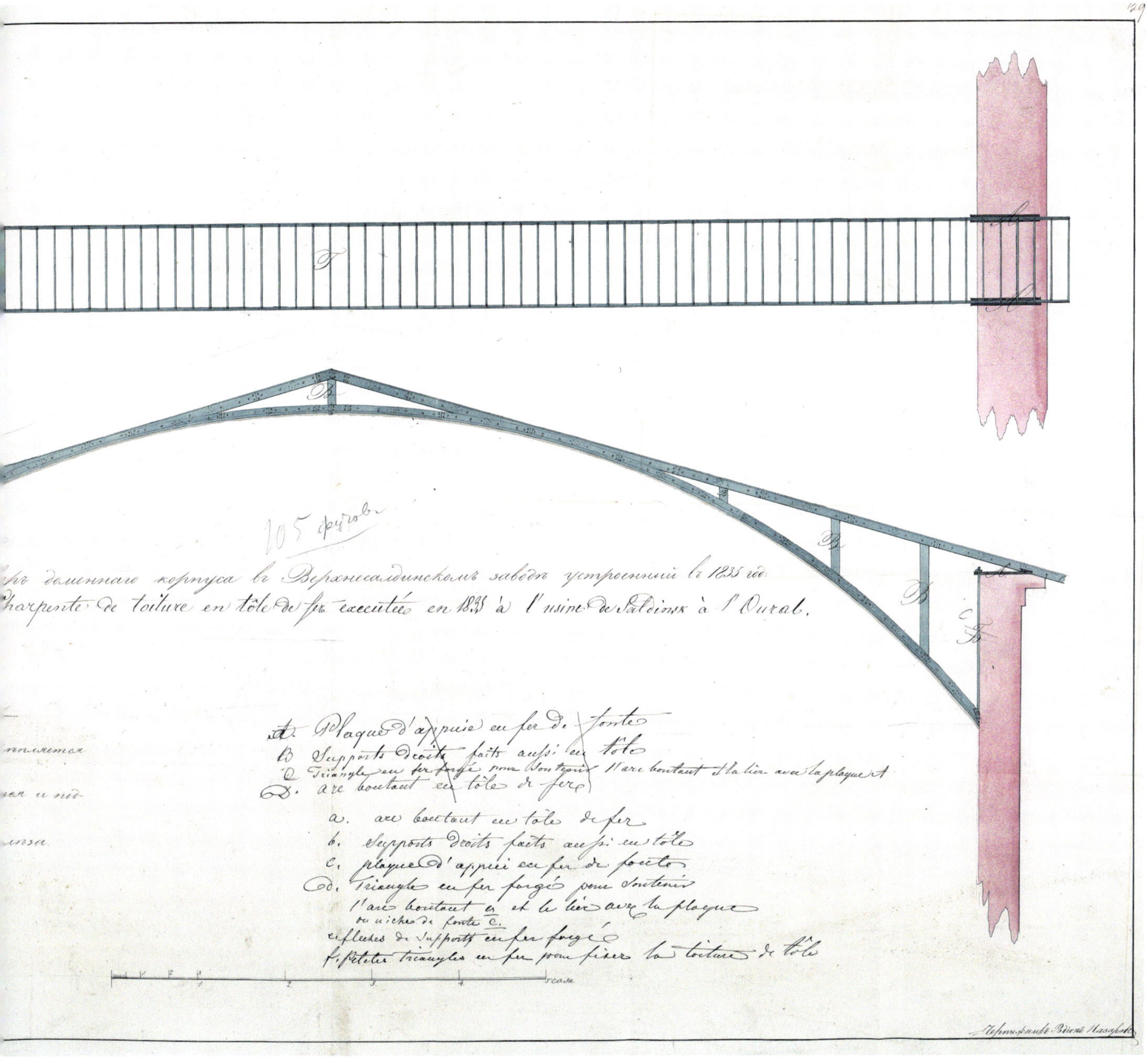

Dachtragwerk mit bogengestützten Sparren aus schmiedeeisernen Winkelprofilen ohne Zugband, Ansicht und Ausschnitt der Gespärrelage, 1835 (RGIA 44-2-558, 39).
Die französische Beschriftung der Zeichnung resultiert aus der Bereitschaft des russischen Corps der Bergingenieure, für die Publikation von Eck eine Zusammenstellung eigener Planmaterialien zur Verfügung zu stellen (vgl. den Briefwechsel Čevkin–Eck, Kap. 8).

Tafel 3

Eisenwerk Verchnesaldinsk
Neueres Dachtragwerk, 1835

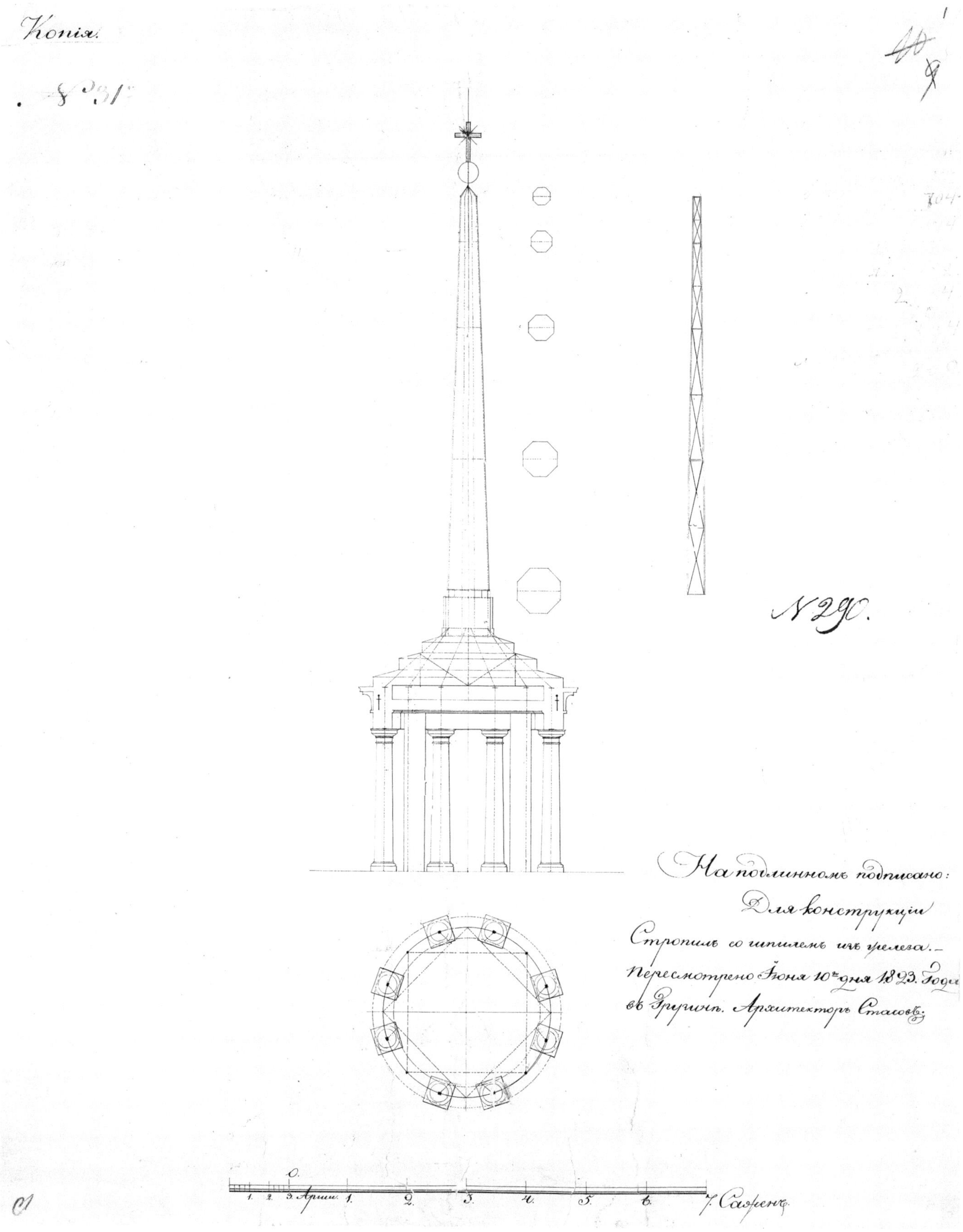

Aufriss mit Grundriss und Querschnitten, Höhe der Spitze 17,50 m, Durchmesser bis 6,85 m (RGIA 1424-4-643, Bl. 1)

Für die Konstruktion: Ein Dachwerk mit einer Spitze aus Eisen, überarbeitet am 10. Juni 1823 in Gruzino, Architekt Stasov.

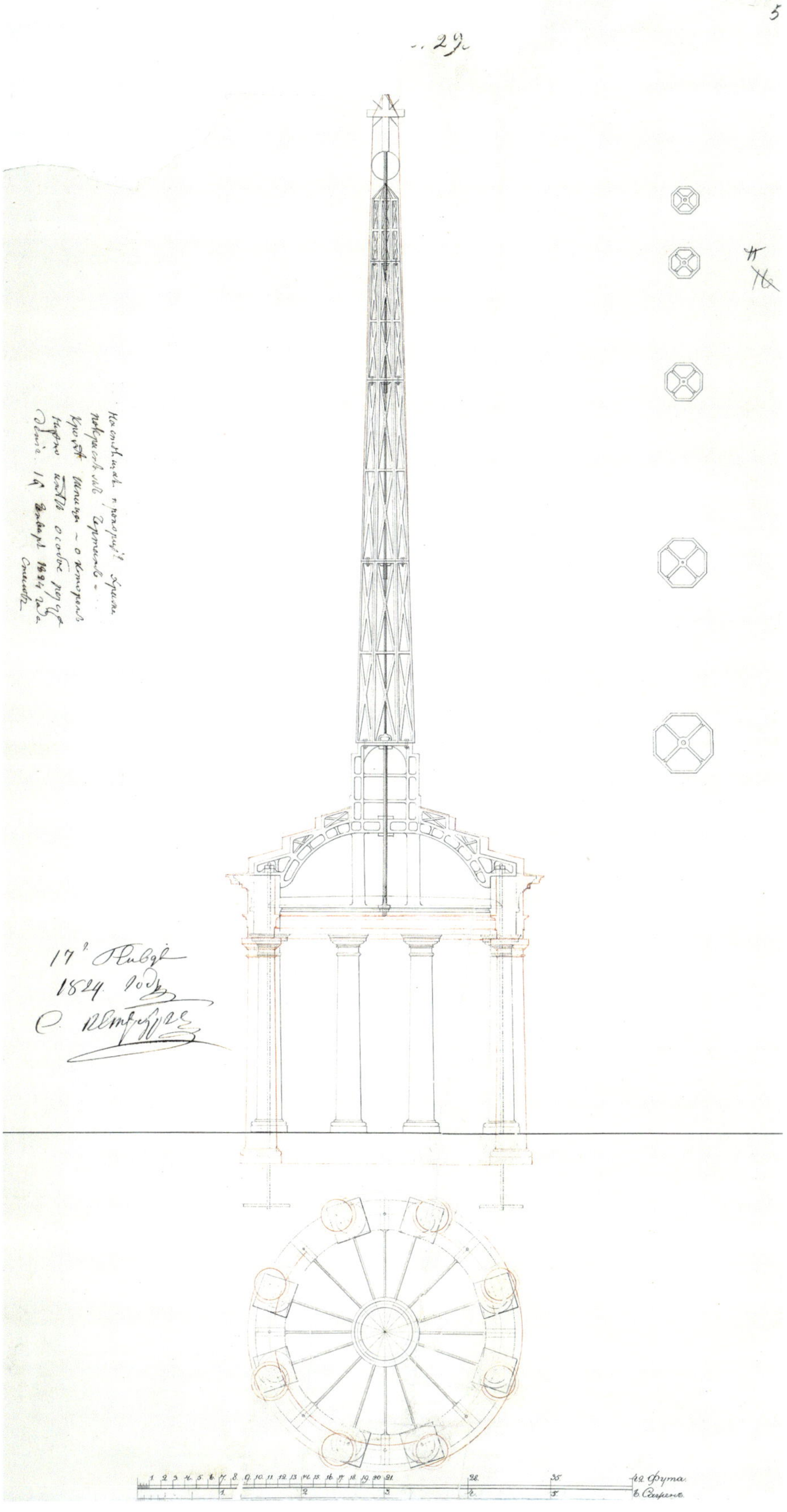

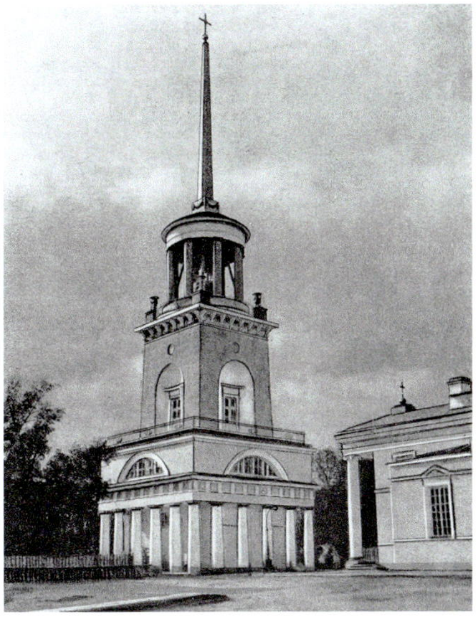

Ansicht des Turms (Foto um 1930, Piljavskij 1970)

Schnitt mit Grundriss und Querschnitten (RGIA 1424-4-643, Bl. 5).

Die angezeichneten Proportionen des Tempels lavieren lassen. Außer der Spitze, die einer besonderen Darstellung bedarf, 16. Januar 1824, Architekt Stasov.

Tafel 4

Landgut von Aleksej Arakčeev, Gruzino bei Novgorod
Gusseiserne Kirchturmspitze
Matthew Clark und Vasilij Stasov, 1823–1824

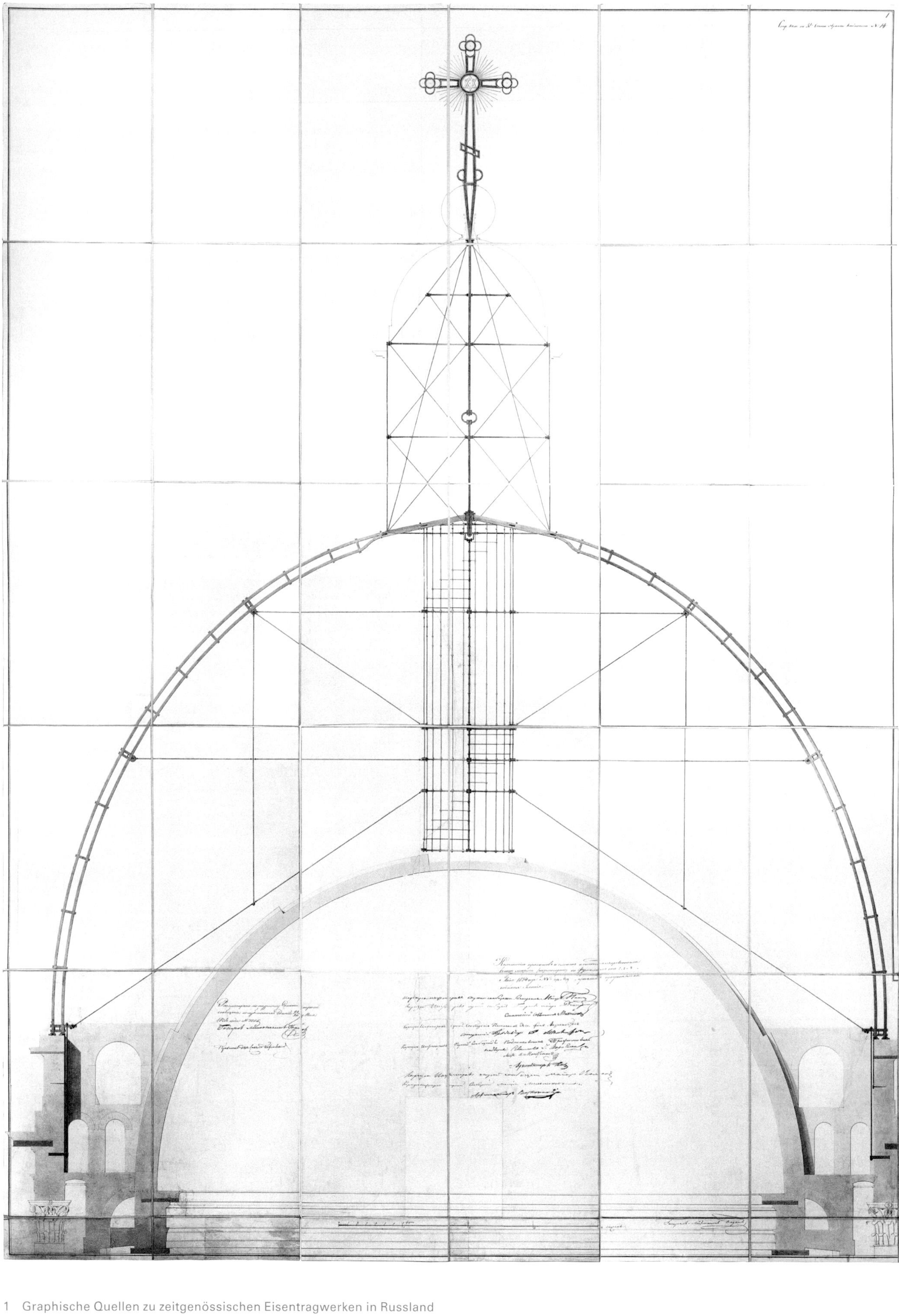

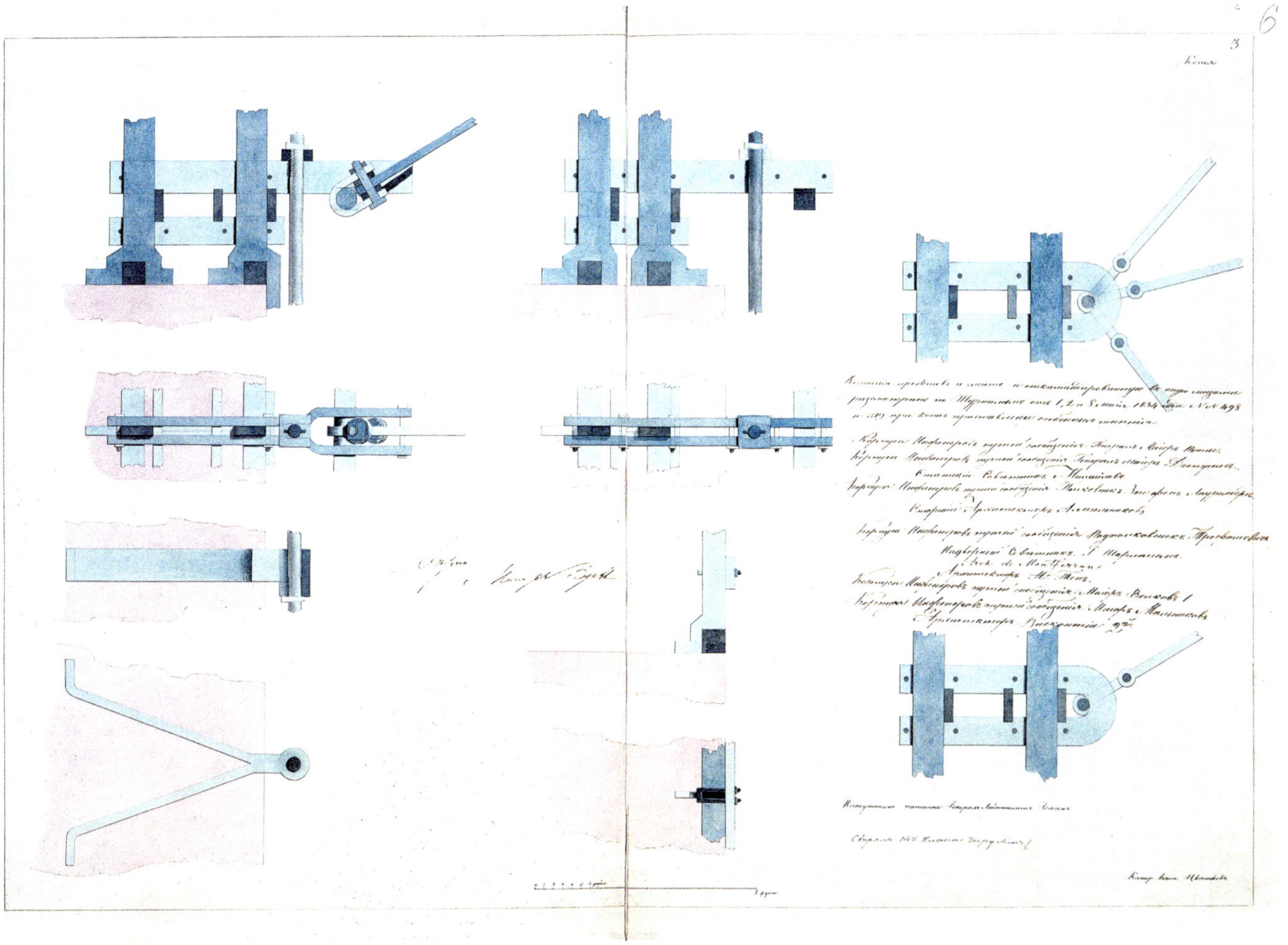

linke Seite: Schnitt durch Schutz- und Innenkuppel, Spannweite 26,70 m (RGIA 485-2-1078, Bl. 1)

Konstruktionsdetails im Auflagerbereich (RGIA 485-2-1078, Bl. 6)

Ansicht von außen (Foto 2000)

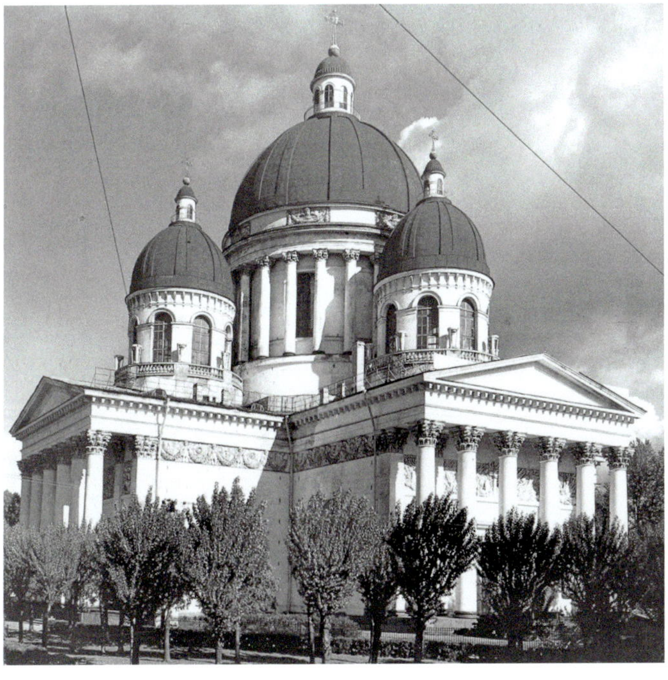

Tafel 5

Dreifaltigkeitskathedrale,
St. Petersburg
Rippenkuppel, nicht realisierter Entwurf
Pierre-Dominique Bazaine, 1834,
Schnitt und konstruktive Details

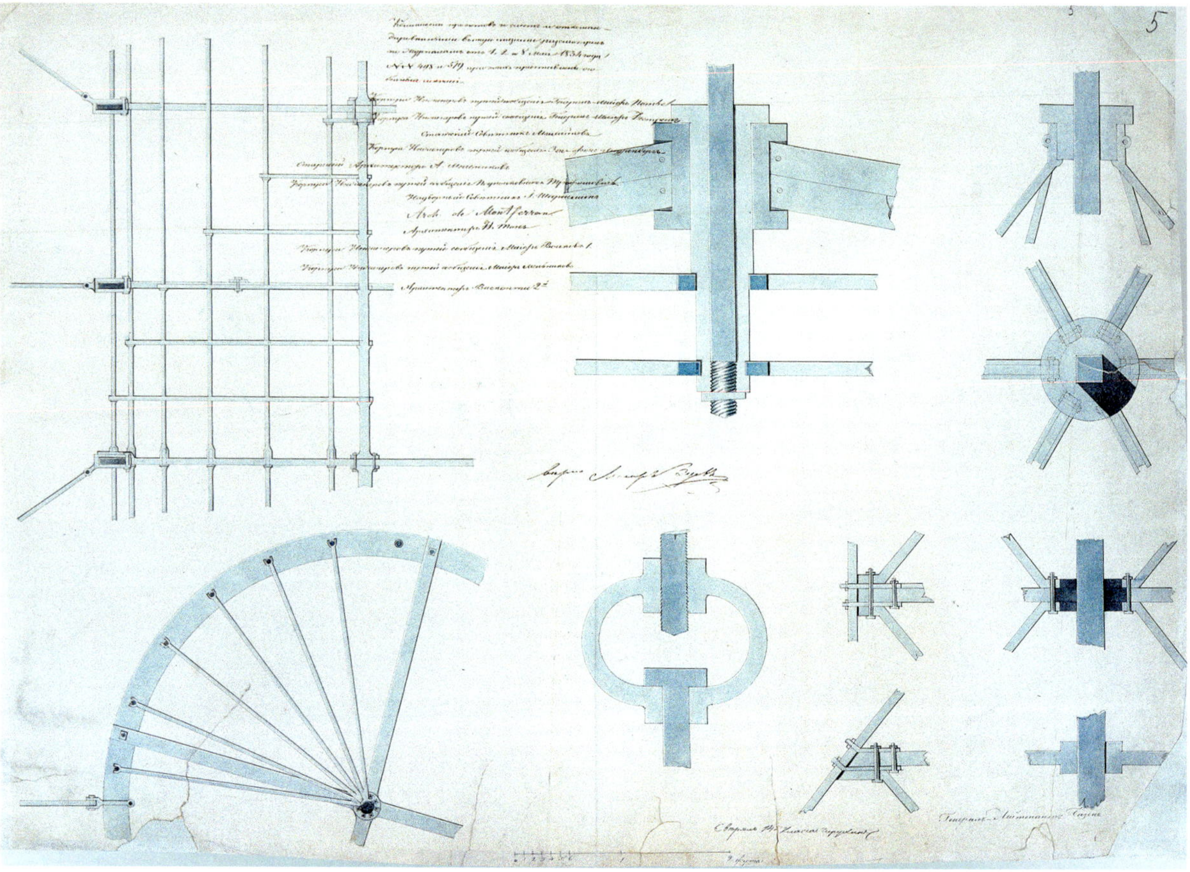

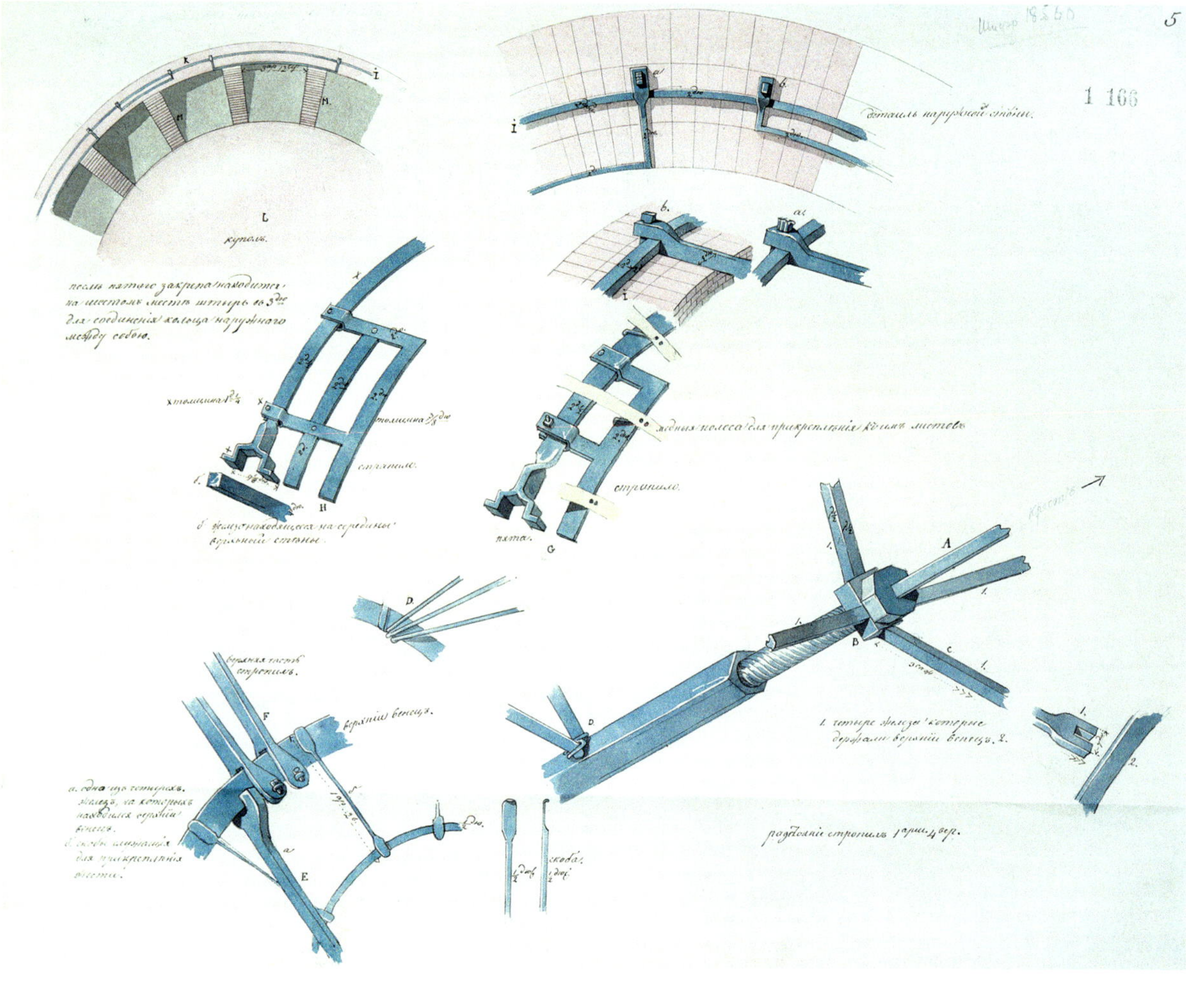

1 Graphische Quellen zu zeitgenössischen Eisentragwerken in Russland

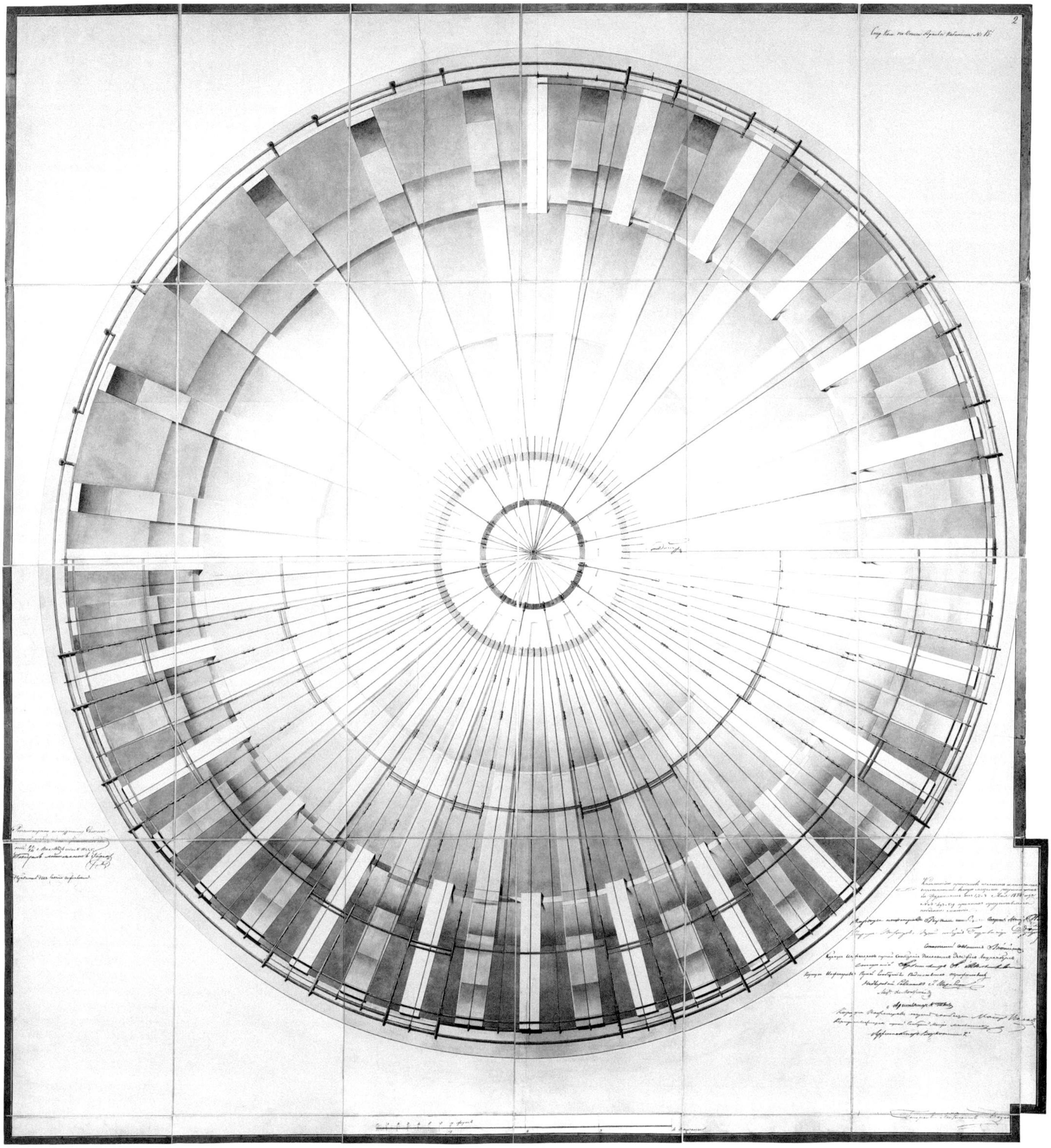

Grundriss in zwei Ebenen (RGIA 485-2-1078, Bl. 5)

linke Seite: Konstruktionsdetails
oben: (RGIA 485-2-1078, Bl. 2);
unten: (NTB PGUPS, Bazaine 18560, Bl. 1-166)

Begutachtet lt. Journal des Rates des Amtes der Verkehrswege am 22./24. Mai 1834 Nr. 1055. Generalleutnant Bazaine. (Lesbare Unterschriften der Gutachter:) Generalmajor Destrem, Oberst Zoege von Laurenburg, Architekten A. Melnikov, Aug. de Montferrand, K. Thon, Major des Amtes der Verkehrswege Volkov, Major Melnikov, Architekt Visconti 2.

Tafel 6

Dreifaltigkeitskathedrale,
St. Petersburg
Rippenkuppel, nicht realisierter Entwurf
Pierre-Dominique Bazaine, 1834,
Grundriss und konstruktive Details

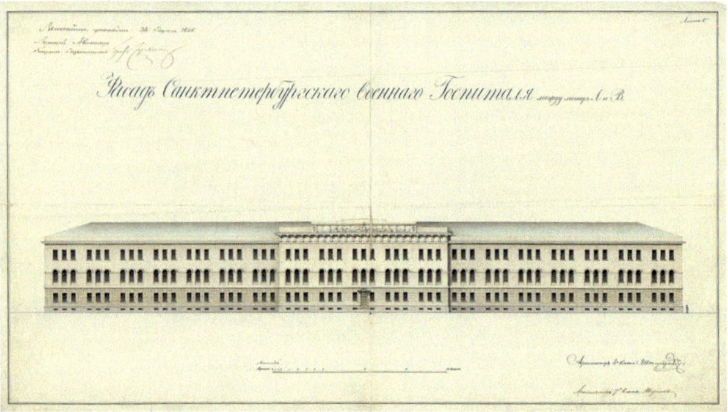

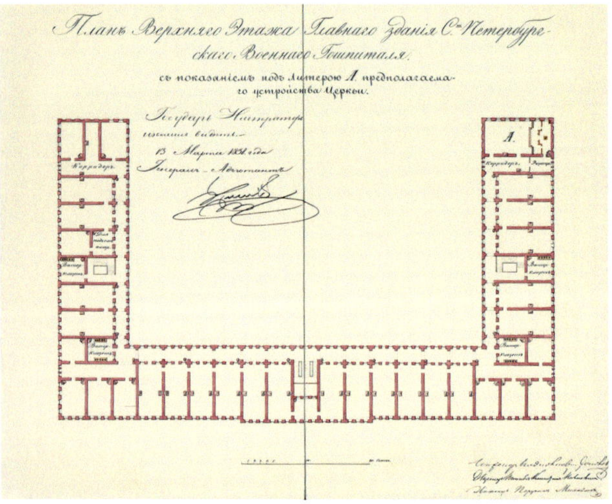

Fassade (1836) und Grundriss Obergeschoss (1838)
(RGA VMF 3-35-7237 und 3-35-7282a)

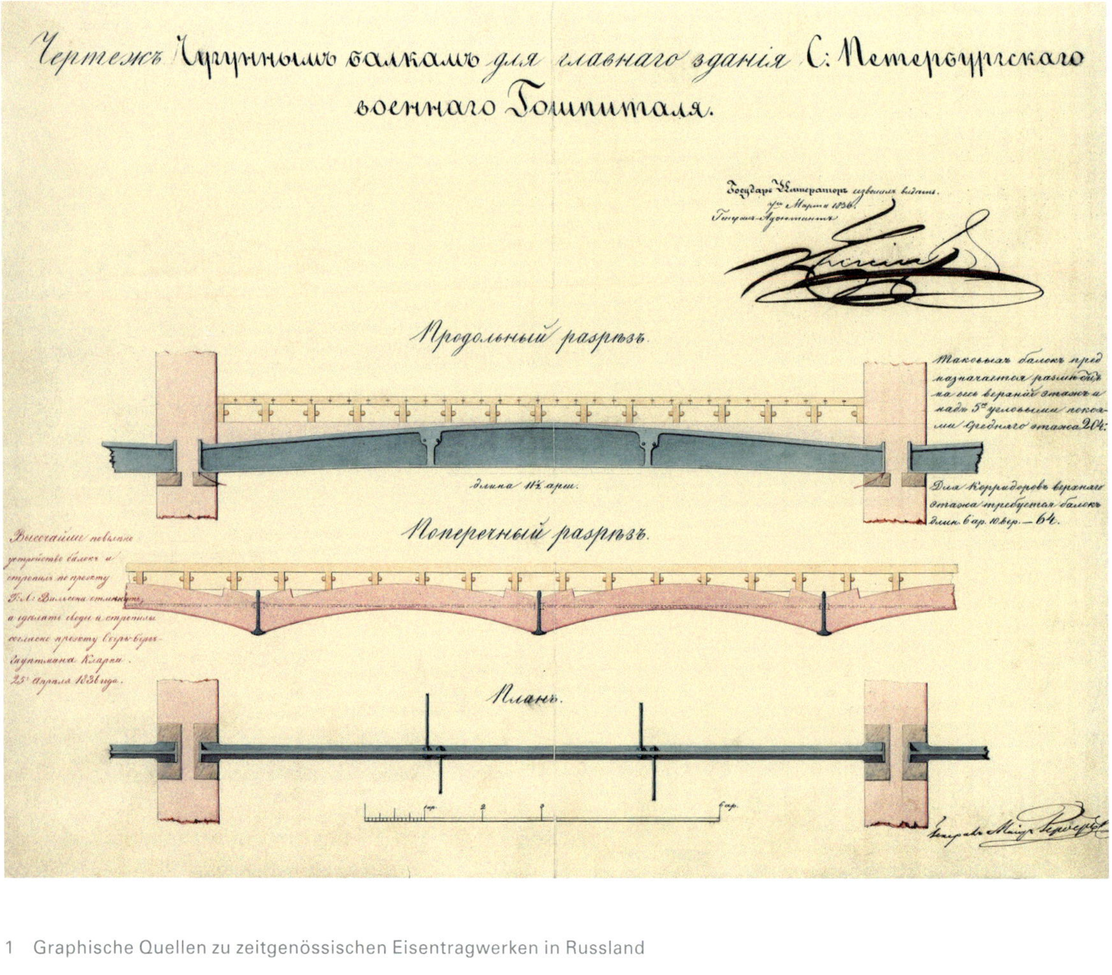

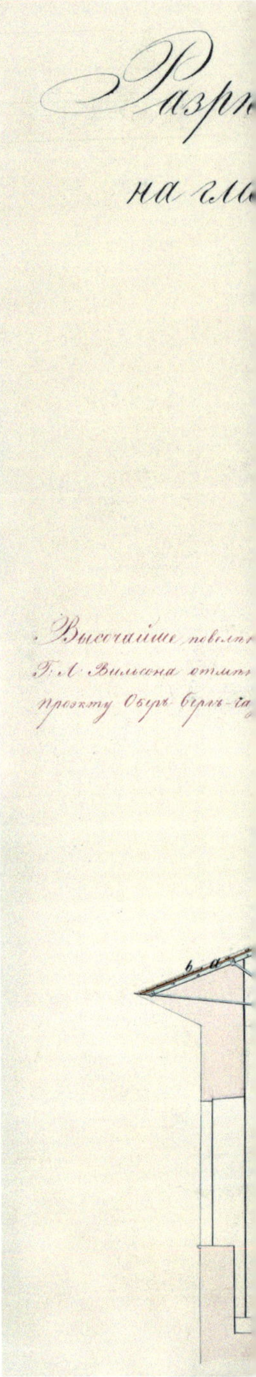

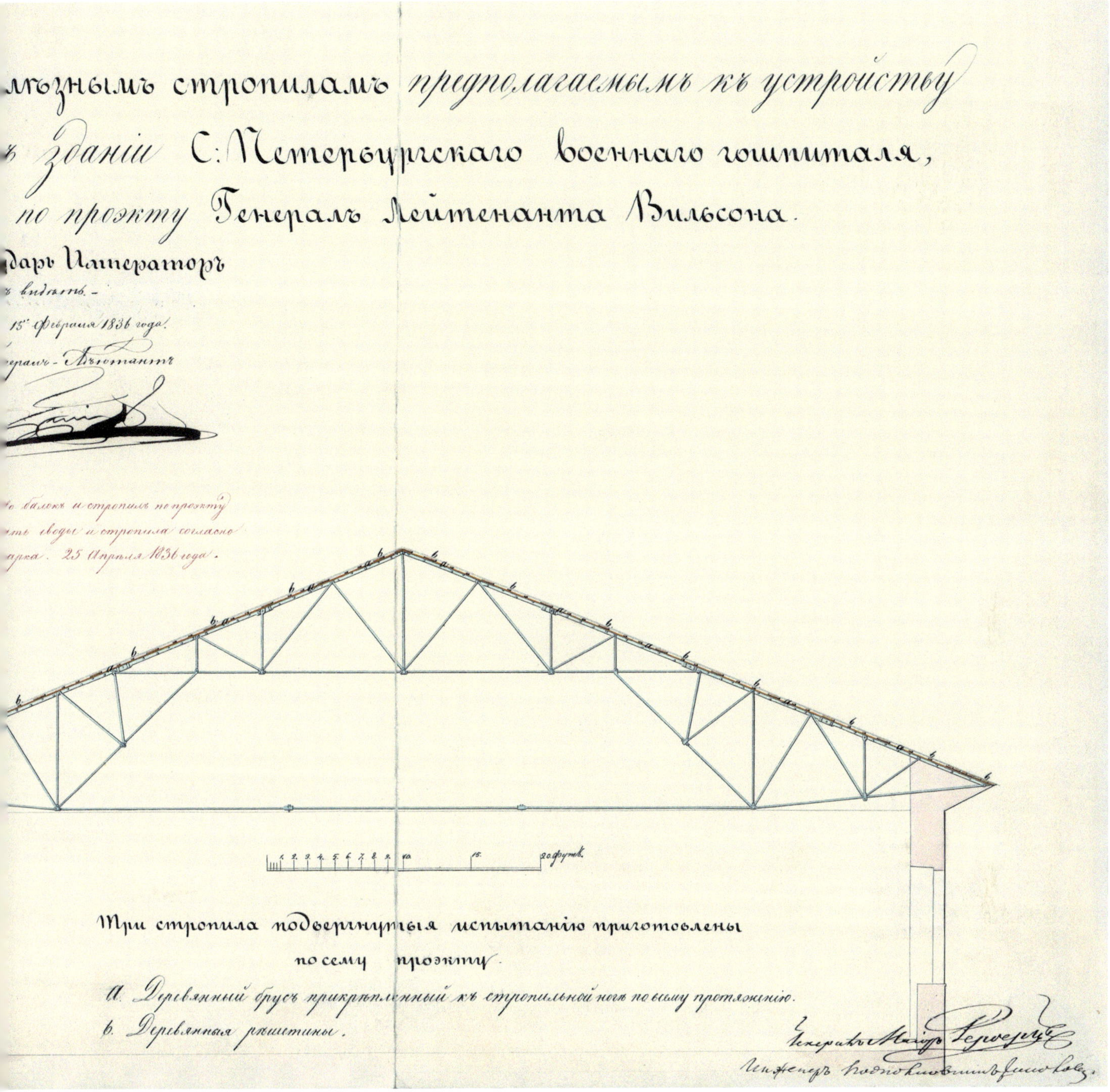

linke Seite unten: Kappendecke mit gusseisernen Balken, Spannweite 8,20 m, Nachtrag in roter Tinte wie auf dem Entwurf für ein Dachtragwerk (RGA VMF 3-35-7242)

Dachtragwerk mit unterspannten Sparrenbindern über dem Zentralbau, Spannweite 22,90 m (RGA VMF 3-35-7241)

Schnitt der eisernen Gespärre, vorgesehen zur Einrichtung im Hauptgebäude des St. Petersburger Militärhospitals, nach dem Entwurf des Generalleutnants Wilson.
Der Herr Kaiser hat es gesehen. – 15. Februar 1836, General-Adjutant Klejnmichel'

[Nachtrag in roter Tinte]
Allerhöchst angeordnet: Die Fertigung der Balken und Gespärre nach dem Projekt des Generalleutnants Wilson zu annullieren und Überwölbung und Sparren nach dem Projekt des Oberbergmeisters Clark zu realisieren. 25. April 1836.

Tafel 7

Infanteriehospital, St. Petersburg
Dach- und Deckentragwerke,
nicht realisierter Entwurf
Alexander Wilson, 1836

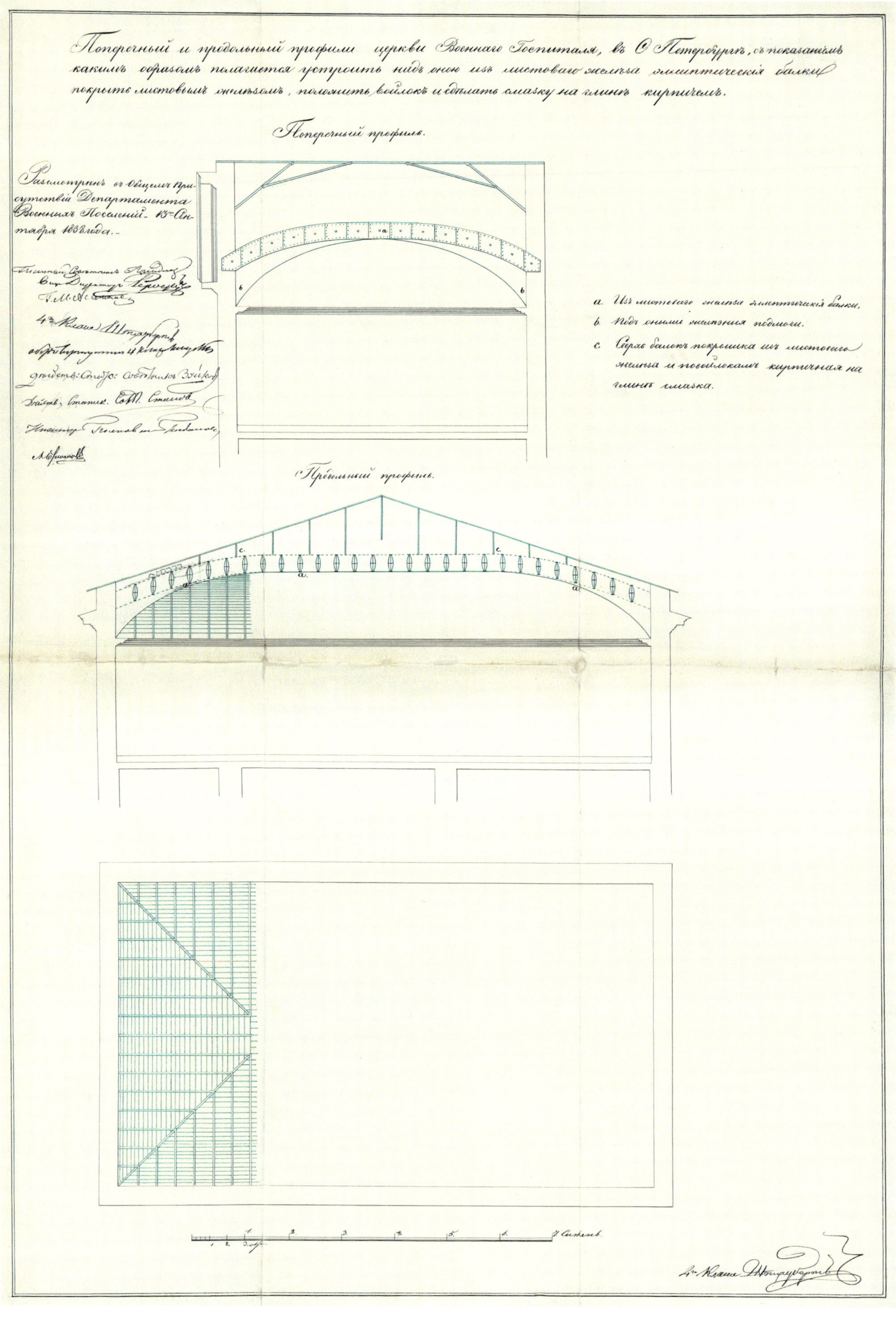
Поперечный и продольный профили церкви Военнаго Госпиталя, въ С. Петербургѣ, съ показаніемъ какимъ образомъ полагается устроить надъ оною изъ листоваго желѣза эллиптическія балки, покрыть листовымъ желѣзомъ, положить войлокъ и сдѣлать смазку на глинѣ кирпичемъ.
Поперечный профиль.
Продольный профиль.
a. Изъ листоваго желѣза эллиптическія балки.
b. Подъ оными желѣзныя подмоги.
c. Сверхъ балокъ покрышка изъ листоваго желѣза и подъ войлокомъ кирпичная на глинѣ смазка.

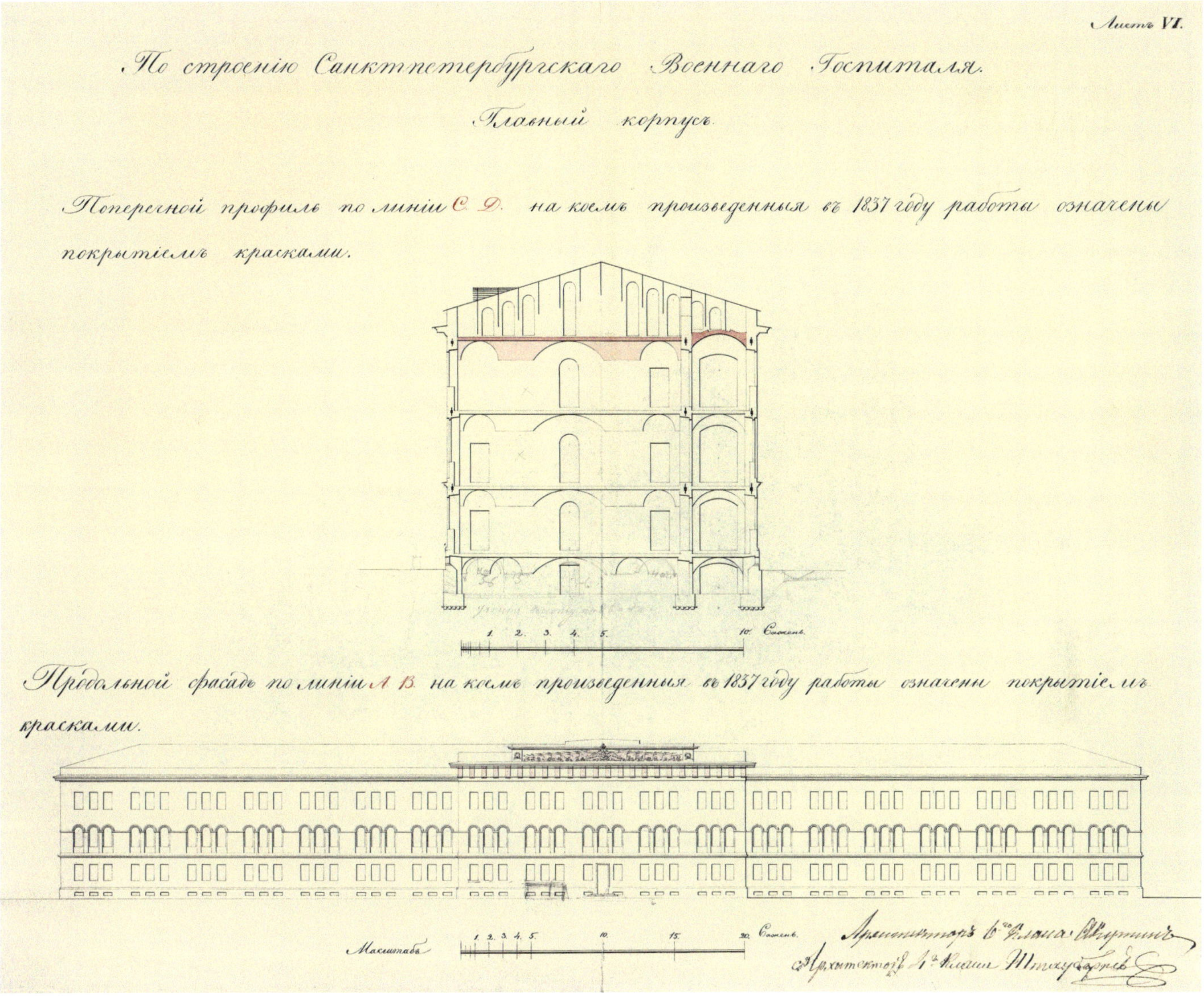

Querschnitt und Fassade mit Angabe der 1837 durchgeführten Arbeiten (RGA VMF 3-35-7270)

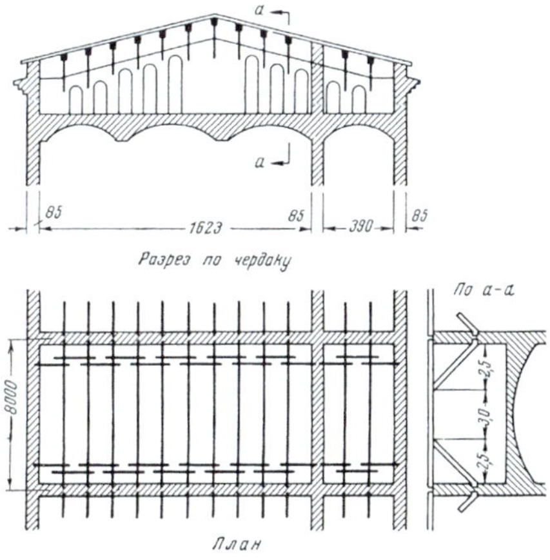

Ausführung der Pfettendächer über den Längs- und Querflügeln (Umzeichnung Vasil'ev 1957)

linke Seite: Dachdecke mit gekrümmten Elliptischen Balken und Dachtragwerk mit abgestrebten Pfetten über dem Kirchenraum, Spannweite 12,10 m (RGA VMF 3-35-7281a)

Quer- und Längsschnitt des Kirchenraums des Militärhospitals in St. Petersburg mit Einzeichnung der Konstruktionsart der elliptischen Balken aus Eisenblech mit darüber liegenden Eisenblechtafeln, Dämmung aus Filz und Ziegelsteinen auf Ton.
a. elliptische Balken aus Eisenblech,
b. aus Eisen gefertigte Unterstützung,
c. über den Balken – Eisenblech und Bedeckung aus Ziegelsteinen auf Ton.
Begutachtet durch die allgemeine Anwesenheit der Departements für Militärsiedlungen, 13. September 1838.

Tafel 8

Infanteriehospital, St. Petersburg
Dachtragwerke, ausgeführter Entwurf
Matthew Clark und Aleksandr Štaubert, 1835–1838

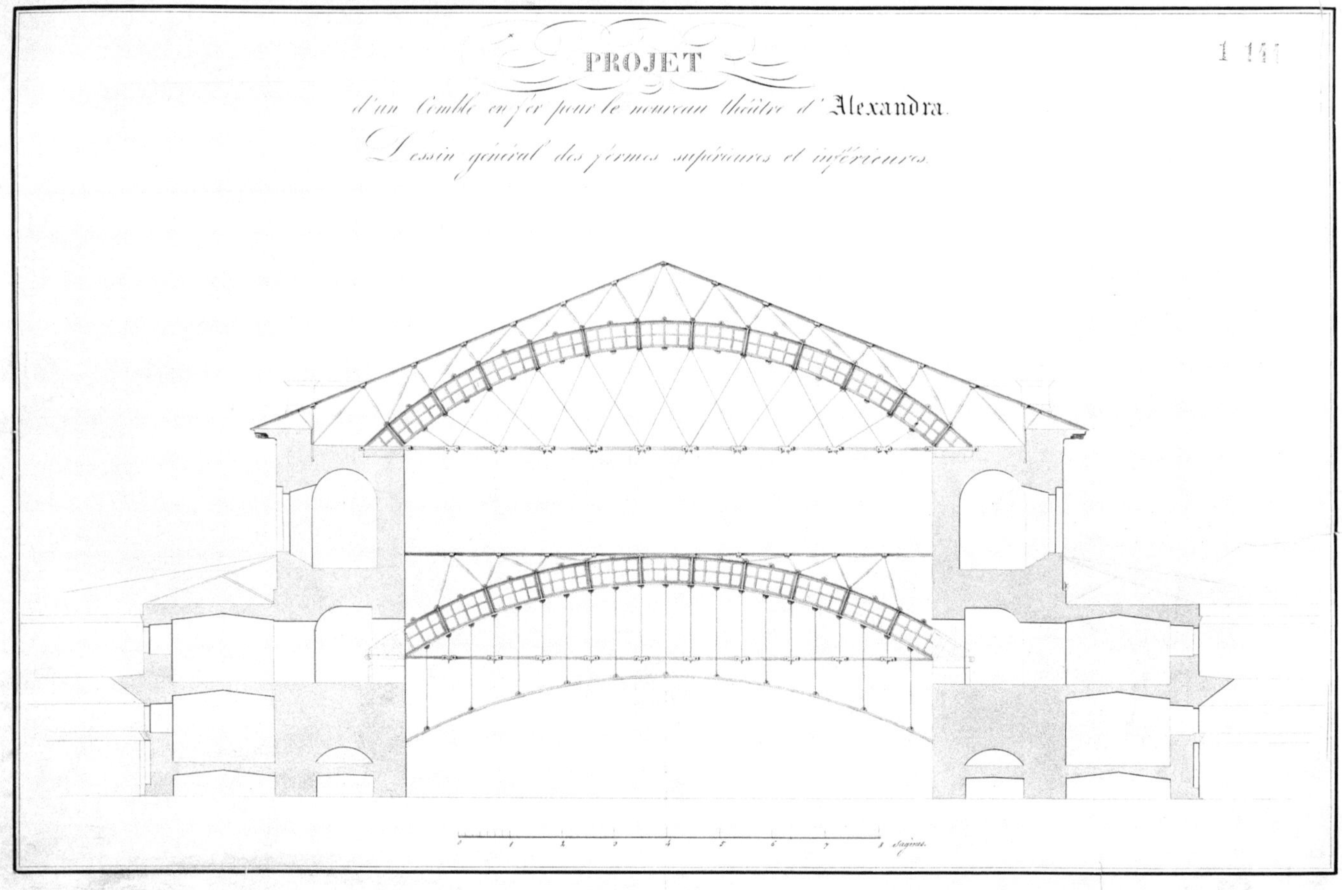
PROJET
d'un Comble en fer pour le nouveau théâtre d'Alexandra.
Dessin général des fermes supérieures et inférieures.

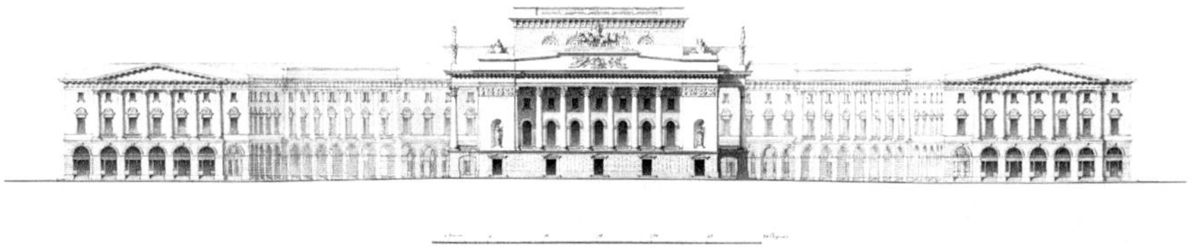

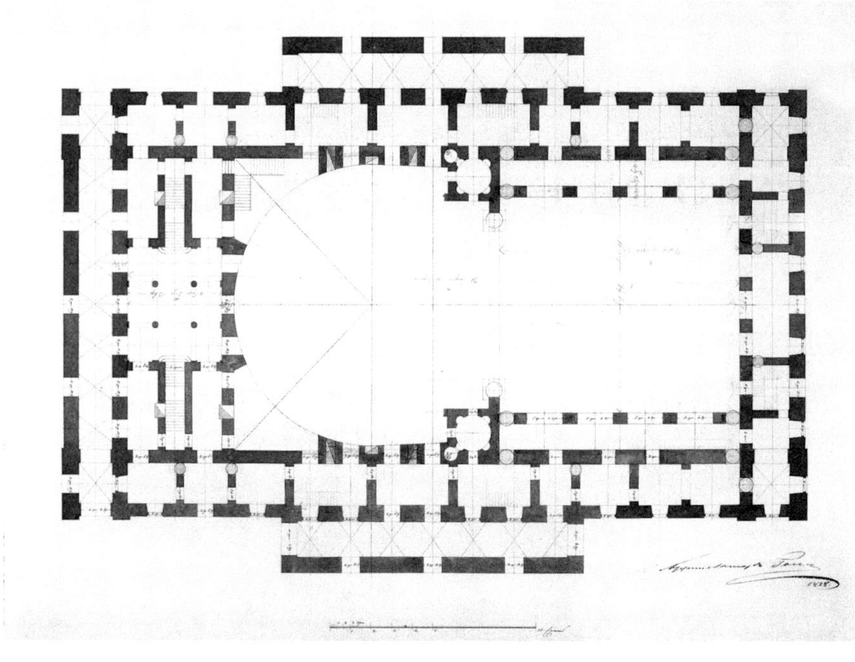

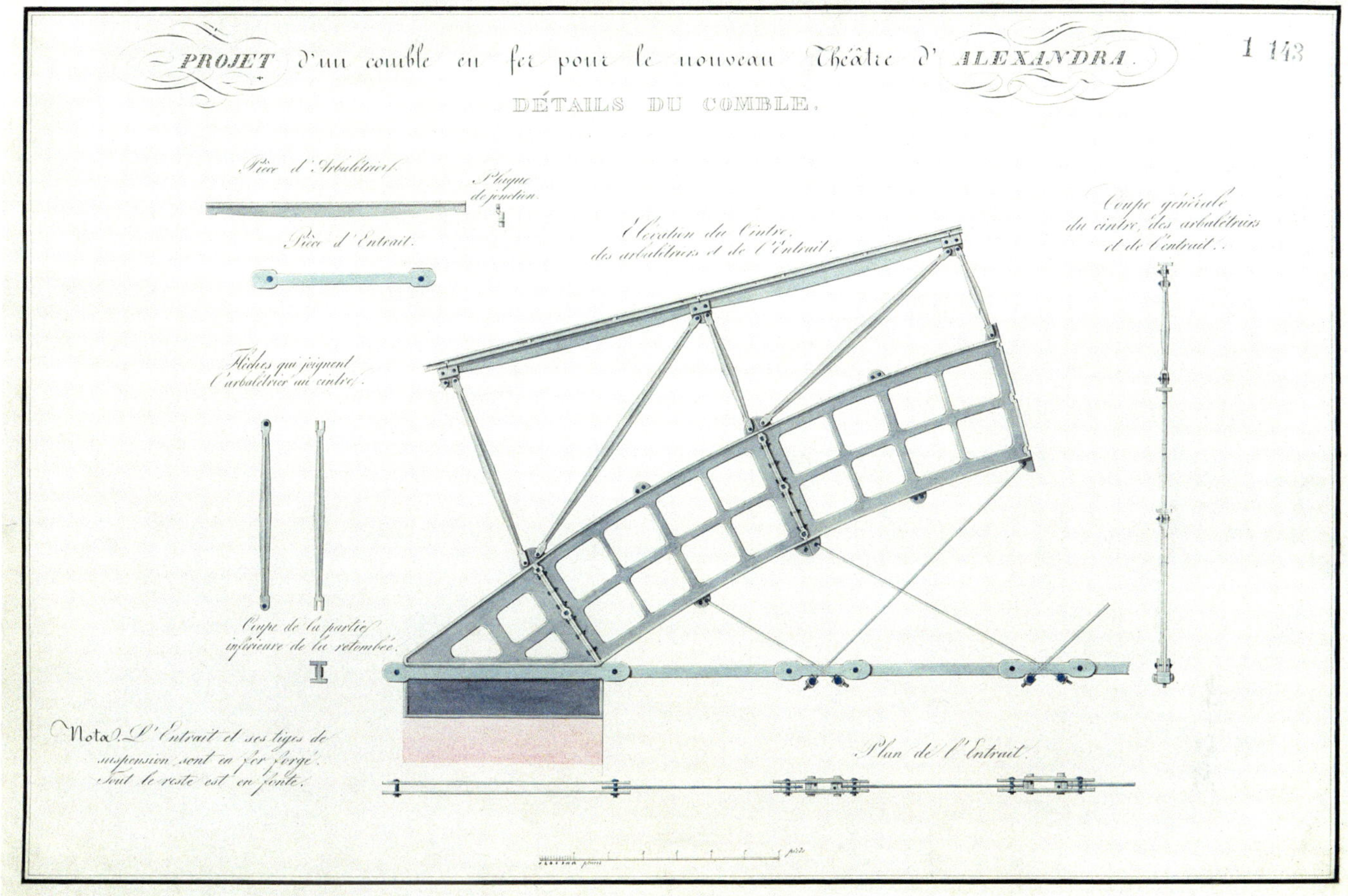

linke Seite: Bögen aus gusseisernen Rahmensegmenten mit schmiedeeisernem Zugband als Haupttragglieder für ein (schubfreies) Dach- und Deckentragwerk der Bühnenbild-Werkstatt über dem Zuschauersaal, Spannweite 27,95 m (Dach) bzw. 21,55 m (Decke) (NTB PGUPS Bazaine 1-143 und 1-144).

Aleksandrinskij-Theater als Zentrum eines Gebäude-Ensembles, Fassaden und Grundriss des Untergeschosses, Carlo Rossi, 1828 (NIMRACh A Nr. 424 und 429)

Details zur Ausführung der gusseisernen Dachbögen: Wandauflager, Aufständerung der Dachsparren (Gusseisen), Abhängung des Zugbandes (Schmiedeeisen) (NTB PGUPS Bazaine 1-144).

Tafel 9

Aleksandrinskij-Theater,
St. Petersburg
Dach- und Deckentragwerke,
nicht realisierter Entwurf
Pierre-Dominique Bazaine, 1829

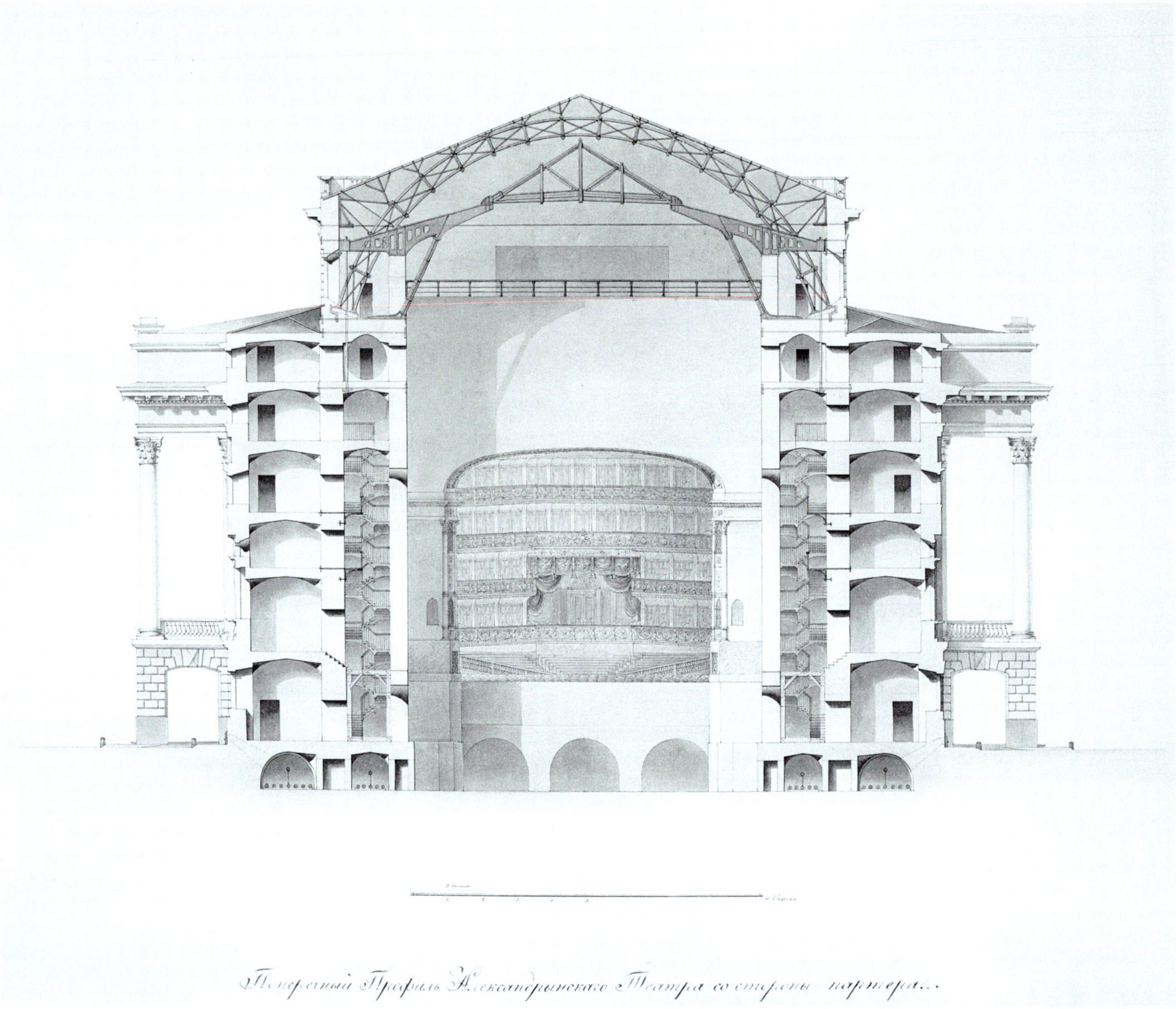
Поперечный Профиль Александрынскаго Театра со стороны партера..

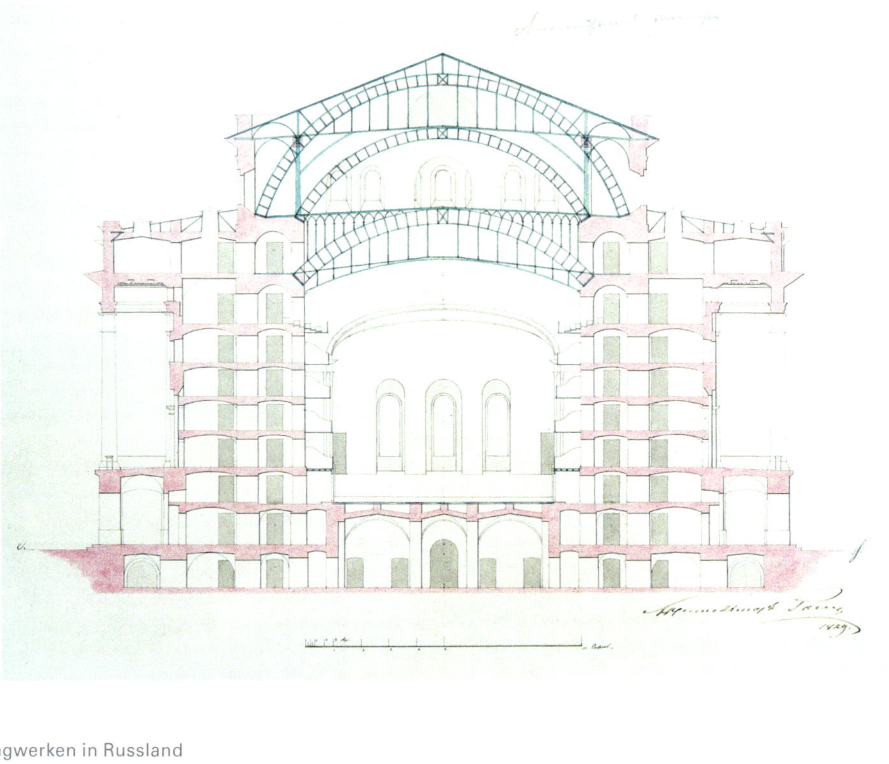

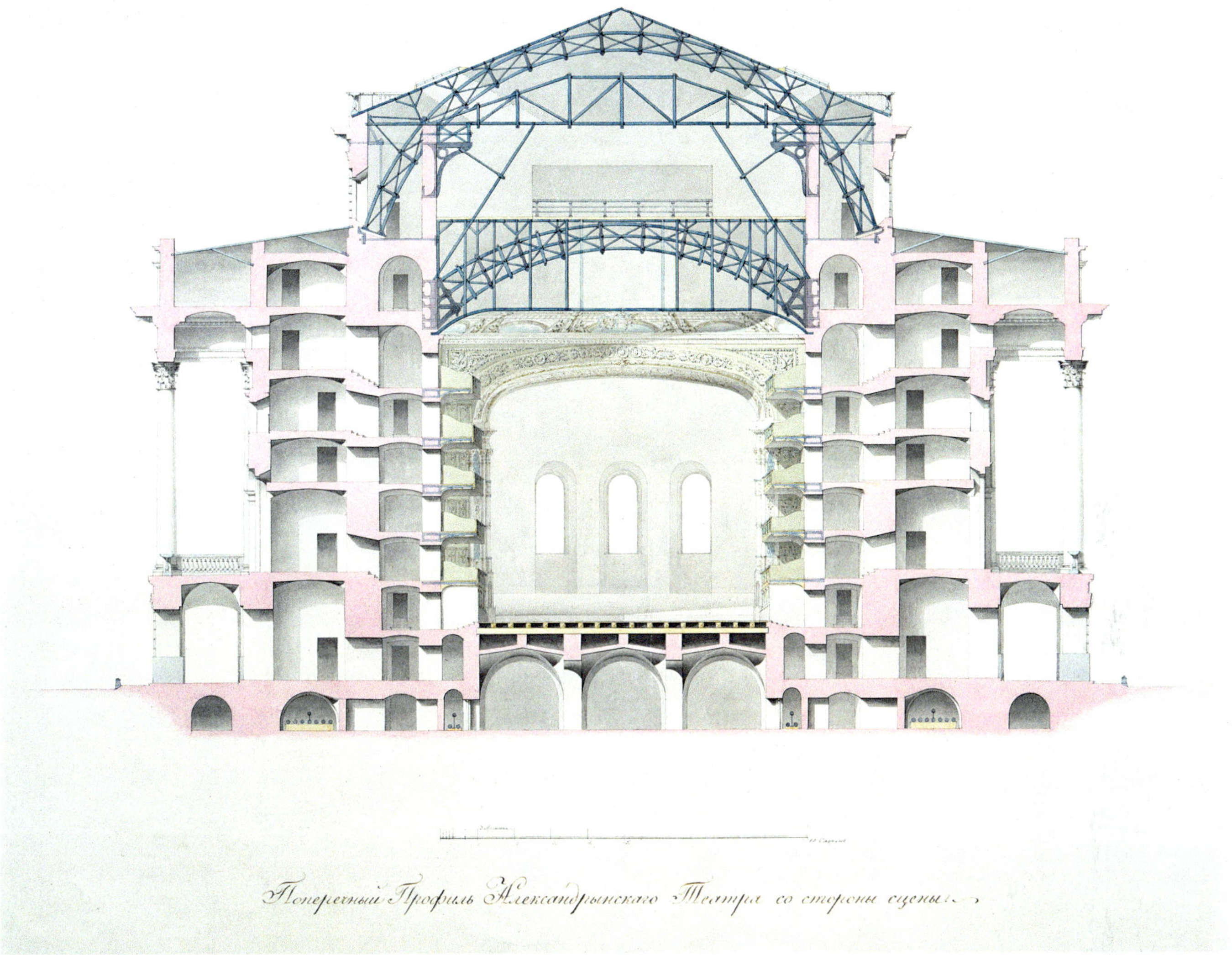

oben: Dach- und Deckentragwerke über der Bühne (links) und über dem Saal (rechts), Spannweiten 27,95 m (Dach) bzw. 21,55 m (Decke) (NIMRACh A Nr. 428 und 427)

Vorentwurf mit drei Bogentragwerken für Dach und Decke über dem Saal, Carlo Rossi, 1829 (NIMRACh A Nr. 435)

Tafel 10

Aleksandrinskij-Theater,
St. Petersburg
Dach- und Deckentragwerke,
ausgeführter Entwurf
Matthew Clark und Carlo Rossi,
1828–1832

Charpente en fer et fonte de fer du Théâtre Alexandrin à St Petersbourg exécutées à l'Usine Impériale d'Alexan

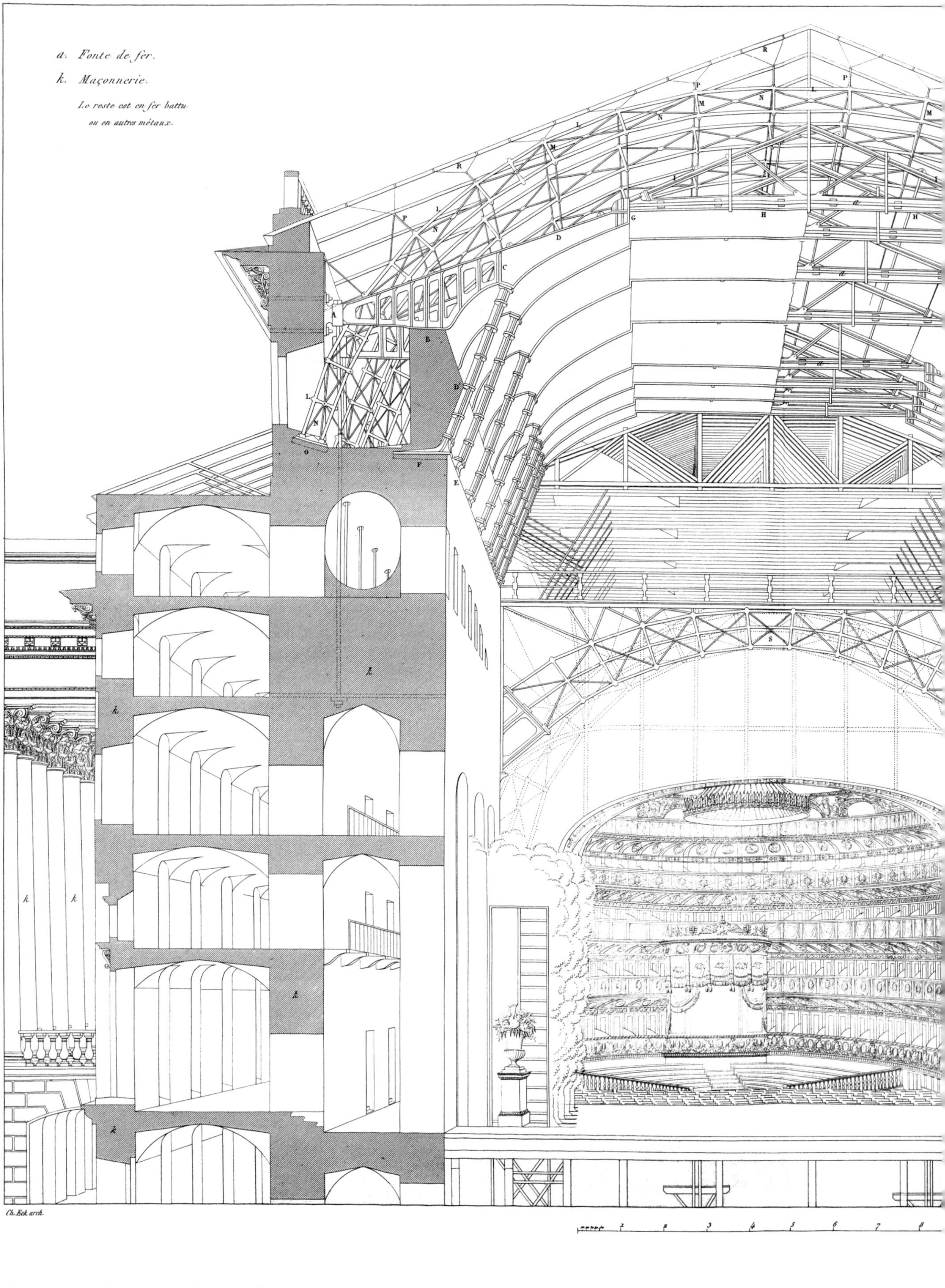

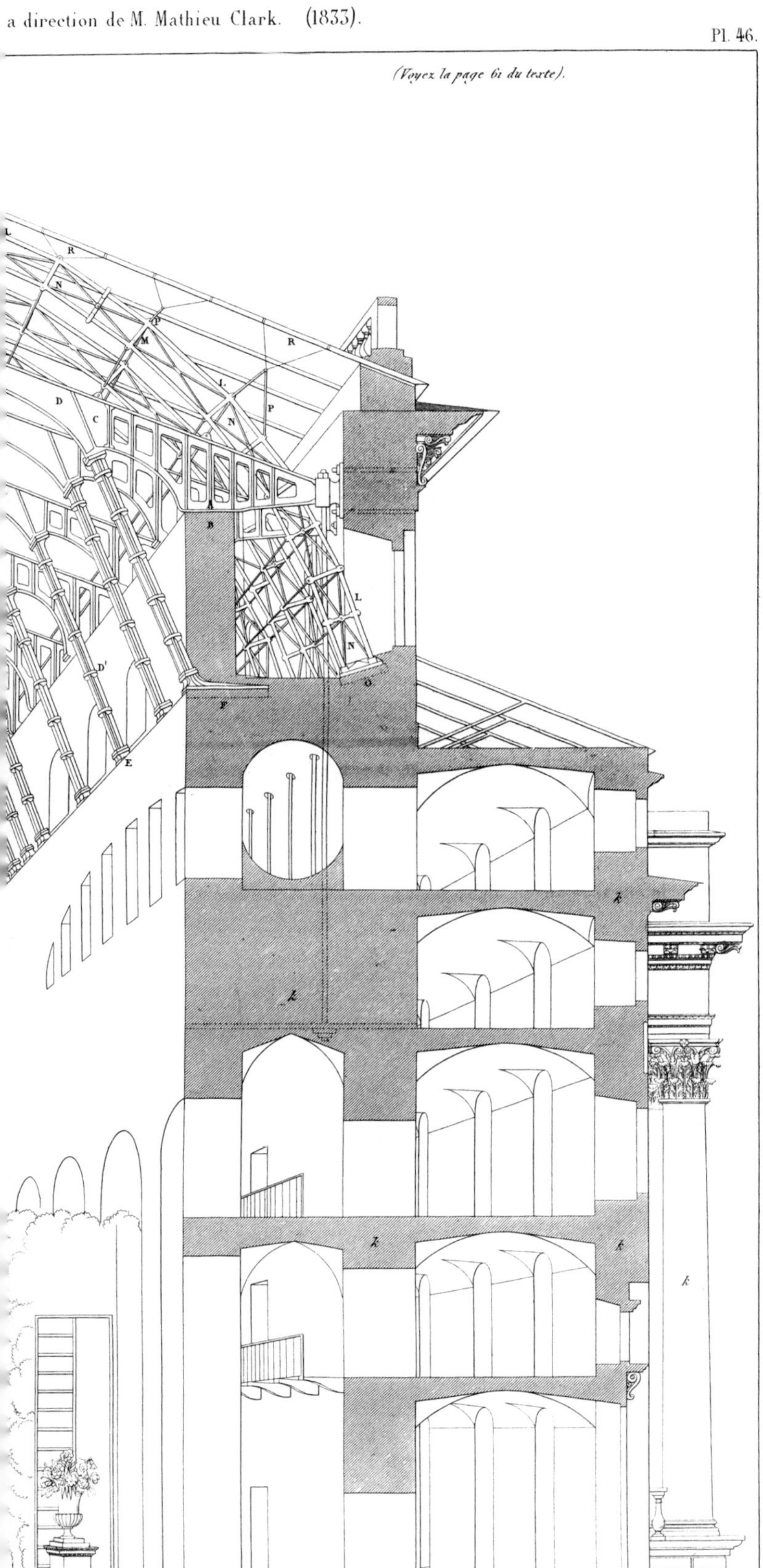

Blick über die Bühne in den Saal, im Vordergrund Dach- und Deckentragwerke über der Bühne, im Hintergrund Deckentragwerke über dem Saal (Eck 1841, Taf. 46)

Tafel 11

Aleksandrinskij-Theater,
St. Petersburg
Dach- und Deckentragwerke,
ausgeführter Entwurf
Darstellung bei Charles Eck, 1841

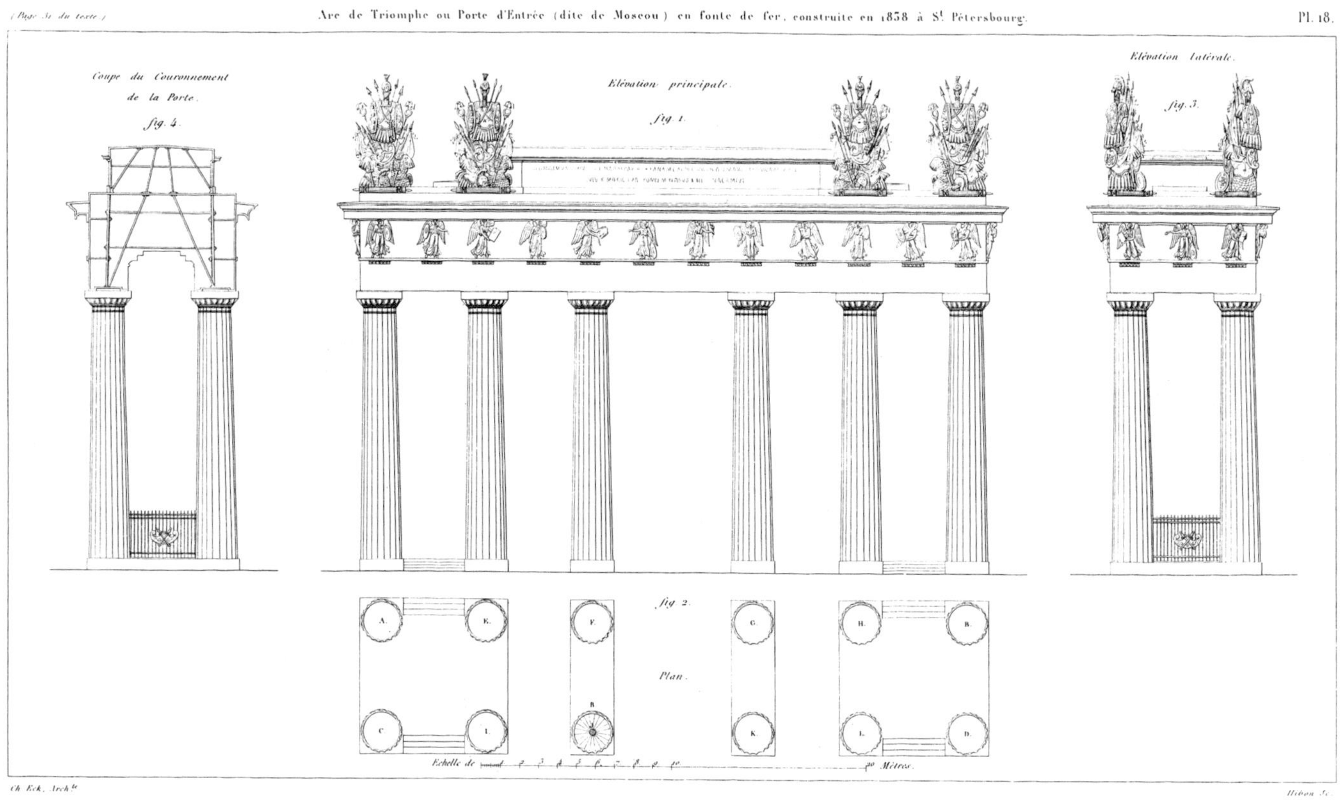

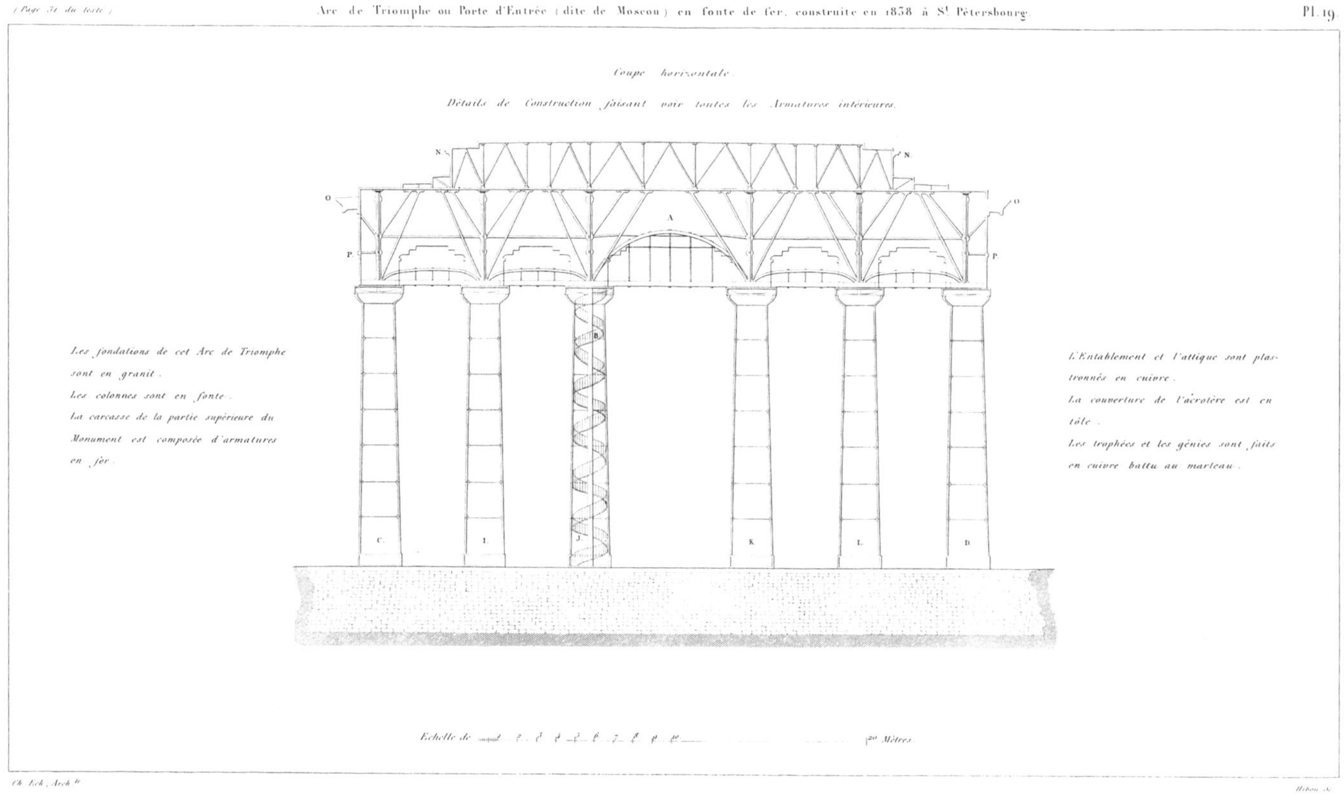

28 Darstellung nach Eck mit Grundriss, Ansicht und Querschnitt sowie Längsschnitt, Breite × Tiefe × Höhe: 23,60 × 7,70 × 21,40 m (Eck 1841, Taf. 18–20)

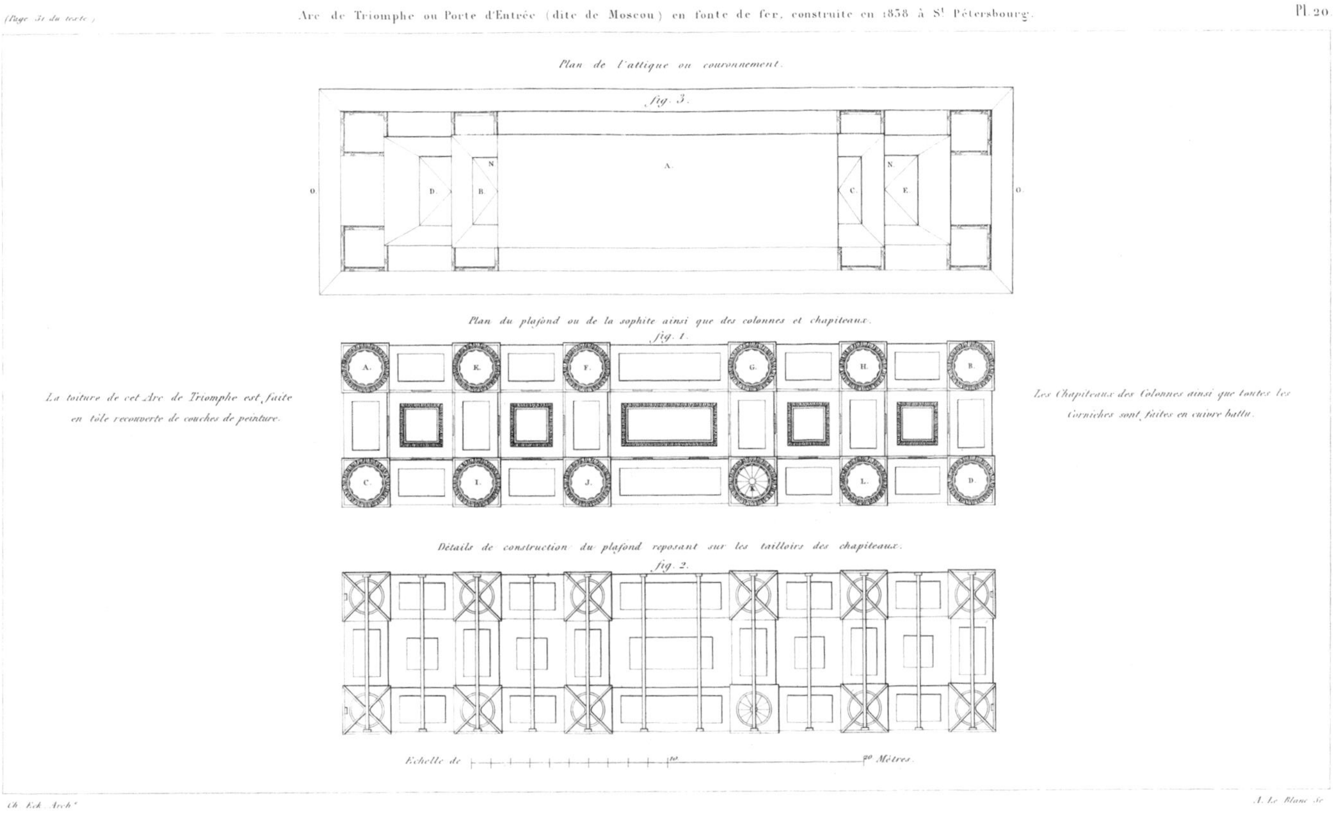

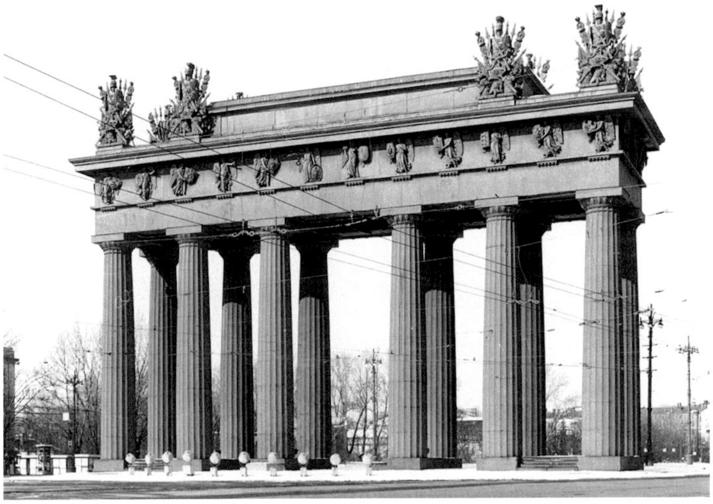

Ansicht des (nach dem Rückbau 1936)
1958–1960 rekonstruierten Tores (Foto 2000)

Tafel 12

Moskauer Tor, St. Petersburg
Guss- und Schmiedeeisen
Matthew Clark und Vasilij Stasov,
1834–1838

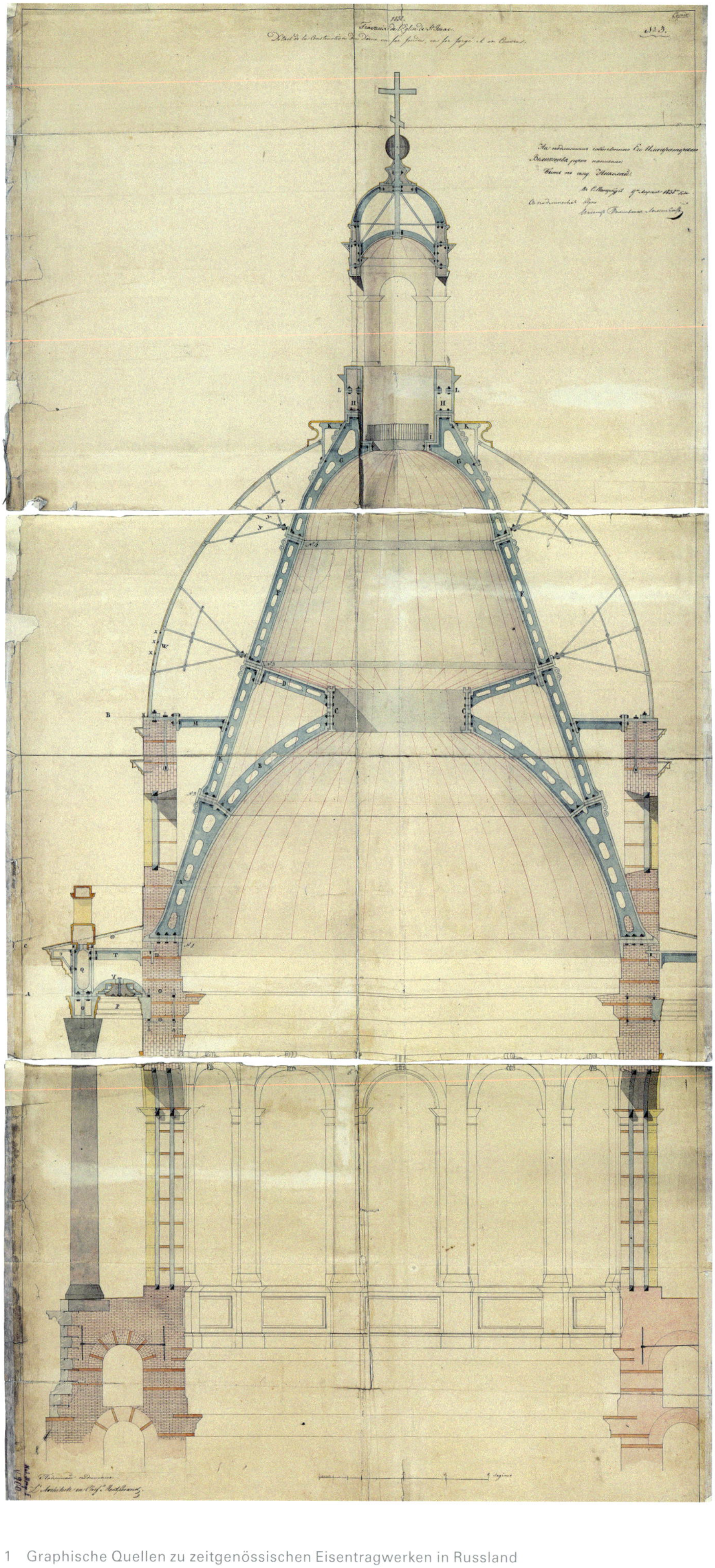

Querschnitt mit hervorgehobener Darstellung der Innen- und der konischen Zwischenkuppel (gusseiserne Rippen aus vorgefertigten Segmenten, blau gekennzeichnet) sowie der weiteren lastabtragenden Bauglieder, genehmigter Entwurf, April 1838 (RGIA 502-2-200, Bl. 1)

Auf dem Original von Seiner Majestät dem Kaiser eigenhändig geschrieben: So soll es sein. St. Petersburg, 9. April 1838. Mit dem Original übereinstimmend. Ingenieur-Oberst Lomnovskij.

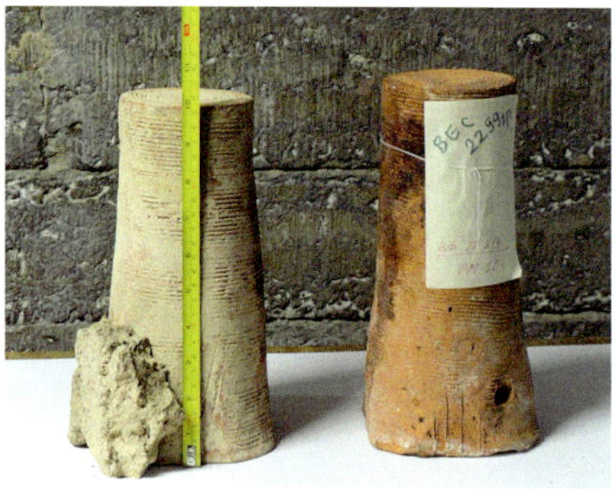

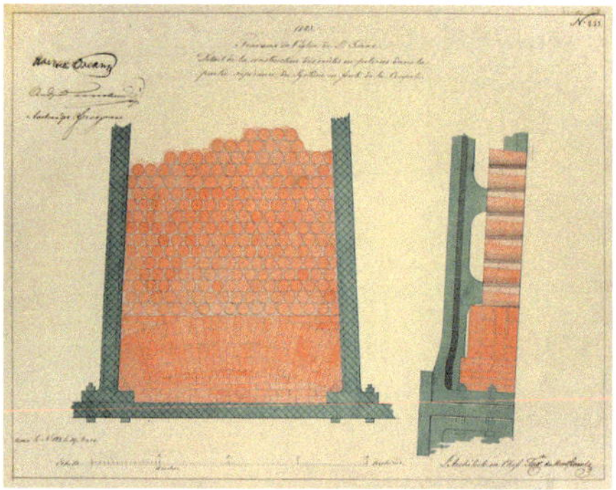

Tontöpfe der Füllung zwischen den gusseisernen Rippen, Höhe 25 cm, Durchmesser an der Basis 10 bzw. 13,5 cm, Gewicht 2,2 bzw. 2,6 kg (Foto 2014)

Füllung aus Tontöpfen und Mauerwerk zwischen den gusseisernen Rippen, 1843 (NTB PGUPS Montferrand, Mappe 4-233)

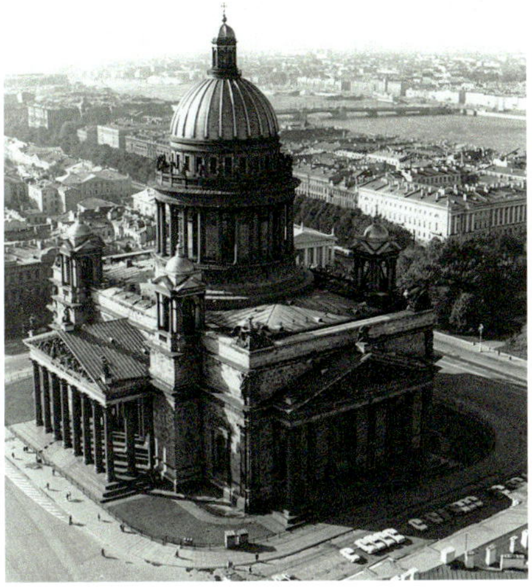

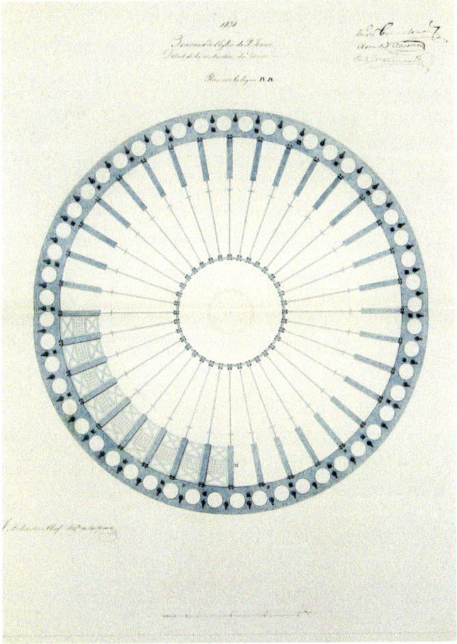

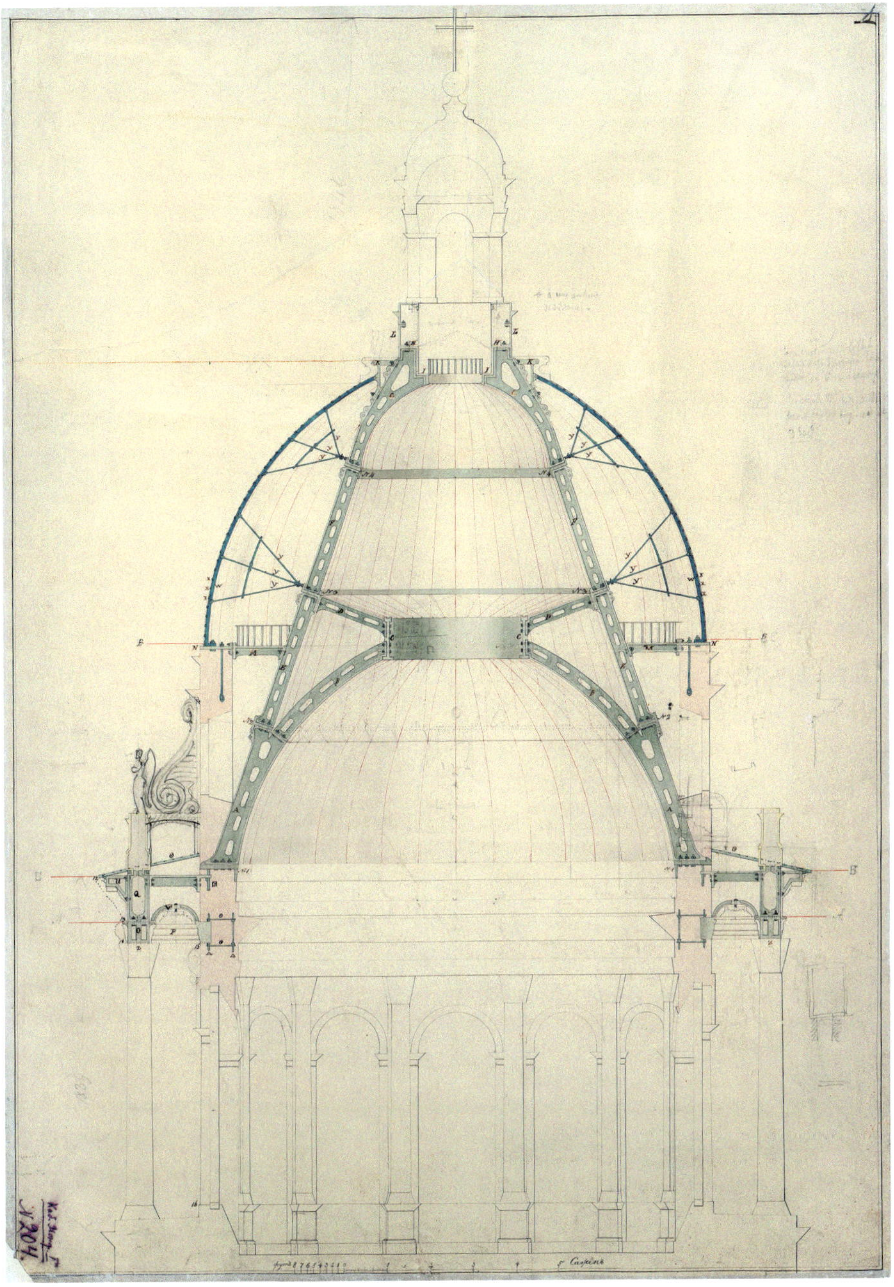

Luftbild von Südost (Foto 1980, Museum der Isaakskathedrale)

Grundriss der Innenkuppel mit Fußring und unteren Segmenten, 1838 (NTB PGUPS Montferrand, Mappe 9-22)

Querschnitt mit Darstellung der äußeren Schutzkuppel (schmiedeeiserne Rippen, blau gekennzeichnet) und deren Abstrebungen auf die Zwischenkuppel, 1838 (RGIA 502-2-204, 1)

Tafel 13

Isaakskathedrale, St. Petersburg
Auguste Ricard de Montferrand
Dreischaliges Kuppeltragwerk
Charles Baird, 1838–1841,
Entwurfszeichnungen

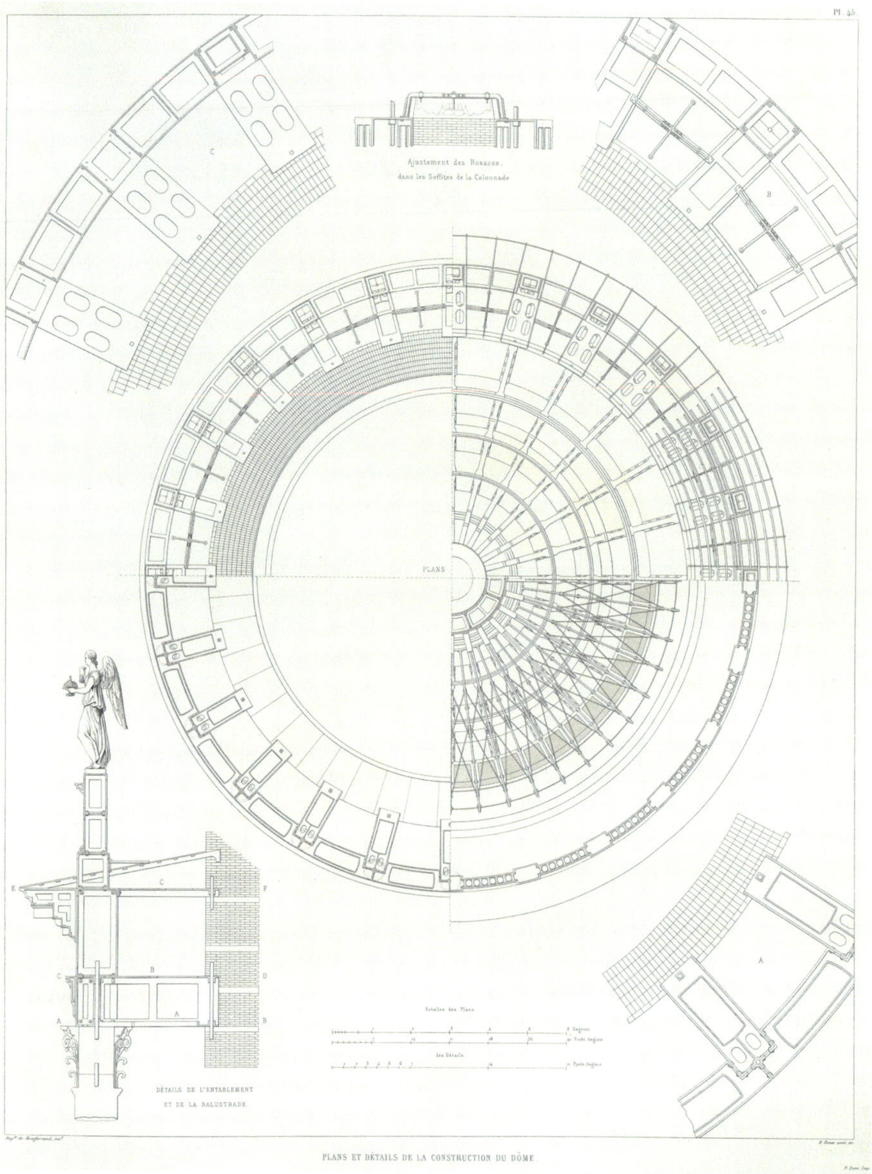

Grundriss in vier Ebenen und Details (Montferrand 1845, Taf. 44)

Blick in das guss- und schmiedeeiserne Rippentragwerk vor Einbringen der Tontopf- und Mauerwerksfüllungen, um 1840 (Montferrand 1845, Taf. 46)

Blick in den Raum zwischen äußerer Schutzkuppel und konischer Zwischenkuppel (Foto 2010)

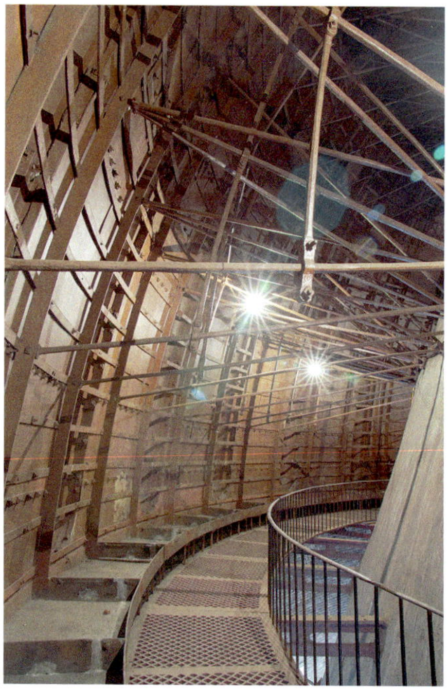

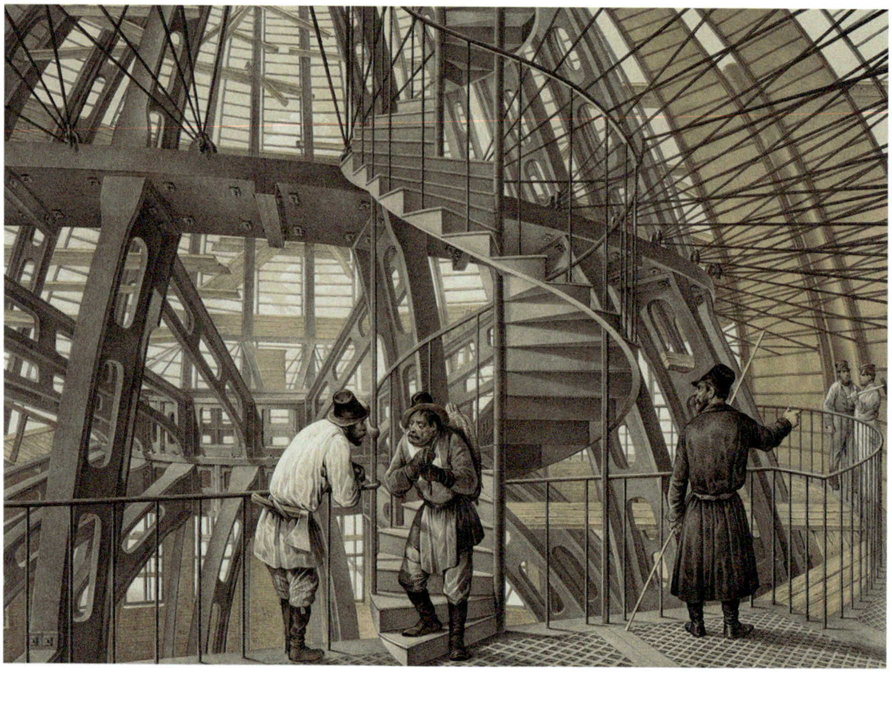

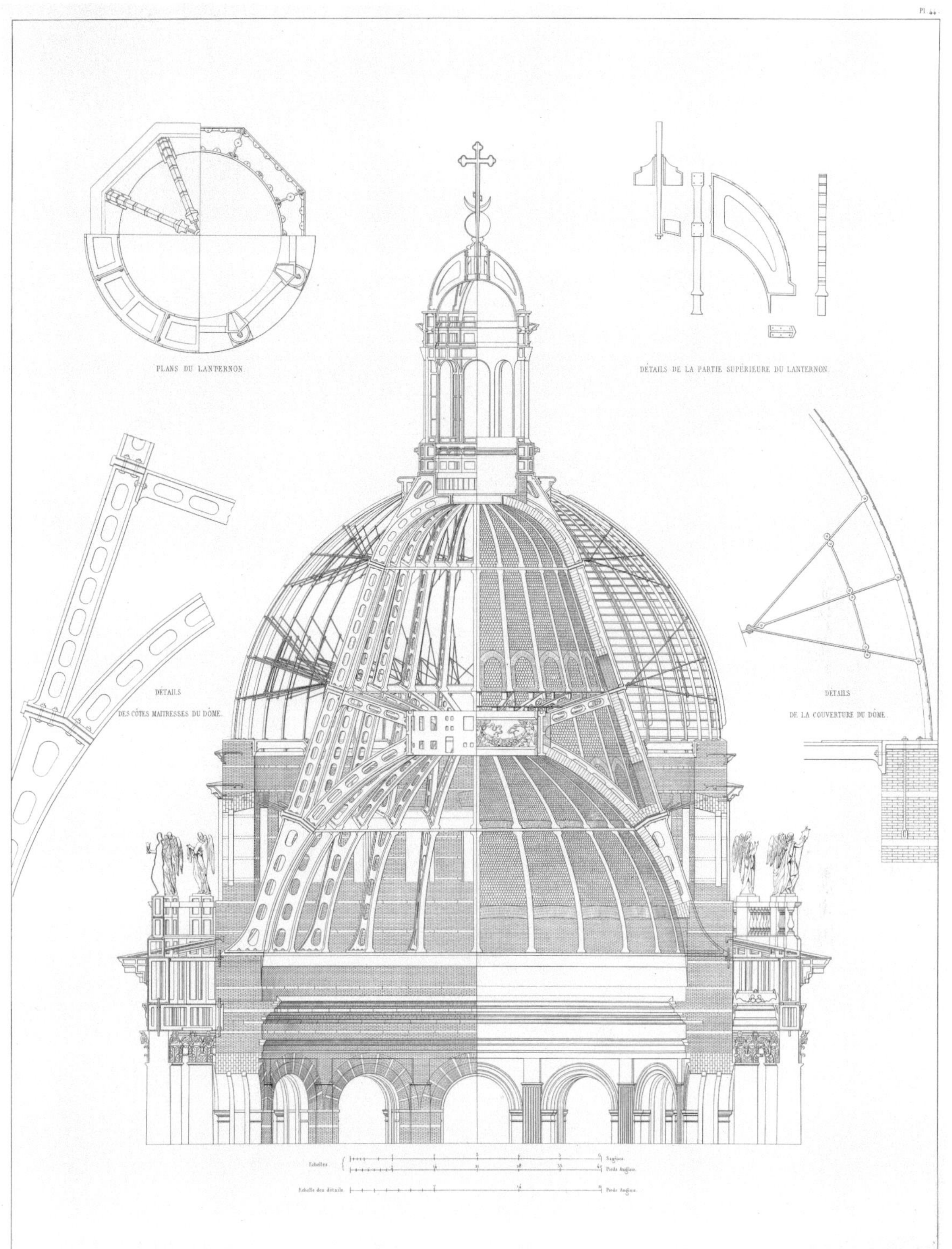

Tafel 14

Isaakskathedrale, St. Petersburg
Auguste Ricard de Montferrand
Dreischaliges Kuppeltragwerk
Charles Baird, 1838–1841,
Darstellungen von Montferrand, 1845

Schnitt und Details der Kuppelkonstruktion, links das Rippentragwerk, rechts mit Füllungen und Dachhaut (Montferrand 1845, Pl. 44)

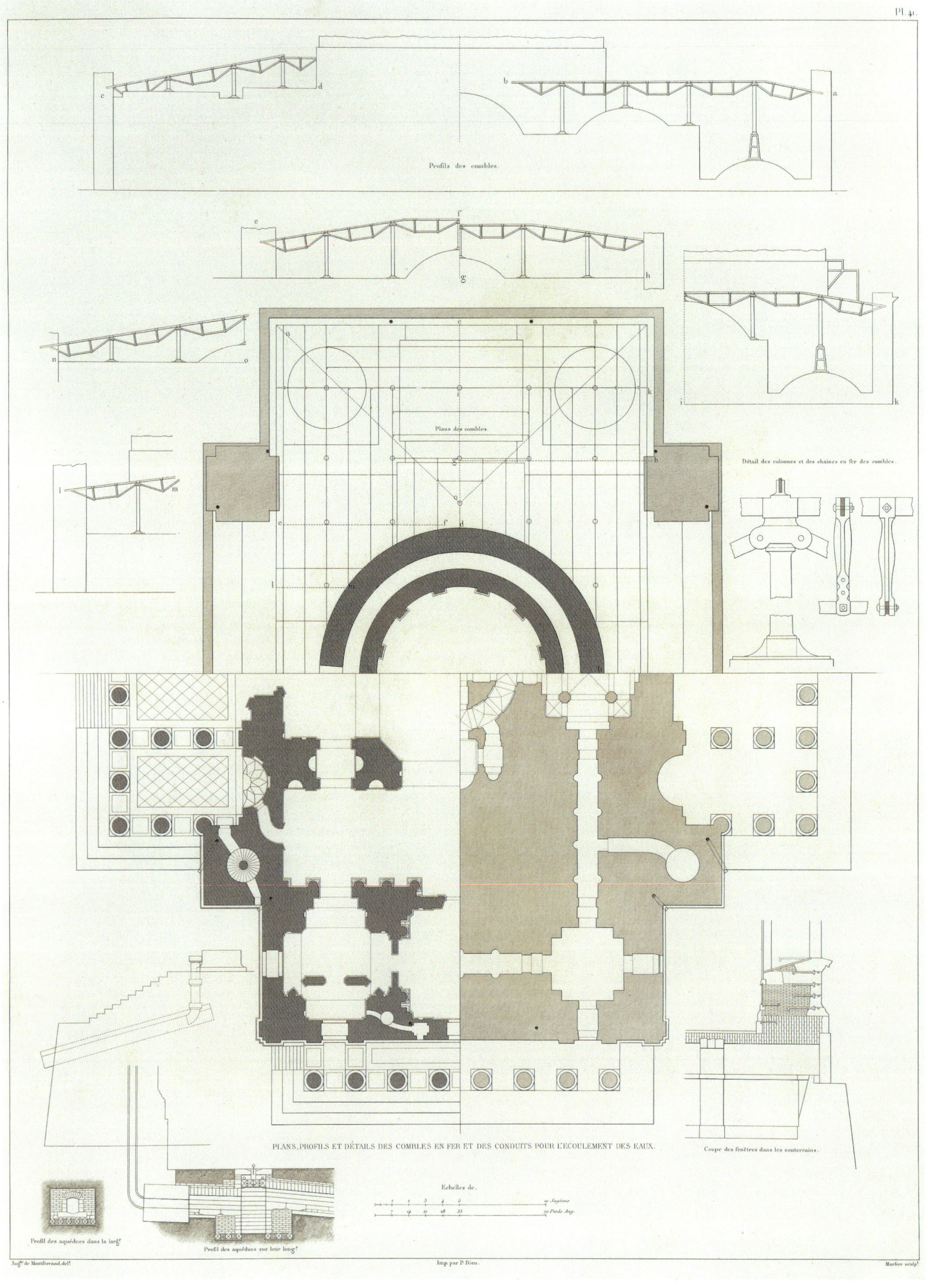
Pl. 41.
Profils des combles.
Plans des combles.
Détail des colonnes et des chaines en fer des combles.
PLANS, PROFILS ET DÉTAILS DES COMBLES EN FER ET DES CONDUITS POUR L'ECOULEMENT DES EAUX.
Coupe des fenêtres dans les souterrains.
Echelles de.
10 Sagènes
70 Pieds Ang.
Profil des aquédues dans la larg.r
Profil des aquédues sur leur long.r
Aug.te de Montferrand, del.t
Imp. par P. Dien.
Marlier sculp.t

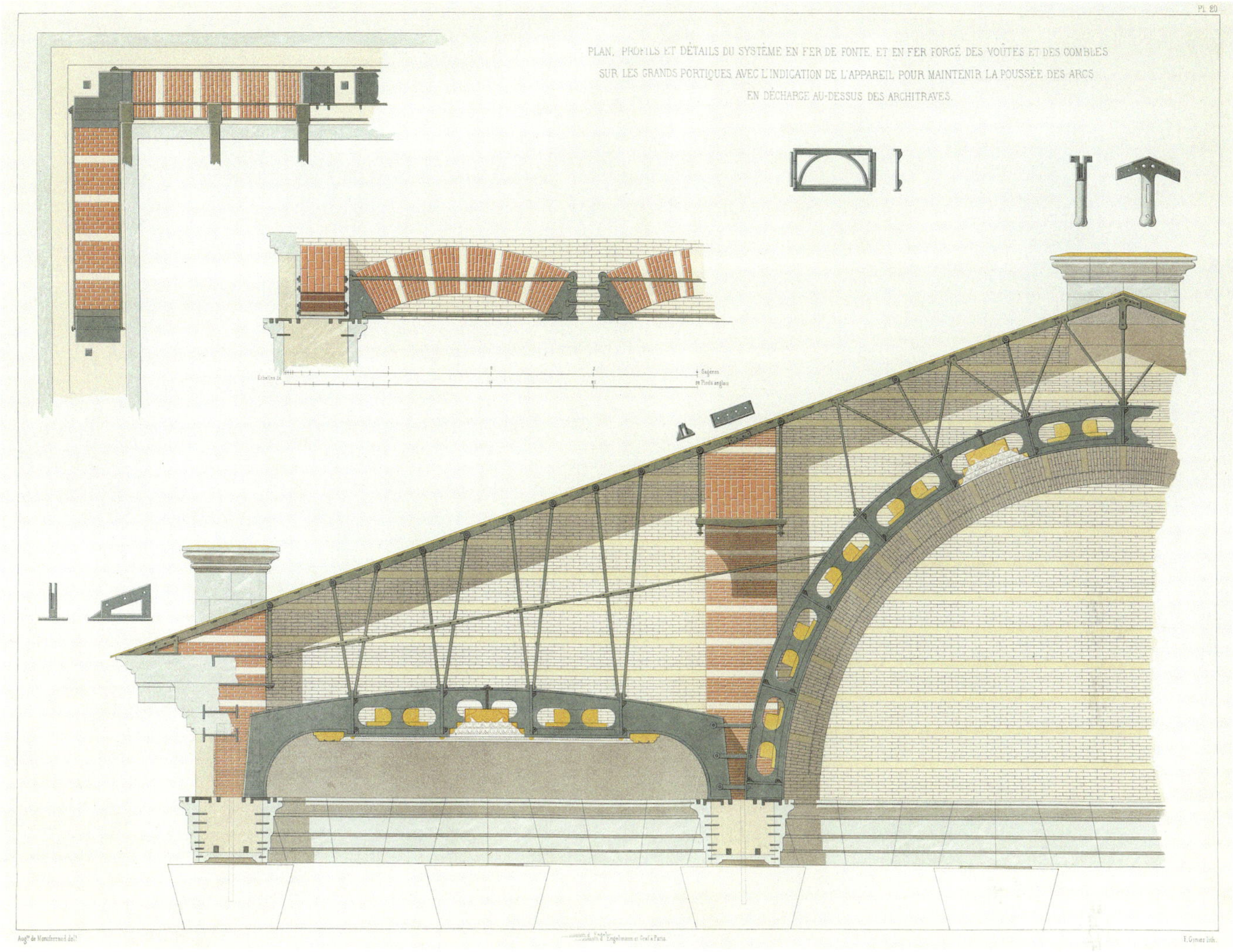

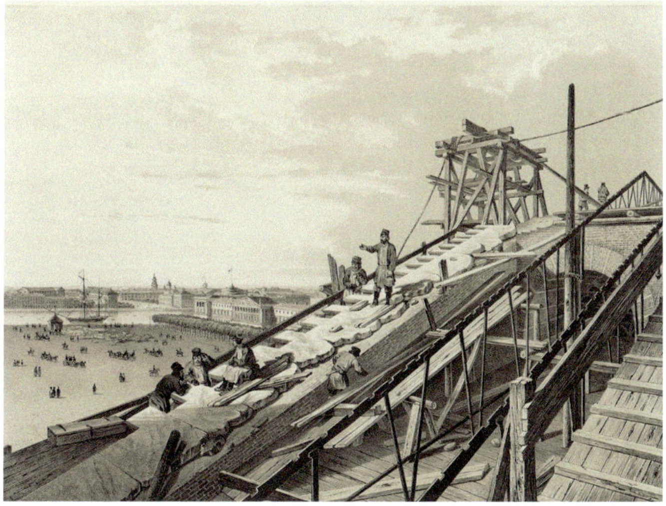

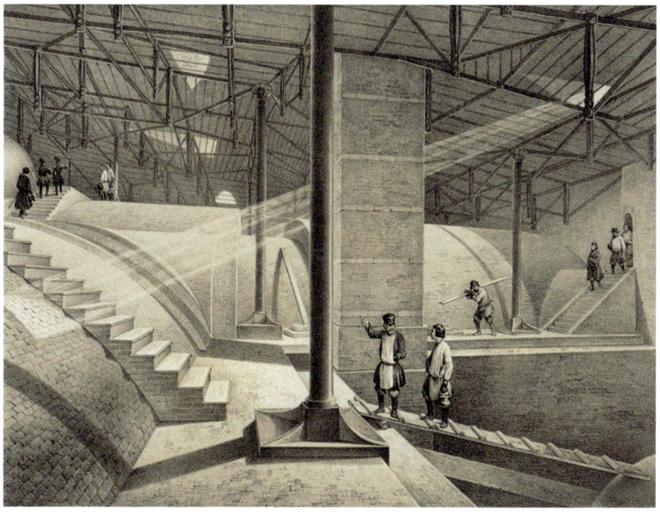

linke Seite: Grundriss mit Übersicht über die verschiedenen Dachtragwerke und deren Details (oben) sowie über das Entwässerungssystem (Montferrand 1845, Taf. 41)

Gusseiserne Bögen und Rahmen, darüber das schmiedeeiserne Dachtragwerk über einer der Portiken (Montferrand 1845, Taf. 20)

Verlegung des Schräggeisons auf dem Nordgiebel (Montferrand 1845, Taf. 21)

Dachraum mit unterspannten Sparren und Gussstützen (Montferrand 1845, Taf. 46)

Tafel 15

Isaakskathedrale, St. Petersburg
Dachtragwerke
Charles Baird, 1838–1841

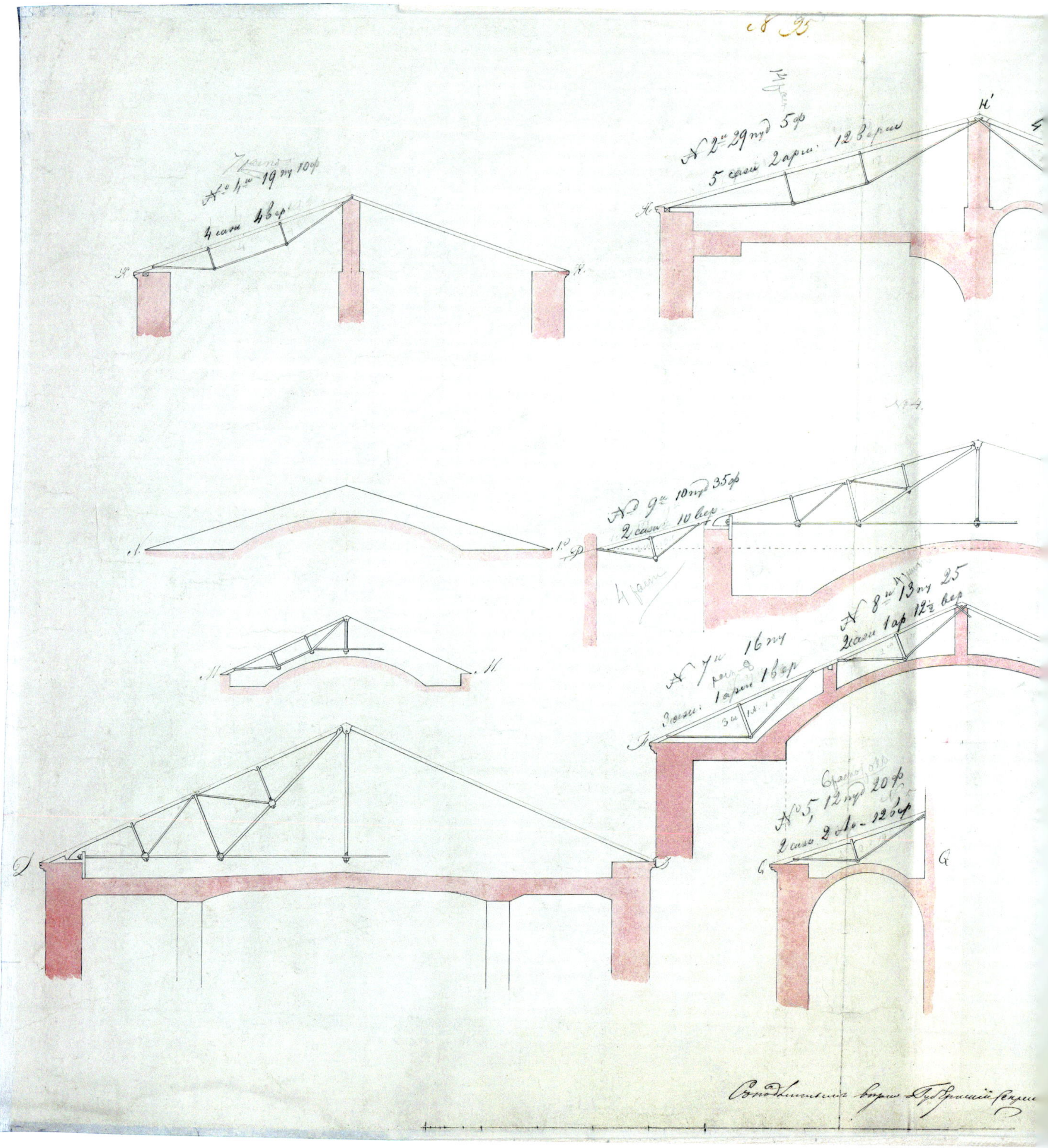

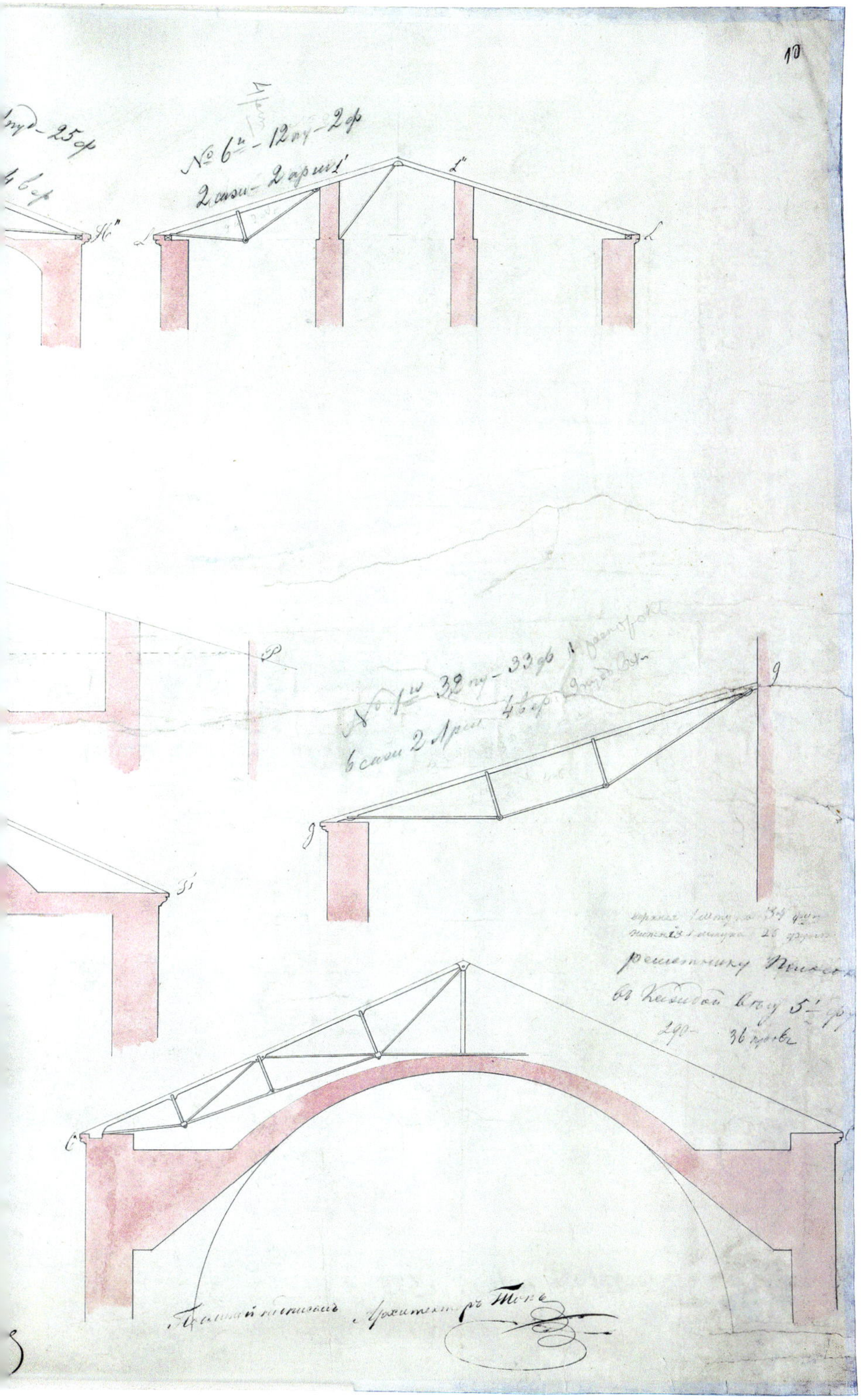

Schmiedeeiserne Dachtragwerke über verschiedenen Sälen des Großen Kreml-Palastes mit unterspannten Sparren (Spannweiten zwischen 5,70 und 12,60 m) und Sparrenbindern (max. 20,30 m im Vladimir-Saal) (RGIA 1424-4-578, Bl. 10)

Tafel 16

Großer Kremlpalast und Museum Rüstkammer, Moskau
Dach- und Deckentragwerke
Konstantin Thon, Šepelevwerk
Vyksa, 1842, Übersicht

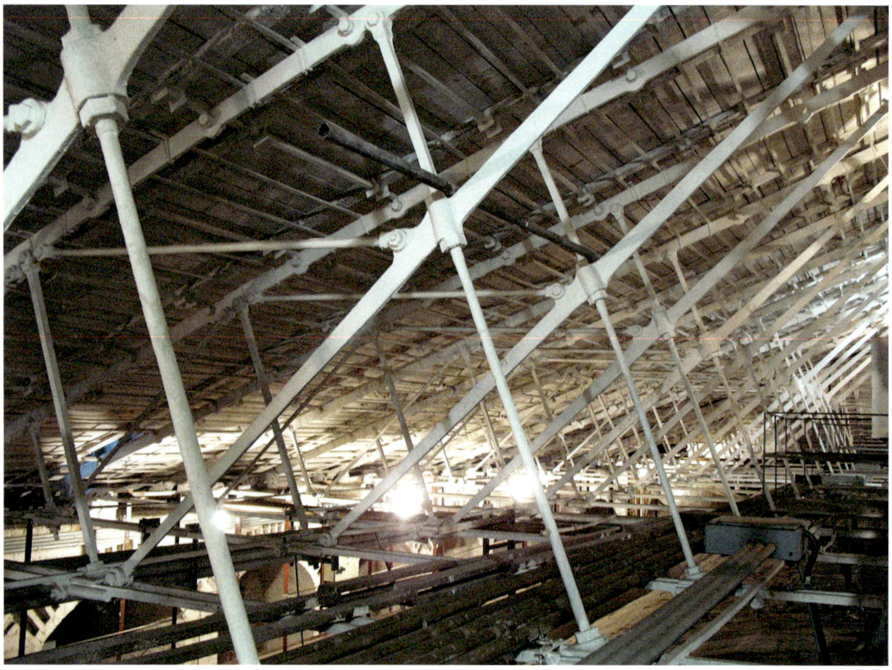

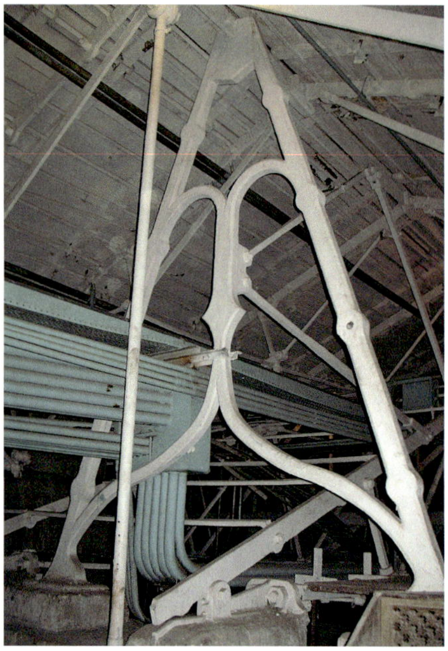

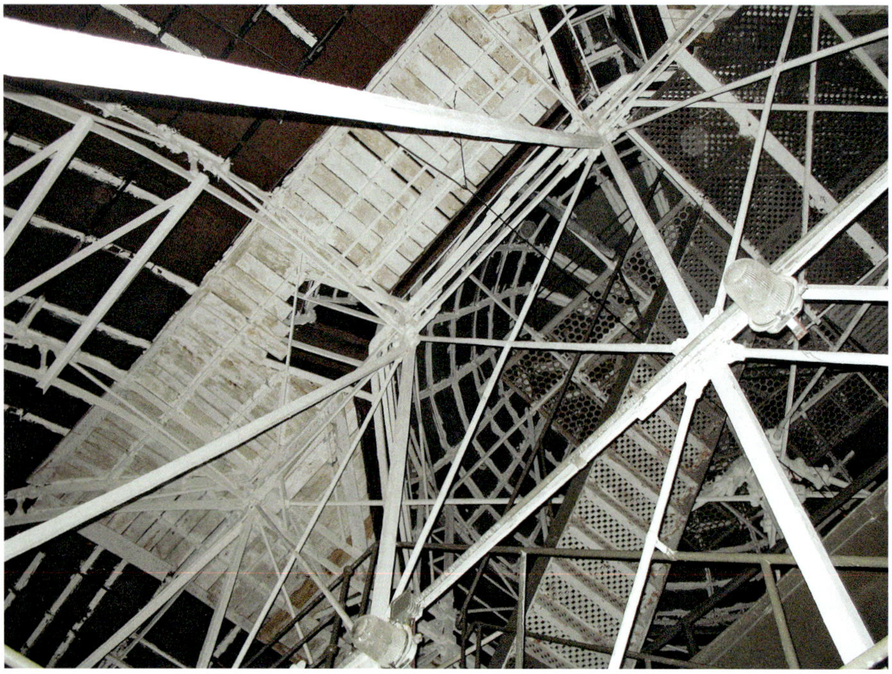

Tragwerke und Details während der jüngsten Grundinstandsetzung (Fotodokumentation 2010, Jurij Juzakov)

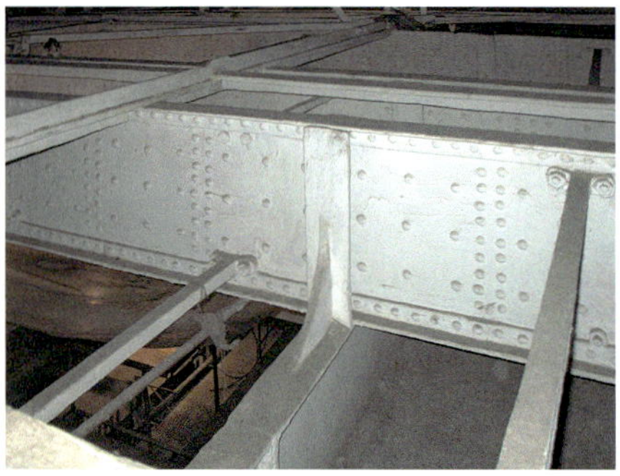

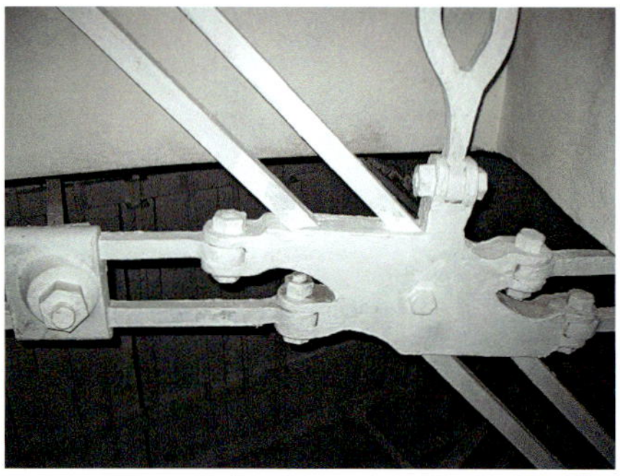

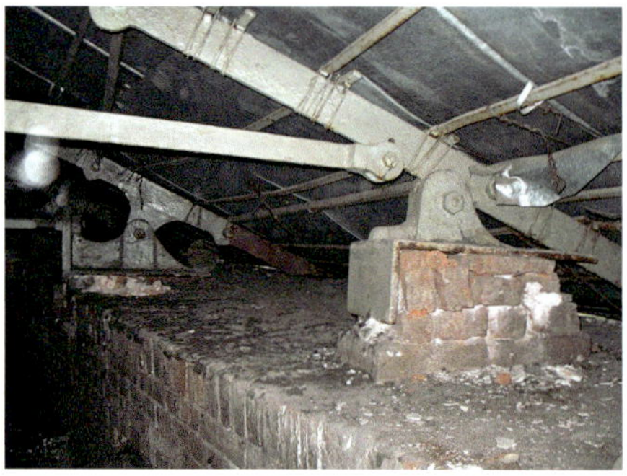

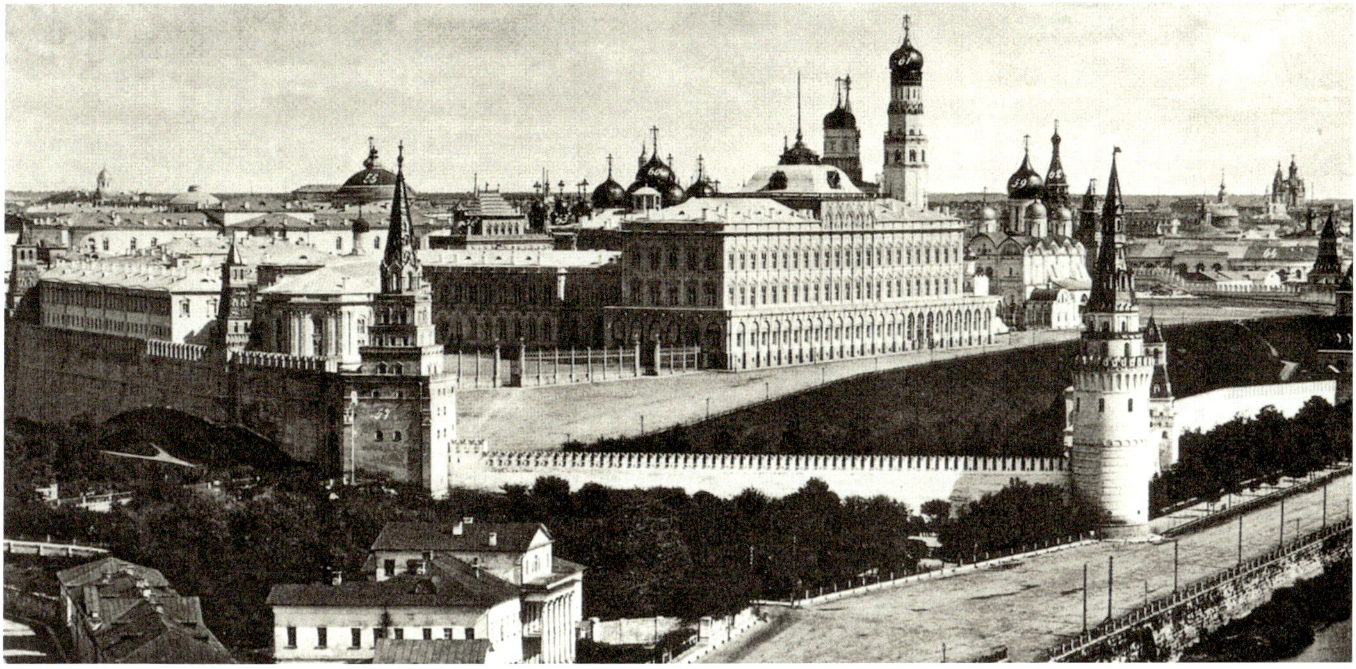

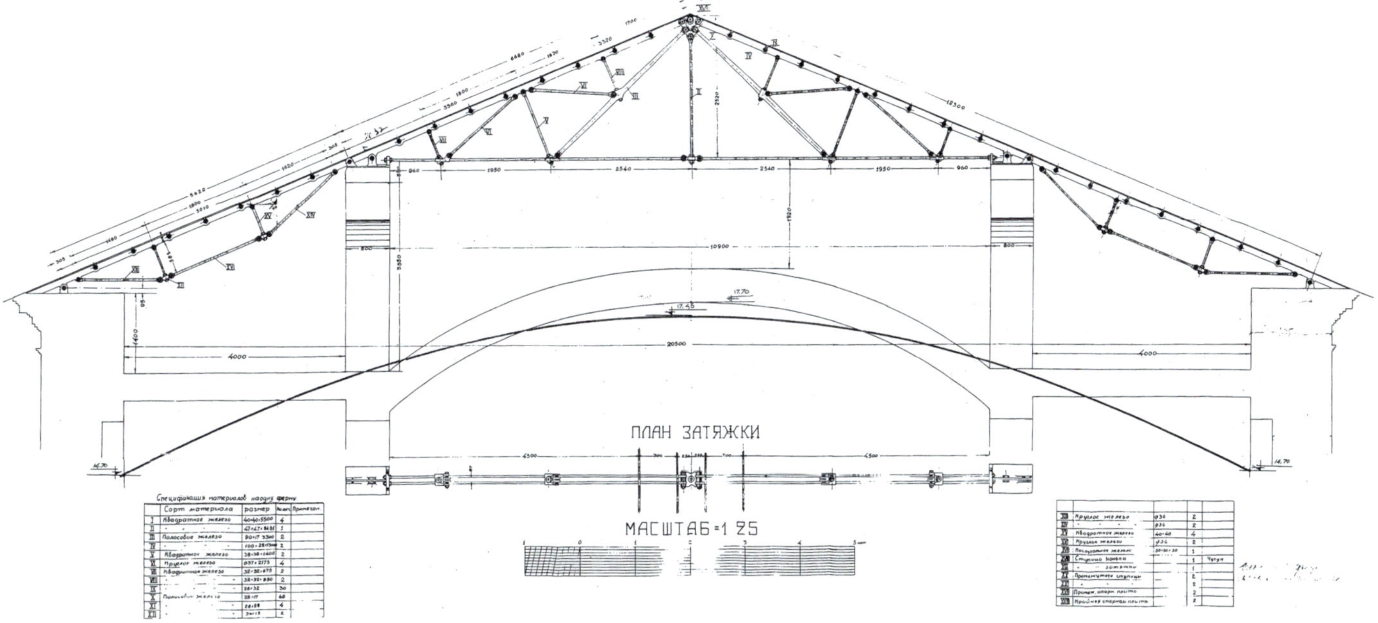

Gesamtansicht des Großen Kremlpalastes mit Rüstkammer (links im Bild), Fotopostkarte Scherer, Nabholz & Co., um 1900 (RNB St. Petersburg)

Dokumentationszeichnung eines Teilbereichs mit Sparrenbindern und Sparren, um 1930 (Quelle unbekannt)

Tafel 17

Großer Kremlpalast und Museum Rüstkammer, Moskau
Dach- und Deckentragwerke
Konstantin Thon, Šepelevwerk
Vyksa, um 1842, Dokumentation

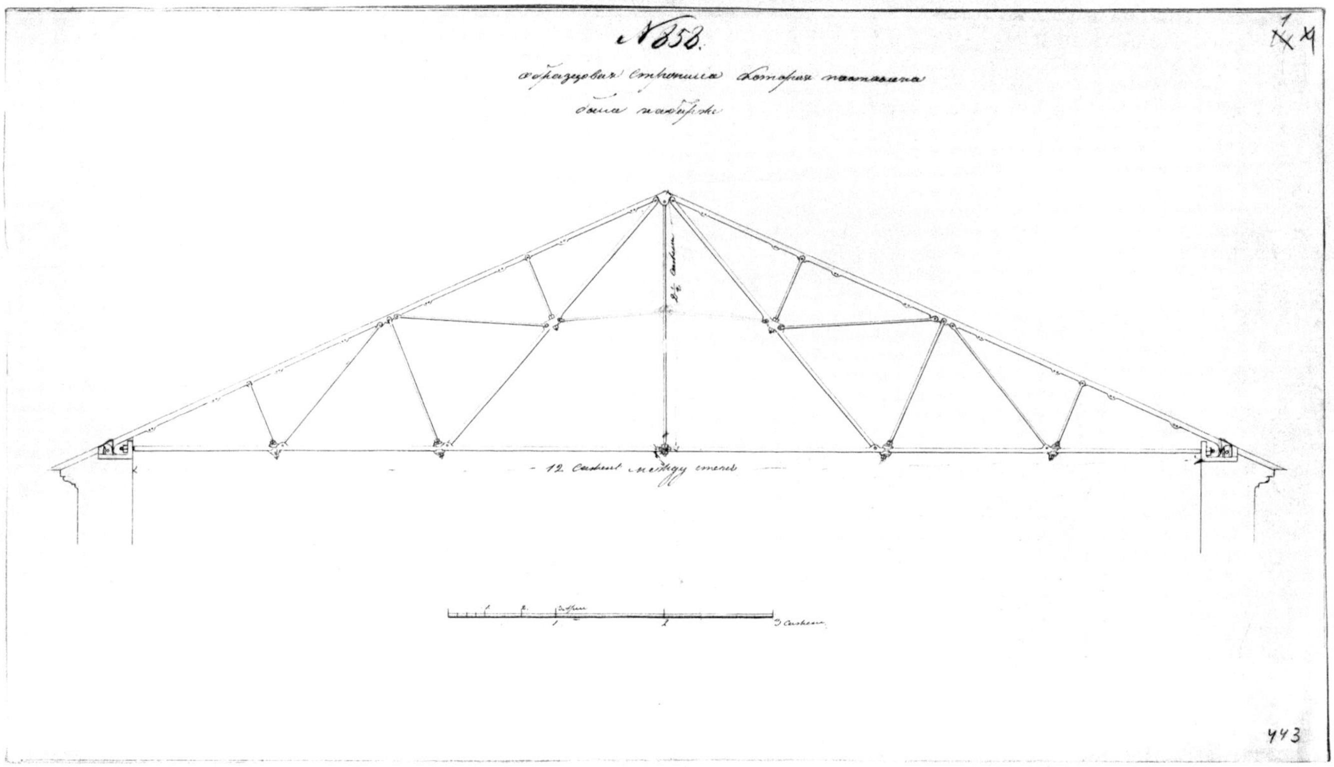

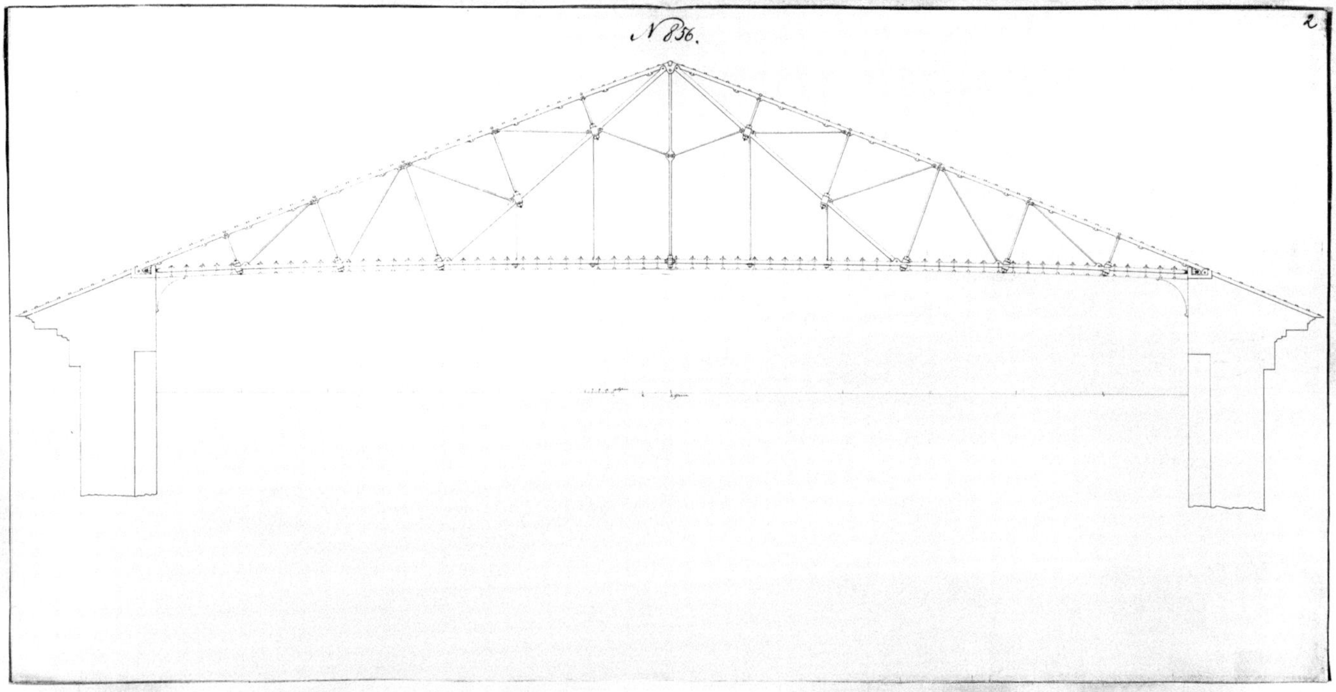

Aufrisse zweier mehrfach unterspannter Wiegmann-Polonceau-Träger für unbekannte Gebäude (das obere laut Archivangabe „in der Börse"), Spannweite 25,60 m, undatiert (RGIA 1424-4-618, Bl. 1 und 2)

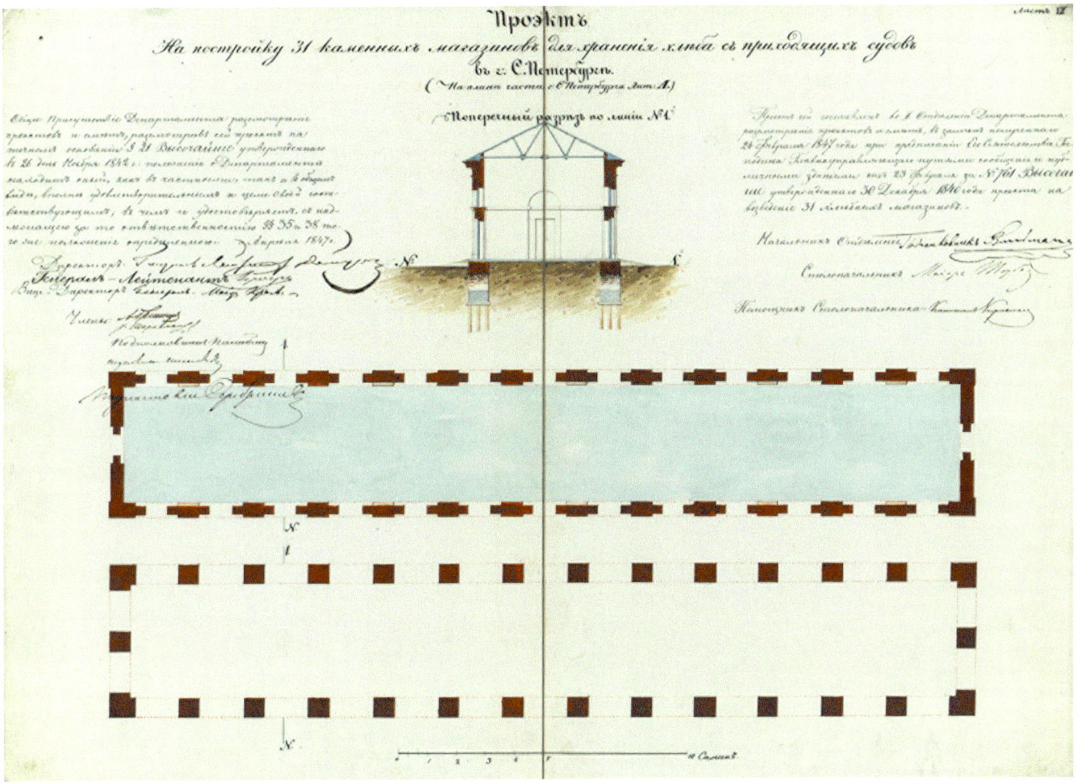

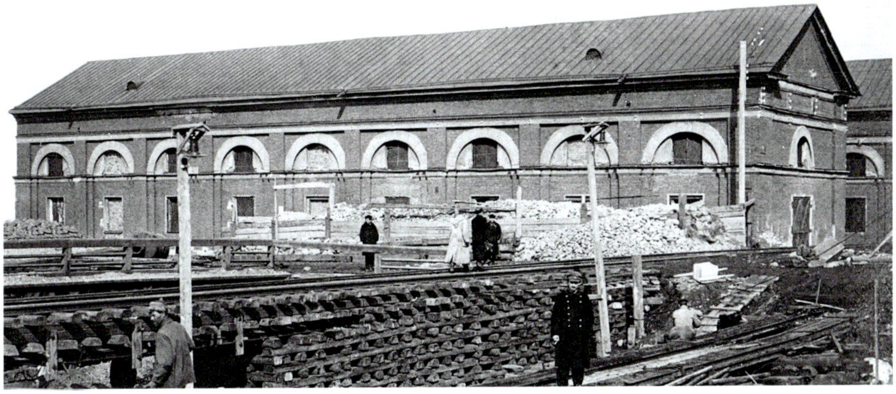

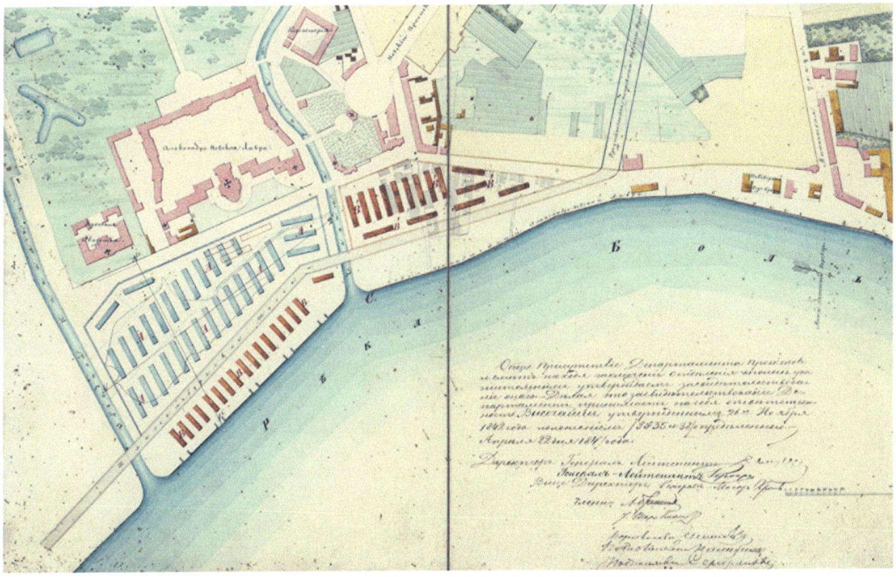

Kornspeicher mit einfachen Wiegmann-Polonceau-Trägern am Obvodnyj-Kanal, Spannweite 8,75 m, 1847:
Musterentwurf: Grundriss und Querschnitt (RGIA 1293-165-293, Bl. 1, 2)
Das Departement [für Entwürfe und Kostenanschläge des Amtes für Verkehrswege] hat dieses Projekt in allgemeiner Anwesenheit auf der verbindlichen Grundlage des § 21 der zur Begutachtung am 26. November 1842 Allerhöchst genehmigten Richtlinie für das Departement begutachtet und findet dieses seinem Zweck entsprechend. Darüber wird hiermit Auskunft gegeben, mit hinzugezogener Verantwortung gemäß § 35 und 38 der o. e. Verordnung. April 1847. Dieses Projekt wurde in der II. Abt. des Departements für Entwürfe und Kostenanschläge anstelle des am 24. Februar 1847 zugegangenen, am 30. Dezember 1840 erstellten Projekts für 31 Kornmagazine erarbeitet.

Ansicht eines Speichergebäudes (Foto um 1900)

Lageplan (blau gekennzeichnet die 31 neuen Gebäude, RGIA 1293-165-295, Bl. 1)

Tafel 18

Wiegmann-Polonceau-Träger in der Petersburger Baupraxis, 1840er Jahre

Teil 2

Graphische Quellen zu den Eisentragwerken der Eremitagebauten

Tafeln 19 bis 57

Verzeichnis der Tafeln 19 bis 57

39 Winterpalast, erster Wiederaufbau des Thronsaals, Entwurfsvarianten, Matthew Clark, 1838–1839

40 Winterpalast, erster Wiederaufbau des Thronsaals, Blechträgerdecke, 1839–1841 (Einsturz August 1841)

41 Winterpalast, erster Wiederaufbau des Thronsaals, Dokumentation der eingestürzten Blechträgerdecke, 1841

42 Winterpalast, zweiter Wiederaufbau des Thronsaals, Entwurfsplanung, Matthew Clark, 1841–1842

43 Winterpalast, zweiter Wiederaufbau des Thronsaals, Werkplanung, Matthew Clark, 1841–1842

44 Winterpalast, zweiter Wiederaufbau des Thronsaals, externe Vorschläge, 1841

45 Neue Eremitage, Leo von Klenze, 1839–1852, Geschosspläne und Längsschnitt

46 Neue Eremitage, Blechträgerdecken und Gewölbe über dem Erdgeschoss

47 Neue Eremitage, Blechträgerdecke über dem Erdgeschoss im Südwestpavillon, Aleksandr Fullon

48 Neue Eremitage, Blechträgerdecken und Sparrenbinder über dem Hauptgeschoss, Aleksandr Fullon, 1843–1844

49 Neue Eremitage, Sparrenbinder über den Sälen im Millionnajatrakt, Aleksandr Fullon, 1843–1844

50 Neue Eremitage, Sparrenbinder über den Sälen im Winterkanaltrakt, Arbeitsvarianten, Aleksandr Fullon, 1843

51 Neue Eremitage, Walmdachkonstruktion über dem Südostpavillon, Aleksandr Fullon, 1843

52 Neue Eremitage, Zeltdachkonstruktion über dem Südwestpavillon, Aleksandr Fullon, 1843

53 Neue Eremitage, Detaillierung der Firstpunkte, Aleksandr Fullon, 1843

54 Neue Eremitage, Detaillierung der Unterspannung, Aleksandr Fullon, 1843

55 Kleine Eremitage, Umbau und Erweiterung des Südpavillons, Vasilij Stasov mit Matthew Clark, 1840–1841

56 Kleine Eremitage, Umbau und Ertüchtigung des Nordpavillons und Einrichtung eines neuen Wintergartens, Andrej Štakenšnejder, 1851–1855

57 Kleine und Alte Eremitage, Umbau und Ertüchtigung, Andrej Štakenšnejder, 1851–1855

Einführung

Die folgenden 39 Tafeln liefern zeitgenössische graphische Quellen zu ausgewählten Eisentragwerken im Eremitagekomplex der Jahre 1838 bis 1852. Sie stammen überwiegend aus Petersburger Archiven und Museen. Ihre Provenienz hinterlässt auch nach mehrjähriger Forschungsarbeit noch offene Fragen. Gleichwohl können hier erstmalig alle wesentlichen Planunterlagen präsentiert werden, mit dem sich in dieser Breite bislang einmalig Entwicklung, Herstellung, Prüfung und Pflege der Dach- und Deckenkonstruktionen aufzeigen lassen.

Als Kern des Fundus sind die Bestände in der Staatlichen Eremitage selbst zu werten, insbesondere der dortige Bereich Architekturgraphik (Bestand AGĖ, GĖ OR und OIRPA). Diese Pläne waren offensichtlich für den palastinternen Gebrauch bestimmt. Von besonderem Interesse sind hier die Archivalien zu den ausgeführten Tragwerken (Bestand AGĖ), die eine Systematisierung aller Dach- und Deckentypen beinhalten. Schon diese großformatigen Blätter rechtfertigen die Bezeichnung „Eiserne Eremitage“ und die diesbezüglich gestellten Forschungsfragen. Eine detaillierte Darstellung einzelner Entwurfsphasen dokumentieren zum Beispiel die Zeichnungen zu den Belastungsversuchen der mit Schiffsketten verstärkten Sprengeldecken der Neva-Enfilade sowie die Konstruktionsvorschläge für Deckentragwerke ähnlicher Bauweise für den Thronsaal (beides Bestand GĖ OR). Eine Reihe von Zeichnungen zur Verstärkung bestehender Sparrensysteme des Winterpalastes und zur Instandsetzung und Wartung der Sparrenbinder der Neuen Eremitage verweisen auf nachträgliche Instandsetzungsarbeiten und eine sorgfältige Wartung der Konstruktionen (Bestand OIRPA).

Der aus dem Staatsetat finanzierte Wiederaufbau der Winterresidenz in Petersburg unterlag den damals üblichen Regelungen zur Baugenehmigung und Baufinanzierung. Dementsprechend befindet sich im RGIA neben dem zugehörigen Briefwechsel auch eine ausführliche graphische Dokumentation, welche die Materialien zur Eisernen Eremitage im bautechnischen Sinne ergänzen. So enthalten die dortigen Bestände des Ministeriums des Kaiserlichen Hofs Entwurfszeichnungen für die Elliptischen Balken und Sprengel, die man zu den wichtigsten Erfindungen des Direktors des Aleksandrovskij-Werks Matthew Clark zählen darf. Bei der Planung und Errichtung der Neuen Eremitage (1842–1844), der zweiten Phase der Eisenverwendung, ist eine markante inhaltliche Erweiterung der Entwürfe erkennbar. Die konstruktiven Details des Tragwerks – bis dahin in der üblichen Gesamtdarstellung der Träger oder Sparrenbinder bestenfalls angedeutet – erscheinen nun in „natürlicher Größe“ auf eigenen Blättern. Für einzelne Dachbereiche entsteht damit eine Art Plansatz fast schon im Stil moderner Stahlbauzeichnungen.

Die Anordnung der Dokumente in Teil 2 folgt der Baugeschichte des Eremitagekomplexes nach dem Brand im Dezember 1837 bis zum vorläufigen Abschluss 1852. Die Konstruktionen werden wie in der Bauforschung oft üblich jeweils als Bestandteil eines Bauwerks (Dach / Saal / Trakt) vorgestellt, beginnend mit dem Winterpalast als Experimentierfeld für die Anwendung neuer Eisenkonstruktionen über die Neue Eremitage mit ihrer auf wenige Sparrenbinder und Blechträger reduzierten Typen bis hin zu den Gebäuden der Kleinen und Alten Eremitage, in denen konstruktives Eisen bei Umbauten und Erweiterungen schon in Übernahme weithin bekannter Musterlösungen Anwendung fanden.

Die vorhandenen Blätter können meist als Genehmigungsvorlage, als bereits bewilligter Entwurf oder als nachträgliche Dokumentation eingestuft werden. Viele Archivalien sind in mehreren, für verschiedene Behörden erstellte Kopien vorhanden, deren Bemaßung und Maßstäbe sich untereinander und von den ausgeführten Konstruktionen teilweise erheblich unterscheiden. Einen profunden Einblick in die tatsächlich ausgeführten Konstruktionen konnten erst die Bauaufnahmen liefern, die vom Lehrstuhl für Bautechnikgeschichte und Tragwerkserhaltung an der BTU Cottbus in jahrelanger Arbeit erstellt wurden (s. Teil 3 und Teil 4).

Das Hauptaugenmerk der Publikation liegt auf den dem Blick der Öffentlichkeit normalerweise entzogenen Dach- und Deckenräumen. Um die seinerzeitige Ausgestaltung der Räume in den darunterliegenden Stockwerken, die sich zuweilen auch in der Benennung der Säle niedergeschlagen hat, in Erinnerung zu rufen, werden aquarellierte Schaubilder von Konstantin Uchtomskij, Luigi Premazzi und Eduard Hau aus der zweiten Hälfte des 19. Jahrhunderts, vereinzelt auch andere künstlerische Arbeiten und wenige Fotos eingebunden. Bei den ins Deutsche übersetzten Zeichnungseinträgen handelt es sich im Übrigen sämtlich um Übersetzungen des Verfassers.

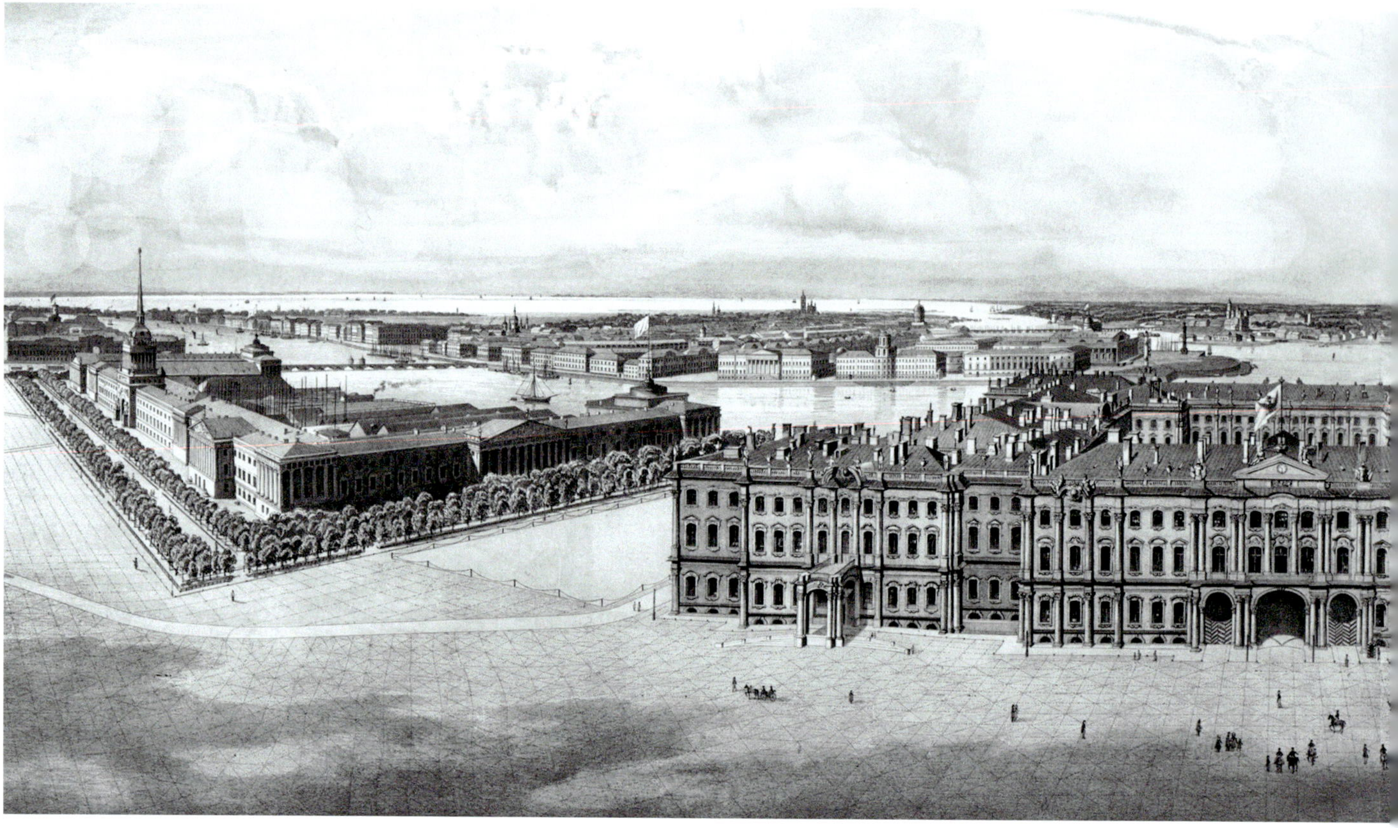

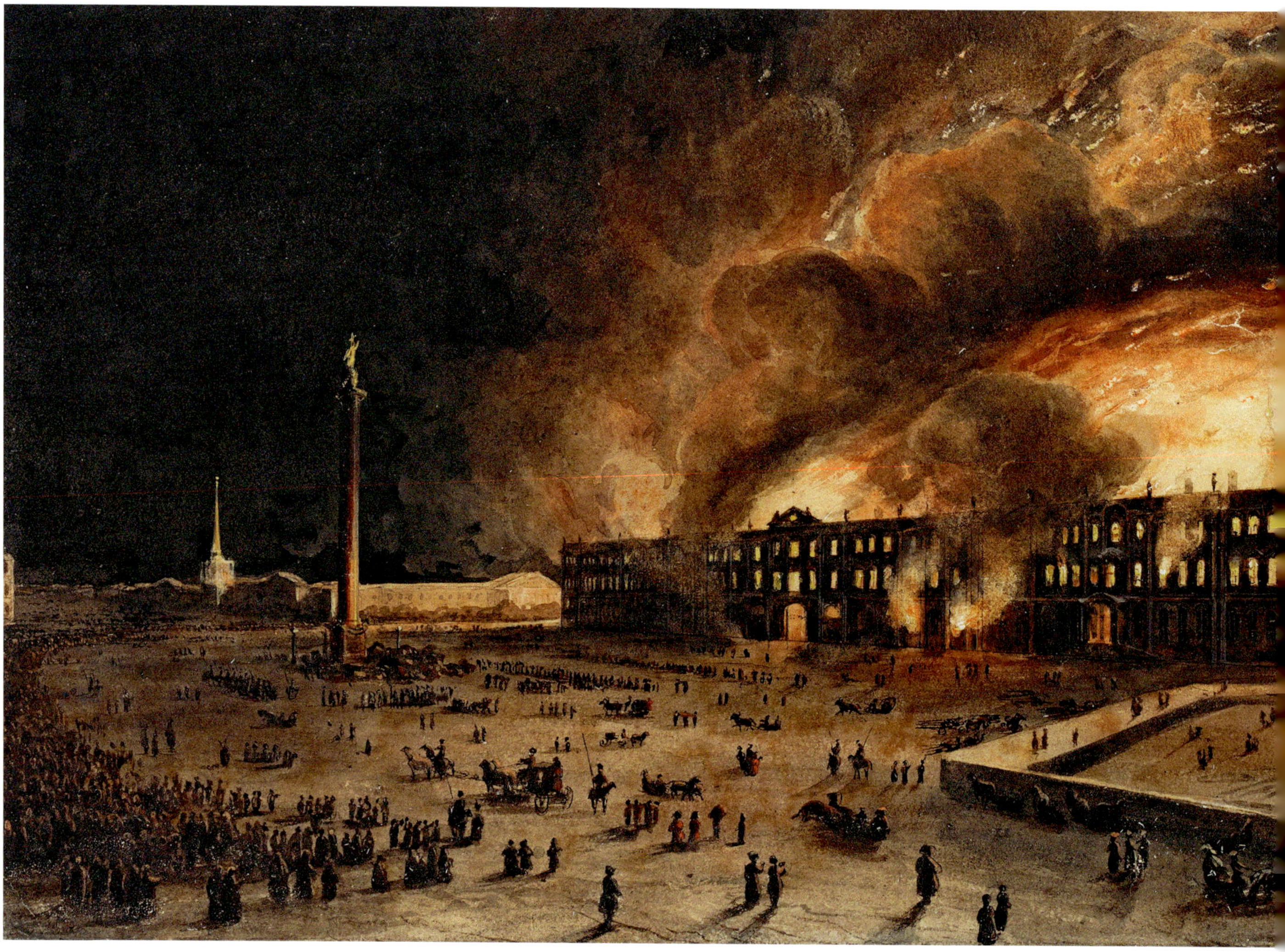

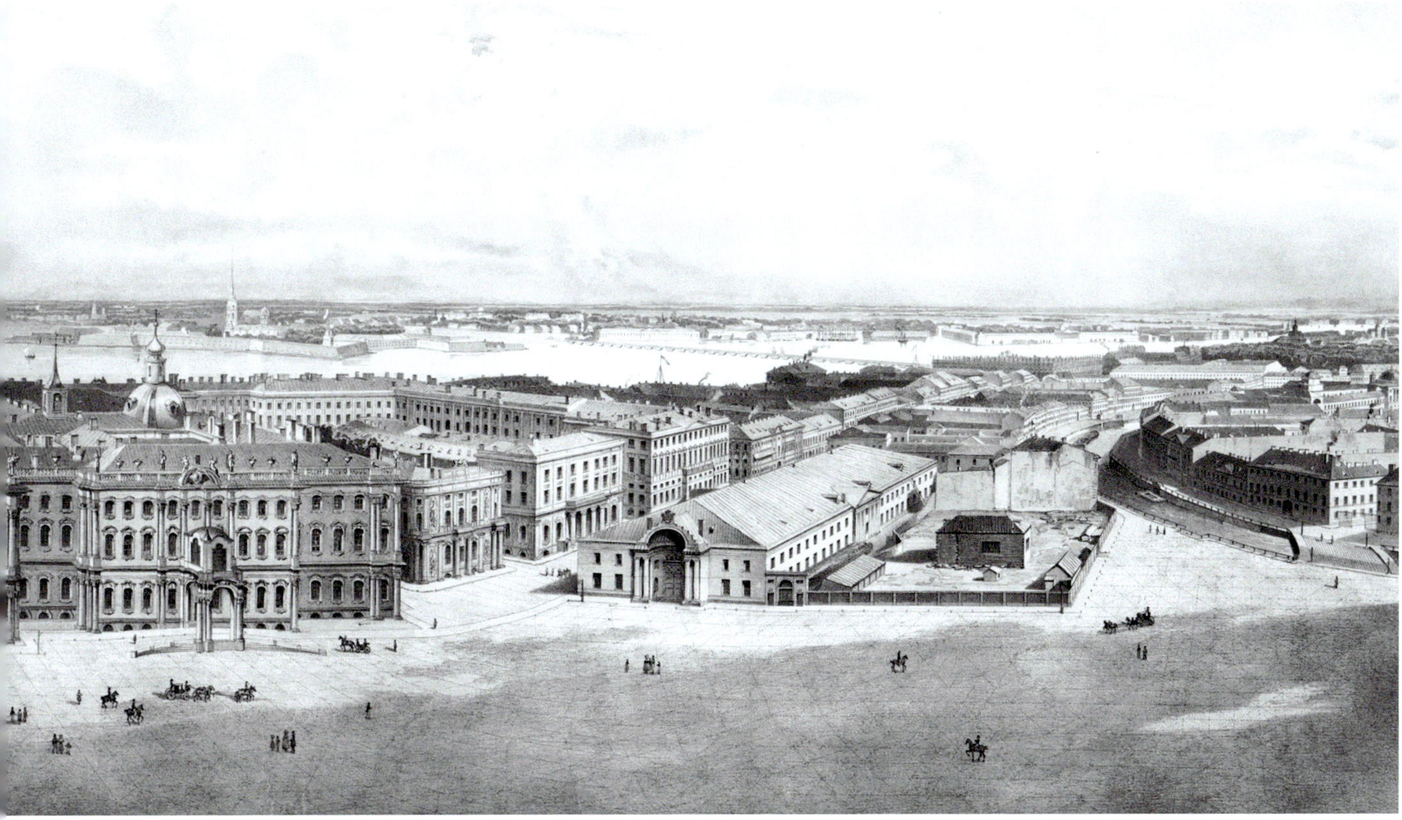

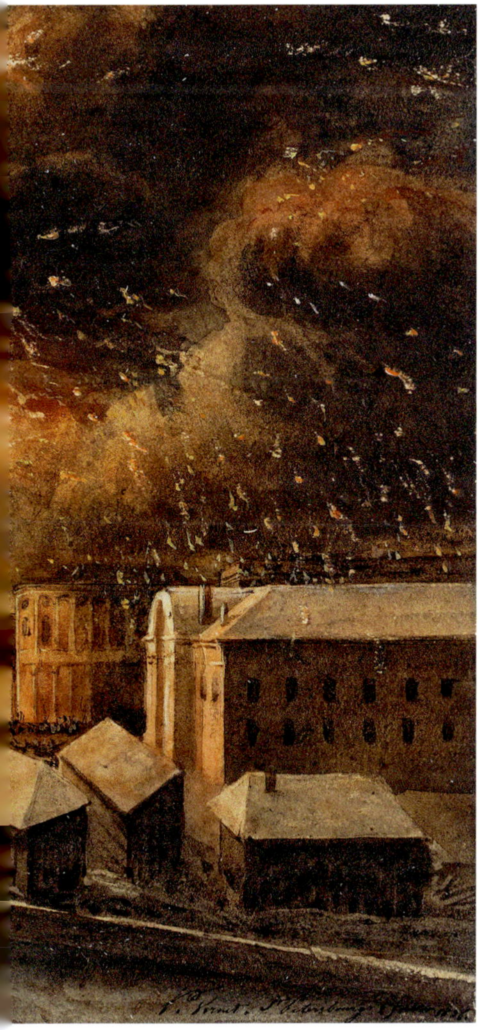

Blick von der Alexander-Säule auf den Winterpalast und das übrige, perspektivisch verfremdete Panorama von St. Petersburg (Lithografie Grigorij Černecov, 1836, GĖ OR 27286, 27225, Ausschnitt)

Blick über den Schlossplatz auf den brennenden Winterpalast, links die Alexander-Säule, rechts die Exerzierhalle (Aquarell Pierre Marie Joseph Vernet, 1838, GĖ ĖRG 9319, Ausschnitt)

Tafel 19

Winterpalast, Ansicht 1836 und in Brand im Dezember 1837

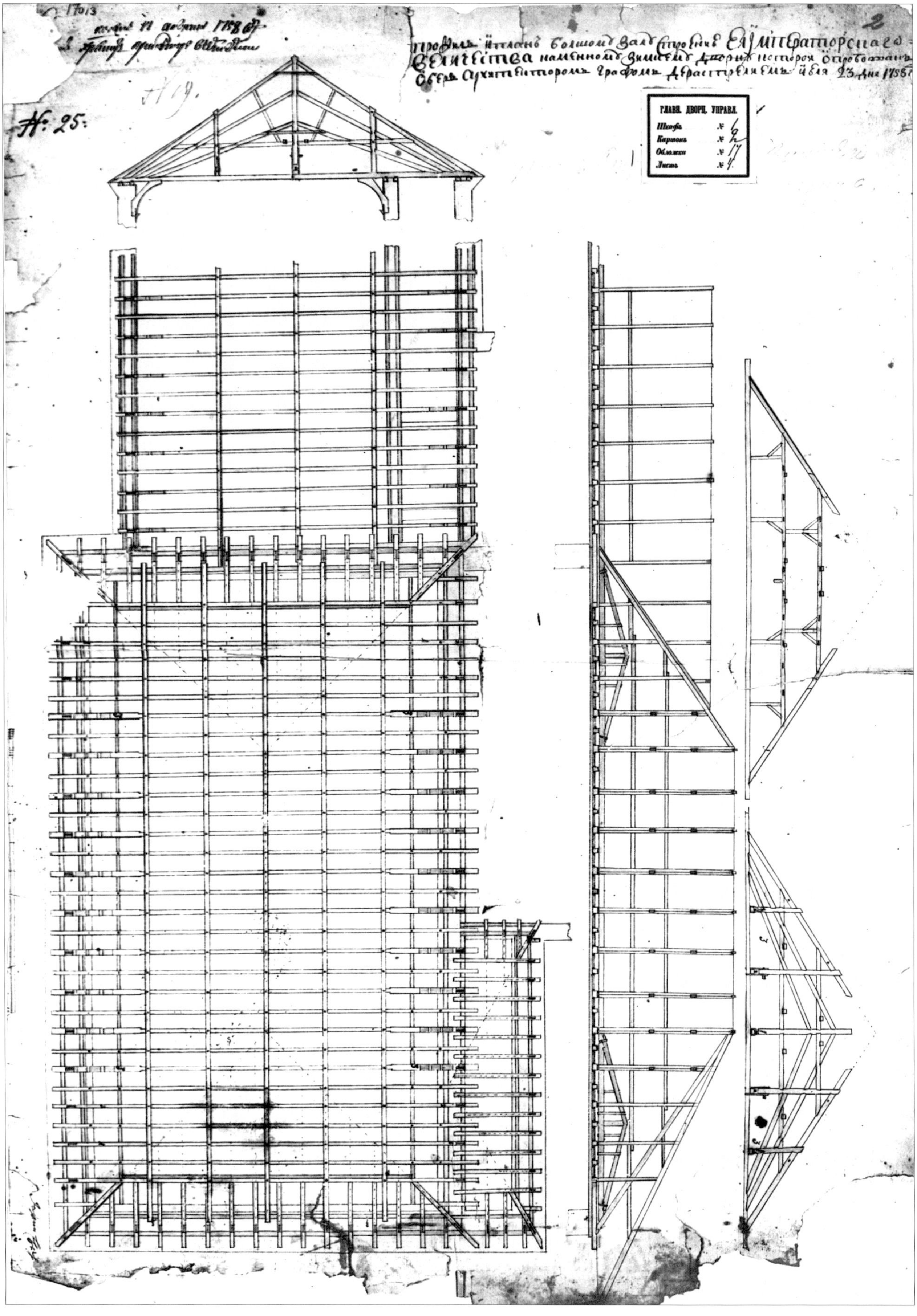

Grundriss des Dachwerks über dem alten Thronsaal und dem angrenzenden Saal der Neva-Enfilade, Querschnitt des Hängewerks über der Neva-Enfilade (oben), Längsschnitt und Querschnitte in den Walmbereichen des Thronsaals (rechts), Bartolomeo Rastrelli, 1758 (GÉ OR 17013)

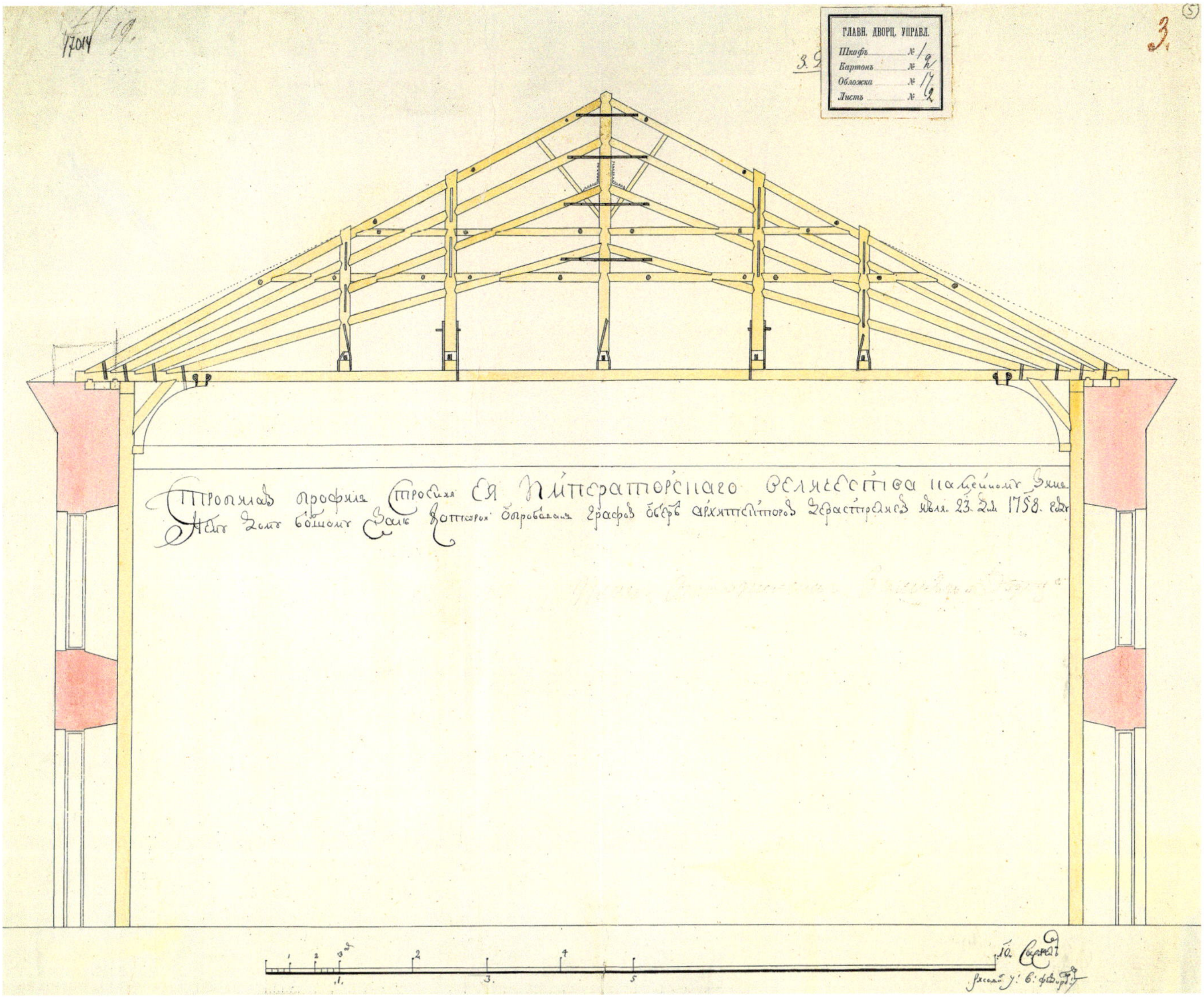

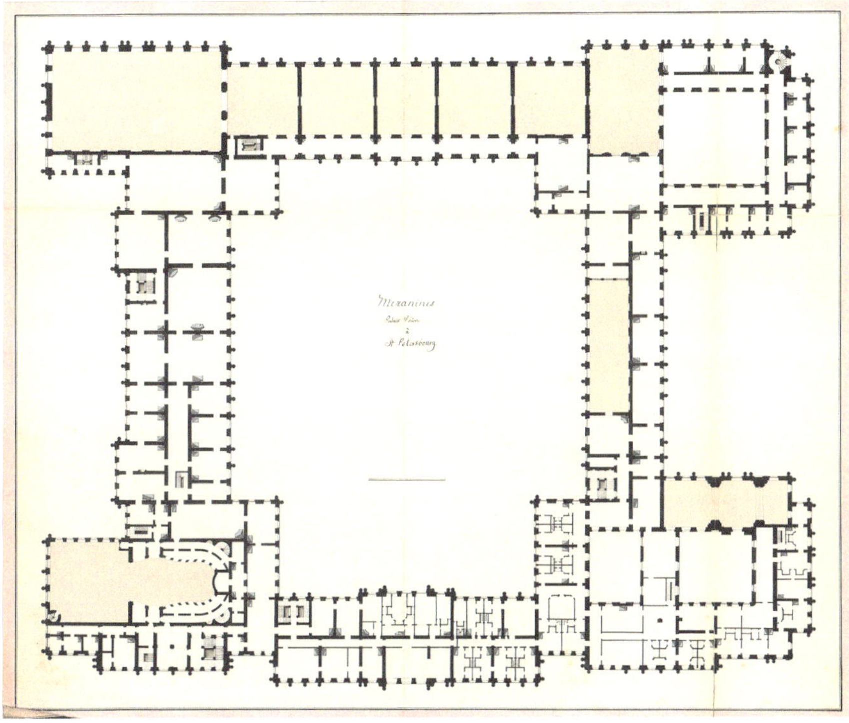

Querschnitt des Thronsaals, mit Hängewerk, Spannweite 27,40 m, 1758 (GÉ OR 17014)

Lage der Großen Säle (links oben der Thronsaal), um 1770 (TUB AM 46557)

Tafel 20

Winterpalast, Hölzerne Dachwerke über den großen Sälen vor dem Brand 1837

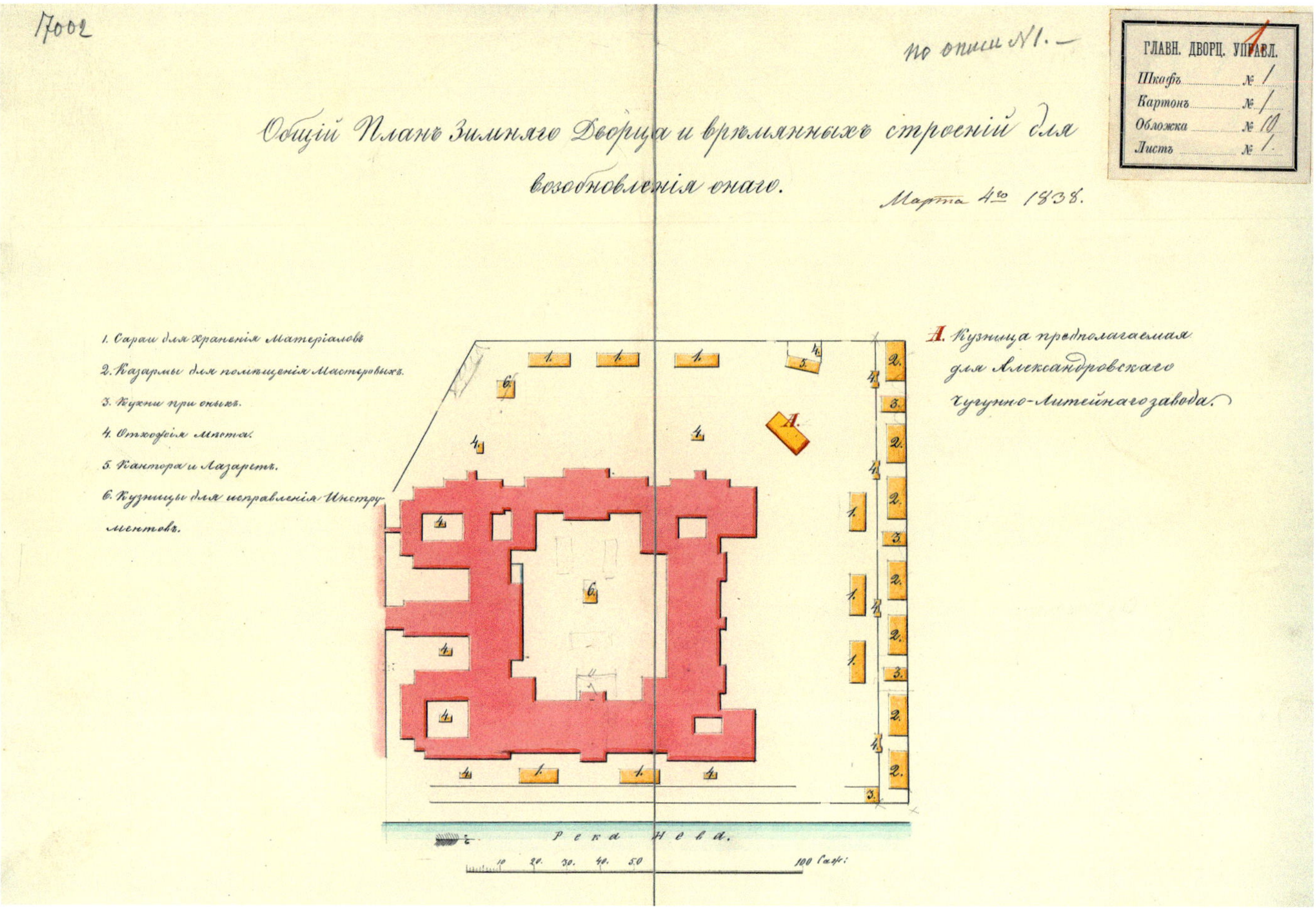
7002
по описи N1.—
ГЛАВН. ДВОРЦ. УПРАВЛ.
Шкафъ № 1
Картонъ № 1
Обложка № 10
Листъ № 1
Общій Планъ Зимняго Дворца и времянныхъ строеній для возобновленія онаго.
Марта 4го 1838.
1. Сараи для храненія Матеріаловъ
2. Казармы для помѣщенія Мастеровыхъ.
3. Кухни при оныхъ.
4. Отхожія мѣста.
5. Кантора и Лазаретъ.
6. Кузницы для исправленія Инструментовъ.
А. Кузница предполагаемая для Александровскаго чугунно-литейнаго завода.
Рѣка Нева.
10 20 30 40 50 100 Саж:

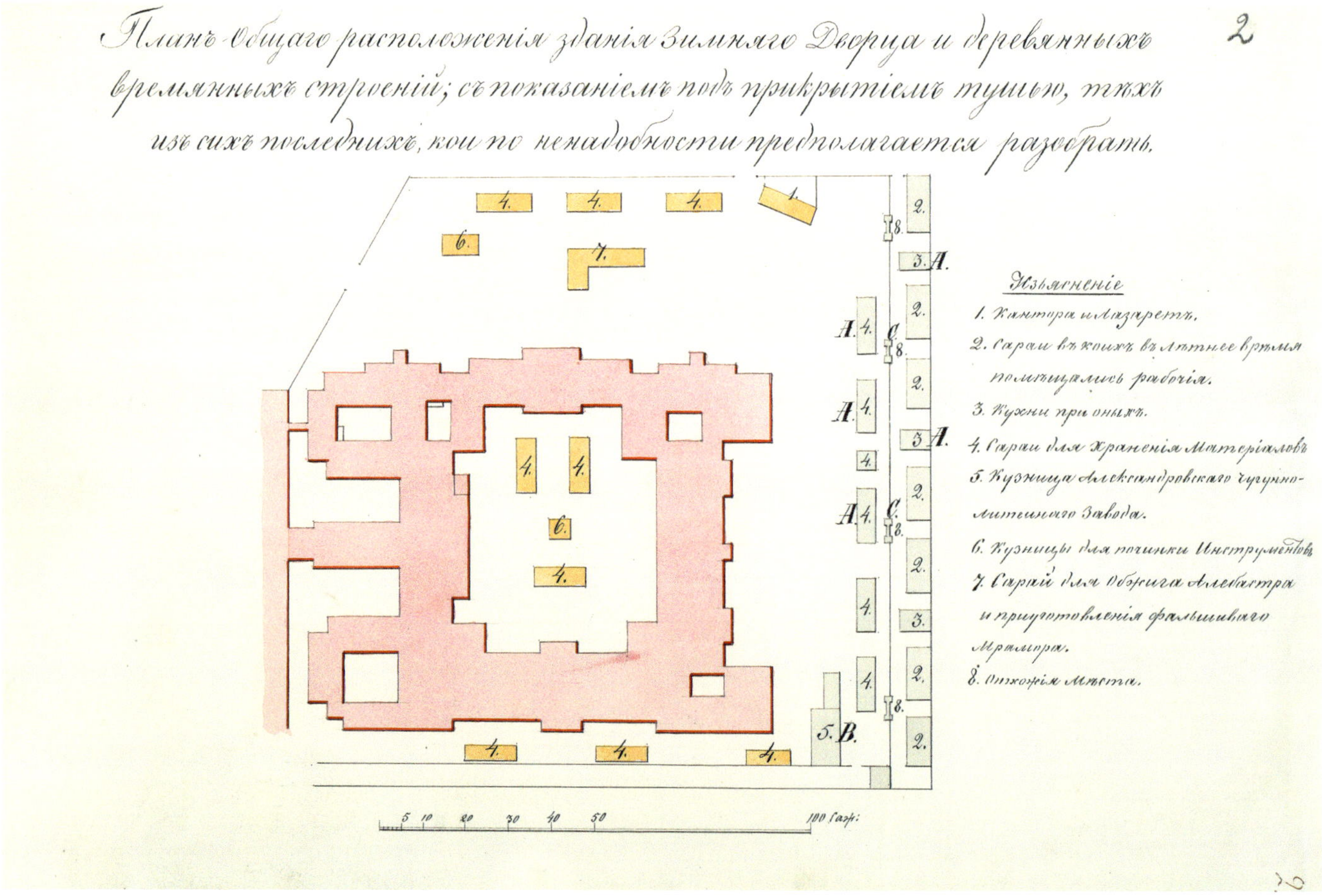
Планъ общаго расположенія зданія Зимняго Дворца и деревянныхъ времянныхъ строеній; съ показаніемъ подъ прикрытіемъ тушью, тѣхъ изъ сихъ послѣднихъ, кои по ненадобности предполагается разобрать.
2
Изъясненіе
1. Кантора и Лазаретъ.
2. Сараи въ коихъ въ лѣтнее время помѣщались рабочія.
3. Кухни при оныхъ.
4. Сараи для храненія Матеріаловъ
5. Кузница Александровскаго чугунно-литейнаго Завода.
6. Кузницы для починки Инструментовъ
7. Сарай для обжига Алебастра и приготовленія фальшиваго Мрамора.
8. Отхожія Мѣста.
5 10 20 30 40 50 100 Саж:

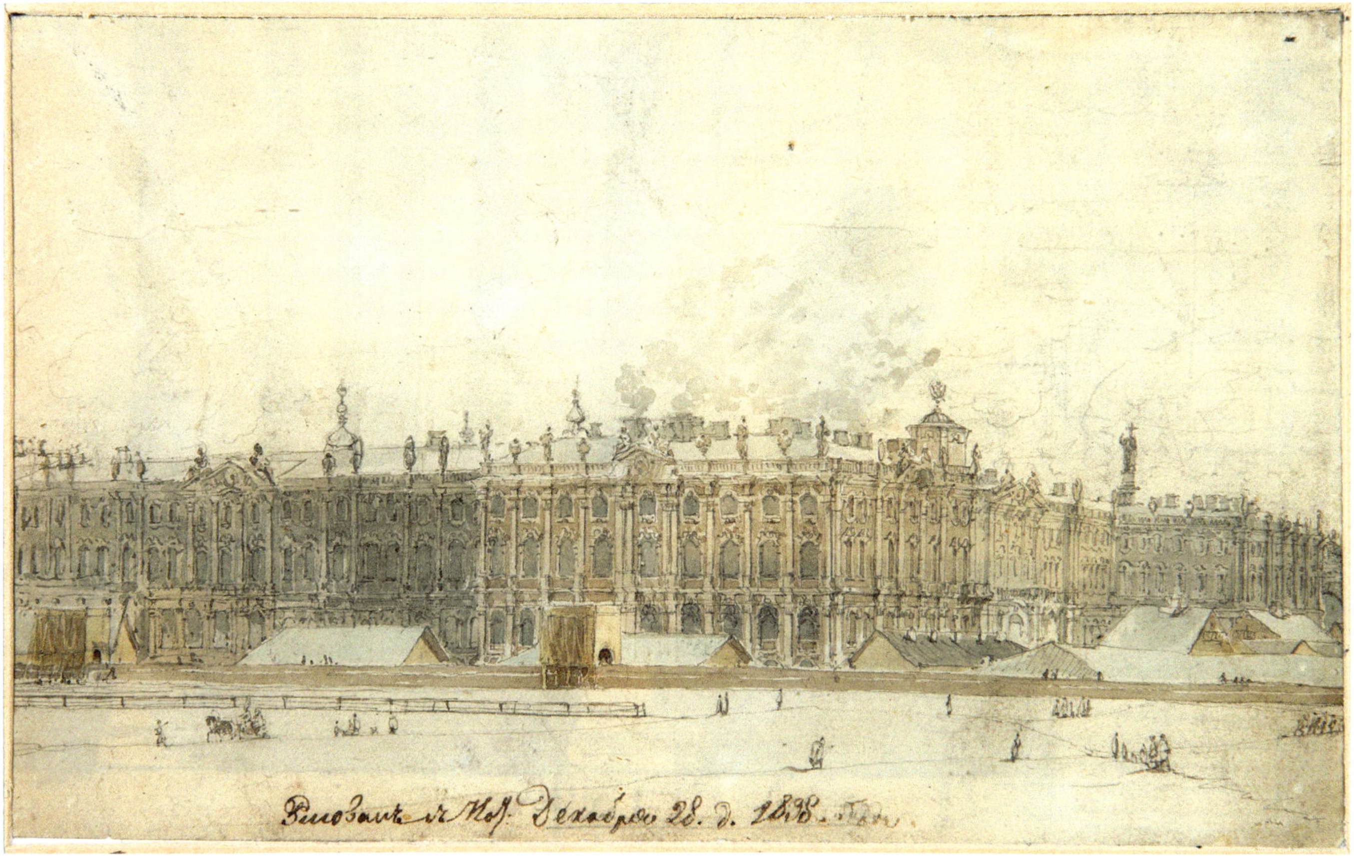

Nachträglich auf den 4. März 1838 datierter Lageplan mit weiteren, in Bleistift eingezeichnete Baracken (GĖ OR 17002) mit

1. Lagerung der Baumaterialien
2. Wohnbaracken für Bauarbeiter
3. zugehörige Küchenbaracken
4. Arbeiterlatrinen
5. Bauleitung mit Lazaretträumen
6. externe Werkzeugschmiede
A. externe Schmiede des Aleksandrovskij Werks

Vermutlich um den Jahreswechsel 1838/39 angefertigter Lageplan mit den zum Abbau vorgesehenen, grau lavierten provisorischen Bauten (RGIA 468-35-266, Bl. 2) mit

1. Bauleitung mit Lazaretträumen
2. Wohnbaracken für Arbeiter
3. zugehörige Küchenbaracken
4. Lagerschuppen für Baumaterialien
5. externe Schmiede des Aleksandrovskij-Werks
6. externe Werkzeugschmiede
7. Schuppen zum Brennen von Alabaster (Herstellung von Kunstmarmor)
8. Arbeiterlatrinen

Blick über die zugefrorene Neva auf die Baustelle im Winter mit Bauzaun und dahinterliegenden Baracken (Aquarell Vasilij Sadovnikov, 1838, GMP Nr. 7181/60)

Tafel 21

Winterpalast, Baustelleneinrichtung 1838–1839

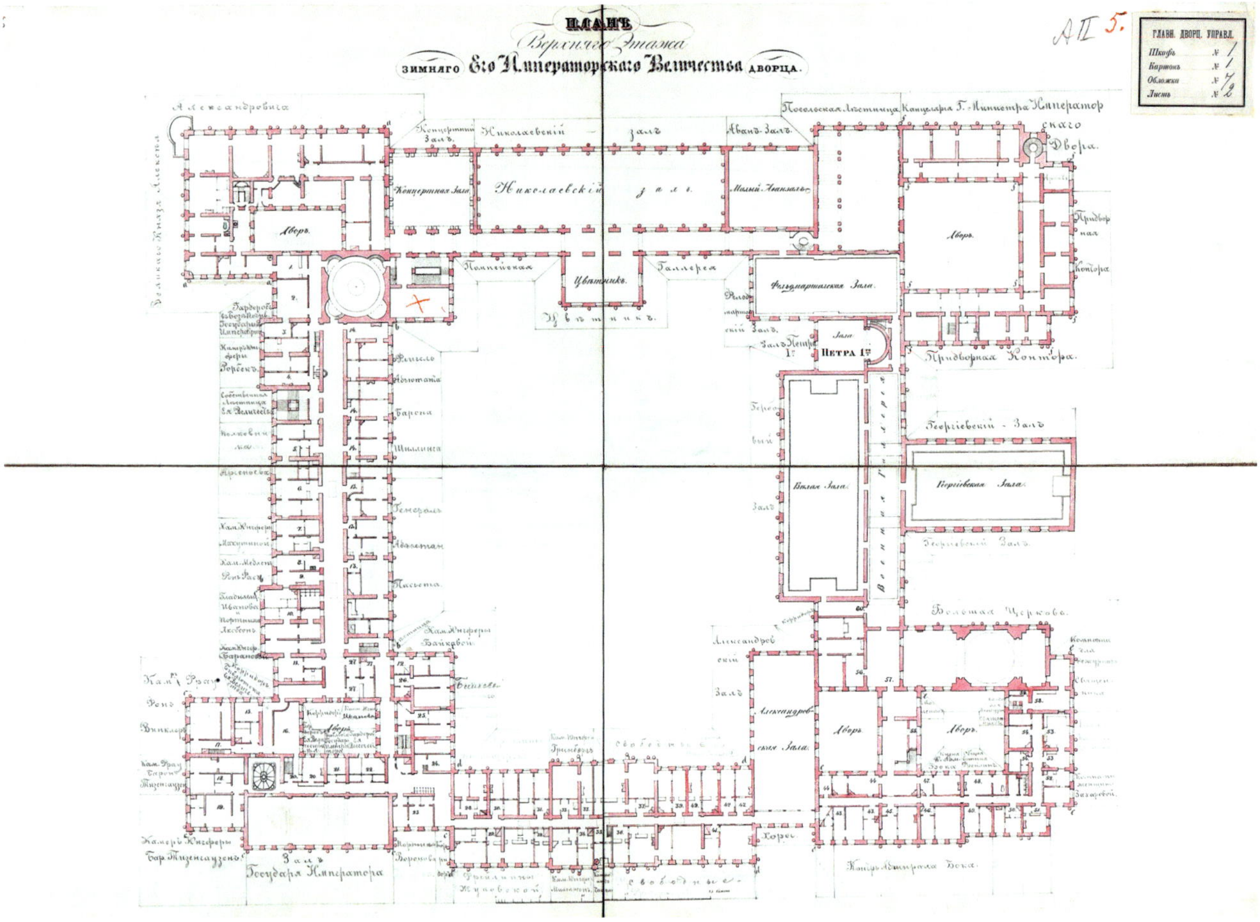
ПЛАНЪ
Верхняго Этажа
ЗИМНЯГО Его Императорскаго Величества ДВОРЦА.
ГЛАВН. ДВОРЦ. УПРАВЛ.

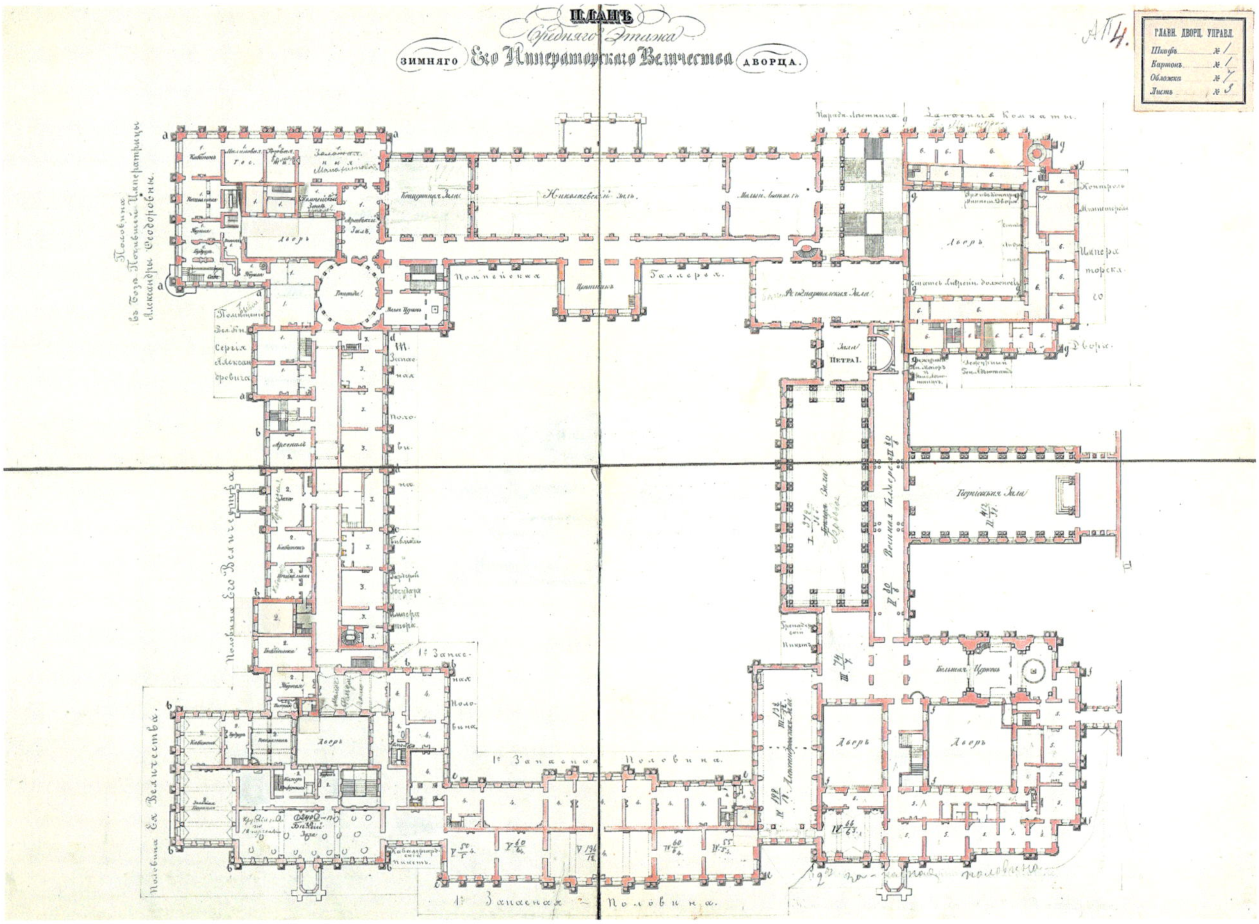
ПЛАНЪ
Средняго Этажа
ЗИМНЯГО Его Императорскаго Величества ДВОРЦА.
ГЛАВН. ДВОРЦ. УПРАВЛ.

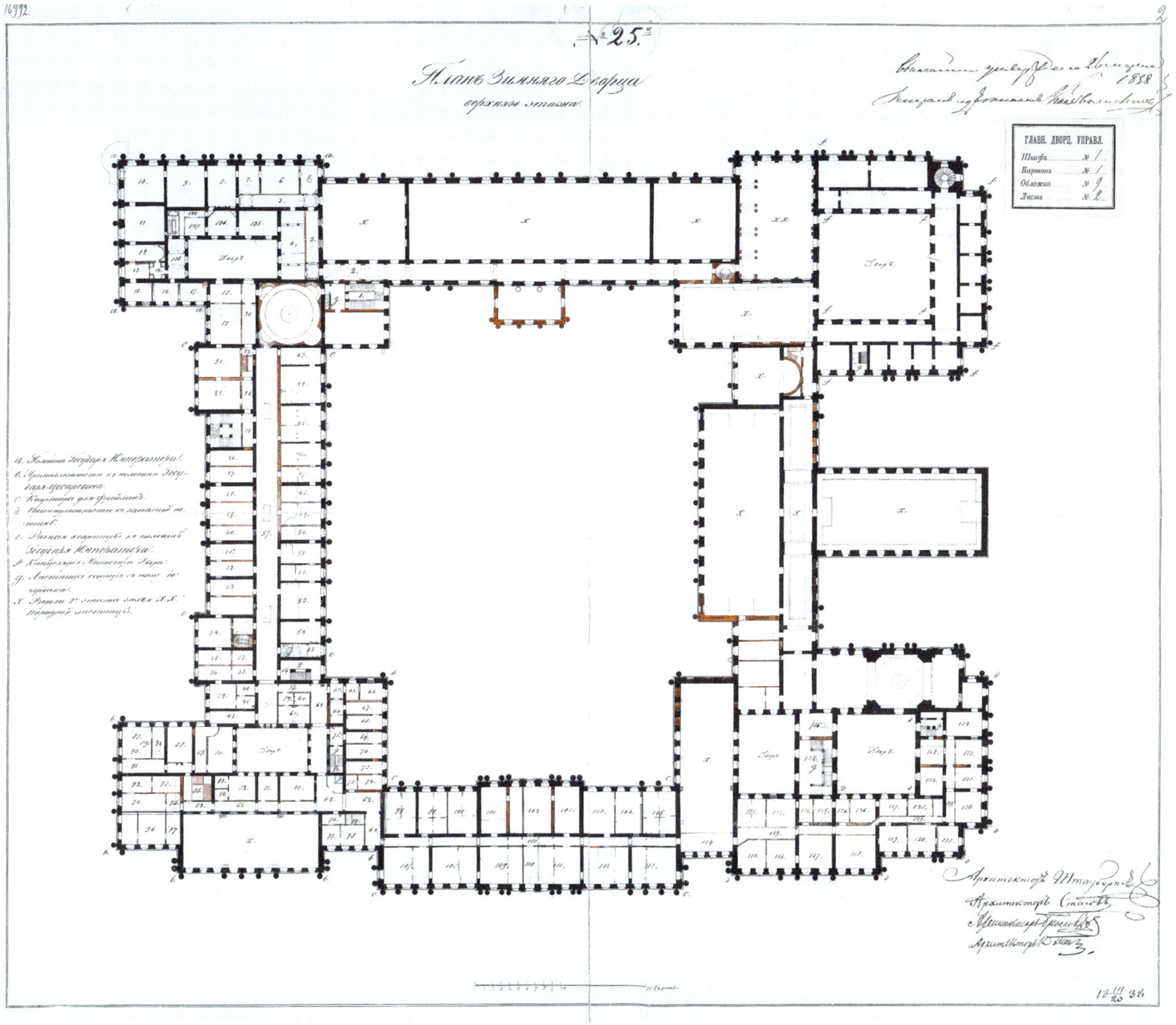

Grundriss des Obergeschosses mit detaillierter Raumbezeichnung, 1838–1839 (GĖ OR 16976)

Grundriss des Saalgeschosses mit detaillierter Raumbezeichnung, 1838–1839 (GĖ OR 16975)

Grundriss des Saalgeschosses mit rot eingetragenen Planänderungen, 1838–1839 (GĖ OR 16992)

Tafel 22

Winterpalast, Grundrisse des Wiederaufbaus, 1838–1839

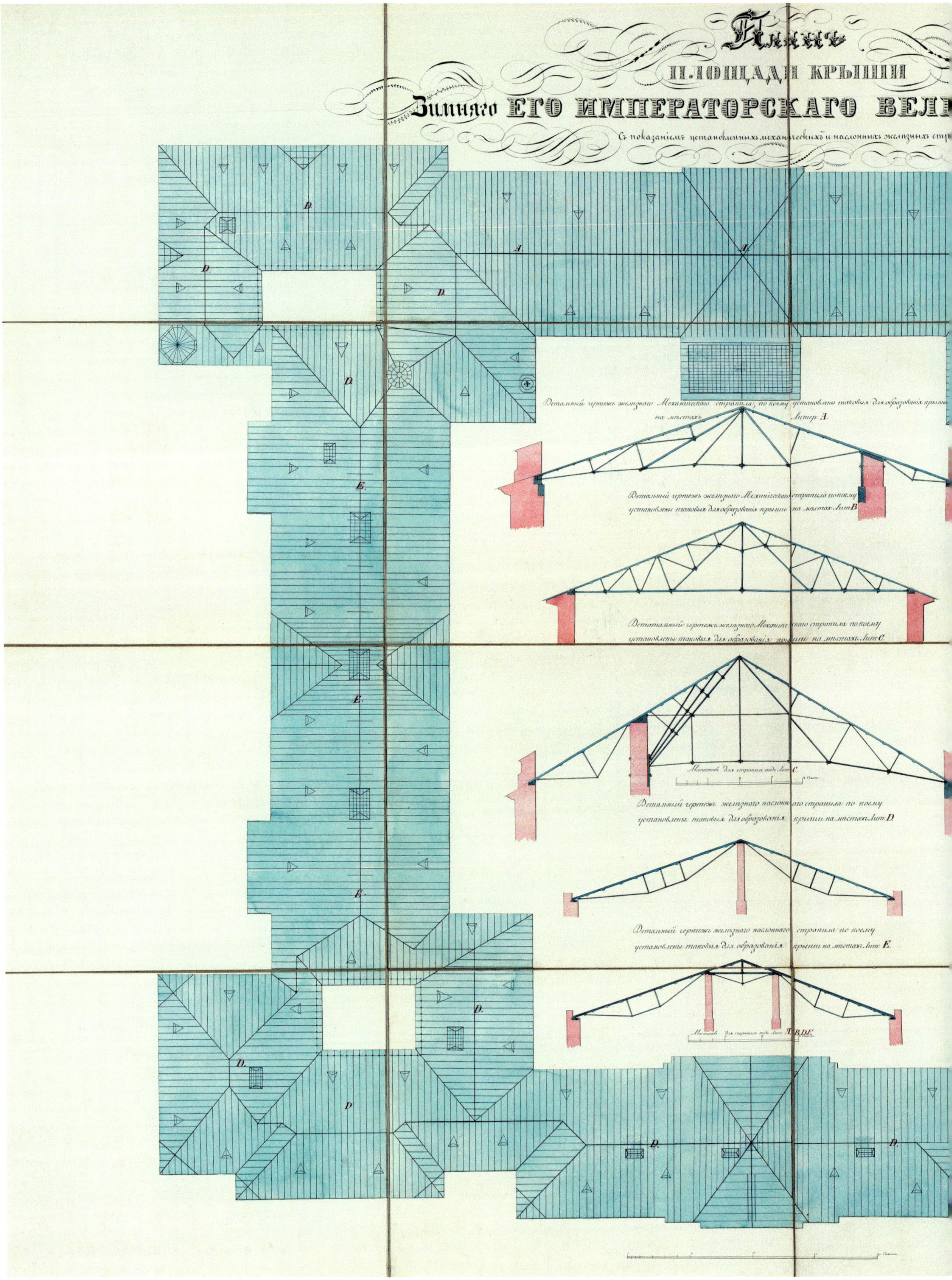
Планъ
ПЛОЩАДИ КРЫШИ
Зимняго ЕГО ИМПЕРАТОРСКАГО ВЕЛ
Съ показаніемъ установленныхъ механическихъ и наслонныхъ железныхъ стр
Детальный чертежъ железнаго Механическаго стропила; по коему установлены таковыя для образованія крыши
на мѣстахъ Литер: A.
Детальный чертежъ железнаго Механическаго стропила по коему
установлены таковыя для образованія крыши на мѣстахъ Лит B.
Детальный чертежъ железнаго Механическаго стропила по коему
установлены таковыя для образованія крыши на мѣстахъ Лит C.
Масштабъ для стропилъ подъ Лит C.
Детальный чертежъ железнаго наслоннаго стропила по коему
установлены таковыя для образованія крыши на мѣстахъ Лит: D.
Детальный чертежъ железнаго наслоннаго стропила по коему
установлены таковыя для образованія крыши на мѣстахъ Лит: E.
Масштабъ для стропилъ подъ Лит A.B.D.E.

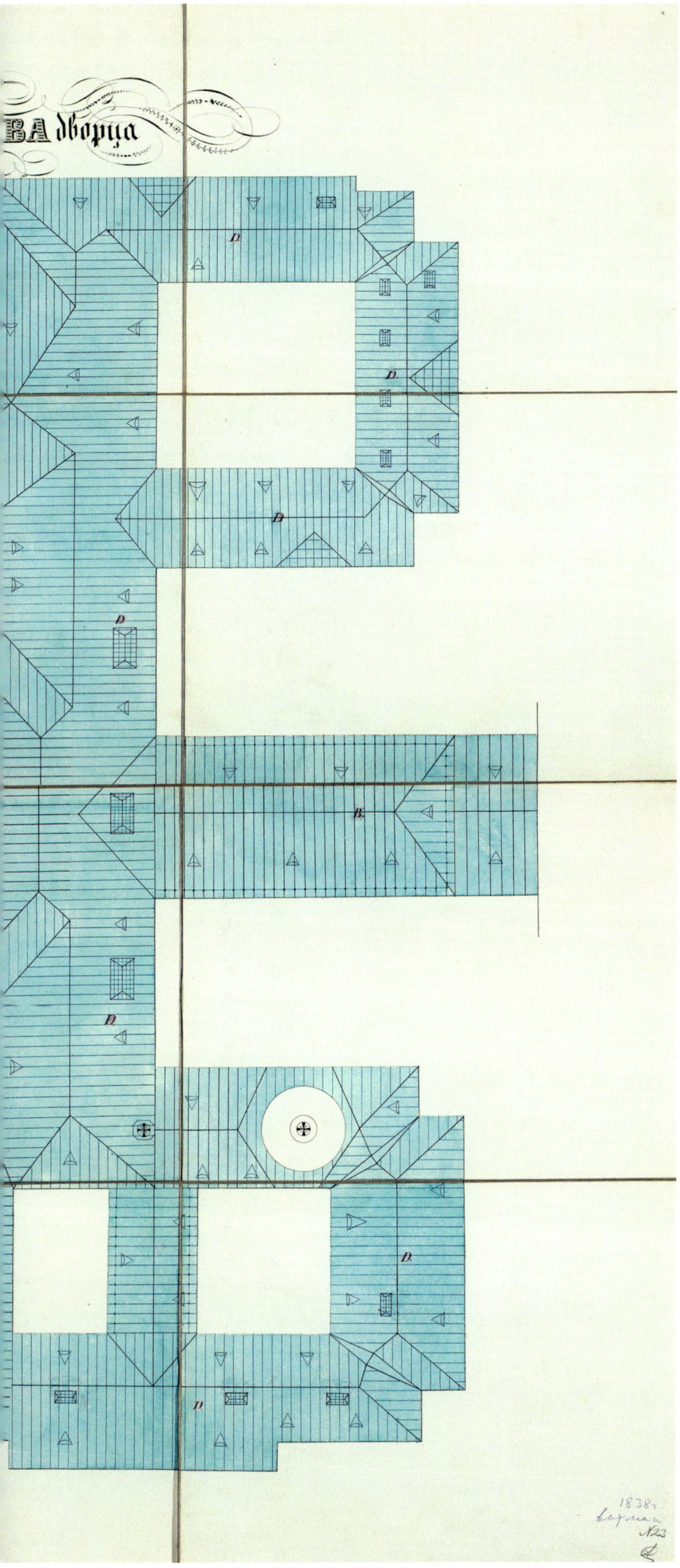

Dachaufsicht mit folgenden Tragwerkstypen und deren Einsatzbereichen (AGÉ 3-1-53):

- *„mechanische Sparren" für die Bereiche A (Neva-Enfilade);*
- *„mechanische Sparren" für den Bereich B (Georgssaal, 1. Dach);*
- *„mechanische Sparren" für den Bereich C (Osttrakt, Wappensaal und Galerie 1812);*
- *eiserne unterspannte Sparren für Korridore und angrenzende Räume D;*
- *eiserne unterspannte Sparren über den Räumen im Bereich E.*

Tafel 23

Winterpalast, Dokumentation der neuen eisernen Dächer, 1838–1839

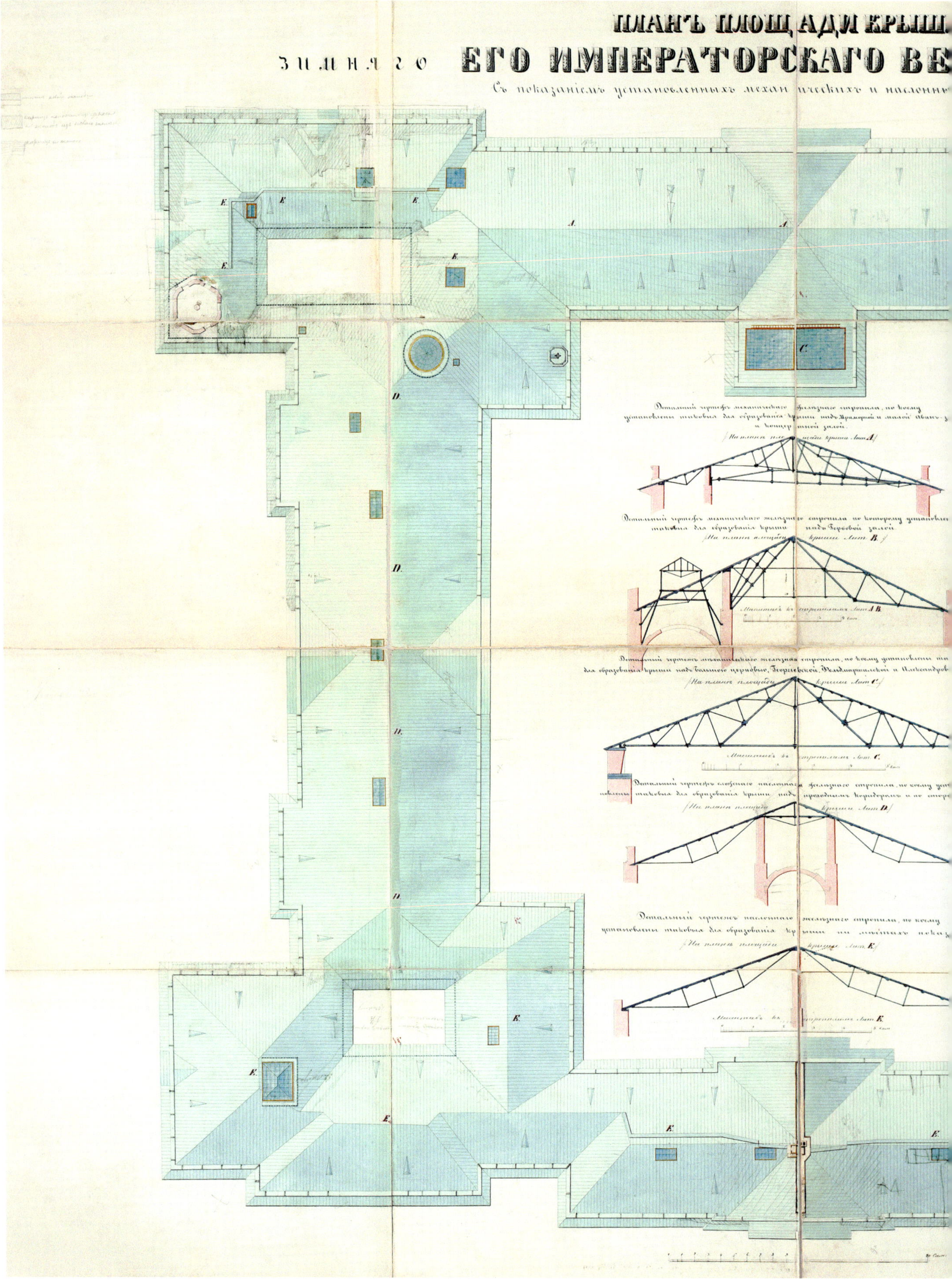
ПЛАНЪ ПЛОЩАДИ КРЫШ
ЗИМНЯГО
ЕГО ИМПЕРАТОРСКАГО ВЕ
Съ показаніемъ установленныхъ механическихъ и

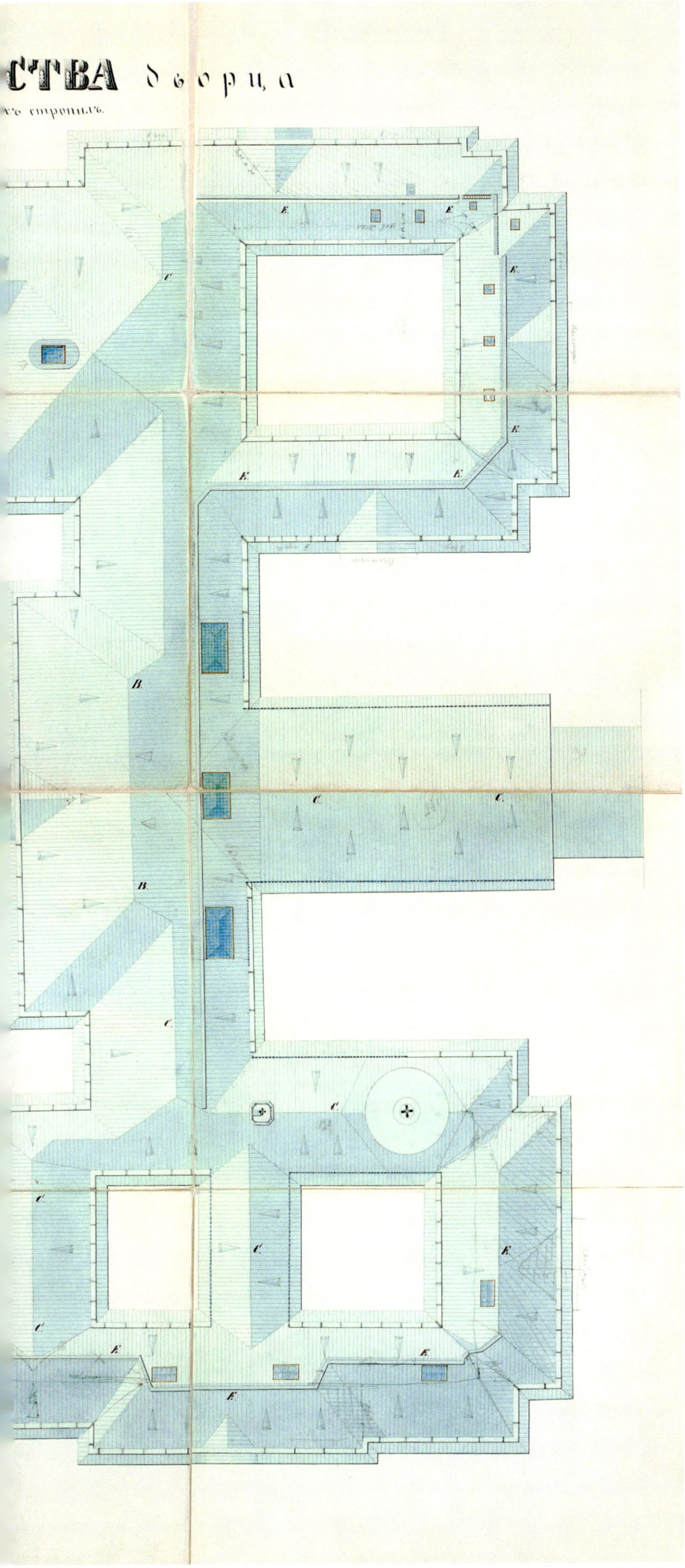

Dachaufsicht mit folgenden Tragwerkstypen und deren Einsatzbereichen (AGĖ 3-1-53):

- *„mechanische Sparren“ über Konzertsaal, Nikolaisaal und Vorsaal (Bereich A);*
- *„mechanische Sparren“ über dem Wappensaal (Bereich B);*
- *„mechanische Sparren“ über dem Gemeinderaum der Großen Kirche sowie dem Thron-, Feldmarschall- und Alexandersaal (Bereich C);*
- *eiserne unterspannte Sparren über dem durchgehenden Korridor und den angrenzenden Räumen im Westflügel (auf dem Dachplan/Bereich D);*
- *eiserne unterspannte Sparren über einem Großteil des Millionnajatrakts (Bereich E).*

Tafel 24

Winterpalast, Dokumentation der neuen eisernen Dächer, vor August 1841

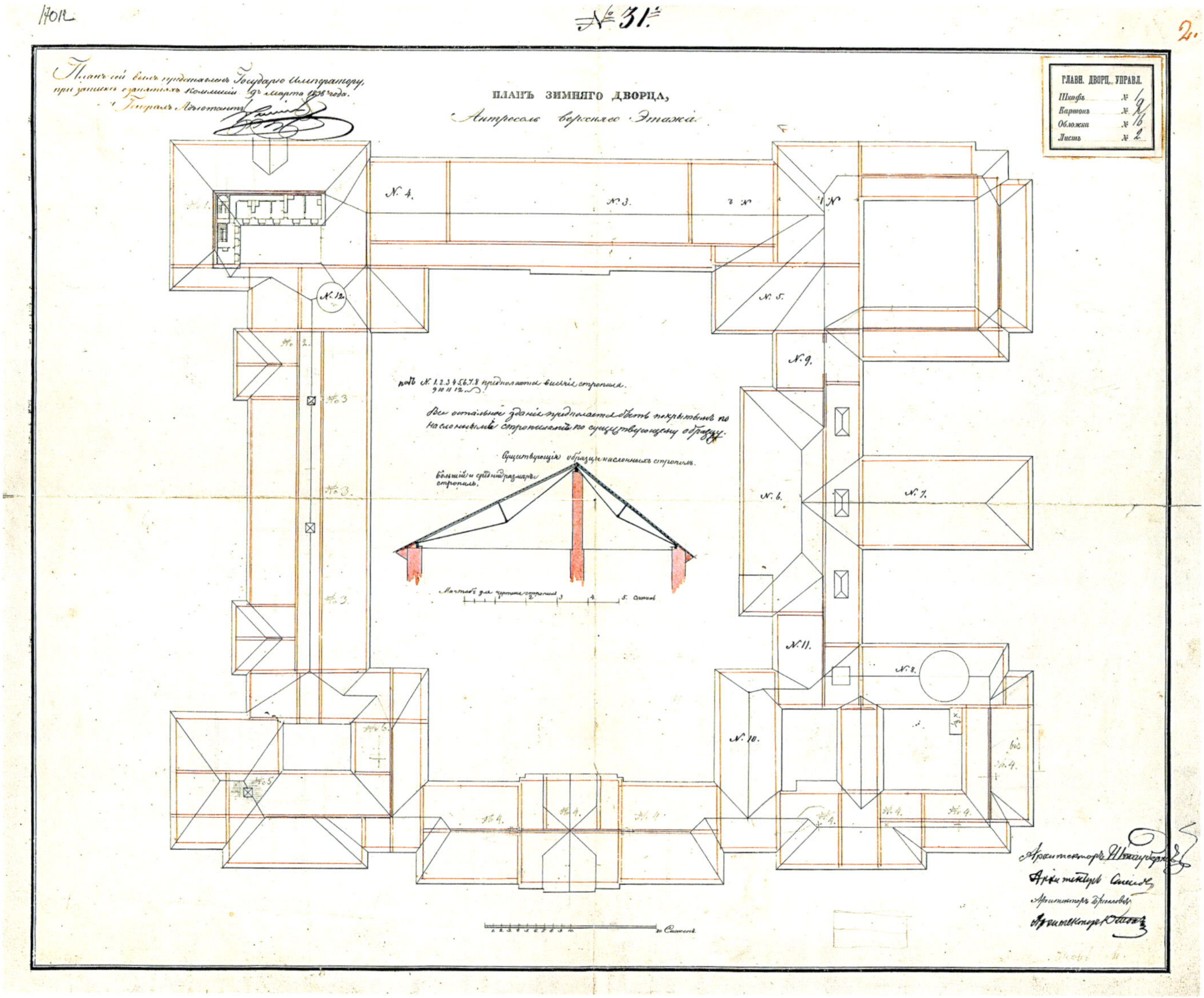
№ 31
ПЛАНЪ ЗИМНЯГО ДВОРЦА,
Антресоль верхняго Этажа
ГЛАВН. ДВОРЦ. УПРАВЛ.
Шкафъ
Картонъ
Обложки
Листъ

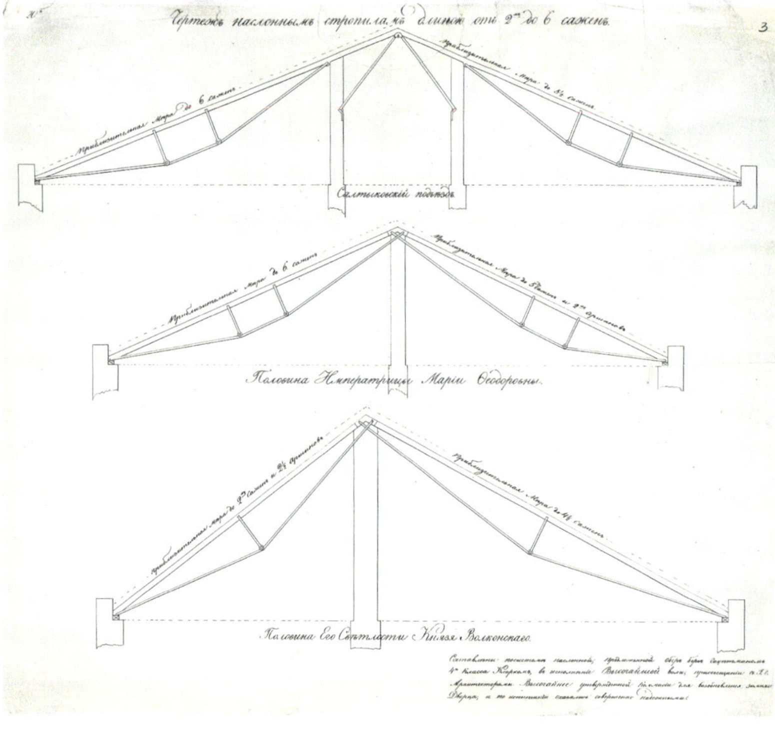
Салтыковскій подъѣздъ

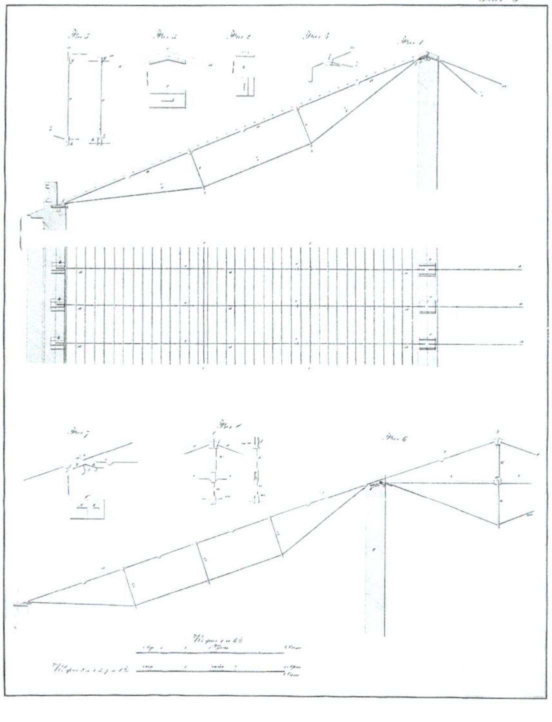

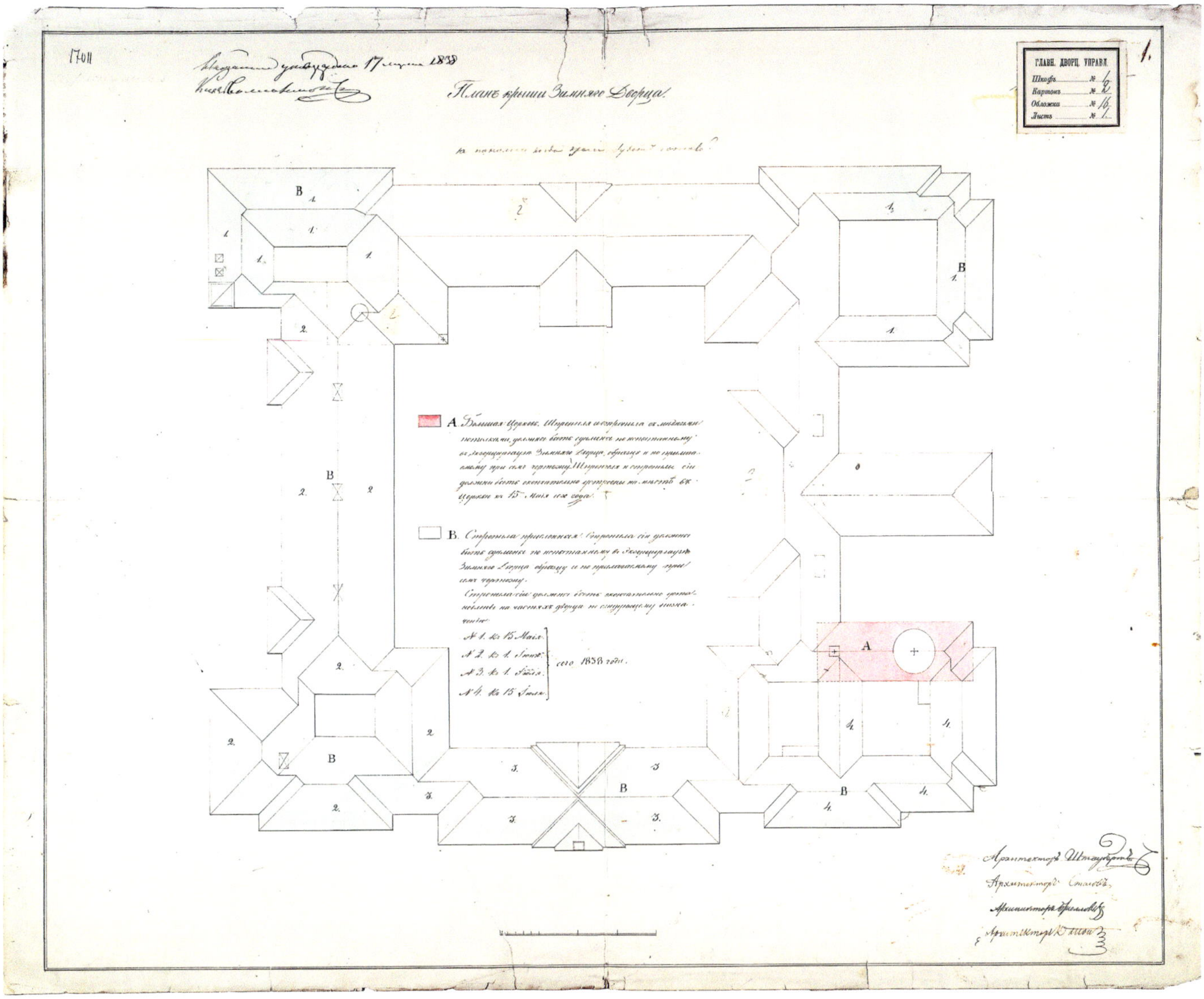

linke Seite oben:
Dachaufsicht mit Einblendung der Bereiche mit unterspannten Sparren und Hängenden Sparrenbindern für die großen Säle, März 1838 (GĖ OR 17012)
Unter Nr. 1 bis 12 vorgesehen sind hängende Sparrenbinder [...]. Der Rest des Gebäudes soll mit unterspannten Sparren nach dem [in der Mitte abgebildeten] vorhandenen Muster bedeckt werden.

linke Seite unten links:
Angewandte, teilweise nicht auf Tafel 23 und 24 verzeichnete Konstruktionstypen unterspannter Sparren, Obergurtlängen 2 bis 6 Sažen' (4,25 bis 12,80 m), Entwurf, 1838 (RGIA 1424-4-578, Bl. 3)

linke Seite unten rechts:
Längsschnitte, Draufsicht und Details der ausgeführten Konstruktionstypen (Ol'chovskij 1839, Taf. 9)

Dachaufsicht mit Einblendung der Bereiche mit unterspannten Sparren und Hängenden Sparrenbindern für die großen Säle, Mai 1838 (GĖ OR 17011) mit
A [rot laviert] Große Kirche, Sprengwerke und Sparrenbinder sollten nach dem in der Exerzierhalle des Winterpalastes erstellten Vorbild und beigelegter Zeichnung gefertigt und in der Kirche zum 15. Mai [1838] montiert werden.
B [blau laviert] Die Sparren sollten nach dem in der Exerzierhalle des Winterpalastes erstellten Vorbild und beigelegter Zeichnung gefertigt und zu folgenden Daten montiert werden:
Nr. 1 bis 15. Mai
Nr. 2 bis 1. Juli
Nr. 3 bis 15. Juni
Nr. 4 bis 1. Juli } *des Jahres 1838.*

Tafel 25

Winterpalast, unterspannte Sparren, 1838

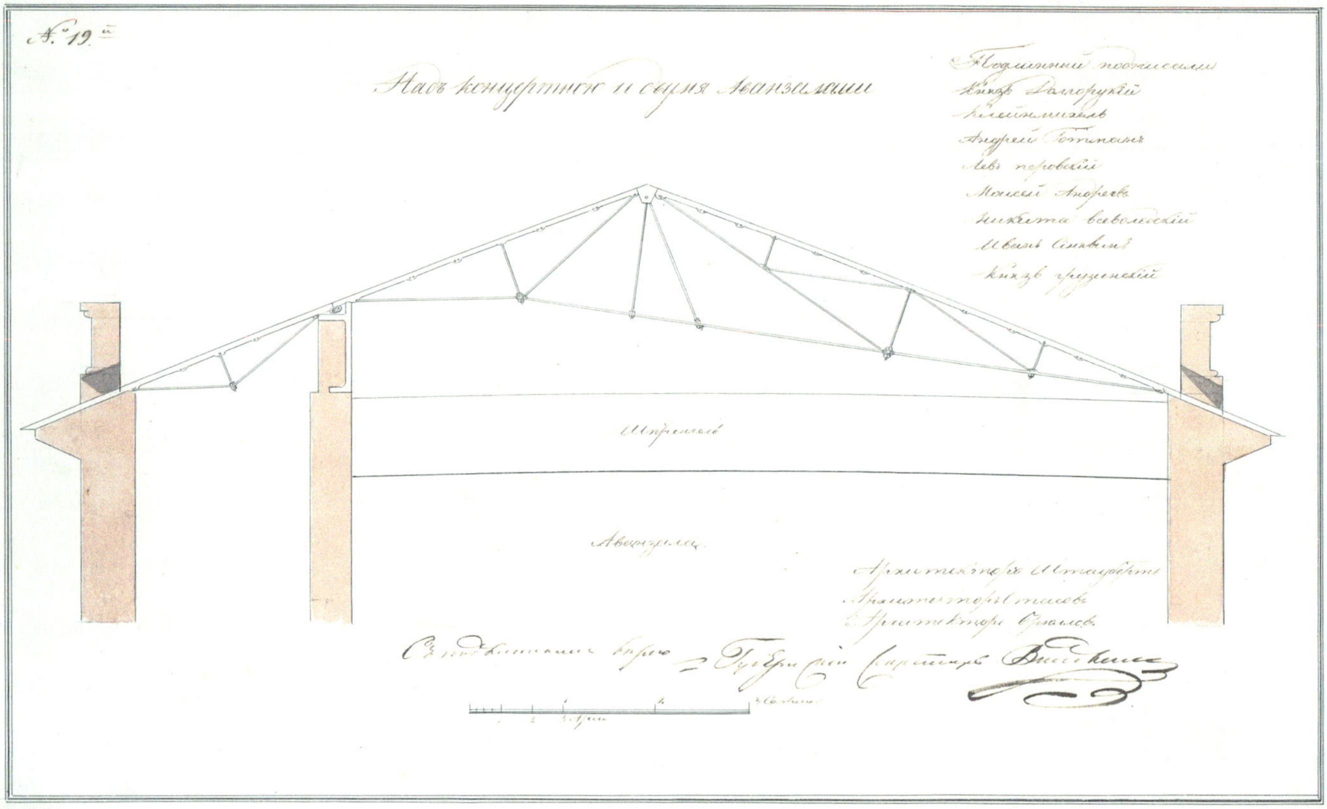

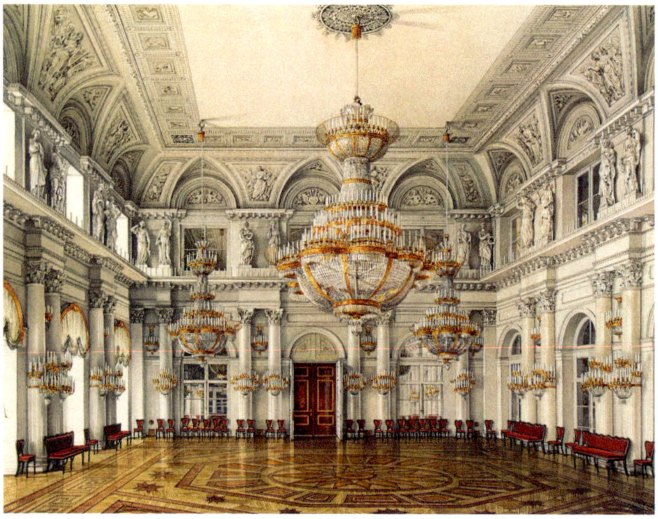

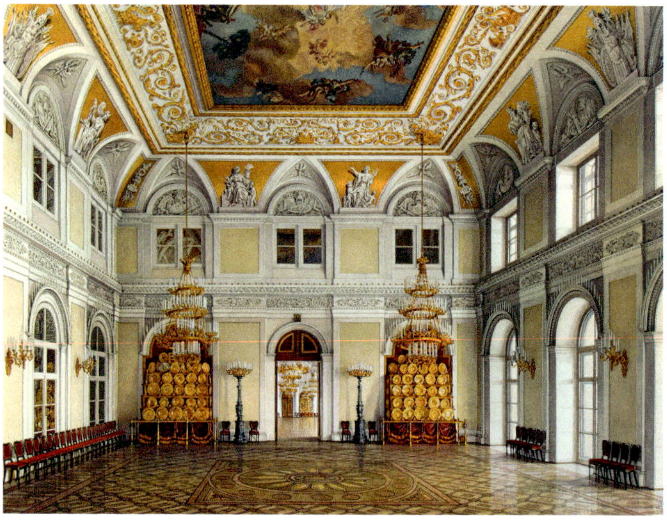

Unterspannte Sparrenbinder über der Neva-Enfilade vor dem Einsturz, Spannweiten 18,50 m (Saal) und 4,60 m (Galerie), genehmigte Werkzeichnung, vermutlich 1838 (RGIA 1424-4-569, Bl. 1)

Blick in den Konzertsaal und Blick in den Vorsaal (Aquarelle Konstantin Uchtomskij, beide 1866, GĖ OR 14399 bzw. GĖ OR 11821)

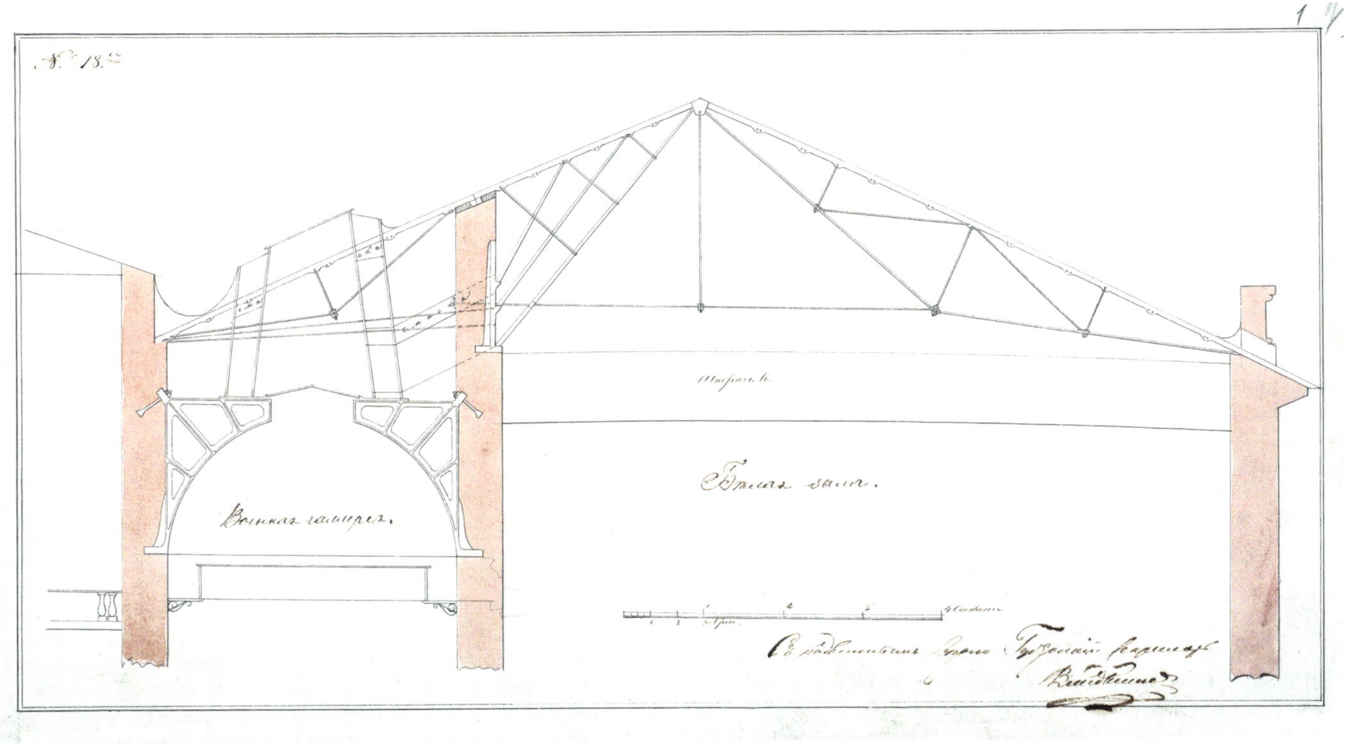

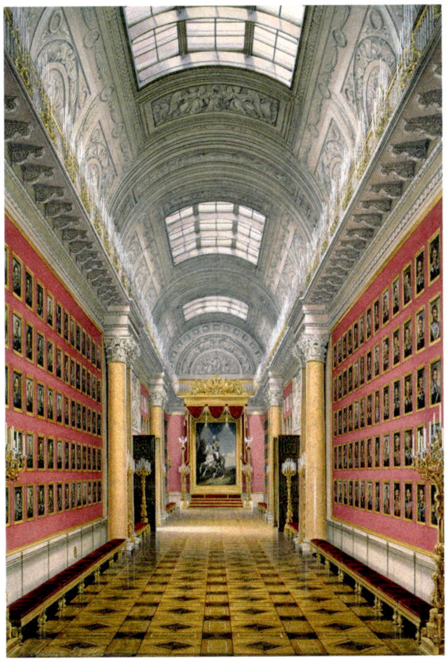

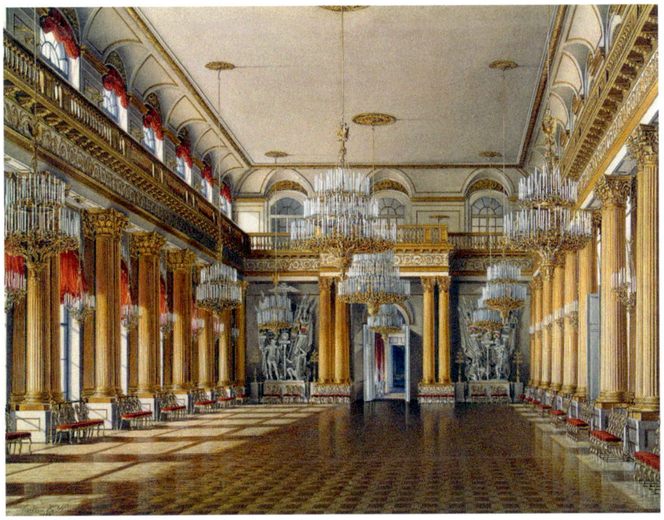

Unterspannte Sparrenbinder und gusseiserne Bögen mit Oberlicht als Dachtragwerk der Galerie des Kriegs von 1812 (links) und des Wappensaals (rechts), Spannweite 20,30 m (Saal) und 7,80 m (Galerie), genehmigte Werkzeichnung, vermutlich 1838 (RGIA 1424-4-573, Bl. 1)

Blick in die Galerie des Kriegs von 1812 und Blick in den Wappensaal (Aquarelle Eduard Hau, 1862 bzw. 1863, GĖ OR 14396 bzw. GĖ OR 11830)

Tafel 26

Winterpalast, weitgespannte Sparrenbinder ausgewählter großer Säle

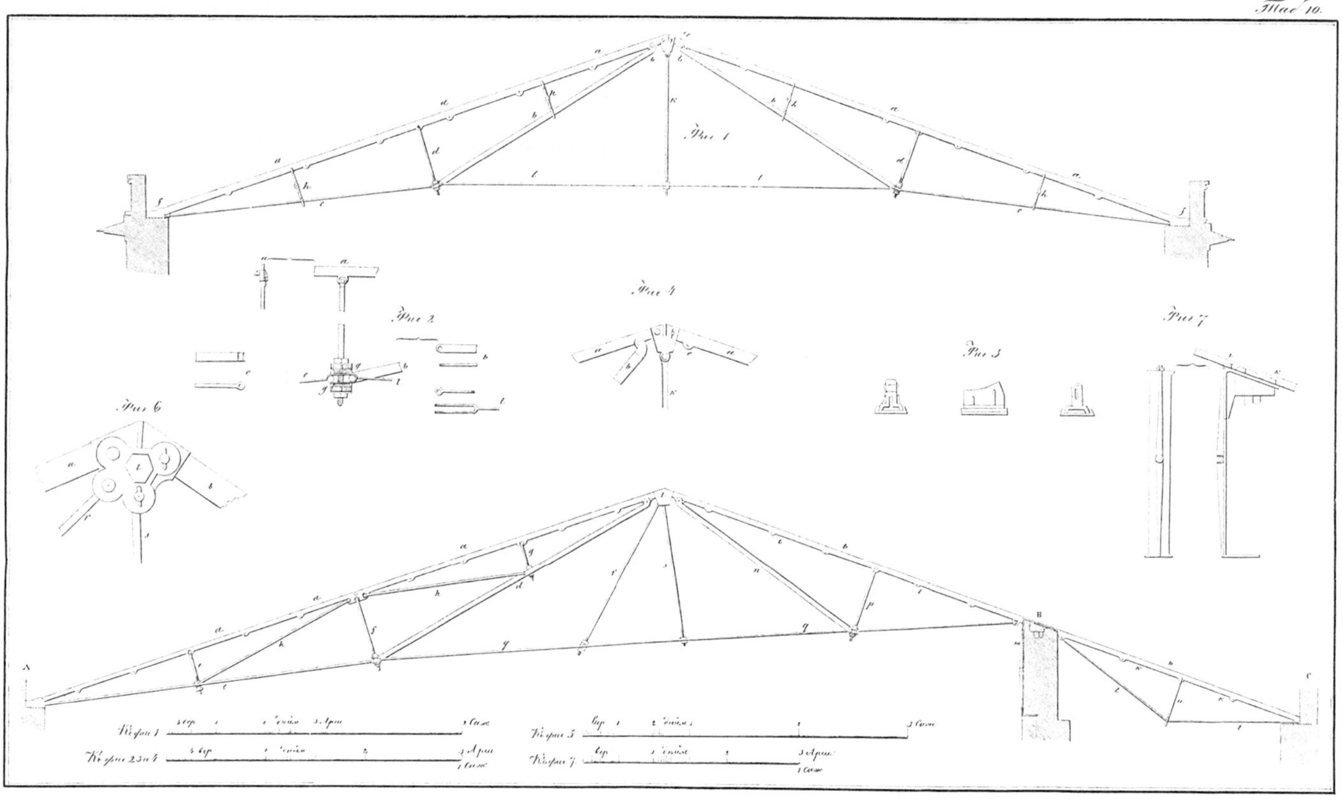

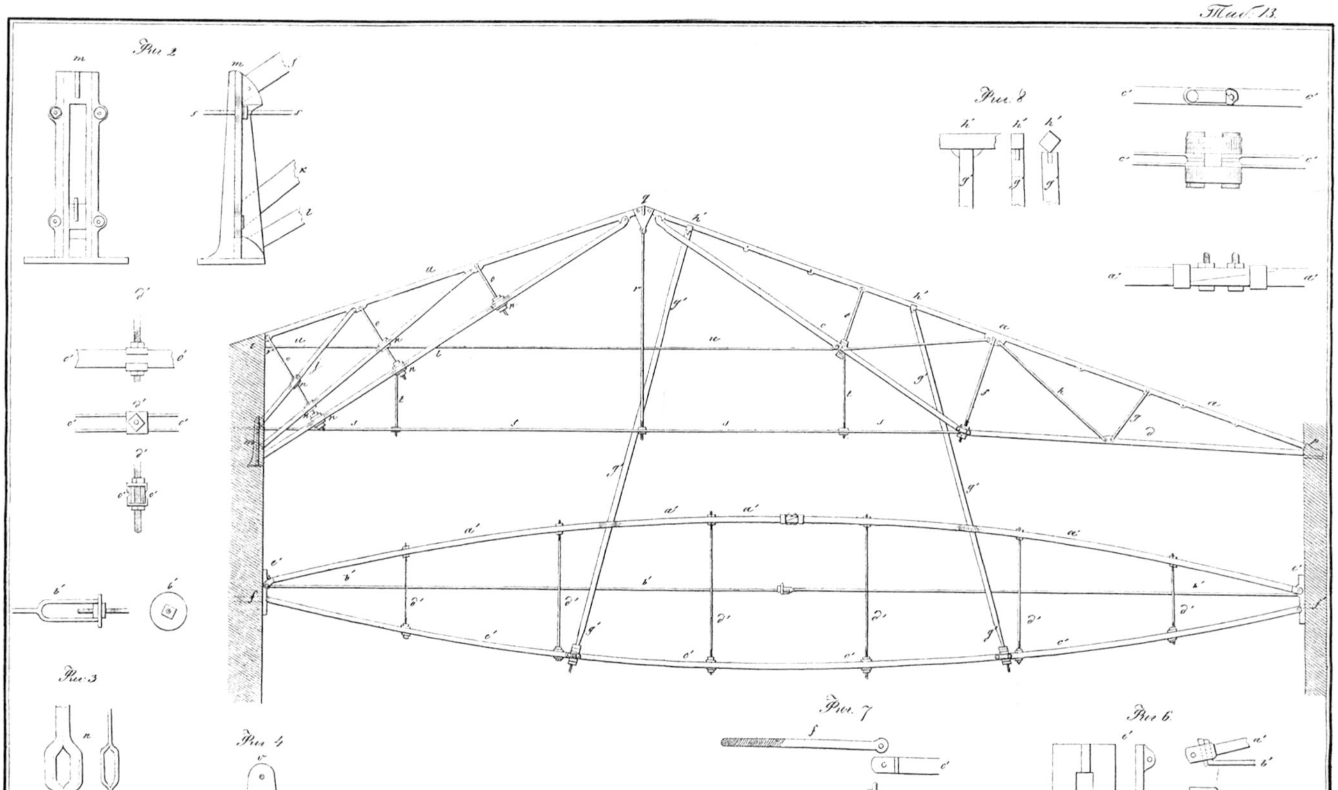

Unterspannte Sparrenbinder über dem Gemeinderaum der Großen Kirche und dem Alexandersaal (oben), Spannweite jeweils 14,80 m, sowie über dem Konzertsaal (unten), Spannweite 18,50 m, ausgeführte Konstruktionen, 1838–1839 (Ol'chovskij 1839, Taf. 10)

Sparrenbinder mit nachträglicher Abstrebung auf einem linsenförmigen Träger im Wappensaal, Spannweite 19,10 m, ausgeführte Konstruktionen, 1838–1839 (Ol'chovskij 1839, Taf. 13)

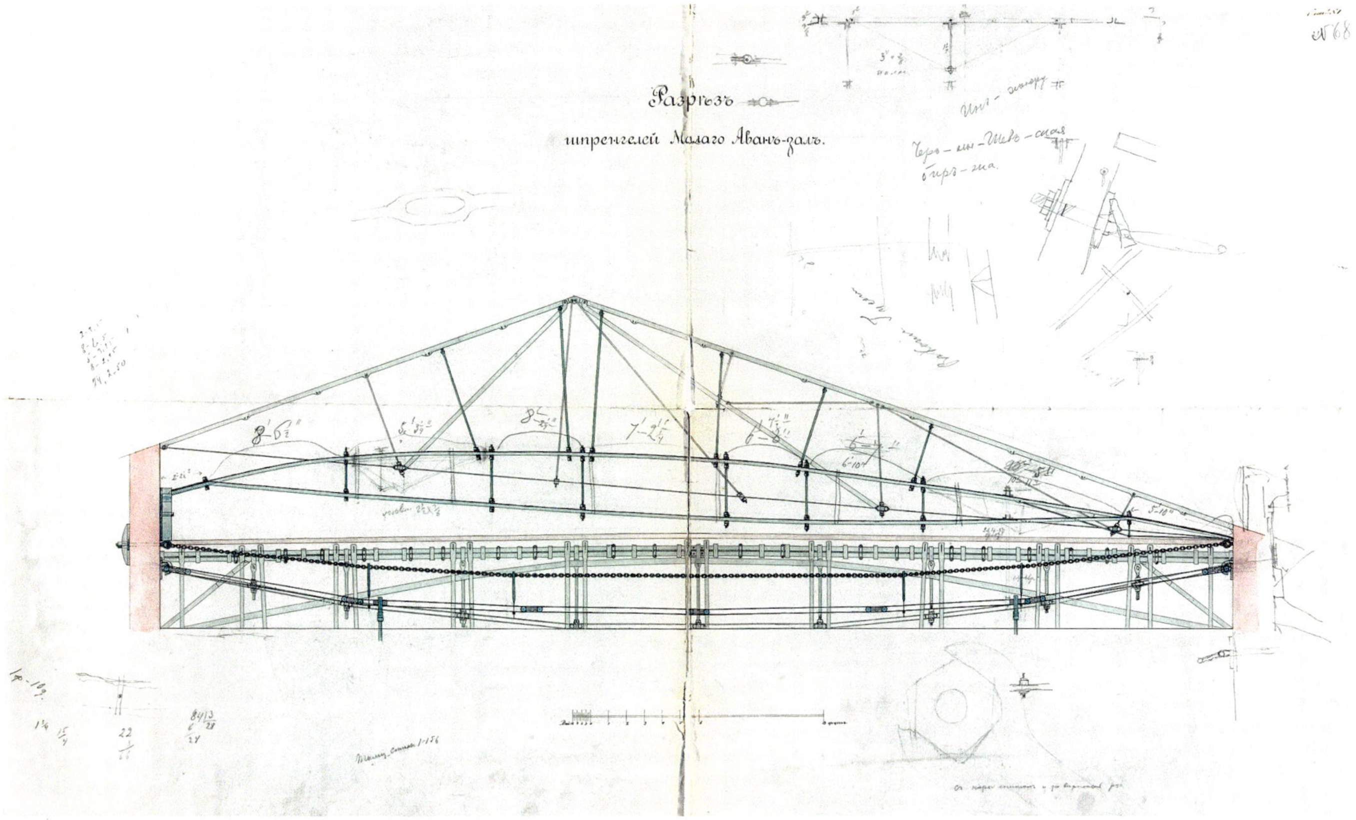

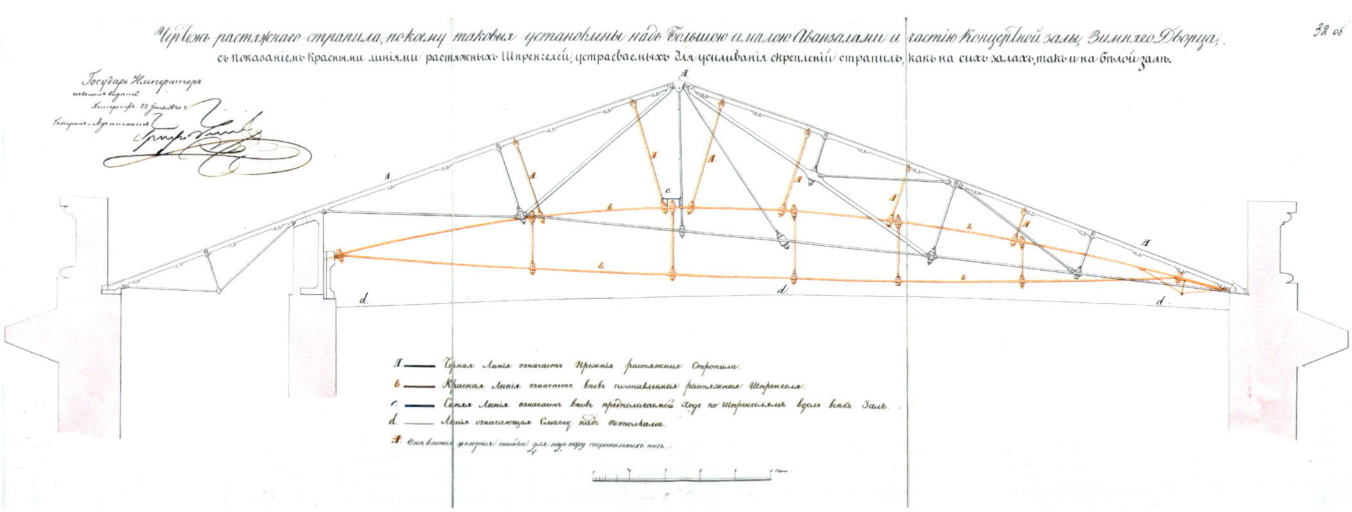

Sparrenbinder und Sprengwerkdecke mit nachträglicher Abstrebung auf einem linsenförmigen Träger im Vorsaal, Spannweite 18,50 m, Arbeitsvariante um 1840 (OIRPA 444)

Sparrenbinder mit nachträglicher Abstrebung auf linsenförmigen Trägern in den Großen Sälen der Neva-Enfilade, Spannweite 18,50 m, Juni 1840 (RGIA 1424-4-569, Bl. 1) mit
a vorhandenen zugbeanspruchten Sparrenbindern (schwarze Linie)
b neu eingebauten zugbeanspruchten Sprengeln (rote Linie)
c Inspektionsgang durch alle Sprengel entlang aller Säle (blaue Linie)
d Dämmung über den Decken (schwarze Haarlinie)
A aufgehängten eisernen Stäben zur Abstrebung der Sparrenbinder

Tafel 27

Winterpalast, Varianten für eine Verstärkung der Sparrenbinder in den Großen Sälen, 1839–1840

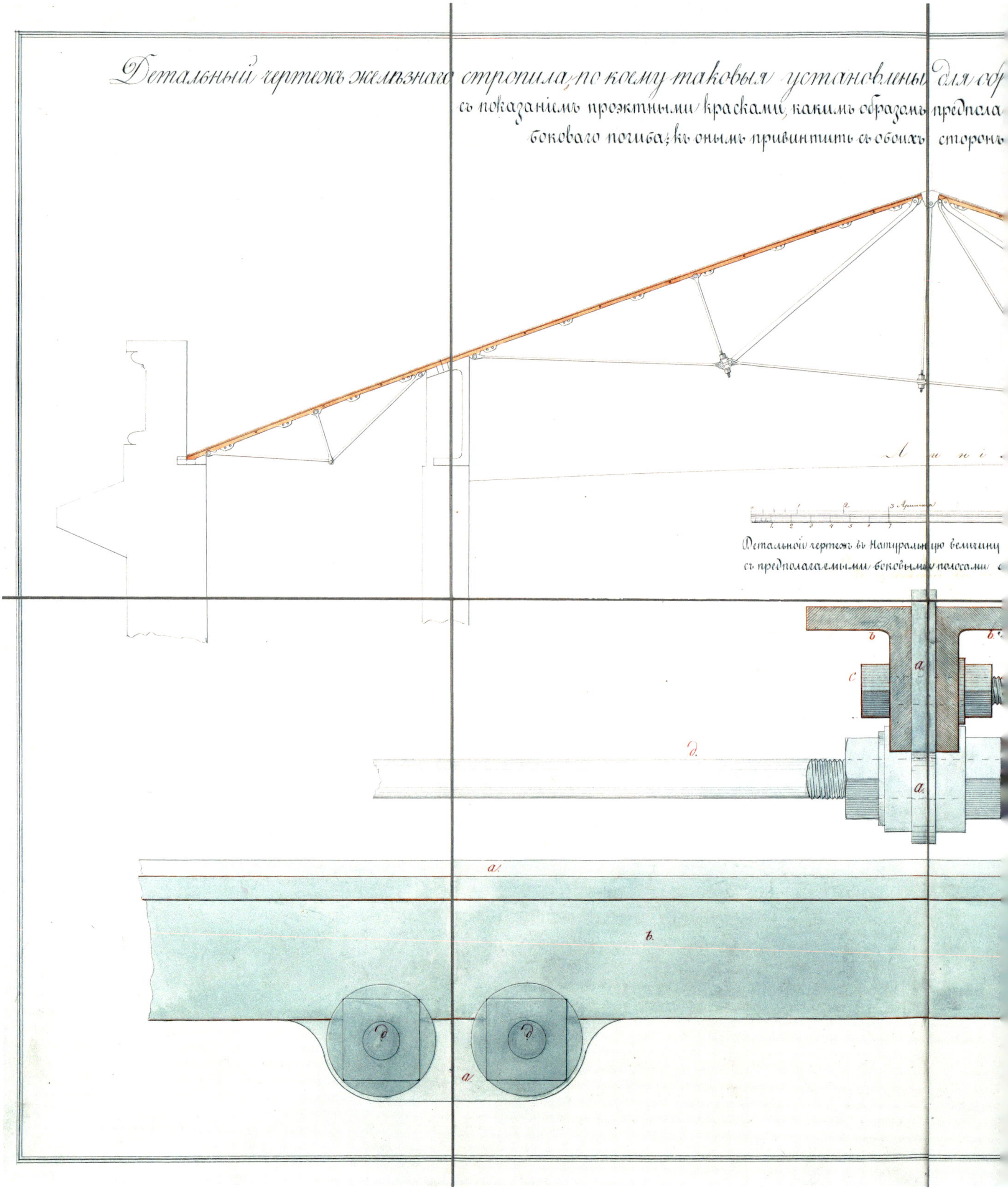
Детальный чертежъ желѣзнаго стропила, по коему таковыя установлены для об
съ показанiемъ проэктными красками, какимъ образомъ предпола
боковаго погиба; къ онымъ привинтить съ обоихъ сторонъ
Детальной чертежъ въ Натуральную величину
съ предполагаемыми боковыми полосами

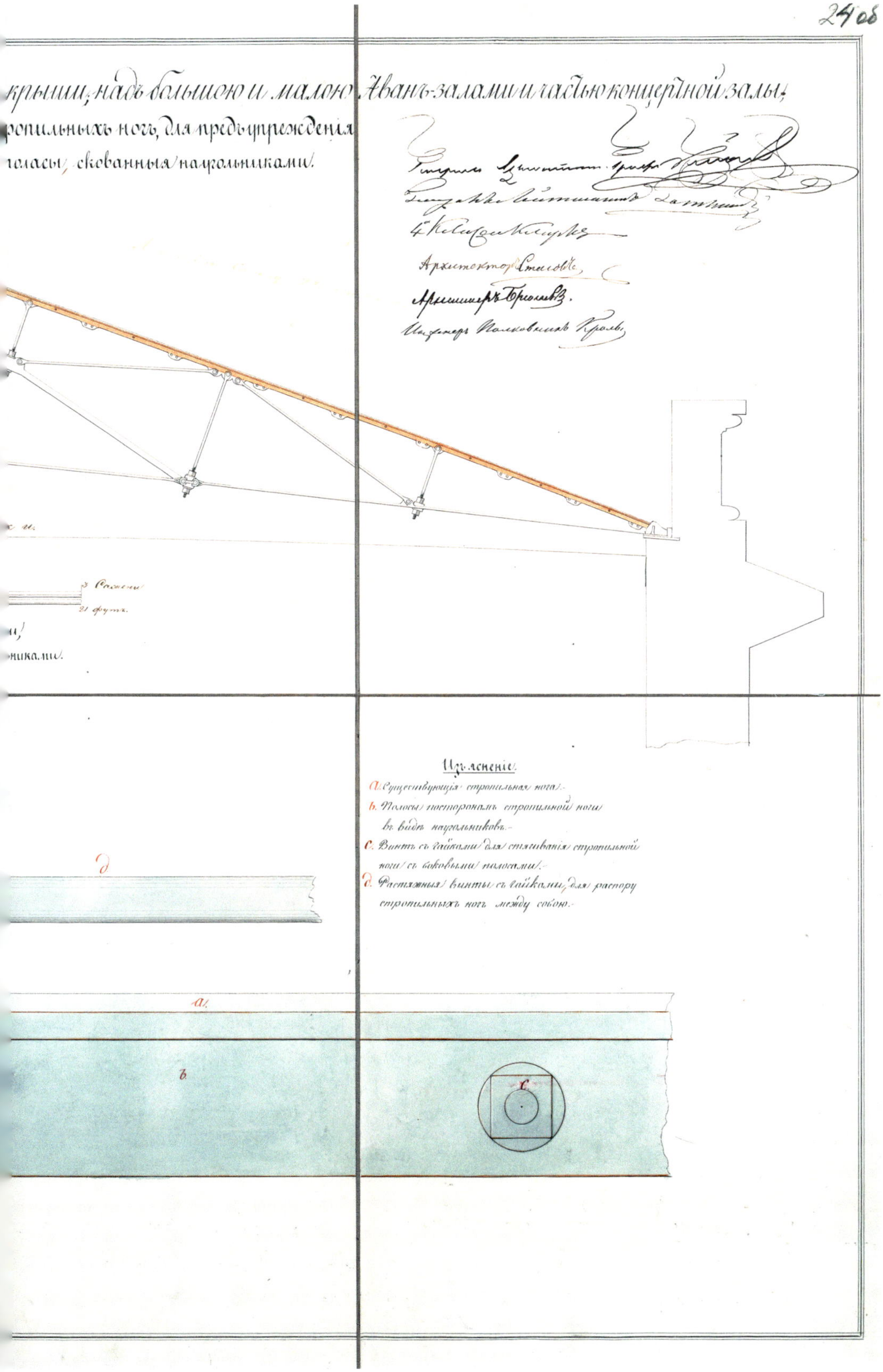

Sparrenbinder über dem Nikolaisaal und dem Vorsaal mit konstruktiver Verstärkung zur Erhöhung der Knicksteifigkeit, Spannweite 18,50 m, nicht realisierte Variante (RGIA 468-35-201, Bl. 24–24′) mit

a ursprüngliche Gurte aus Bandeisen
b angeflanschte gebogene Bandprofile
c zusammenspannende Schrauben
d Querversteifung der Obergurte

Tafel 28

Winterpalast, Vorschlag für eine Verstärkung der Sparrenbinder in der Neva-Enfilade, Januar 1839

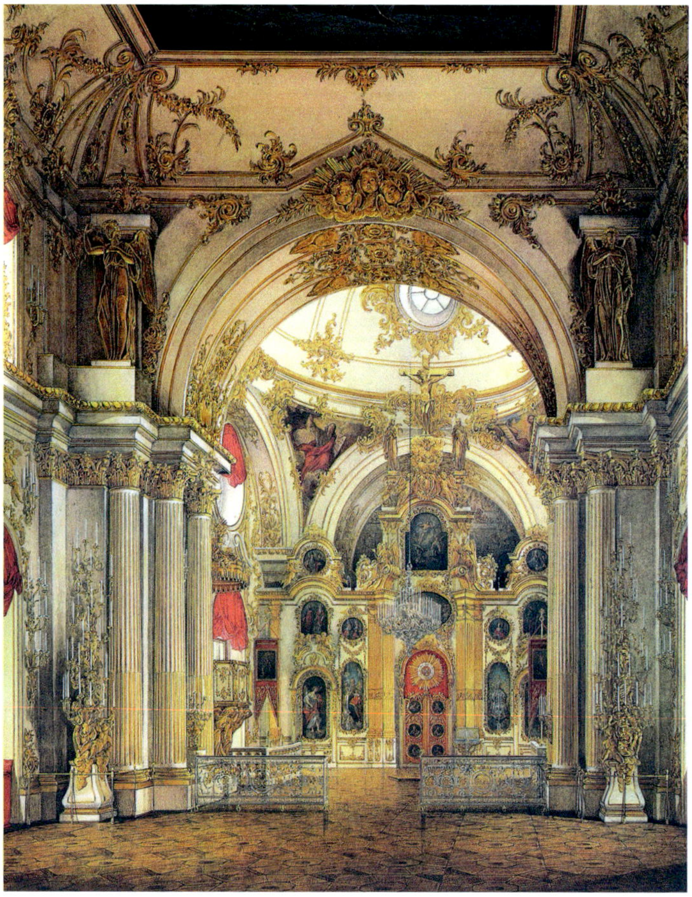

Blick vom Gemeinderaum Richtung Altar und Kuppel der Großen Kirche (Aquarell Eduard Hau, 1860er Jahre, GĖ OR 39926)

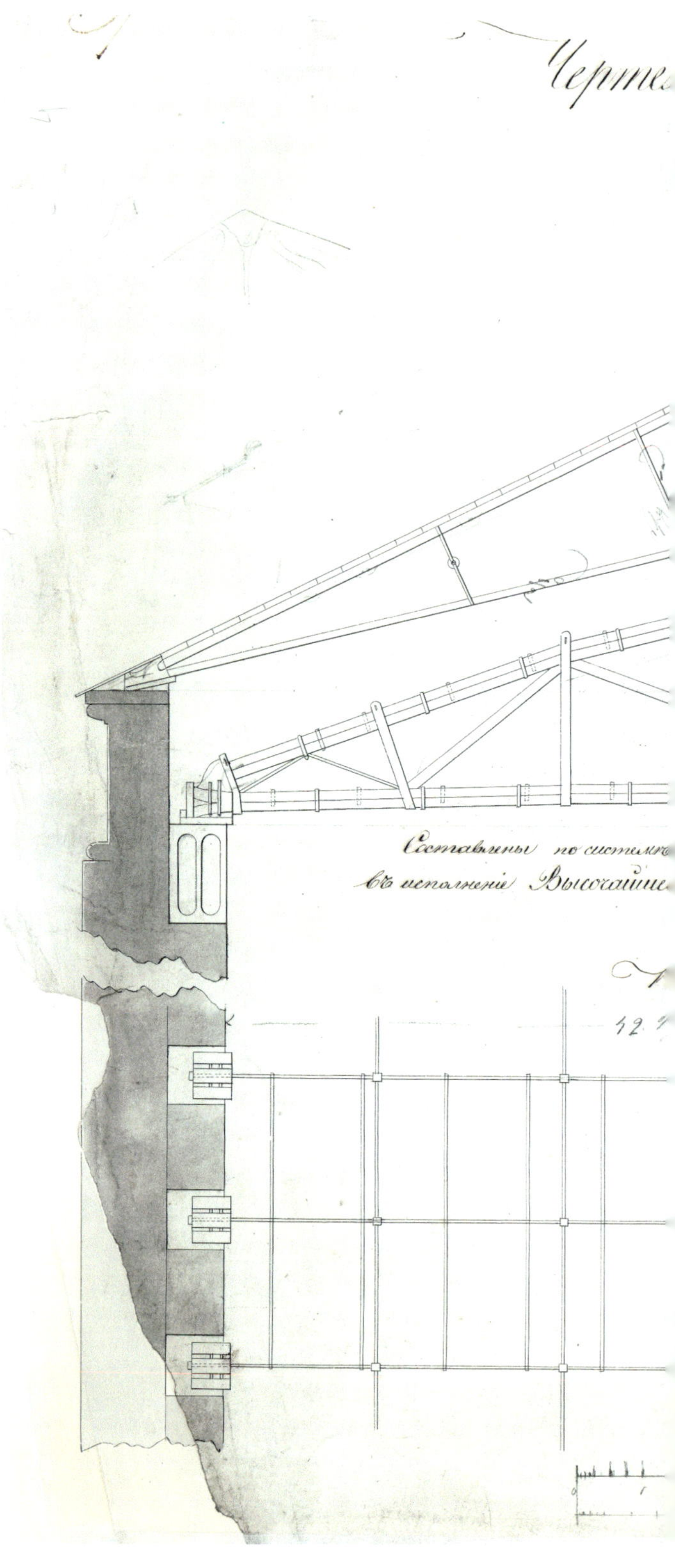

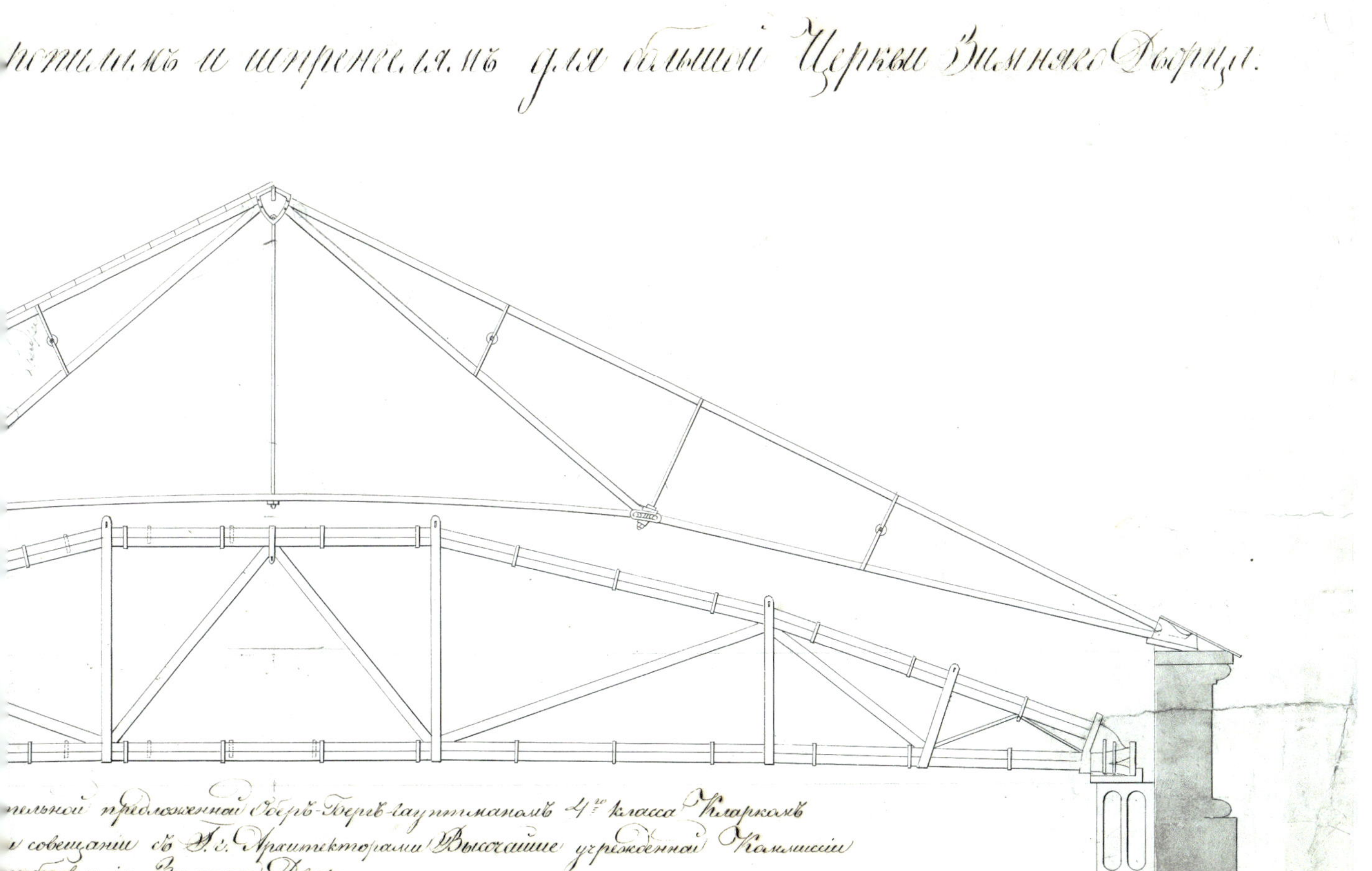

Dach- und Deckenbinder, Spannweite 14,80 m bzw. 13,90 m, Grundriss und Schnitt, 1838 (RGIA 1424-4-559, Bl. 4); s. auch Tafel 27 links oben mit variierender Auflagerung und Details

Entworfen nach dem zugbeanspruchten System, vorgeschlagen von Oberbergmeister 4. Klasse Clark. Laut Allerhöchster Anordnung nach Absprache mit den Architekten der Baukommission des Winterpalastes. Hat sich nach der Belastungsprobe als zuverlässig erwiesen.

Tafel 29

Winterpalast, Dach- und Deckentragwerk über dem Gemeinderaum der Großen Kirche, 1838

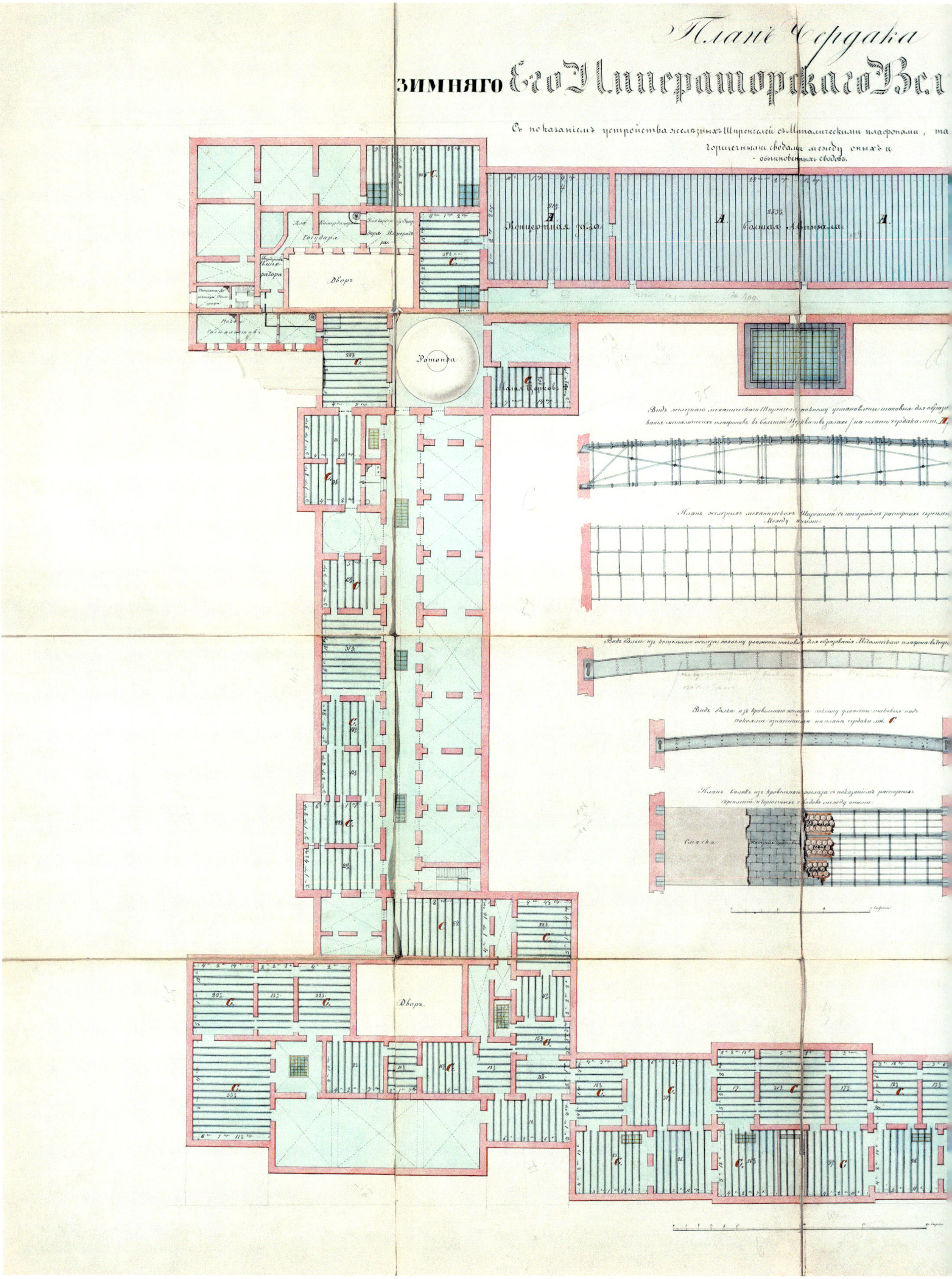
Планъ Чердака
ЗИМНЯГО Его Императорскаго Вел
Дворъ
Ротонда
Дворъ.

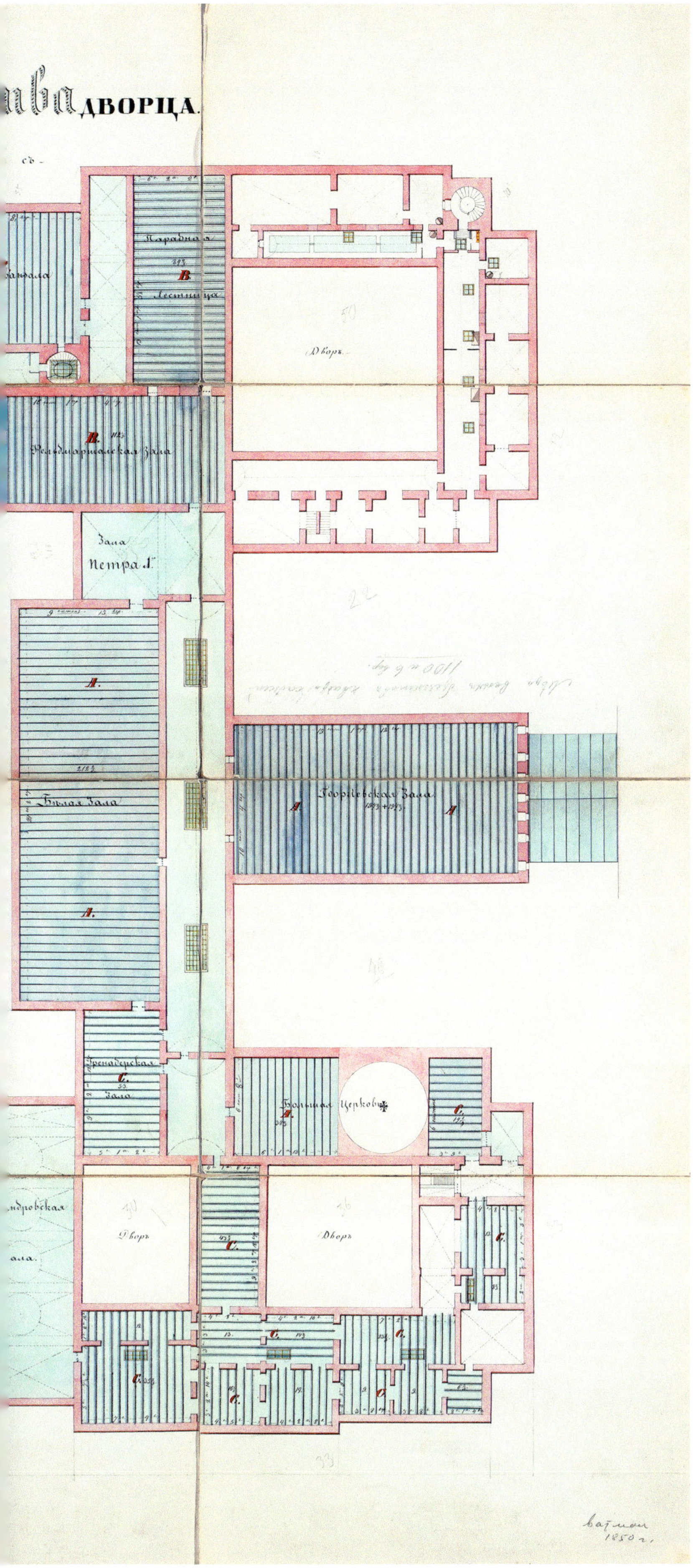

Gegenüber dem Lageplan nach Januar 1842 (Tafel 31) noch ohne Telegraphenturm und mit anderer Rotundendarstellung; beim Thronsaal ist irrtümlich der Tragwerkstyp A statt B angegeben, worauf auch die auf dem Kopf stehende handschriftliche Ergänzung hinweist (AGĖ 3-1-51)

Grundriss des Dachgeschosses des kaiserlichen Palastes. Mit Anzeige der Ausführungsweise der eisernen Sprengel mit Metalldecken, ähnlichen Balken mit Tontopffüllung und herkömmlichem Gewölbe.

Aufriss der eisernen mechanischen Sprengel für den Einbau in den Decken der Großen Kirche [nicht realisiert] und der Säle, auf der Zeichnung A.

Aufsicht der eisernen mechanischen Sprengel mit Anzeige der Queraussteifung
Aufriss der Balken aus Kesselblech für die Decken über dem Georgssaal [Thronsaal], Buchstabe B.

Aufriss der Balken aus Eisenblech für die Räume C.

Plan der Balken aus Blecheisen mit Anzeige der Queraussteifungen und Tontopffüllungen.

Tafel 30

Winterpalast, Dokumentation der eisernen Decken und Gewölbe über dem obersten Geschoss, vor August 1841

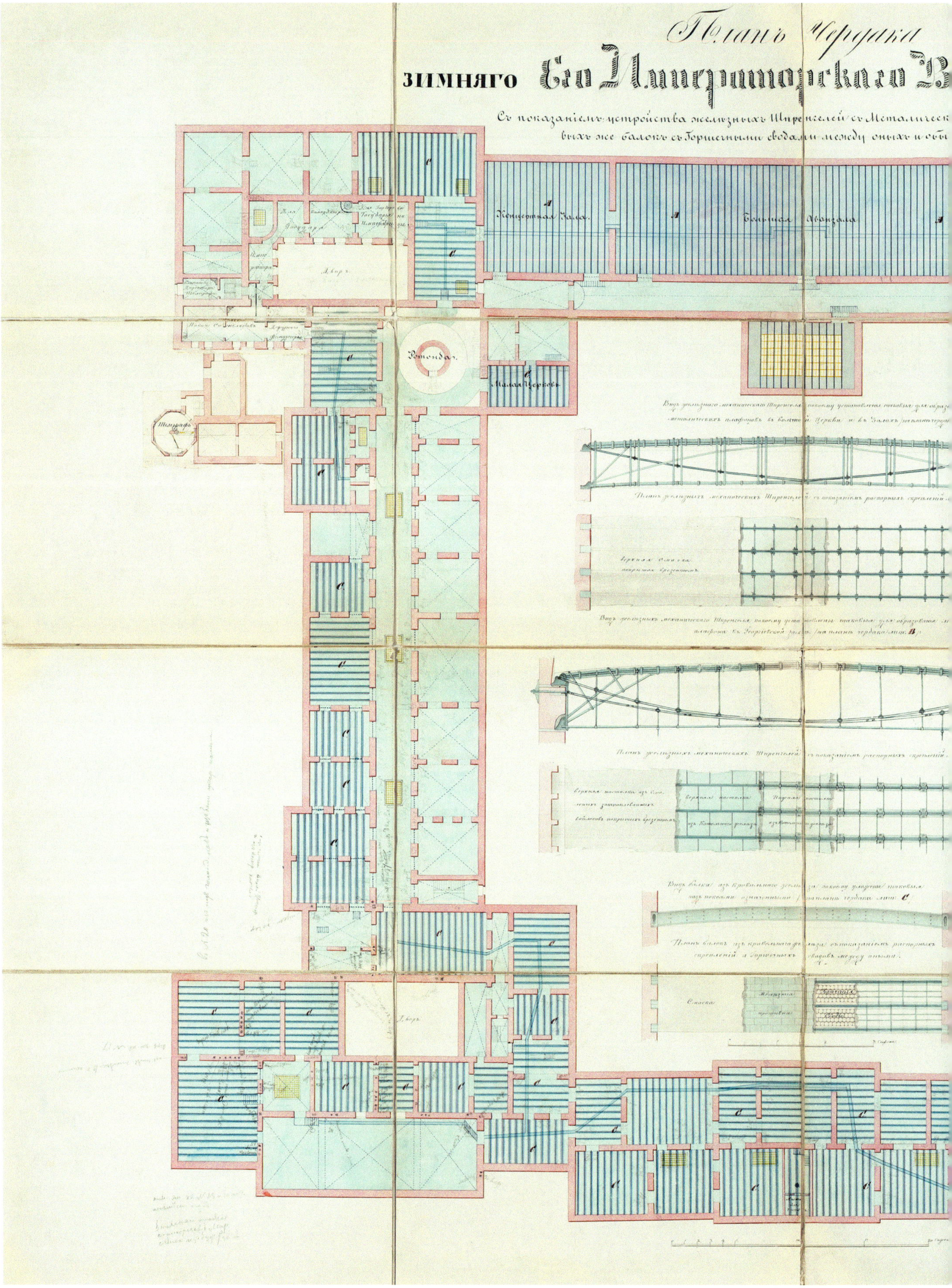
Планъ Чердака
ЗИМНЯГО
Концертная Зала
Большая Аванзала
Ротонда
Малая Церковь

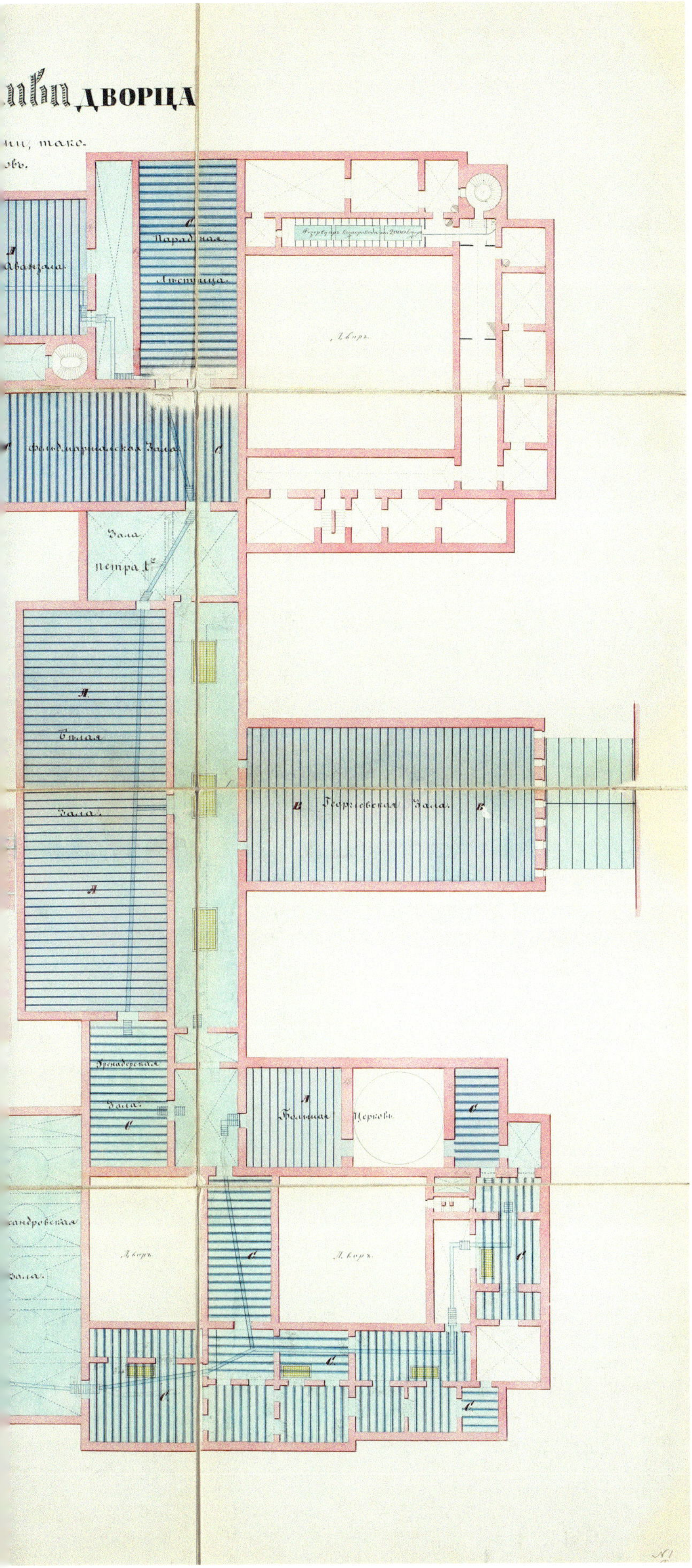

Gegenüber dem Lageplan vor August 1841 (Tafel 32) mit Einzeichnung der Laufwege im gesamten Dachbereich und den neuen Bindertypen für den Thronsaal (AGĖ 3-1-52)

Grundriss des Dachgeschosses des kaiserlichen Palastes. Mit Anzeige der Ausführungsweise der eisernen Sprengel mit Metalldecken, ähnlichen Balken mit Tontopffüllung und herkömmlichem Gewölbe.

Aufriss der eisernen mechanischen Sprengel für den Einbau in den Decken der Großen Kirche [nicht realisiert] und der Säle, auf der Zeichnung A;
Aufsicht der eisernen mechanischen Sprengel mit Anzeige der Dämmung auf dem Obergurt unter einer Persenning.

Aufriss der eingebauten eisernen mechanischen Sprengel über dem Georgssaal [Thronsaal], auf der Zeichnung Buchstabe B;
Aufsicht der eisernen mechanischen Sprengel mit Anzeige der Queraussteifung, der oberen Schicht der Dämmung unter einer Persenning sowie der oberen und unteren Lage aus Kesselblech.

Aufriss der Balken aus Eisenblech für die Räume C;
Plan der Balken aus Eisenblech mit Anzeige der Queraussteifungen und Tontopffüllungen sowie der Dämmung auf eiserner Lage.

Tafel 31

Winterpalast, Dokumentation der eisernen Decken und Gewölbe über dem obersten Geschoss, nach Januar 1842

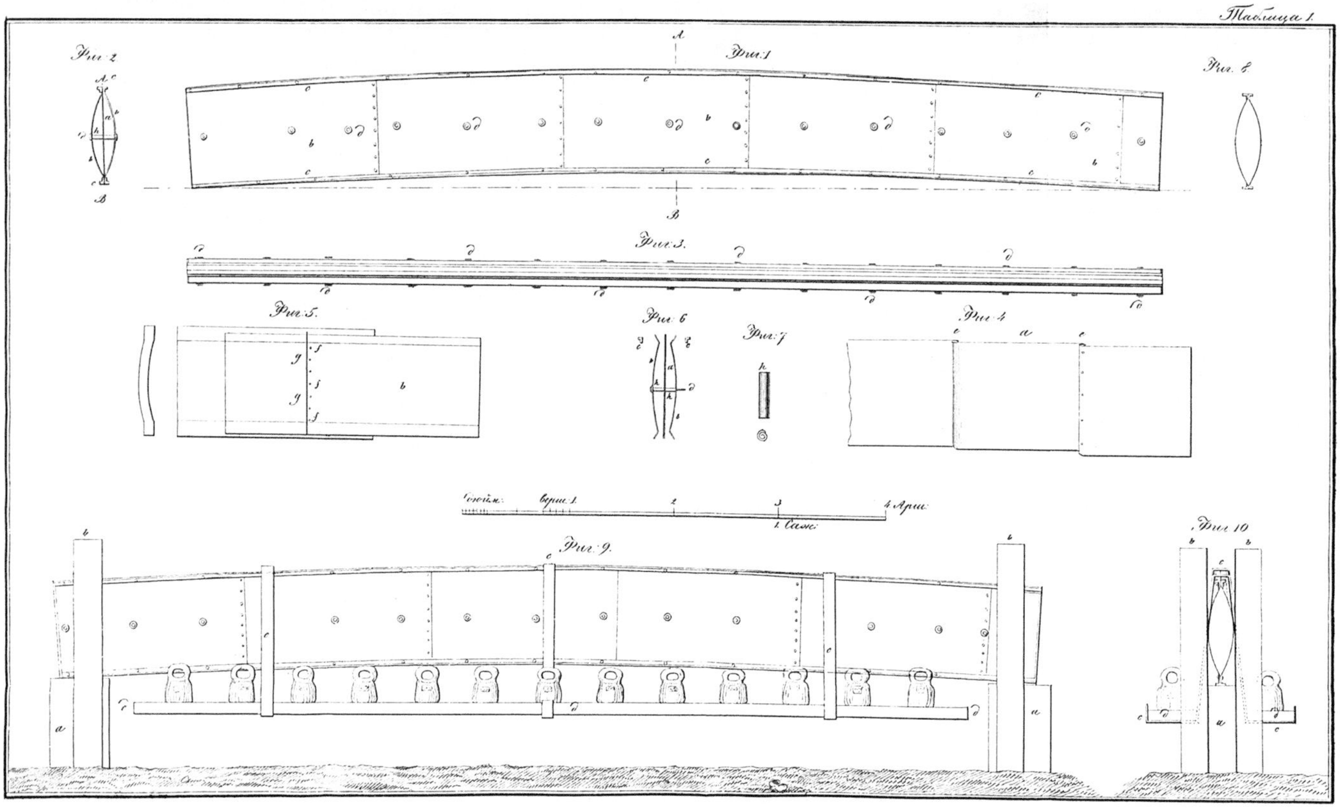

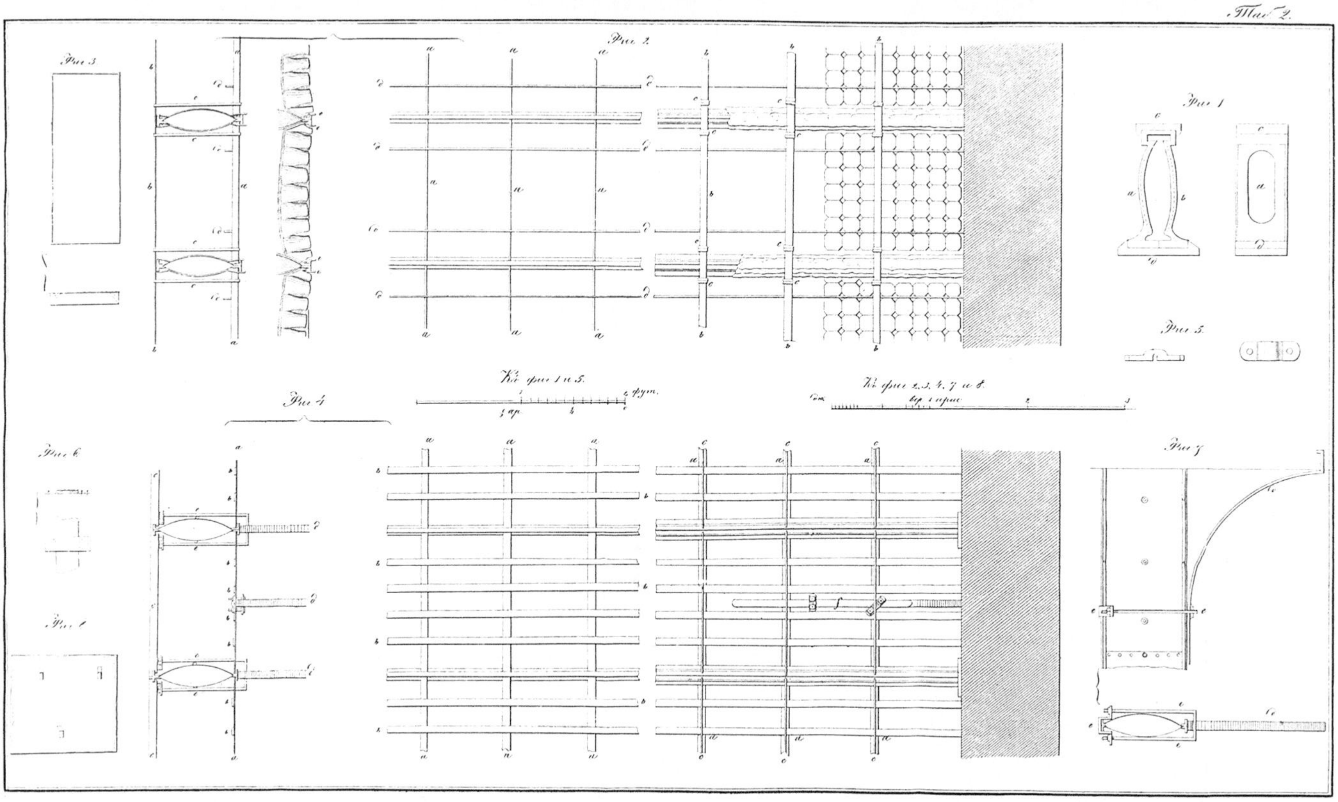

Konstruktiver Aufbau eines Blechträgers sowie Längs- und Querschnitt eines Trägers während einer Belastungsprobe (Ol'chovskij 1839, Taf. 1)

Konstruktiver Aufbau einer Blechträgerdecke mit Tontopfgewölben (Ol'chovskij 1839, Taf. 2)

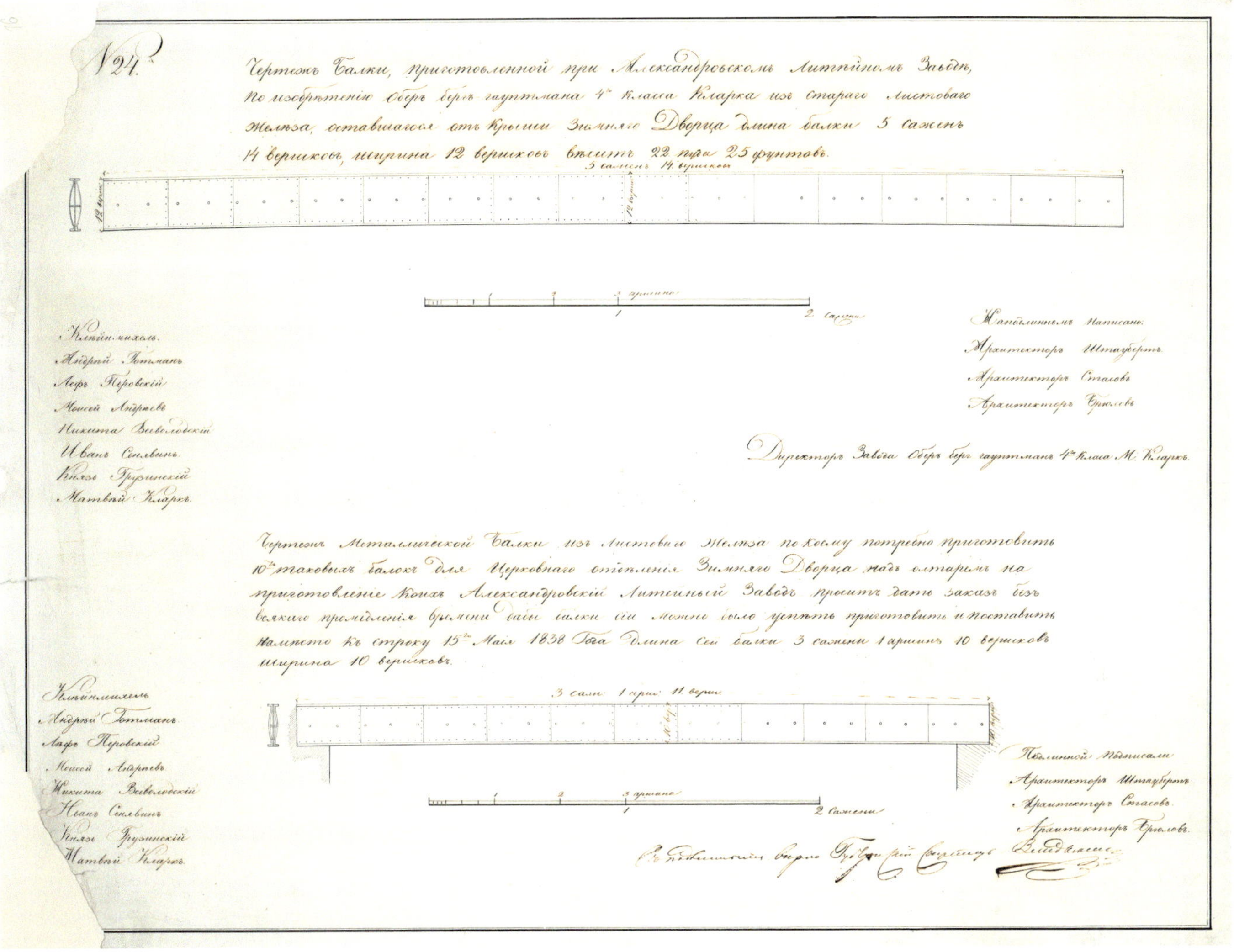

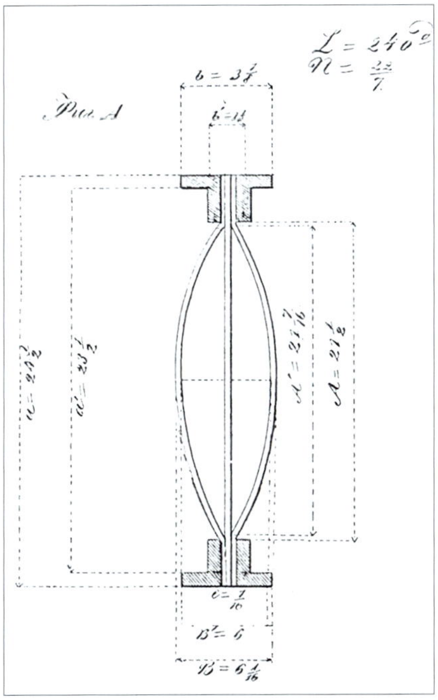

Schnitt, Maße und Trägheitsmomente der Blechträger und Sparrenbinder (Ol'chovskij 1839, Taf. o. Nr., Ausschnitt)

Aufrisse und Profile der Blechträger, Spannweite 11,30 m bzw. 7,10 m, genehmigter Entwurf (RGIA 1424-4-559, Bl. 16)

Zeichnung eines am Aleksandrovskij-Werk nach Erfindung des Oberberghauptmanns 4. Klasse Clark aus altem, vom Dach des abgebrannten Winterpalastes verbliebenen Blecheisen hergestellten Balkens. Die Länge der einzelnen Balken beträgt 5 Sažen' 14 Veršok [11,30 m], die Höhe 12 Veršok [55 cm], das Gewicht 22 Pud 25 Funt [370 kg].

Zeichnung eines eisernen Balkens aus Blecheisen für die Herstellung von zehn solcher Balken für den Altarteil der [Großen] Kirche im Winterpalast. Das Aleksandrovskij-Werk bittet um eine rasche entsprechende Beauftragung, um die Herstellung und Montage dieser Balken bis zum 15. Mai 1838 abzuschließen. Die Länge der Balken beträgt 3 Sažen' 1 Aršin 10 Veršok [7,55 m], die Höhe 10 Veršok [45 cm].

Tafel 32

Winterpalast, Elliptische Balken, Matthew Clark, um 1838

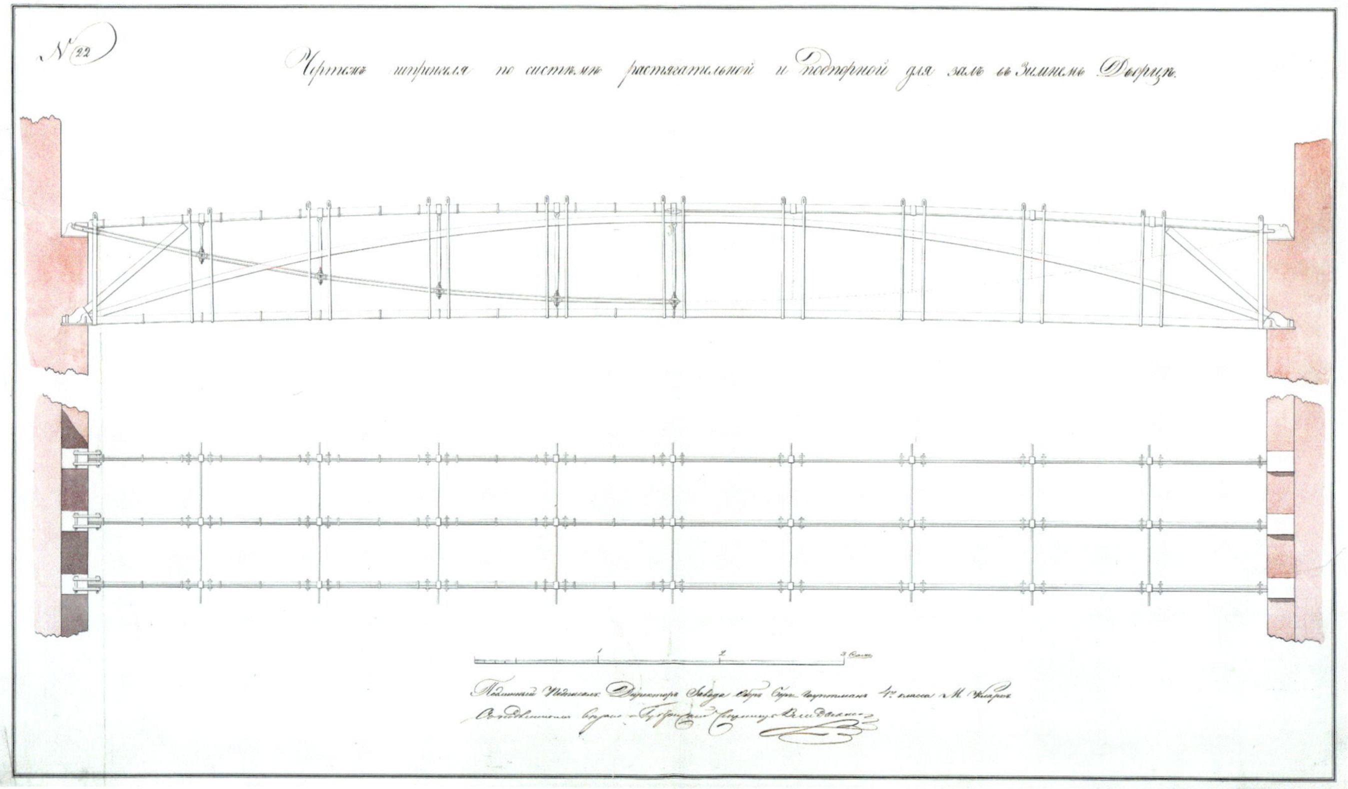

Träger mit *einbändigem* Obergurt, Entwurfsvariante, Spannweite 20,45 m, Längsschnitt und Draufsicht (RGIA 1424-4-566, Bl. 3)

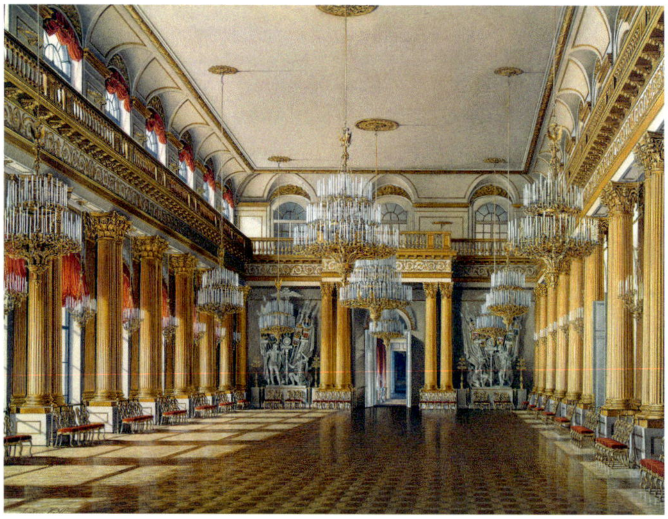

Blick in den Wappensaal (Aquarell Eduard Hau, 1863, GĖ OR 11830)

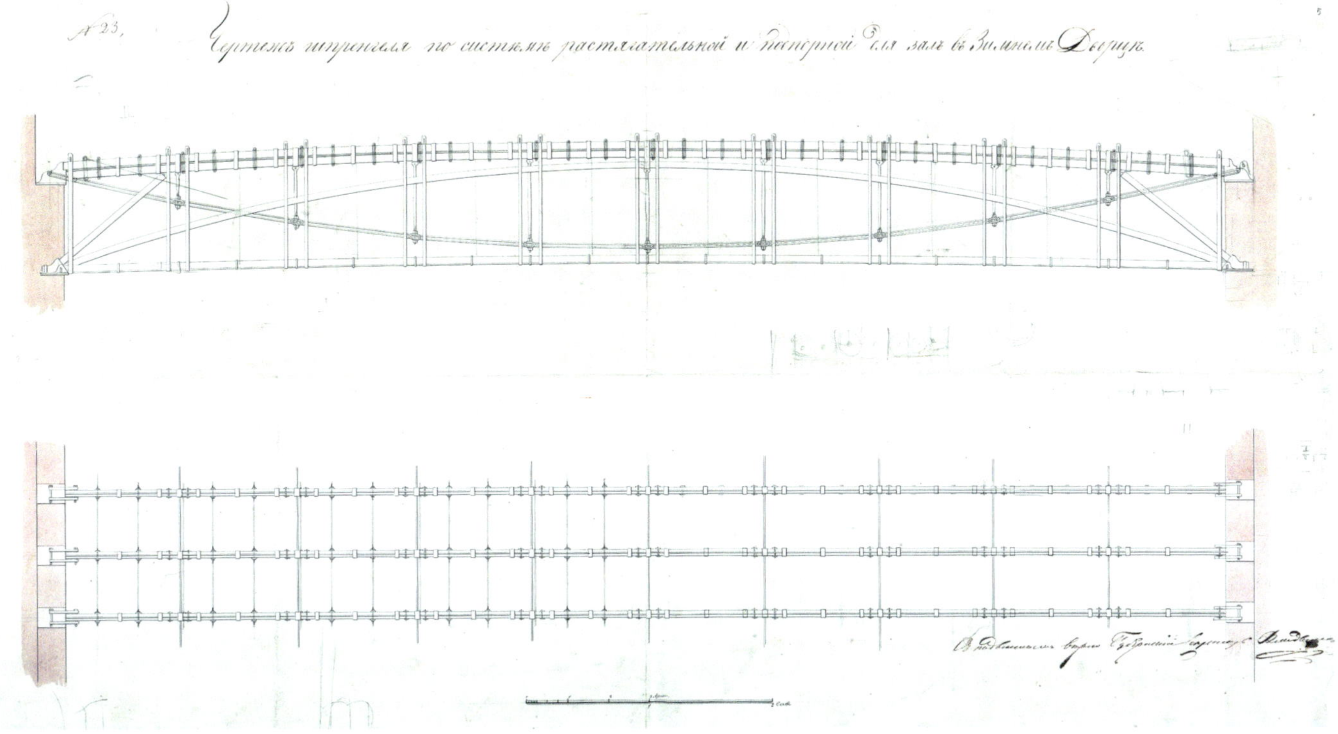

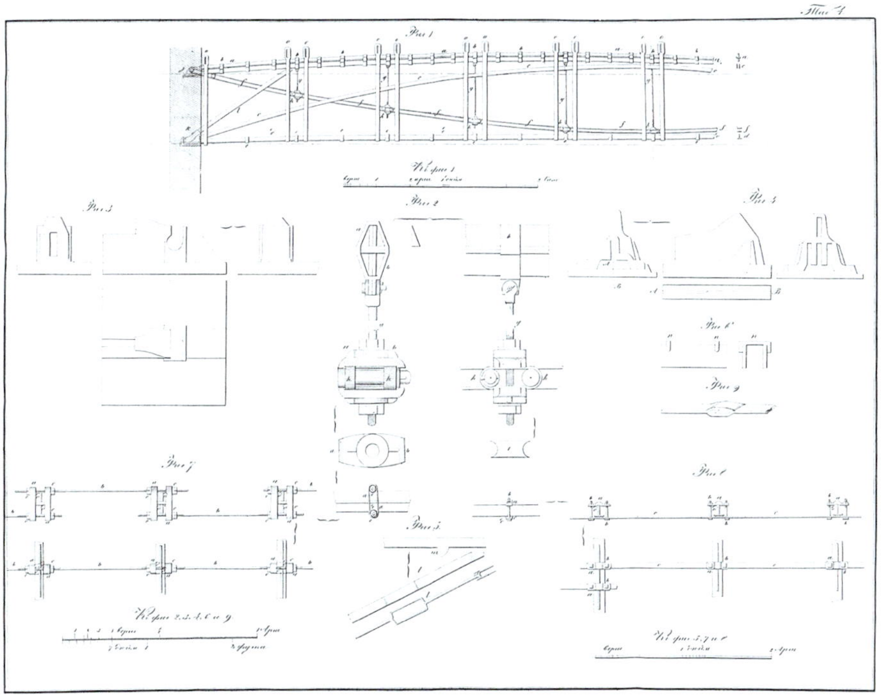

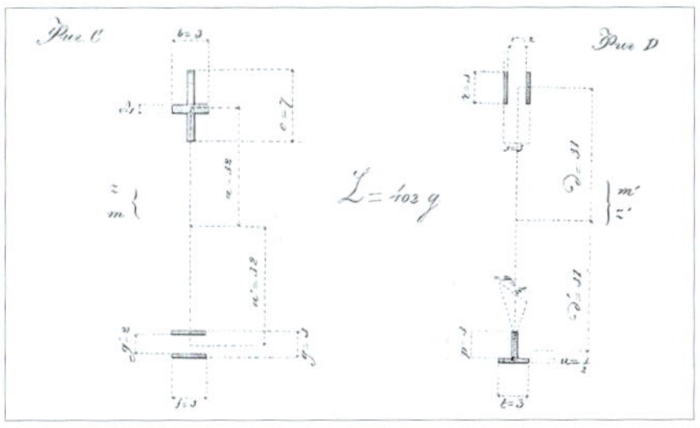

Träger mit *doppelbändigem* Obergurt, ausgeführte Konstruktion, Spannweite 20,55 m
oben: Längsschnitt und Draufsicht (RGIA 1424-4-566, Bl. 5)
unten: Längsschnitt und Details (Ol'chovskij 1839, Taf. 4)

Schnitt, Maße und Trägheitsmomente der Sprengelprofile (Ol'chovskij 1839, Taf. o. Nr., Ausschnitt)

Tafel 33

Winterpalast, Sprengel als Deckentragwerke über den großen Sälen, Matthew Clark, Entwurf 1838

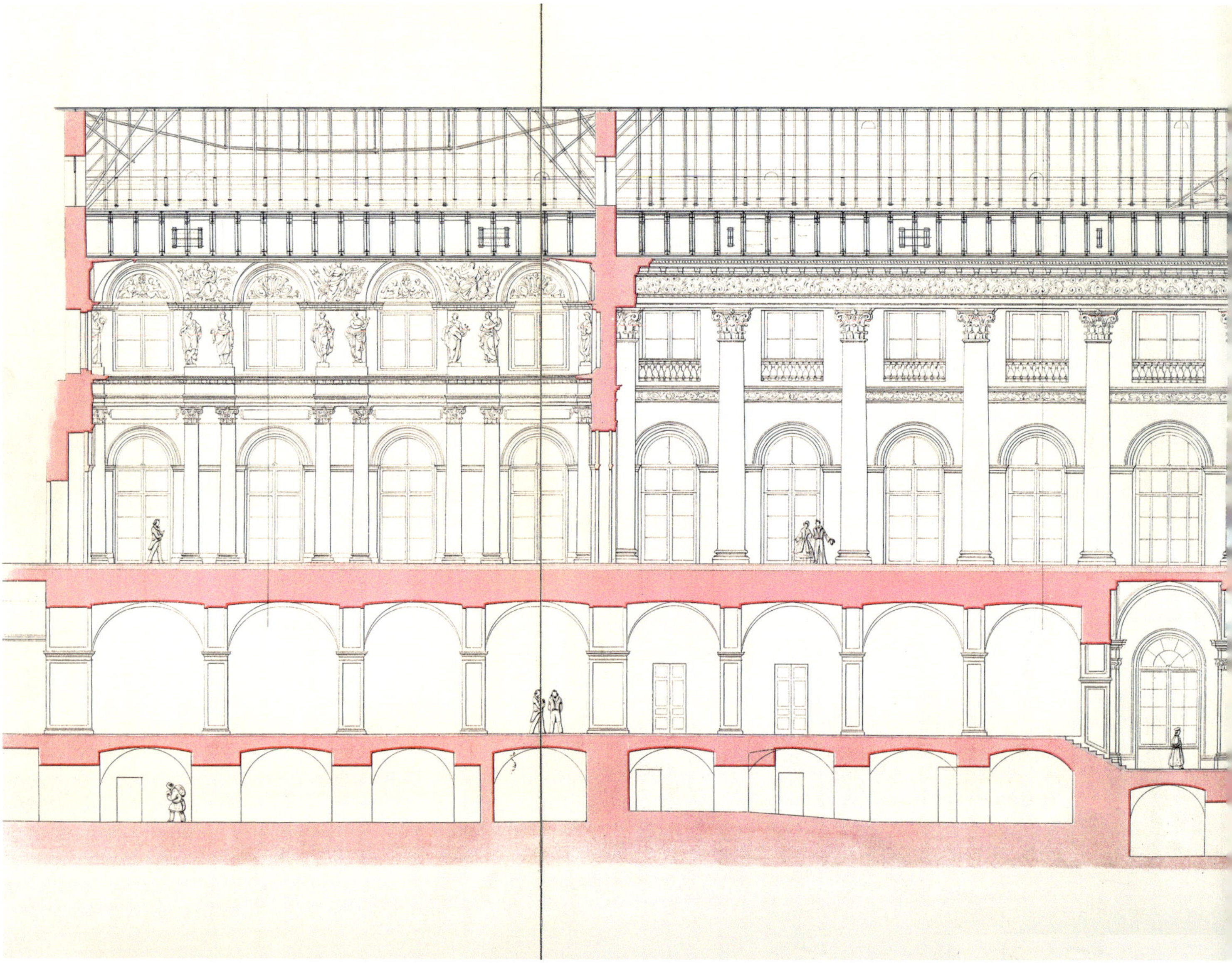

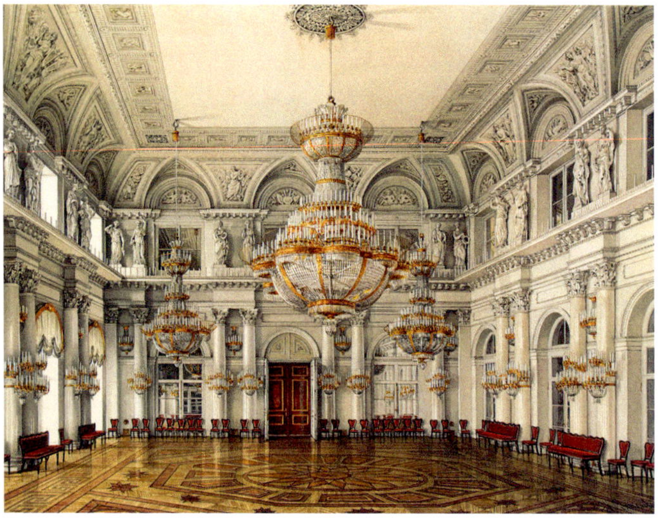

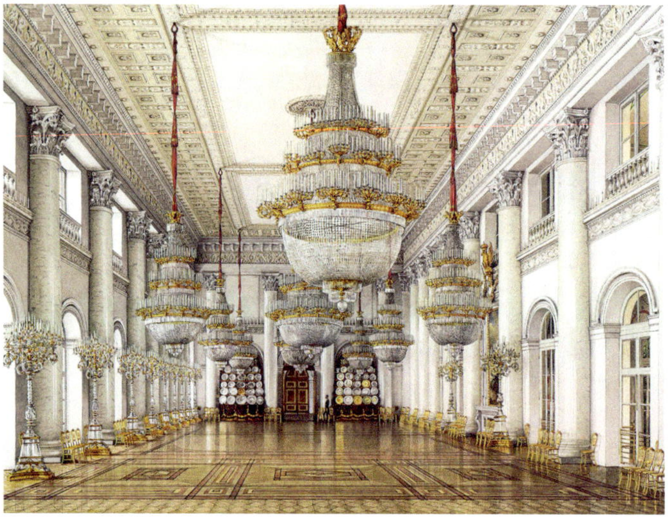

Blick in den Konzertsaal, in den Nikolaisaal und in den Vorsaal (Aquarelle Konstantin Uchtomskij, 1860er Jahre, GĖ OR 14395, 14399 bzw. 11821)

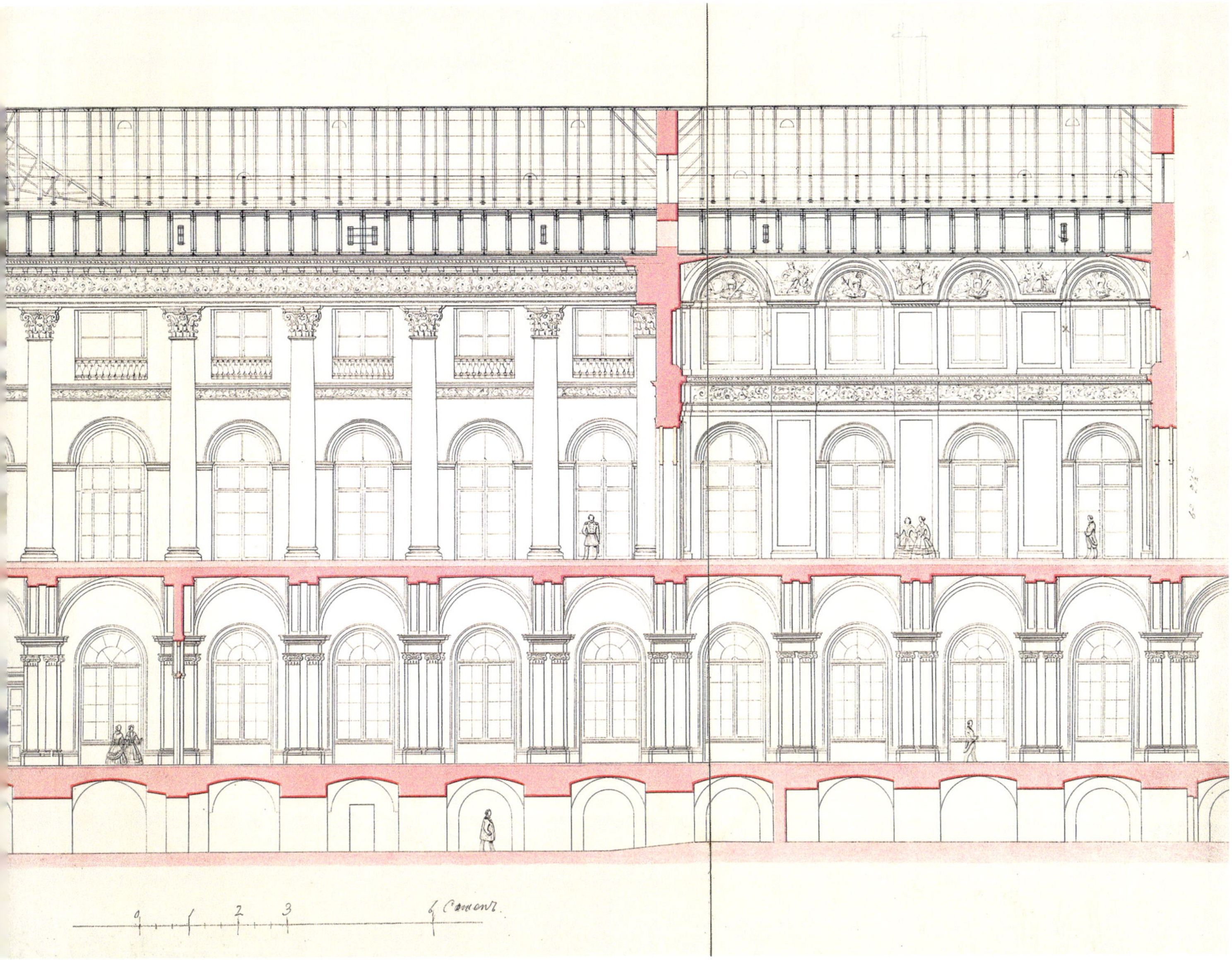

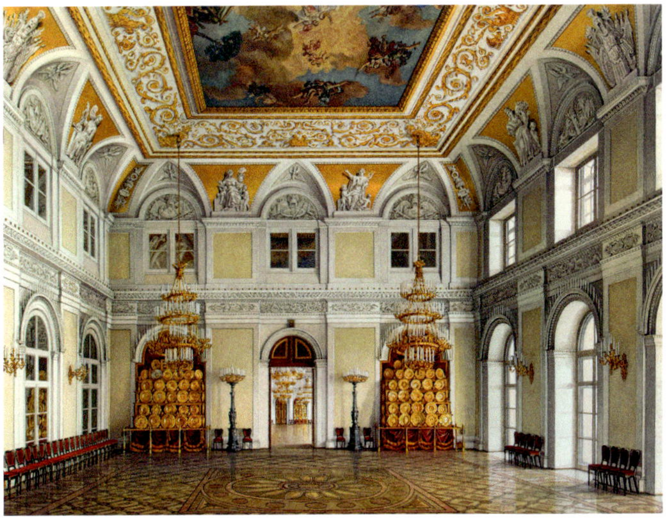

Längsschnitt mit Blick von der Neva (links Vorsaal), um 1839/1840 (GĖ OR 17004)

Tafel 34

Winterpalast, Dach- und Deckentragwerke über den Sälen der Neva-Enfilade

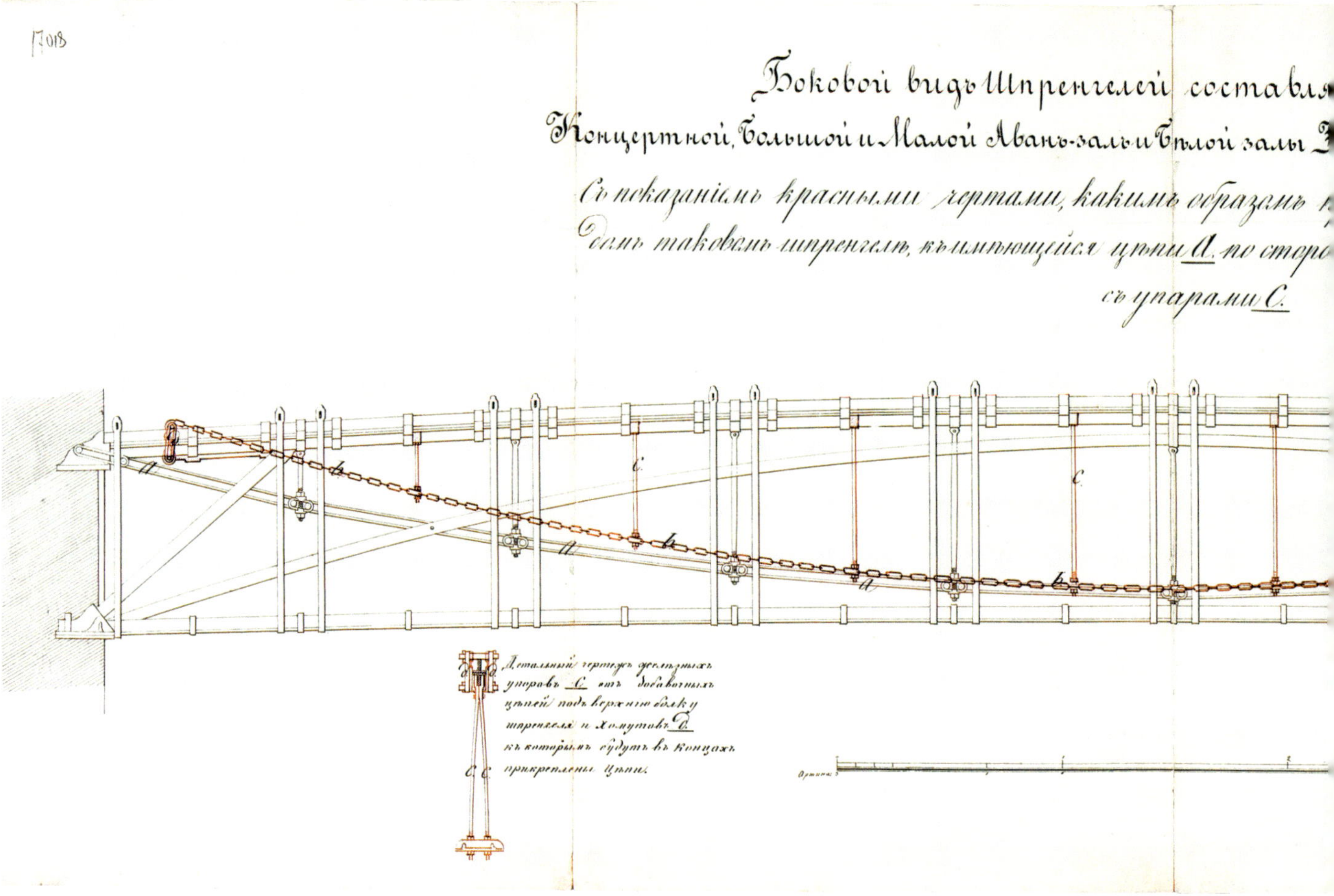
17018
Боковой видъ Шпренгелей составля
Концертной, большой и Малой Аванъ-залъ и Бѣлой залы
съ упарами С.

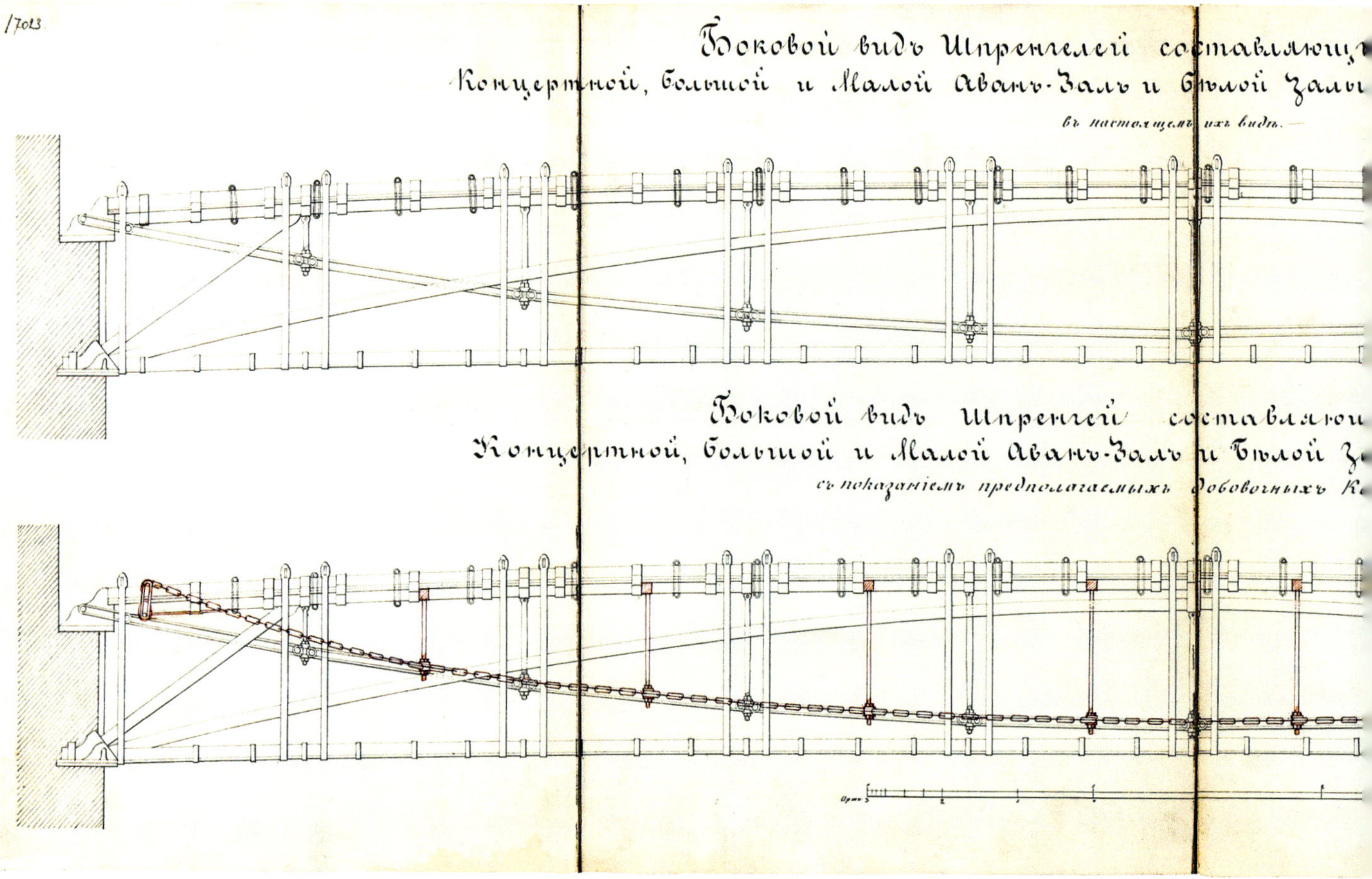
17013
Боковой видъ Шпренгелей составляющ
Концертной, большой и Малой Аванъ-Залъ и Бѣлой Залы
въ настоящемъ ихъ видѣ.
Боковой видъ Шпренгей составляющ
Концертной, большой и Малой Аванъ-Залъ и Бѣлой З
съ показаніемъ предполагаемыхъ добавочныхъ К

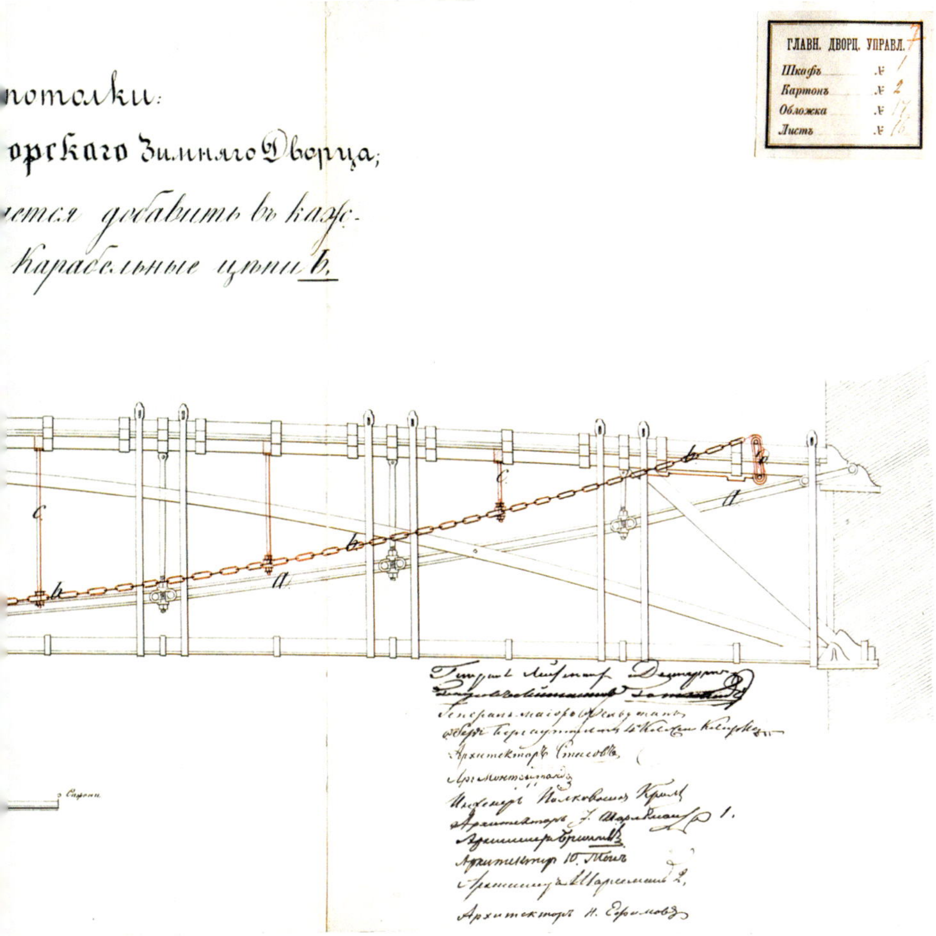

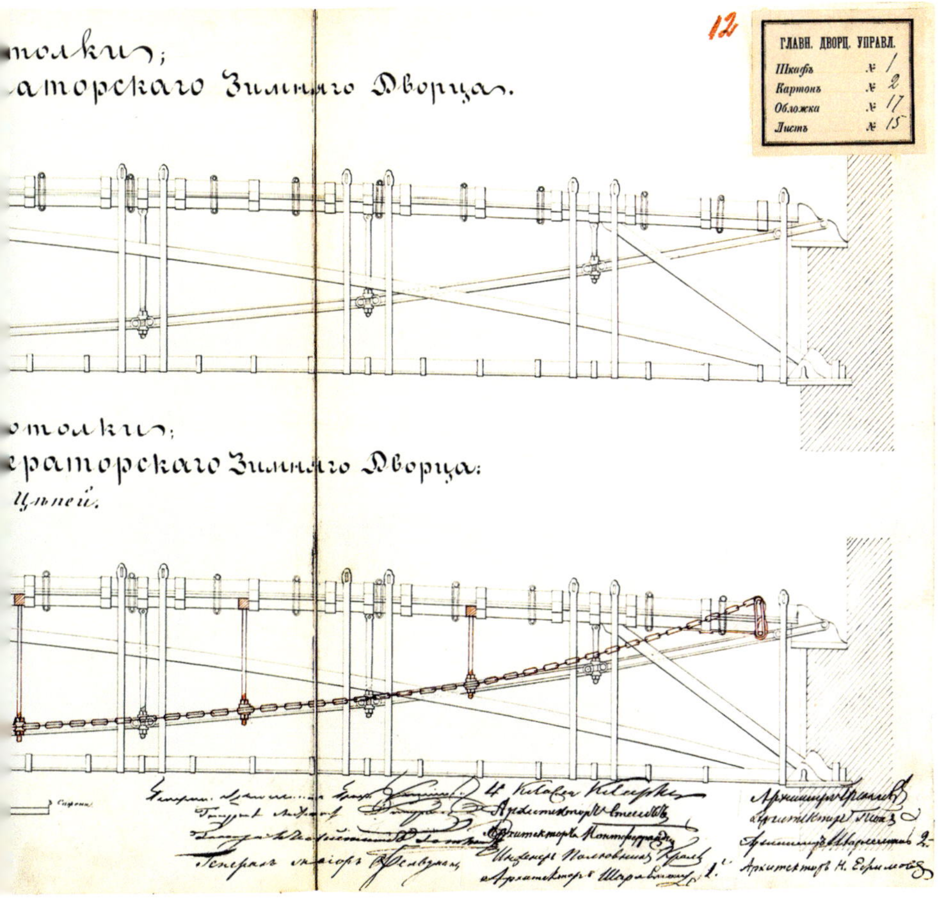

Ansicht und Schnitt eines bestehenden Sprengels (a) mit Verstärkung durch die Kette (b) und Druckspreizen (c), Spannweite 20,30 m (GĖ OR 17018)

Ansicht eines flacheren bestehenden Sprengels ohne (oben) und mit Kette und Druckspreizen (unten), Spannweite 20,30 m (GĖ OR 17023)

Tafel 35

Winterpalast, Vorschlag zur Verstärkung der Sprengel über den großen Sälen durch Schiffsketten, Maurice Destrem, September 1841

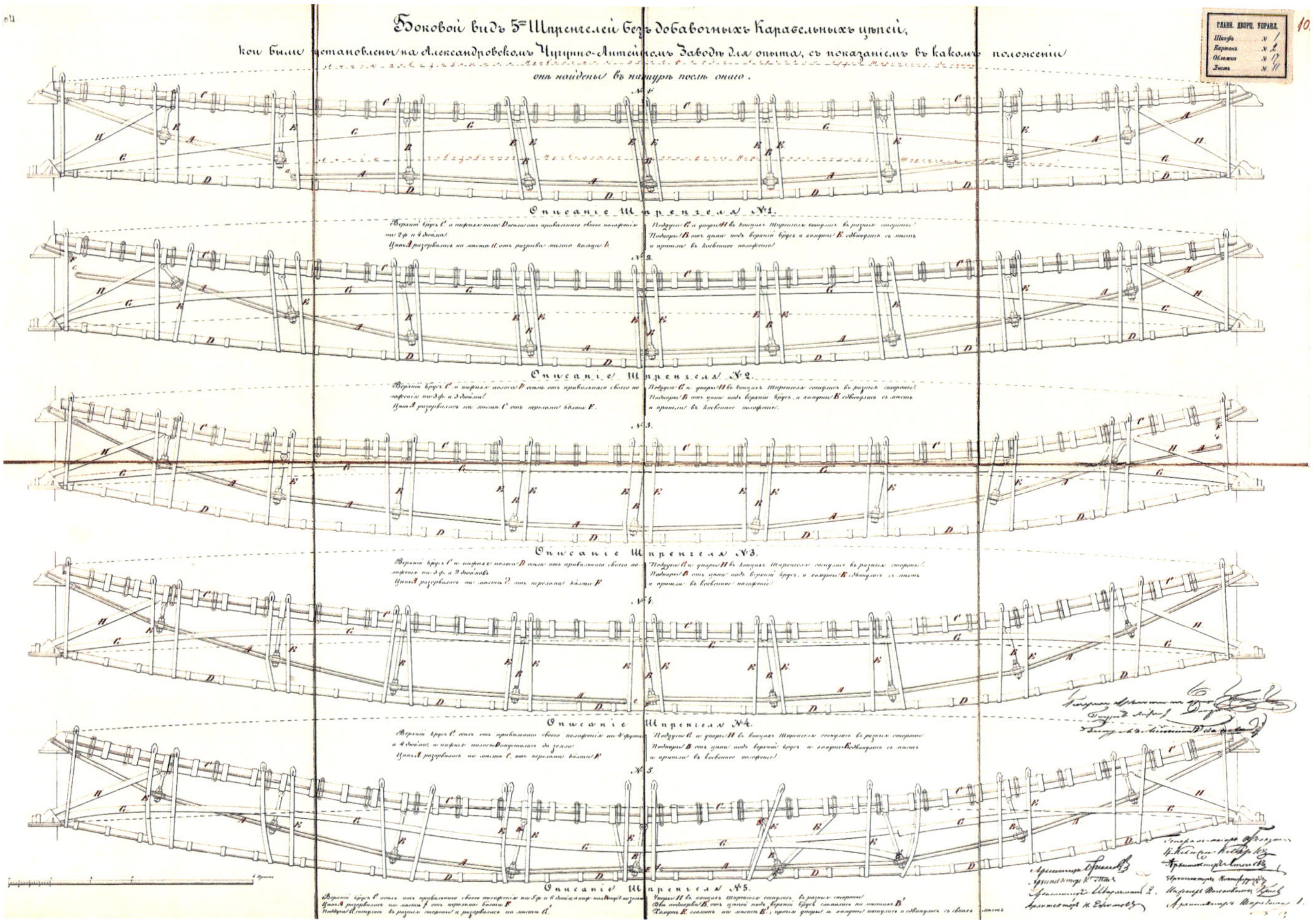

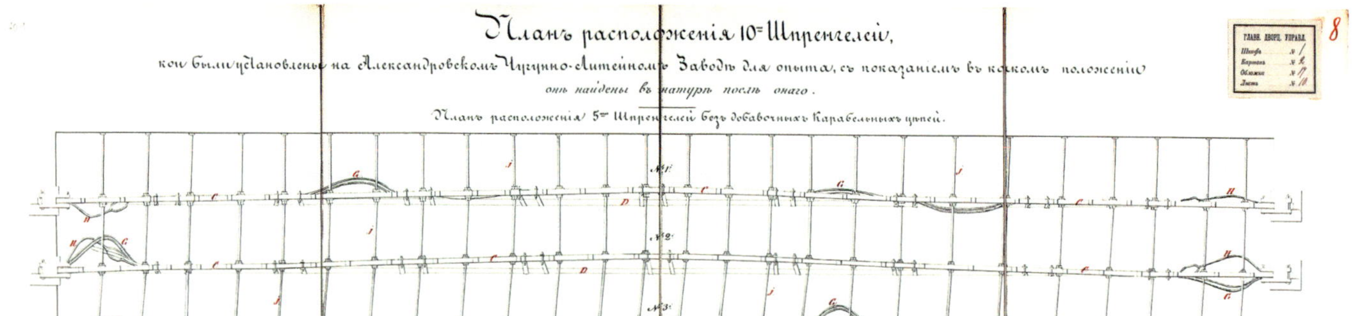

Dokumentation der Belastungsversuche mit Sprengeln *ohne* Verstärkung, Verformungsfiguren mit Maßangaben in Grundriss und Ansichten (GÉ OR 17021 bzw. 17019)

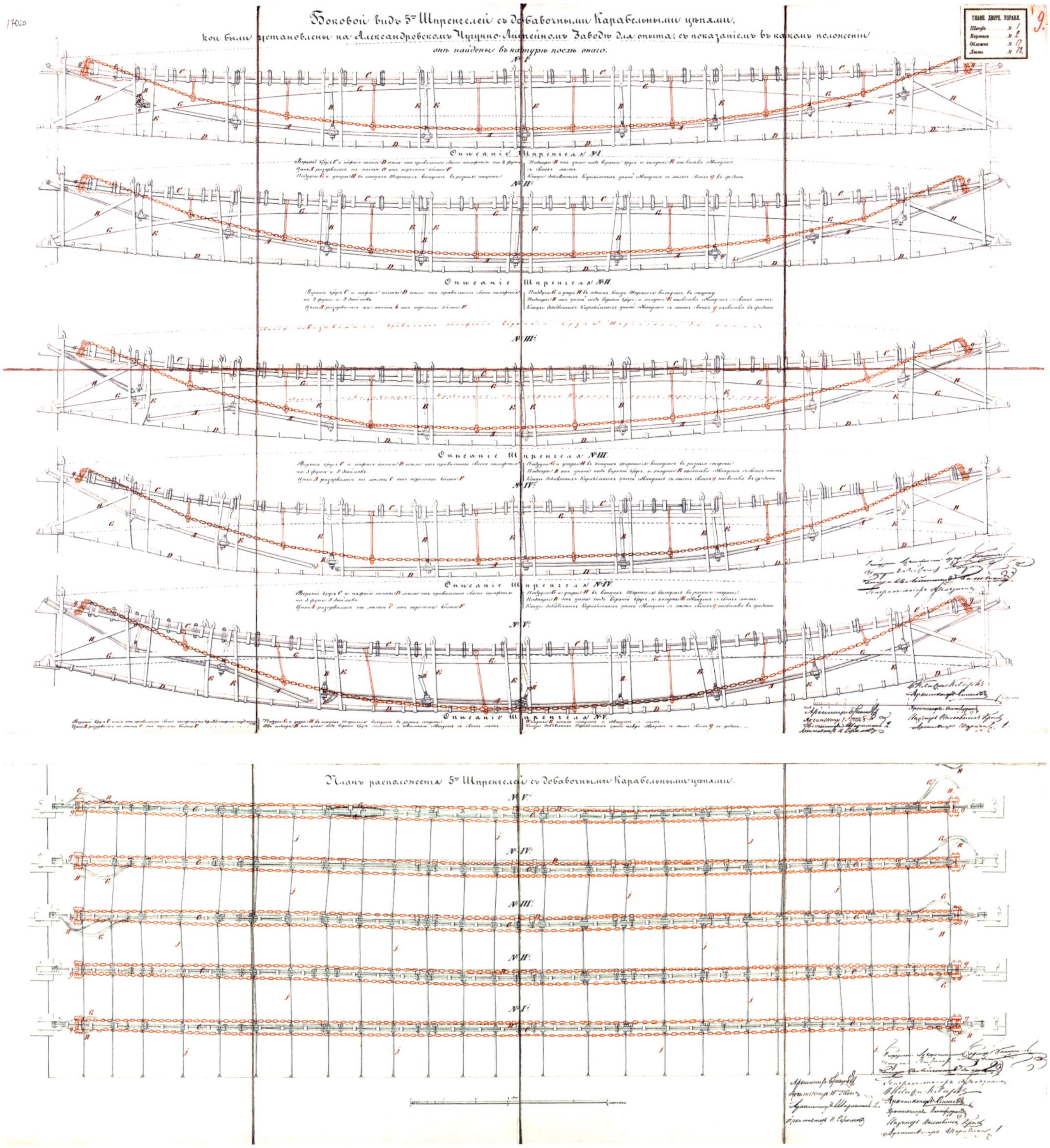

Dokumentation der Belastungsversuche mit Sprengeln *mit* Verstärkung, Verformungsfiguren mit Maßangaben in Grundriss und Ansichten (GĖ OR 17020 bzw. GĖ OR 17019)

Tafel 36

Winterpalast, Versagenszustände der Sprengel mit und ohne Verstärkung gemäß Vorschlag Destrem, November 1841

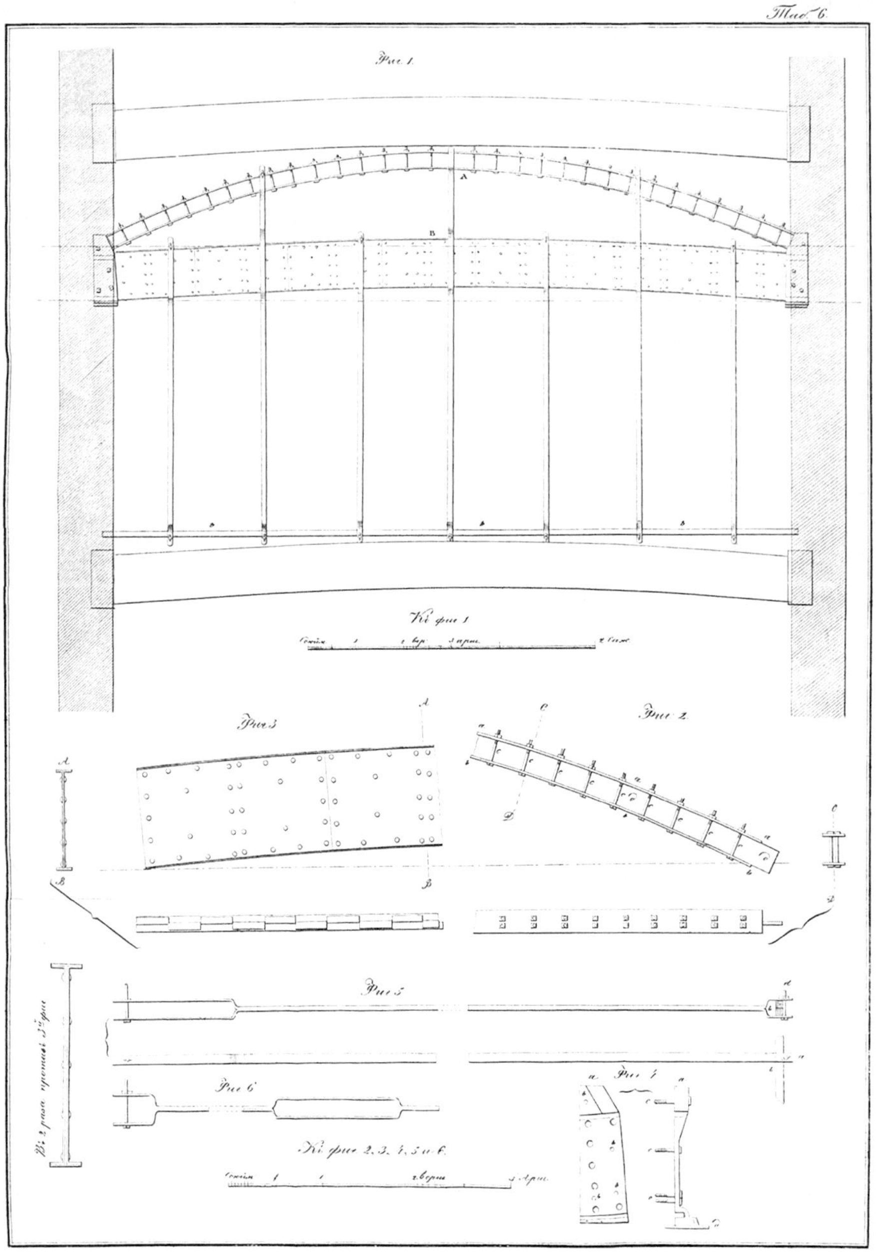

Blechträger und Bogen mit abgehängter Wand im Obergeschoss, ausgeführte Konstruktion, Spannweite 11,50 m (Ol'chovskij 1839, Taf. 6)

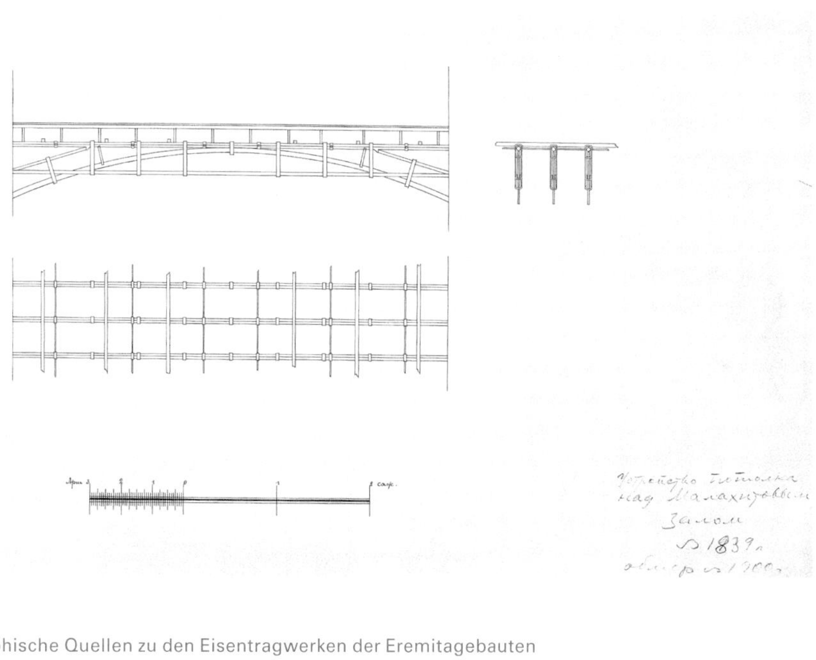

Am 25. Januar 1839 eingereichte Zeichnung einer Schablone für den Sprengel in der ersten Etage eines Saals mit 5 Sažen', 1 Aršin und 3 Veršok Länge (11,50 m) (RGIA 1424-4-566, Bl. 8)

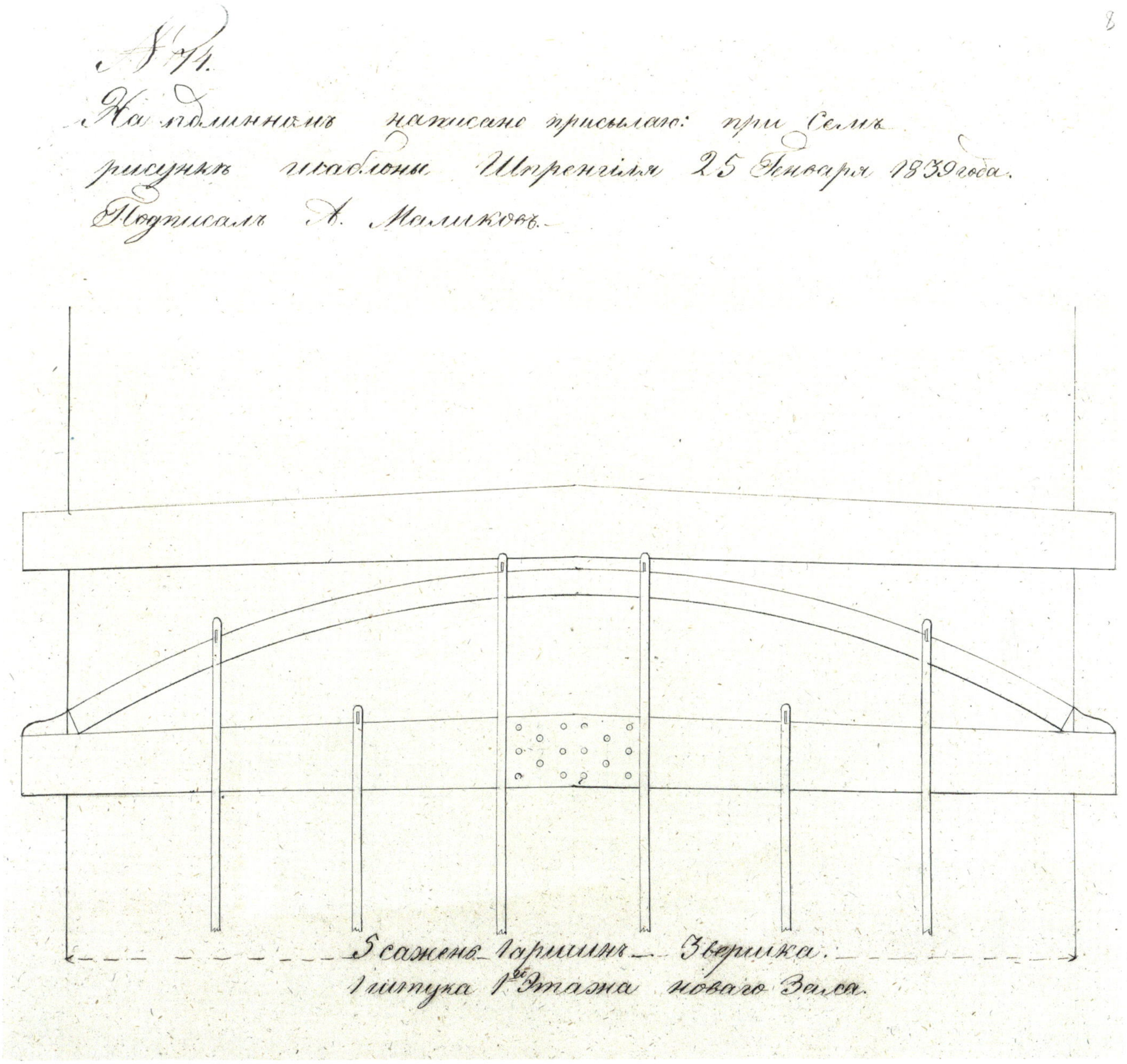

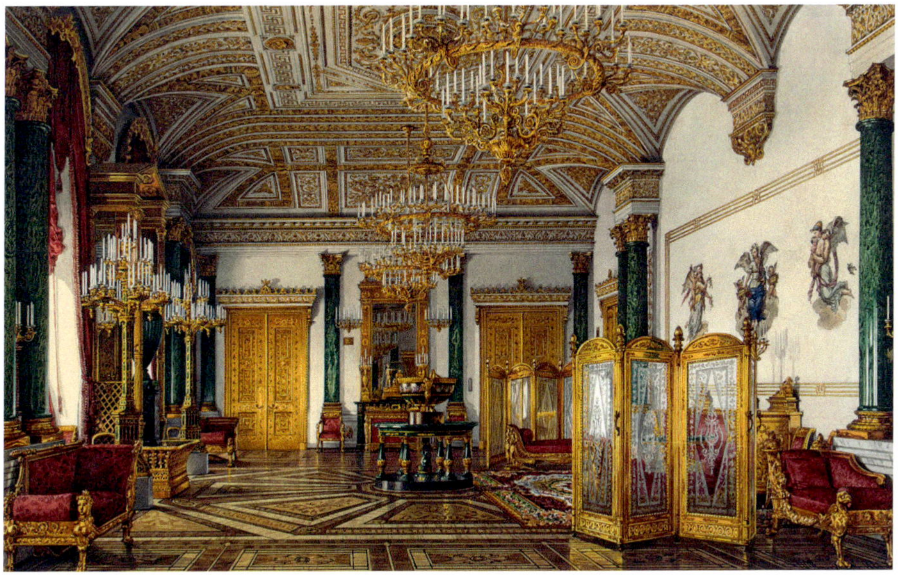

Schnitt und Draufsicht eines Bogenträgers mit liegenden Obergurten für die gewölbten Decken im Malachitsaal, Spannweite 9,95 m, 1839, handschriftliche Ergänzung 1900 (GĖ OR 439)

Blick in den Malachitsaal (Aquarell Konstantin Uchtomskij, 1865, GĖ OR 14371)

Tafel 37

Winterpalast, abgehängte Wände mit Blechträgern und Decken mit Bogenträgern im Malachitsaal, 1838–1839

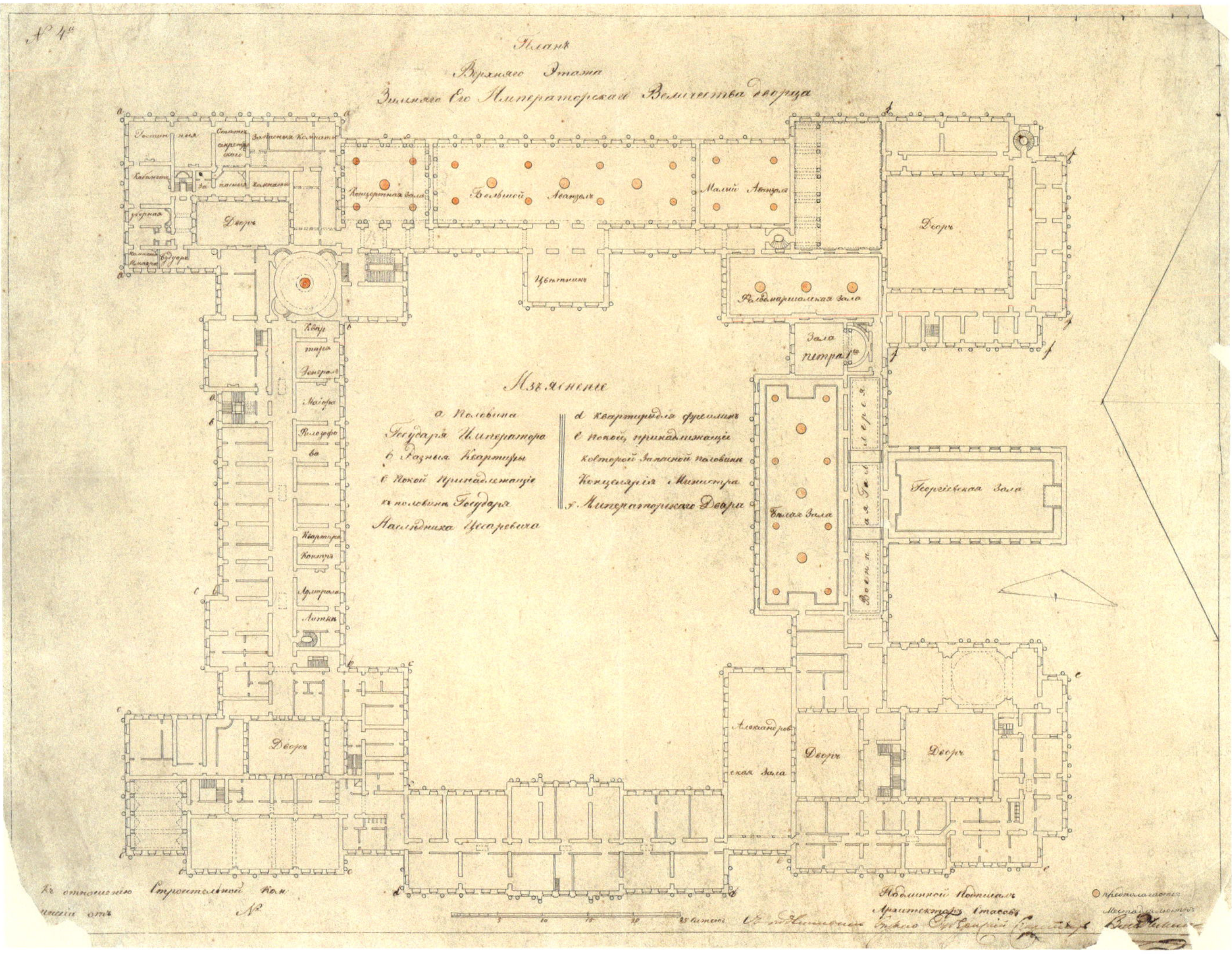

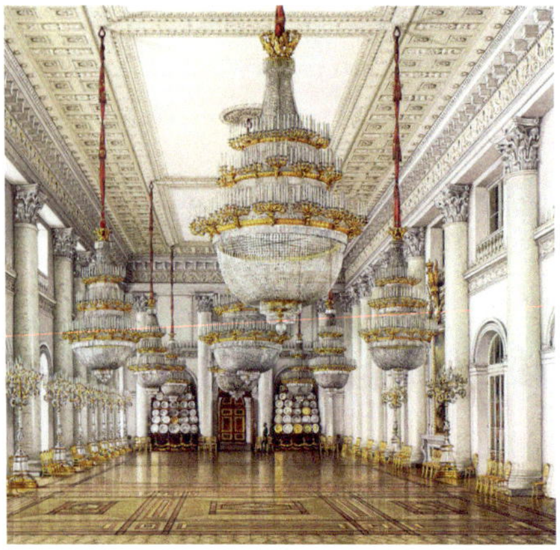

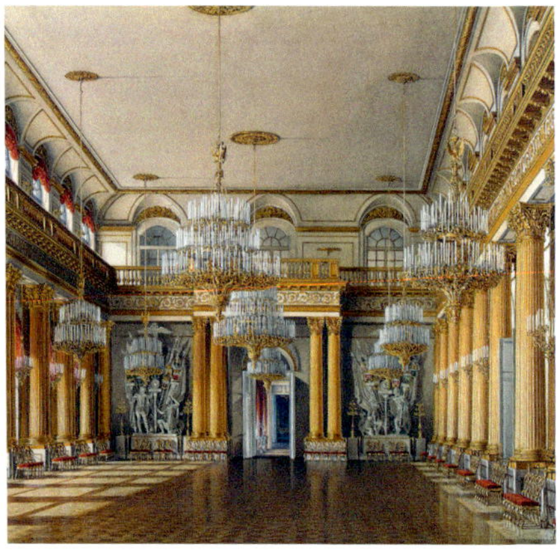

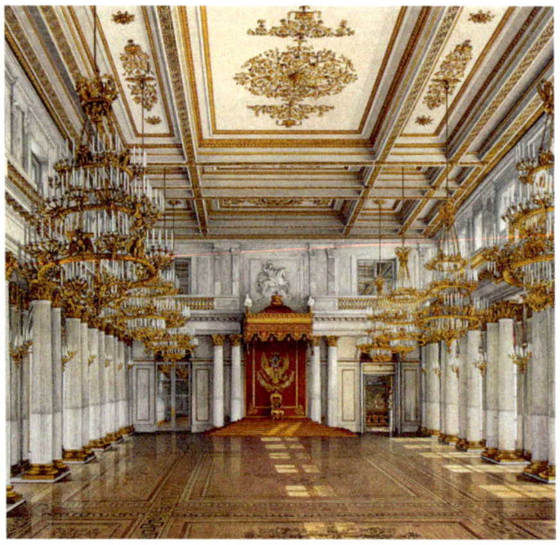

oben: Grundriss des Obergeschosses mit Platzierung der Kronleuchter (die Hängung im Thronsaal erfolgte erst später), vermutlich 1838 (RGIA 1424-4-554, Bl. 3)

Blick in den Nikolaisaal (Aquarell Konstantin Uchtomskij, 1866, GĖ OR 14399, Ausschnitt)

Blick in den Wappensaal (Aquarell Eduard Hau, 1863, GĖ OR 14396, Ausschnitt)

Blick in den Thronsaal nach dem zweiten Wiederaufbau (Aquarell Konstantin Uchtomskij, 1862, GĖ OR 14401)

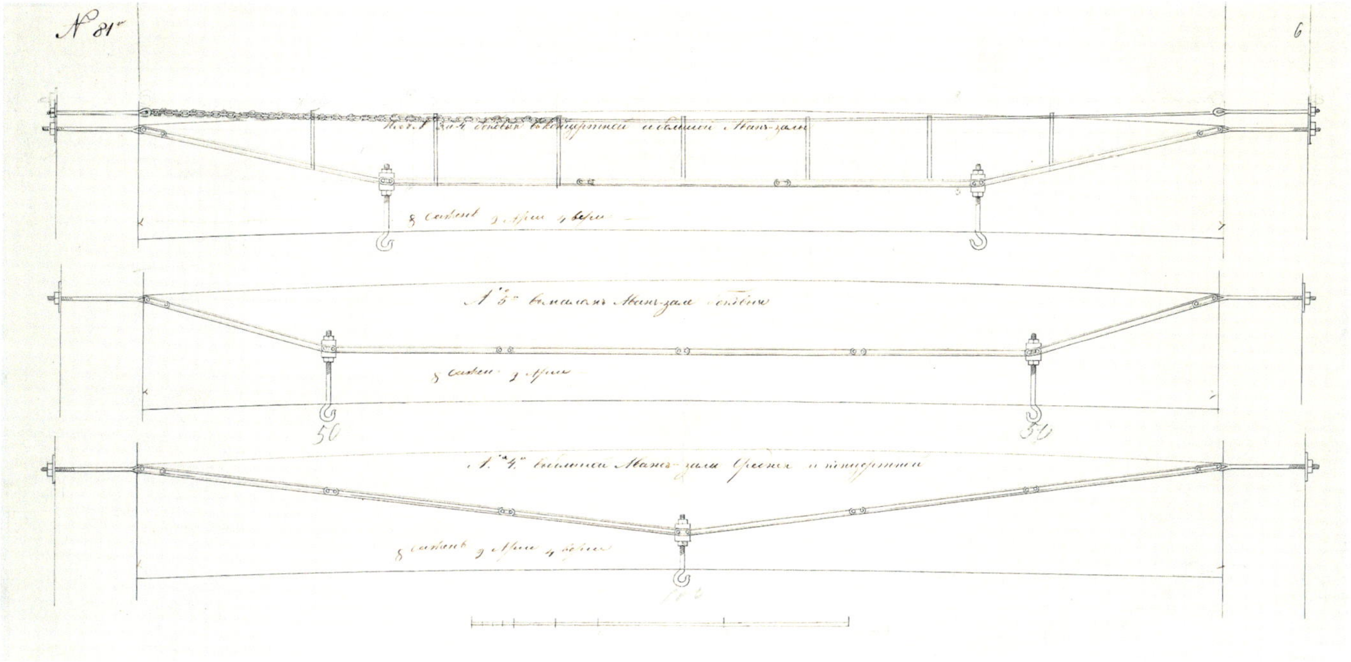

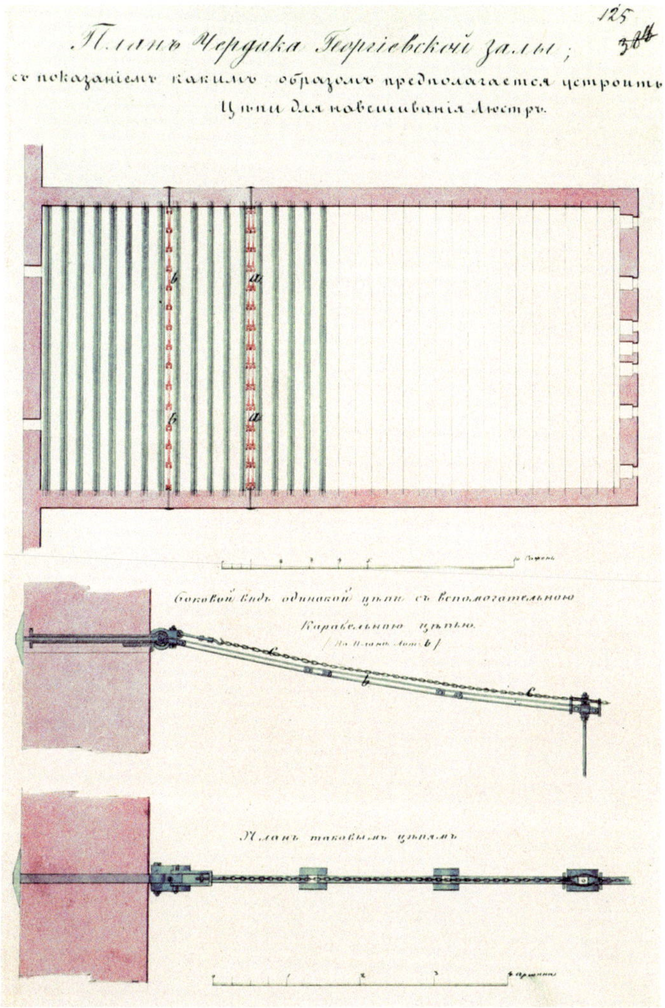

Varianten für Leuchterketten mit einem bzw. zwei Kronleuchtern für die Säle der Neva-Enfilade, Spannweite jeweils 18,75 m, Aufriss, vermutlich 1838–1839 (RGIA 1424-4-569, Bl. 6)
oben: Kette für die seitlichen Leuchter des Konzert- und des Nikolaisaals
Mitte: Kette für die seitlichen Leuchter des Vorsaals
unten: Kette für die mittleren Leuchter des Konzert- und des Nikolaisaals

Thronsaal, Aufriss und Schnitt der Ketten zur Aufhängung der Lüster zwischen den Deckenträgern, vermutlich 1842 (RGIA 468-35-497, Bl. 125)

Tafel 38

Winterpalast, Aufhängung der Kronleuchter in den großen Sälen und in der Rotunde

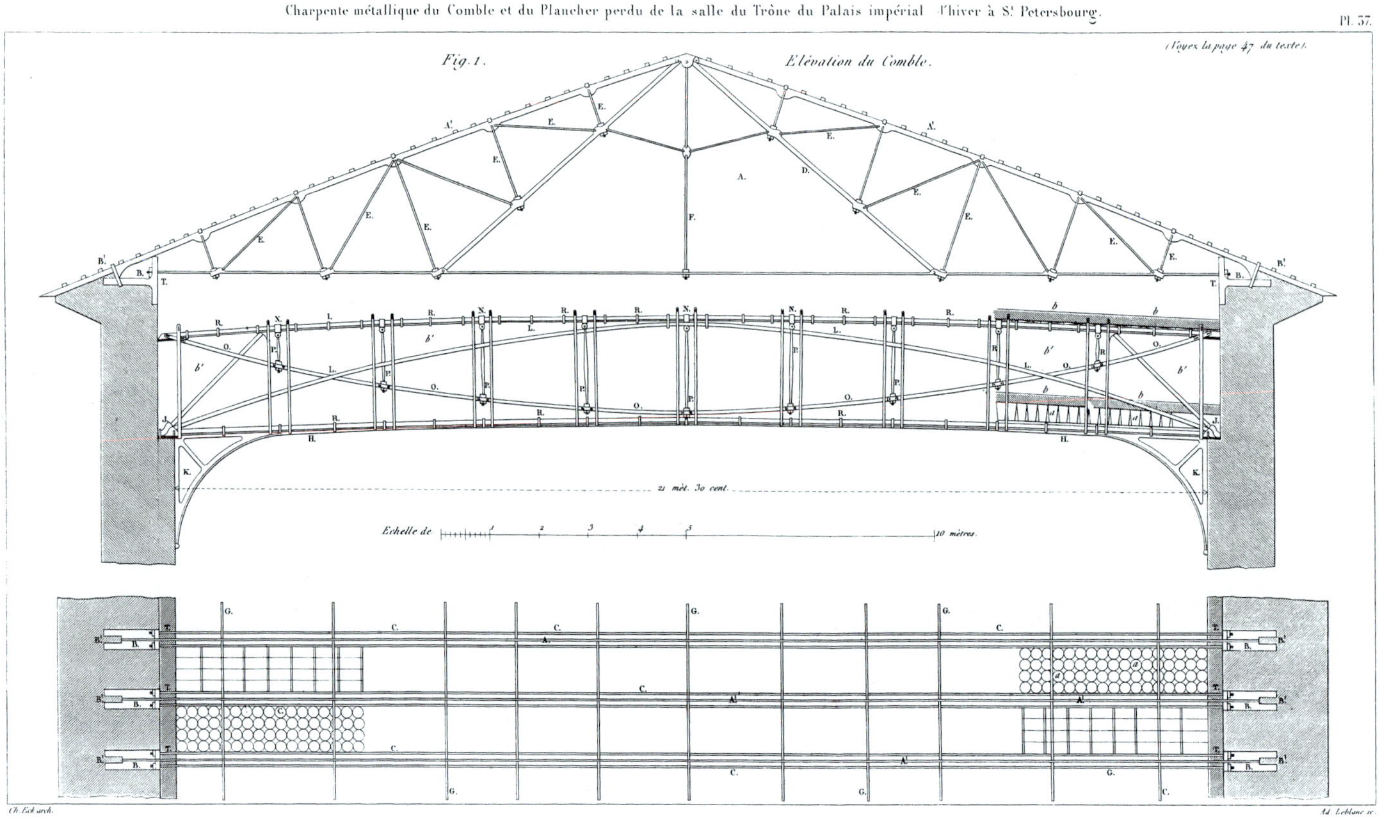

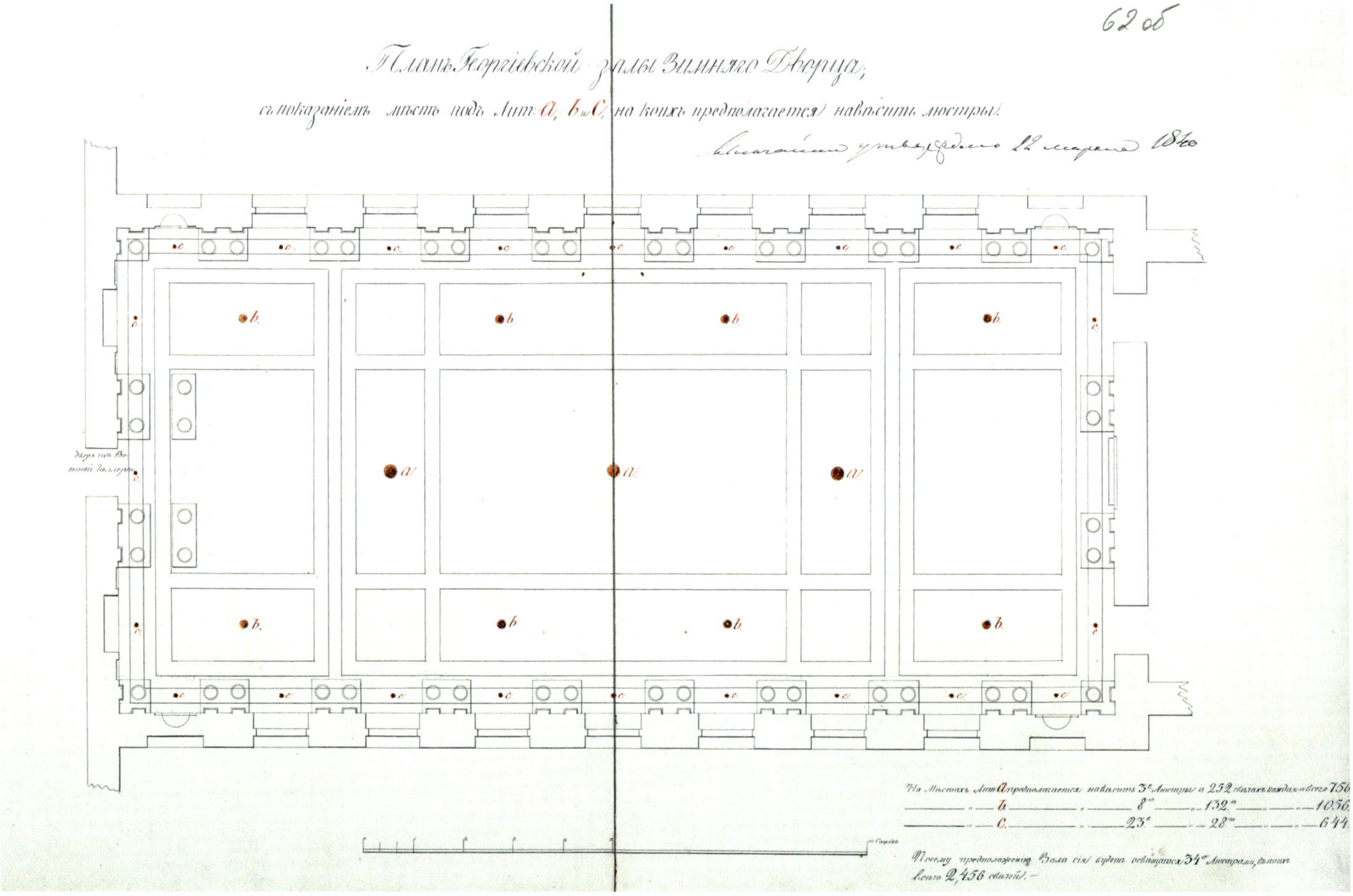

88 Aufriss des nicht ausgeführten ersten Entwurfs mit Sprengwerkdecke und Tontopflage über den Untergurten nach Eck, Februar/März 1838 (Eck 1841, Taf. 37, Ausschnitt)

Grundriss mit Leuchterpositionen, März 1840 (RGIA 468-35-205, Bl. 62–62')

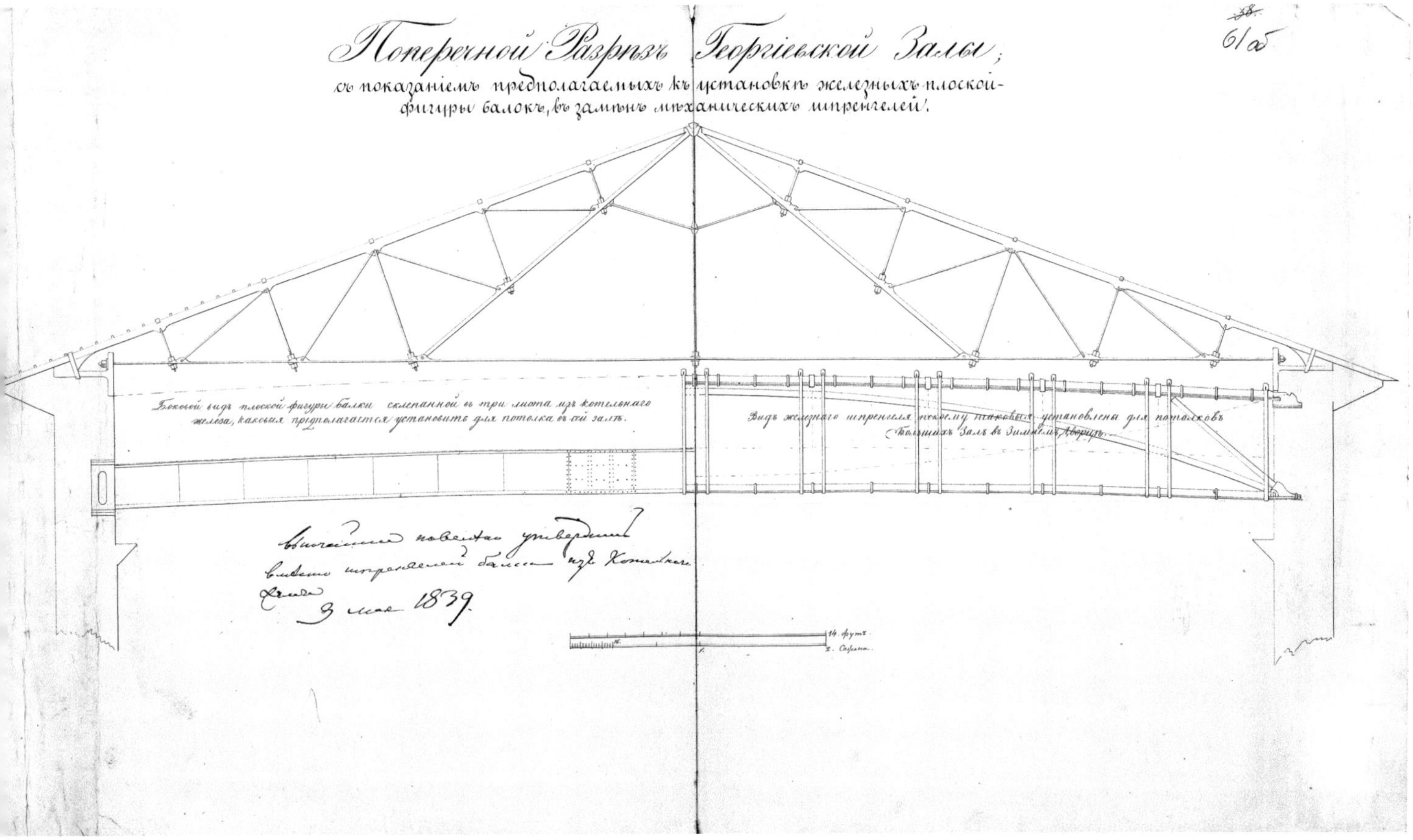

Aufriss mit Vergleich zweier Konstruktionsvarianten: links der im Thronsaal ausgeführte Entwurf mit Blechträgern, rechts die ausgeführten Sprengeldecken über den anderen großen Sälen, Mai 1839 (RGIA 468-35-205, Bl. 61–61')

Querschnitt durch den Georgssaal [Thronsaal] mit Anzeige der flachen eisernen Balken anstelle der mechanischen Sprengel.
[links] Seitenansicht der flachen Balken aus drei Lagen Kesseleisen, die für die Decke dieses Saals vorgesehen sind.
[rechts] Ansicht der Sprengel, die in den Decken der großen Säle eingebaut sind.
Allerhöchst genehmigt, anstelle von Sprengwerken Balken aus Kesselblech zu verwenden, 3. Mai 1839

Tafel 39

Winterpalast, erster Wiederaufbau des Thronsaals, Entwurfsvarianten, Matthew Clark, 1838–1839

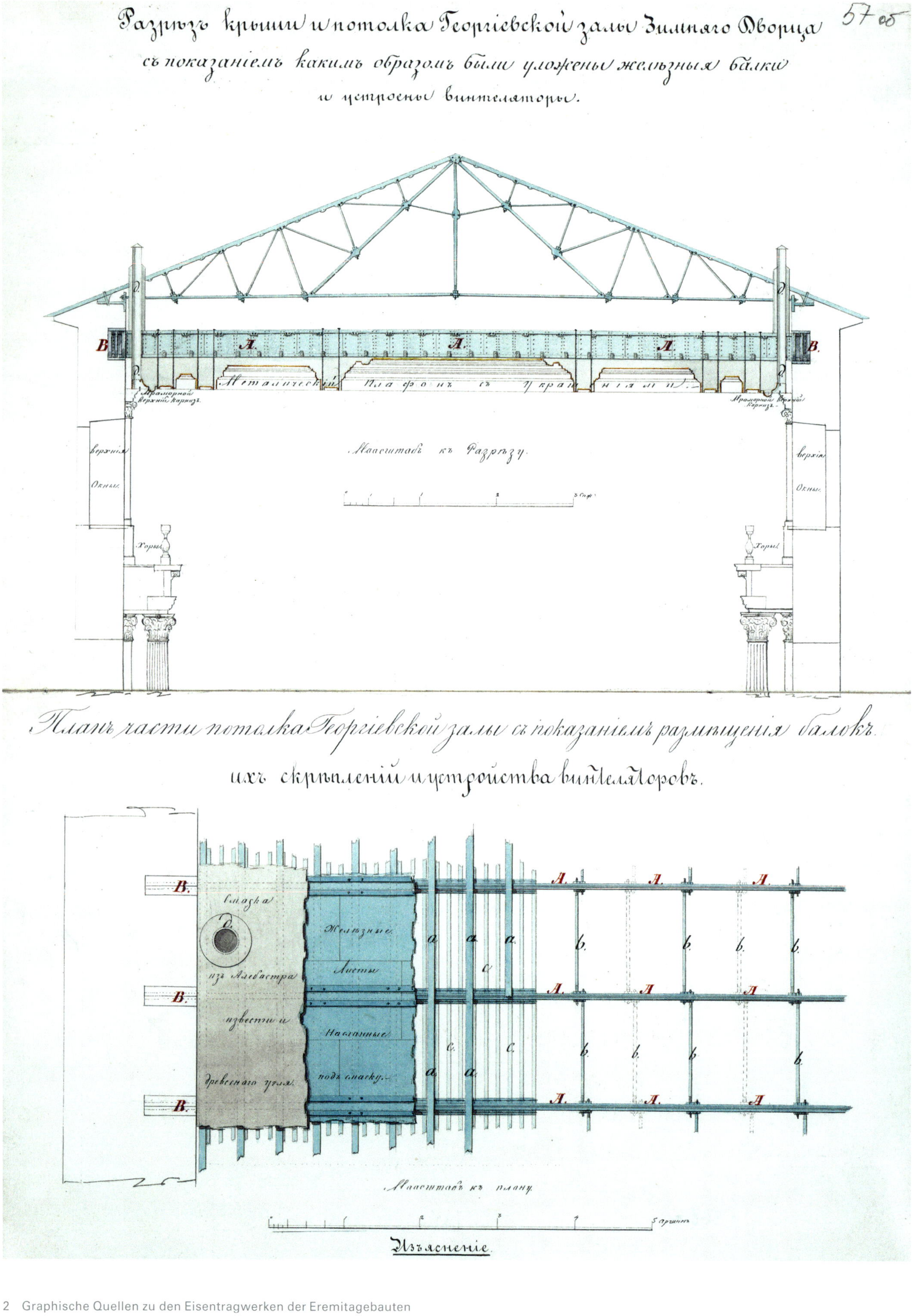
57 об
Разрѣзъ крыши и потолка Георгіевской залы Зимняго Дворца
съ показаніемъ какимъ образомъ были уложены желѣзныя балки
и устроены вентиляторы.
А.
В.
Мраморной верхній карнизъ
верхнія Окны.
Хоры.
Масштабъ къ Разрѣзу
Планъ части потолка Георгіевской залы съ показаніемъ размѣщенія балокъ
ихъ скрѣпленій и устройства вентиляторовъ.
Смазка изъ Алебастра извести и древеснаго угля.
Желѣзные Листы
подъ смазку.
Масштабъ къ плану
Изъясненіе.

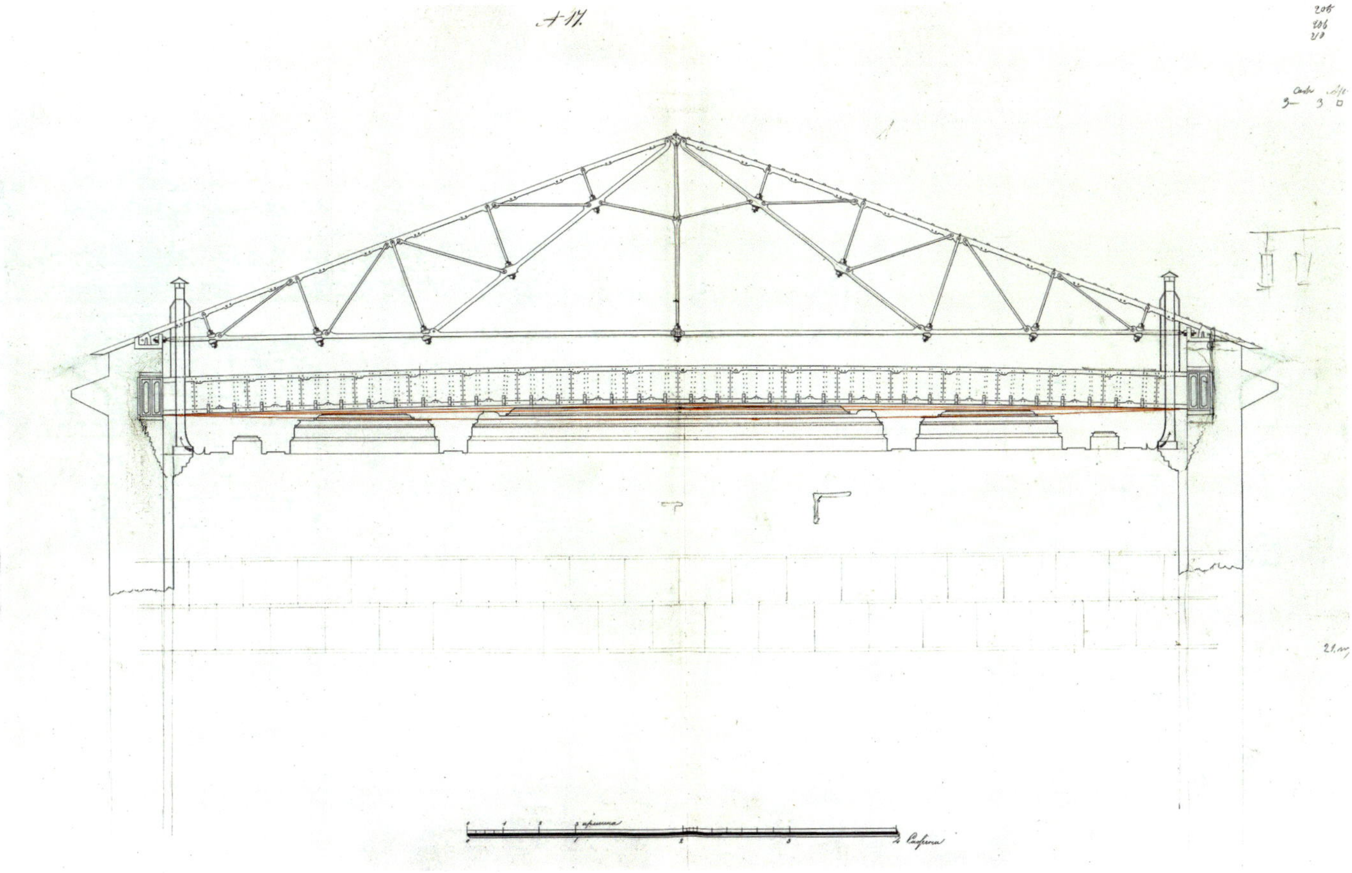

linke Seite:
Querschnitt und Grundriss der Blechträgerdecke mit Aussteifung, Dokumentation um August/September 1841 (RGIA 468-35-205, Bl. 57–57′)

Zum Vergleich der Querschnitt der leicht gekrümmten Blechträgerdecke in einer um 1839 angefertigten Zeichnung (RGIA, 1424-4-578, Bl. 1)

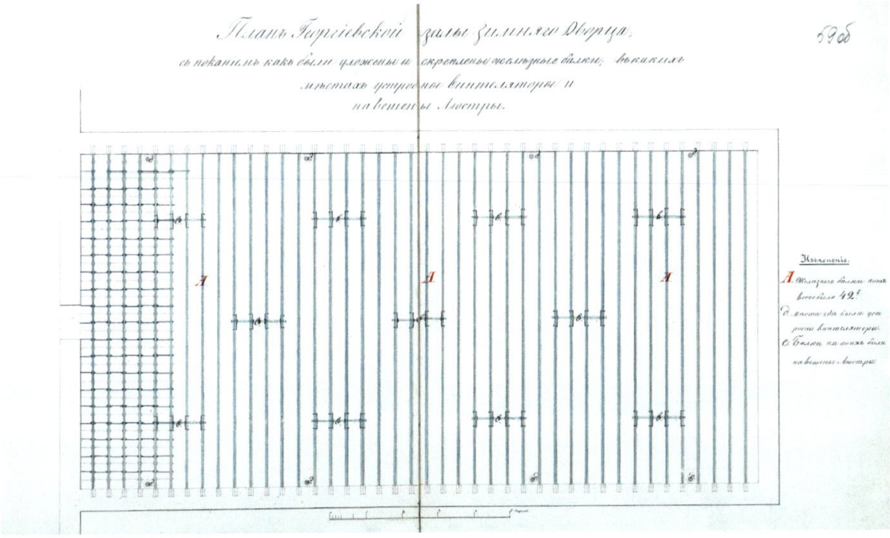

Grundriss des Dachgeschosses mit Lage der Blechträger, Queraussteifung und Kronleuchter, Rekonstruktion vom August/September 1841 (RGIA 468-35-205, Bl. 59–59′)

Tafel 40

Winterpalast, erster Wiederaufbau des Thronsaals, Blechträgerdecke, 1839–1841 (Einsturz August 1841)

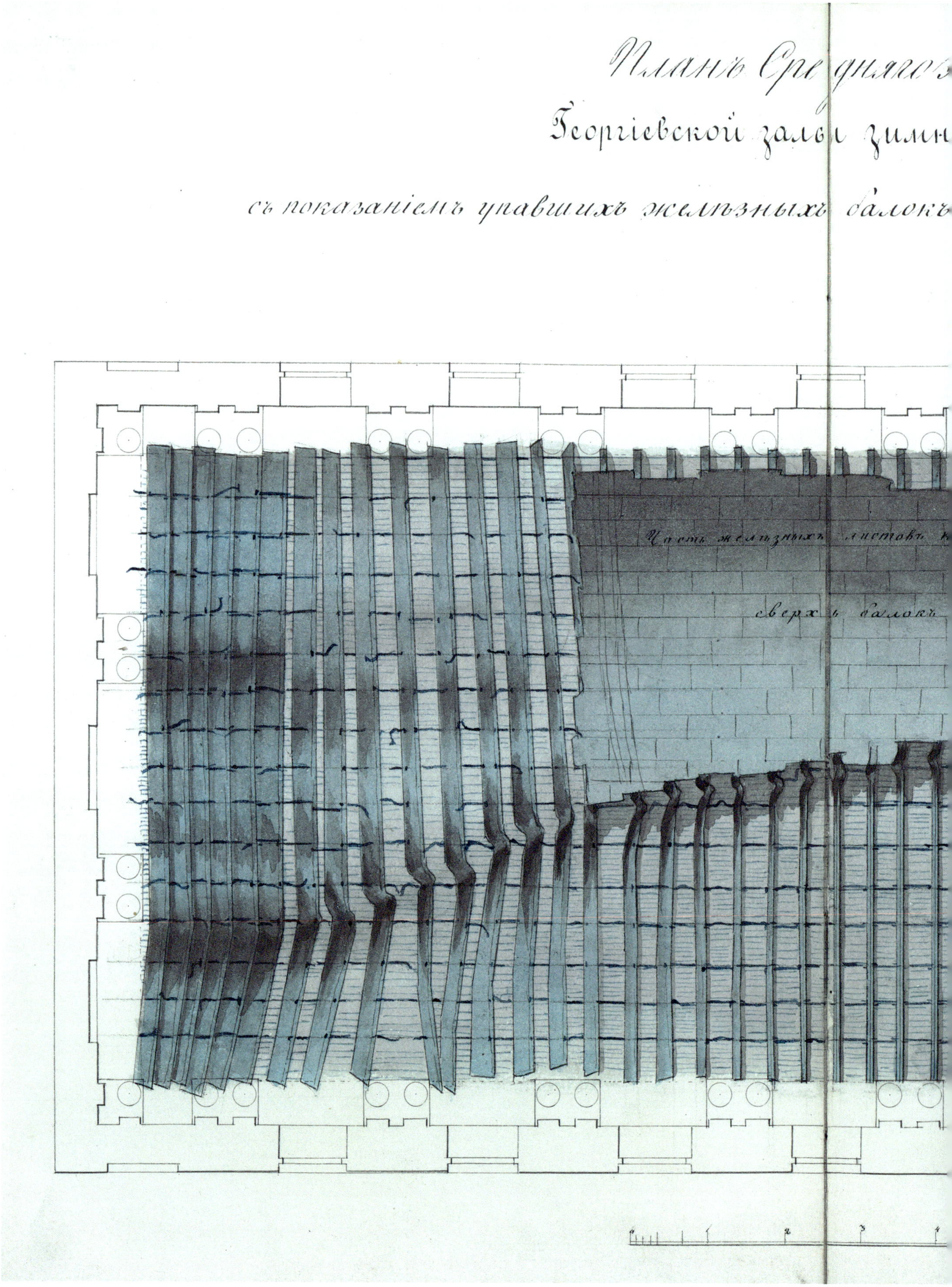
Планъ Средняго
Георгіевской залы зимн
съ показаніемъ упавшихъ желѣзныхъ балокъ
Часть желѣзныхъ листовъ
сверхъ балокъ

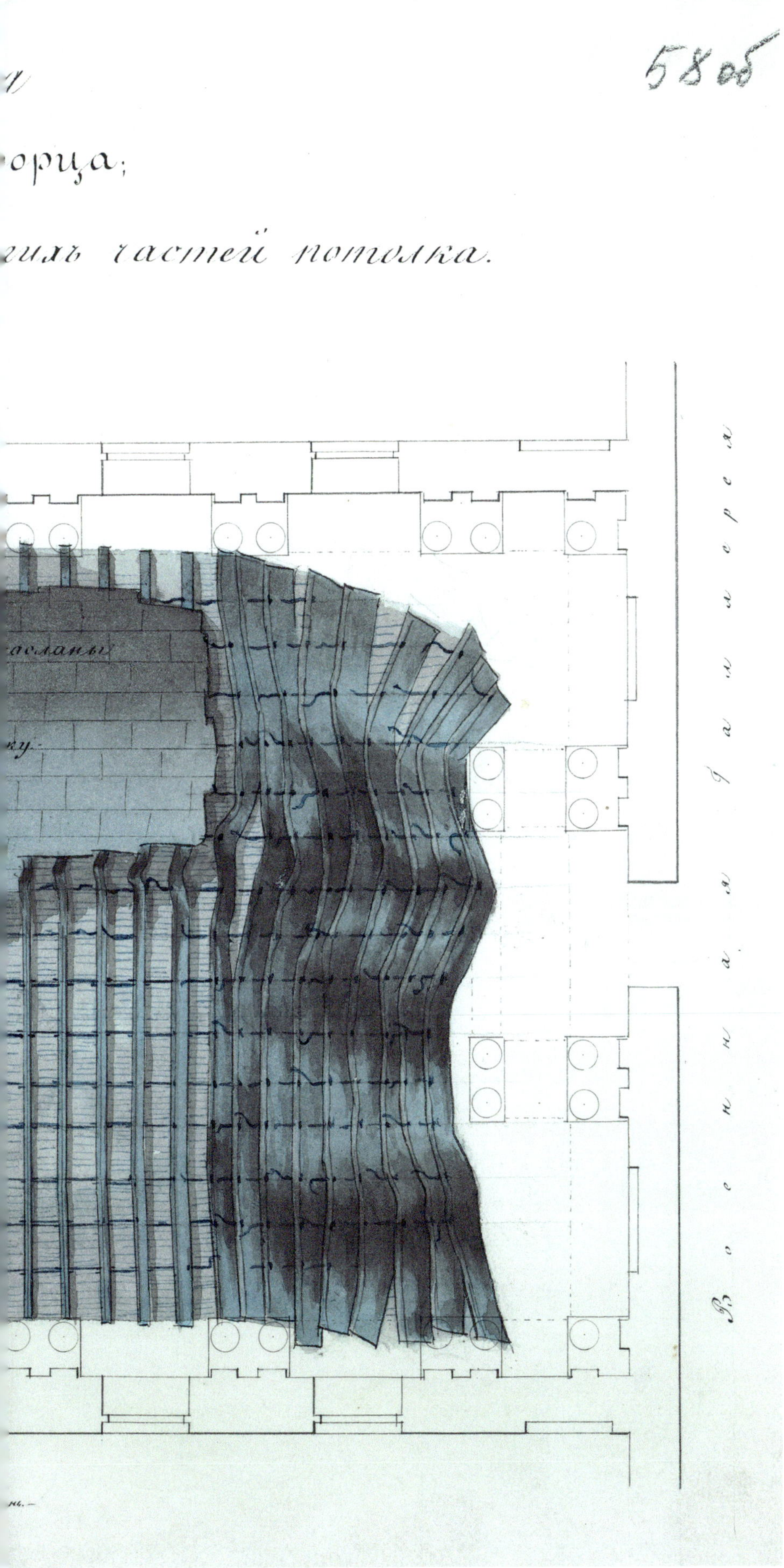

Grundriss mit Sturzlage, in der Mitte *Teil der Eisenbleche, die auf den Balken unter der Dämmung lagen*, Dokumentation um August/September 1841 (s. auch die Visualisierung zu Einsturz und Erneuerung der Thronsaaldecke 1838–1842 auf Tafel 121)
(RGIA 468-35-205, Bl. 58–58')

Tafel 41

Winterpalast, erster Wiederaufbau des Thronsaals, Dokumentation der eingestürzten Blechträgerdecke, 1841

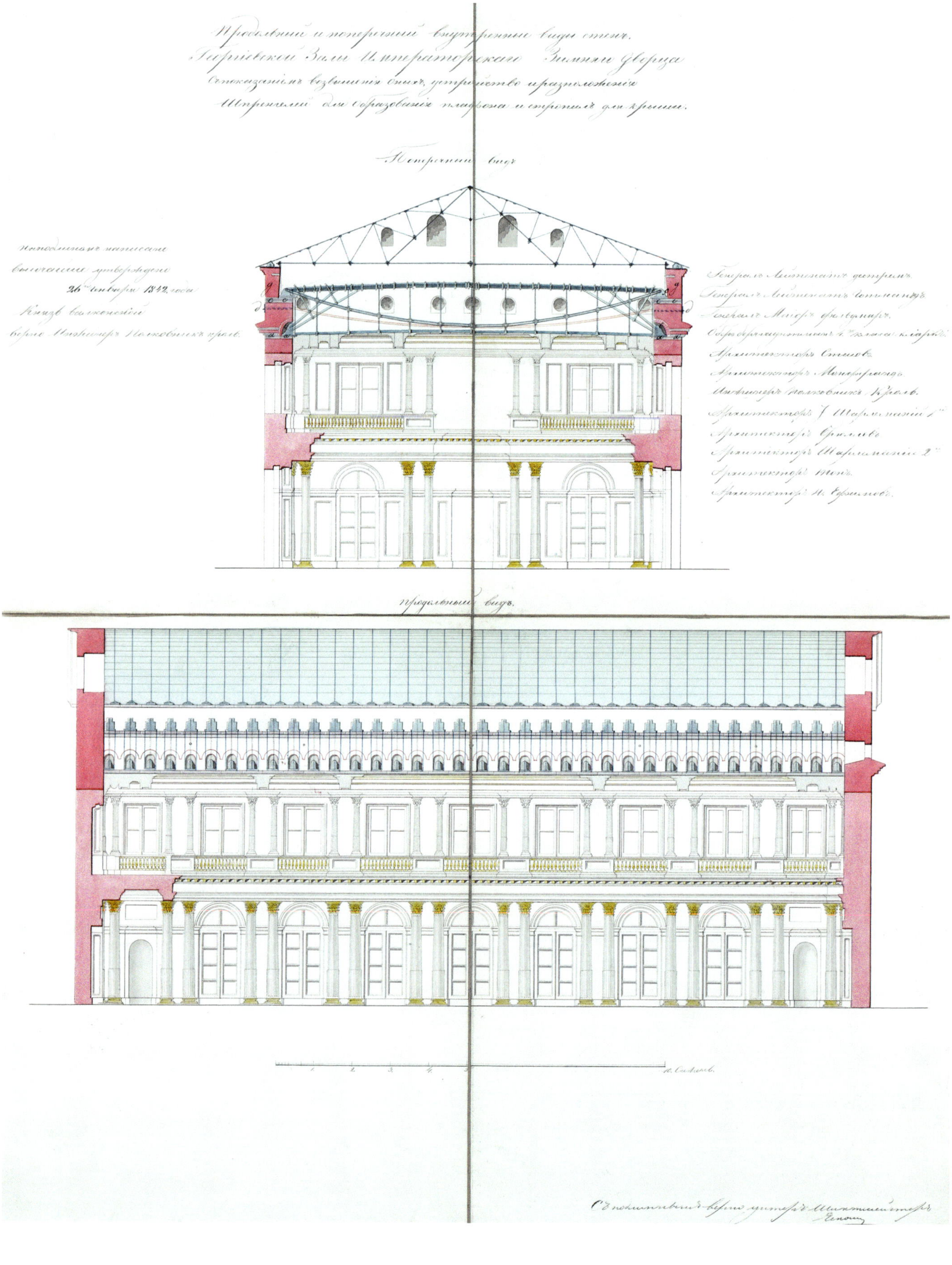
Продольный и поперечный внутренние виды стенъ
Георгіевской Залы Императорскаго Зимняго Дворца
Съ показаніемъ возвышенія оныхъ, устройство и расположеніе
Шпренгелей для образованія плафона и стропилъ для крыши.
Поперечный видъ
Продольный видъ

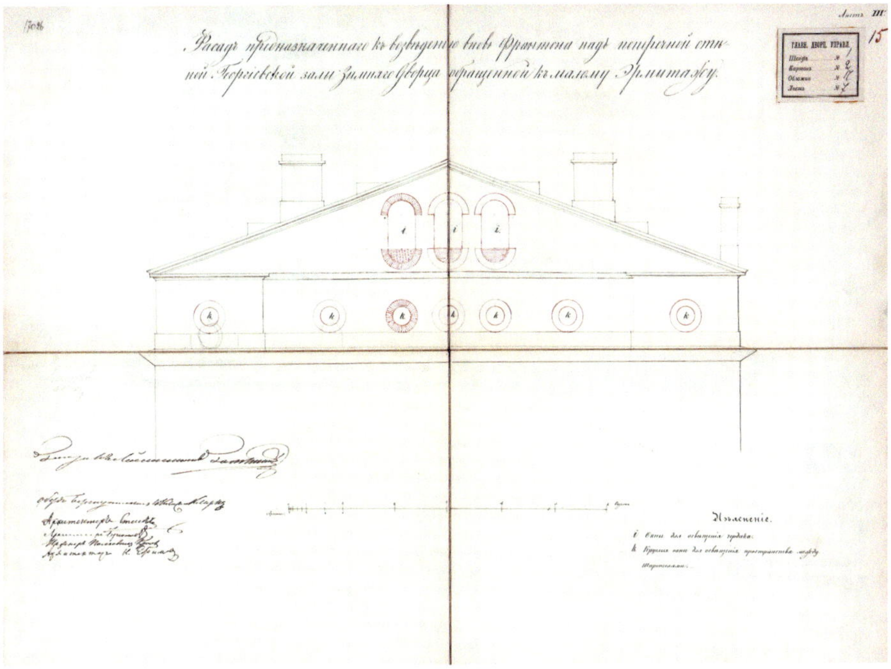

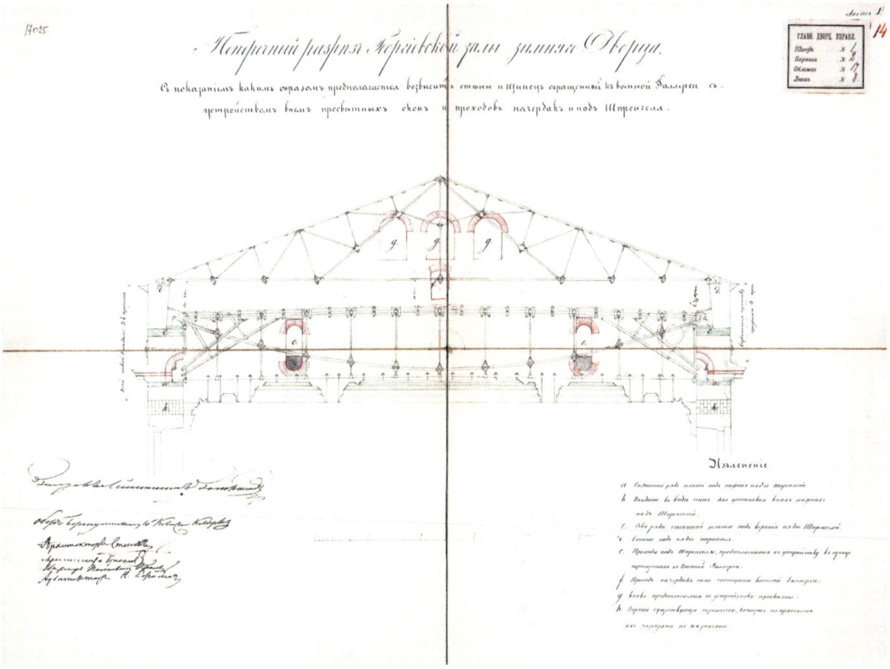

linke Seite:
Quer- und Längsschnitt des Thronsaals mit höhergelegtem Dach und Sprengel als Deckenträger, Spannweite 21,30 m, Januar 1842 (RGIA 1424-4-586, Bl. 10)

Längs- und Querinnenansicht der Wände des Georgssaals mit Anzeige der Aufstockung zur Einbringung der Sprengwerke der Saaldecke und der Dachsparren.
Auf dem Original: Allerhöchst genehmigt, 26. Januar 1842, für die Richtigkeit: Fürst Volkonskij.

Giebelansicht der neu aufgestockten Attikazone, Werkzeichnung Ende 1841 (GĖ OR 17026)

Schnitt durch den aufgestockten Dachraum mit neuer Sprengeldecke, Spannweite 21,30 m, Werkzeichnung Ende 1841 (GĖ OR 17025)

Querschnitt des Georgssaals mit Anzeige der Art und Weise der Aufstockung des Giebels auf der Seite der Galerie 1812 mit Einrichtung der Fenster und Durchgänge in das Dach und in die Sprengeldecke.

Tafel 42

Winterpalast, zweiter Wiederaufbau des Thronsaals, Entwurfsplanung, Matthew Clark, 1841–1842

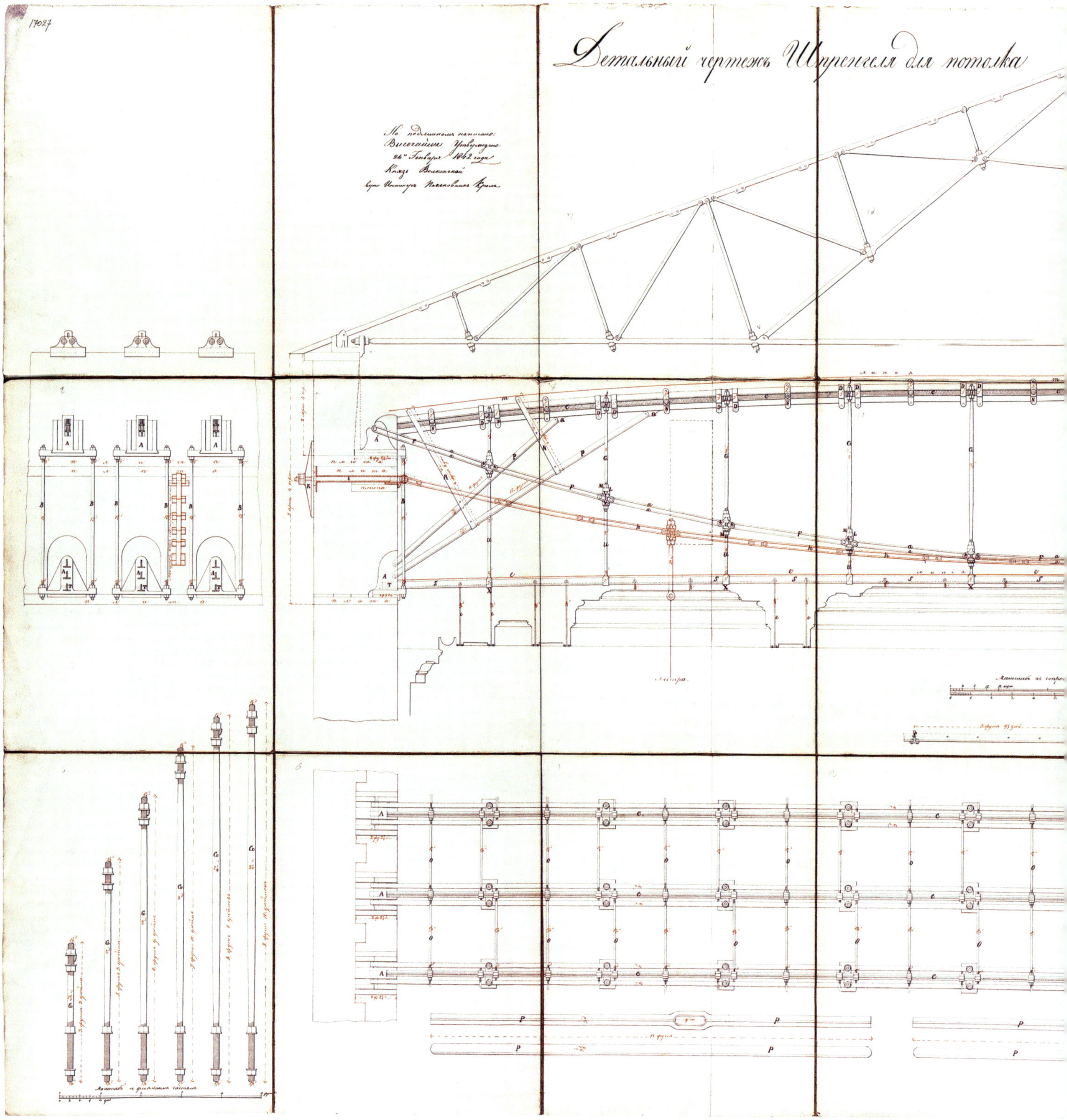

Querschnitt und Grundriss, am 26. Januar 1842 genehmigte detaillierte Werkzeichnung mit vollständiger Spezifikation und Details, Spannweite 21,30 m, (GÉ OR 17027)

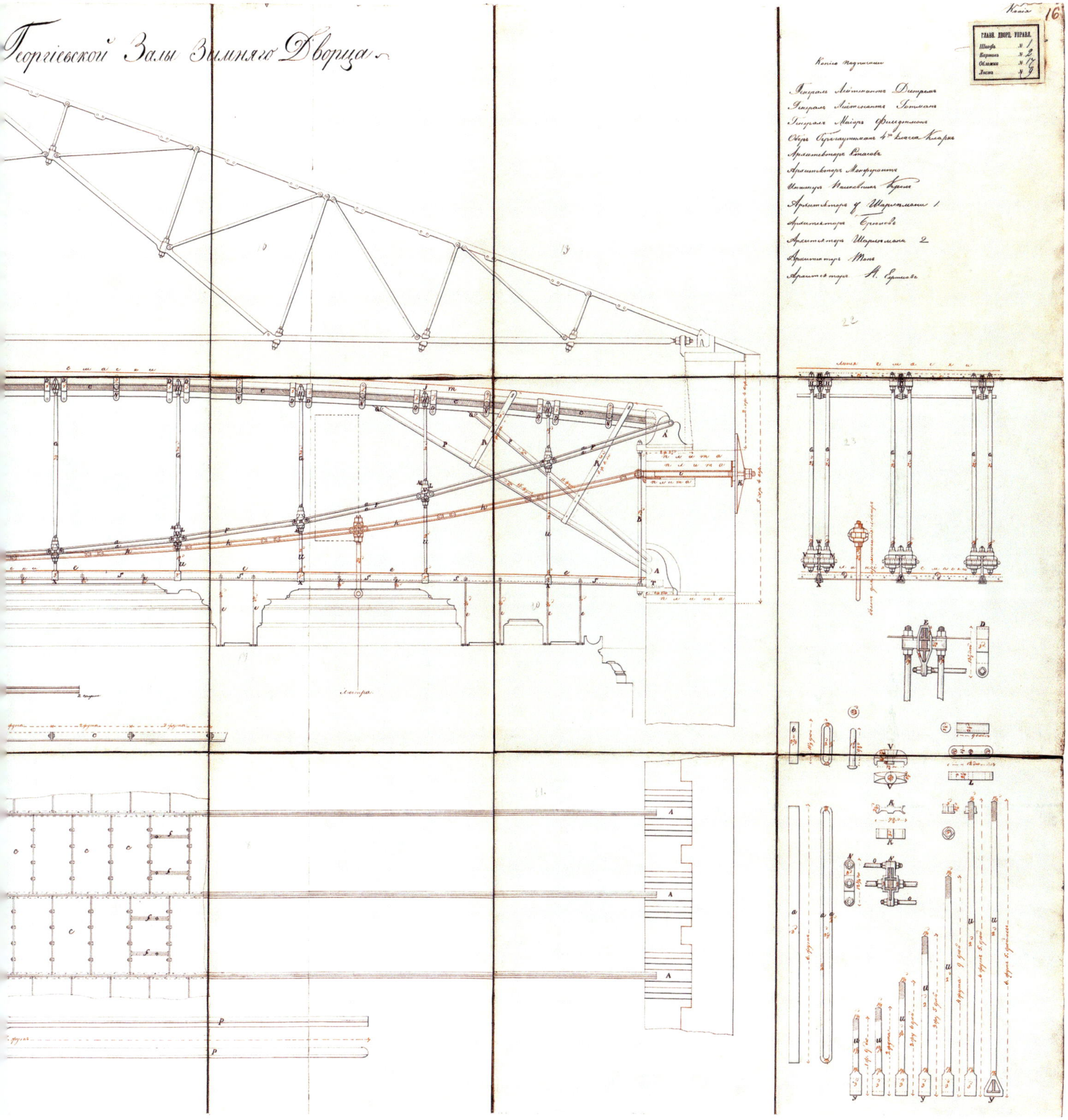

Tafel 43

Winterpalast, zweiter Wiederaufbau des Thronsaals, Werkplanung, Matthew Clark, 1841–1842

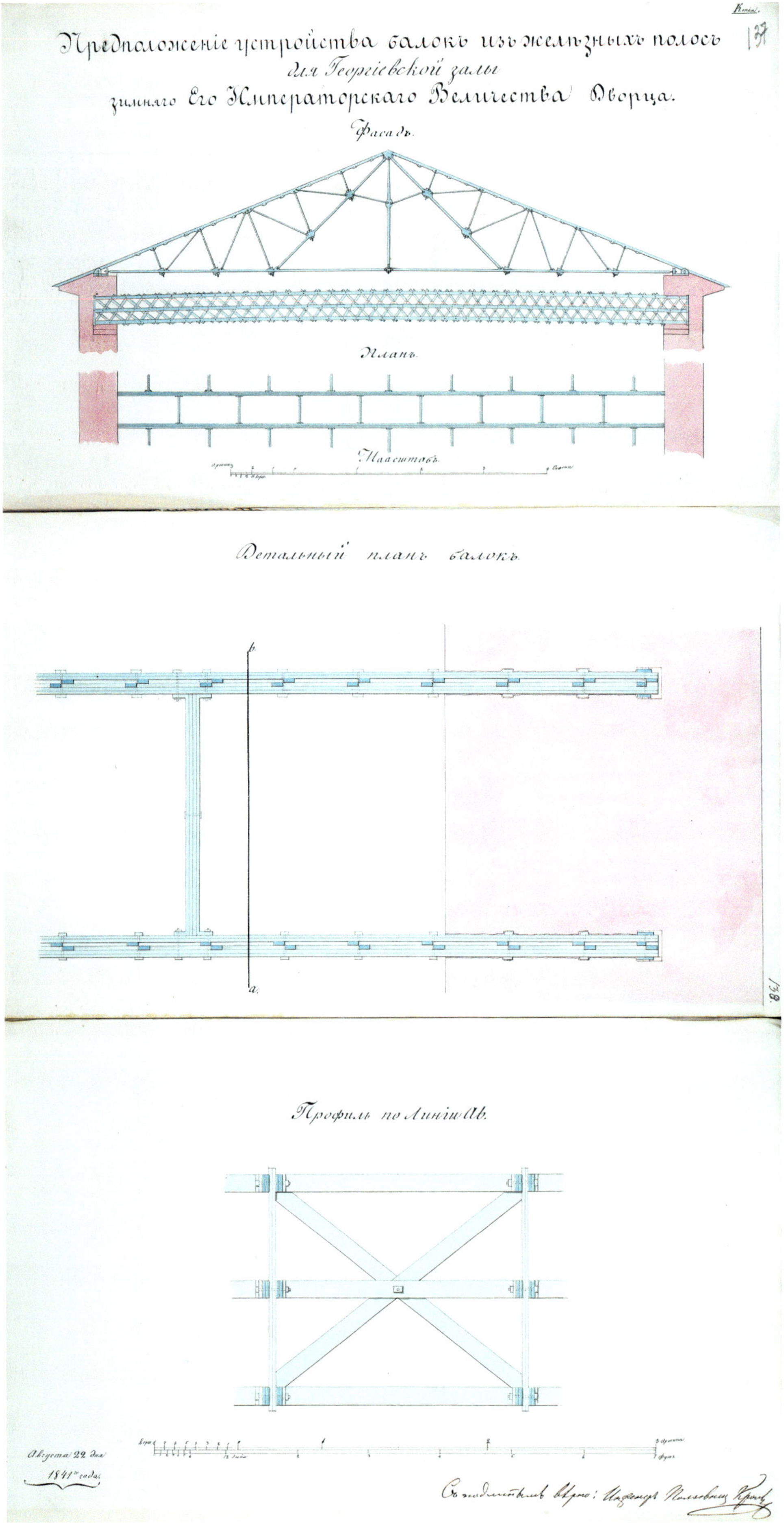

Nikolaj Bogdanov, Vorschlag einer Gitterträgerdecke, Spannweite 21,30 m, Konstruktionshöhe 0,95 m, August 1841 (RGIA 468-35-204, Bl. 137 bzw. Bl. 138)

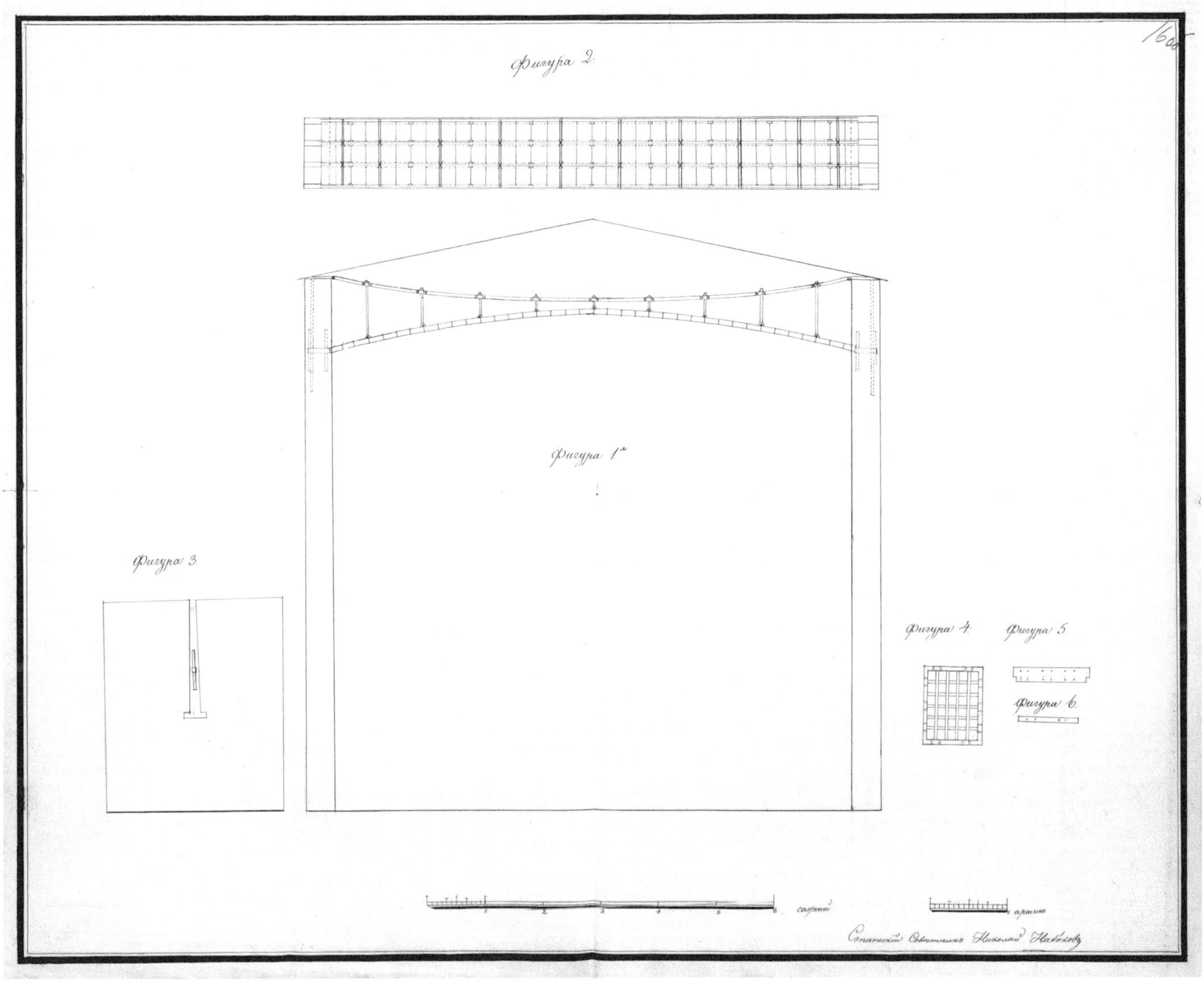

Nikolaj Nabokov, Vorschlag einer abgehängten Decke, Spannweite 19,20 m, Oktober 1841 (RGIA 468-35-206, Bl. 16')

Tafel 44

Winterpalast, zweiter Wiederaufbau des Thronsaals, externe Vorschläge, 1841

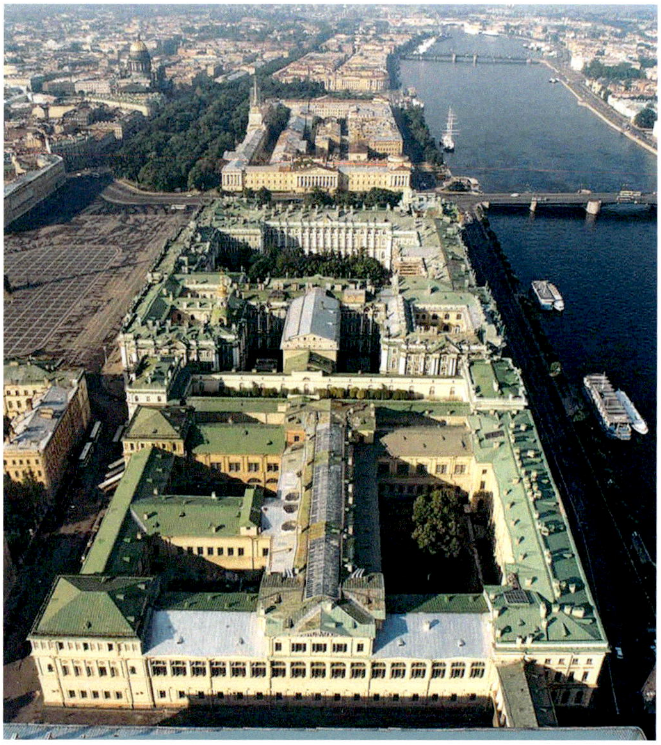

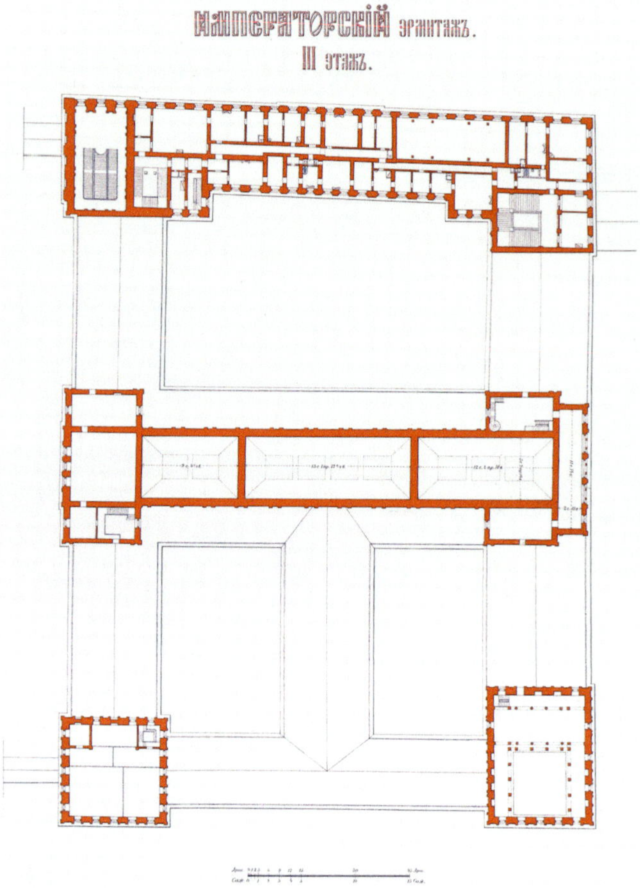

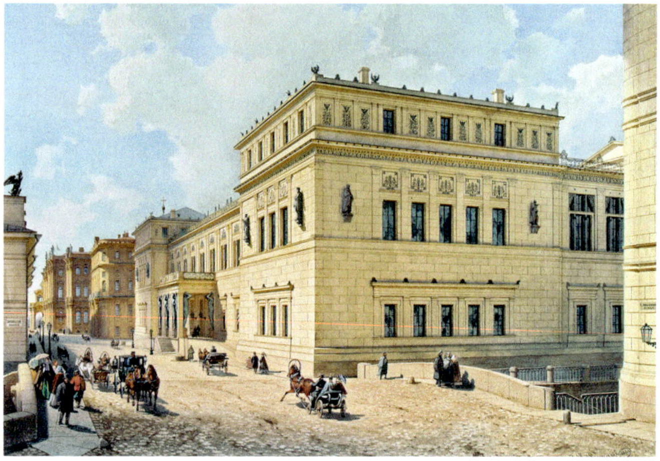

Die Neue Eremitage im Komplex der Staatlichen Eremitage von der Winterkanalseite (Foto Jurij Molodkovec, 2008)

Blick auf den Südostpavillon der Neuen Eremitage (Aquarell Luigi Premazzi, 1861, GĖ OR 42894)

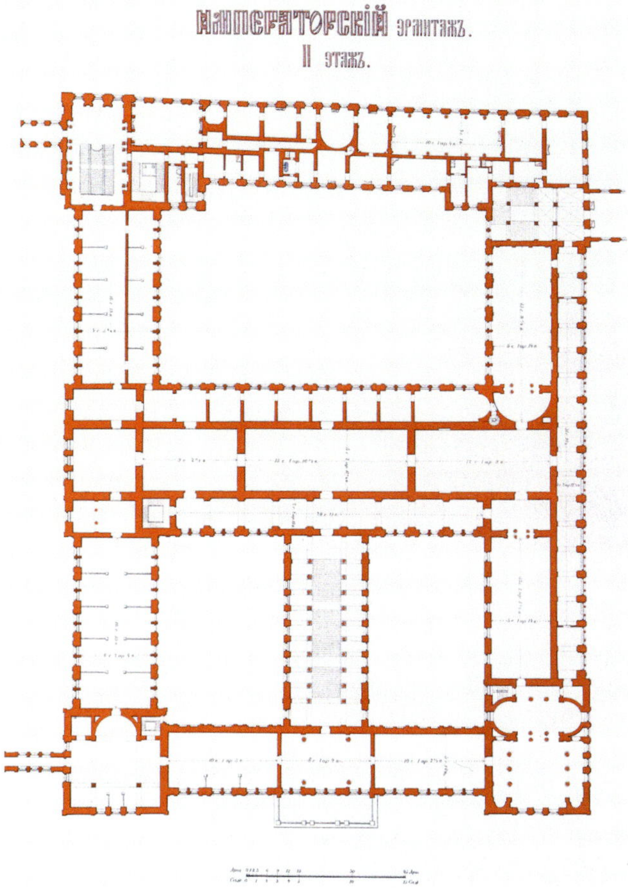

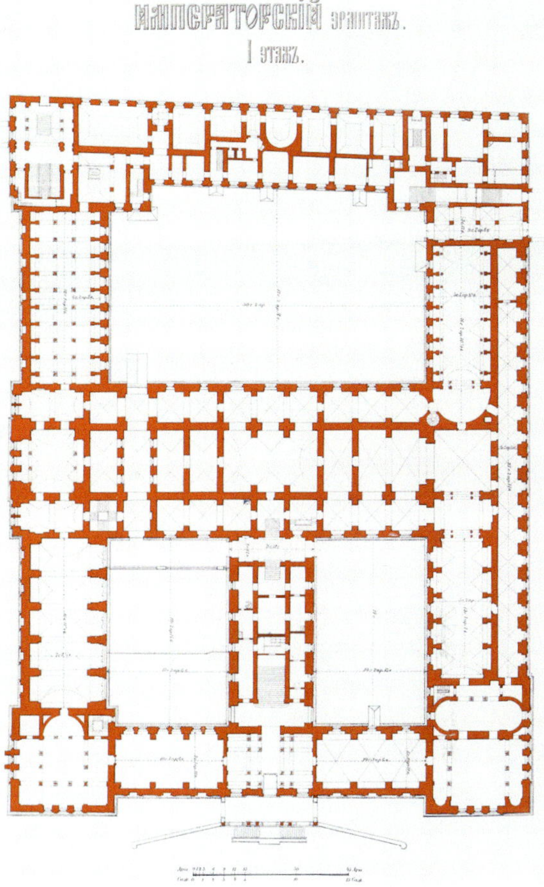

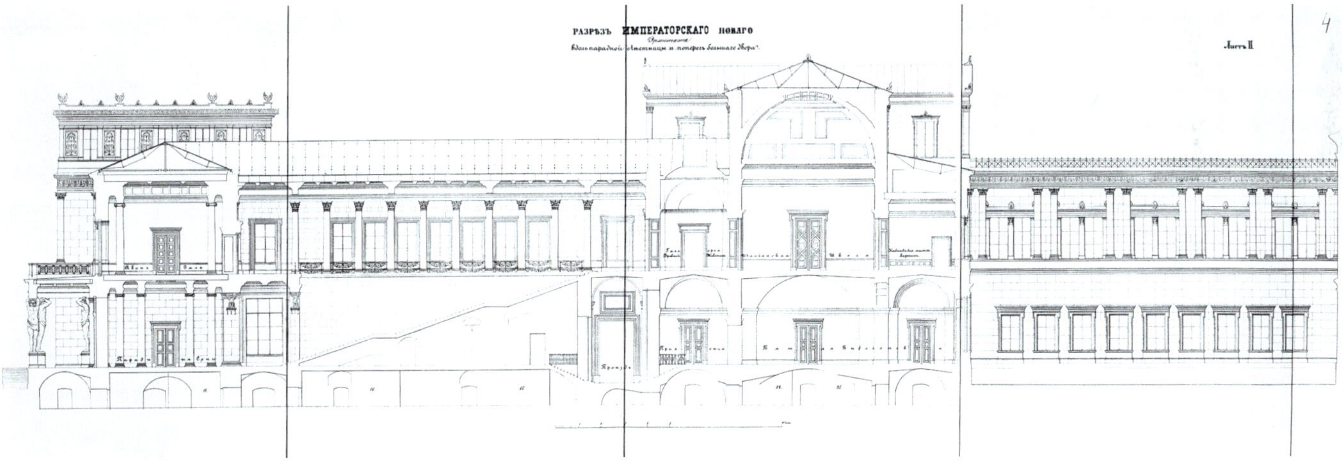

Neue und Alte Eremitage, Grundriss des Attika-, Haupt- und Erdgeschosses, Dokumentation nach 1886 (RGIA 485-2-123, Bl. 18, 17 und 15)

Neue Eremitage, Schnitt durch Paradetreppe und Quertrakt mit Oberlichtsälen, Dokumentation um 1850 (RGIA 485-2-248, 4)

Tafel 45

Neue Eremitage, Leo von Klenze, 1839–1852, Geschosspläne und Längsschnitt

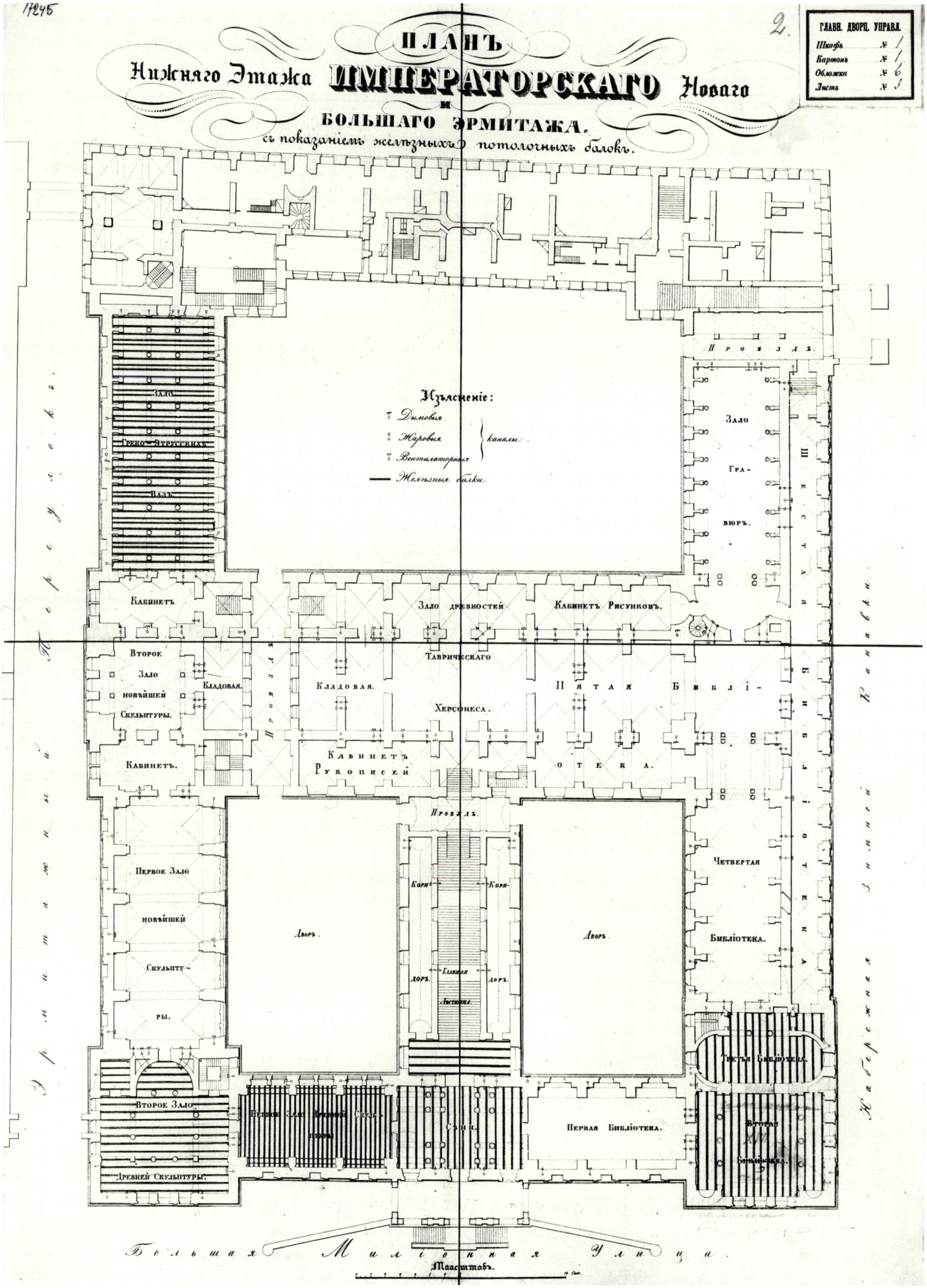

ПЛАНЪ
Нижняго Этажа ИМПЕРАТОРСКАГО Новаго и БОЛЬШАГО ЭРМИТАЖА.
съ показаніемъ желѣзныхъ потолочныхъ балокъ.
ГЛАВН. ДВОРЦ. УПРАВЛ.
Шкафъ № 1
Картонъ № 1
Обложка № 6
Листъ № 3
Изъясненіе:
Дымовыя
Жаровыя
Вентиляторныя
каналы.
Желѣзныя балки.
Зало Греко-Этрусскихъ Вазъ.
Зало Гравюръ.
Проѣздъ.
Кабинетъ.
Зало древностей
Кабинетъ Рисунковъ.
Второе Зало новѣйшей Скульптуры.
Кладовая.
Таврическаго Херсонеса.
Пятая Библіотека.
Кабинетъ.
Кабинетъ Рукописей
Первое Зало новѣйшей Скульптуры.
Дворъ.
Главная Лѣстница.
Четвертая Библіотека.
Второе Зало Древней Скульптуры.
Первое Зало Древней Скульптуры.
Сѣни.
Первая Библіотека.
Третья Библіотека.
Вторая Библіотека.
Шестая Библіотека.
Эрмитажный Переулокъ.
Набережная Зимней Канавки.
Большая Миліонная Улица
Масштабъ.

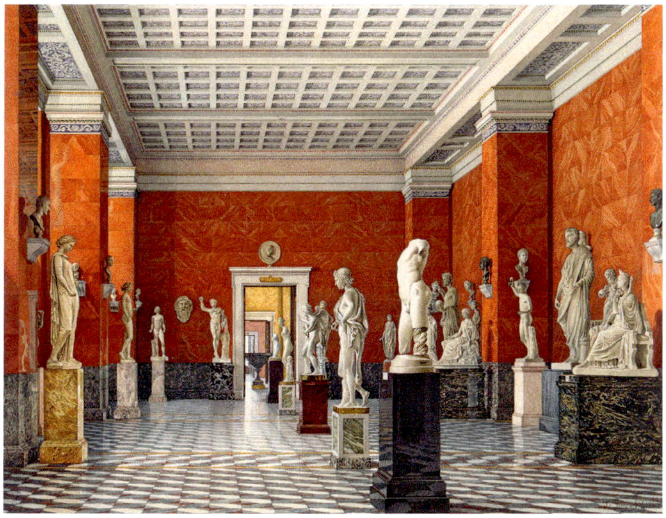

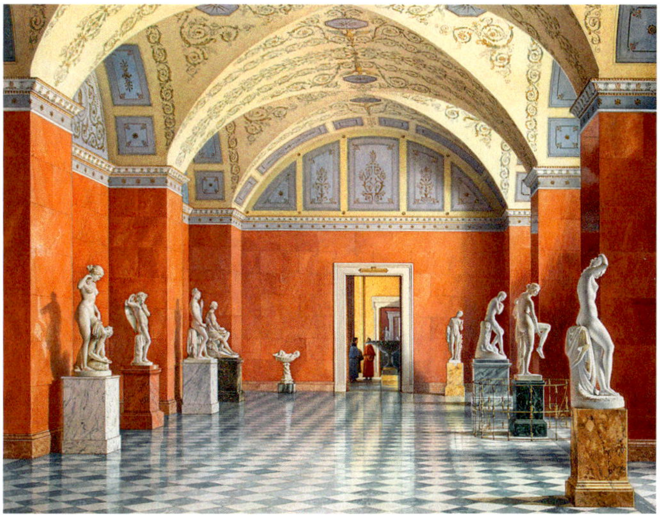

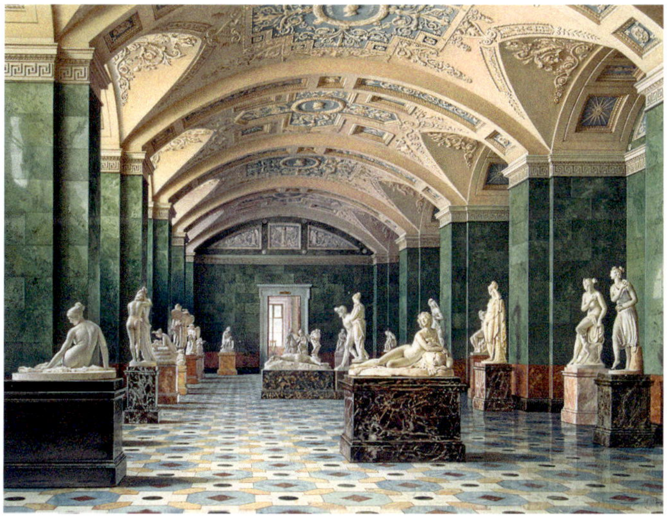

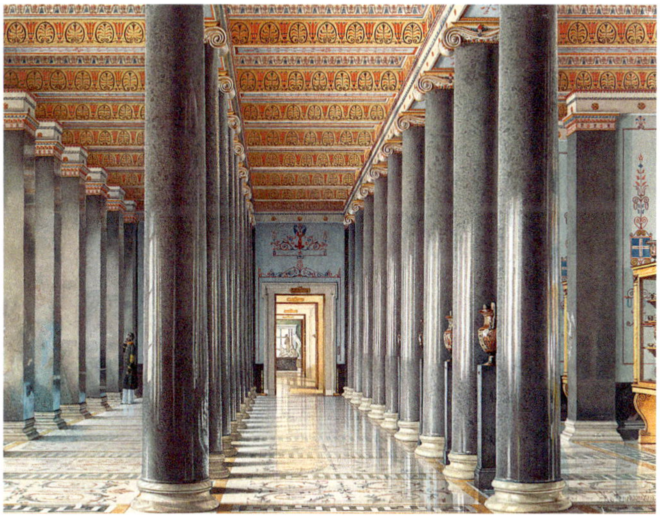

Blick in den Saal der griechischen Skulptur mit einer Kassettendecke aus Blechträgern (Aquarell Konstantin Uchtomskij, 1853, GĖ OR 11256)

Blick in den Saal der modernen Skulptur mit flachem Stichkappengewölbe aus Ziegeln (Aquarell Luigi Premazzi, 1857, GĖ OR 11720)

linke Seite:
Neue und Alte Eremitage, Grundriss des Erdgeschosses *mit Eintrag der eisernen Deckenbalken*, Bestand um 1850 (GĖ OR 17245)

Blick in den Saal der russischen Skulptur (später erster Bibliothekssaal) mit Kreuzgratgewölbe aus Ziegeln (Aquarell Luigi Premazzi, 1854, GĖ OR 11366)

Blick in den Saal der griechischen und etruskischen Vasen mit Kassettendecke aus Blechträgern (Aquarell Konstantin Uchtomskij, 1853, GĖ OR 11257)

Tafel 46

Neue Eremitage, Blechträgerdecken und Gewölbe über dem Erdgeschoss

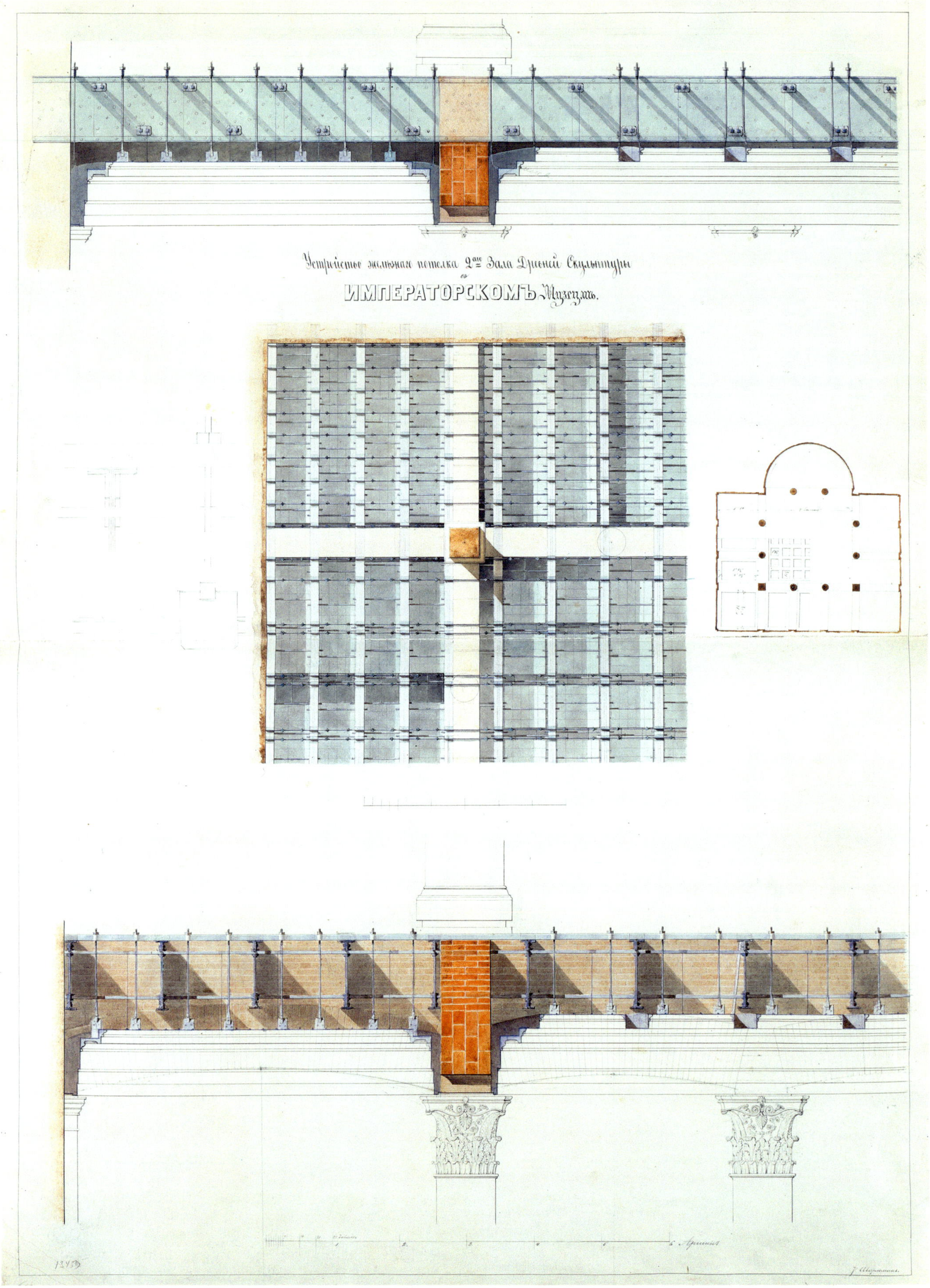
Устройство железнаго потолка 2аго Зала Древней Скульптуры
въ
ИМПЕРАТОРСКОМЪ Музеумъ.

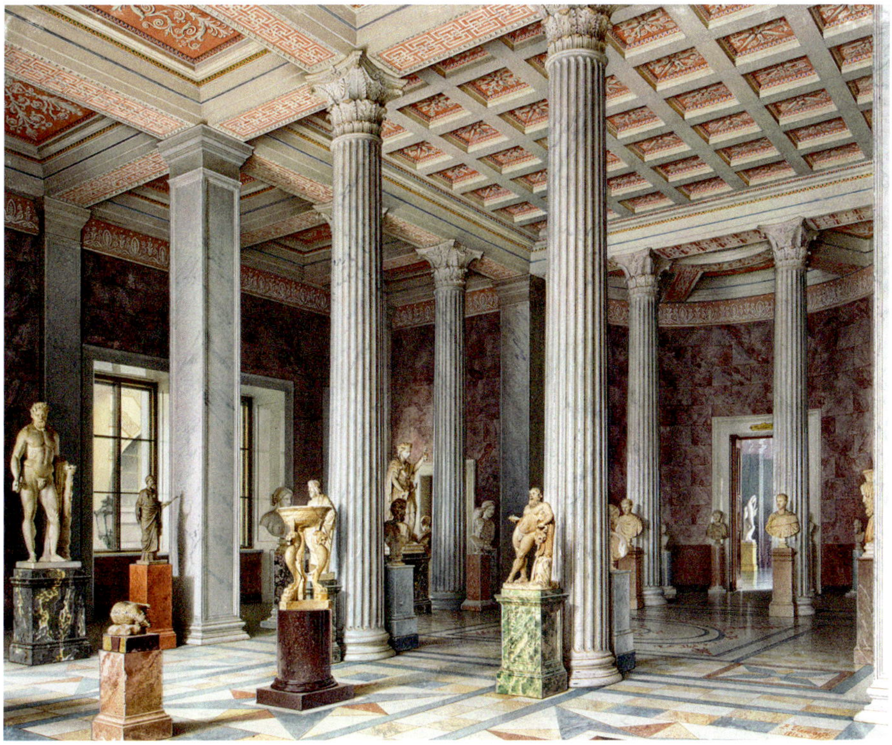

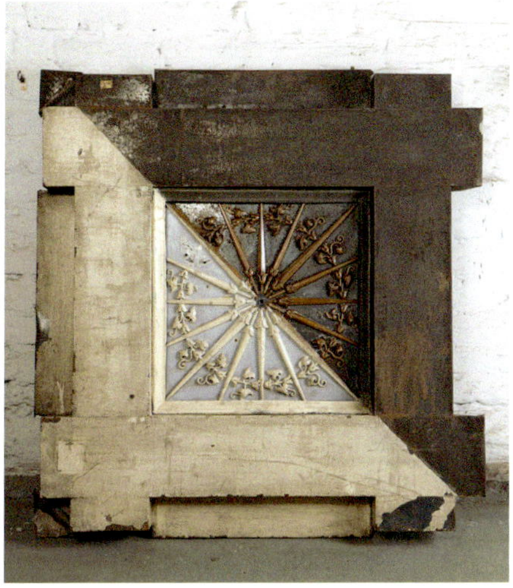

Blick in den Saal der römischen Skulptur
mit Kassettendecke aus Blechträgern im
Erdgeschoss des Südwestpavillons
(Aquarell Luigi Premazzi, 1856, GĖ OR 11709)

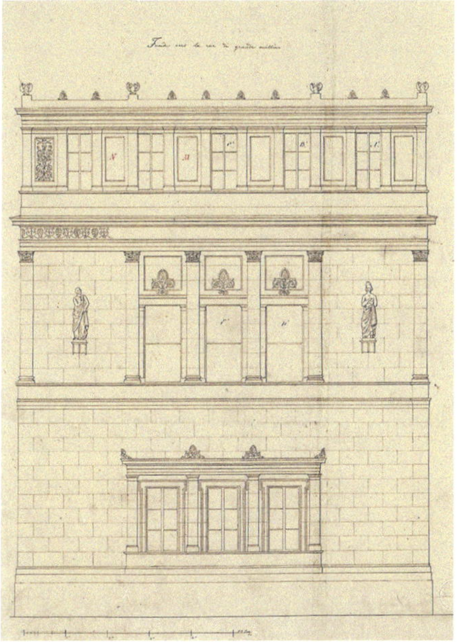

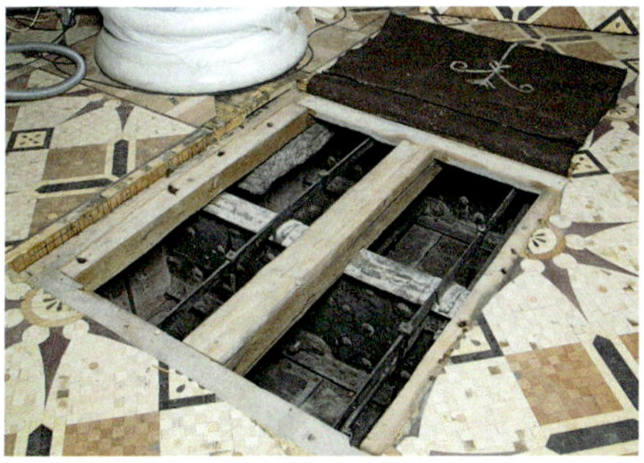

1845 angefertigte Musterkassette (OIRPA)

Fassade des Südwestpavillons, Büro
Leo v. Klenze, 1840 (TUM AM, kle-40.4)

Blick durch eine Revisionsklappe auf die Blechträger unter dem Münzen- und Medaillenkabinett (Foto Macenkov, GĖ OR)

linke Seite:
Konstruktion der Blechträgerdecke über dem Saal der römischen Skulptur (Zeichnung Joseph Charlemagne, um 1843, GĖ OR 13459)

Tafel 47

Neue Eremitage, Blechträgerdecke über dem Erdgeschoss im Südwestpavillon, Aleksandr Fullon

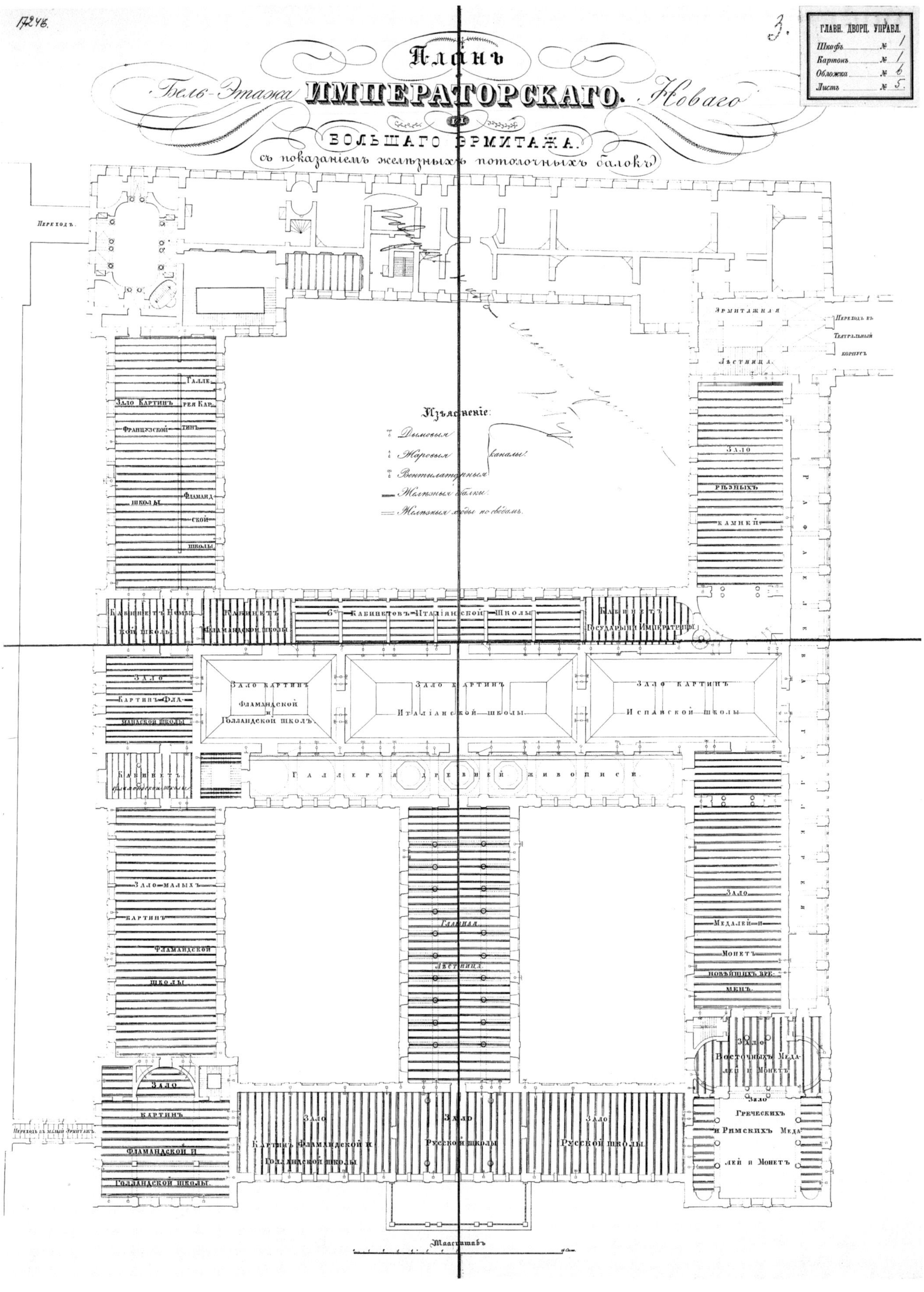

17248.
3.
ГЛАВН. ДВОРЦ. УПРАВЛ.
Шкафъ № 1
Картонъ № 1
Обложка № 6
Листъ № 5
Планъ
Бель-Этажа
ИМПЕРАТОРСКАГО.
Новаго
БОЛЬШАГО ЭРМИТАЖА.
съ показаніемъ желѣзныхъ потолочныхъ балокъ
Переходъ.
Эрмитажная
Лѣстница.
Переходъ въ
Театральный
корпусъ
Изъясненіе:
Дымовыя
Жаровыя
Вентиляторныя
каналы.
Желѣзныя балки.
Желѣзныя ходы по сводамъ.
Зало Картинъ Французской школы.
Галлерея Картинъ Фламандской школы.
Зало рѣзныхъ камней.
Рафаэлевы Галлереи
Кабинетъ Нѣмецкой школы.
Кабинетъ Фламандской школы
6ть Кабинетовъ Италіянской Школы
Кабинетъ Государыни Императрицы
Зало Картинъ Фламандской школы
Зало картинъ Фламандской и Голландской школъ
Зало картинъ Италіянской школы
Зало картинъ Испанской школы
Кабинетъ Фламандской школы
Галлерея древней живописи
Зало малыхъ картинъ Фламандской школы
Главная Лѣстница
Зало Медалей и Монетъ новѣйшихъ временъ
Зало Восточныхъ Медалей и Монетъ
Зало Греческихъ и Римскихъ Медалей и Монетъ
Зало картинъ Фламандской и Голландской школы.
Переходъ въ малый Эрмитажъ.
Зало Картинъ Фламандской и Голландской школы
Зало Русской школы
Зало Русской школы
Масштабъ

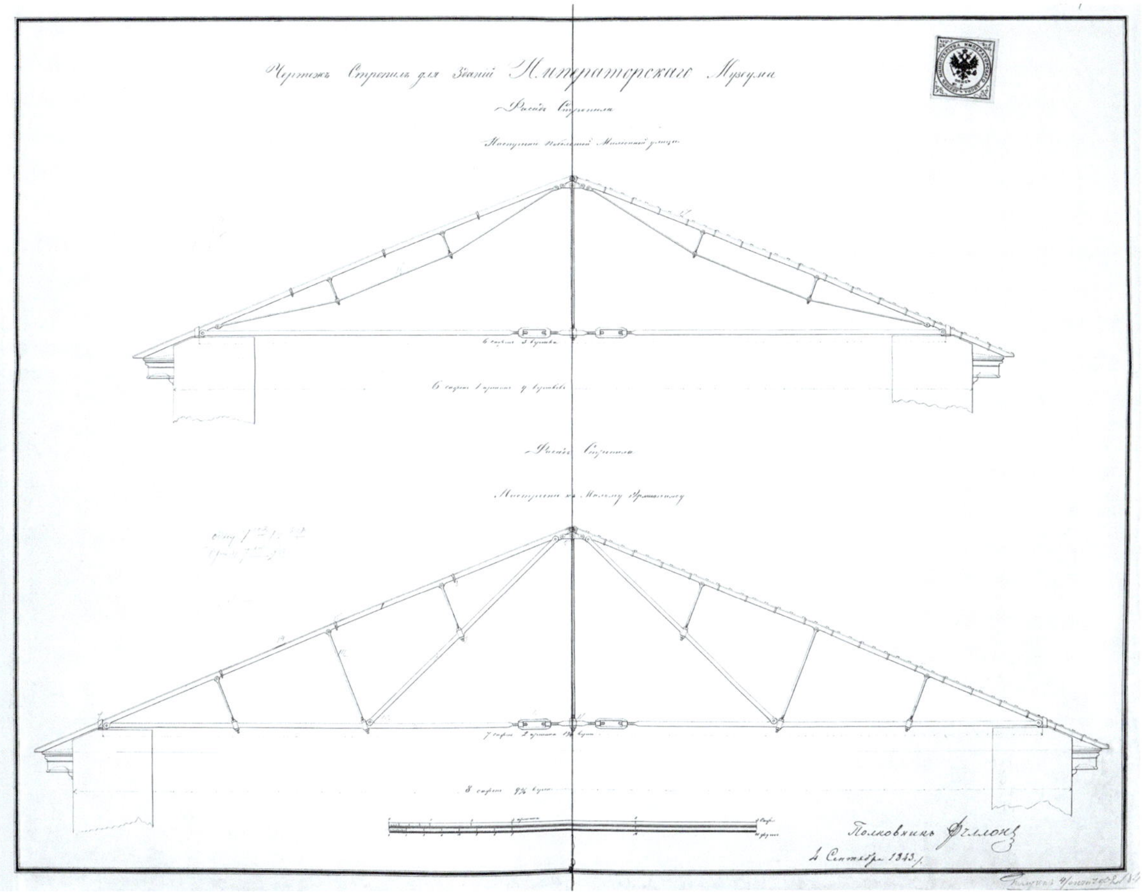

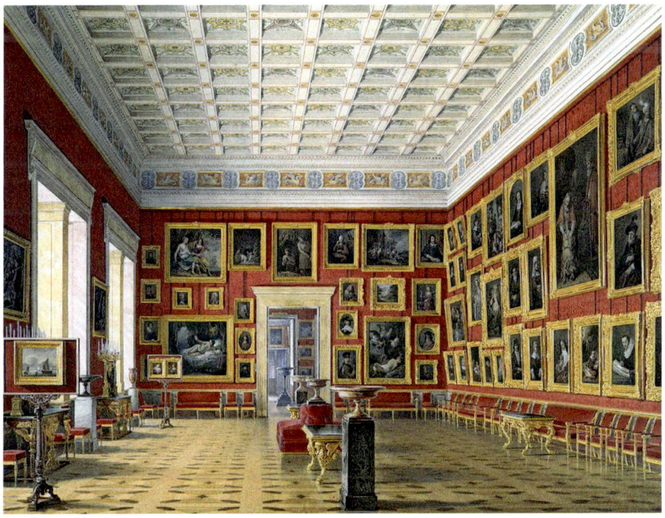

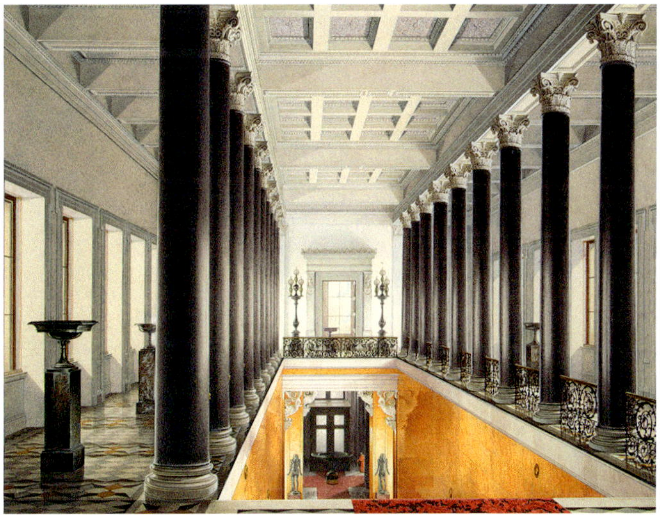

Sparrenbinder über dem Millionnajatrakt (oben) und auf der Seite zur Kleinen Eremitage (unten), Spannweiten 12,90 und 16,40 m, September 1843 (RGIA 485-2-199, Bl. 4)

Blick in den Saal der russischen Schule (später Säle der flämischen Malerei) mit Kassettendecke (Aquarell Eduard Hau, 1857, GĖ OR 11722)

Blick in den Raum über der Paradetreppe, mit Kassettendecke (Aquarell Eduard Hau, um 1855, GĖ OR 11260)

linke Seite:
Grundriss des Hauptgeschosses *mit Eintrag der eisernen Deckenbalken*, Bestand um 1850 (GĖ OR 17246)

Tafel 48

Neue Eremitage, Blechträgerdecken und Sparrenbinder über dem Hauptgeschoss, Aleksandr Fullon, 1843–1844

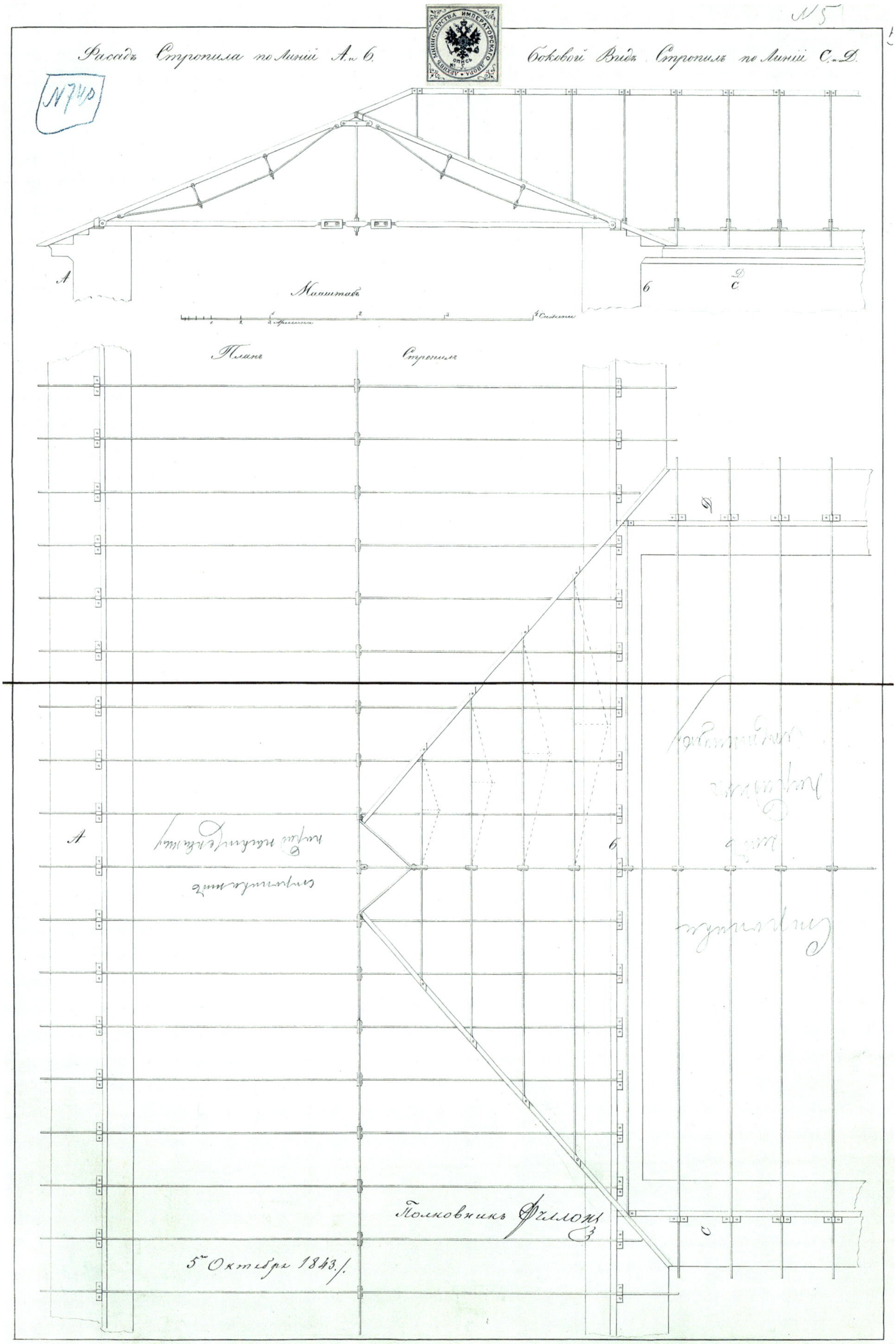
Фасадъ Стропила по Линiи А.–Б.
Боковой Видъ Стропилъ по Линiи С.–D.
Маштабъ
Планъ Стропилъ
Полковникъ
5го Октября 1843.

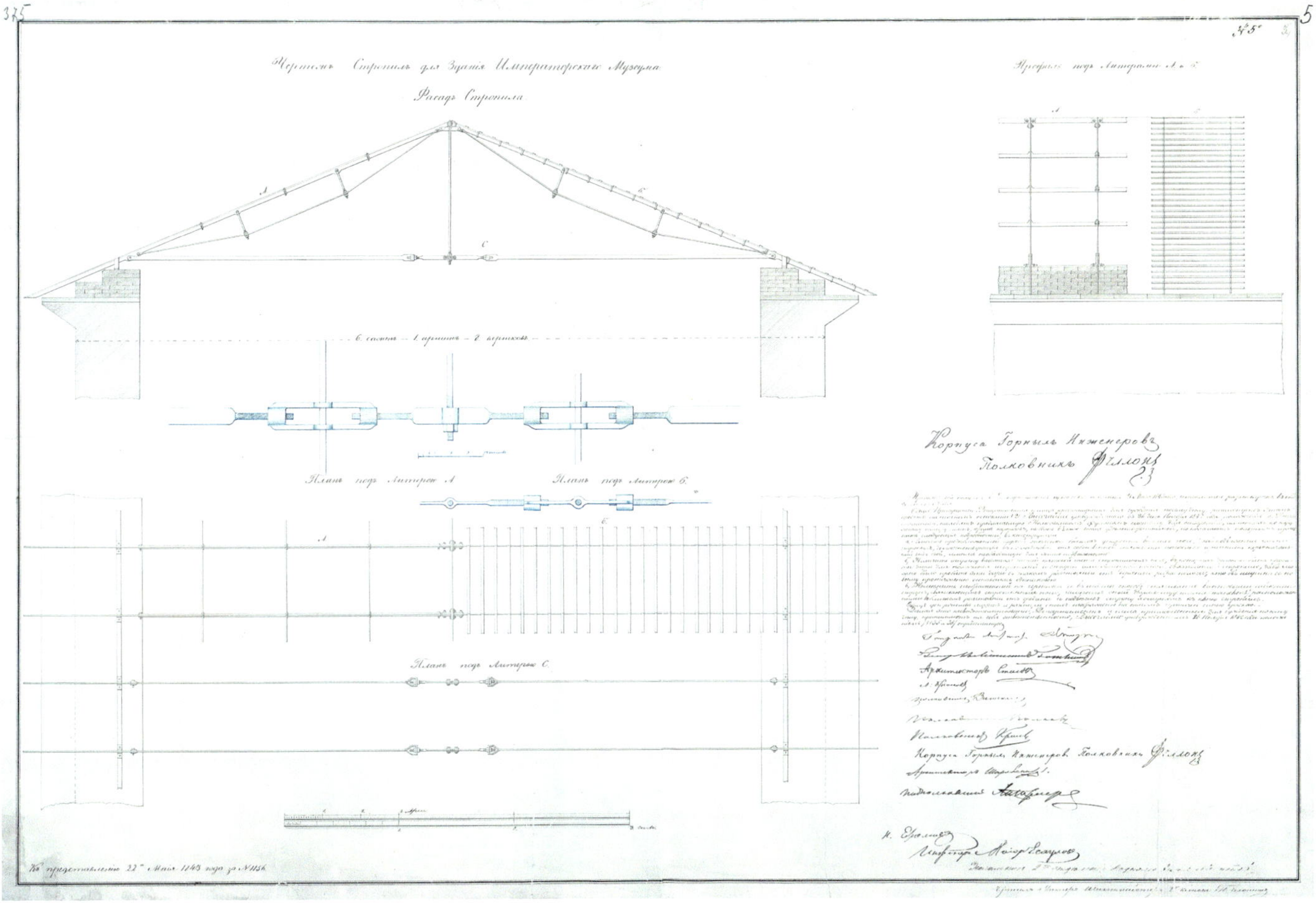

Schnitt und Sparrenbinderlage mit Detail Spannschloss, Spannweite 12,90 m, Mai 1843 (RGIA 1424-4-587, Bl. 5)

Dieses Projekt ging am 26. Mai 1843 beim Departement für Entwürfe und Kostenanschläge ein und wurde am 28. Mai d. J. im Departement endgültig begutachtet [... und] das System als befriedigend für Spannweiten bis 6½ Sažen' [zwischen den Außenwänden] befunden, [wir] halten es allerdings für angebracht, folgende Konstruktionsdetails zu ändern:
(a) Gelenkverbindungen anstelle einer starren Vernietung der Fachwerkknoten zur Vermeidung von Verformungen durch provisorische Belastungen und Eigengewicht,
(b) Verlängerung der Sparren an der Traufe zur Sicherheit der dort anschließenden Verbindungen,
(c) Ersatz der beiden getrennten äußeren Spannschrauben für die Zugbänder durch ein zentrales Spannelement mit zwei Buchsen („manchons") sowie Aufhängung der Zugbänder an den Firstknoten. Für die Verbindung des Zugbands sollen anstelle der von Oberst Fullon vorgeschlagenen Bolzen mit Schraubenmuttern die auf der Zeichnung in blauer Tinte eingetragenen Schraubkupplungen angewendet werden.

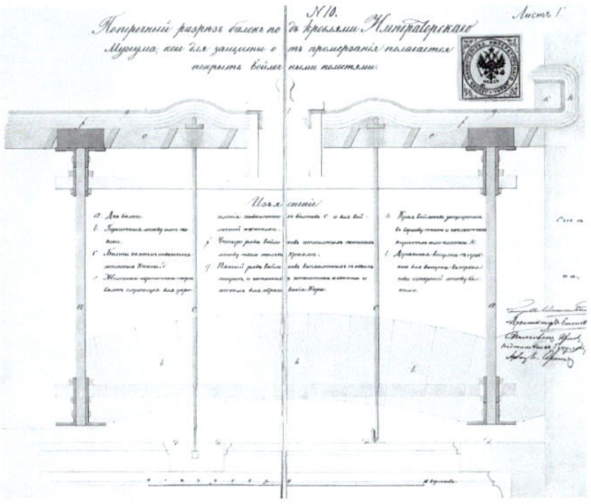

Filzdämmung der Decken mit Blechträgern, um 1845 (RGIA 485-2-198, Bl. 2)

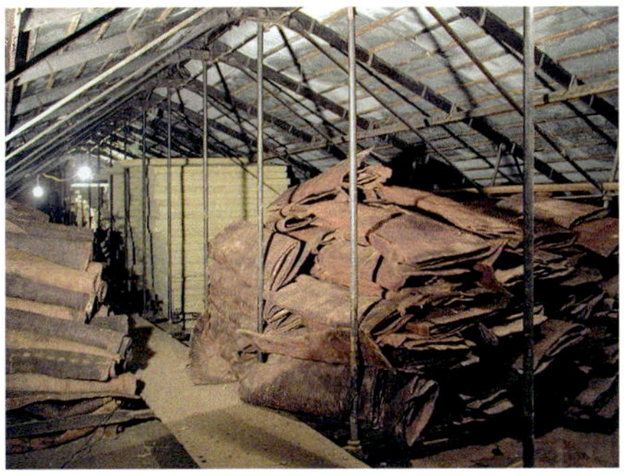

Filzdämmung im Dachtragwerk über dem Millionnajatrakt (Foto 2008)

linke Seite:
Dachtragwerk am Anschluss des großen Treppenhauses an den Millionnajatrakt, Spannweiten bis 16,10 bzw. 12,90 m, Oktober 1843 (RGIA 485-2-199, Bl. 5)

Tafel 49

Neue Eremitage, Sparrenbinder über den Sälen im Millionnajatrakt, Aleksandr Fullon, 1843–1844

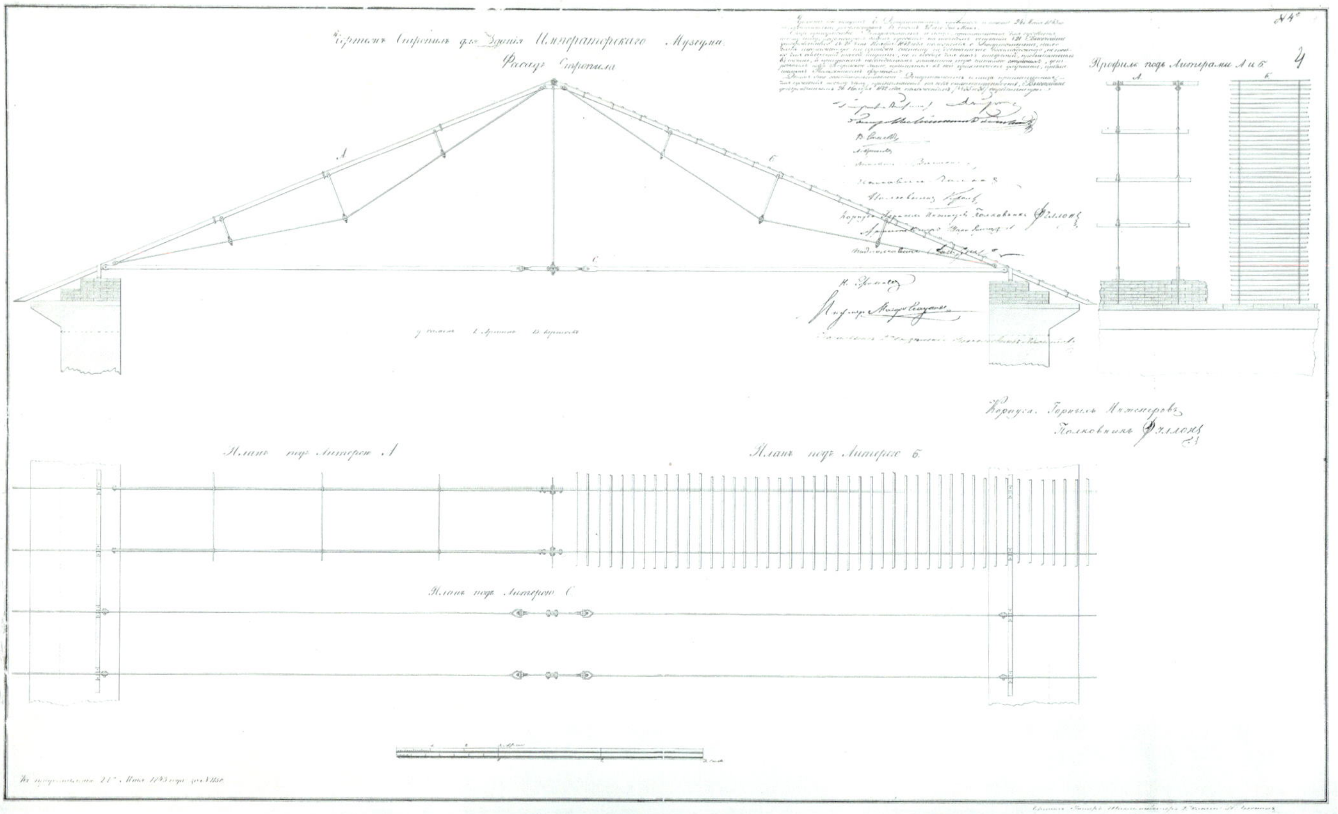

Schnitt und Sparrenlage, Spannweite 18,75 m, abgelehnte Variante, Mai 1843 (RGIA 1424-4-587, Bl. 4)

Dieses Projekt ging am 24. Mai 1843 beim Departement für Entwürfe und Kostenanschläge ein und wurde am 28. Mai d. J. im Departement endgültig begutachtet [... und] die auf der Zeichnung dargestellten Systeme nicht ausreichend befunden, die sich weder auf die vorgegebene Spannweite noch auf größere Spannweiten ab 6 ½ Sažen' beziehen. Es wird empfohlen, dieses System durch einen Gespärretyp wie über dem Georgssaal [Thronsaal] bei Anwendung partieller Verbesserungen, die Oberst Fullon vorschlägt, zu ersetzen [...].

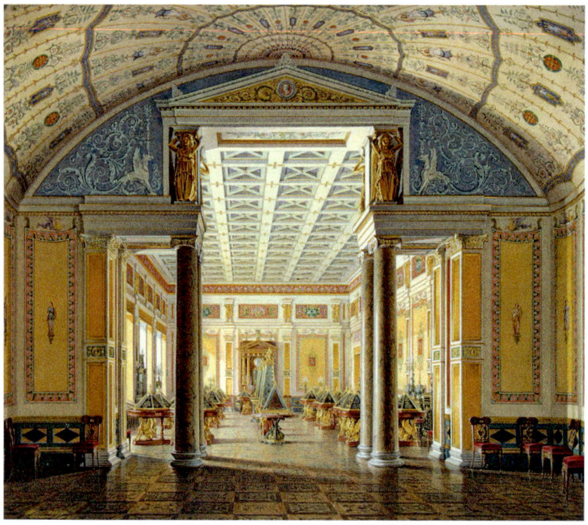

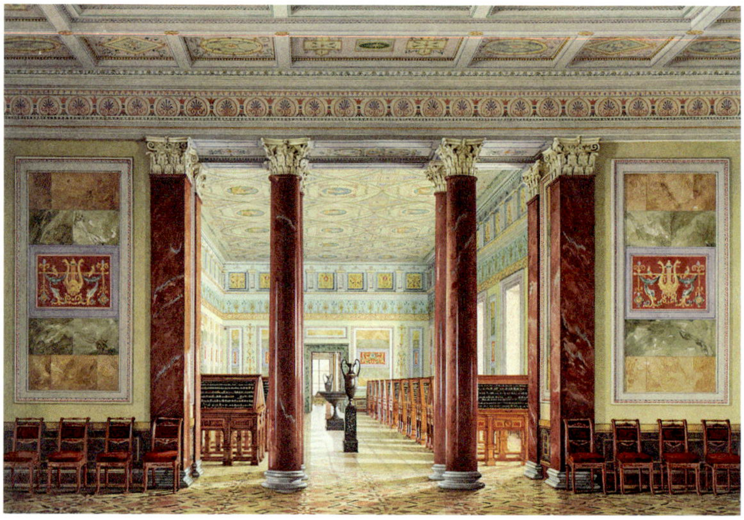

Blick in den Kameensaal (Aquarell Eduard Hau, 1854, GĖ OR 11699)

Blick in das Münzen- und Medaillenkabinett (Aquarell Konstantin Uchtomskij, 1860, GĖ OR 11748)

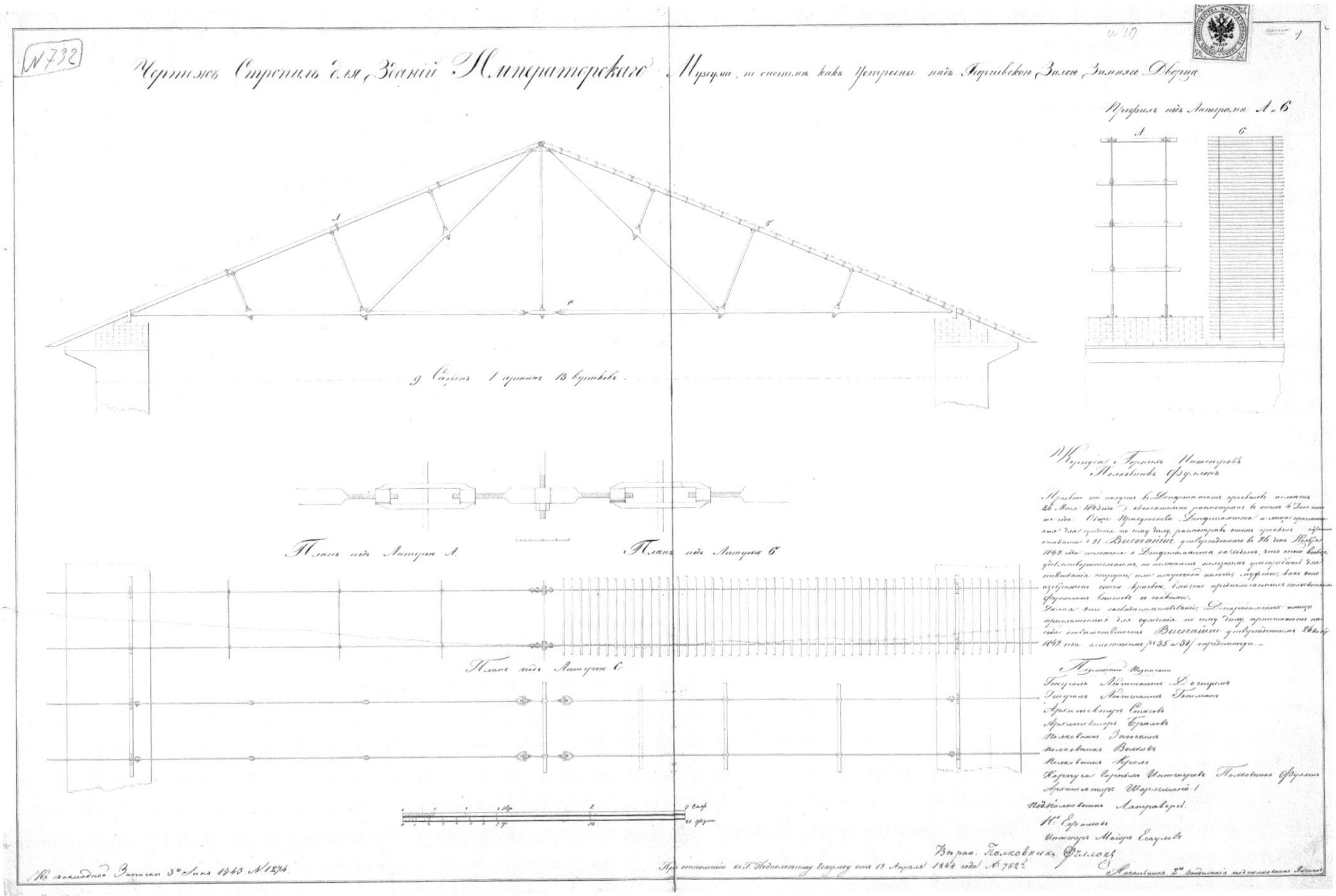

Schnitt und Sparrenlage, Spannweite 18,75 m, genehmigter Entwurf mit nachträglichem Detail Spannschloss, Juni 1843 (RGIA 485-2-199, Bl. 9)

Dieses Projekt ging am 26. Mai 1843 beim Departement für Entwürfe und Kostenanschläge ein und wurde am 4. Juni d. J. im Departement endgültig begutachtet [... und] als befriedigend befunden, [wir] halten es allerdings für angebracht, für die Verbindung des Zugbands anstelle der von Oberst Fullon vorgeschlagenen Bolzen mit Schraubenmuttern die auf der Zeichnung in blauer Tinte eingetragenen Schraubkupplungen anzuwenden [...].

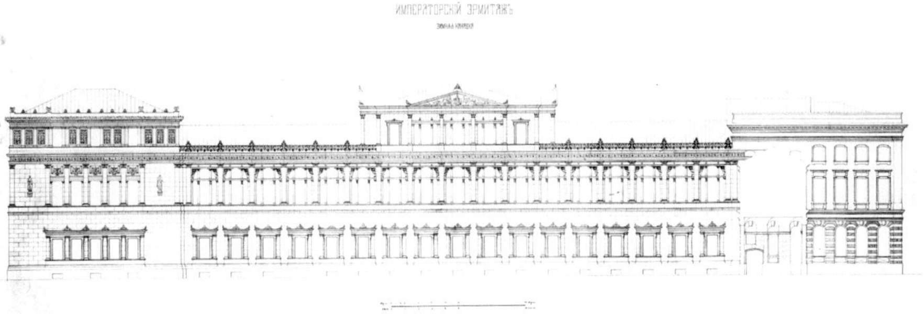

Fassade zum Winterkanal einschließlich Alte Eremitage, um 1850 (NIMRACh A-2902)

Tafel 50

Neue Eremitage, Sparrenbinder über den Sälen im Winterkanaltrakt, Arbeitsvarianten, Aleksandr Fullon, 1843

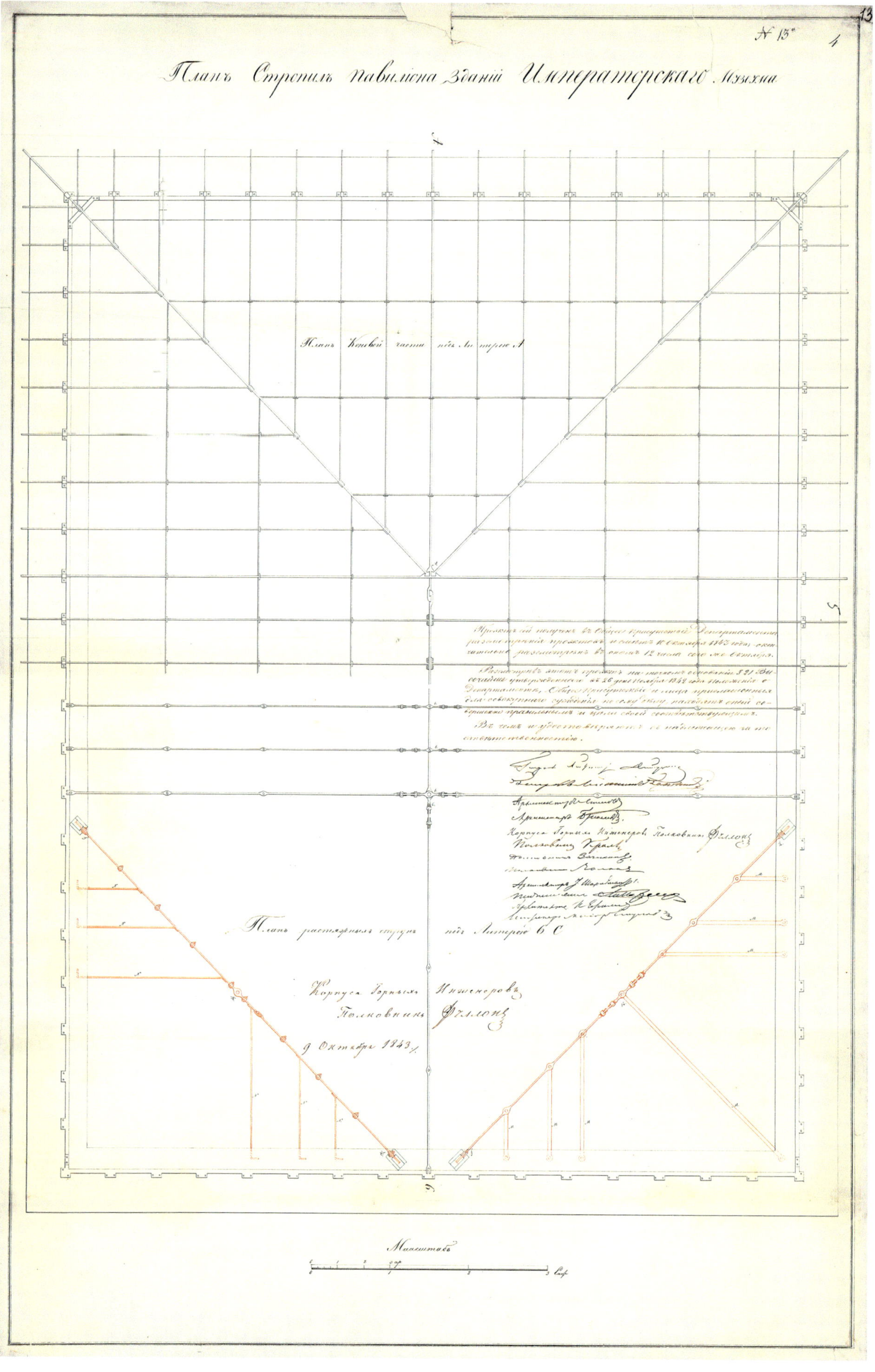
№ 13
Планъ Стропилъ павильона зданій Императорскаго Музеума
Планъ Коньковой части подъ Литерою А
Планъ раскосныхъ стропилъ подъ Литерою Б С
Корпуса Горныхъ Инженеровъ Полковникъ Фелонъ
9 Октября 1843
Масштабъ

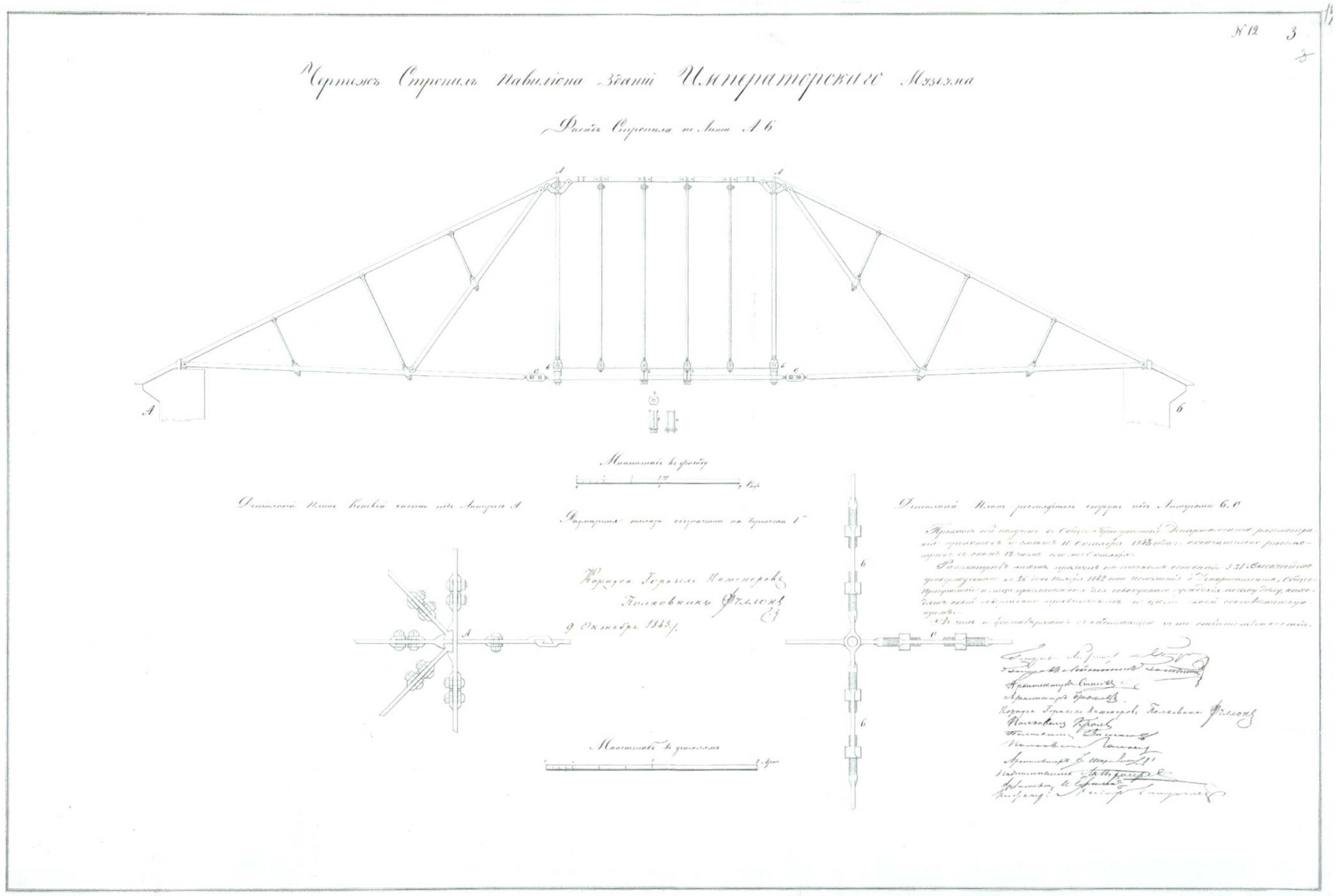

Sparrenlage und Stützbinder (in roter Tinte), Spannweite max. 19,60 m bzw. Längsschnitt im Scheitel mit Details Firstknoten und Spannschlösser, Spannweite 25,50 m, genehmigte Entwürfe, Oktober 1843 (RGIA 1424-4-587, Bl. 13 bzw. Bl. 12)

Beide Projekte *hat das Departement für Entwürfe und Kostenanschläge am 10. Oktober 1843 erhalten und am 12. Oktober d. J. im Departement endgültig begutachtet [... und] als völlig ausreichend und dem angestrebten Ziel entsprechend befunden [...].*

Münzen- und Medaillenkabinett im südöstlichen Eckpavillon, Aquarell Luigi Premazzi, 1853 (Staatliche Eremitage, GĖ OR 11258)

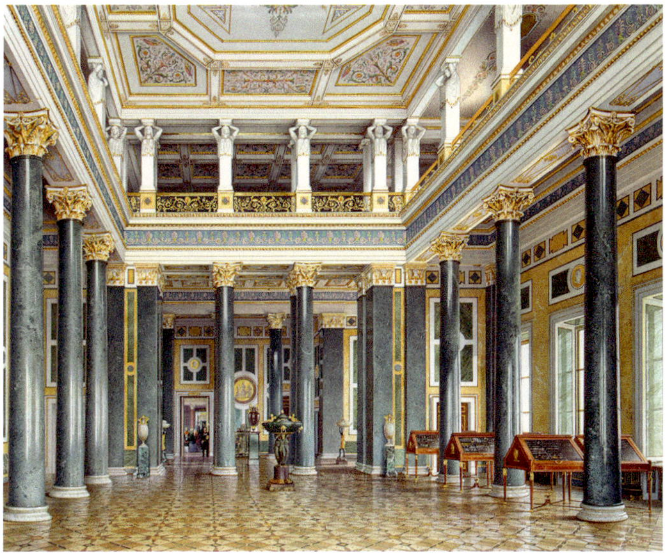

Tafel 51

Neue Eremitage, Walmdachkonstruktion über dem Südostpavillon, Aleksandr Fullon, 1843

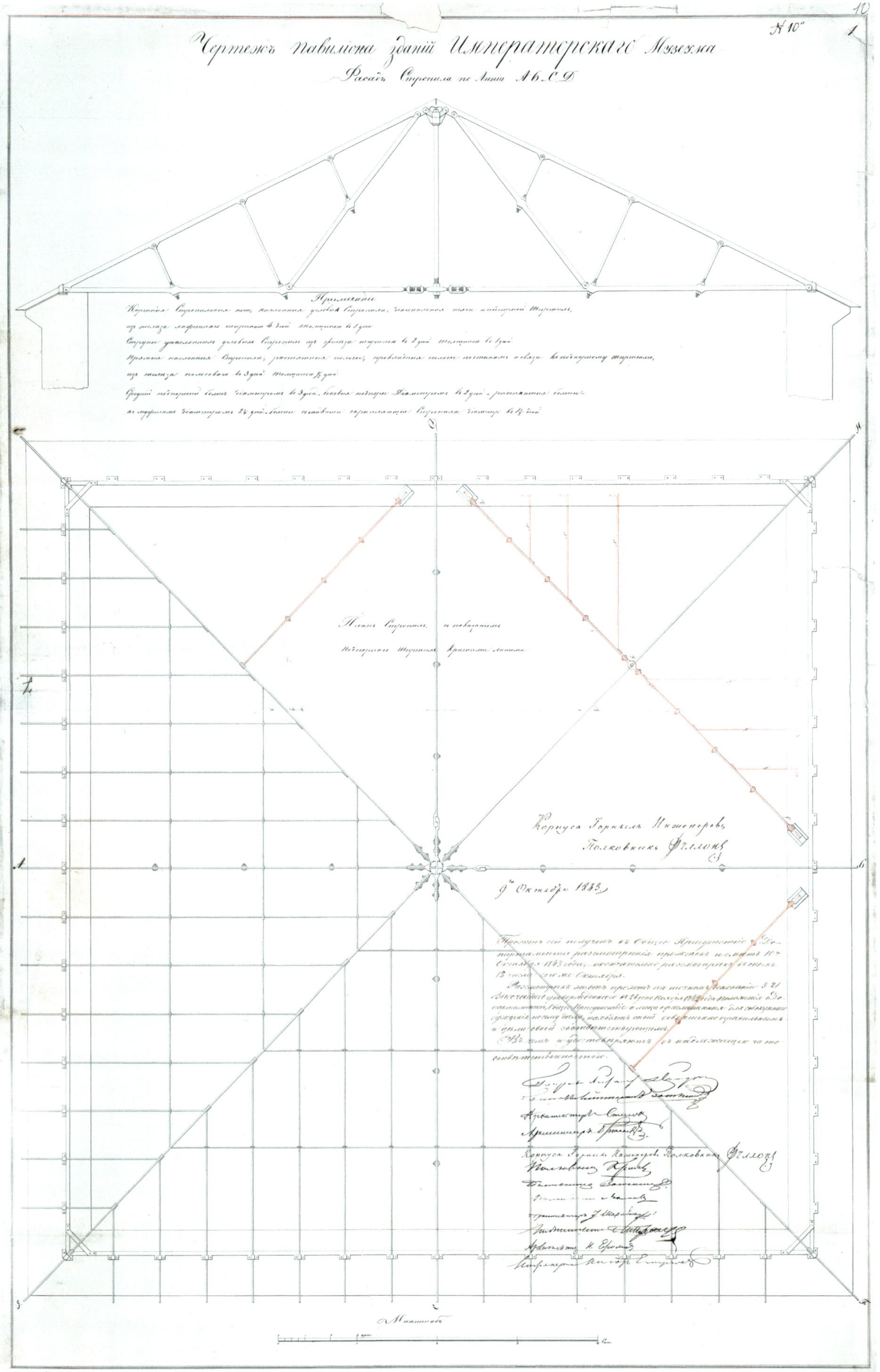
Чертежъ павильона зданій Императорскаго Музеума
Фасадъ Стропила по Линіи А Б С Д
9го Октября 1843

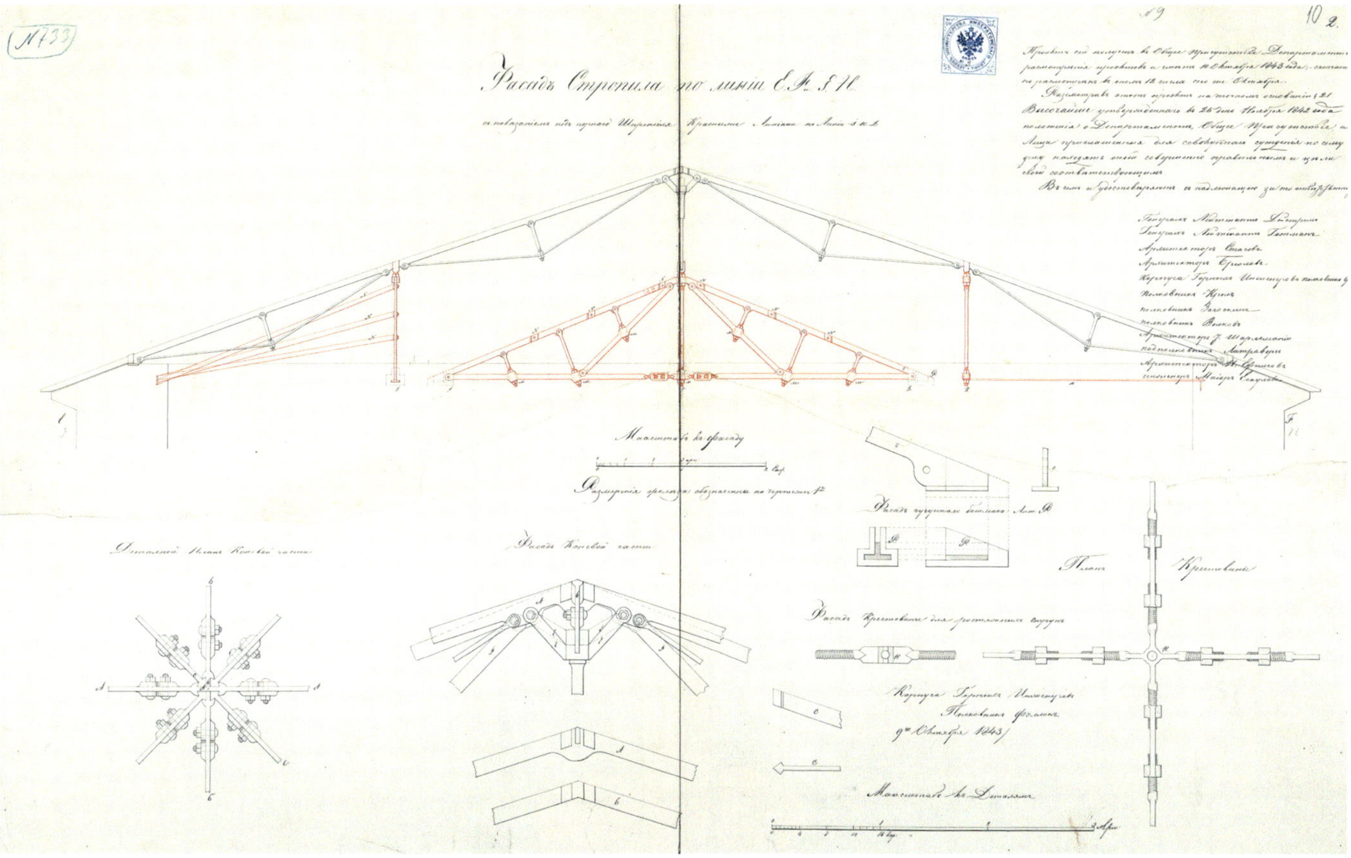

Aufriss, Sparrenlage und Stützbinder (in roter Tinte), Spannweite max. 19,60 m, links, bzw. Diagonalschnitt des Dachtragwerks, Schnitt und Ansicht der Stützbinder (in roter Tinte), genehmigte Entwürfe, Oktober 1843

Diese Projekte hat das Departement für Entwürfe und Kostenanschläge am 10. Oktober 1843 erhalten und am 12. Oktober d. J. im Departement endgültig begutachtet [... und] als völlig ausreichend und dem angestrebten Ziel entsprechend befunden [...].

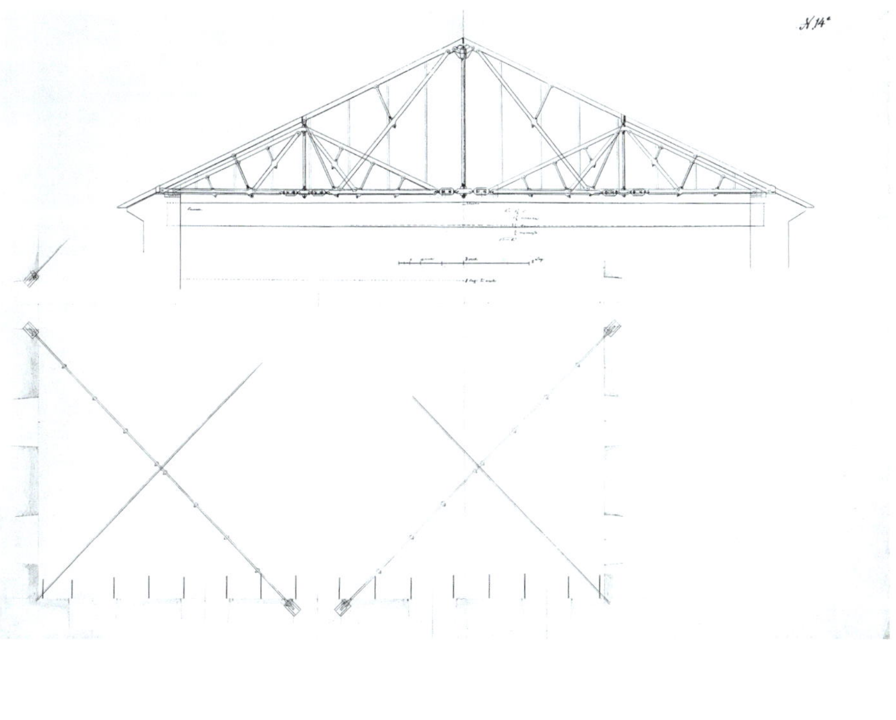

Querschnitt und Grundriss, vermutlich 1843 (RGIA 1424-4-587, Bl. 14)

Tafel 52

Neue Eremitage, Zeltdachkonstruktion über dem Südwestpavillon, Aleksandr Fullon, 1843

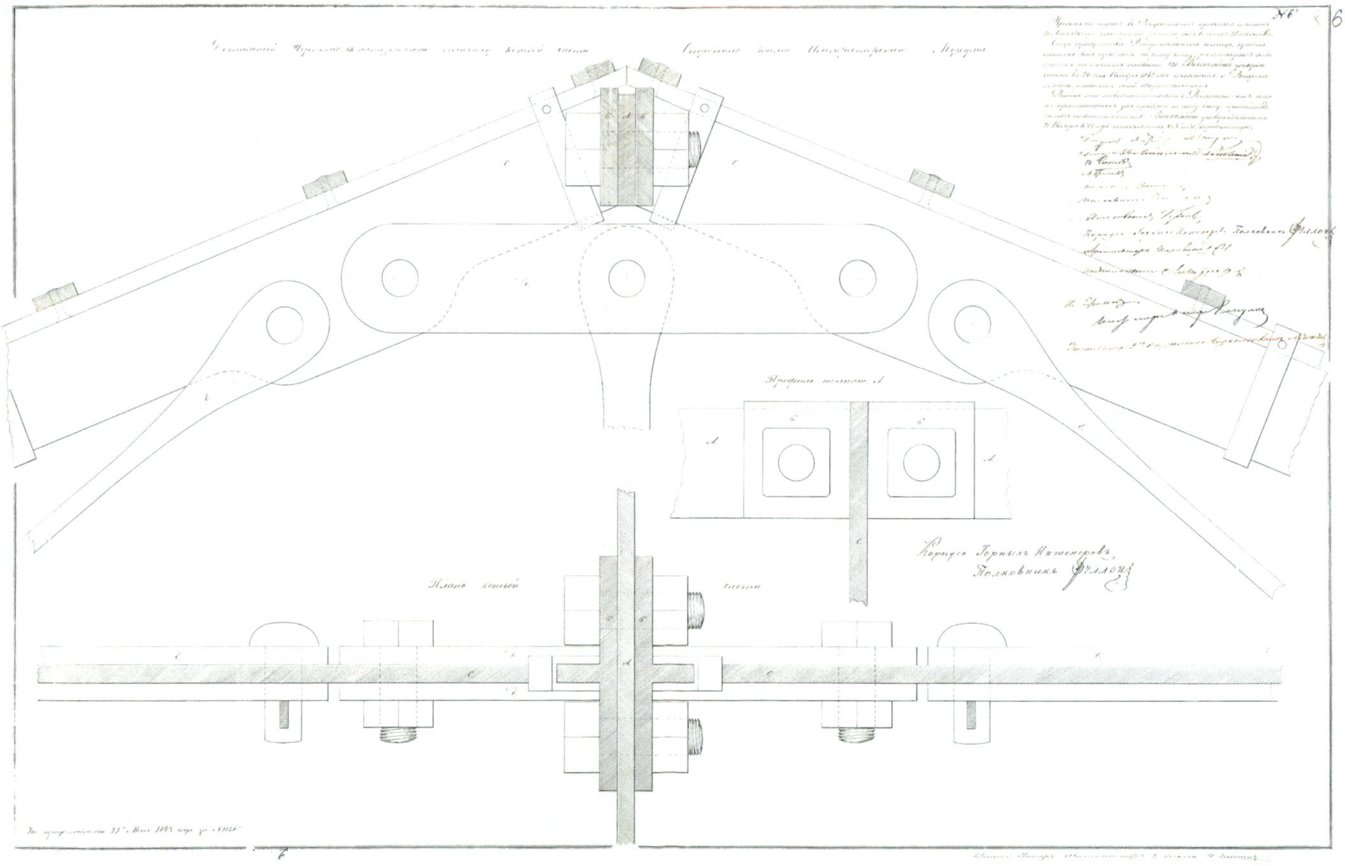

Leichtere Ausführung für Spannweiten bis zu 17,00 m (8 Saženj), Werkzeichnungen im Maßstab 1 : 1, Mai 1843 (RGIA 1424-4-587, Bl. 6)

Dieses Projekt hat das Departement für Entwürfe und Kostenanschläge am 26. Mai 1843 erhalten und am 28. Mai d. J. im Departement endgültig begutachtet.
Bei allgemeiner Anwesenheit des Departements und der zur Begutachtung hinzugezogenen Personen befinden es nach Begutachtung auf verbindlicher Grundlage des § 21 der am 26. November 1842 Allerhöchst genehmigten Richtlinie des Departements als befriedigend. Mit dieser Bewertung übernehmen das Departement und die zur Begutachtung hinzugezogenen Personen die Verantwortung, welche in der am 26. November 1842 Allerhöchst genehmigten Richtlinie des Departements festgelegt ist.

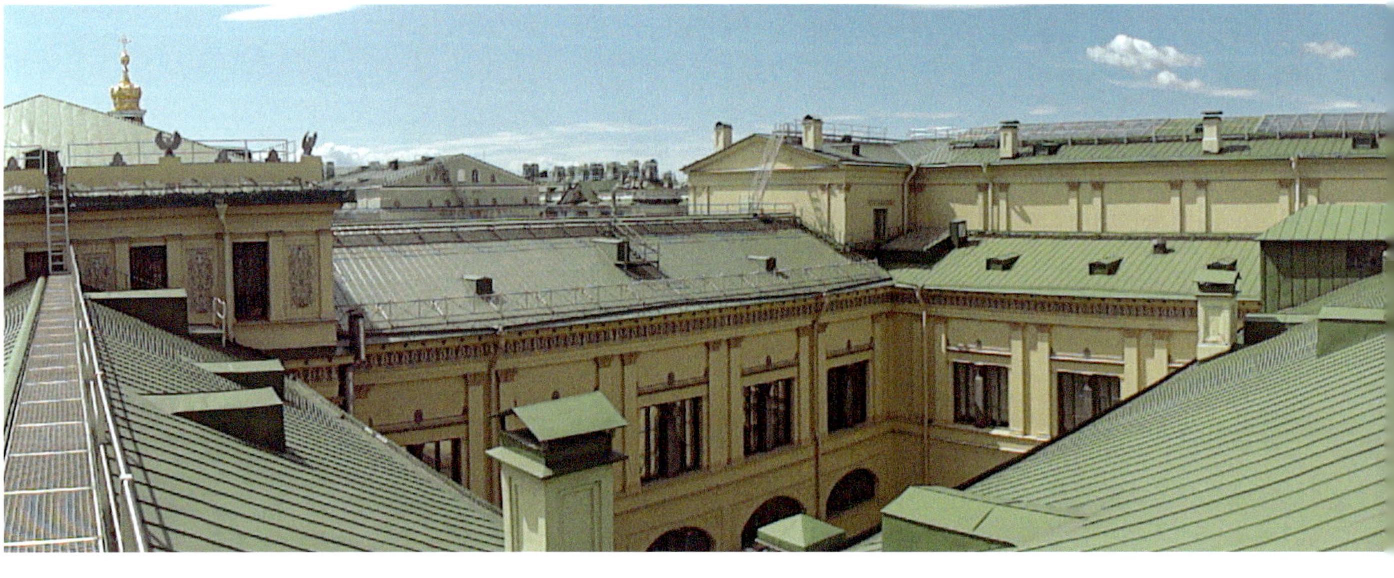

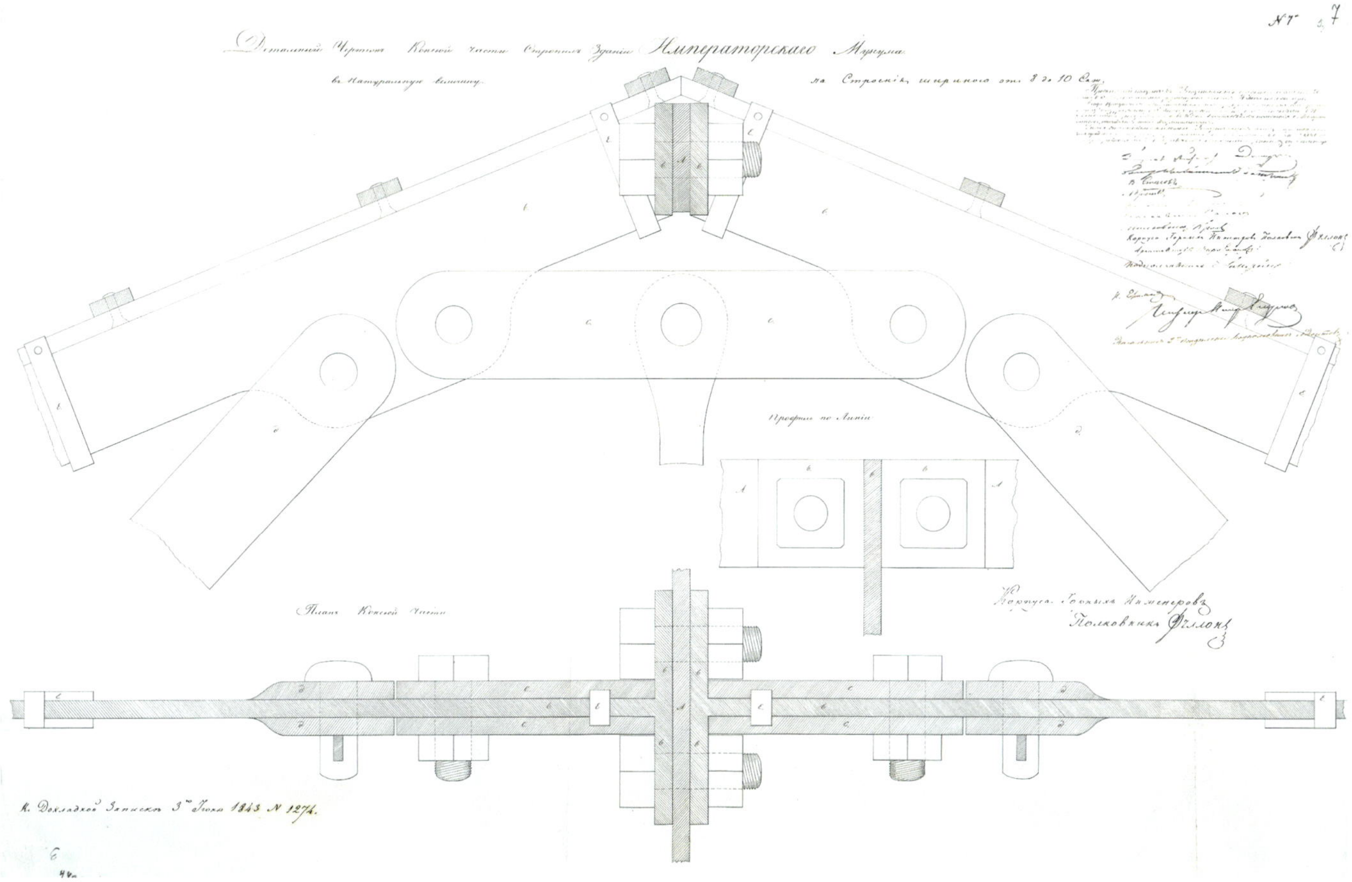

Stärkere Ausführung für Spannweiten von 17,00 bis 21,30 m (8 bis 10 Sažen), Werkzeichnungen im Maßstab 1 : 1, Juni 1843 (RGIA 1424-4-587, Bl. 7)
Zeichnungseintrag wie links

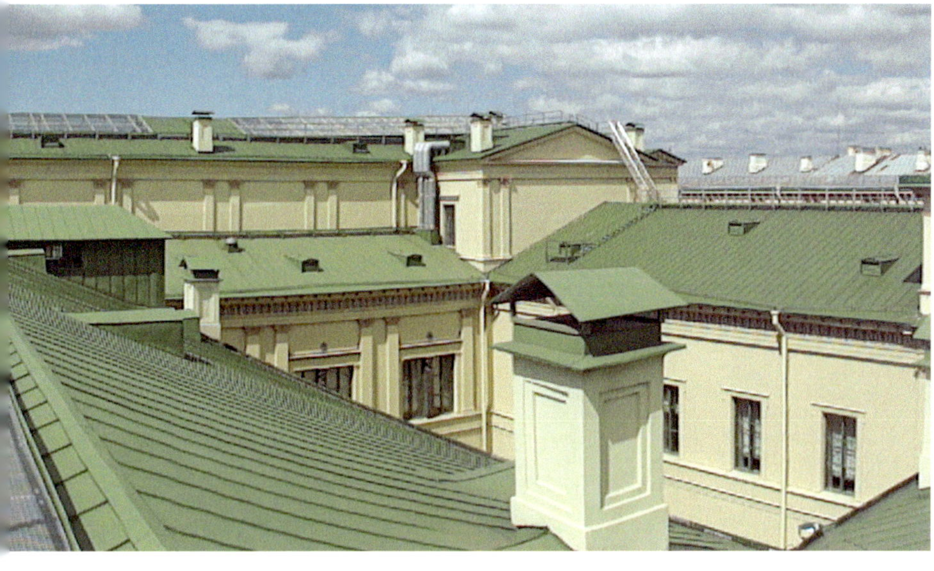

Blick über das Dach der Paradetreppe hinweg auf den Oberlichttrakt, links der Südwestpavillon (Foto 2016)

Tafel 53

Neue Eremitage,
Detaillierung der Firstpunkte,
Aleksandr Fullon, 1843

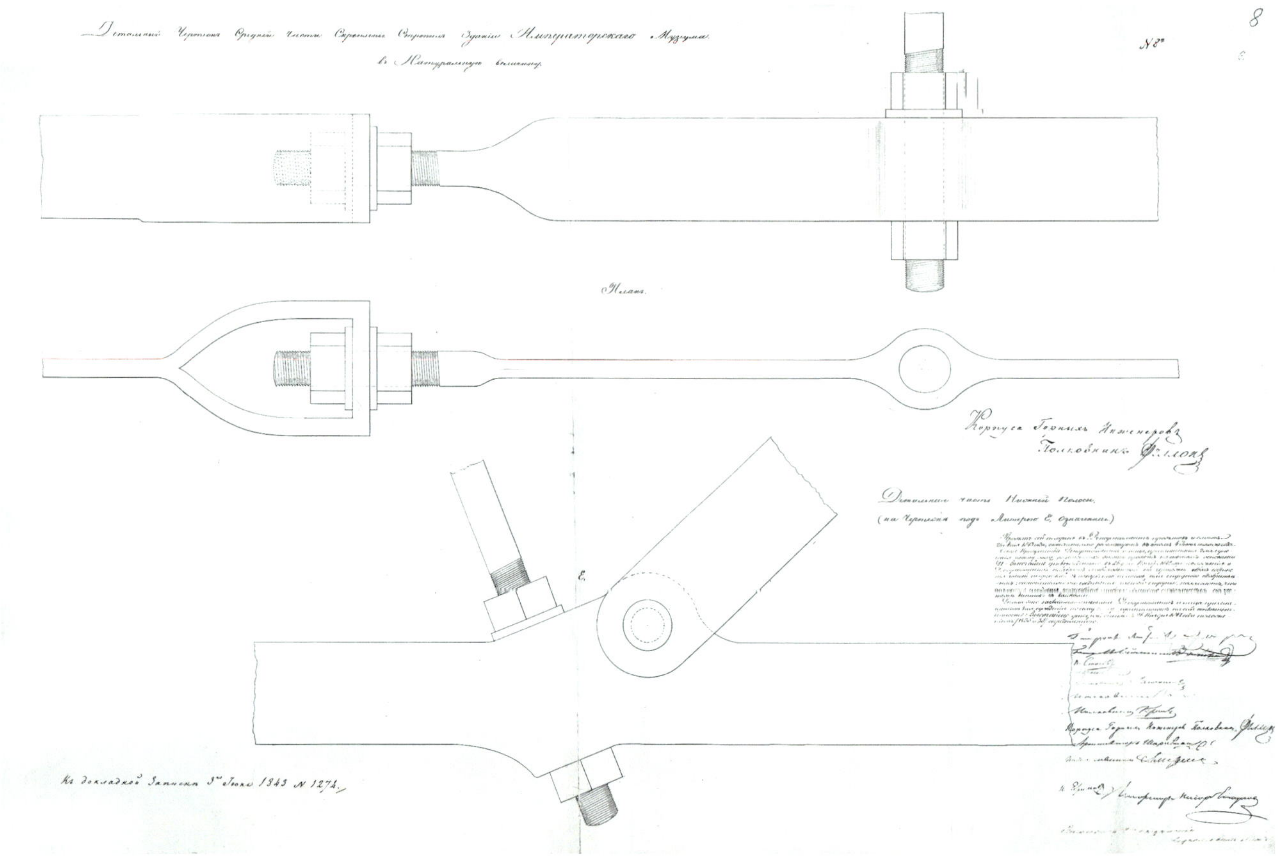

Spannschloss und Knotenpunkt im Zugband der Unterspannung, Juni 1843 (RGIA 1424-4-587, Bl. 8)

Dieses Projekt hat das Departement für Entwürfe und Kostenanschläge am 26. Mai 1843 erhalten und am 28. Mai d. J. im Departement endgültig begutachtet [... und] für befriedigend befunden mit der Anmerkung, dass bei der Verbindung des Unterzugs anstelle der auf der Zeichnung angegebenen Schrauben-Mutter-Verbindung Schraubenkupplungen verwendet werden [...].

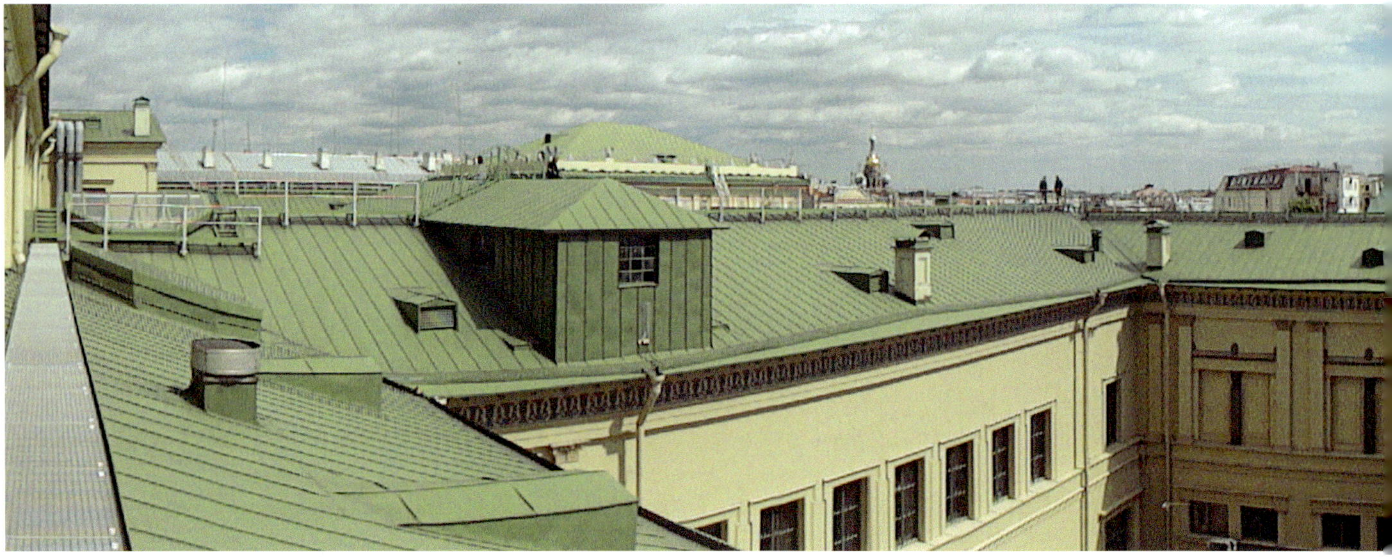

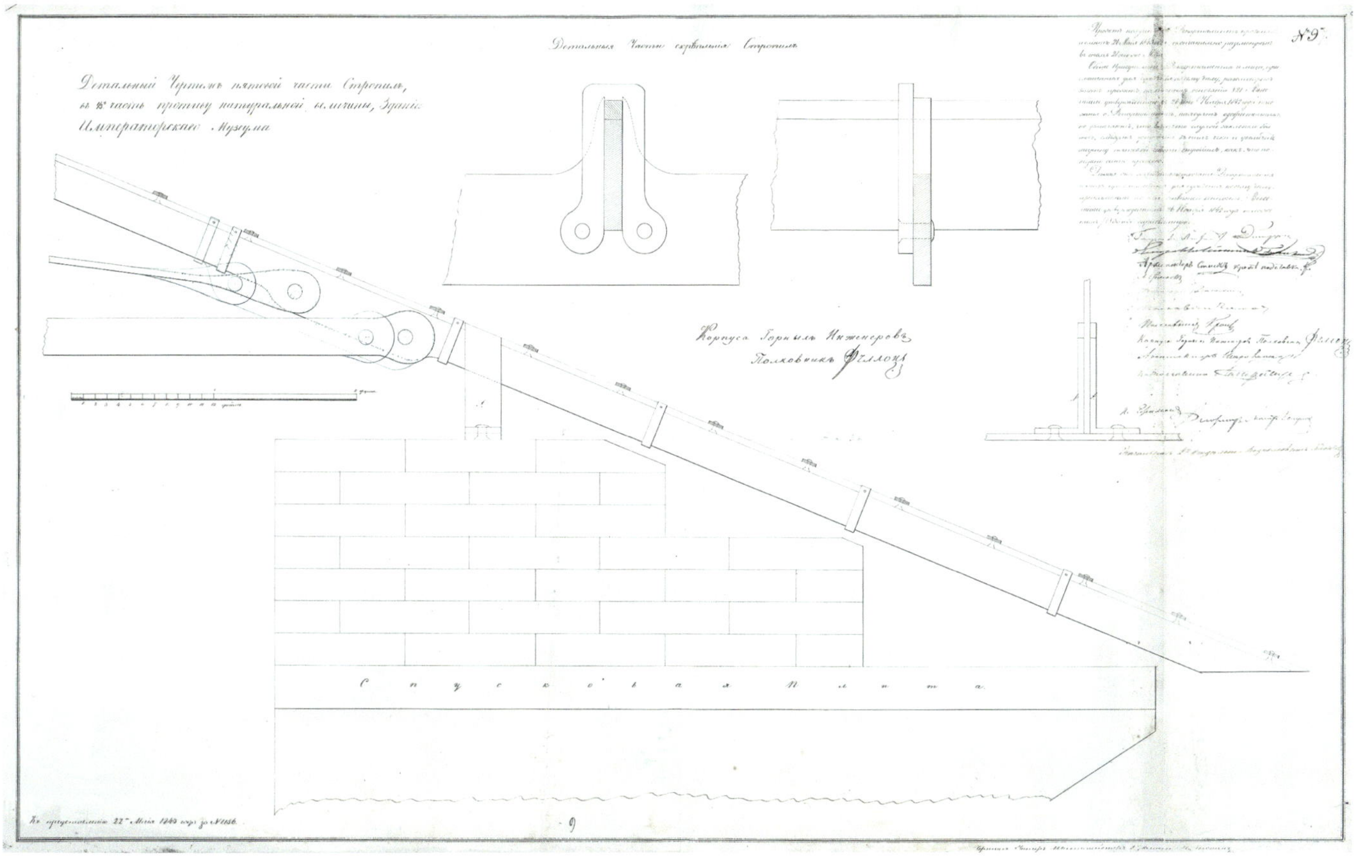

Anschluss der Unterspannung an den Sparren und Vorschläge zur Sparrenverstärkung, Mai 1843 (RGIA 1424-4-587, Bl. 9)

Dieses Projekt hat das Departement für Entwürfe und Kostenanschläge am 26. Mai 1843 erhalten und am 28. Mai d. J. im Departement endgültig begutachtet [... und] für befriedigend befunden mit der Anmerkung, dass es vorteilhaft wäre, anstelle einer starren Vernietung bewegliche Gelenke zu verwenden und dazu die Stärke der Obergurte der Sparren zu verbreitern, wie in blauer Farbe angegeben [...].

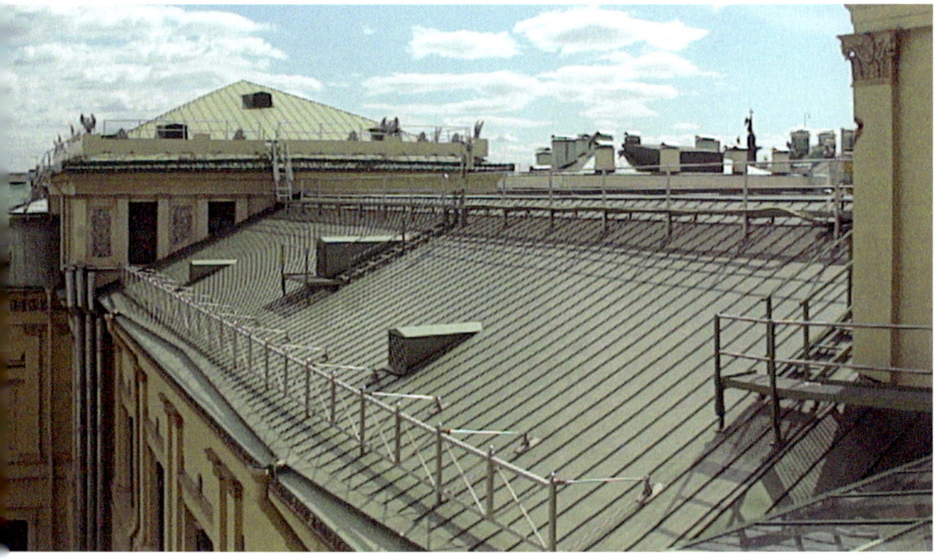

Blick vom Oberlichttrakt auf den Südwestpavillon und das Dach über der Paradetreppe (Foto 2016)

Tafel 54

Neue Eremitage, Detaillierung der Unterspannung, Aleksandr Fullon, 1843

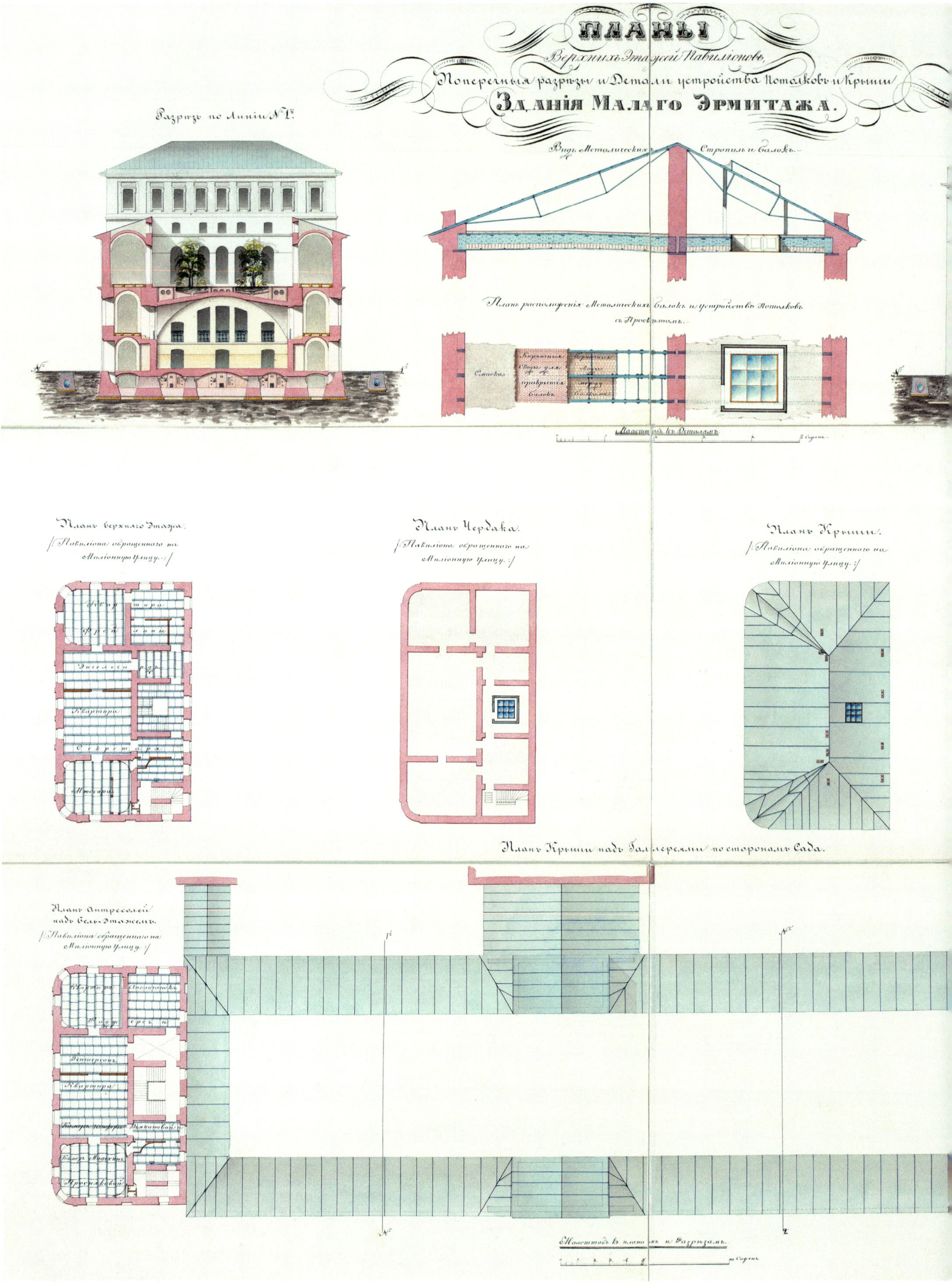
ПЛАНЫ
Верхнихъ Этажей Павильоновъ,
Поперечныя разрѣзы и Детали устройства Потолковъ и Крыши
Зданія Малаго Эрмитажа.
Разрѣзъ по Линіи № 1.
Видъ Металическихъ Стропилъ и Балокъ.
Планъ Верхняго Этажа.
Планъ Чердака.
Планъ Крыши.
Планъ Крыши надъ Галлереями по сторонамъ Сада.
Планъ Антресолей надъ Бель-Этажемъ.

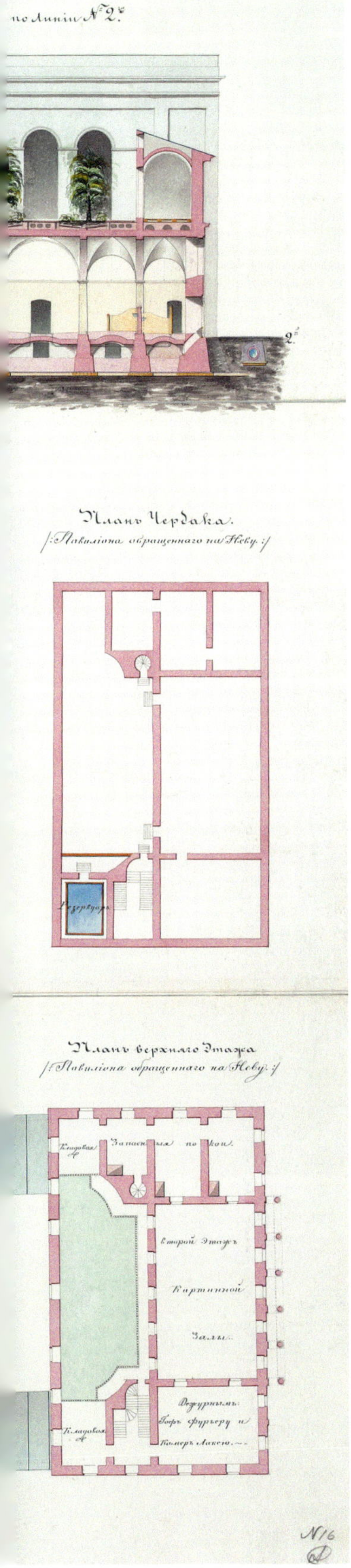

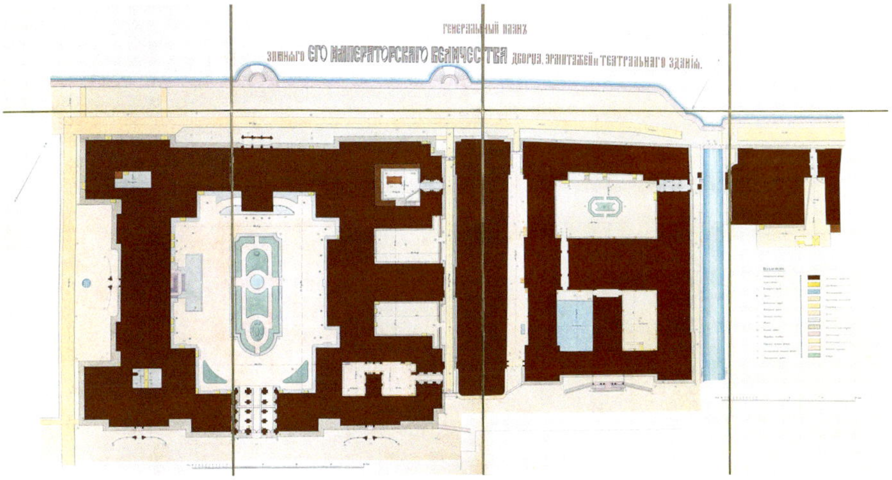

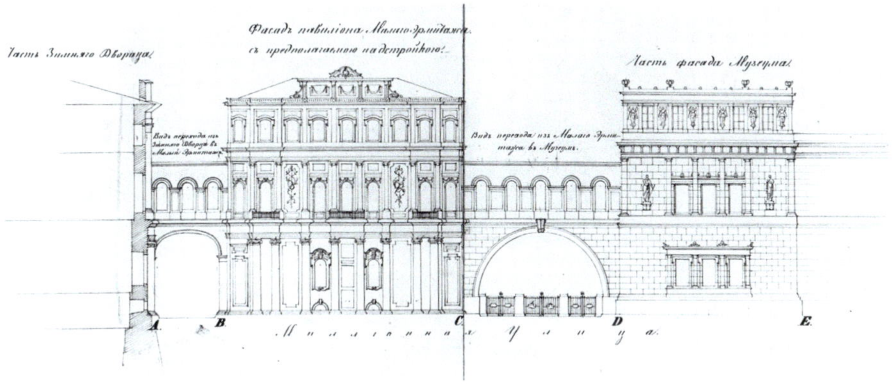

Lageplan des Eremitagekomplexes einschließlich Hoftheater, 1880er Jahre (RGIA 485-2-123, Bl. 1)

Aufstockung eines Mezzanins an der Millionnaja und eines Verbindungsgangs zum Winterpalast, rechts der Südwestpavillon der Neuen Eremitage, Vasilij Stasov (RGIA 468-35-267, Bl. 51')

linke Seite:
Umbau des Südpavillons, Dachgeschoss mit unterspannten Sparren (Spannweite bis 9,00 m) und Blechträgern in Schnitten und Grundrissen, Vasilij Stasov und Matthew Clark (AGĖ, 3-1-8)

Tafel 55

Kleine Eremitage, Umbau und Erweiterung des Südpavillons, Vasilij Stasov mit Matthew Clark, 1840–1841

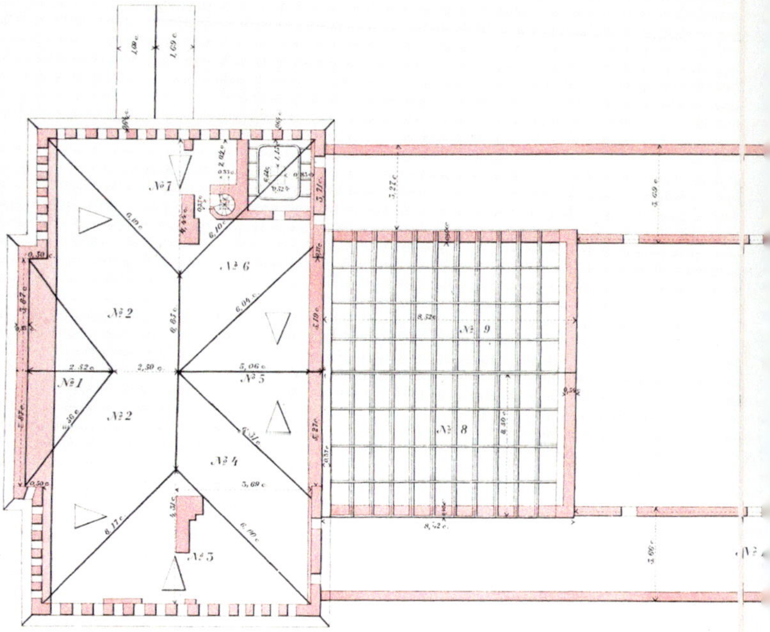

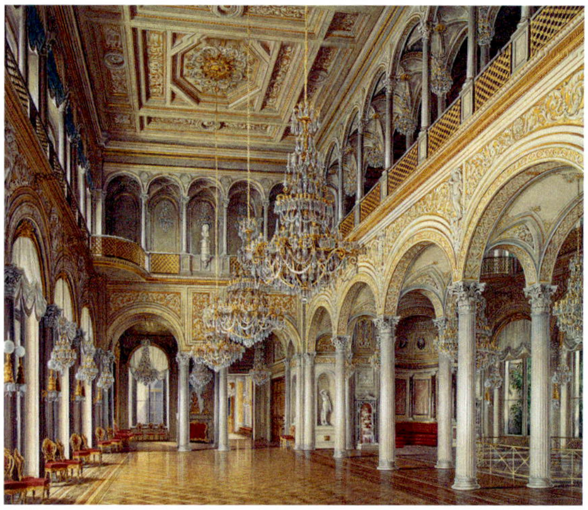

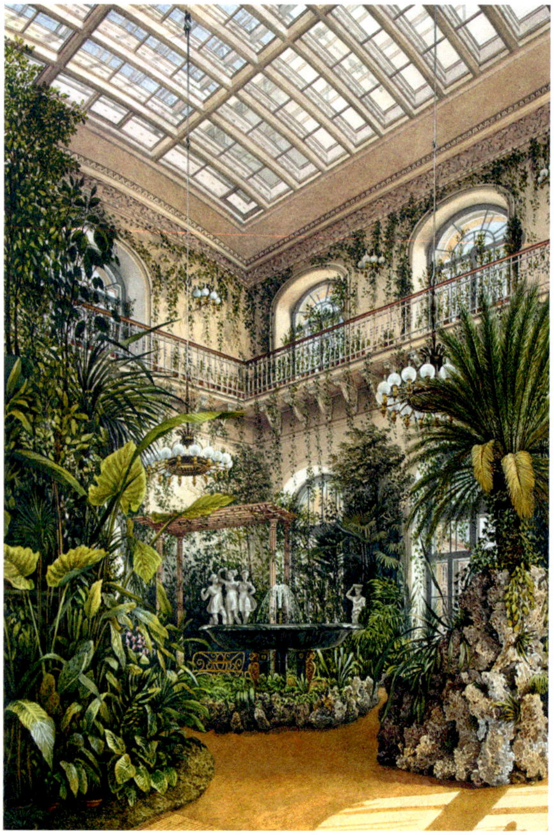

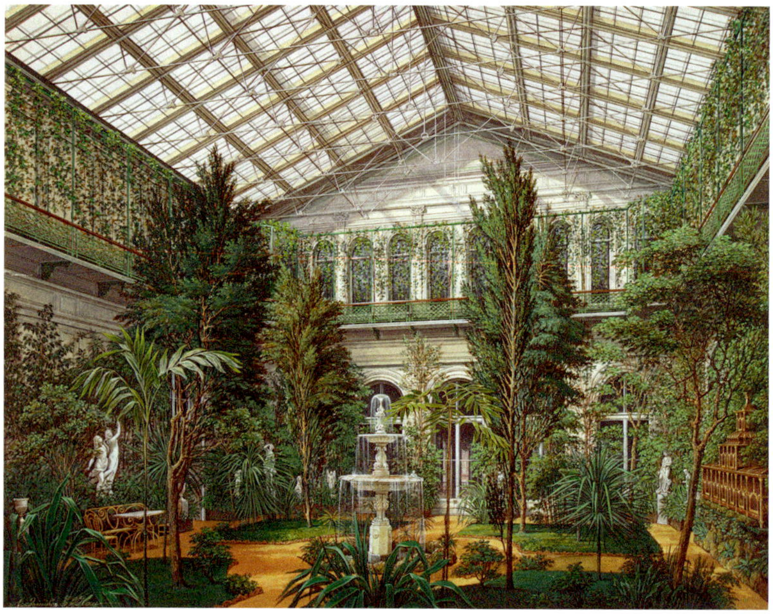

Weißer Saal des Nordpavillons (Aquarell Eduard Hau, 1864, GĖ OR 14398)

Erster Wintergarten im Winterpalast an der Pompejanischen Galerie, mit verglastem Dachtragwerk zwischen gebogenen Blechträgern, 1838 (Aquarell Konstantin Uchtomskij, 1860er Jahre, GĖ OR 14376)

Neuer Wintergarten der Kleinen Eremitage mit verglastem Dachtragwerk zwischen Wiegmann-Polonceau-Trägern (Aquarell Eduard Hau 1865, GĖ OR 14375)

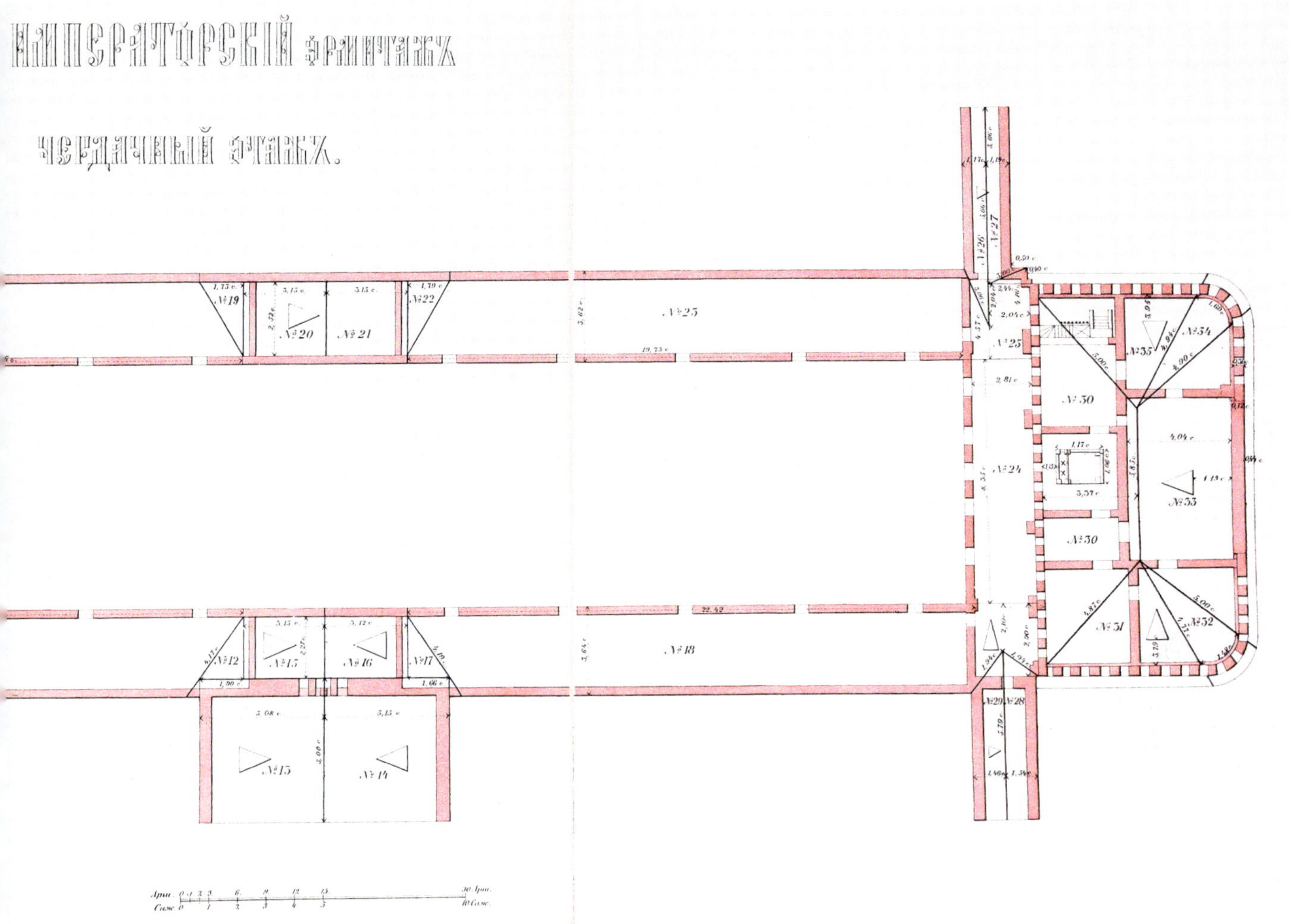

Grundriss der gesamten Kleinen Eremitage, links der Nordpavillon, davor der Wintergarten mit Wiegmann-Polonceau-Trägern, Spannweite 17,90 m (AGĖ 3-1-29)

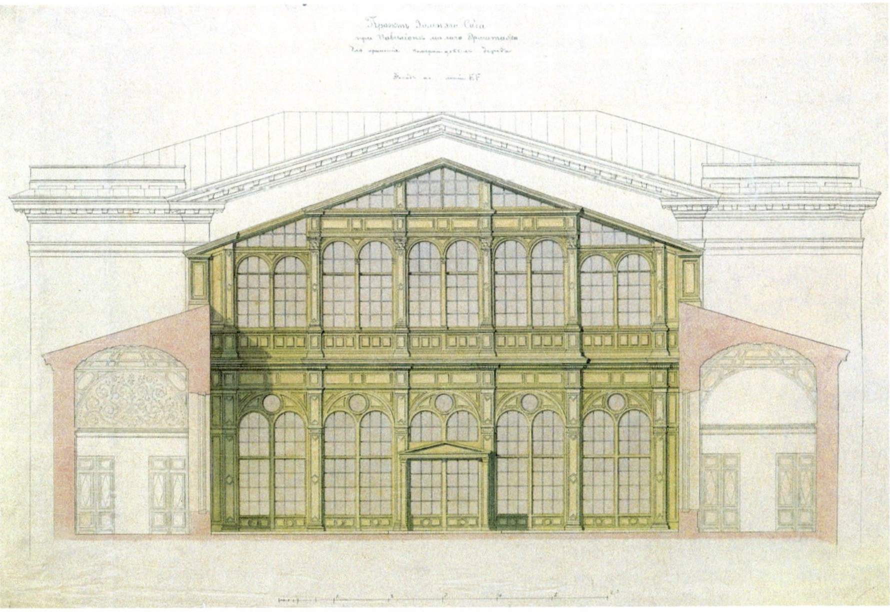

Fassade des neuen Wintergartens mit seitlichen Galerien und dahinterliegendem Nordpavillon, Entwurf, um 1851 (GĖ OR 38860)

Tafel 56

Kleine Eremitage, Umbau und Ertüchtigung des Nordpavillons und Einrichtung eines neuen Wintergartens, Andrej Štakenšnejder, 1851–1855

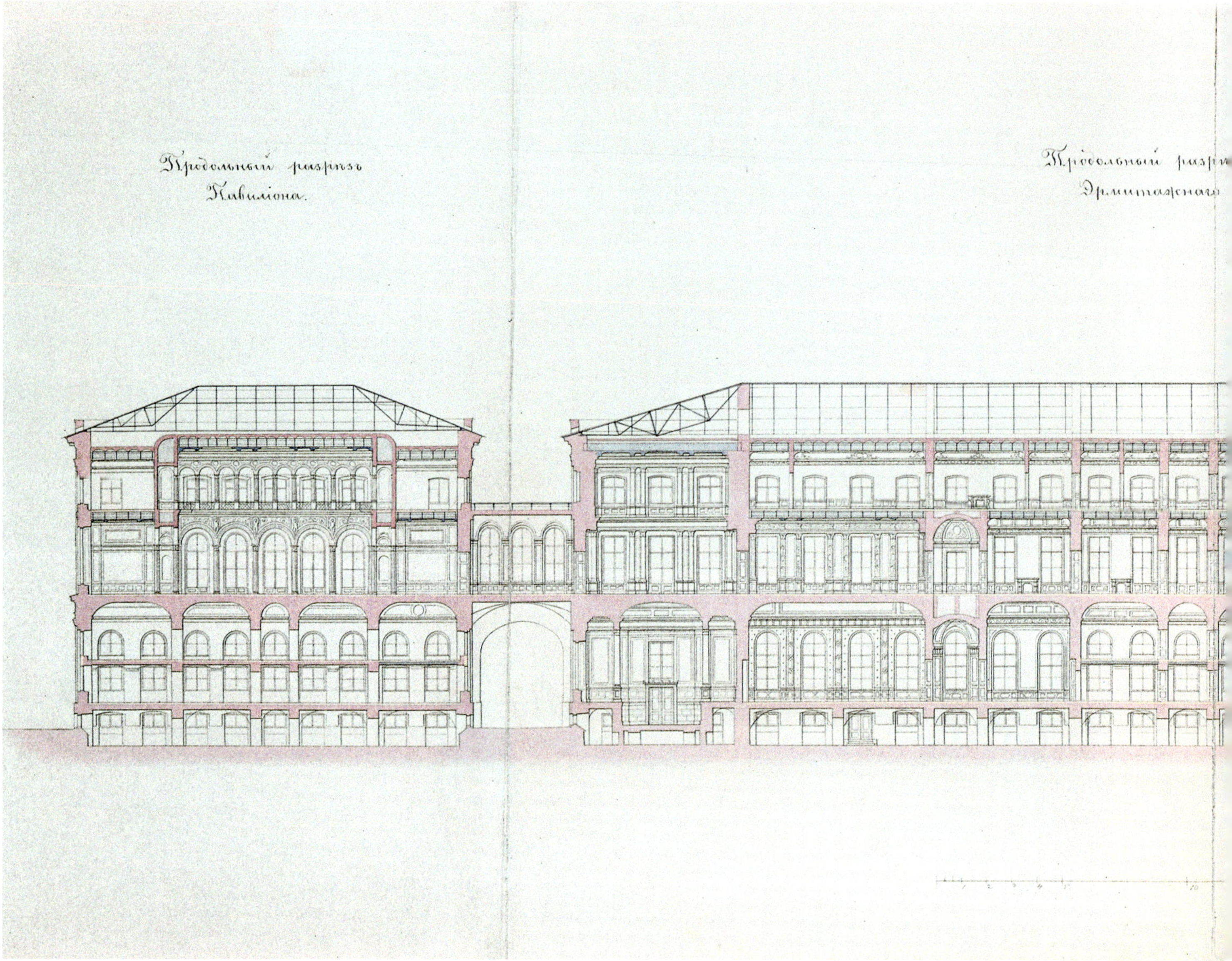

Längs- und Querschnitt durch den Nordpavillon der Kleinen Eremitage und durch die Alte Eremitage mit unterspannten Sparren und Blechträgern (Blick von Süden), max. Spannweite 9,50 m (GĖ OR 17229)

Alte Eremitage, Neue Marmortreppe, Entwurf einer Kassettendecke mit Blechträgern, Andrej Štakenšnejder, 1851 (GĖ OR)

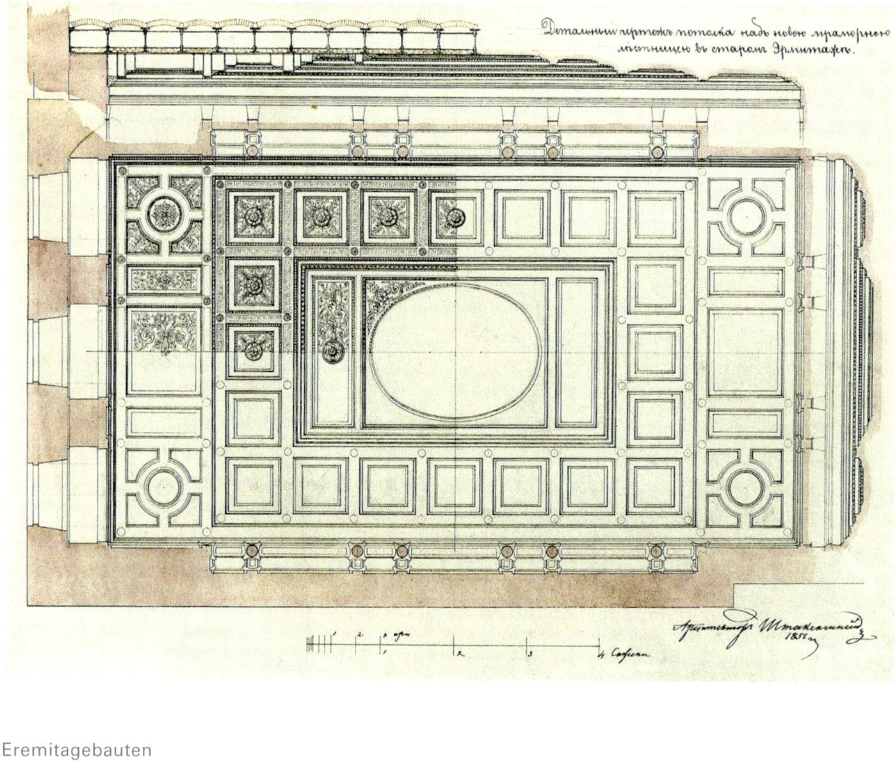

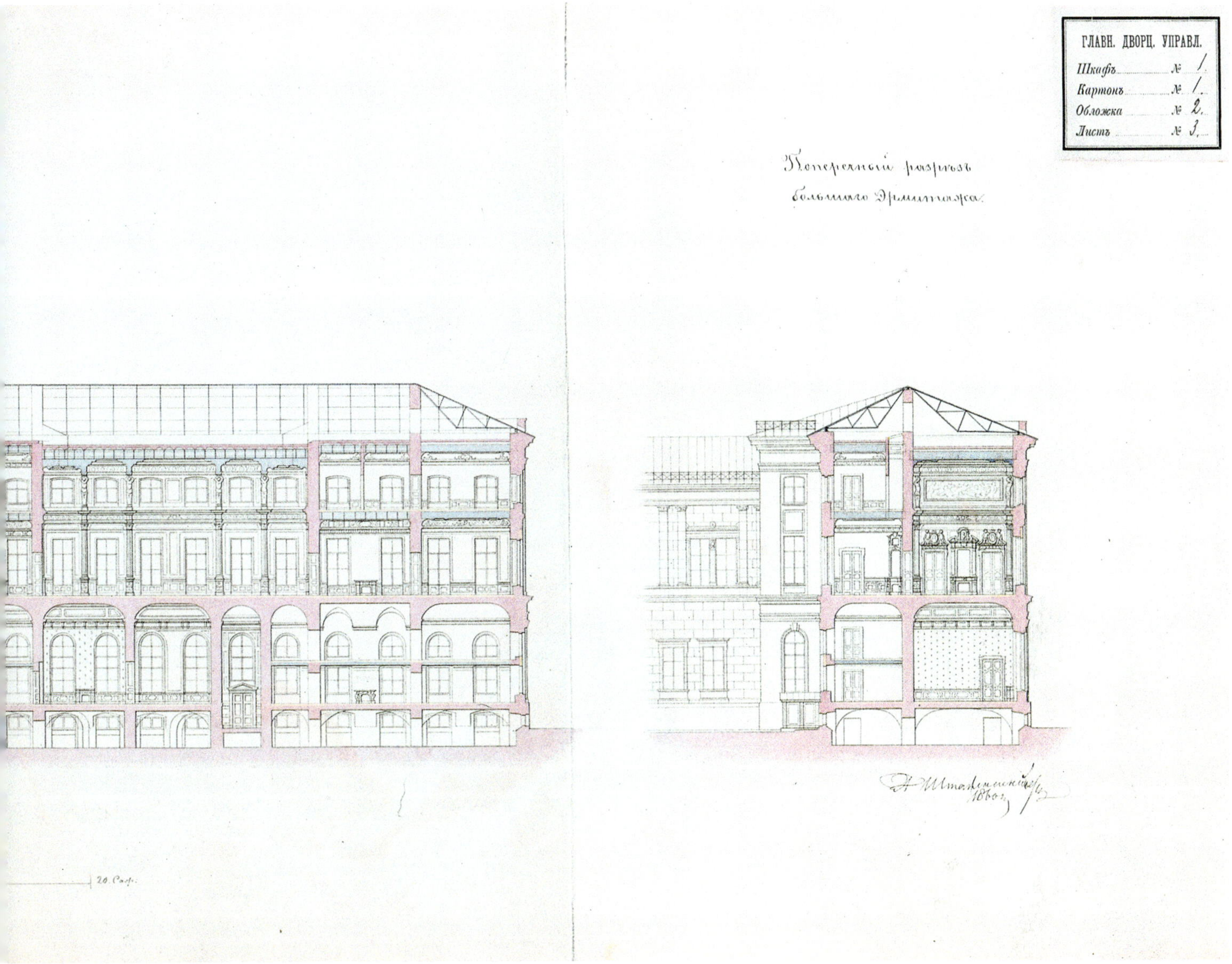

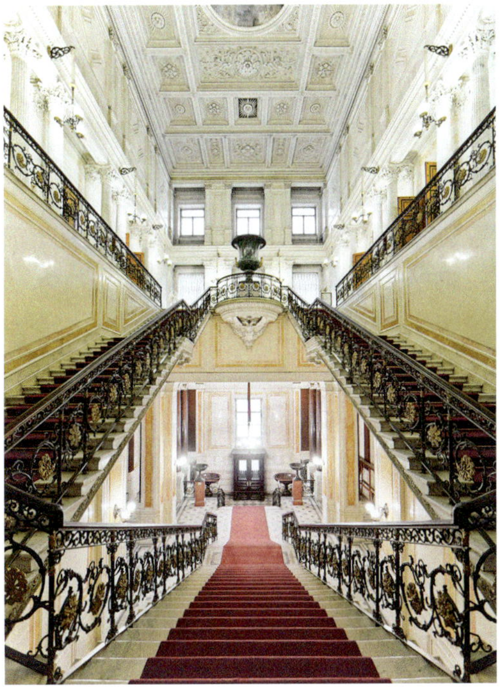

Marmortreppe mit Kassettendecke
(Foto 2010, Staatliche Eremitage)

Tafel 57

Kleine und Alte Eremitage,
Umbau und Ertüchtigung,
Andrej Štakenšnejder, 1851–1855

Teil 3

Dokumentation der Eisentragwerke der Eremitagebauten

Tafeln 58 bis 111

Verzeichnis der Tafeln 58 bis 111

Einführung

Die folgenden Tafeln zeigen in einer repräsentativen Auswahl die heute noch bestehenden der ab 1838 bis zur Jahrhundertmitte in den Gebäuden des ehemaligen kaiserlichen Palastes errichteten eisernen Tragwerke. Sie wurden im Wesentlichen in drei Phasen eingebaut – 1838 bis 1842 für den Wiederaufbau des Winterpalastes nach dem großen Brand, 1842 bis 1845 für den Neubau der Neuen Eremitage und den Umbau eines ersten Teils der Kleinen Eremitage sowie um 1852 für den Umbau der Alten und den verbliebenen Teil der Kleinen Eremitage. Die Herstellung erfolgte in verschiedenen Werken in St. Petersburg auf der Grundlage von Entwürfen des jeweiligen Werksleiters oder auch in Umsetzung von Vorgaben der jeweils zuständigen Baukommission.

Grundlage der Tafeln ist die erstmalige systematische Bestandsaufnahme der Gesamtheit dieser eisernen Tragwerke in 11 mehrwöchigen Kampagnen – in den Jahren 2002 bis 2004 zunächst in der Neuen Eremitage, von 2009 bis 2012 dann in den übrigen Bauten. Nicht nur die enorme Menge der Tragwerke erwies sich dabei als besondere methodische Herausforderung, sondern auch und vor Allem der spezifische Charakter ihrer Fertigung, die bereits seriell gedacht und konzipiert, aber mit handwerklichen Methoden umgesetzt wurde.

So erscheinen die typisierten und in langen Reihungen angeordneten Sparren, Sparrenbinder und Deckenträger aus gleich anmutenden Bauteilen zwar schon als Vorboten industriell gefertigter Serienprodukte – hergestellt wurden jedoch fast alle Bauteile und selbst die dafür verwendeten Halbzeuge noch fast ausschließlich mit traditionellen handwerklichen Schmiedetechniken, was sich an vielen Spuren und nicht zuletzt an teilweise deutlich feststellbaren Maßdifferenzen zwischen diesen auf den ersten Blick so ähnlich erscheinenden Konstruktionen ablesen lässt. Darüber hinaus finden sich vor allem in den Dächern zahlreiche, teils improvisiert anmutende Sonderlösungen für bestimmte Bauaufgaben.

Die Auswahl der detailliert aufzunehmenden Eisentragwerke erfolgte in Abwägung zwischen Erkenntnisinteresse, verfügbarer Zeit, Zugänglichkeit und zu erwartendem Erkenntnispotential. Vornehmliches Ziel war die exemplarische Erfassung der in den verschiedenen Gebäuden und Bauphasen von den damit verbundenen Herstellern entwickelten Haupttypen von Sparren, Sparrenbindern und Deckenträgern. Im Interesse eines umfassenden bautechnikgeschichtlichen Verständnisses lag das Augenmerk dabei nicht nur auf Abmessungen und Konstruktionsweisen der Tragstrukturen und ihrer Details, sondern auch auf Hinweisen zu deren Herstellung, Montage und tatsächlichem Tragverhalten.

Gemessen wurde im Allgemeinen von Hand mit einfachen Mitteln wie Schnur, Lot, Wasserwaage, Maßband, Laserdistanzmesser, Zollstock und Messschieber. Ergänzend kamen Tachymeter und versuchsweise auch ein Laserscanner zum Einsatz. Beide Verfahren erwiesen sich jedoch durch die vielen Abschattungseffekte sowie den sehr schwingungsanfälligen Boden in der Anwendung als recht zeitaufwendig. Eine systematische Fotodokumentation ergänzte die Aufmaßskizzen.

Die Aufbereitung der Ergebnisse erfolgte in 76 großformatigen Zeichnungen. Nur ein Teil davon konnte in der Zusammenstellung der Tafeln für diesen Band berücksichtigt werden. Auswahl und Abfolge orientierten sich in erster Linie an strukturellen Kriterien. Gegliedert nach den Grundtypen Sparren, Sparrenbinder und Deckenträger und eingeleitet jeweils durch eine Übersicht, werden zunächst die einfachen Bauweisen und in der Folge dann die aufwendigeren und komplexeren Lösungen dokumentiert. Darüber hinaus sind einige der Sonderkonstruktionen dargestellt, die in besonderer Weise Rückschlüsse auf das konstruktive Denken der Planer und Hersteller erlauben oder auf Traditionslinien der Materialverarbeitung verweisen.

Um ein vergleichendes Betrachten zu erleichtern, sind gleichrangige Zeichnungsteile im Allgemeinen auf allen Tafeln im selben Maßstab dokumentiert. Lediglich die Details der besonders vielteiligen Dach- und Deckenbinder wurden aus Platzgründen etwas kleiner dargestellt. Grundsätzlich ist der auf dem Blatt angegebene Maßstab zu beachten. Die Zeichnungstafeln werden im Übrigen jeweils durch eine unmittelbar nachfolgende Fototafel komplettiert, die das jeweilige Tragwerk und dessen wesentliche Details auch fotografisch vermittelt.

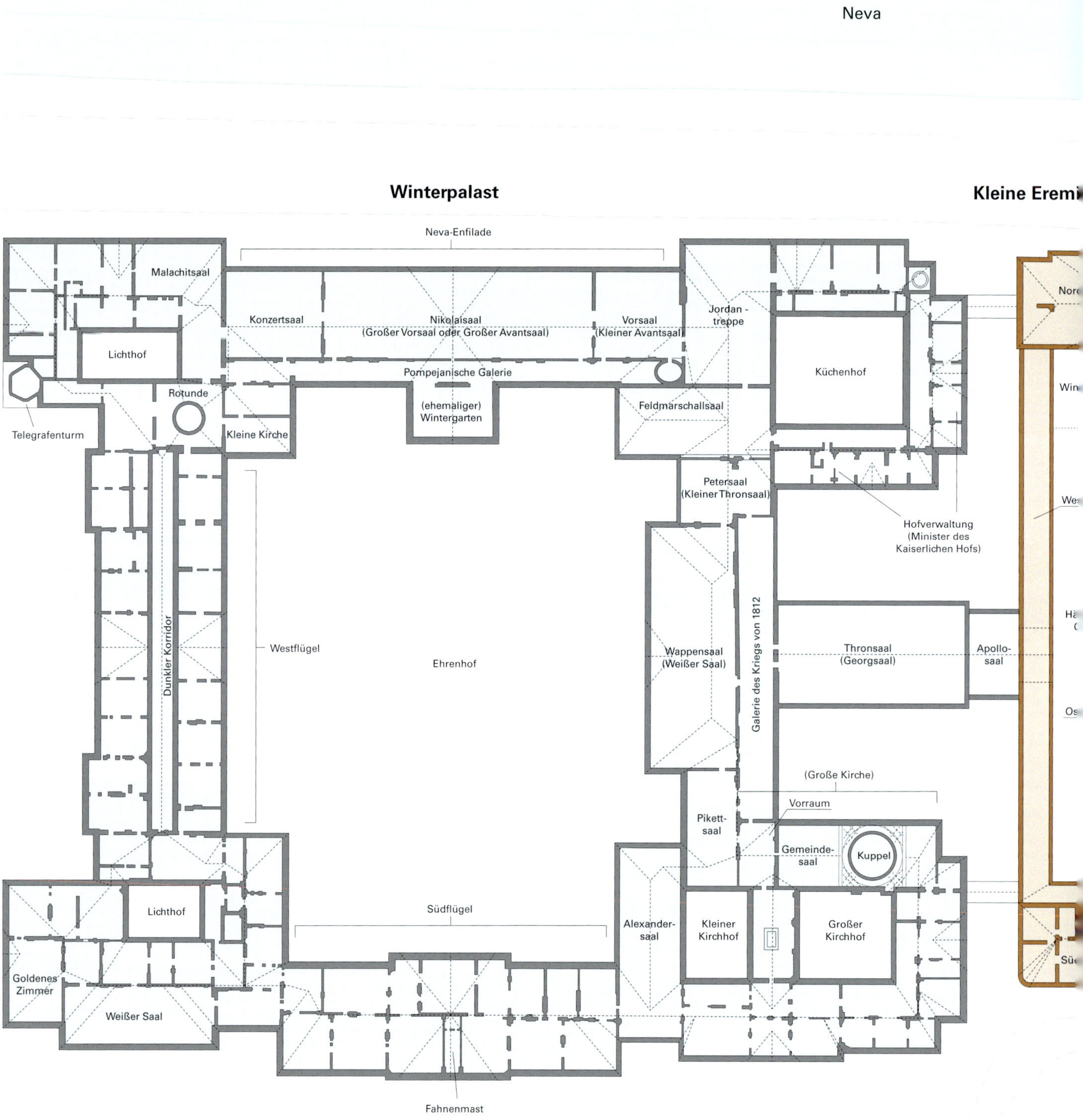

Palastplatz mit Alexandersäule

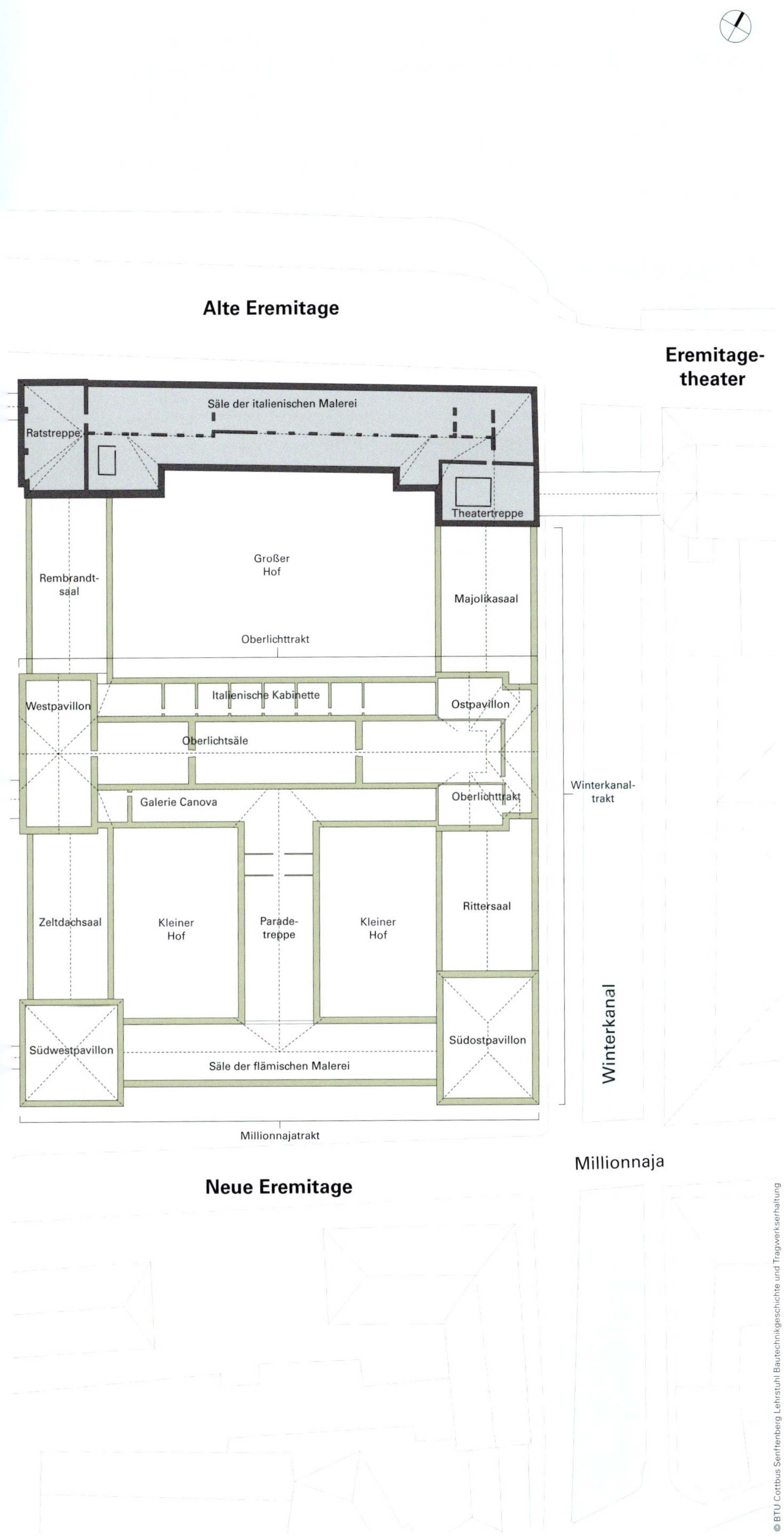

Maßstab 0 10 20 30 40 50 m

Die Identifikation und Lokalisierung der Dach- und Deckentragwerke erfolgt in der vorliegenden Publikation in der Regel über die Bezeichnung der darunterliegenden Räumlichkeiten. In den meisten Fällen ist deren Benennung in der Eremitage bereits seit langem eingeführt und bezieht sich auf die Funktion des Raumes im Palast, gestalterische Merkmale oder auch auf die dort ausgestellten Werke und Künstler. Bei einigen Räumen erschien es für diese Publikation jedoch zweckmäßig, stattdessen Bezeichnungen wie etwa Flügel oder Pavillon zu verwenden, die in der Architektur für derartige Gebäudeteile als Standard gebräuchlich sind.

Tafel 58

Das Ensemble der Eremitagebauten – Lageplan mit Bezeichnungen der Dachräume

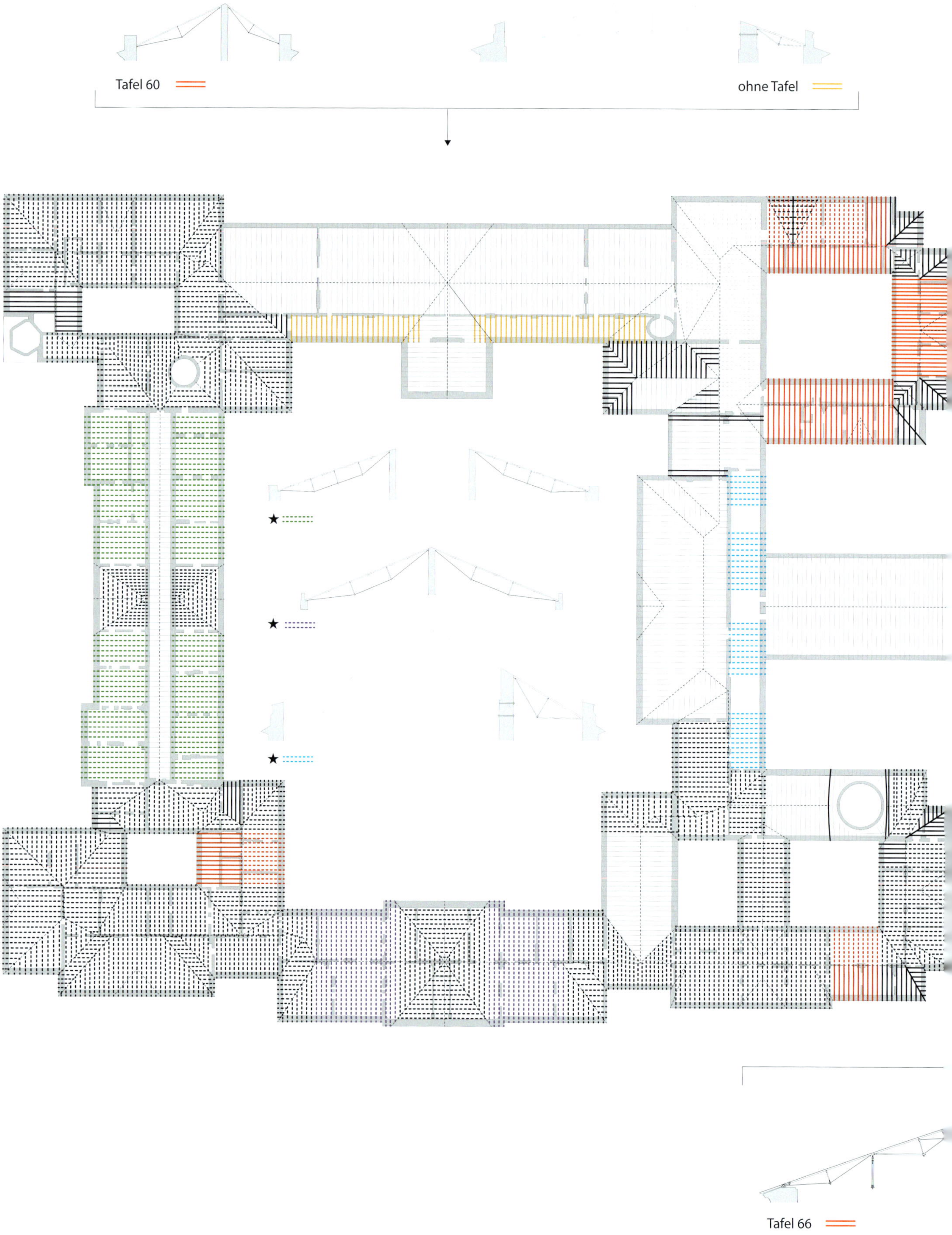
Tafel 60
ohne Tafel
Tafel 66

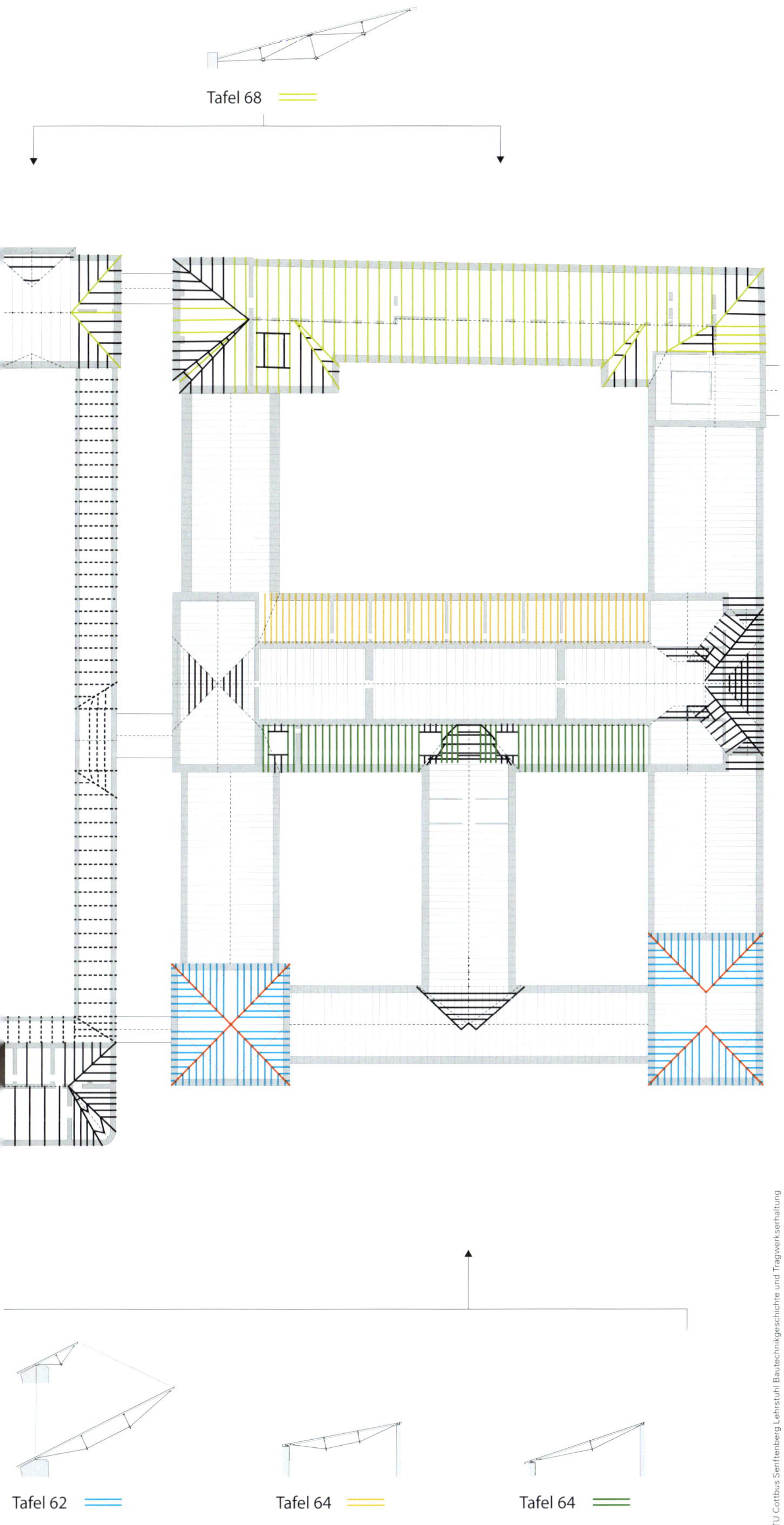

noch vorhanden, durch eigene Untersuchung nachgewiesen, hier bzw. im Folgenden detailliert dargestellt

noch vorhanden, durch eigene Untersuchung nachgewiesen, hier bzw. im Folgenden nicht detailliert dargestellt

in Teilen noch vorhanden, durch eigene Untersuchungen nachgewiesen, im Folgenden nicht detailliert dargestellt, mit ★ gekennzeichnete Strukturen nach zeitgenössischen Quellen

in Teilen noch vorhanden, durch eigene Untersuchungen nachgewiesen, hier und im Folgenden nicht detailliert dargestellt

nicht mehr vorhanden oder schwache Quellenlage

Sparrenbinder (dargestellt auf Tafel 70 ff.)

Gebäude 0 10 20 30 40 50 m

Binder 0 5 10 m

Verschiedene Arten unterspannter Sparren bestimmen die Dachtragwerke über den Räumen, in denen tragende Innenwände als Zwischenauflager dienen können – sei es paarweise gegenüberliegend als Satteldach oder einzeln aufgereiht als Pultdach. Zahlreich finden sie sich auch als Schifter in Walmbereichen, in Giebelbedachungen oder in Übergangszonen zwischen verschiedenen Dachbereichen.

Im Winterpalast sind die Unterspannungen vieler längerer Sparren dieser Bauart nicht mehr erhalten; sie wurden schon 1887 im Zuge der Ertüchtigung der Tragwerke durch Abfangungen aus zeittypischen Fachwerkträgern ersetzt.

Tafel 59

Unterspannte Sparren – Übersicht

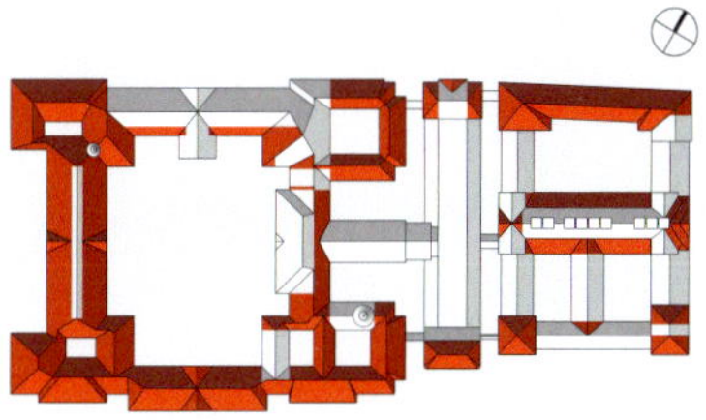

Sparrenpaar
Achse 12
Blickrichtung West

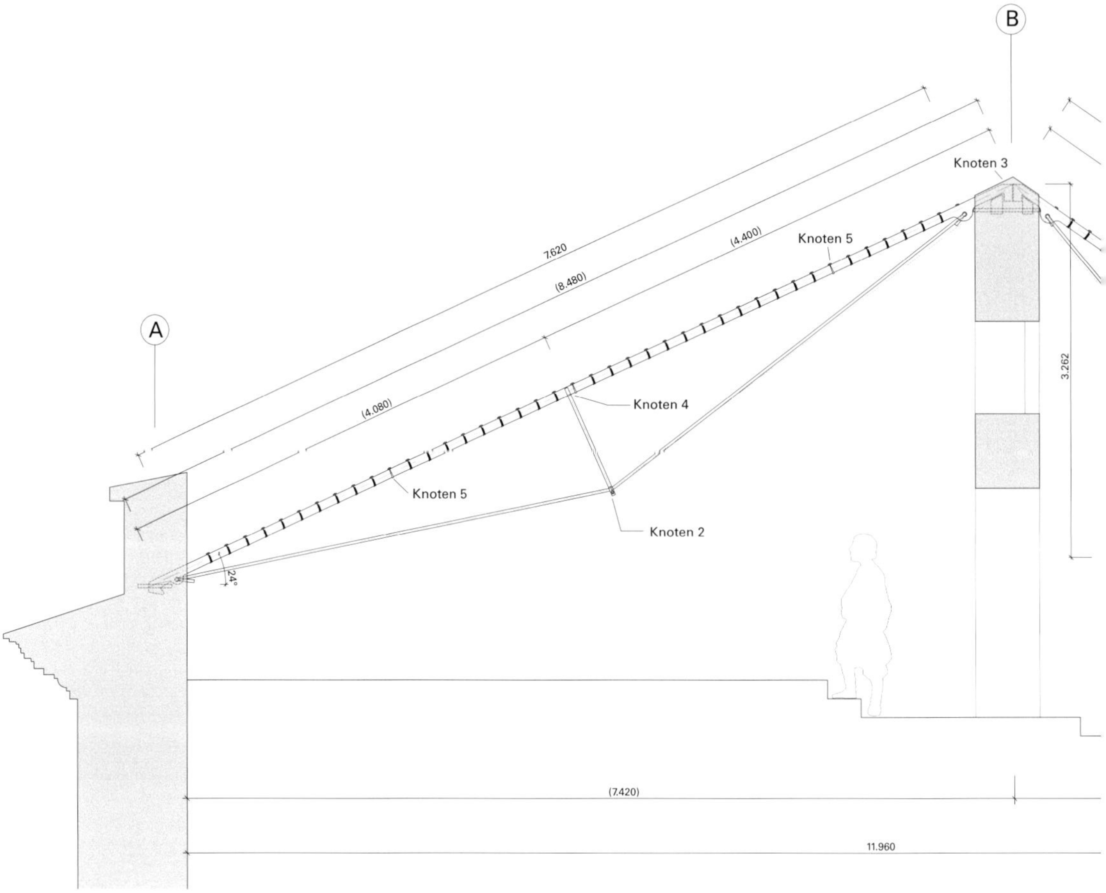

Knoten 1

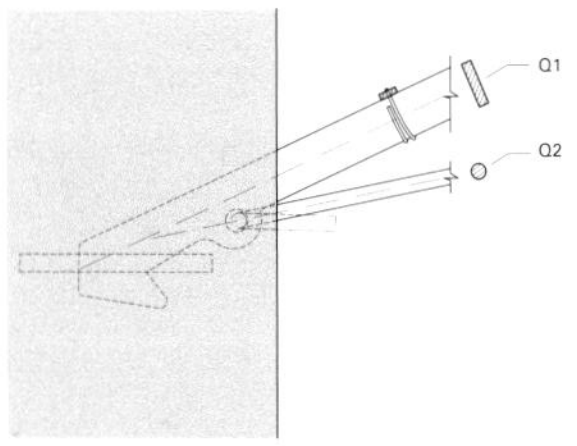

Knoten 2

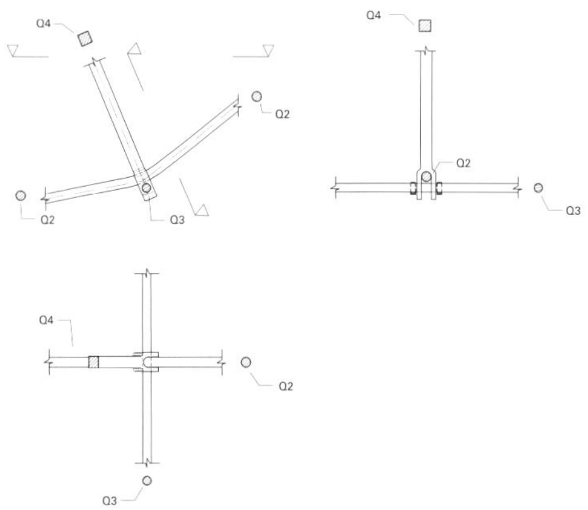

Knoten 3

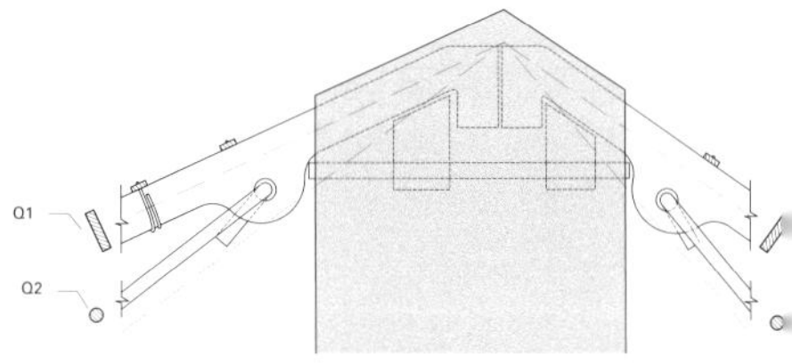

Querschnitte	Q1	Q2	Q3	Q4
	14 - 16 73 - 78	Ø 25	Ø 16	30 30

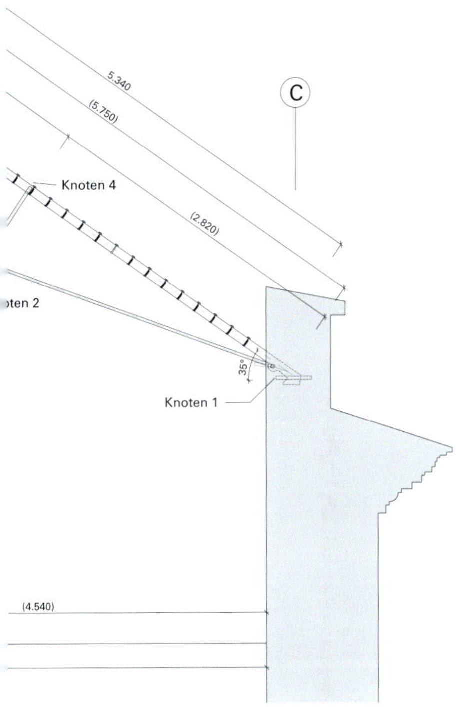

Knoten 4

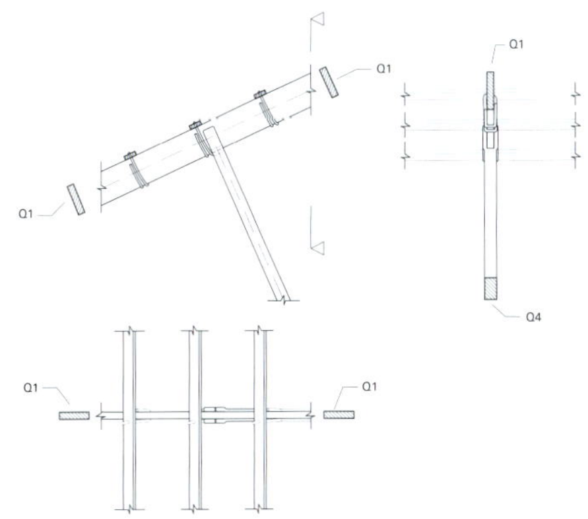

Knoten 5

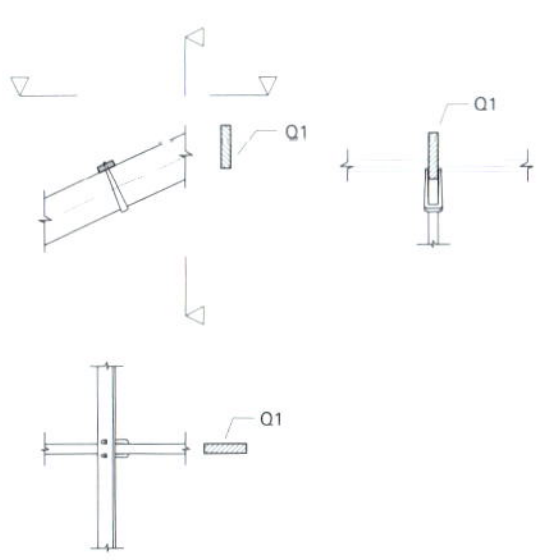

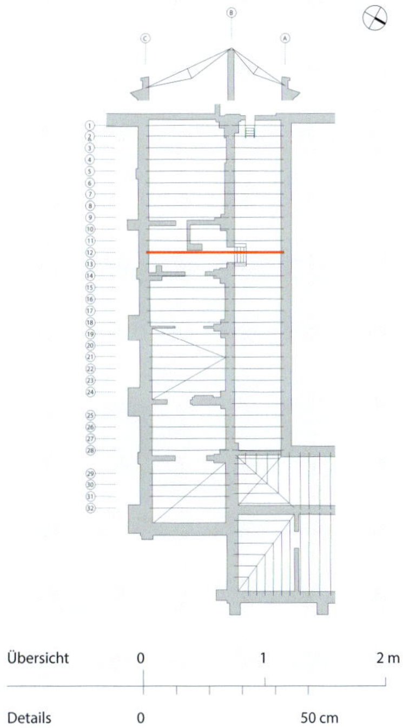

Baujahr 1838
Aleksandrovskij-Werk, St. Petersburg
Entwurf Matthew Clark
Spannweiten ca. 7,40 m/ca. 4,50 m
Sparrenlängen (Achsmaß)
ca. 8,50 m/ca. 5,75 m

Bei diesen ersten für den Winterpalast entwickelten und in einigen Dächern mit kleiner Spannweite (wie hier über den Räumen der Hofverwaltung) noch erhaltenen Sparren ist die Unterspannung mit einfachsten Mitteln gefertigt: Die Enden des Zugbandes sind in angeschmiedeten Augen des Sparrens umgeschlagen, die Druckstrebe ist in der Regel zwischen Sparren und Zugband lediglich eingeklemmt und meist durch eine Queraussteifung gesichert.

Tafel 60

Erste unterspannte Sparren einfachster Bauart

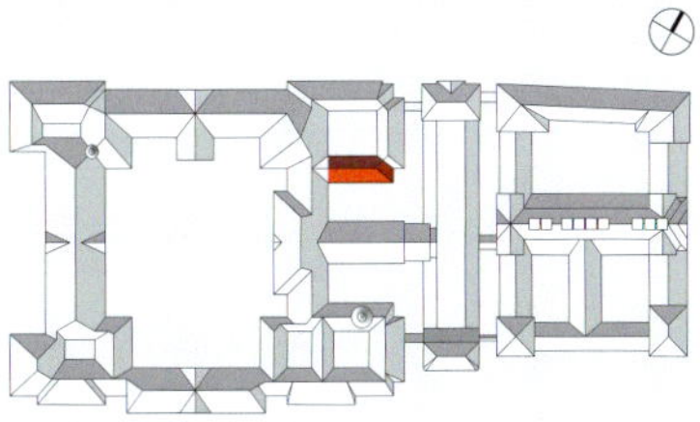

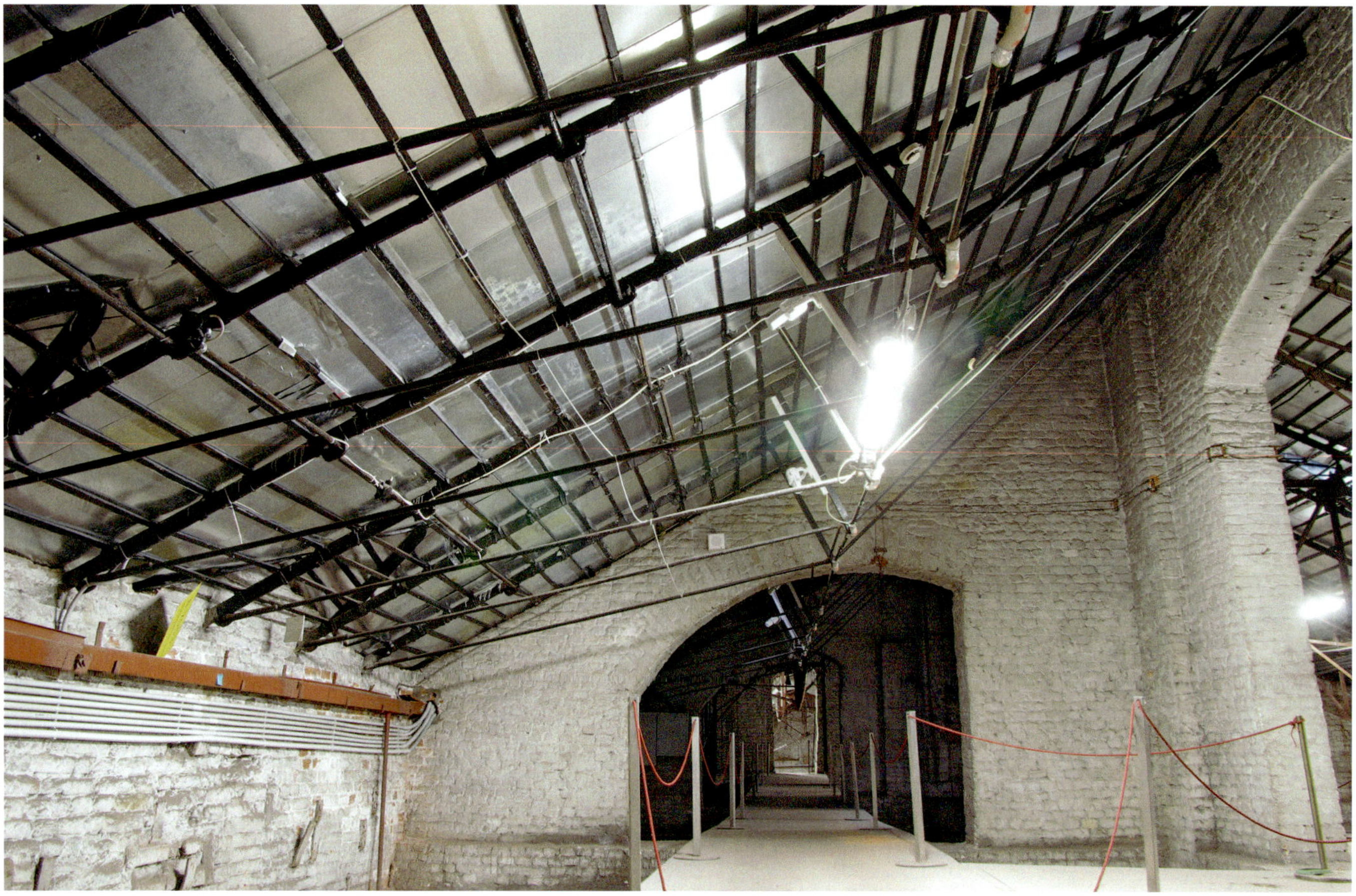

1

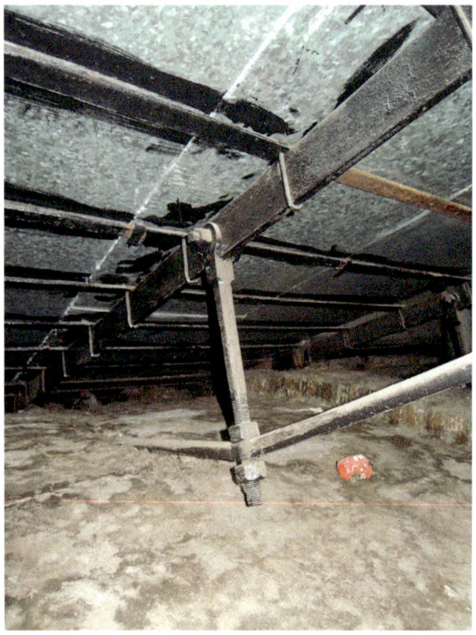

3

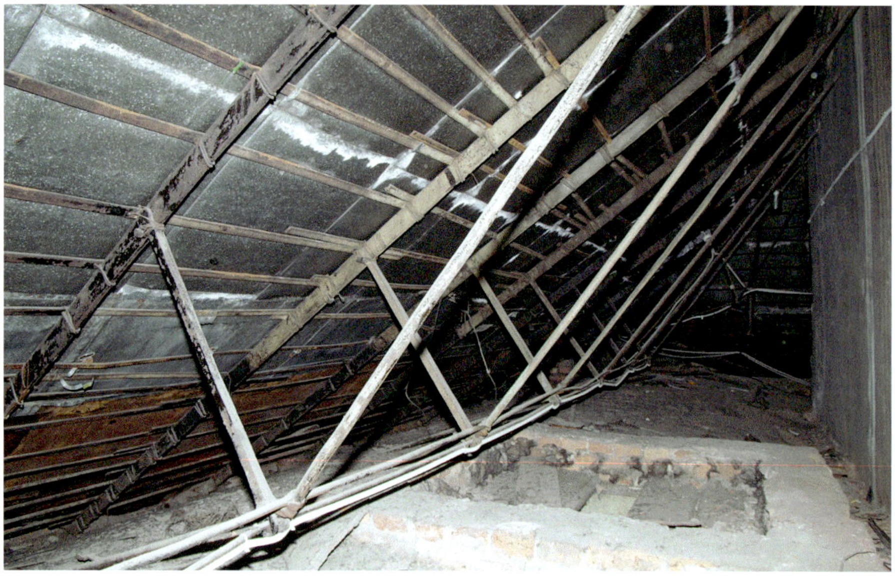

4

Systemskizze mit Knotennummern

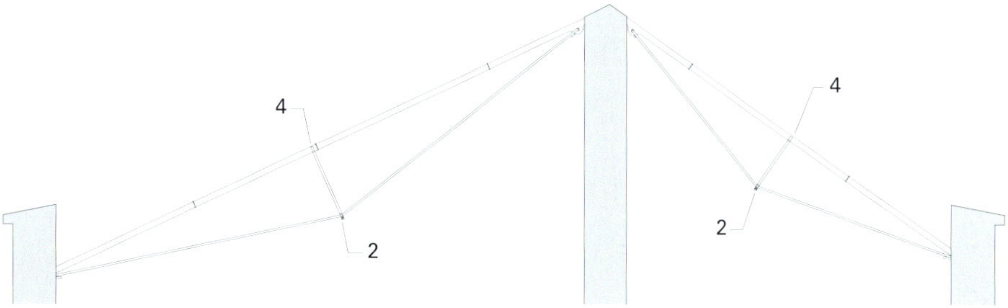

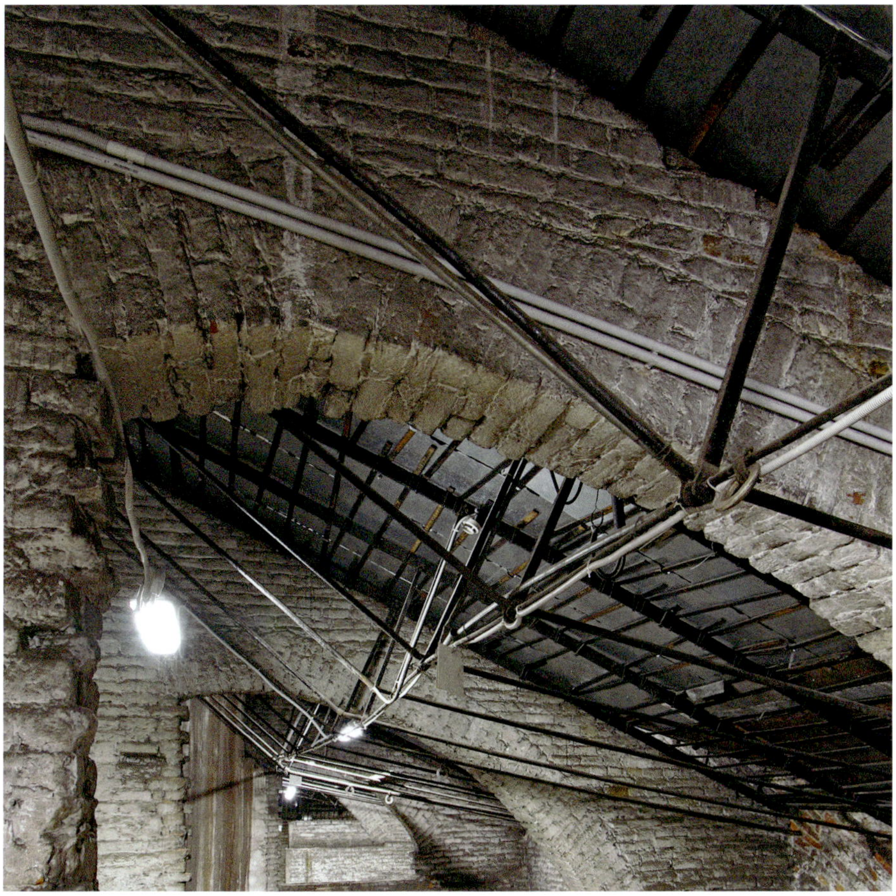

2

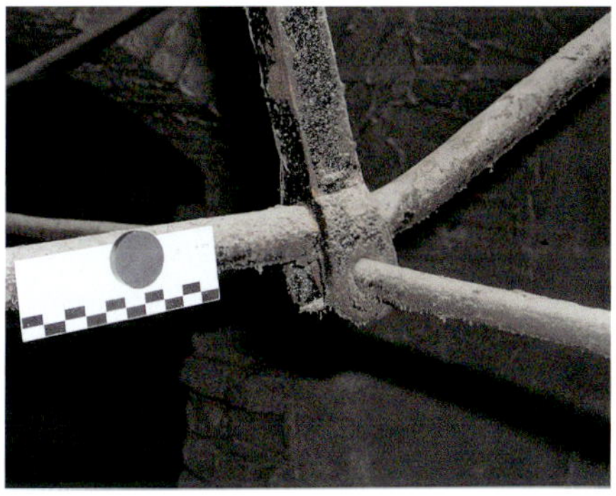

5

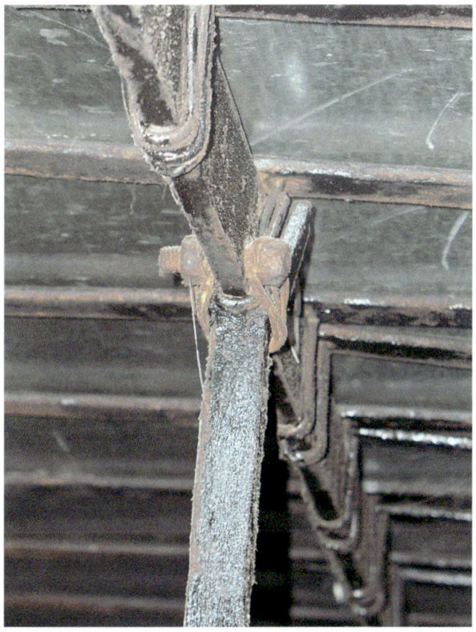

6

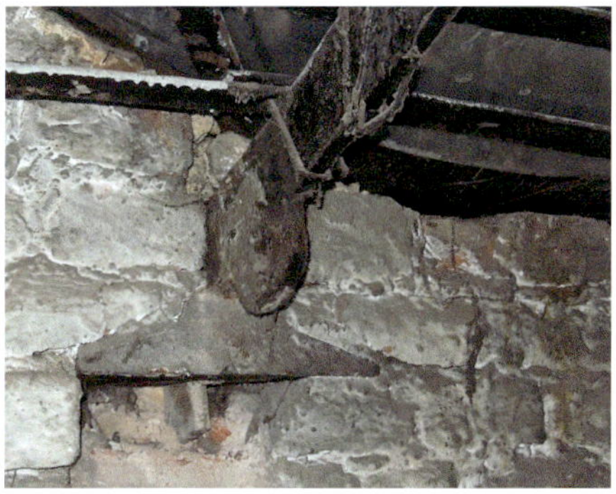

7

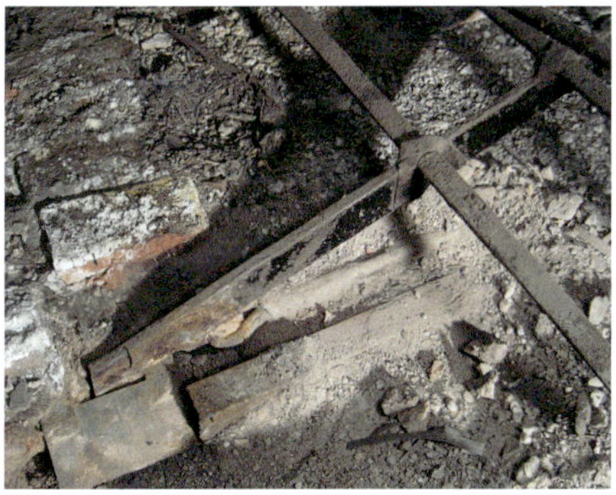

8

Dargestellt sind Konstruktionen über den Räumen der Hofverwaltung (Südflügel – 2, 5, 6, Ostflügel – 4) und weiteren Bereichen des Winterpalastes (1, 3, 7, 8).

1 Einfach unterspannte Sparren größerer Spannweite, hier im Bereich südlich des Großen Kirchenhofs

2 Einfach unterspannte Sparren, hier die der größeren Spannweite

3 Einfach unterspannte Sparren, hier vermutlich spätere Bauweise mit Spannmöglichkeit im Bereich nördlich des Küchenhofs

4 Einfach unterspannte Sparren, hier mit nachträglich ergänzter Queraussteifung

5 Knoten 2 mit Verbindung von Unterspannung und Queraussteifung

6 Knoten 4 mit vermutlich nachträglich angebrachter Fixierung

7 Sparrenauflager, hier eingemauert bei vergleichbaren Sparren in der Südostecke des Winterpalasts

8 Sparrenauflager, hier bei vergleichbaren Sparren über der Pompejanischen Galerie

Tafel 61

Erste unterspannte Sparren einfachster Bauart

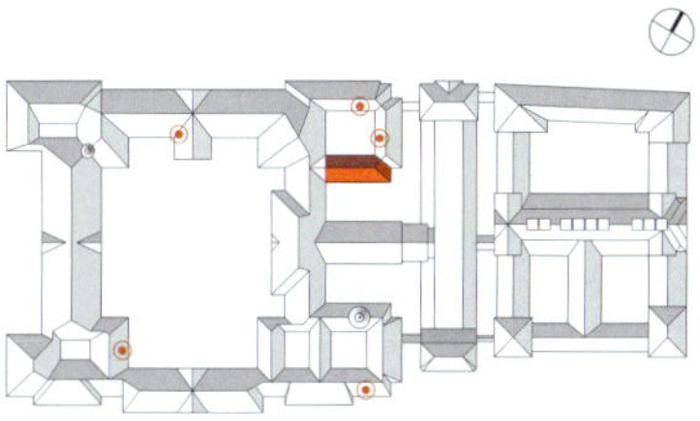

Schiftersparren Nordwestecke
Achse 4
Blickrichtung Nord

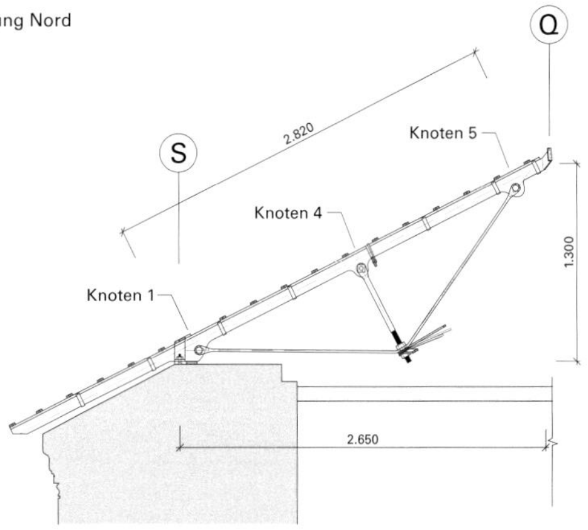

Schiftersparren Nordwestecke
Achse 7
Blickrichtung Nord

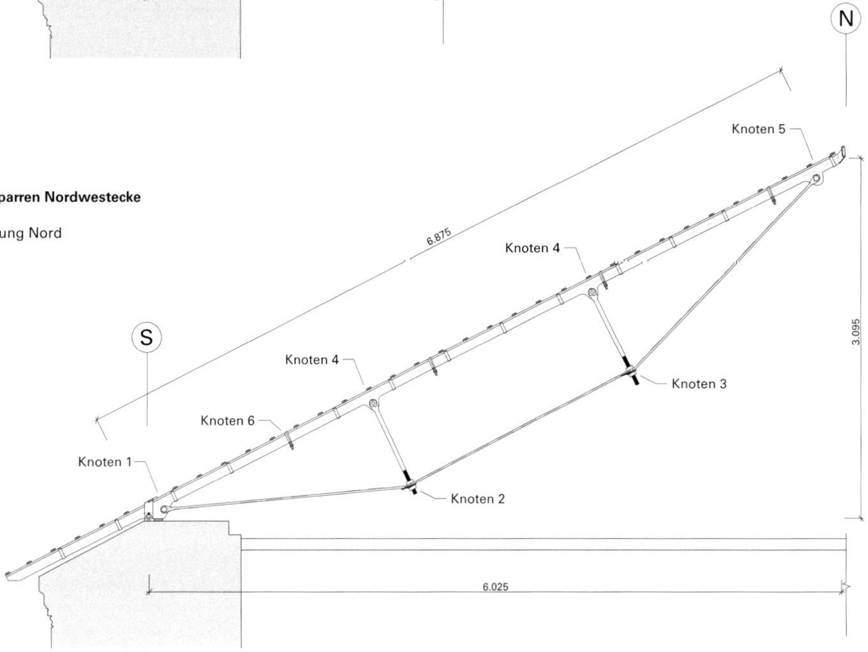

Schiftersparren Nordwestecke
Achse 9
Blickrichtung Nord

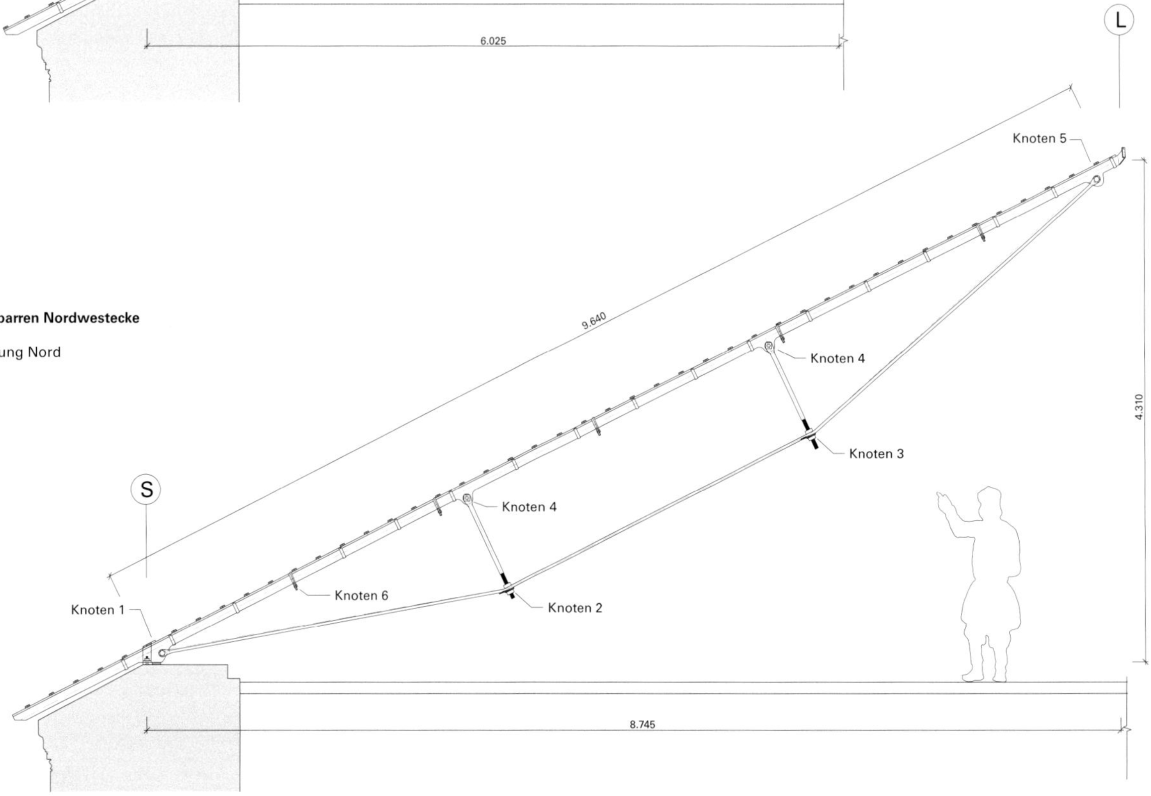

Querschnitte

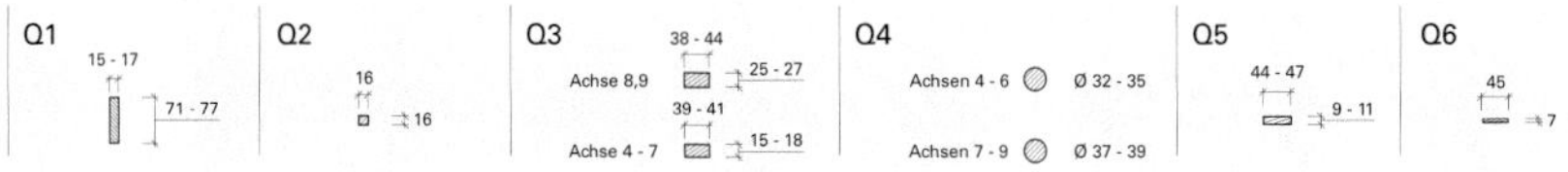

en 4

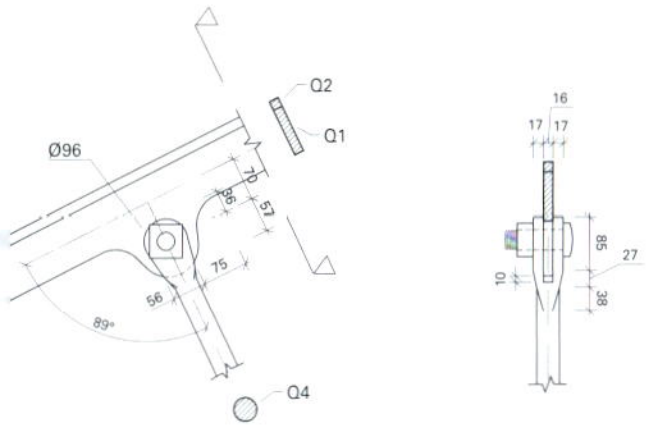

Knoten 5

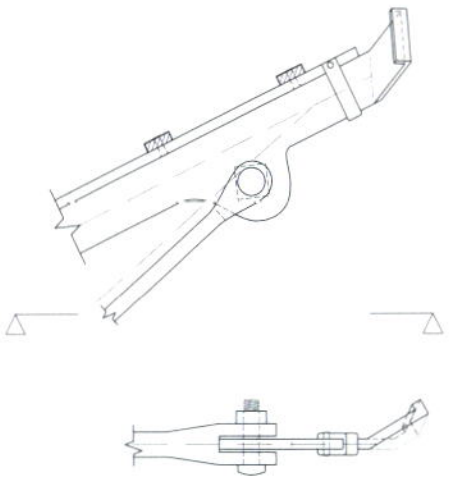

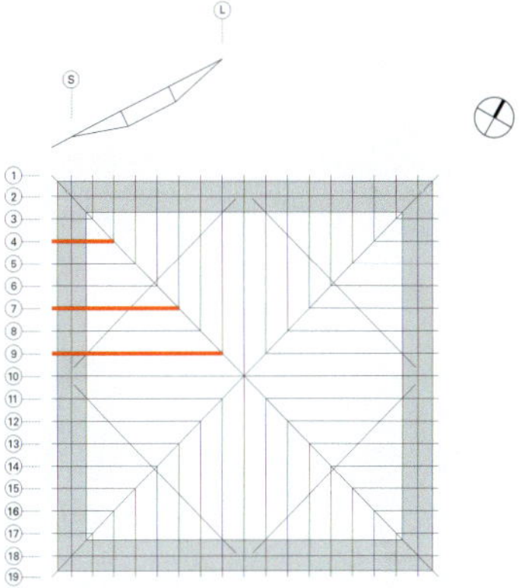

en 6

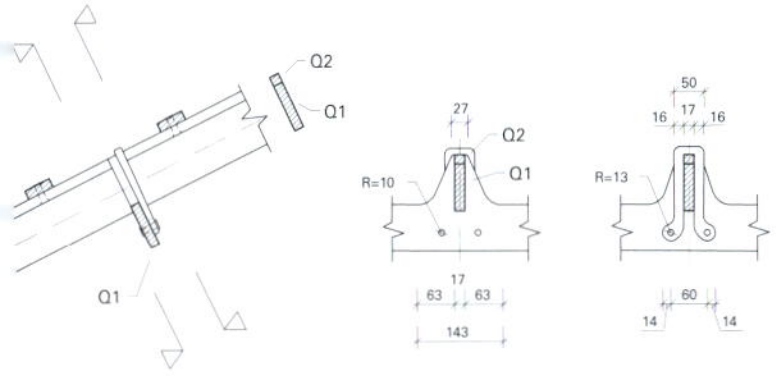

Knoten 3

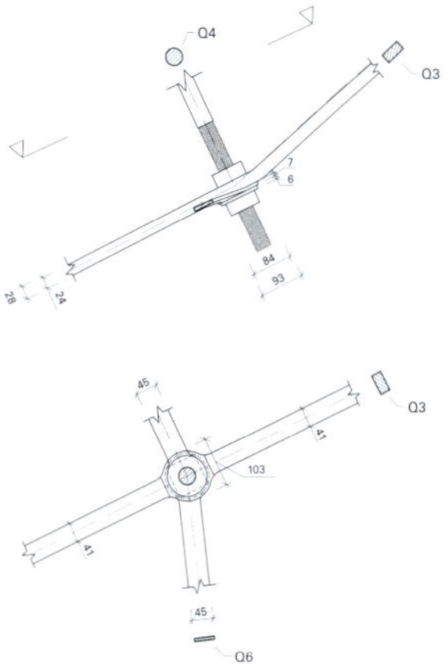

Übersicht 0 1 2 m

Details 0 50 cm

Baujahr 1843–1844
Aleksandrovskij-Werk, St. Petersburg
Entwurf Aleksandr Fullon
Spannweiten ca. 2,50 m bis ca. 8,65 m
Sparrenlängen (Achsmaß)
ca. 2,90 m bis ca. 9,70 m

Die Schifter in den Dächern der südlichen Eckpavillons der Neuen Eremitage (hier des Südwestpavillons) unterscheiden sich deutlich von den ersten Ausführungen unterspannter Sparren im Winterpalast. Auffallende Details sind die justierbare Schraubverbindung an den unteren Enden der Druckstreben und die flexibel montierbare Klemmverbindung am Grat. Je nach Erfordernis sind sie in der Länge abgestuft und mit einer oder zwei Druckstreben versehen.

en 1

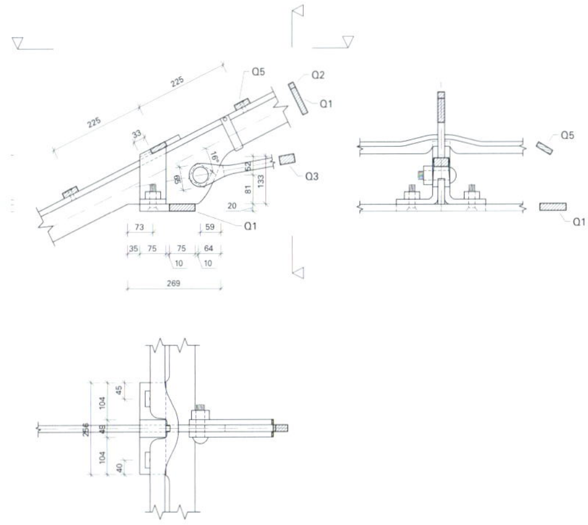

Knoten 2

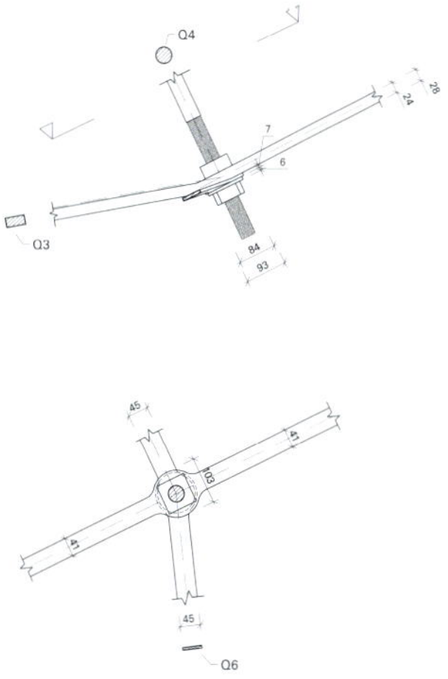

Tafel 62

Unterspannte Sparren mit Spannschrauben

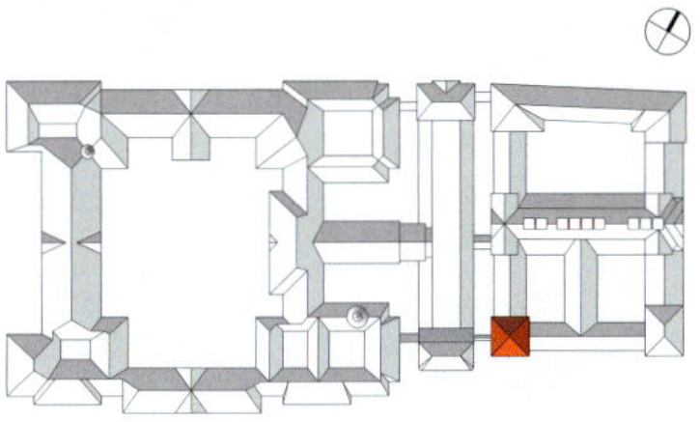

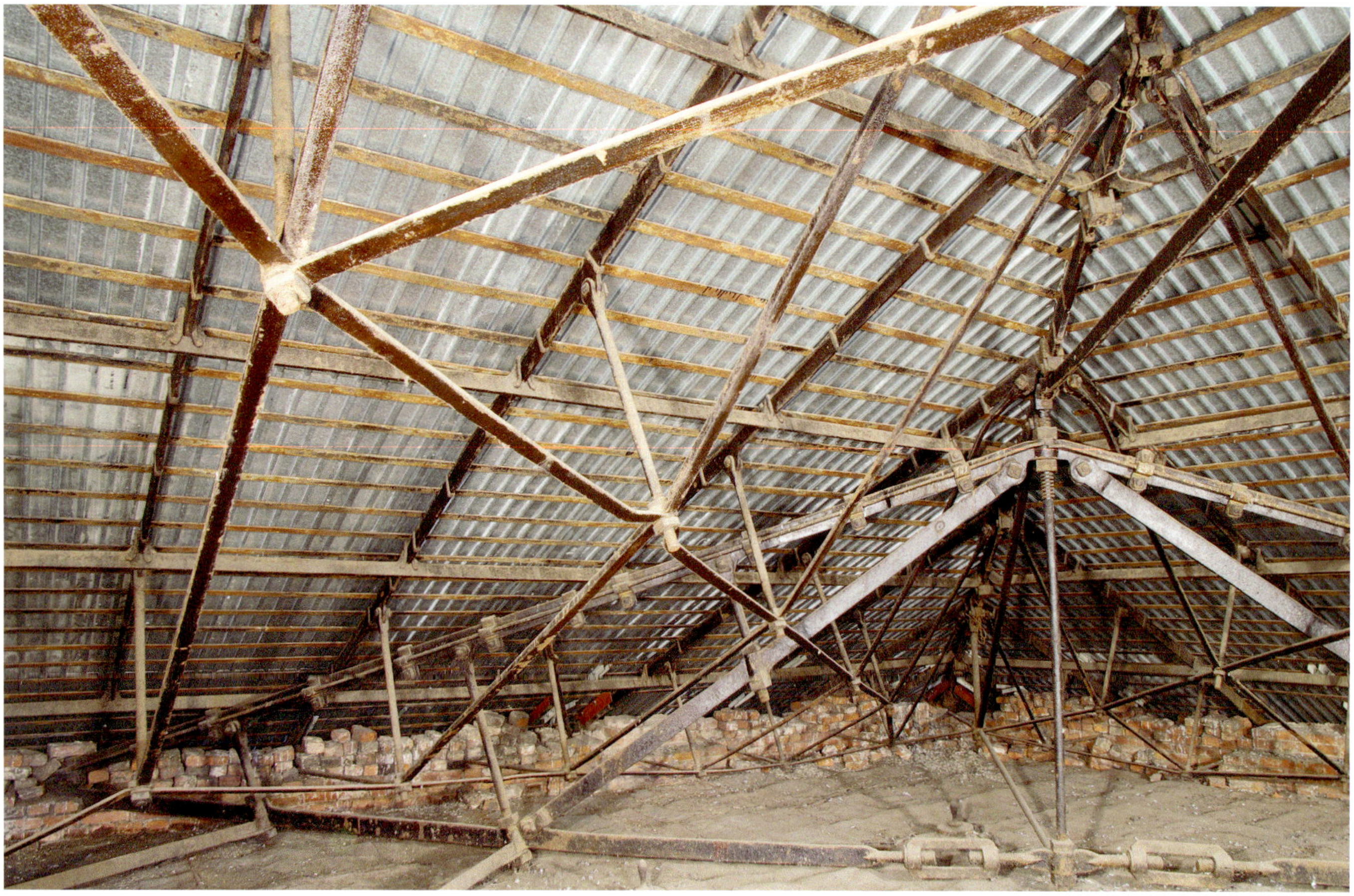

1

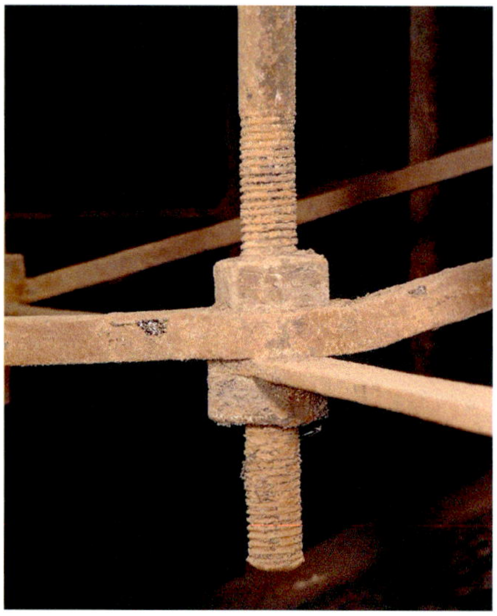

4

Systemskizze mit Knotennummern

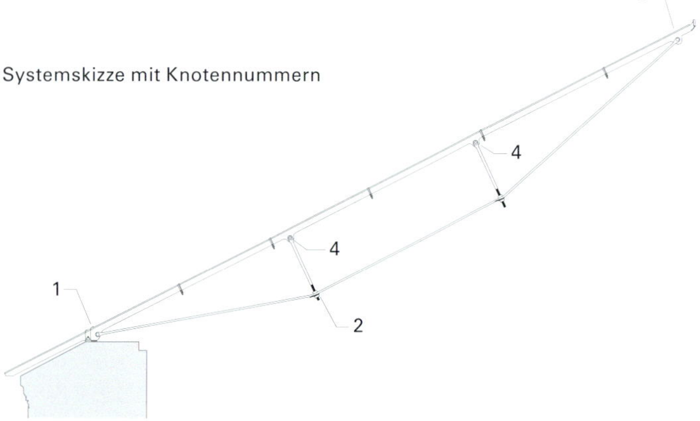

Dargestellt sind Konstruktionen über dem Südwestpavillon (2–8) und dem Südostpavillon (1) der Neuen Eremitage.

1 Zweifach unterspannte Schiftersparren mit unterschiedlichen Spannweiten und angepasster Queraussteifung

2, 3 Knoten 5, oberes Auflager (Grat-Schifter-Anschluss) mit flexibel montierbarer Klemmverbindung, Ansicht und Untersicht

4 Knoten 2, Anschluss der unteren Druckstrebe an das Zugband mit Spannmöglichkeit

5 Knoten 1, unteres Auflager

6 Knoten 2, hier mit verkröpfter Queraussteifung

7 Knoten 4, Anschluss der Druckstrebe an den Sparren

8 Knoten 2, einfach unterspannter Sparren, Anschluss der unteren Druckstrebe mit dreifach angeschlossener Queraussteifung

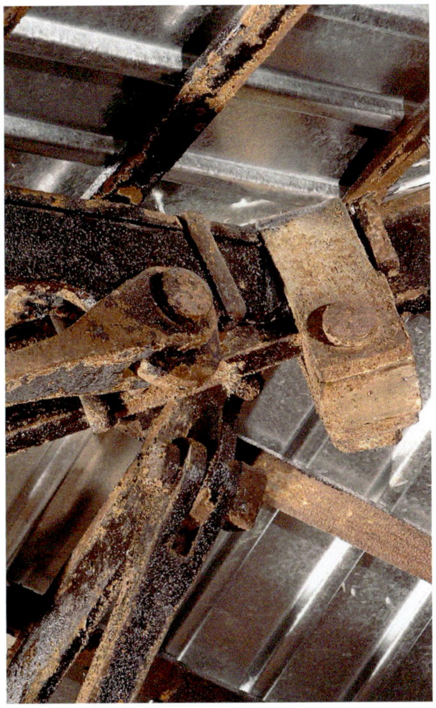

2

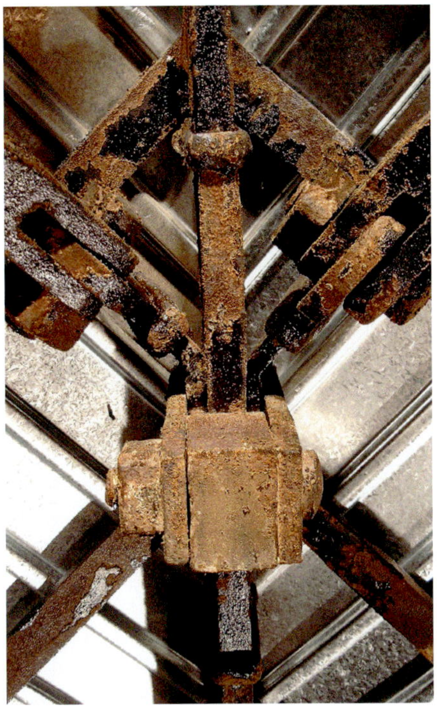

3

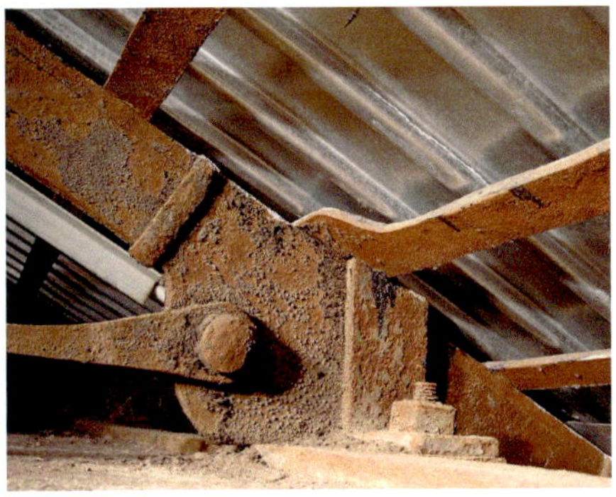

5

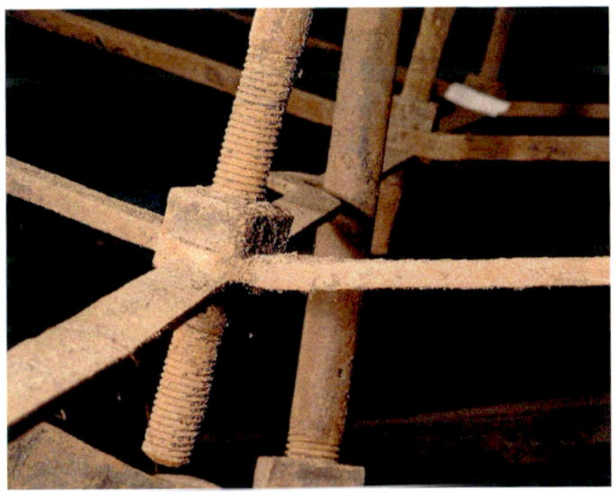

6

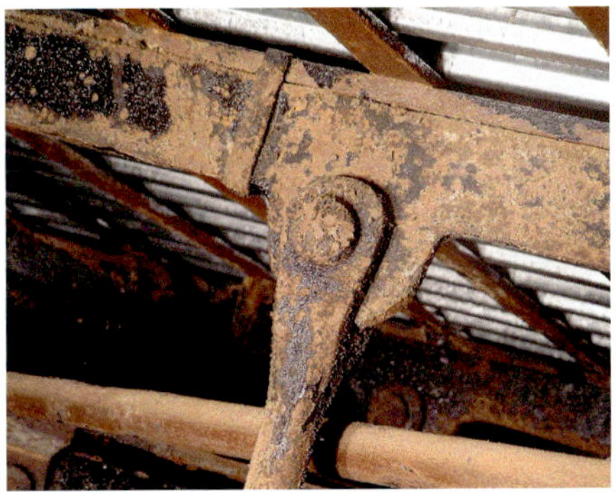

7

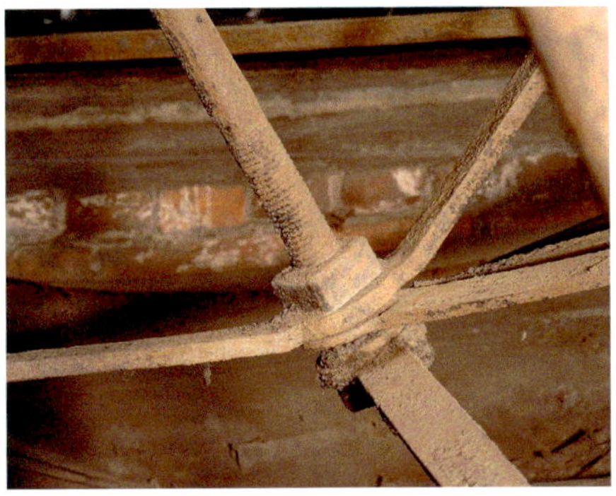

8

Tafel 63

Unterspannte Sparren mit Spannschrauben

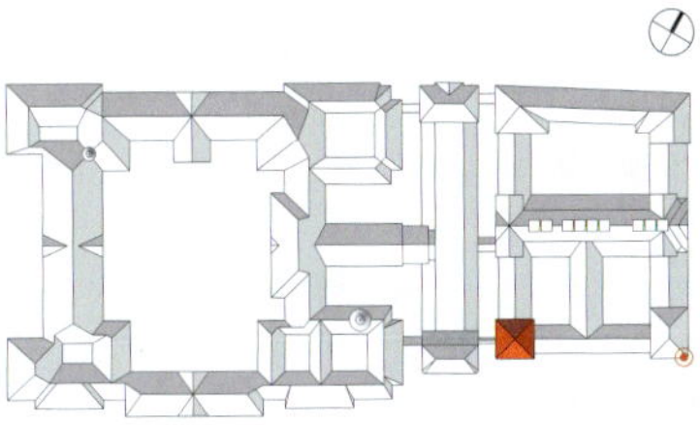

Knoten 5 und 6

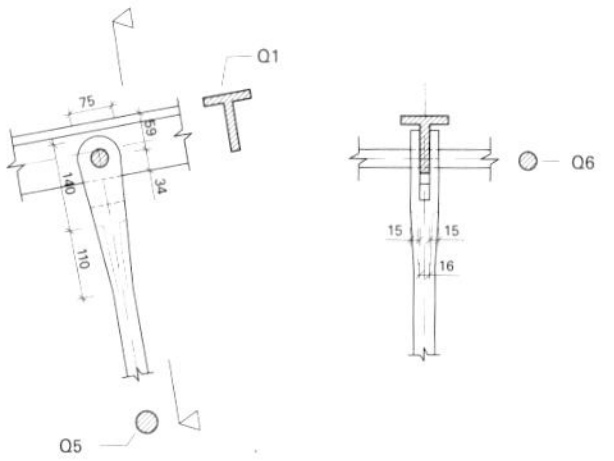

Knoten 4

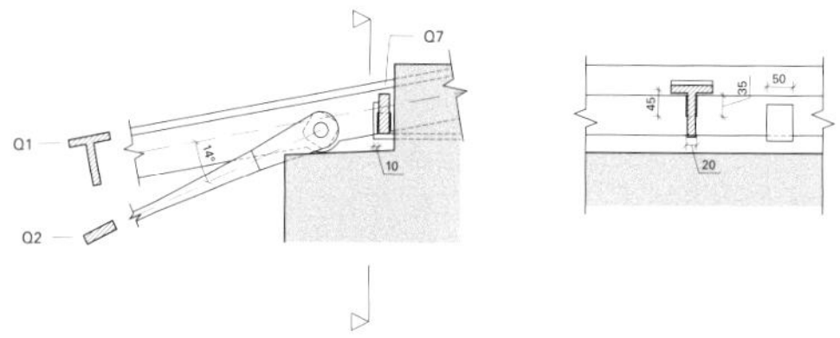

Sparren Italienische Kabinette
Achse 11
Blickrichtung Ost

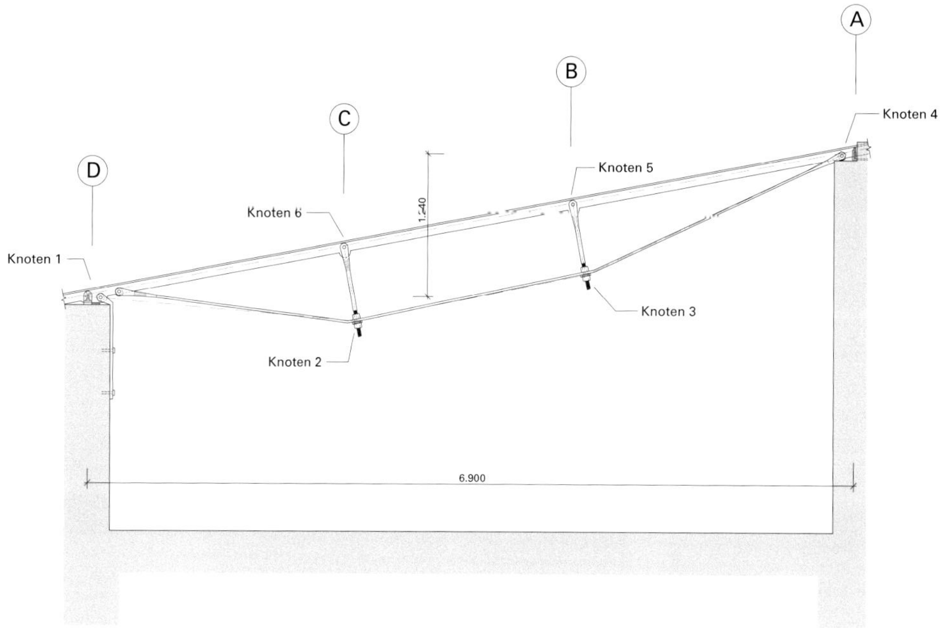

Knoten 1

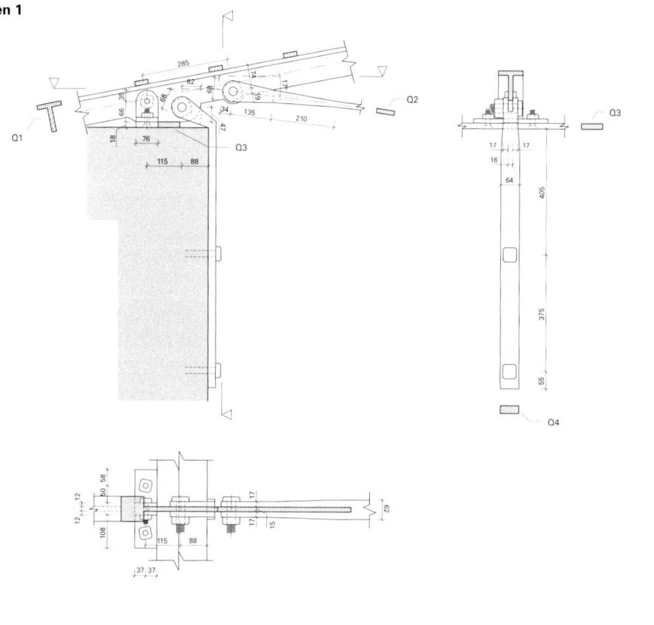

Knoten 2 und 3

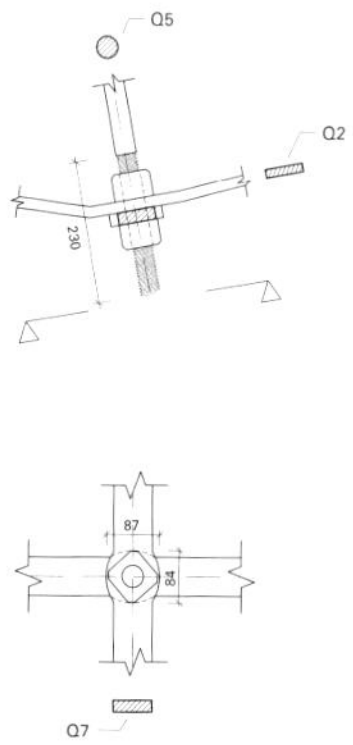

Querschnitte

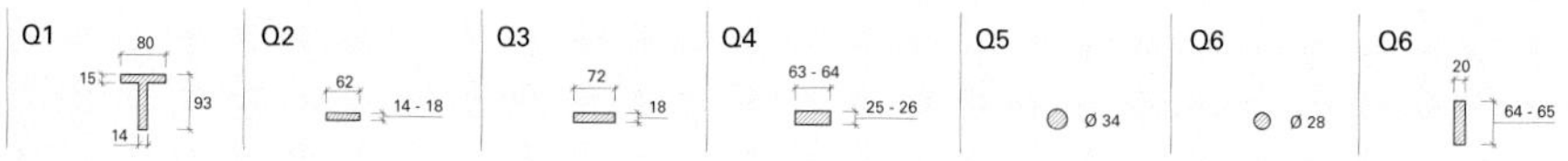

ten 3

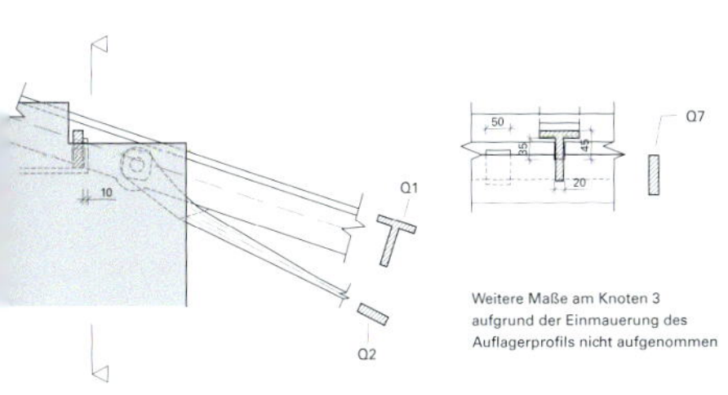

Knoten 4

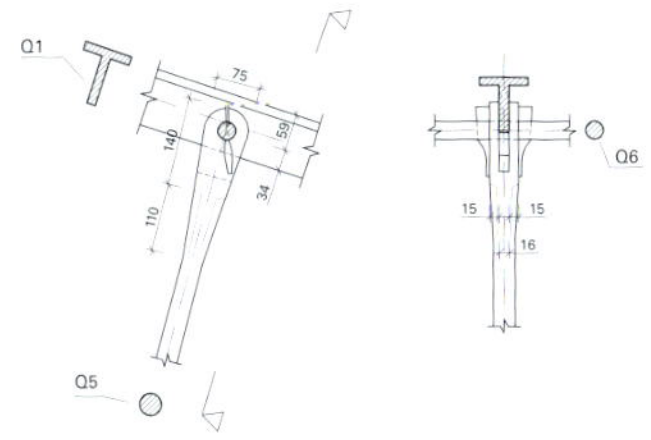

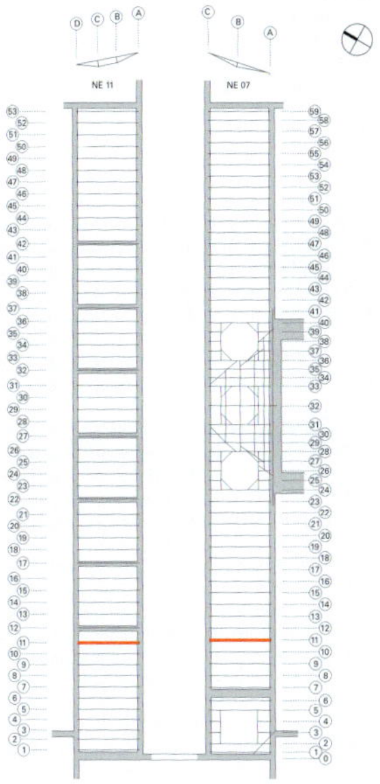

Übersicht	0	1	2 m
Details	0	50 cm	

ren Galerie Canova
e 11
ichtung Ost

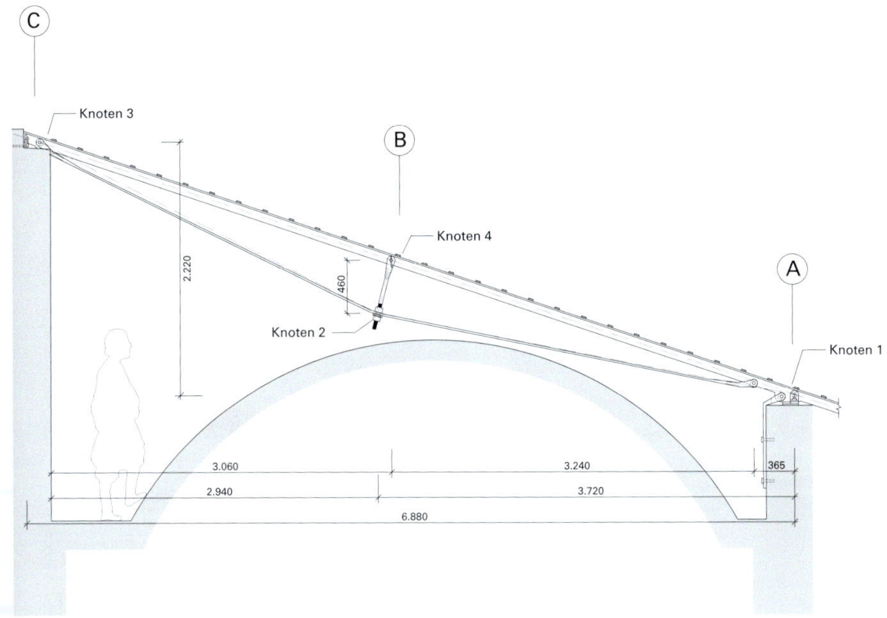

Baujahr 1844–1845
Nobel-Werk, St. Petersburg
Entwurf Baukommission,
Immanuel Nobel (vermutlich)
Spannweiten jeweils ca. 6,90 m
Sparrenlängen (Achsmaß)
ca. 7,20 m/ca. 7,00 m

Über den beiden Seitengalerien des Oberlichttraktes der Neuen Eremitage kamen für die Sparren statt der bislang verbreiteten Flacheisen gewalzte T-Profile zur Anwendung. Die unterspannten Konstruktionen bilden jeweils ein langgestrecktes Pultdach, unterscheiden sich jedoch ungeachtet der fast gleichen Spannweite in der Ausführung: Den einfach unterspannten Sparren über der Galerie Canova stehen über den Italienischen Kabinetten zweifach unterspannte Träger gegenüber, die vermutlich der hier geringeren Dachneigung geschuldet sind. Weitere Anwendungen dieser Art finden sich in Giebel- und Walmbereichen.

en 1

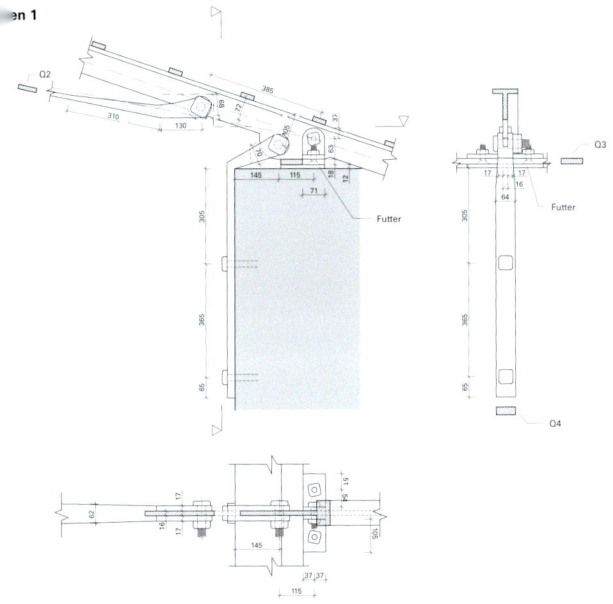

Knoten 2

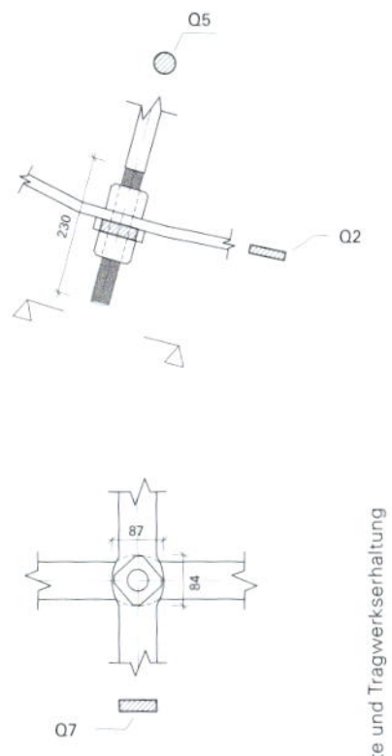

Tafel 64

Unterspannte Sparren mit T-Profilen

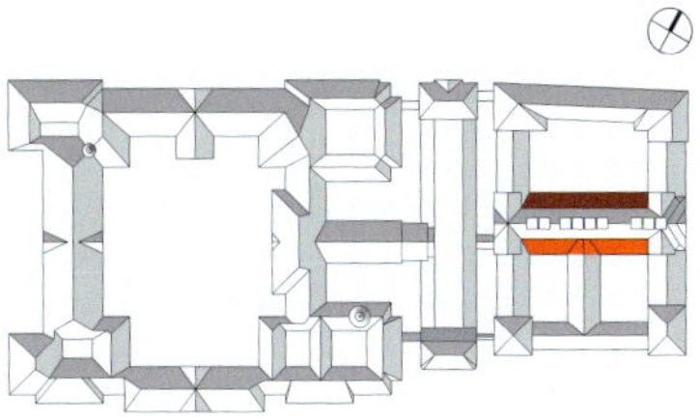

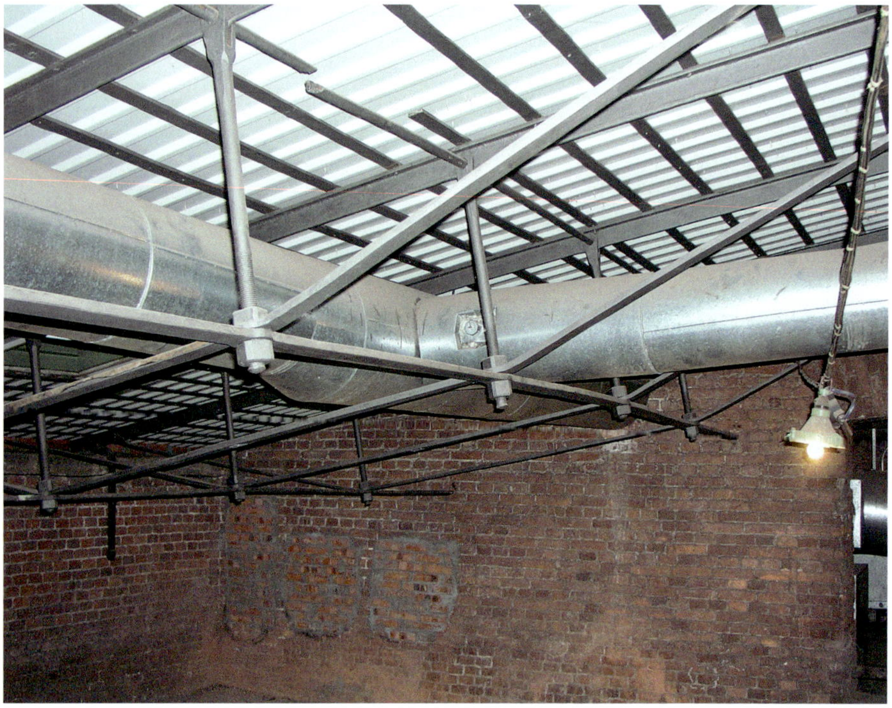

1

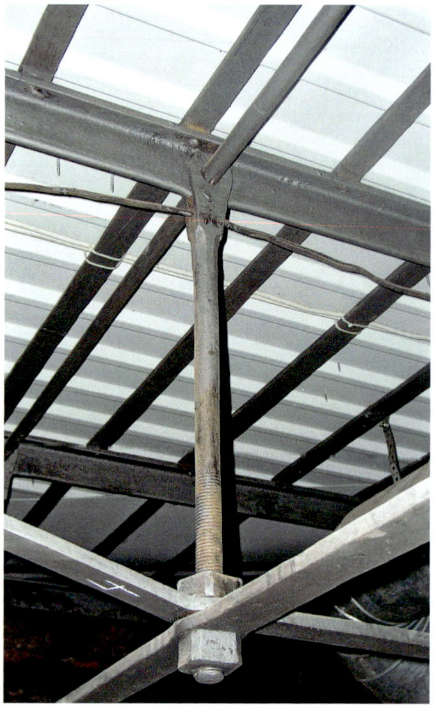

2

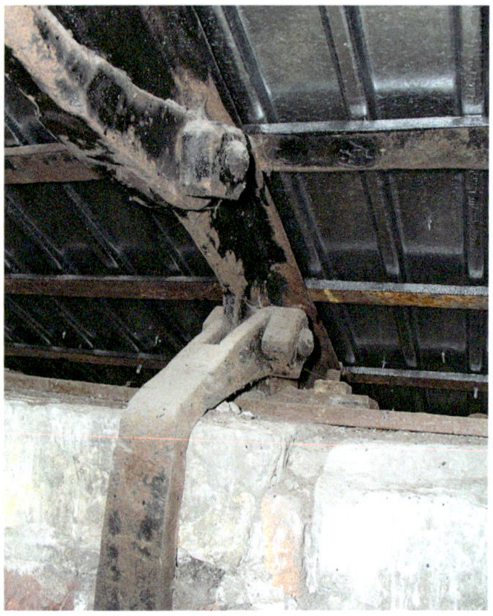

4

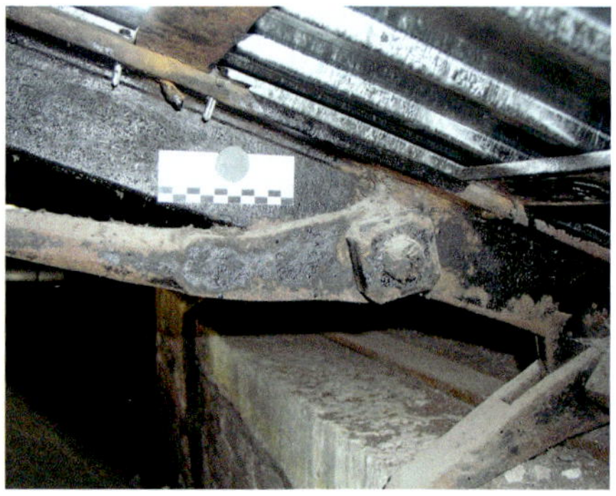

5

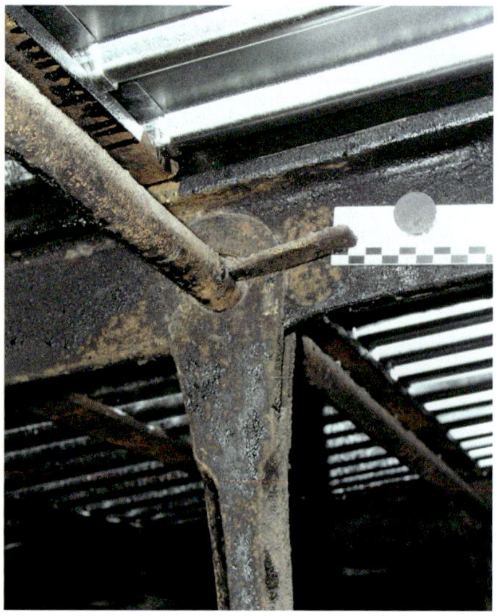

6

Systemskizze mit Knotennummern

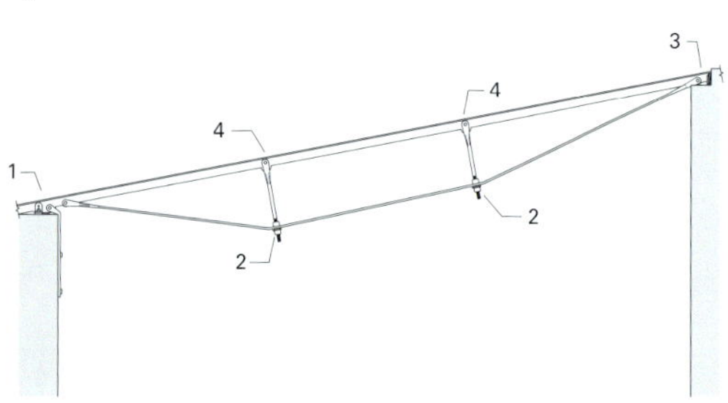

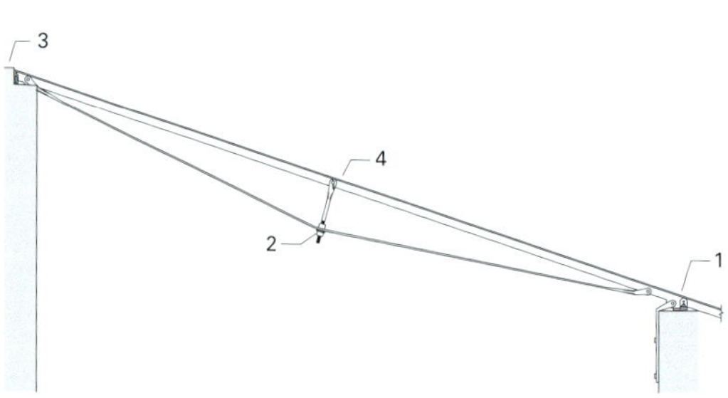

Dargestellt sind Konstruktionen über den Seitengalerien (Italienische Kabinette – 1, 2, Galerie Canova – 4, 5, 6) und den Pavillons des Oberlichttraktes (3, 7) der Neuen Eremitage.

1 Zweifach unterspannte Sparren

2 Obere Druckstrebe mit Spannmöglichkeit am Knoten 2

3 Zweifach unterspannter Grat und einfach unterspannte Schiftersparren, hier zur Walmausbildung über dem Ostpavillon

4, 5 Knoten 1, Auflager mit Wandverankerung

6 Knoten 4, Anschluss der Druckstrebe an den Sparren unter Nutzung der Queraussteifung

7 Einfach unterspannte Sparren, hier paarweise angeordnet zur Ausbildung des Giebeldachs über dem Westpavillon

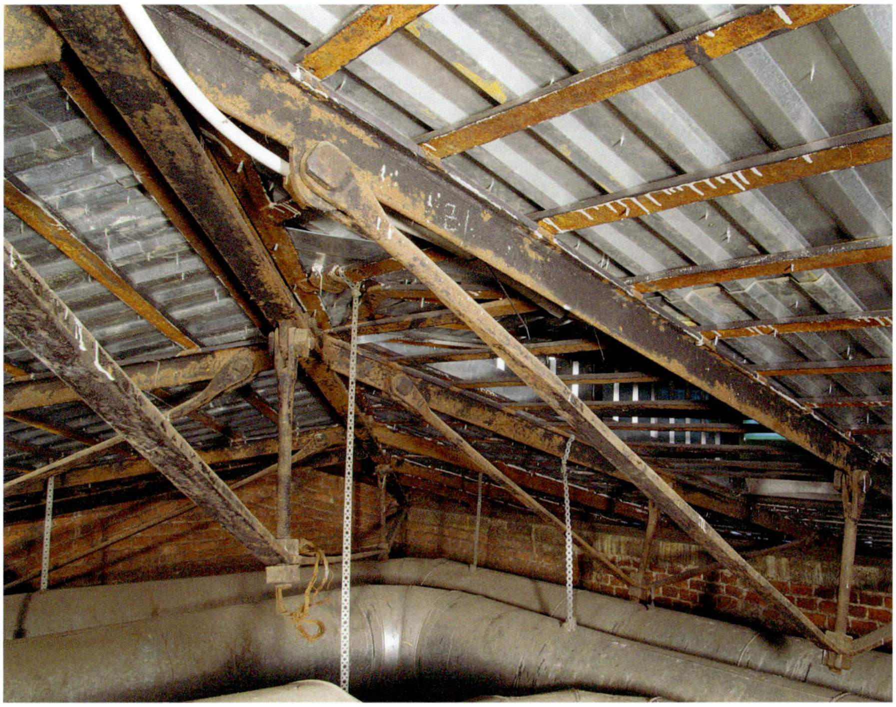

3

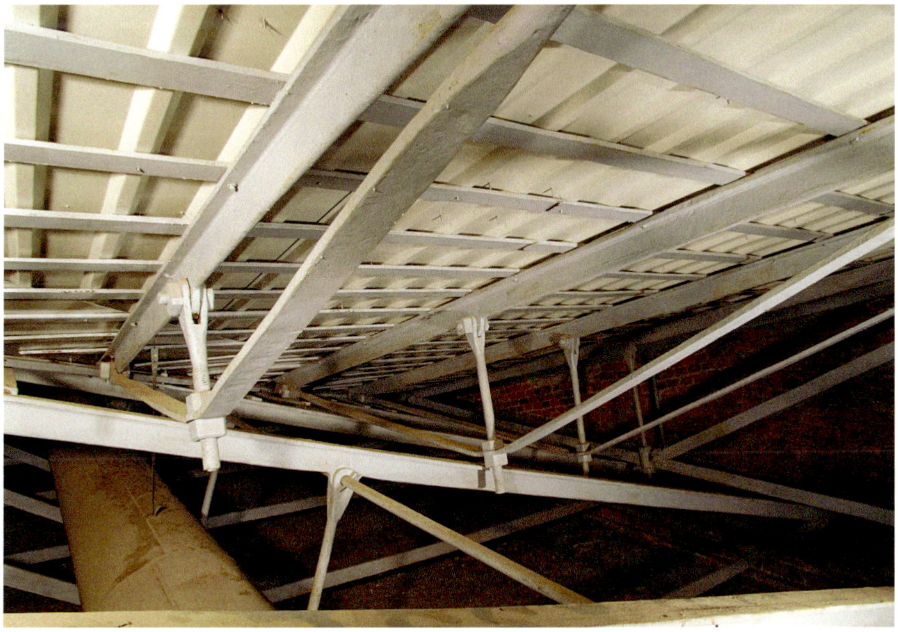

7

Tafel 65

Unterspannte Sparren mit T-Profilen

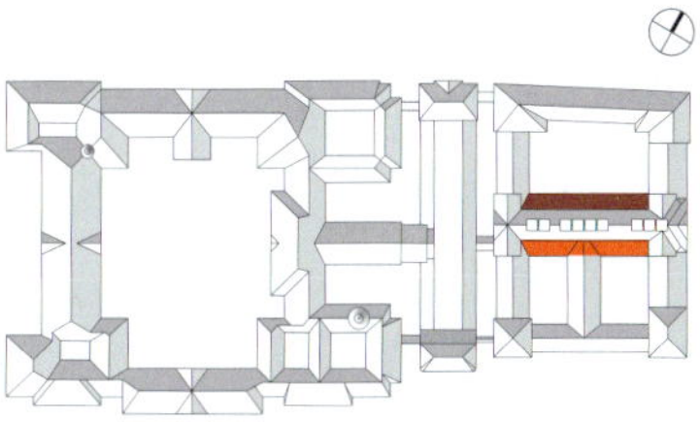

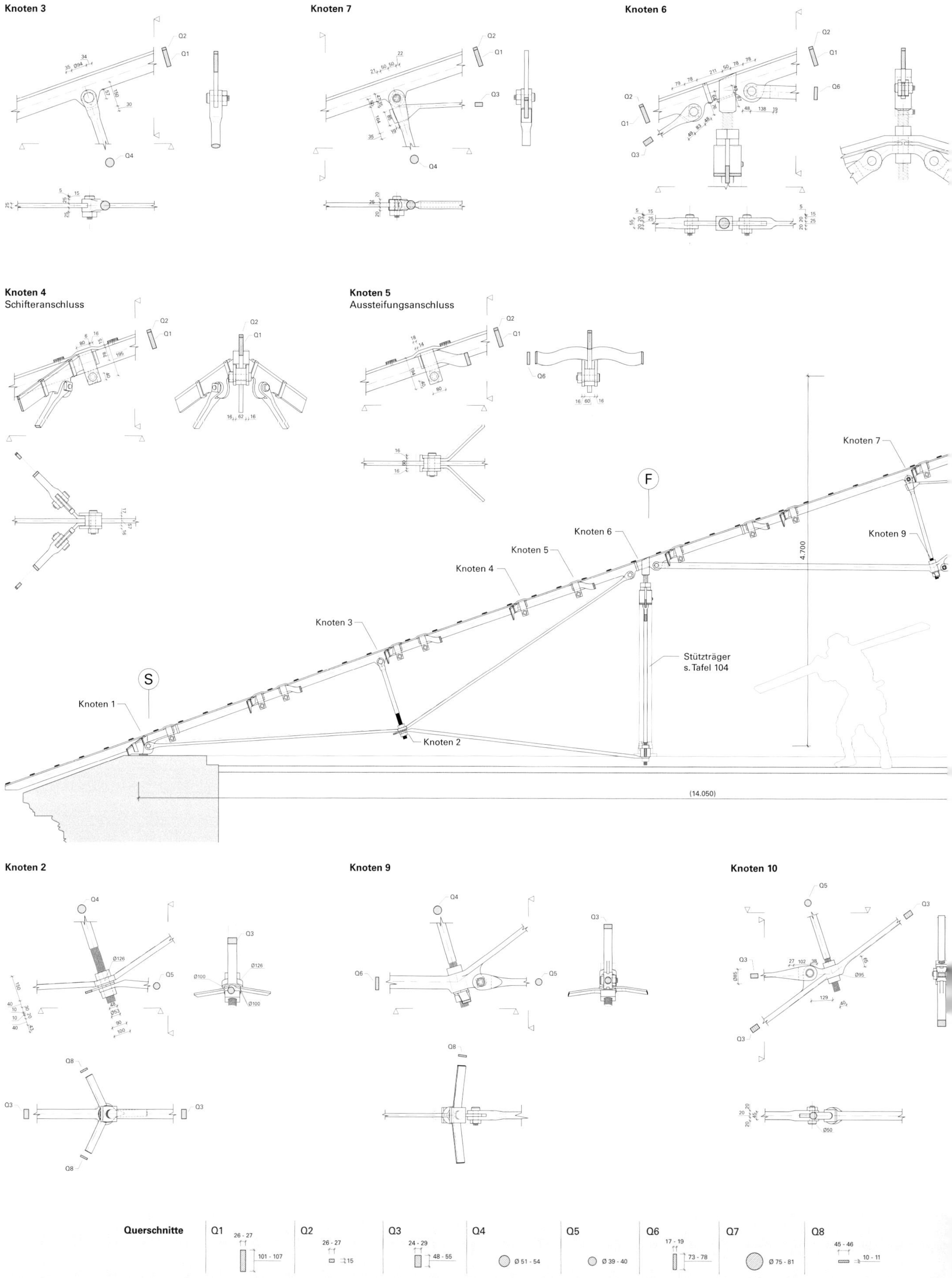
Knoten 3
Knoten 7
Knoten 6
Knoten 4
Schifteranschluss
Knoten 5
Aussteifungsanschluss
Knoten 7
Knoten 9
F
Knoten 6
Knoten 5
Knoten 4
4.700
Knoten 3
Stützträger
s. Tafel 104
S
Knoten 1
Knoten 2
(14.050)
Knoten 2
Knoten 9
Knoten 10
Querschnitte
Q1 26 - 27 101 - 107
Q2 26 - 27 15
Q3 24 - 29 48 - 55
Q4 Ø 51 - 54
Q5 Ø 39 - 40
Q6 17 - 19 73 - 78
Q7 Ø 75 - 81
Q8 45 - 46 10 - 11

oten 8

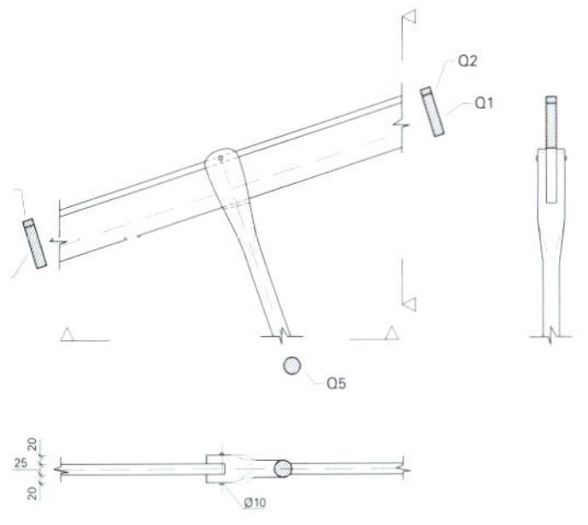

Knoten 11
ist Knoten 9 auf Tafel 81

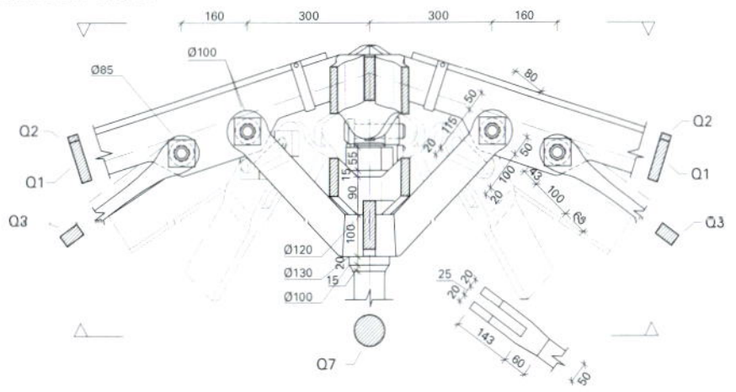

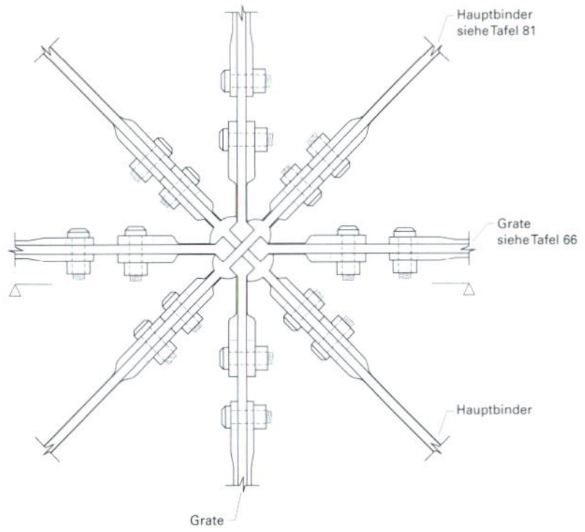

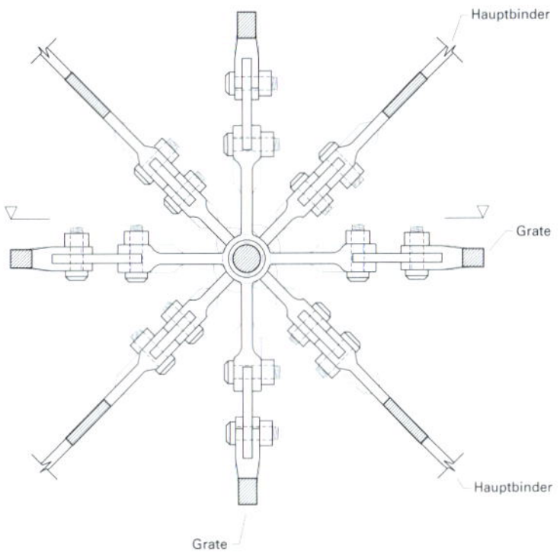

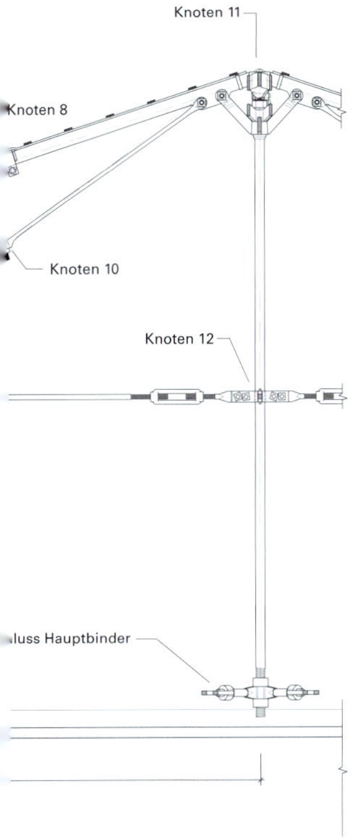

Knoten 12

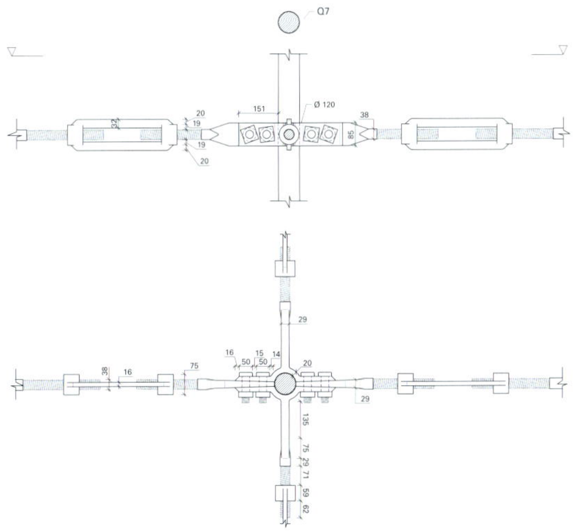

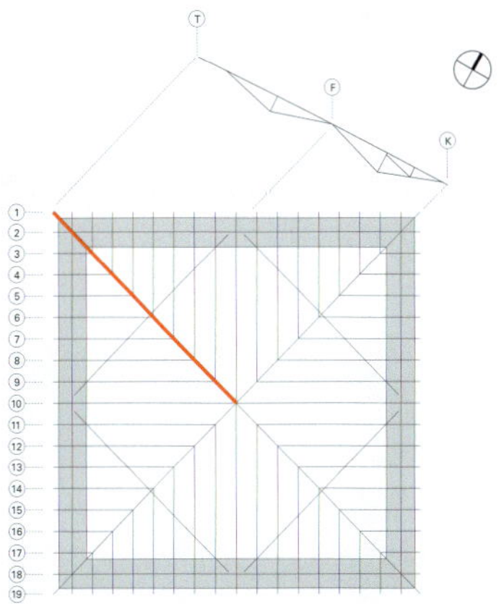

Übersicht 0 1 2 m

Details 0 50 100 cm

Baujahr 1843–1844
Aleksandrovskij-Werk, St. Petersburg
Entwurf Aleksandr Fullon
Spannweite ca. 6,67 m / ca. 7,38 m
Sparrenlänge (Achsmaß) ca. 14,80 m

Den Typus des mehrfach unterspannten Sparrens mit Zwischenstützung nutzte man über beiden südlichen Eckpavillons der Neuen Eremitage (hier des Südwestpavillons) für die Gratsparren. Kennzeichnend für die Ausführung sind die flexiblen Klemmverbindungen im räumlichen Gefüge von Graten, Schiftern und Aussteifungen sowie vor allem die raffinierte Lösung für die komplexe Zusammenführung aller Grate und Hauptträger in der Dachspitze. Die zugehörigen Stützträger sind auf Tafel 104 dargestellt.

Tafel 66

Unterspannte Sparren mit Zwischenstützung

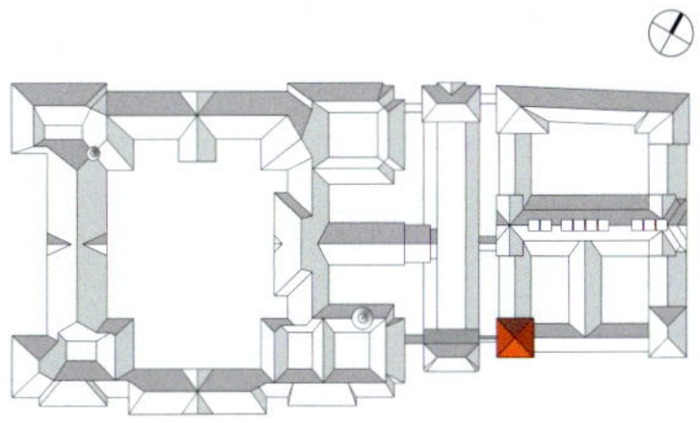

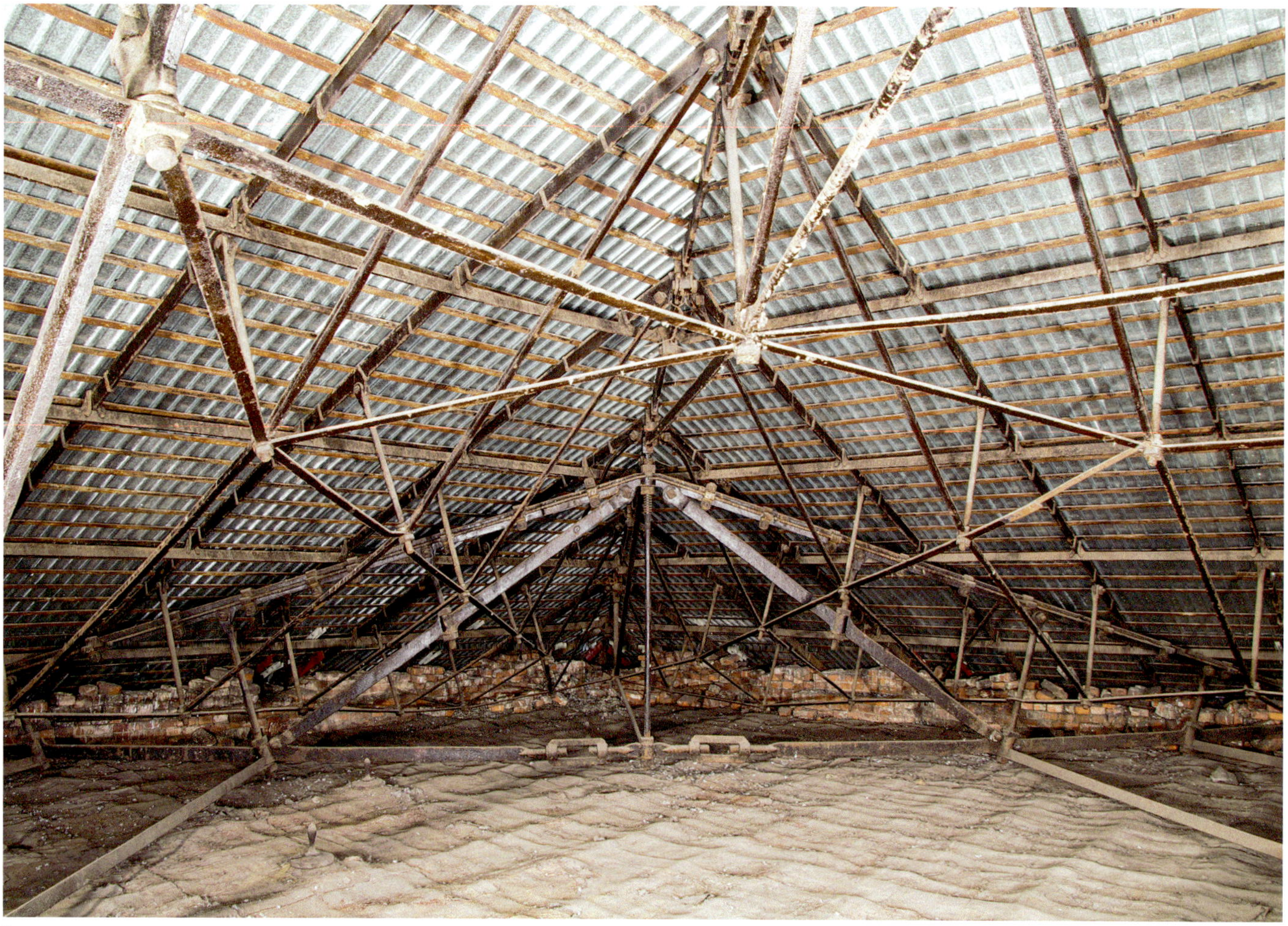

1

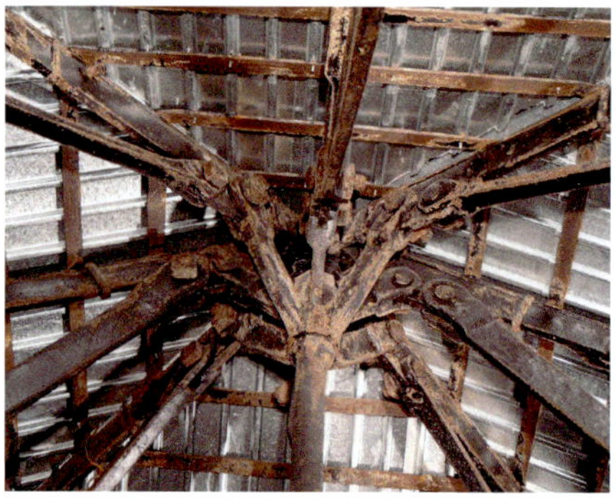

4

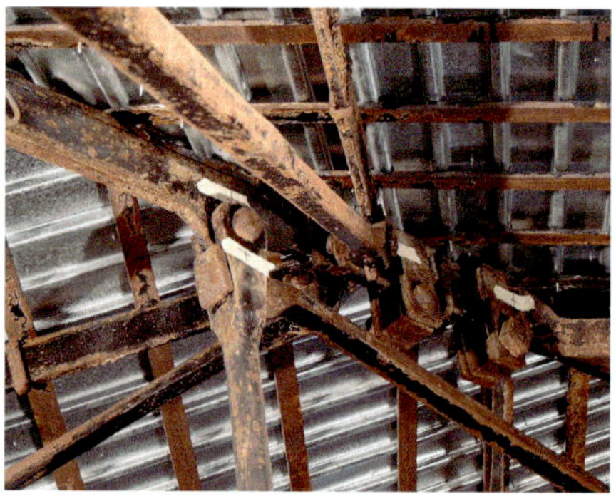

5

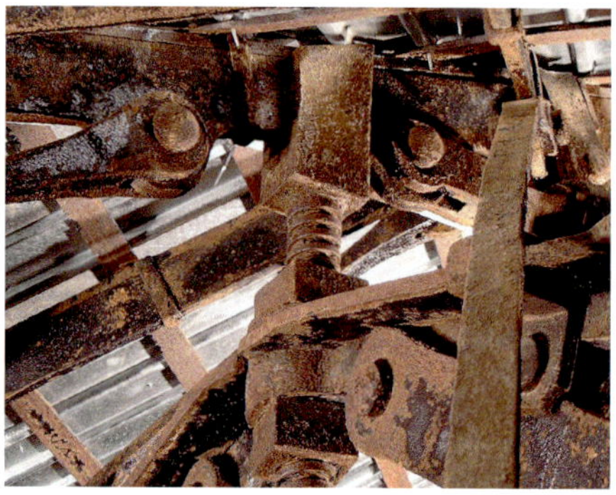

6

Systemskizze mit Knotennummern

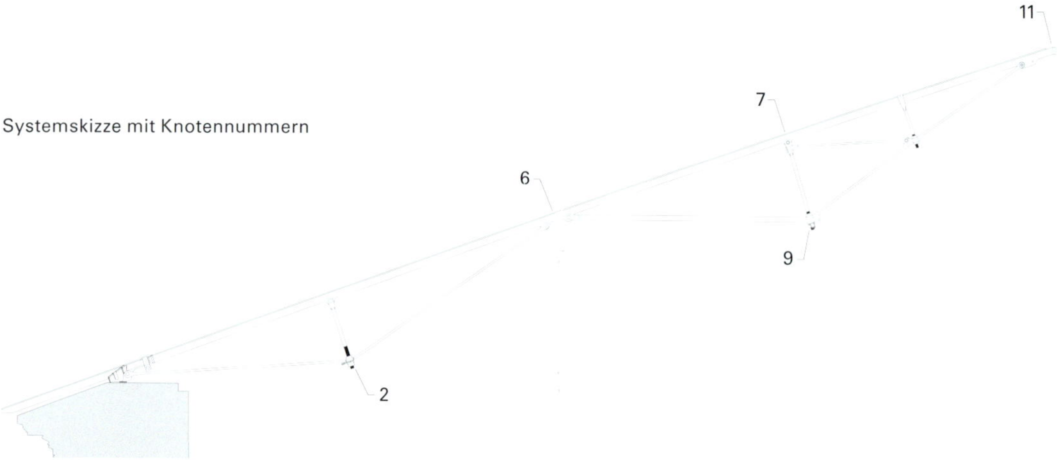

Dargestellt sind Konstruktionen über dem Südwestpavillon (4, 5, 6) und dem Südostpavillon (1, 2, 3, 7) der Neuen Eremitage.

1 Gratbereich mit zugehörigen Schiftern, Aussteifungssystemen und Stützträger

2 Unterer Abschnitt des Gratsparrens

3 Knoten 7 und 9, Druckstrebe im oberen Gratabschnitt

4 Knoten 11 an der Dachspitze

5 Knoten 7, Anschluss von Druck- und Zugstrebe sowie von Schifter und Aussteifung

6 Knoten 6, Auflager des Gratsparrens auf dem Stützträger, s. Tafel 104

7 Knoten 2, unteres Ende der Druckstrebe mit zahlreichen eingebundenen Streben der Aussteifung

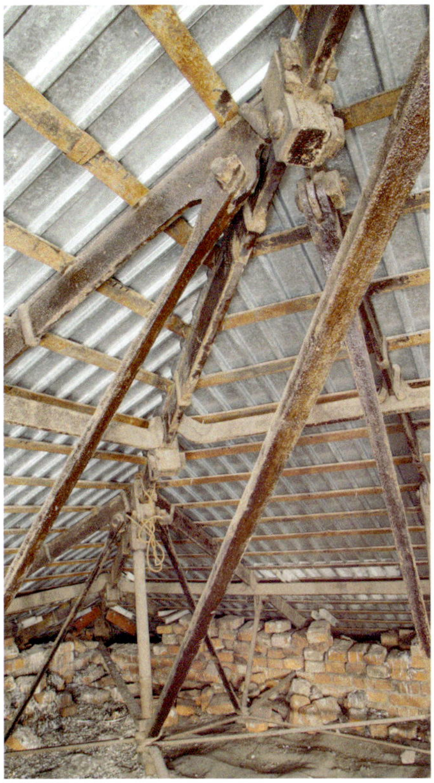

2

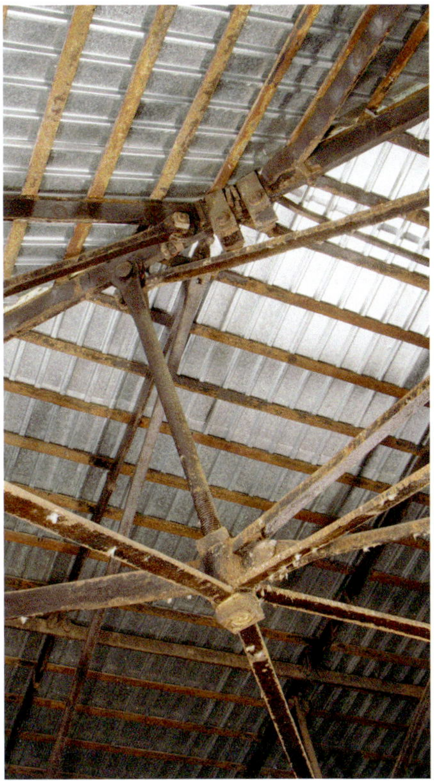

3

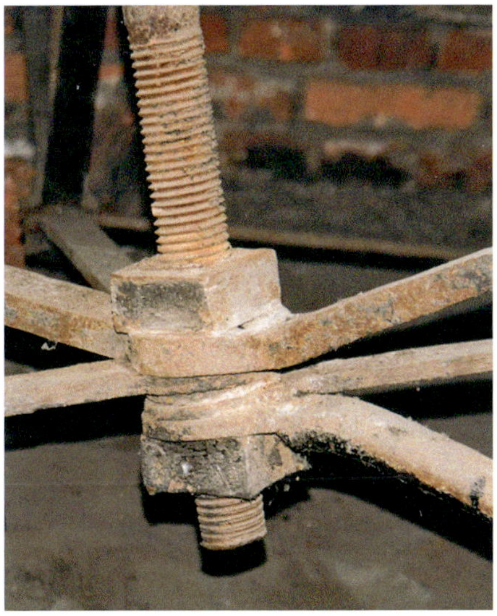

7

Tafel 67

Unterspannte Sparren mit Zwischenstützung

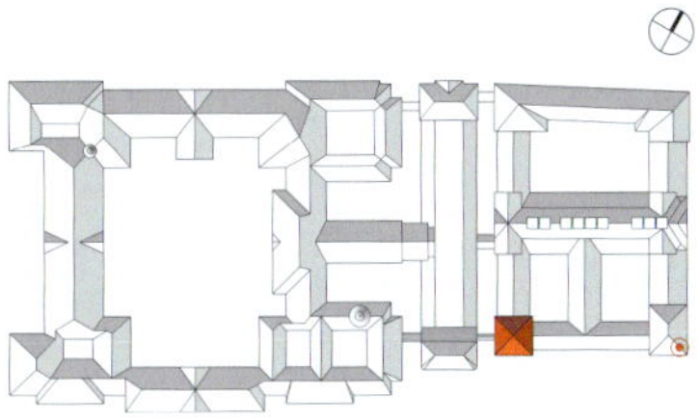

Knoten 4

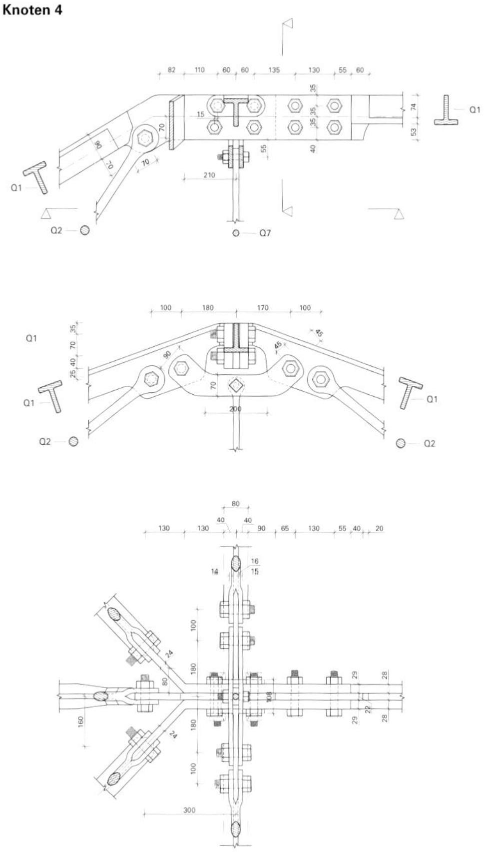

Knoten 7

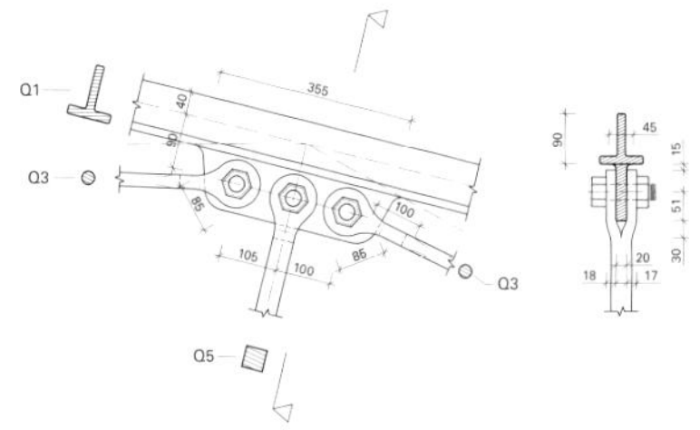

Grat
Achse B-G
Blickrichtung Nordwest

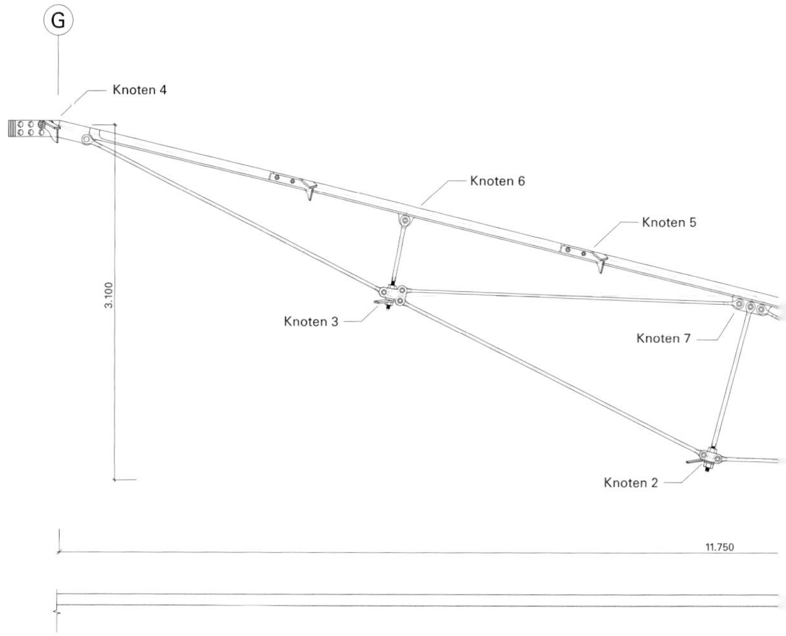

Querschnitte

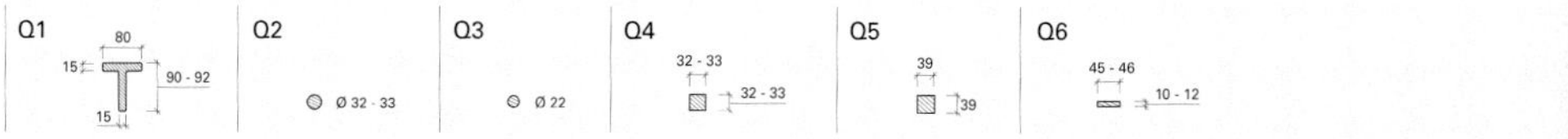

Knoten 5

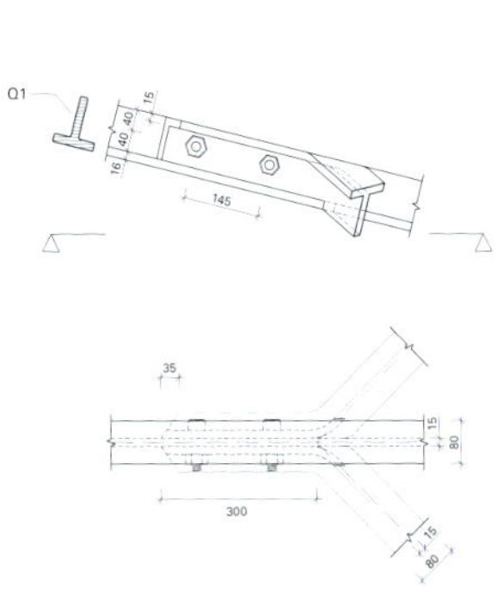

Knoten 6

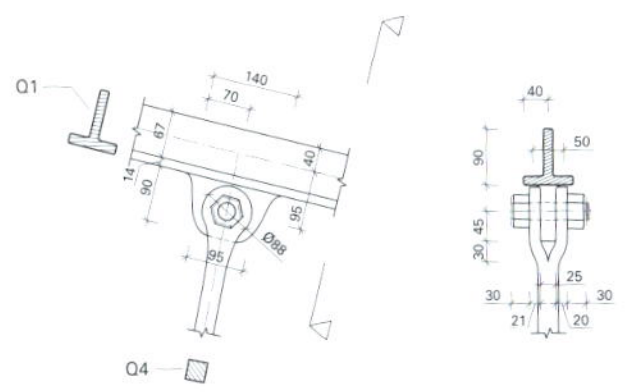

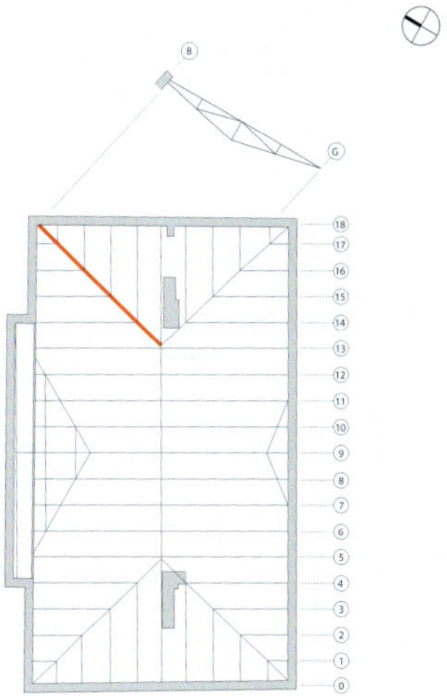

Übersicht 0 1 2 m

Details 0 50 cm

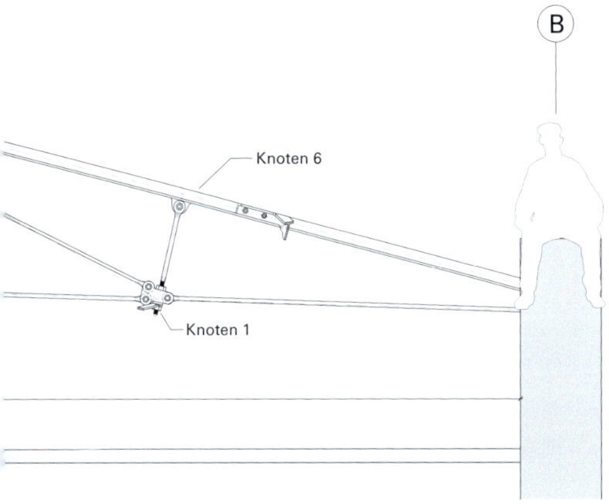

Baujahr ca. 1852
Baird-Werk, St. Petersburg
Entwurf Baukommission,
Francis Baird (vermutlich)
Spannweite ca. 12,00 m
Sparrenlänge (Achsmaß) ca. 12,50 m

Der über dem Nordpavillon der Kleinen Eremitage als Grat des Walmdachs eingesetzte Sparrentyp ist hinsichtlich der verwendeten Profile und Details baugleich mit allen weiteren unterspannten Sparren des Baird-Werks in dieser Bauphase. Mit der konsequent aus Dreiecken gebildeten Struktur, der Verwendung von Knotenblechen und dem ausschließlichen Einsatz von Sechskantschrauben zeigt er wesentliche Merkmale des von Polonceau 1839 veröffentlichten Systems. Bemerkenswert an den Gratsparren ist die Anordnung des T-Profils mit unten liegendem Flansch.

Knoten 1 und 3

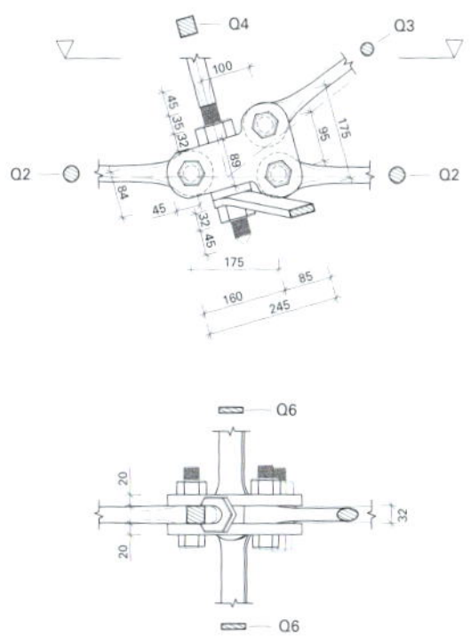

Knoten 2

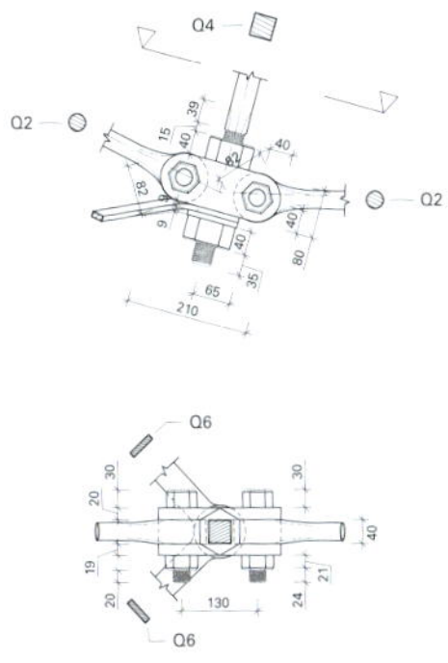

Tafel 68

Reife mehrfach unterspannte Sparren

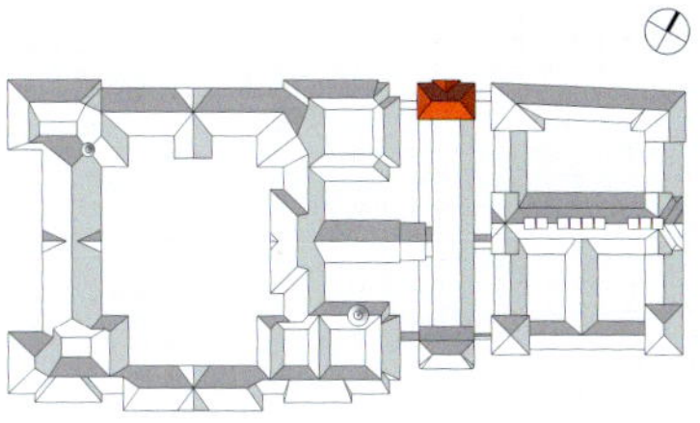

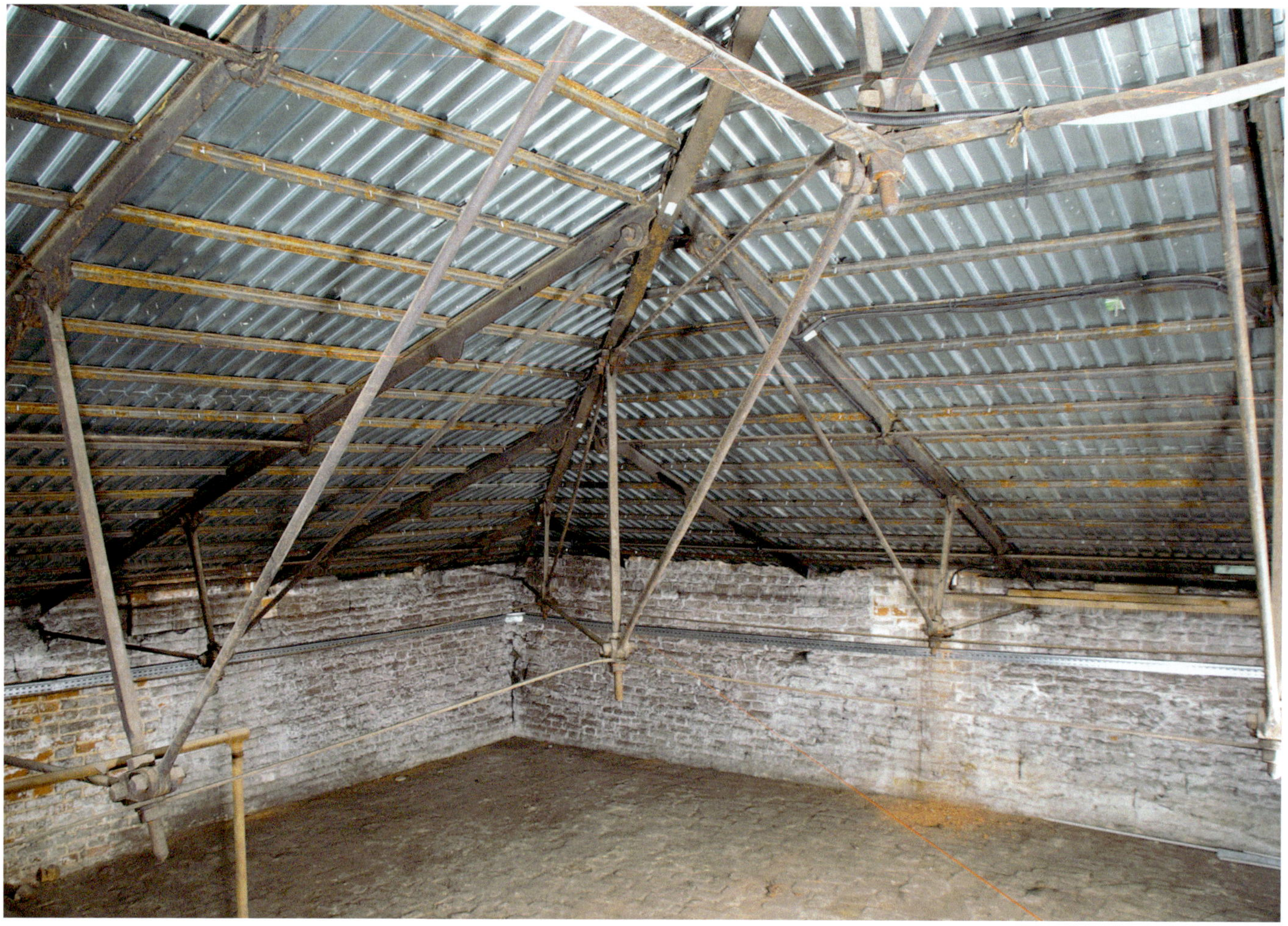

1

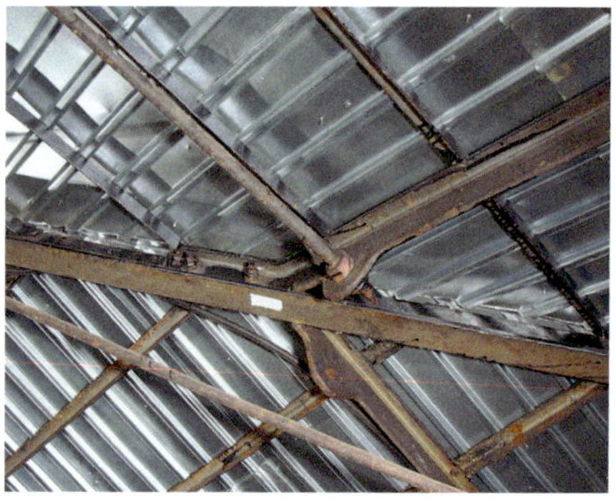

3

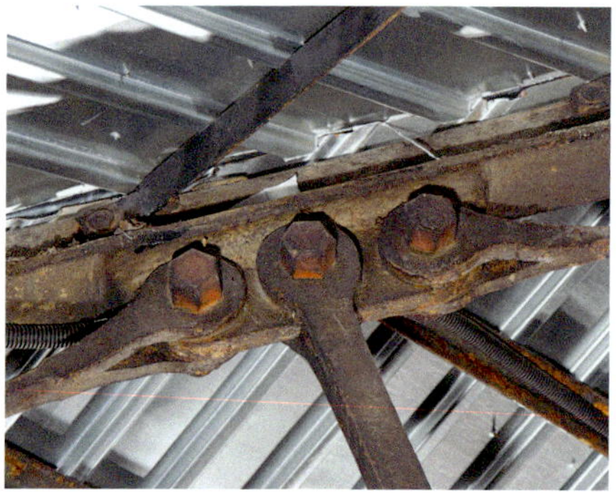

4

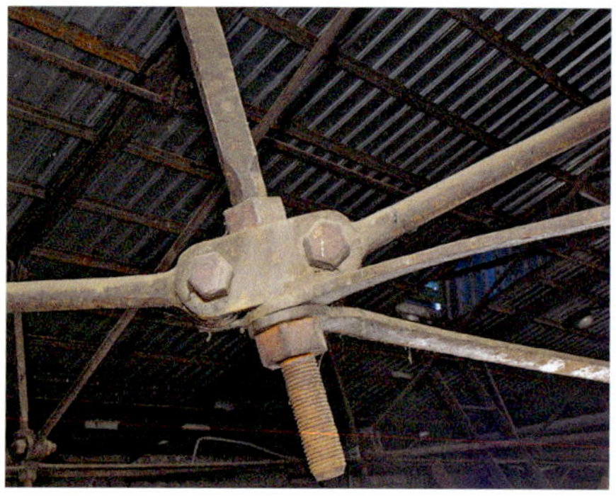

5

Systemskizze mit Knotennummern

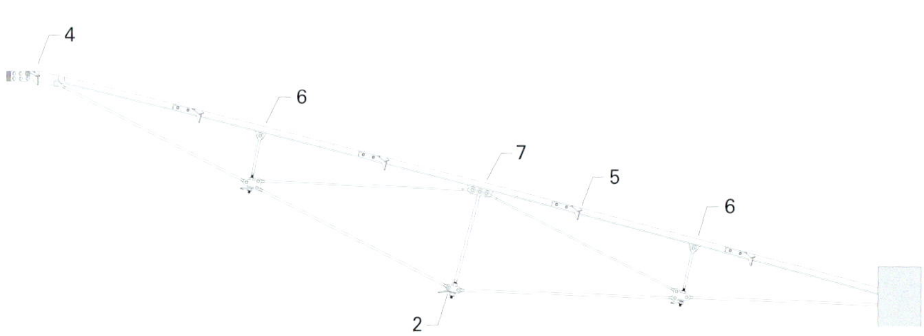

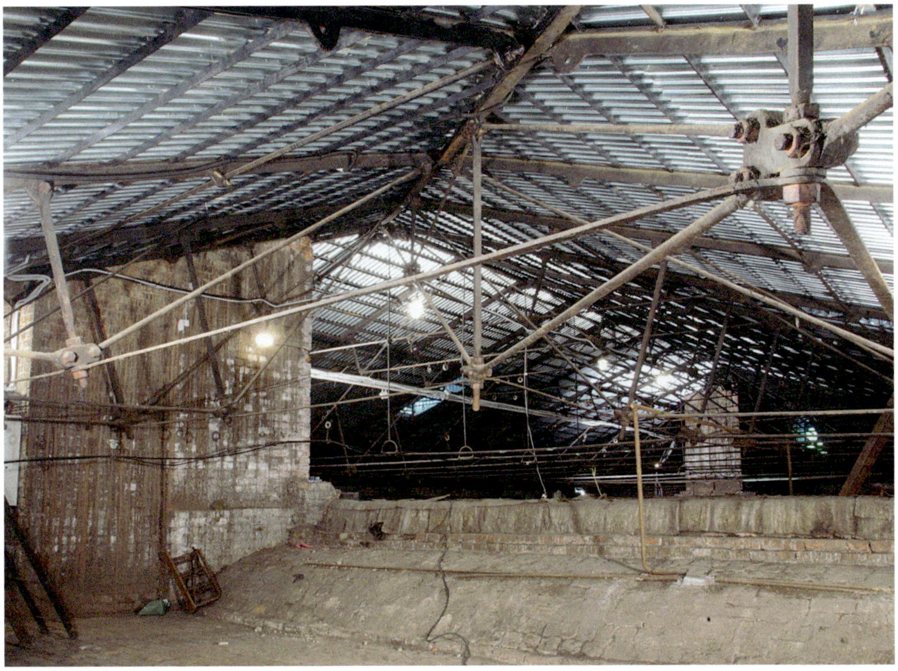

2

Dargestellt ist die Konstruktion über dem Nordpavillon der Kleinen Eremitage.

1 Gratbereich mit zugehörigen Schiftern und Aussteifungssystemen

2 Gratbereich, Blick in Richtung Hauptdach

3 Knoten 5, Grat-Schifter-Anschluss

4 Knoten 7, Anschluss von Druck- und Zugstreben an den Sparren

5 Knoten 2, Verbindung der mittleren Druckstrebe mit den Zugstäben und der Aussteifung

6 Knoten 4, Anfallspunkt

7, 8 Knoten 6, Anschluss der Druckstrebe an den Sparren, hier mit deutlichen Schmiede- spuren

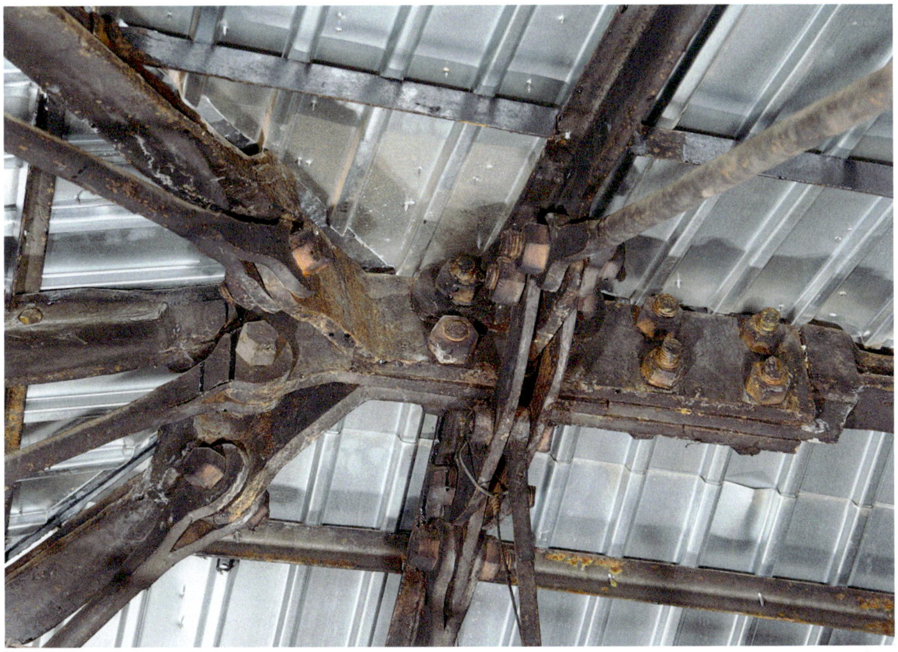

6

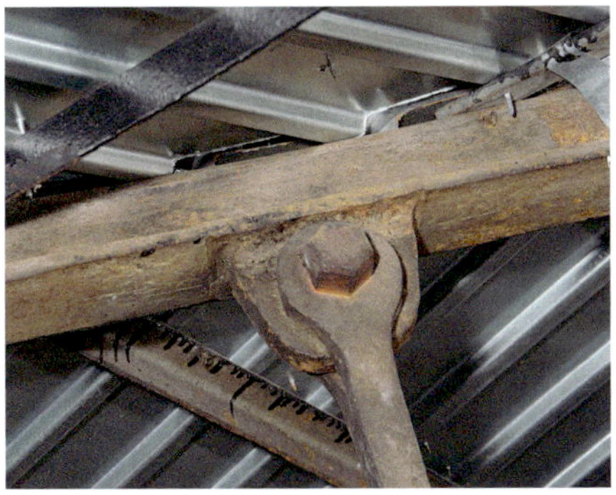

7

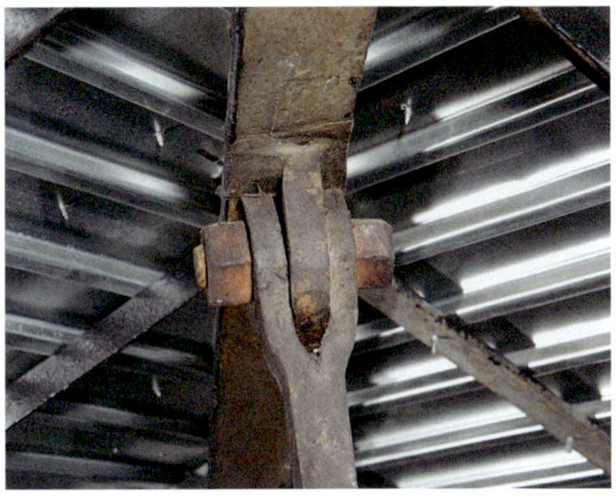

8

Tafel 69

Reife mehrfach unterspannte Sparren

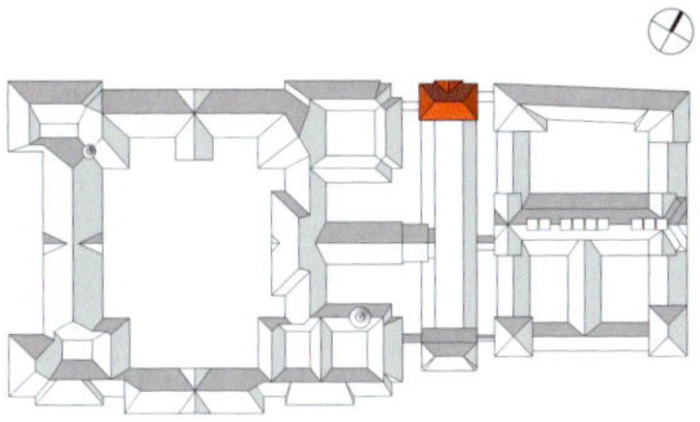

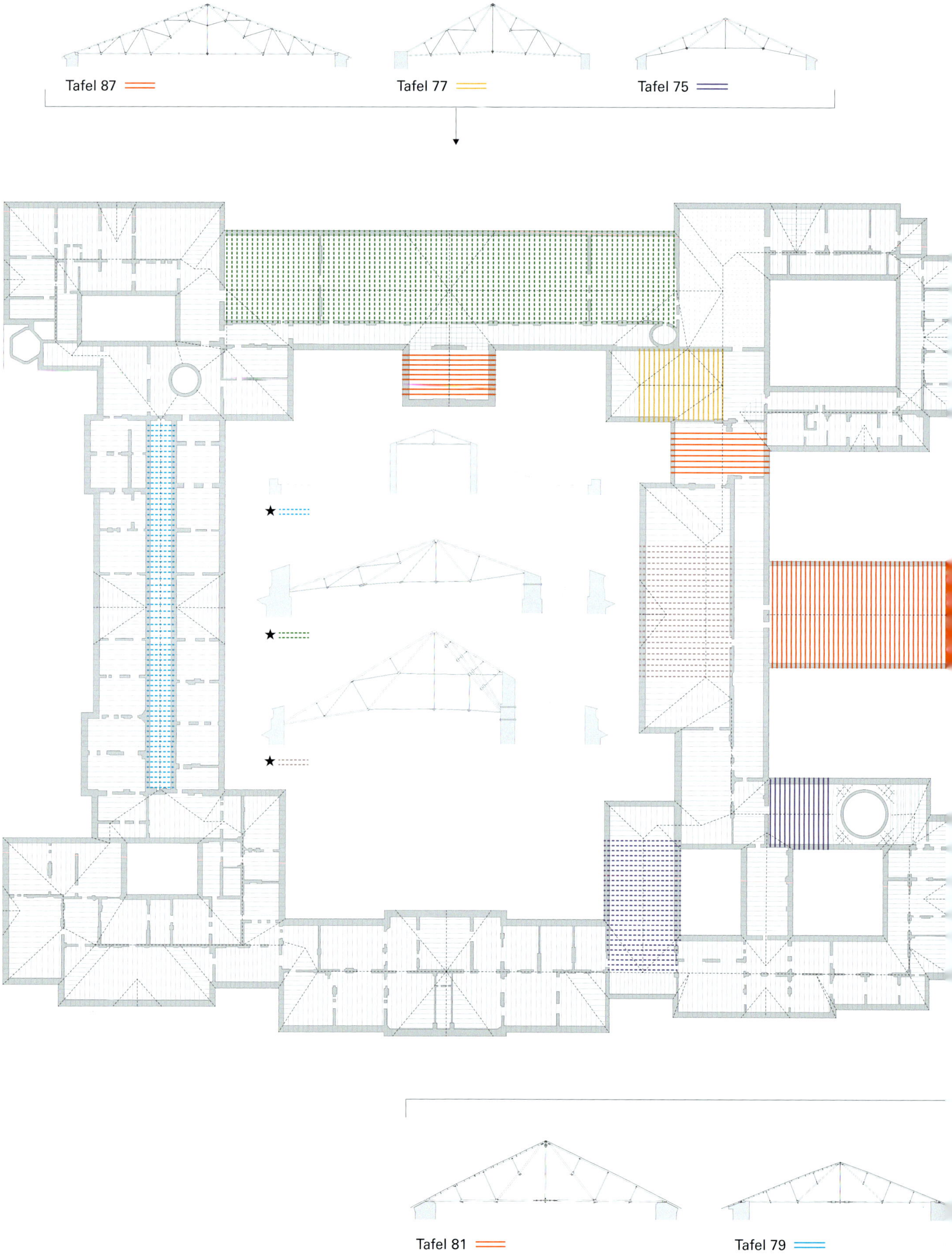
Tafel 87
Tafel 77
Tafel 75
Tafel 81
Tafel 79

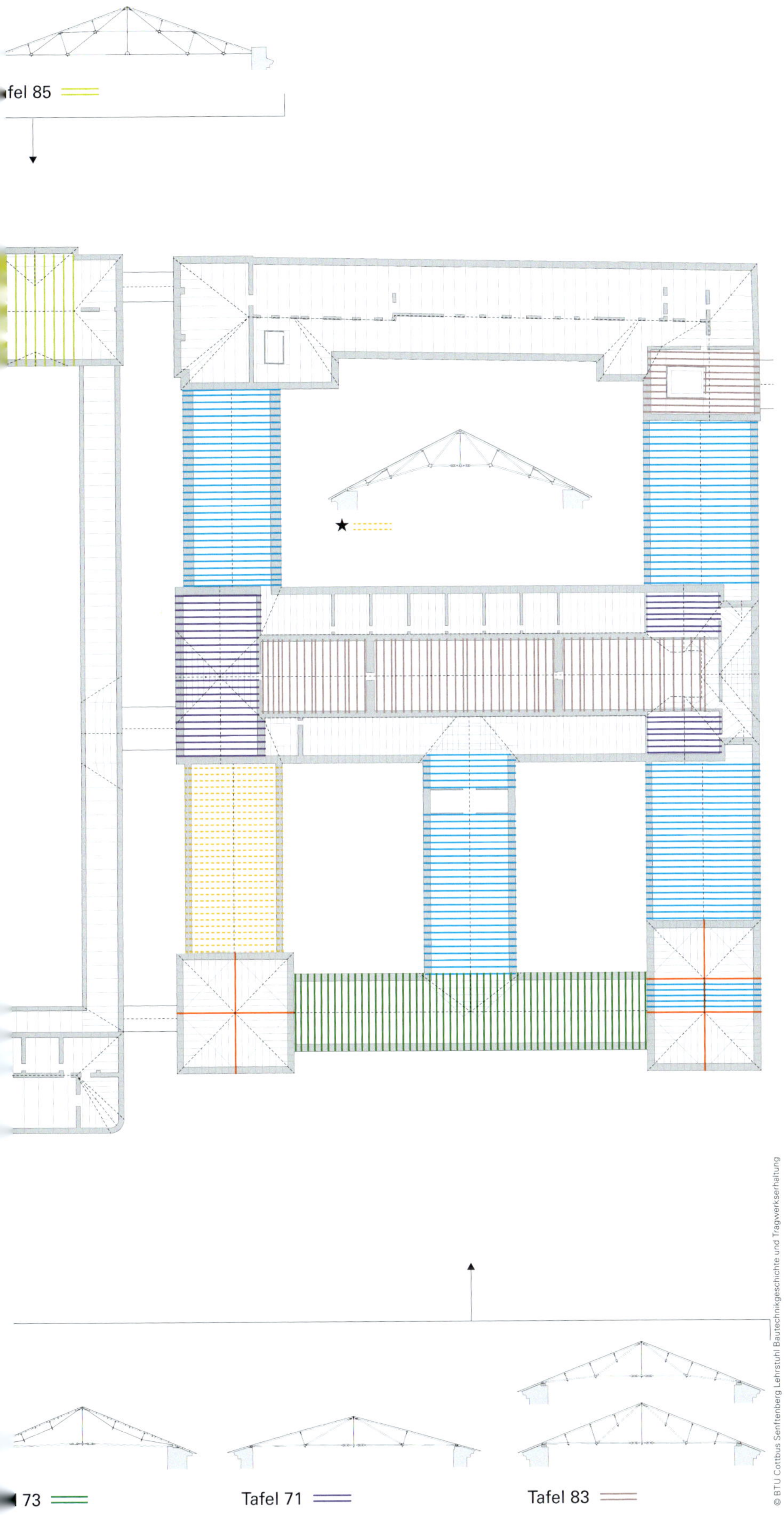

noch vorhanden, durch eigene Untersuchungen nachgewiesen, im Folgenden detailliert dargestellt

in Teilen vorhanden, durch eigene Untersuchungen nachgewiesen, im Folgenden nicht detailliert dargestellt, mit ★ gekennzeichnete Strukturen nach zeitgenössischen Quellen

nicht mehr vorhanden oder schwache Quellenlage

unterspannte Sparren (dargestellt auf Tafel 59 ff.)

Gebäude 0 10 20 30 40 50 m

Binder 0 5 10 m

In Bereichen ohne tragende Mittelwände kamen für die Dachtragwerke verbreitet aus unterspannten Sparren zusammengesetzte Binder zur Anwendung. Je nach Spannweite werden die Sparren jeweils von bis zu fünf Druckstreben unterstützt. In Struktur und Detail gibt es zahlreiche Varianten – sowohl unter den zunächst errichteten Tragwerken des Winterpalastes als auch in späteren Ausführungen in den weiteren Gebäuden.

Wie schon von den unterspannten Sparren ist auch ein Teil dieser Sparrenbinder bereits seit dem späten 19. Jahrhundert nicht mehr erhalten. Insbesondere die weitspannenden unsymmetrischen Binder wurden 1887 durch Fachwerkträger ersetzt.

Tafel 70

Sparrenbinder – Übersicht

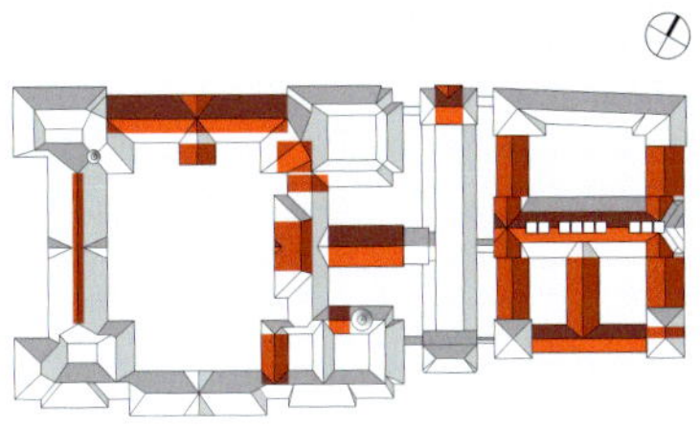

Knoten 1

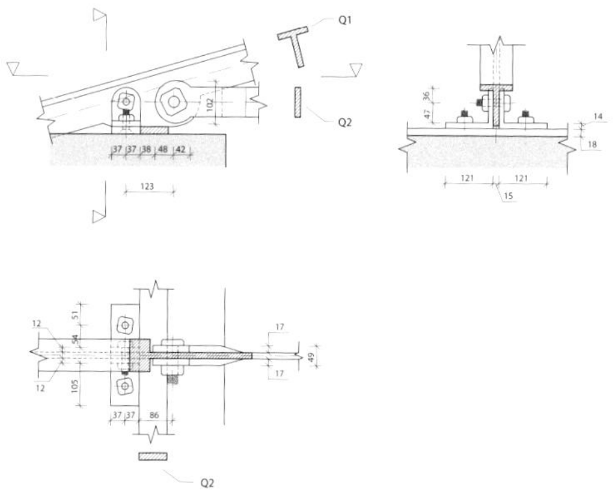

Knoten 5

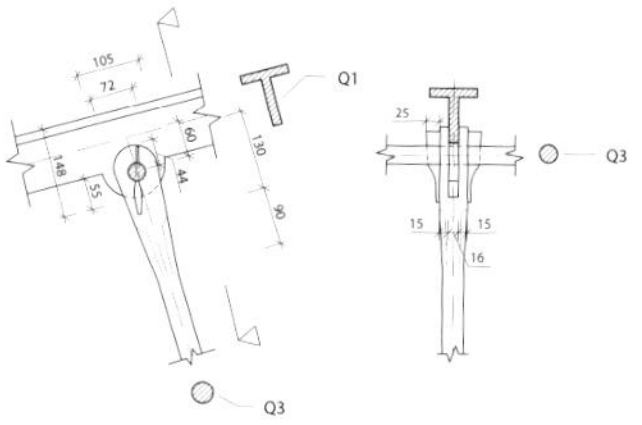

Binder
Achse 5
Blickrichtung Nord

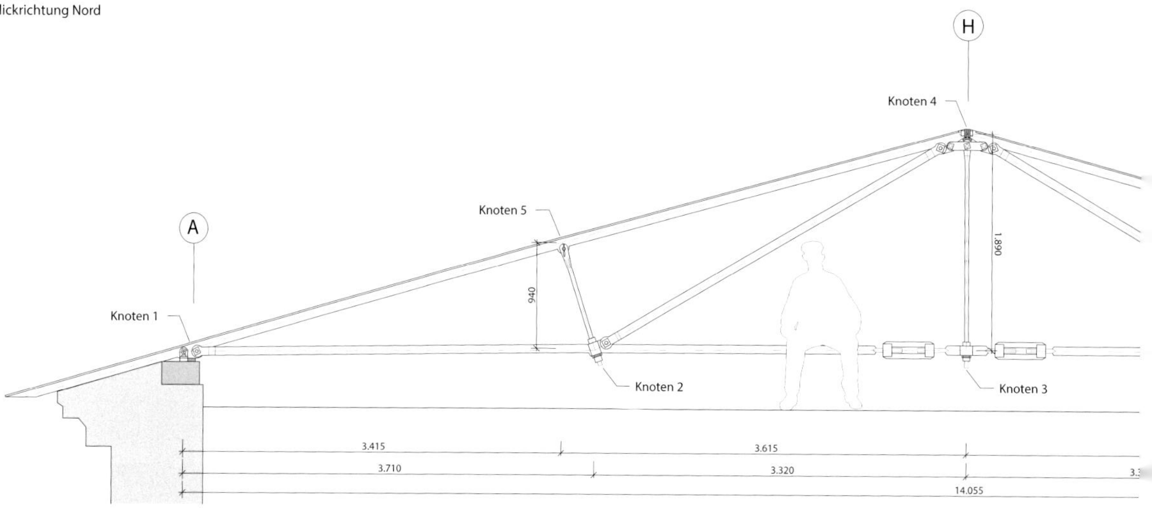

Knoten 3

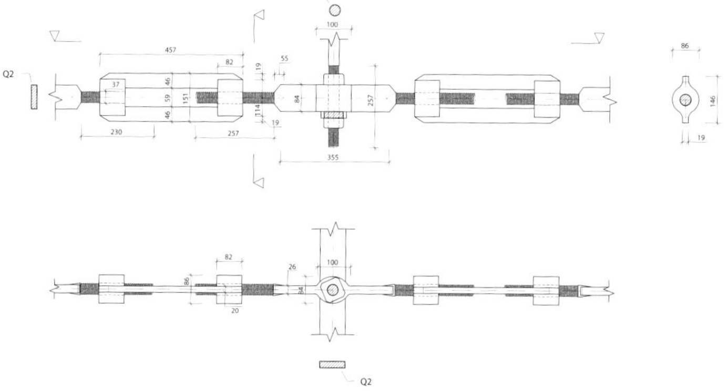

Querschnitte

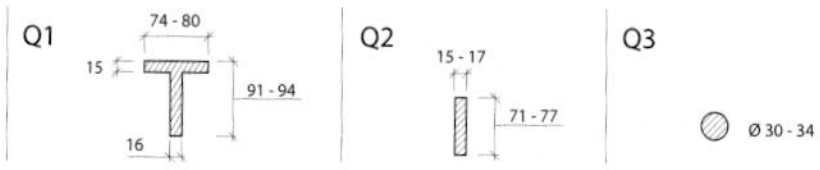

Knoten 4

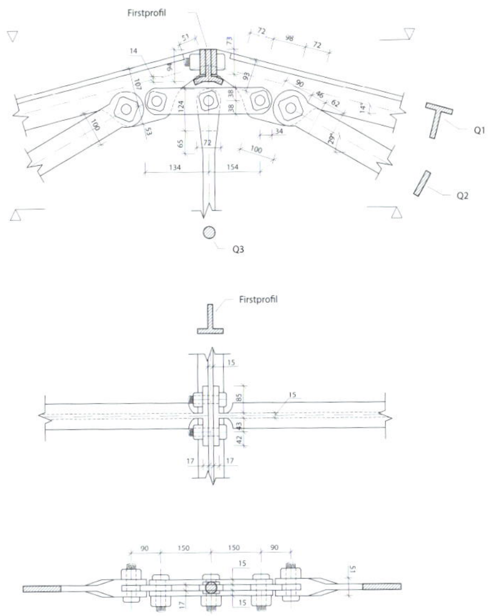

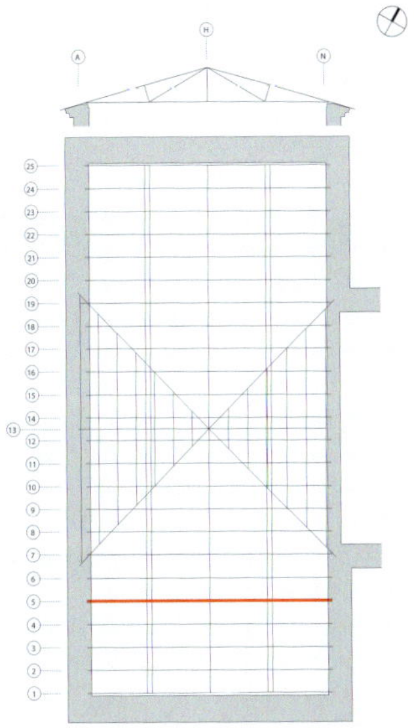

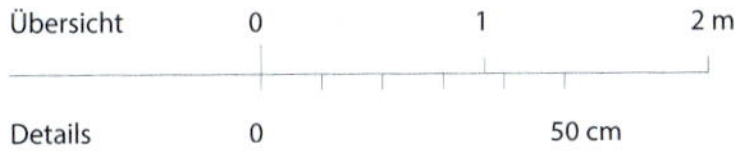

Baujahr 1844–1845
Nobel-Werk, St. Petersburg
Entwurf Baukommission,
Immanuel Nobel (vermutlich)
Spannweite 14,06 m
Höhe (Achsmaß) ca. 1,90 m

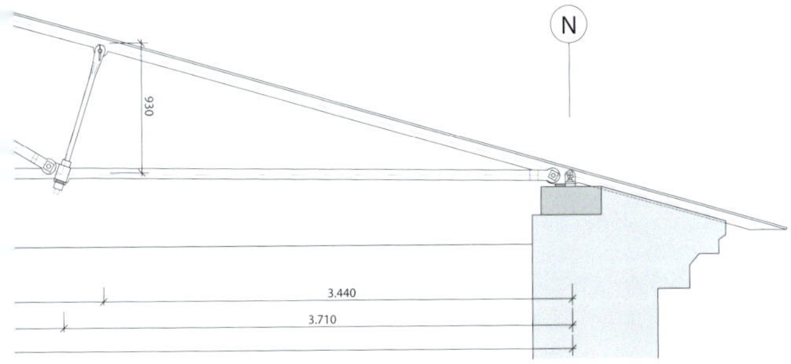

Dieser Bindertyp bildet das Hauptdach des Westpavillons im Oberlichttrakt der Neuen Eremitage. Ungeachtet der relativ großen Spannweite sind die Sparren hier mit nur einer Druckstrebe unterspannt. Charakteristisch für den Hersteller Nobel sind die bereits von den unterspannten Sparren bekannte Ausbildung der Sparren als T-Profil (vgl. Tafel 64), der Anschluss der Druckstrebe unter Nutzung der Queraussteifung, die sorgfältig ausgearbeiteten Vierkantmuttern und -schrauben sowie die Spannschlösser im Zugband.

Knoten 2

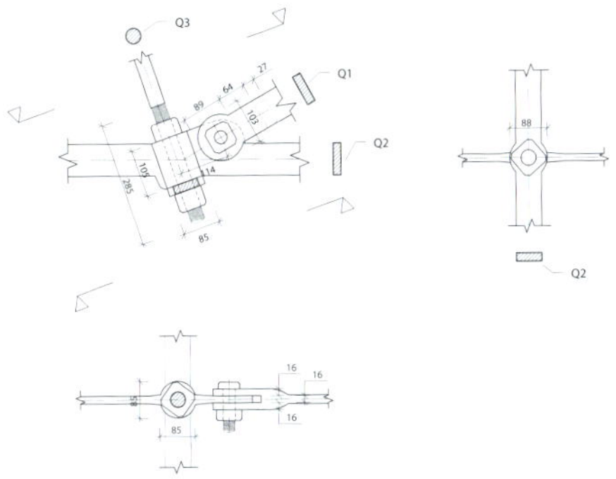

Tafel 71

Einfach unterspannte Sparrenbinder

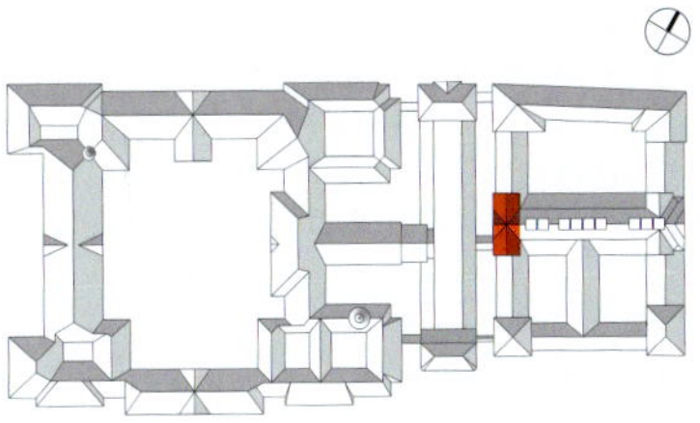

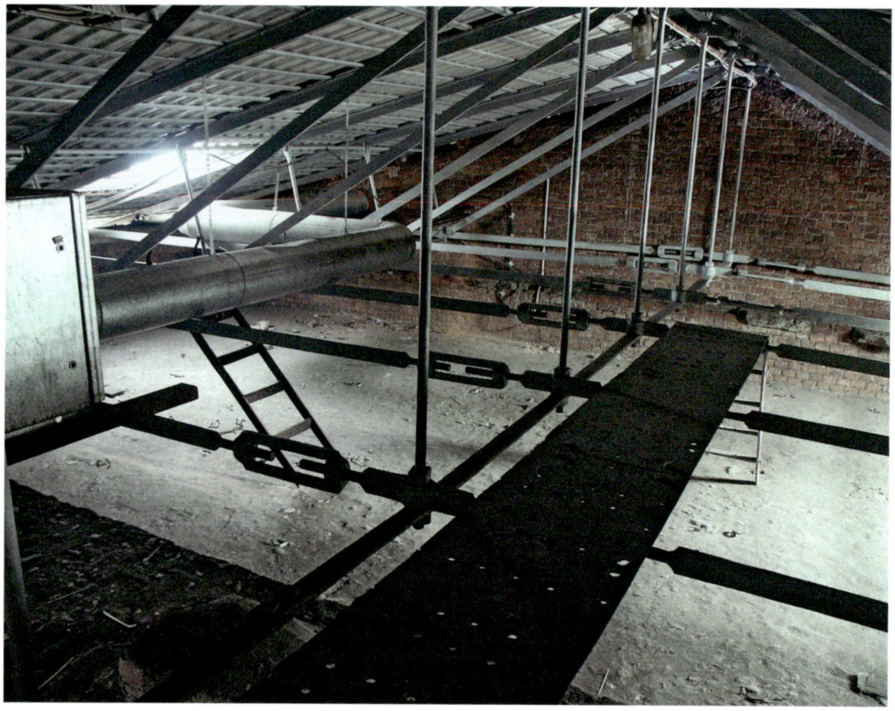

1

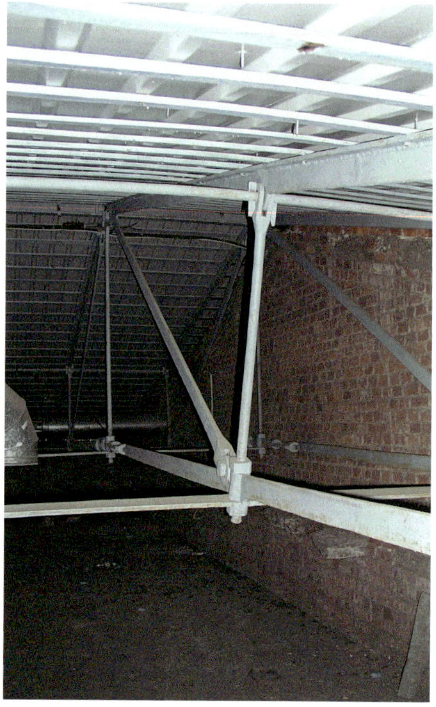

2

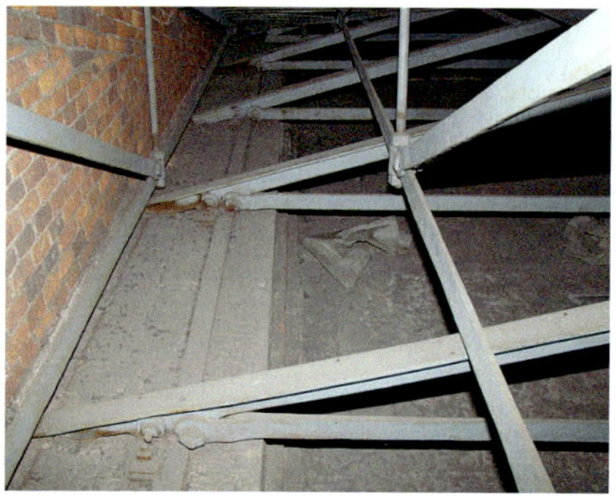

4

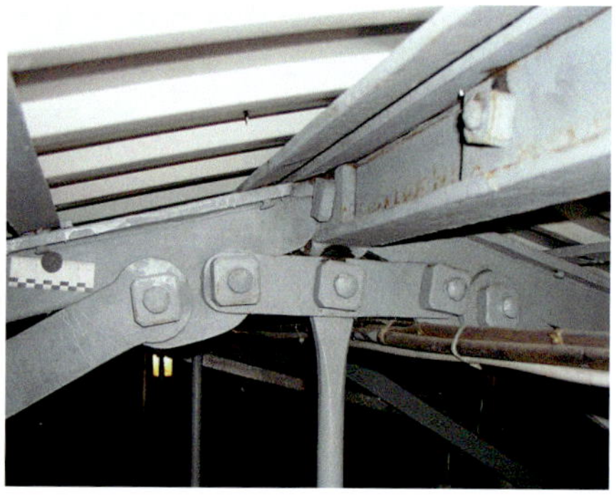

5

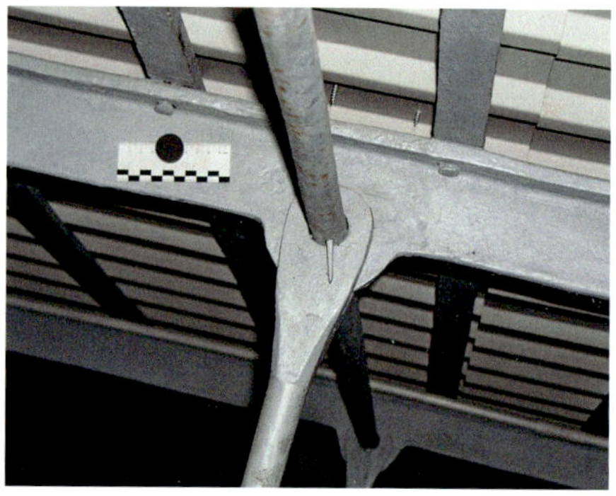

6

Systemskizze mit Knotennummern

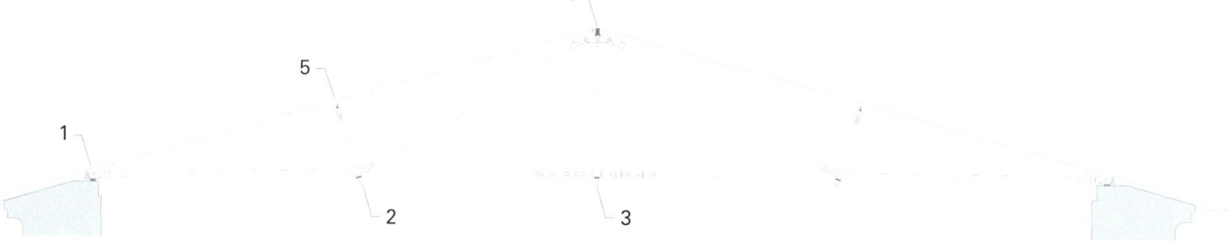

Dargestellt ist die Konstruktion über dem Westpavillon des Oberlichttraktes Neue Eremitage.

1, 2 Sparrenbinder mit einfach unterspannten Sparren an der südlichen Stirnseite, Dachraum und Binderstruktur

3 Sparrenbinder mit einfach unterspannten Sparren im mittleren Abschnitt

4 Auflager der Sparrenbinder im Giebelbereich, darüber die Binder des Giebels

5 Knoten 4, Firstanschluss der Sparren

6 Knoten 5, Anschluss der Druckstrebe an den Sparren unter Nutzung der Queraussteifung

7 Knoten 3, Spannschlösser in der Verbindung zwischen Zugband und dessen Abhängung

8 Knoten 2, Verzweigung des Zugbandes und Anschluss der Druckstrebe mit Spannmöglichkeit

9 Knoten 1, Auflager

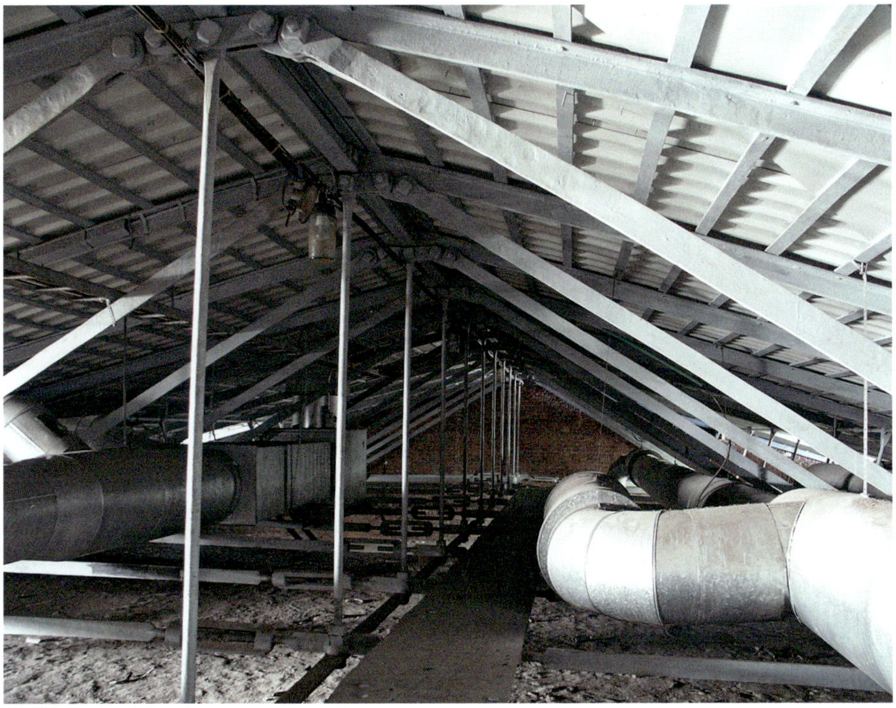

3

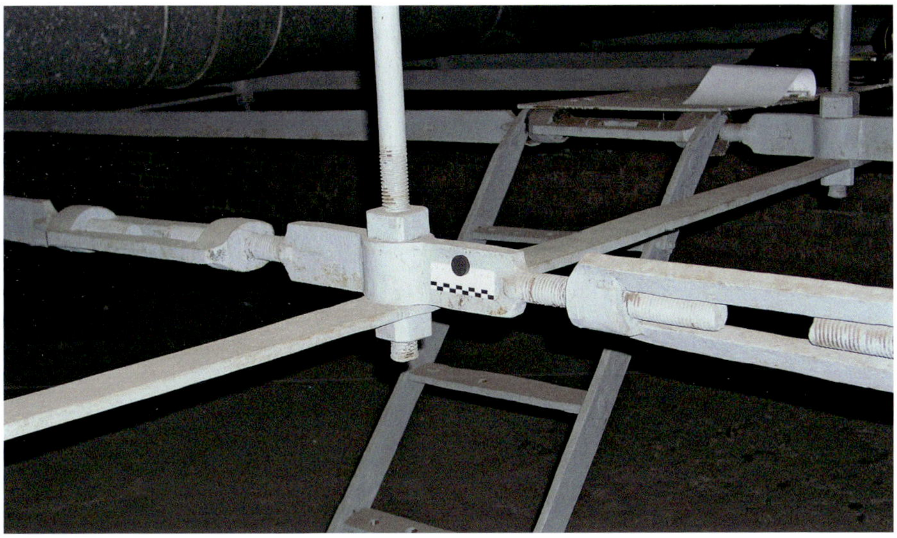

7

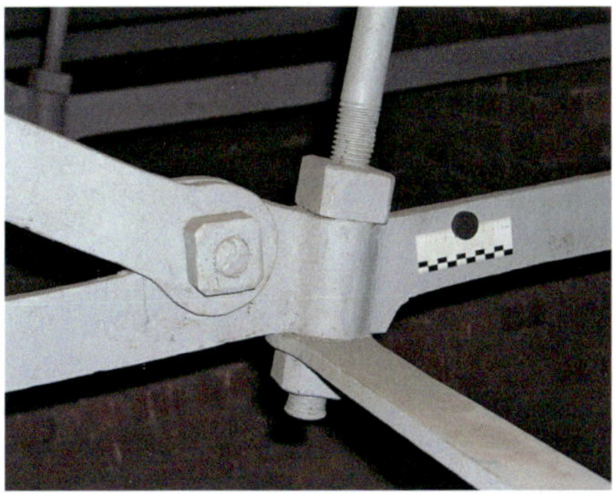

8

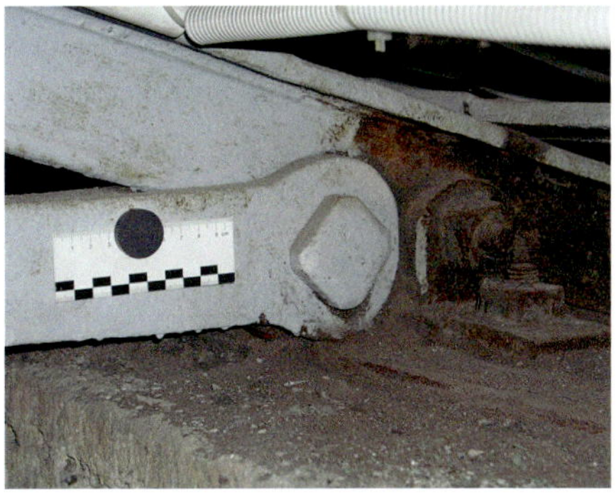

9

Tafel 72

Einfach unterspannte Sparrenbinder

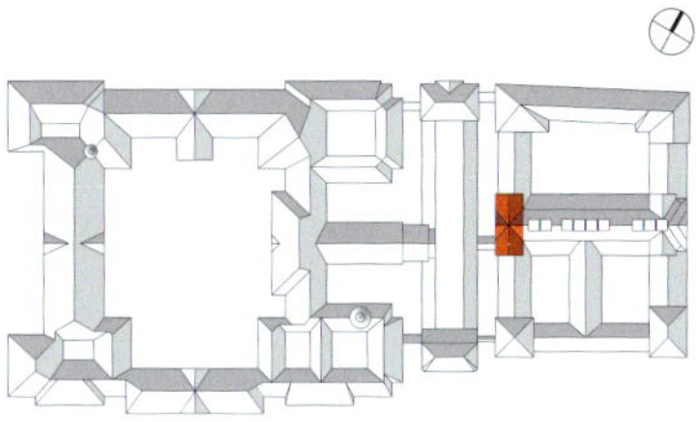

Knoten 1

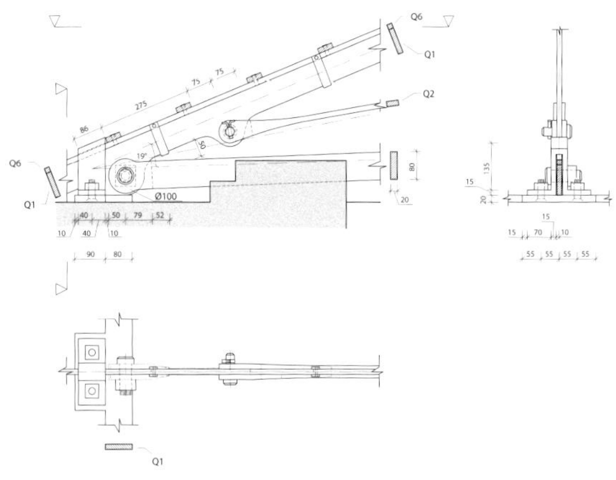

Knoten 3

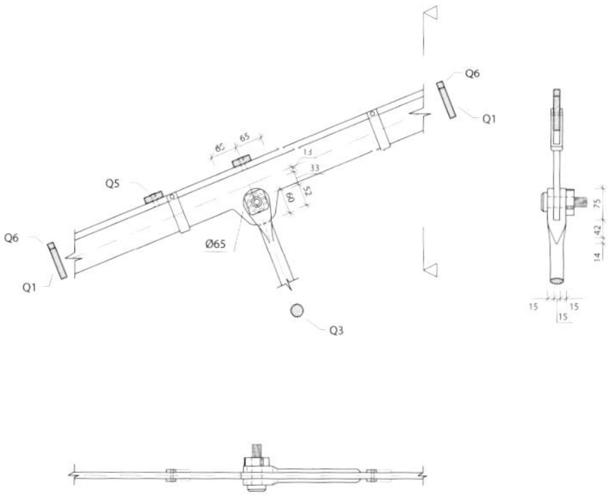

Binder
Achse 6
Blickrichtung Ost

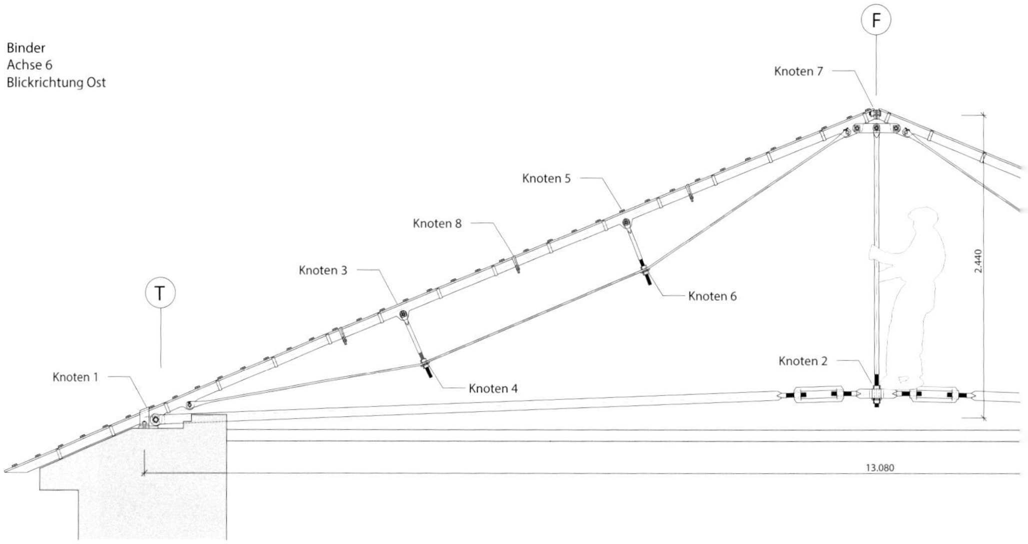

Knoten 8

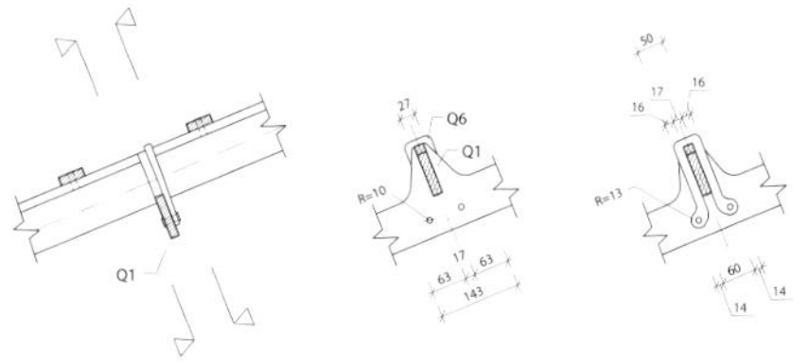

Knoten 4

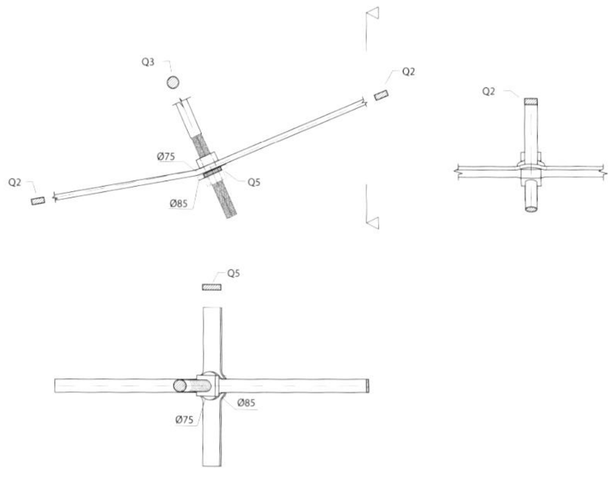

Querschnitte	Q1	Q2	Q3	Q4	Q5	Q6
	16 - 20 71 - 80	35 - 39 14 - 16	Ø 31 - 33	Ø 38 - 39	48 - 53 8 - 13	16 - 20 17 - 18

Knoten 7

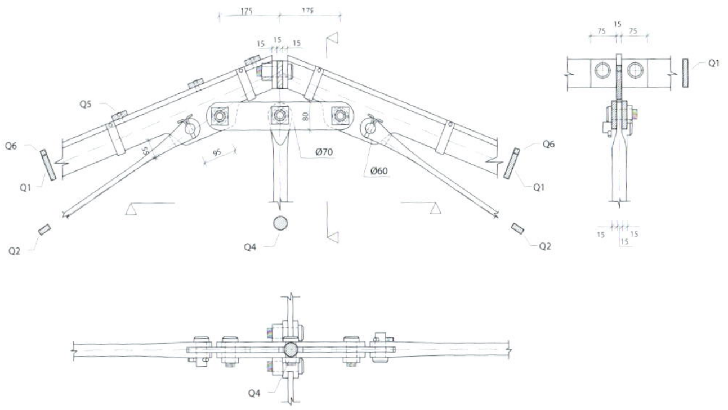

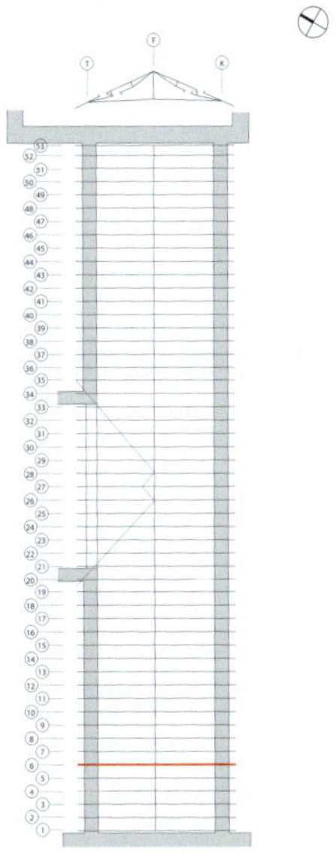

Übersicht 0 1 2 m

Details 0 50 cm

Baujahr 1843–1844
Aleksandrovskij-Werk, St. Petersburg
Entwurf Aleksandr Fullon
Spannweite 13,08 m
Höhe (Achsmaß) 2,44 m

Die einzigen Beispiele von Bindern mit zweifach unterspannten Sparren finden sich über den Sälen der flämischen Malerei in der Neuen Eremitage. Das die Auflager verbindende Zugband ist hier unabhängig von der Unterspannung als eigenständige Verankerung angeordnet. Charakteristisch für die zu dieser Zeit im Aleksandrovskij-Werk entstandenen Tragwerke sind die Lösungen für die Queraussteifung, die hier erstmals zur Anwendung gekommenen Spannschlösser sowie die Ausführung der Dachlattung als vorgefertigter Trägerrost.

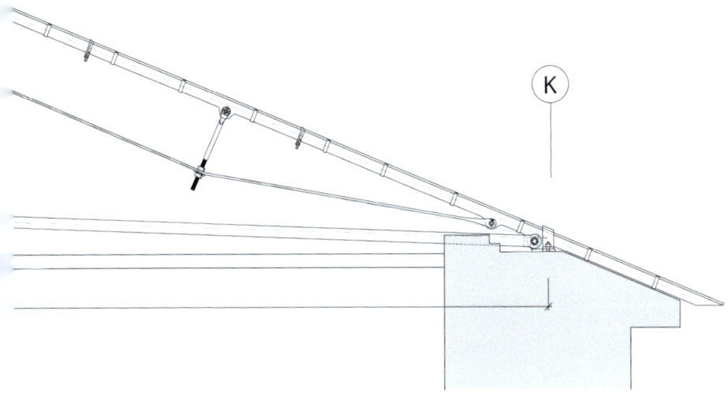

oten 2

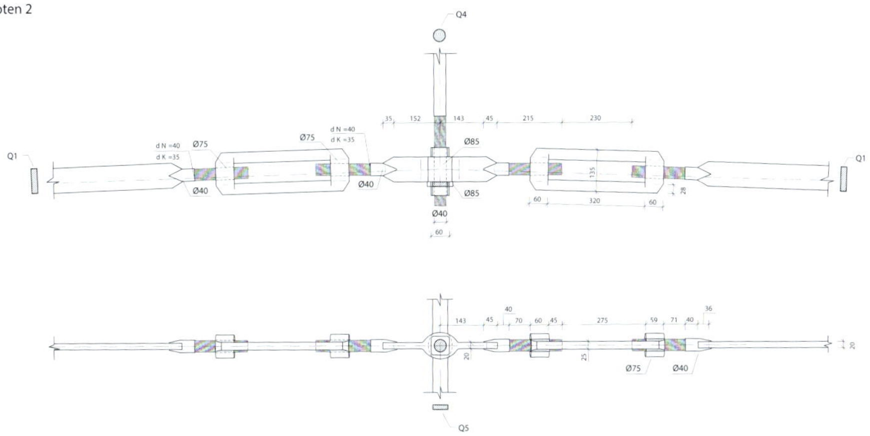

Tafel 73

Zweifach unterspannte Sparrenbinder

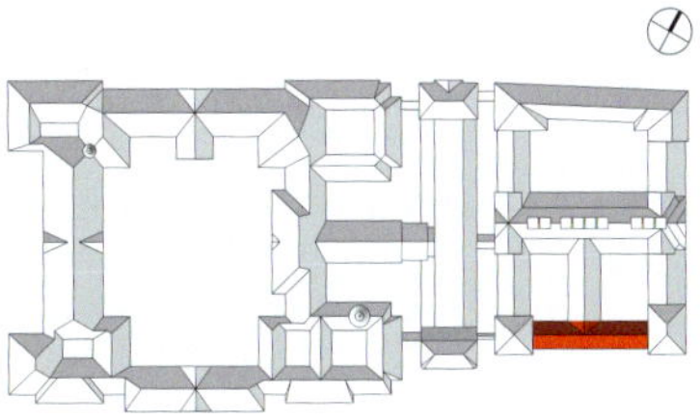

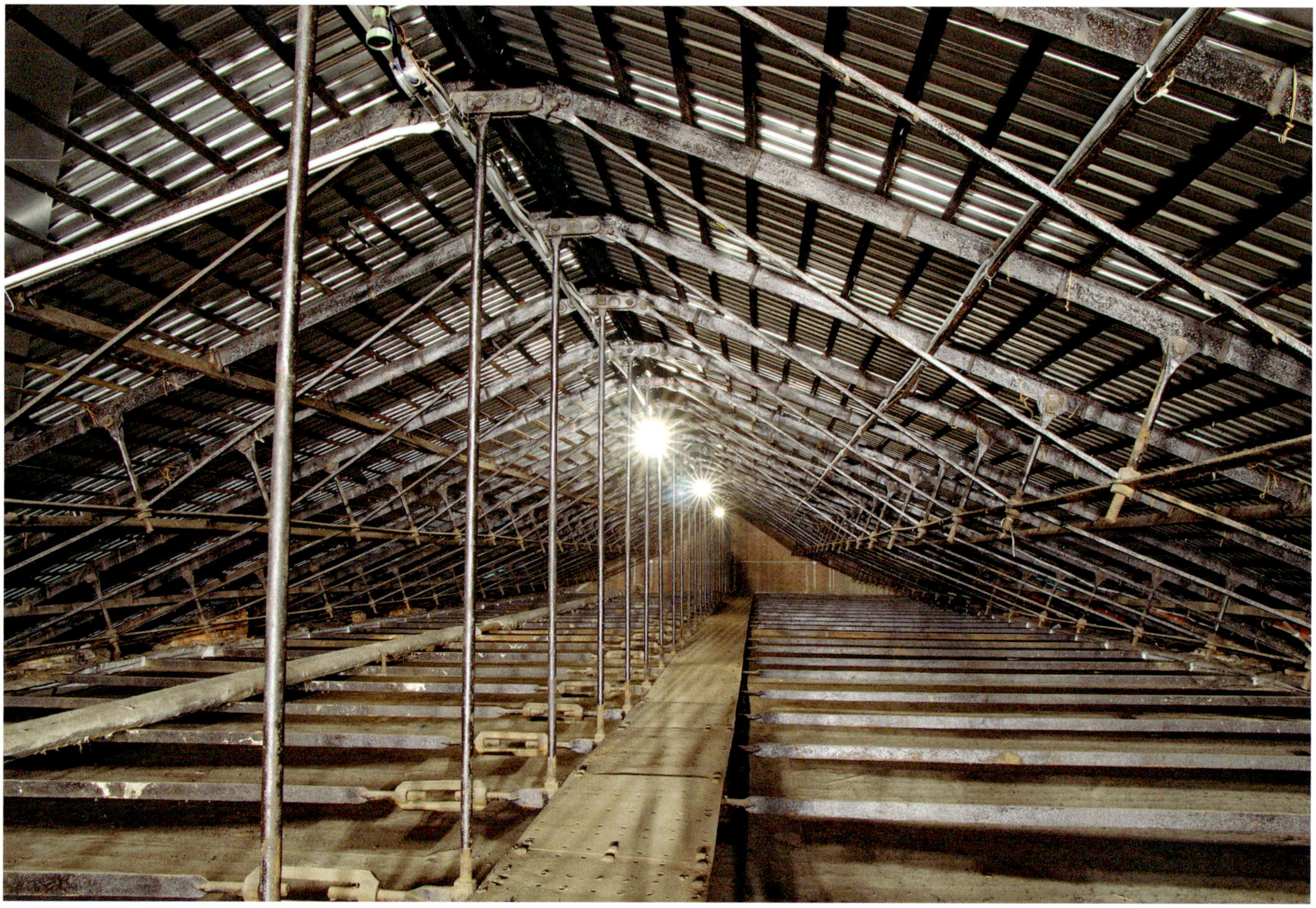

1

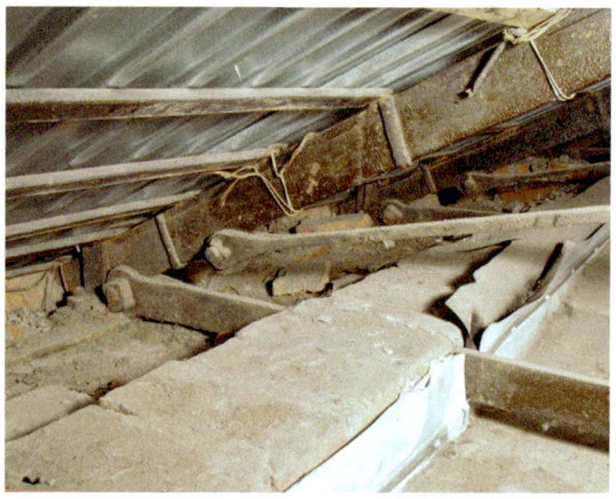

3

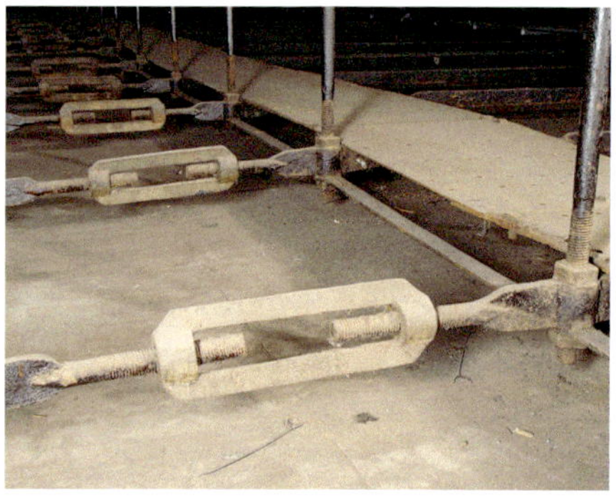

4

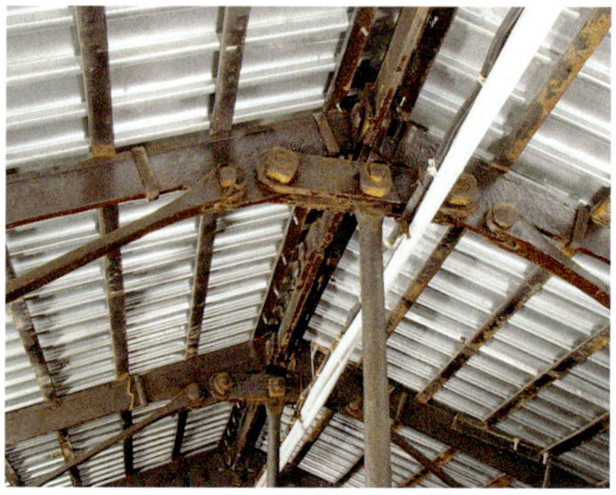

5

Systemskizze mit Knotennummern

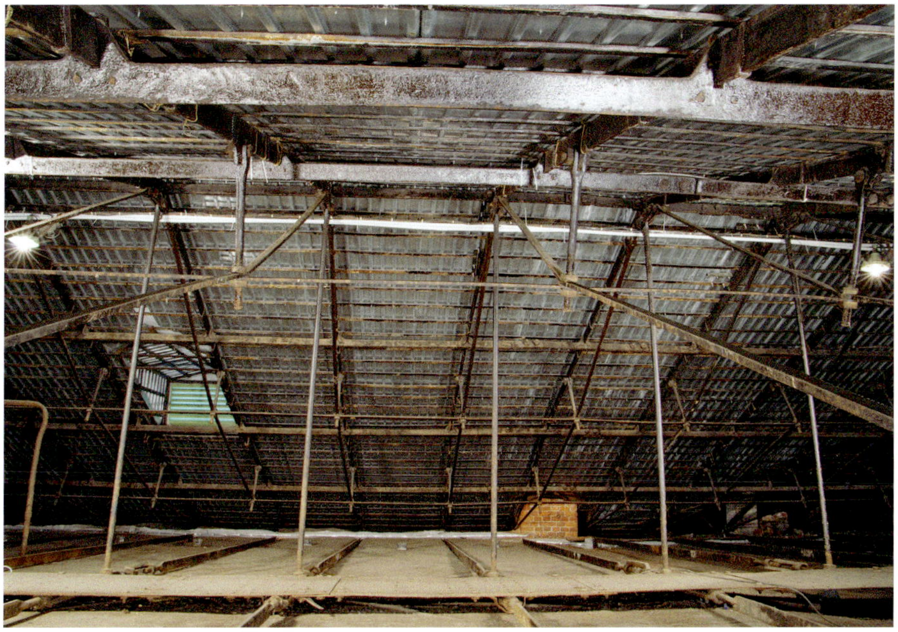
2

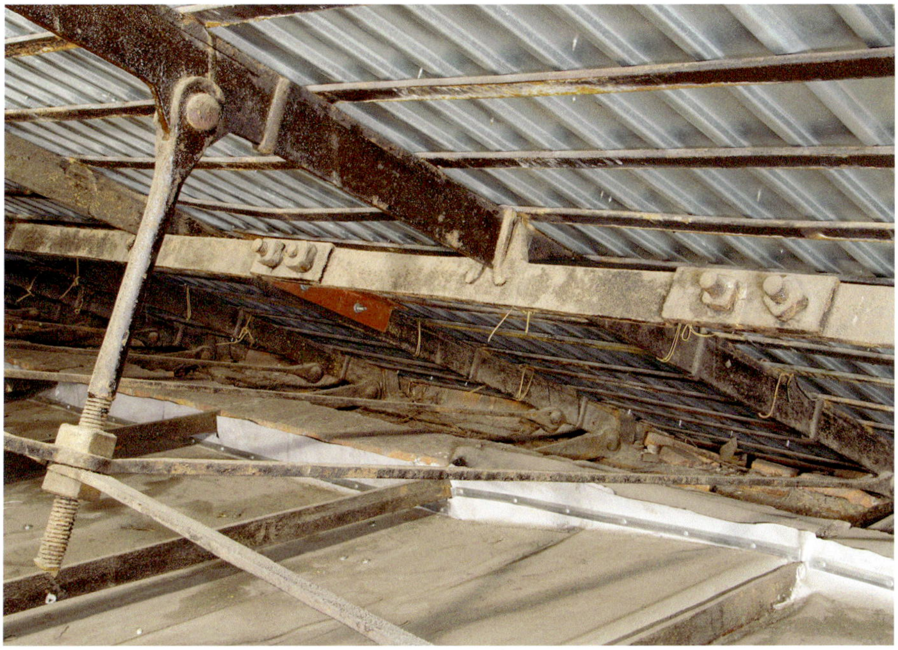
6

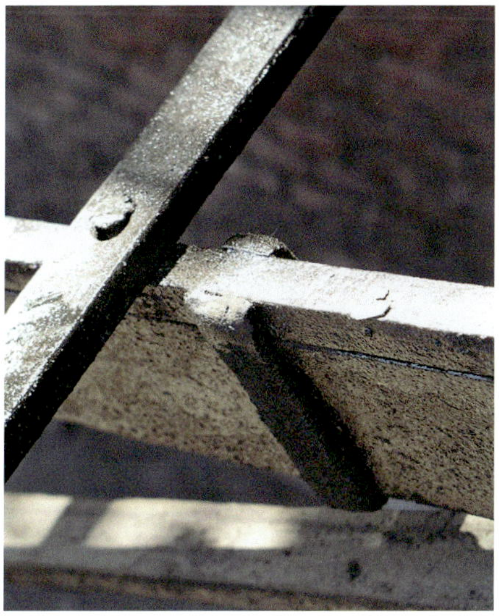
7

Dargestellt ist die Konstruktion über den Sälen der flämischen Malerei in der Neuen Eremitage.

1 Dachraum über den Sälen der flämischen Malerei

2 Binder aus zweifach unterspannten Sparren, Aussteifungen und Dachlattung

3 Knoten 1, Auflager

4 Knoten 2, Spannschlösser in der Verbindung zwischen Zugband und dessen Abhängung vom First

5 Knoten 7, Firstanschluss der Sparren

6 Knoten 4 und 8 mit den Anschlüssen der beiden Aussteifungssysteme

7 Anschluss der Dachlattung, hier über ein separates Auflageprofil mit Klammer und Nietungen

Tafel 74

Zweifach unterspannte Sparrenbinder

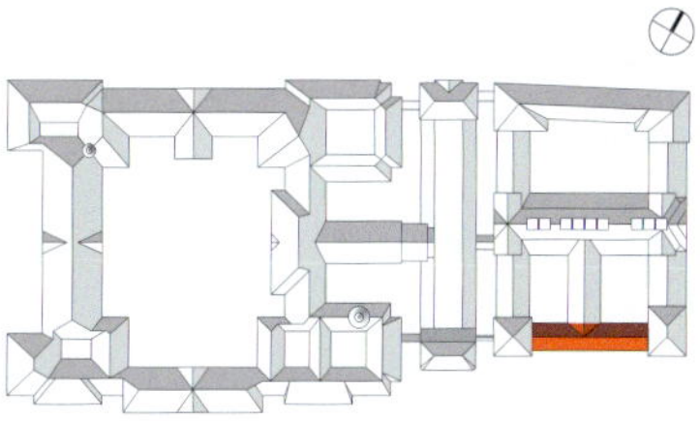

Knoten 6

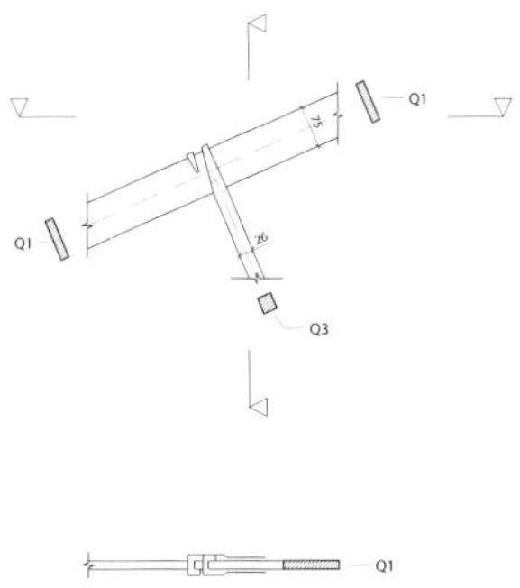

Knoten 5

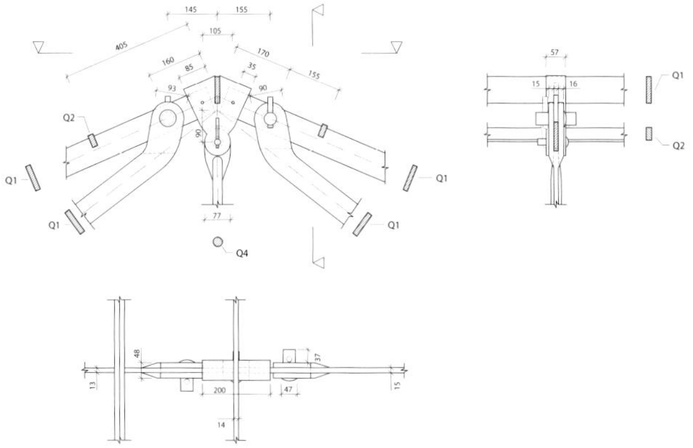

Binder
Achse 6
Blickrichtung West

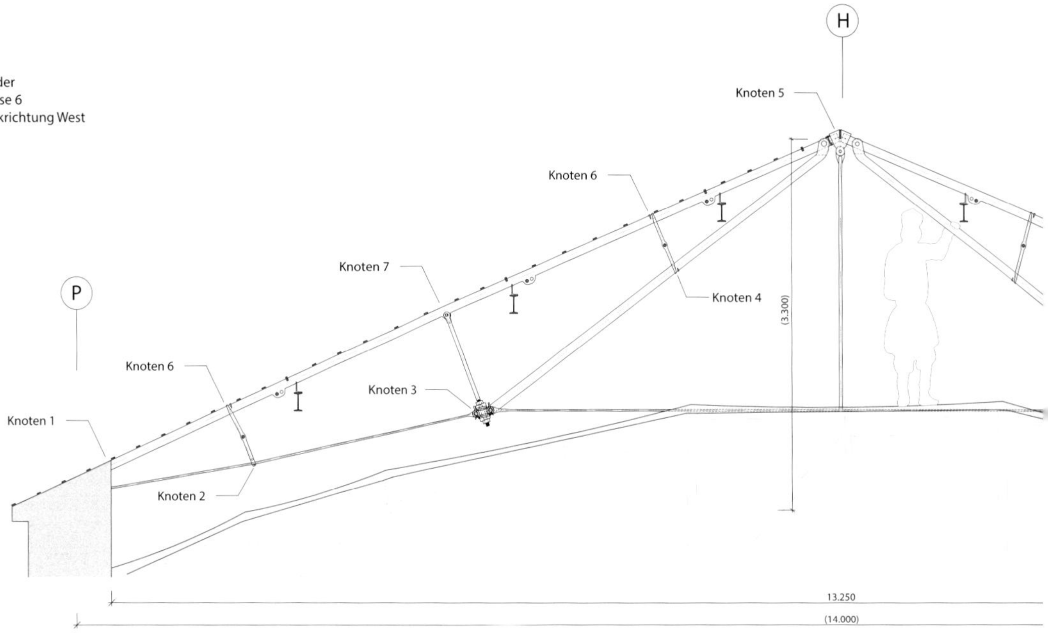

Knoten 1

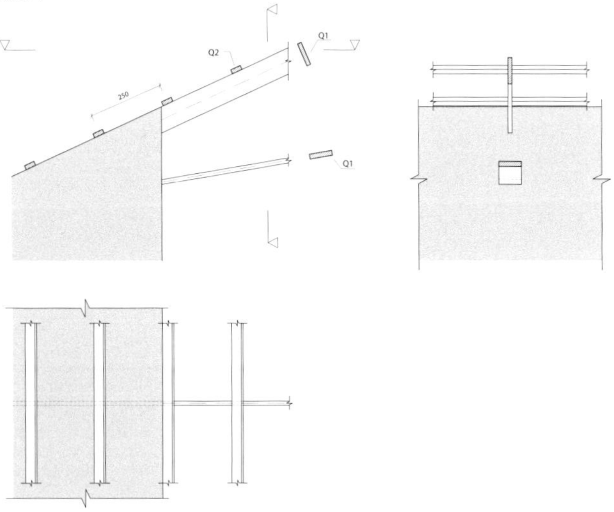

Knoten 2

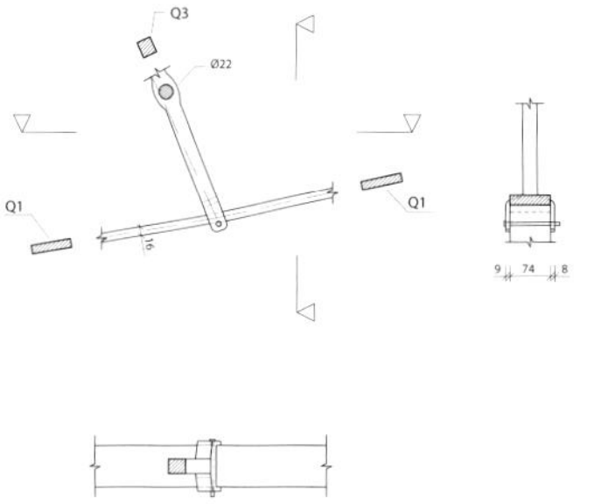

Querschnitte	Q1	Q2	Q3	Q4	Q5
	13 - 16 / 73 - 79	14 / 35	26 - 30 / 26 - 27	Ø 28 - 32	Ø 18

ten 7

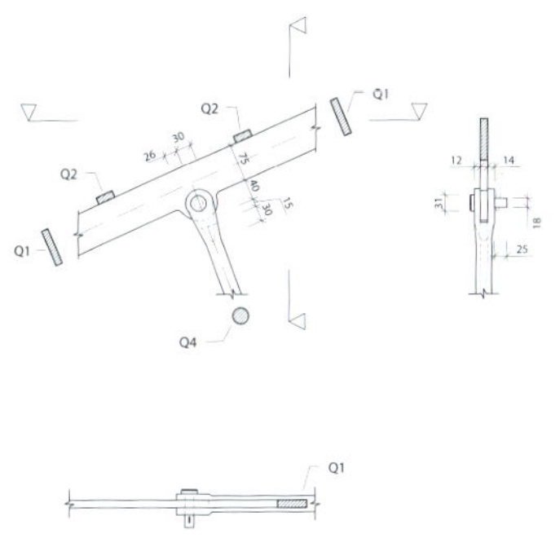

Aussteifung/Subkonstruktion

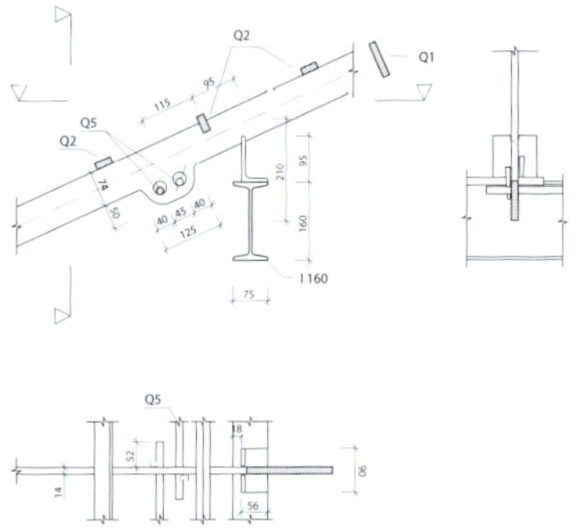

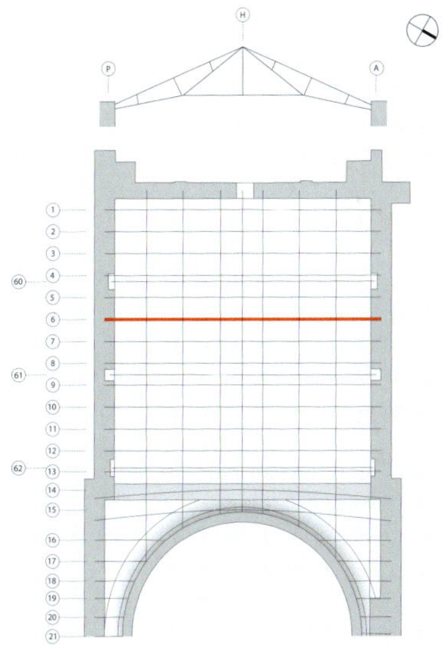

Übersicht 0 1 2 m

Details 0 50 cm

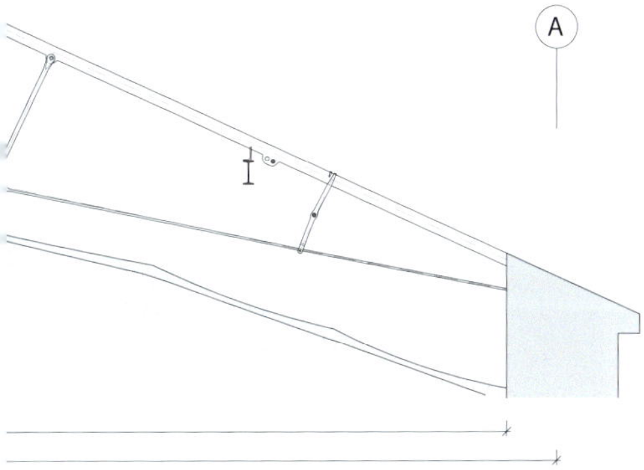

Baujahr 1838
Aleksandrovskij-Werk, St. Petersburg
Entwurf Matthew Clark
Spannweite ca. 14,00 m
Höhe (Achsmaß) ca. 3,30 m

Im Winterpalast kam dieser Typus offenbar nur über dem Gemeinderaum der Großen Kirche zur Anwendung. Die Struktur ist durch das dem aufsteigenden Deckenträger geschuldete abgewinkelte Zugband gekennzeichnet. Markante Details sind der Firstpunkt mit Gussformteil sowie die Knotenpunkte der Unterspannung mit Kettengliedern, Gussklammern und Spannmöglichkeit. Die beiden kleinen Druckstreben der dreifachen Unterspannung wurden möglicherweise erst nachträglich für eine bis dahin fehlende Queraussteifung eingebaut. Bei den Umbauten 1887 wurde das Tragwerk durch eine eingeschobene Pfetten-Binder-Konstruktion verstärkt. Spätere Sparren mit abgewinkeltem Zugband kamen über den Oberlichtsälen der Neuen Eremitage zur Anwendung (vgl. Tafel 83).

en 3

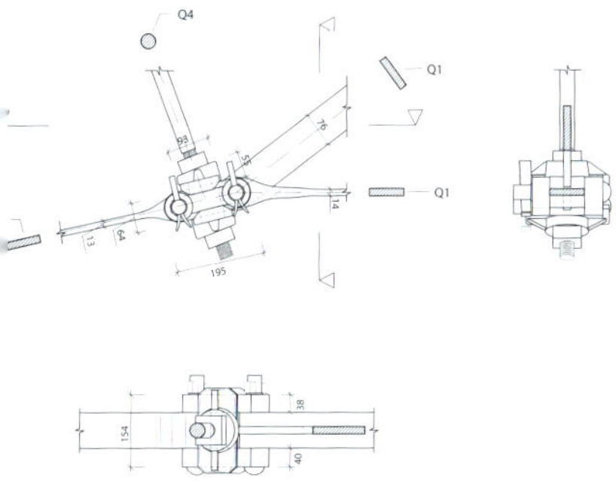

Knoten 4

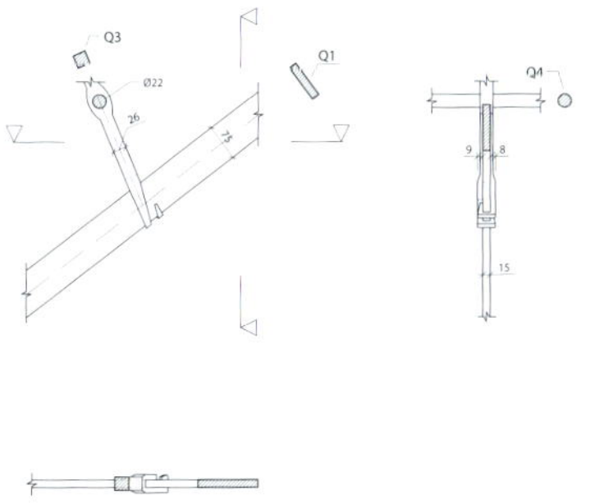

Tafel 75

Sparrenbinder mit abgewinkeltem Zugband

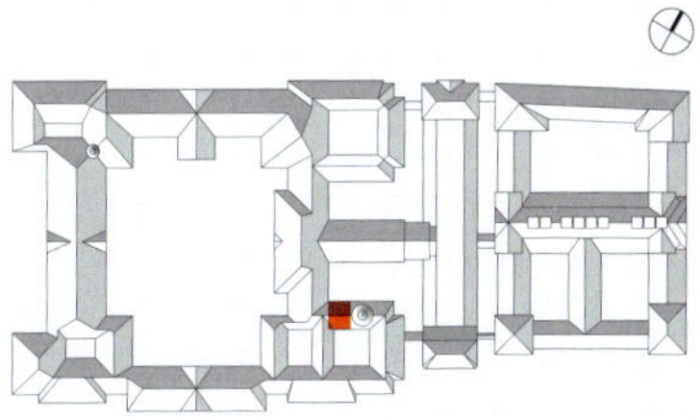

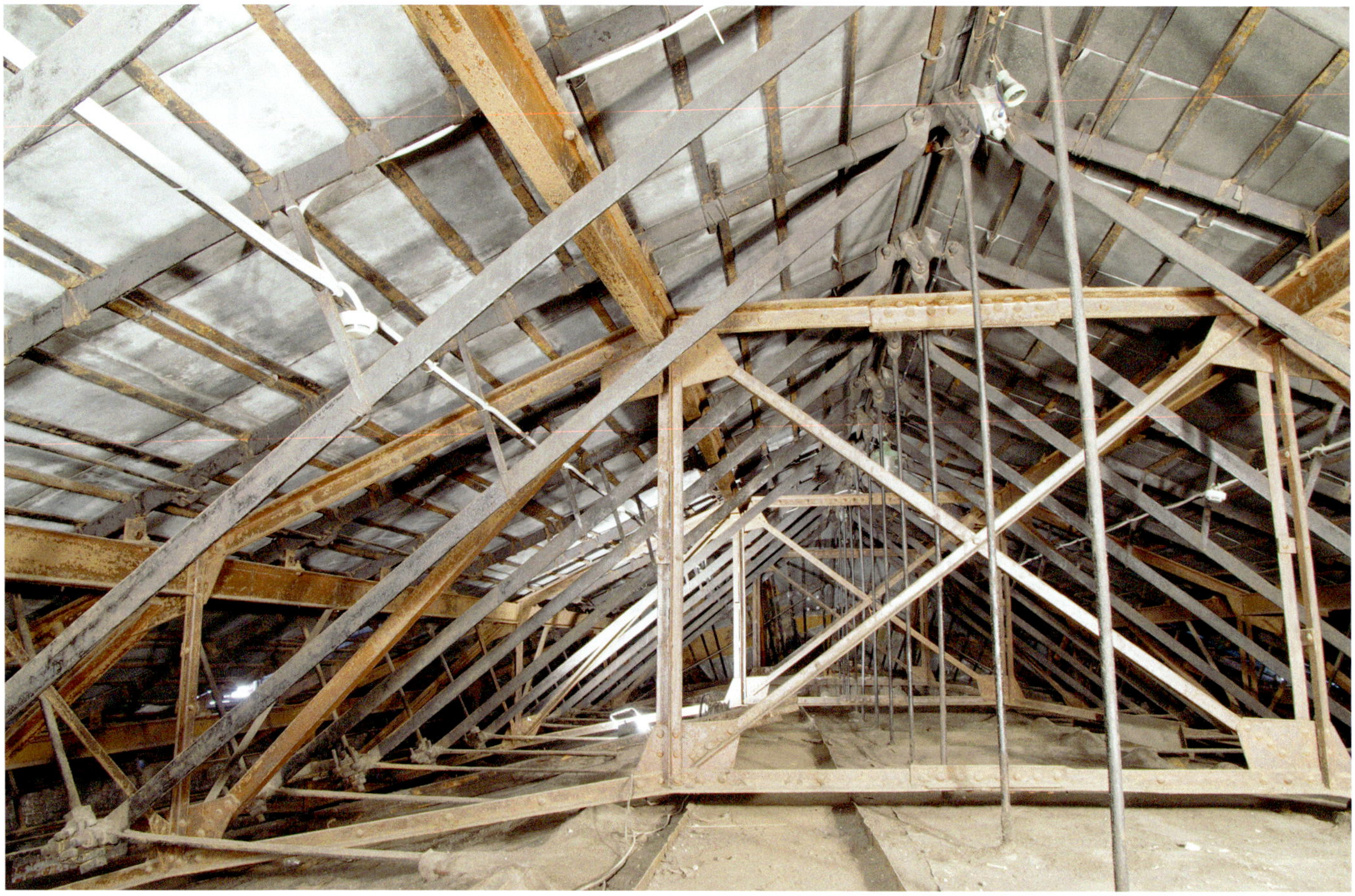

1

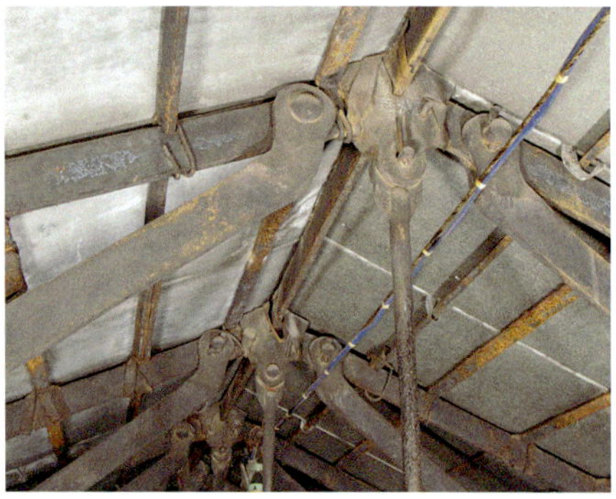

3

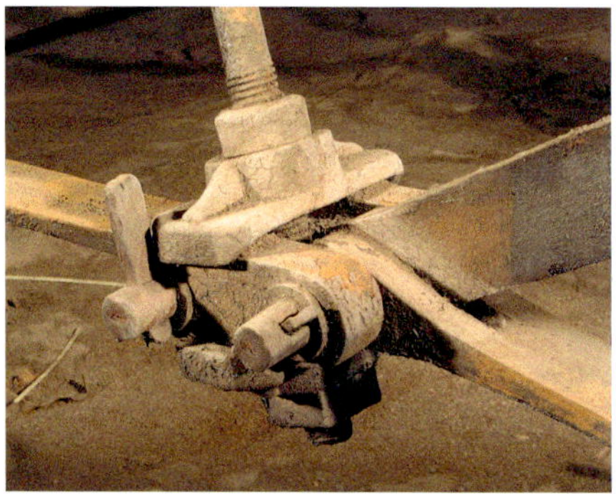

4

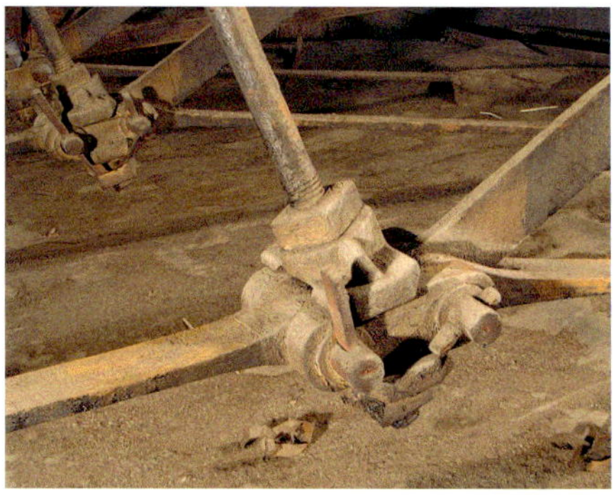

5

Systemskizze mit Knotennummern

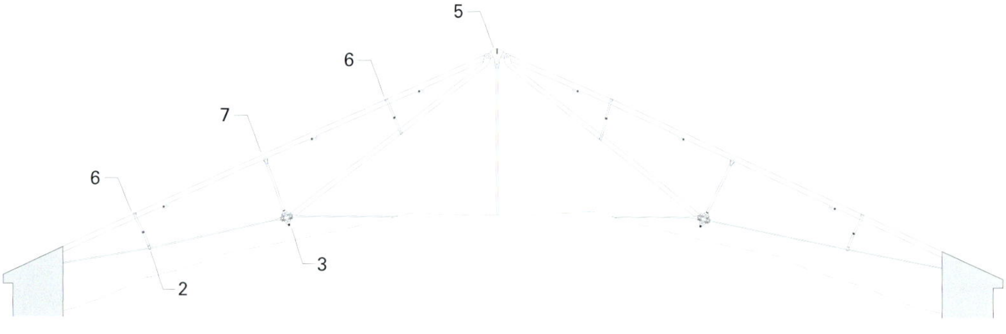

Dargestellt ist die Konstruktion über dem Gemeinderaum der Großen Kirche des Winterpalastes.

1 Binder aus dreifach unterspannten Sparren über der Großen Kirche

2 Sparren der Binder über der Großen Kirche

3 Knoten 5, Firstanschluss der Sparren

4, 5 Verzweigung des Zugbandes und Anschluss der Druckstrebe mit Spannmöglichkeit

6 Knoten 2 und 6, untere Druckstrebe mit Queraussteifung

7 Knoten 3 und 7, mittlere Druckstrebe mit Anschluss an Sparren bzw. Zugstreben

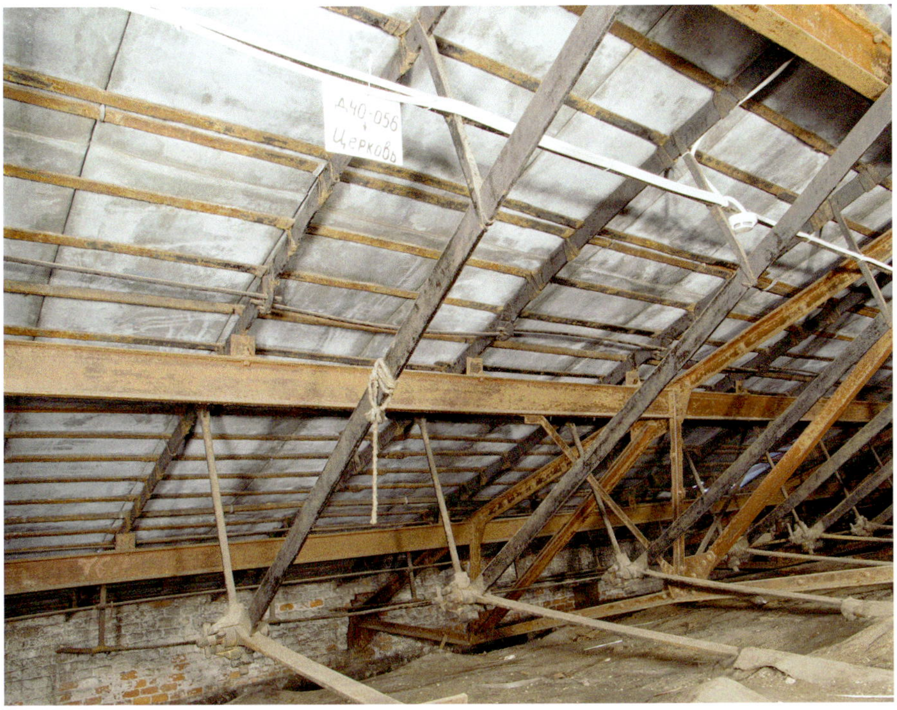

2

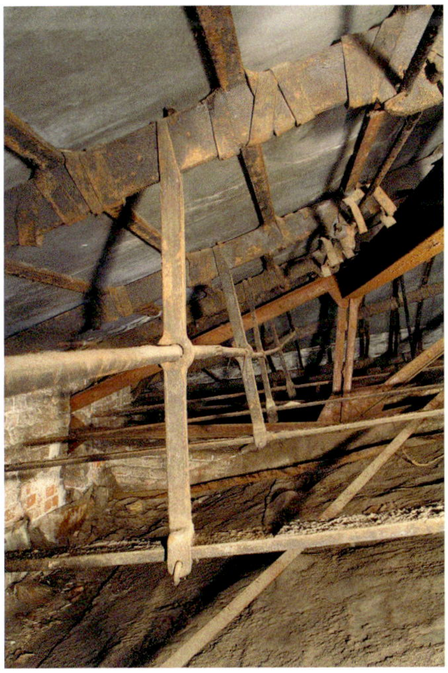

6

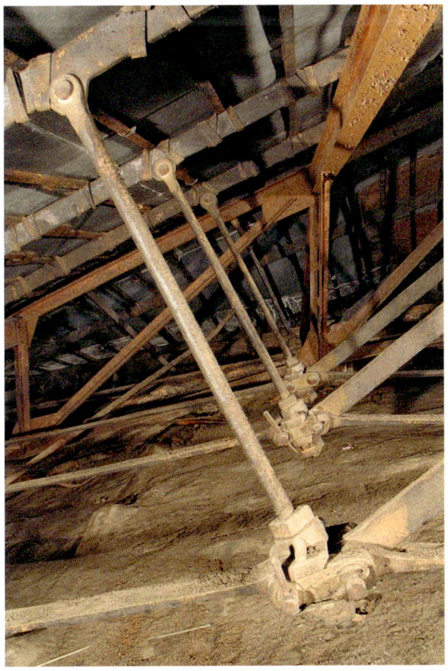

7

Tafel 76

Sparrenbinder mit abgewinkeltem Zugband

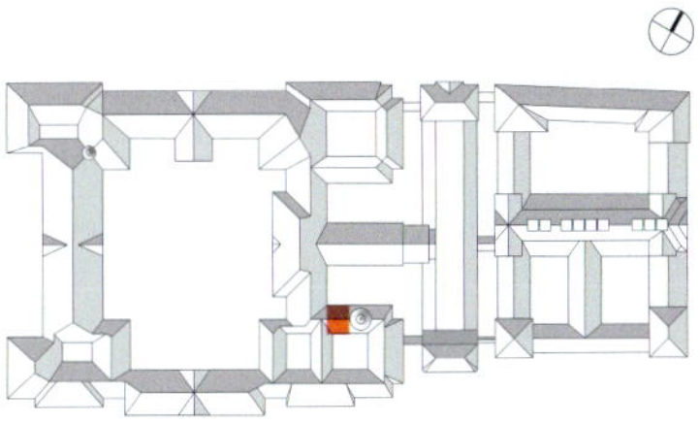

Knoten 9

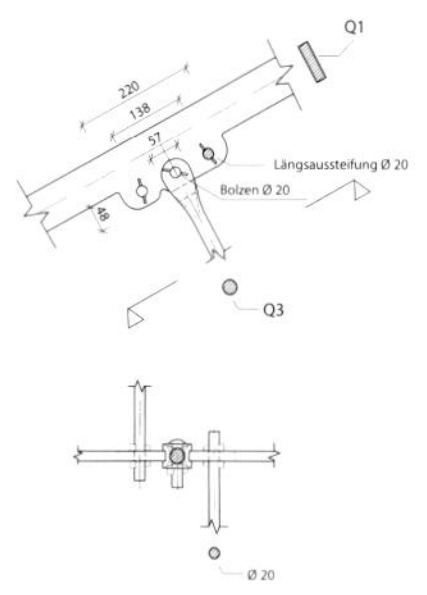

Knoten 8

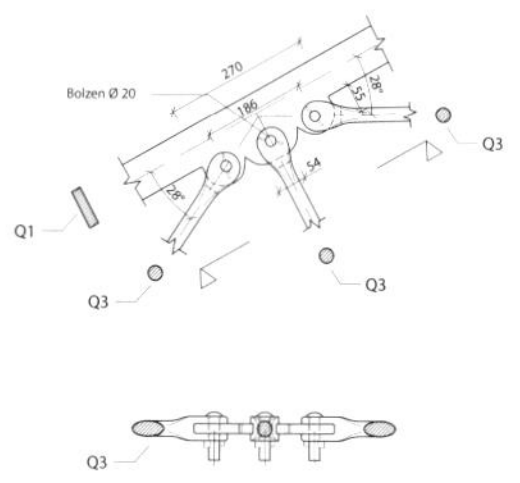

Knoten 6

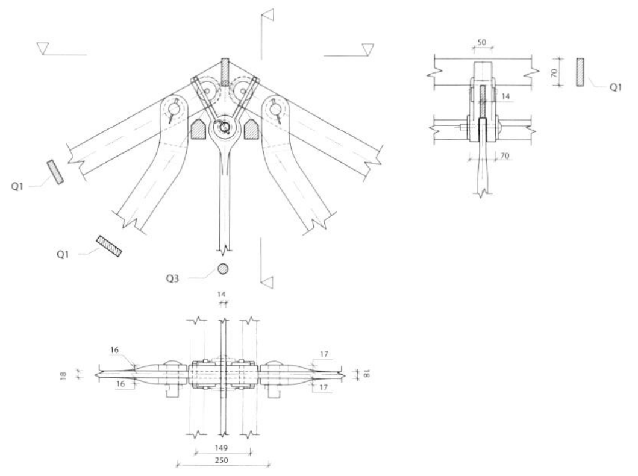

Binder
Achse 3
Blickrichtung West

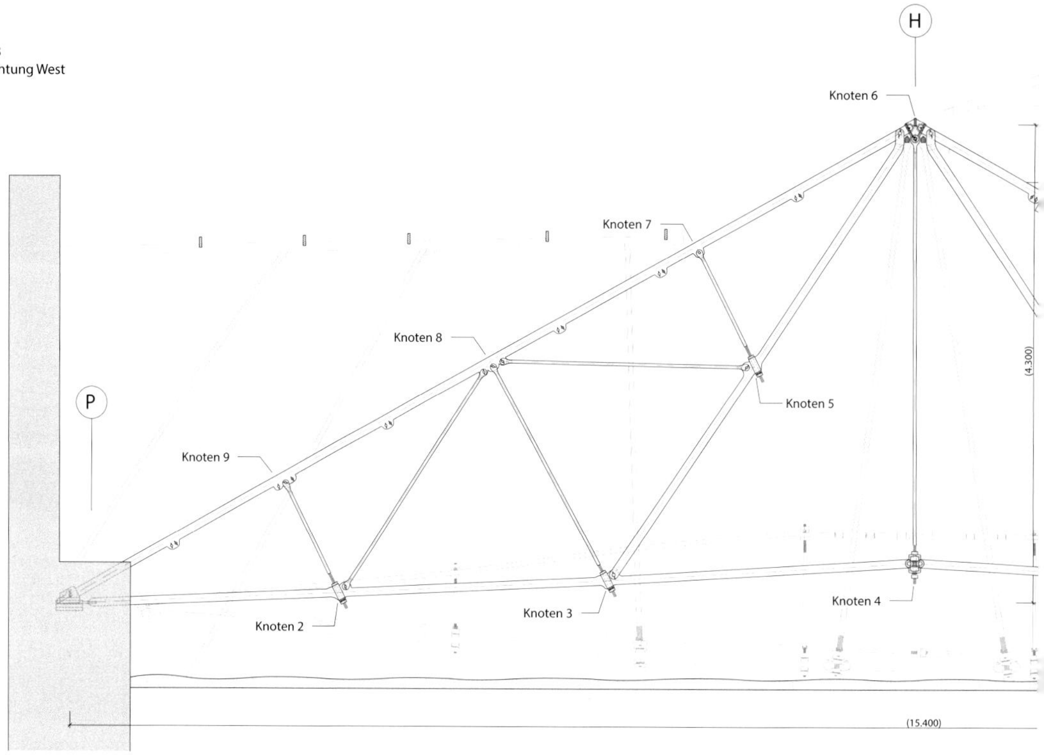

Knoten 1

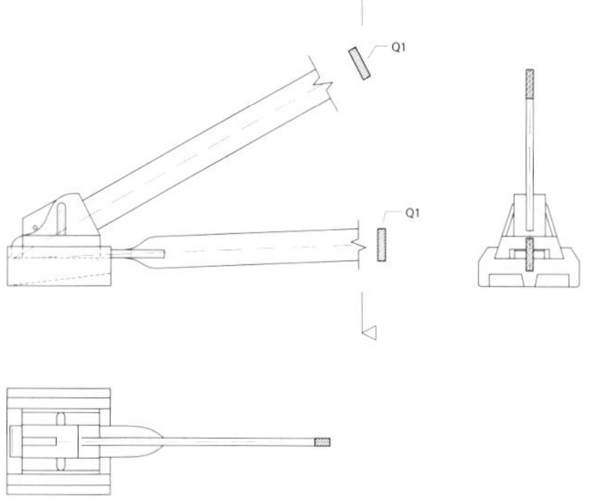

Knoten 2

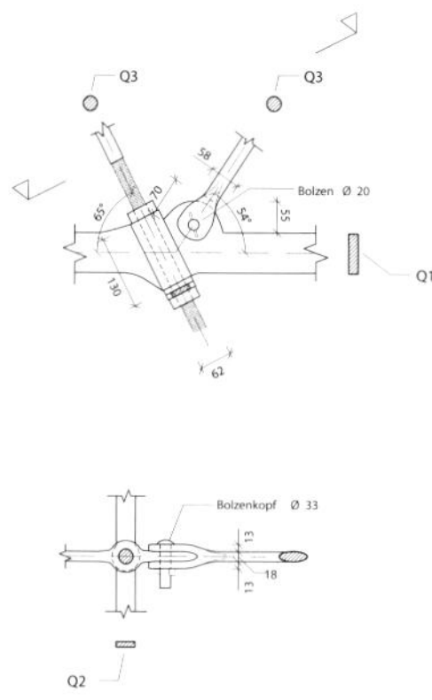

Knoten 3

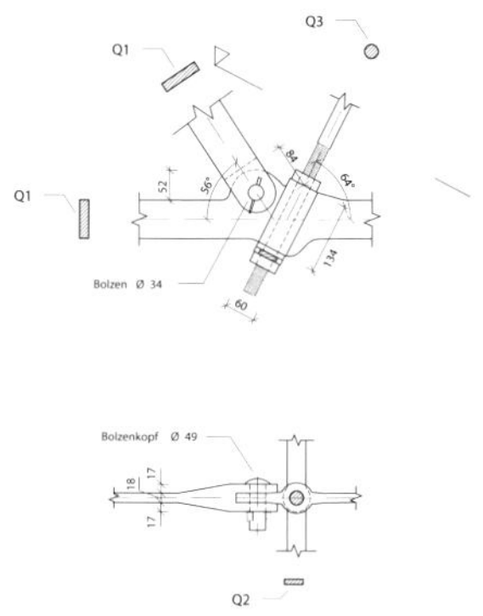

Querschnitte

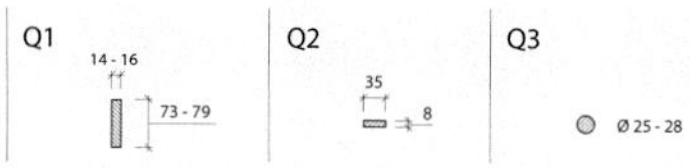

Knoten 7

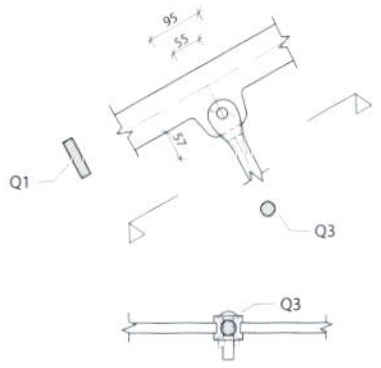

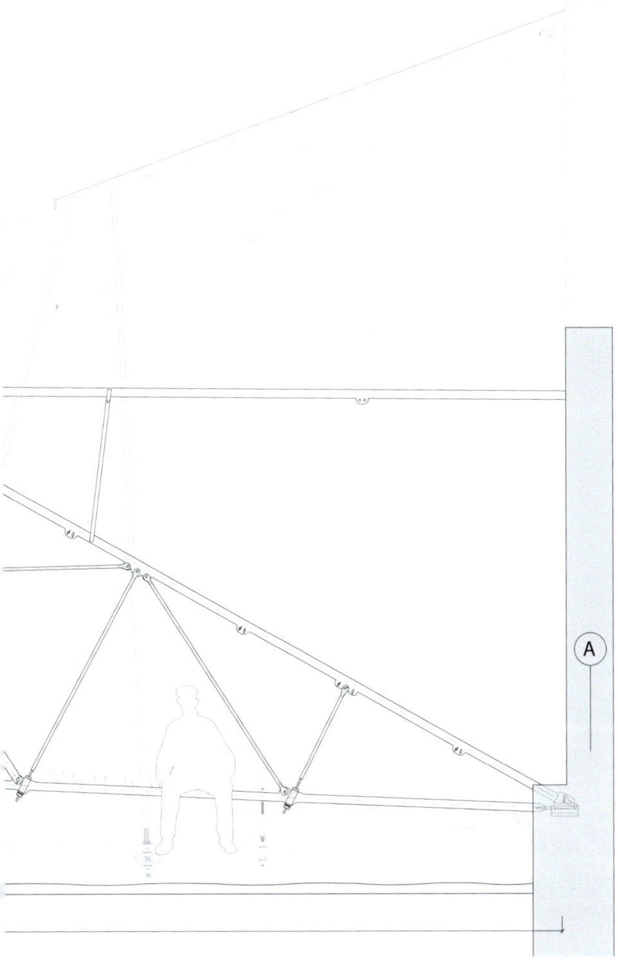

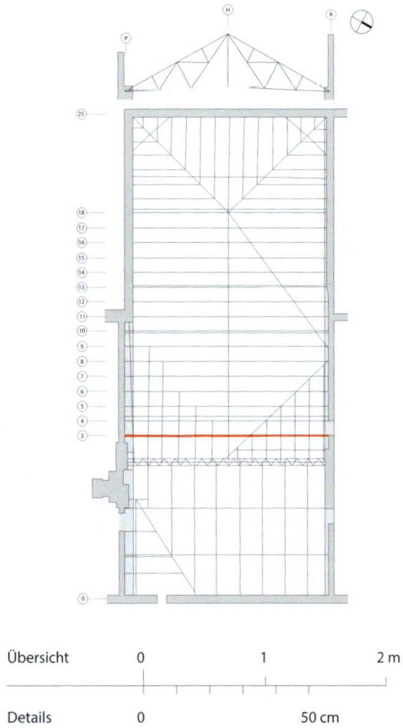

Baujahr 1838
Aleksandrovskij-Werk, St. Petersburg
Entwurf Matthew Clark
Spannweite ca. 15,40 m
Höhe (Achsmaß) ca. 4,30 m

Mit der konsequent aus Dreiecken gebildeten Struktur stellen die Binder über dem Feldmarschallsaal des Winterpalastes eine (bereits vollständig aus eisernen Traggliedern gebildete) Frühform des Wiegmann-Polonceau-Binders dar. Kennzeichnend sind die langen Flacheisen der Zugbänder mit angeschmiedeten Hülsen und Augen, die Justiermöglichkeit über Gewinde an den Strebenenden sowie die mit Splinten gesicherten Bolzenverbindungen. Besonders bemerkenswert sind die verschieblich ausgeführten Lagerschuhe zur Gewährleistung einer schubfreien Mauerkrone. Die in der Darstellung nur angedeuteten, zusätzlich angeordneten Tragelemente dienen dem Lastabtrag der höher liegenden, vermutlich während einer zweiten Bauphase aufgesetzten Dachebene.

Knoten 4

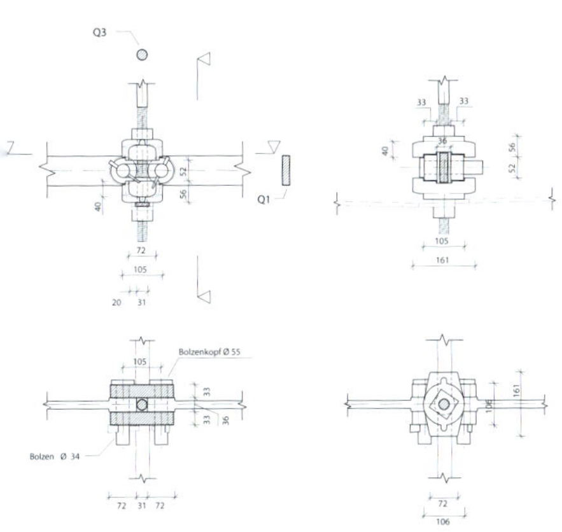

Knoten 5

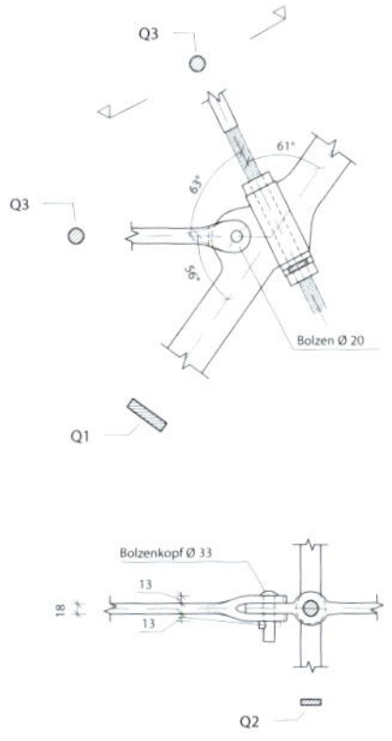

Tafel 77

Frühe Wiegmann-Polonceau-Binder

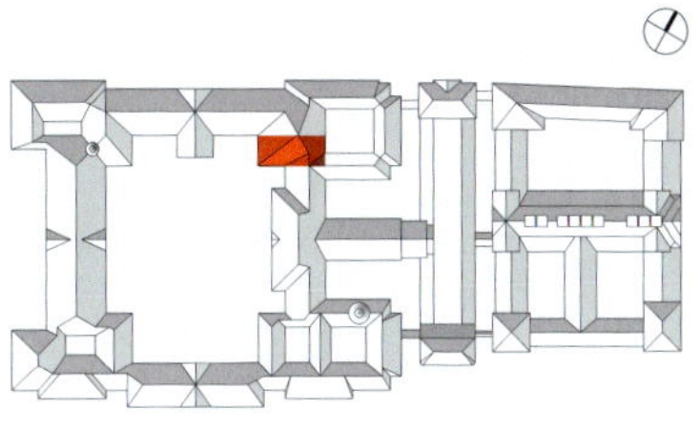

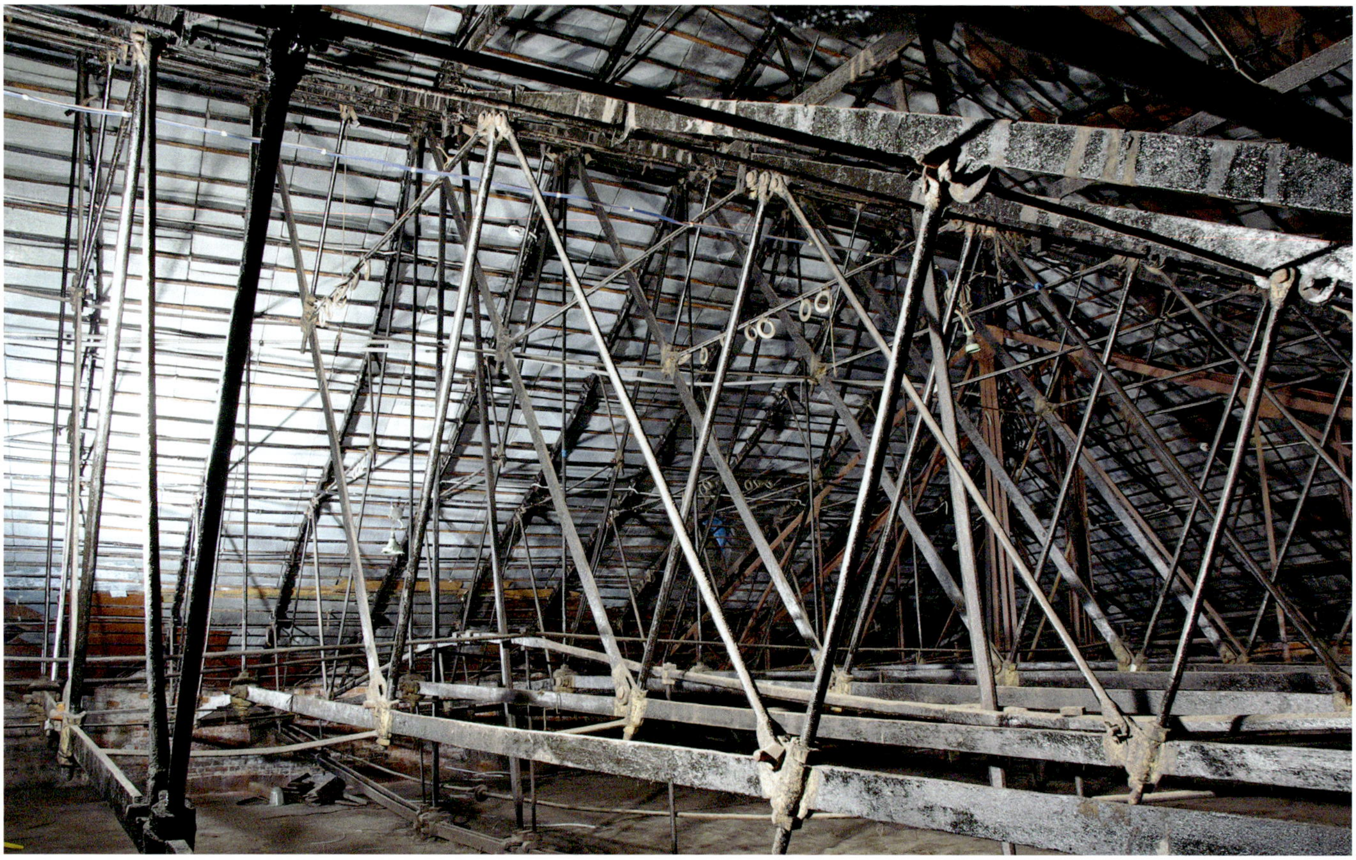

1

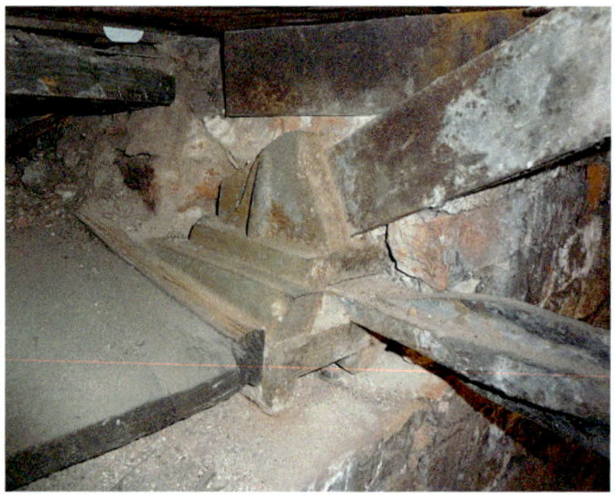

5

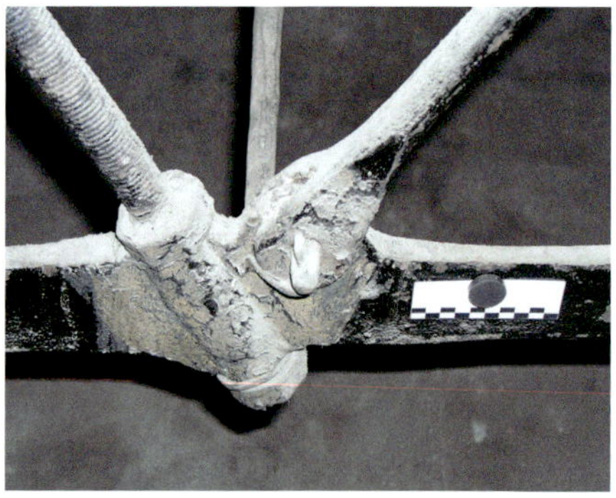

6

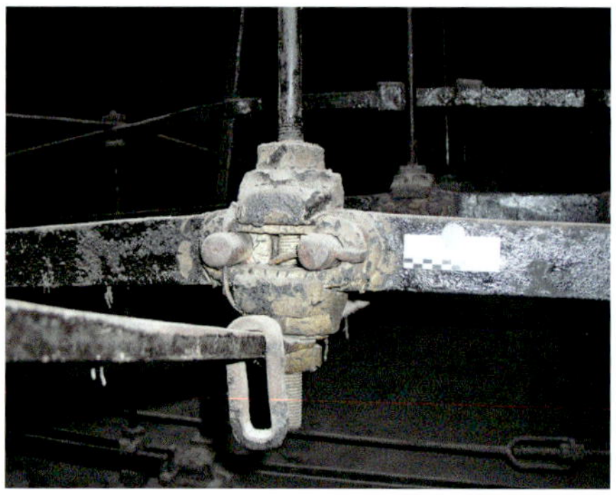

7

Systemskizze mit Knotennummern

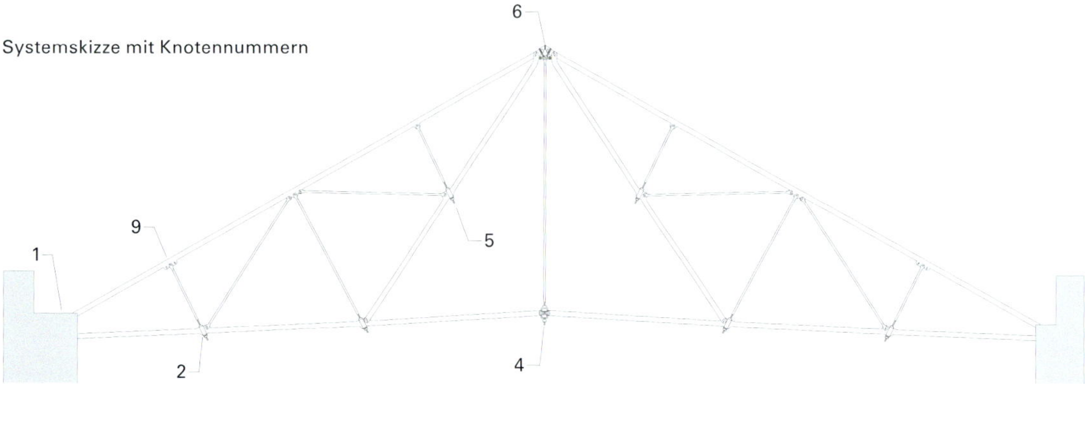

Dargestellt ist die Konstruktion über dem Feldmarschallsaal im Winterpalast.

1 Dachtragwerk über dem Feldmarschallsaal, hier der südwestliche Bereich

2 Firstverbindung, hier mit den zusätzlichen untergreifenden Stabeisen und deren Abstützung auf die separaten linsenförmigen Träger (s. Tafel 106)

3 Knoten 6, Anschluss der Sparren am First

4 Firstlinie des Haupttragwerkes mit zusätzlichen unterstützenden Abstrebungen und abgehenden Sparren der hochliegenden Tragwerksebene

5 Knoten 1, Auflager mit (offensichtlich beabsichtigter) beweglicher Führung des Lagerschuhs

6 Knoten 2, Verbindung von Untergurt, Zug- und Druckstreben, letztere mit Spannmöglichkeit

7 Knoten 4, Verbindung zwischen Zugband und dessen Abhängung mit Spannmöglichkeit

8 Knoten 9, Anschluss der Druckstrebe an den Sparren mit Integration der Queraussteifung

9 Knoten 5, Verbindung von Zug- und Druckstreben der Unterspannung mit Einbindung der Queraussteifung

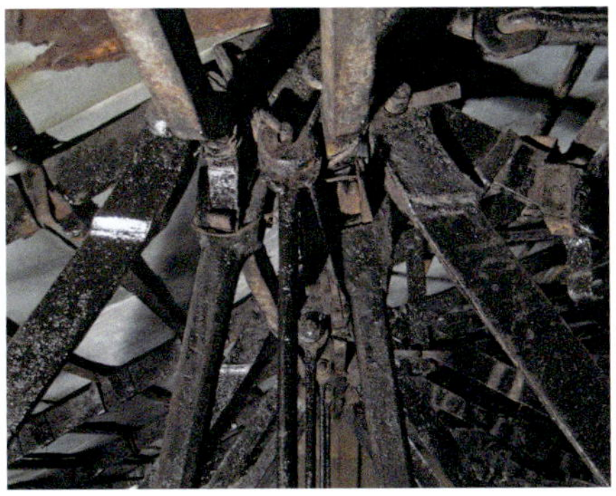

2

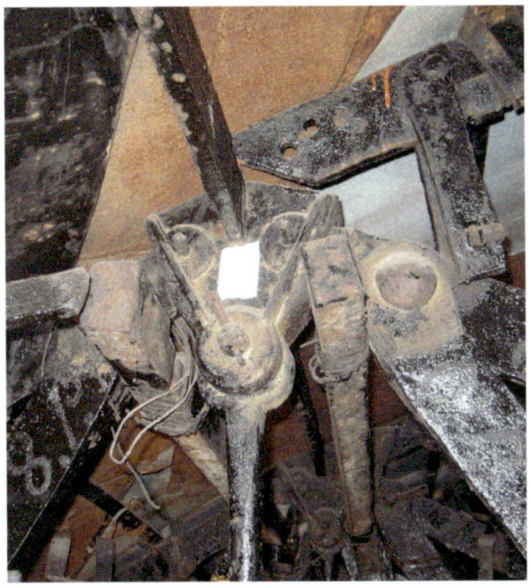

3

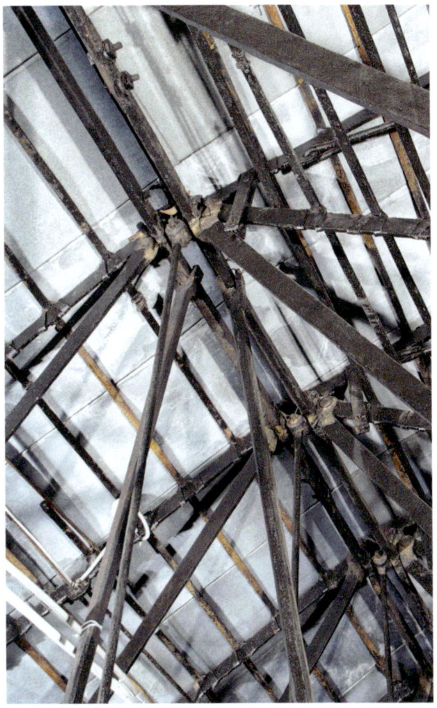

4

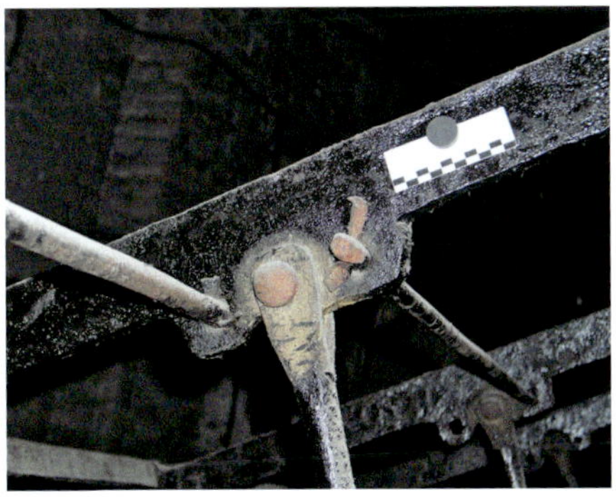

8

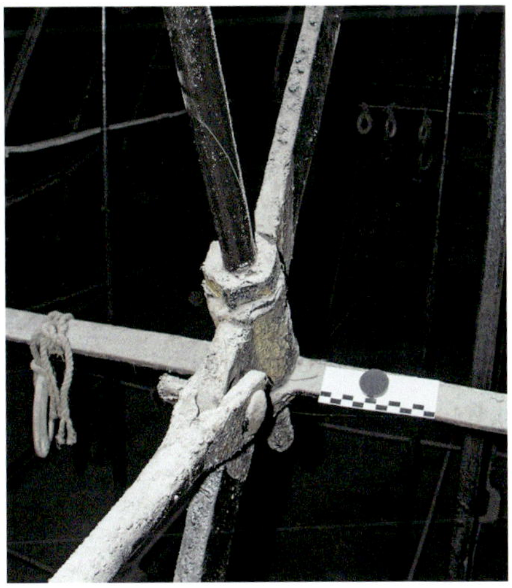

9

Tafel 78

Frühe Wiegmann-Polonceau-Binder

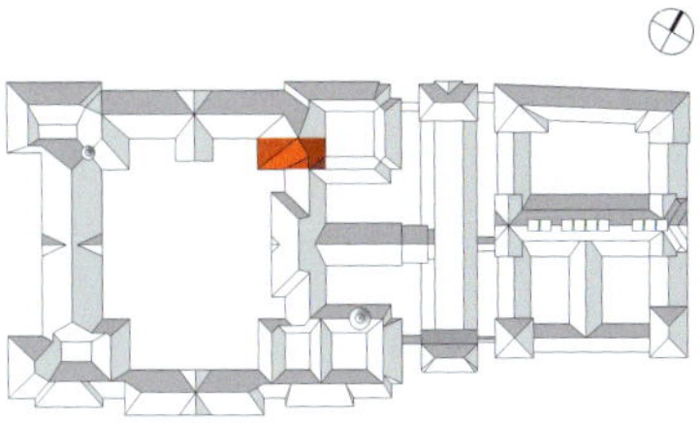

Knoten 7, 8 und 9

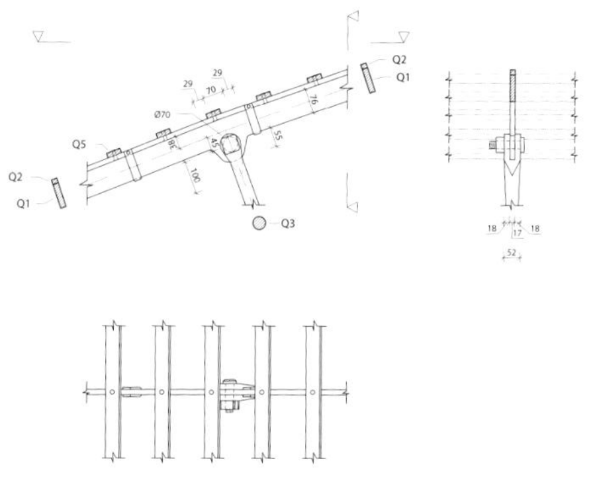

Knoten 6

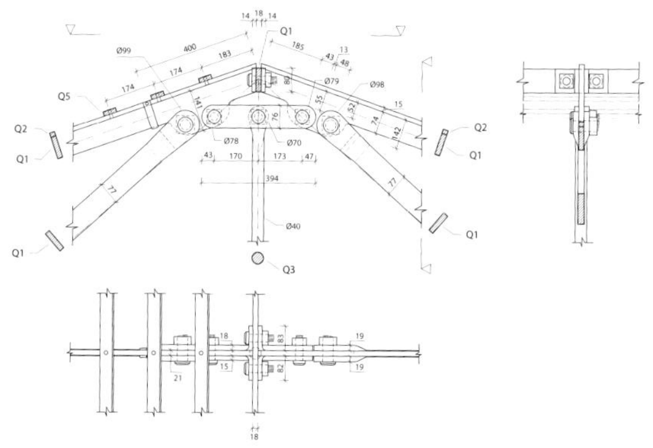

Binder
Achse 16
Blickrichtung Nord

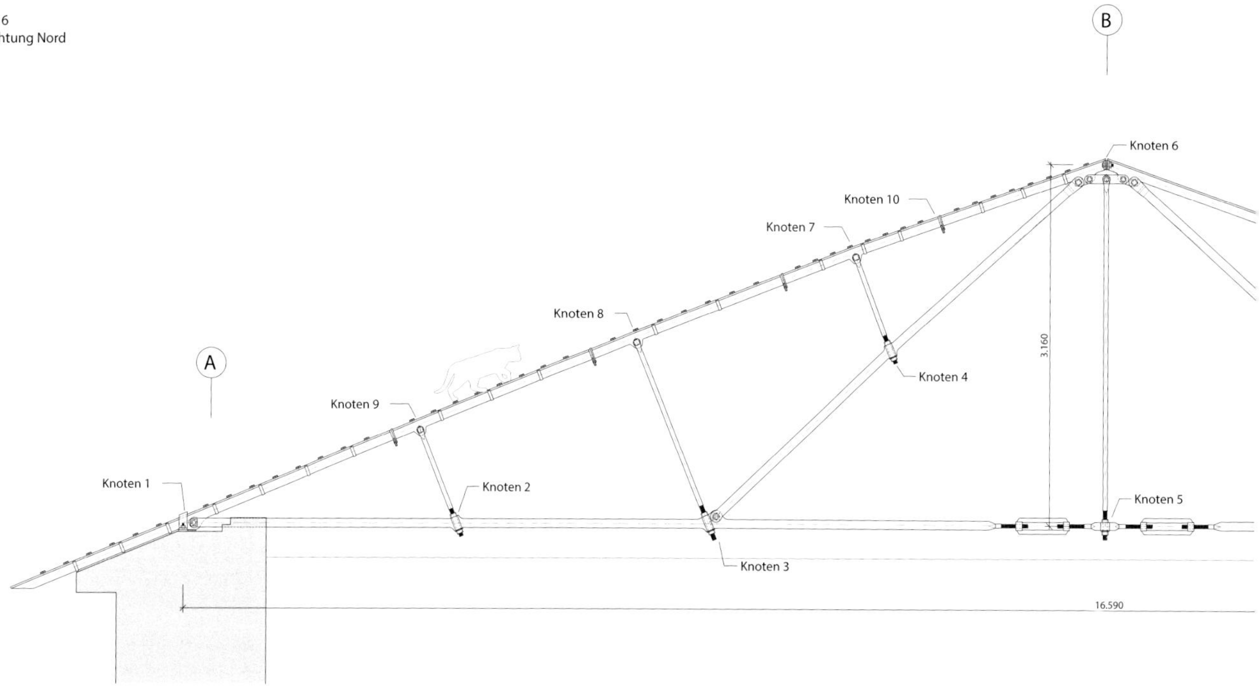

Knoten 1

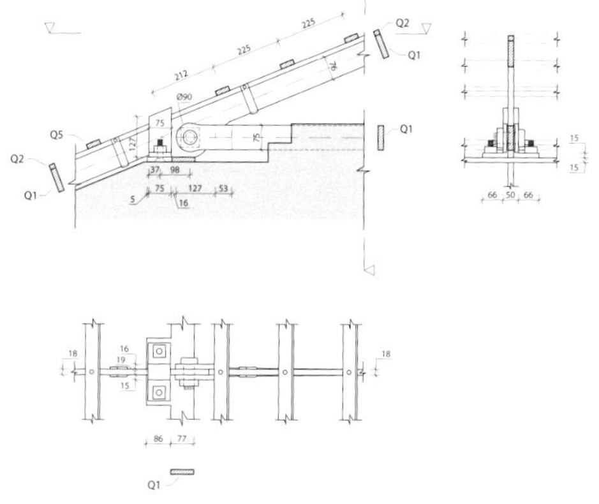

Knoten 3

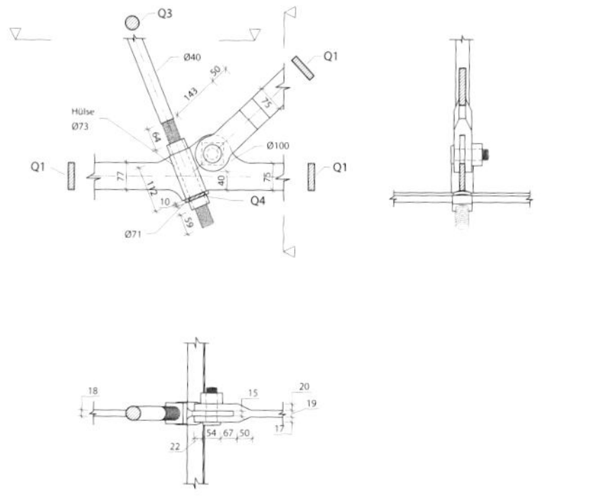

Querschnitte	Q1	Q2	Q3	Q4	Q5
	16 - 19 / 73 - 79	16 - 19 / 15	Ø 38 - 40	50 - 52 / 7 - 11	42 - 50 / 9 - 12

oten 4

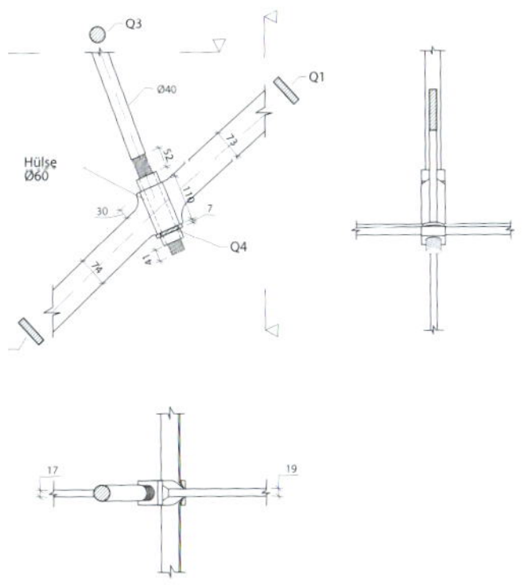

Knoten 2

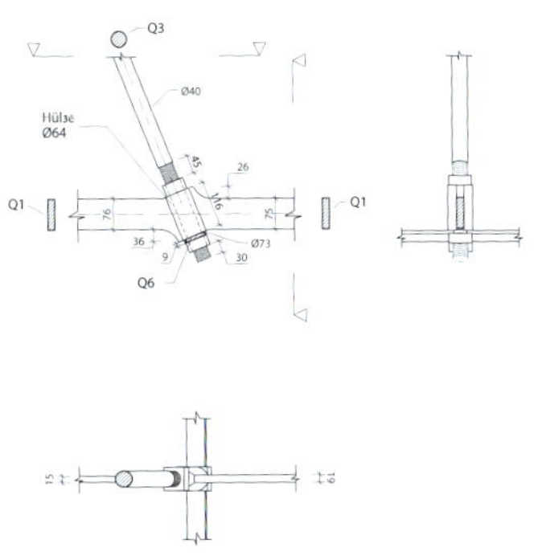

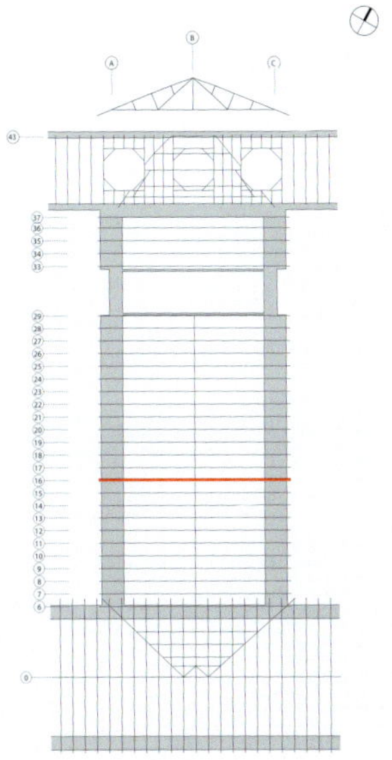

Übersicht 0 1 2 m

Details 0 50 100 cm

Knoten 10

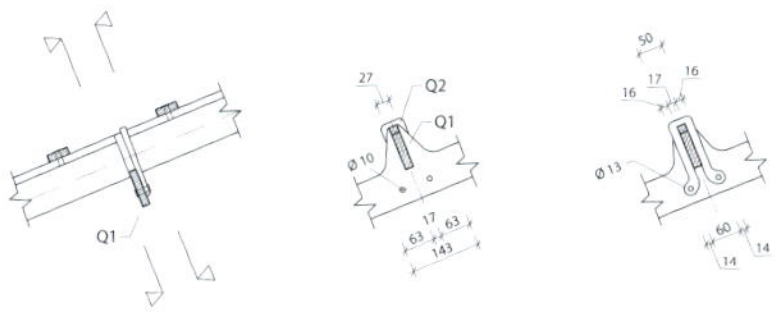

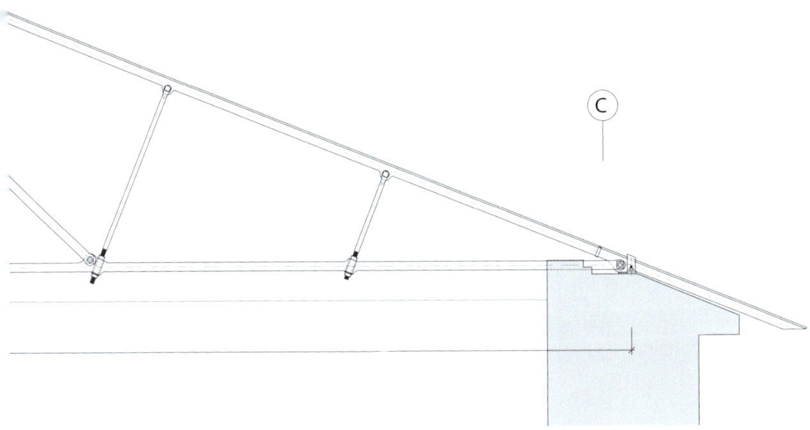

Baujahr 1843–1844
Aleksandrovskij-Werk, St. Petersburg
Entwurf Aleksandr Fullon
Spannweite 16,59 m
Höhe (Achsmaß) 3,16 m

Dieser Bindertyp stellt die Standardlösung des Aleksandrovskij-Werks für Satteldächer dar und wurde mit Spannweiten bis zu 20 m über mehreren Gebäudeteilen der Neuen Eremitage eingebaut, hier dargestellt am Beispiel des Daches über der Paradetreppe. Charakteristisch sind die langen, durchgehenden Zugglieder und der Verzicht auf diagonale Streben in der Sparrenunterspannung. Auffallende Details sind die Spannschlösser, zahlreiche weitere Justiermöglichkeiten an den Stabenden sowie die konsequente Verwendung von Schraubbolzen.

Knoten 5

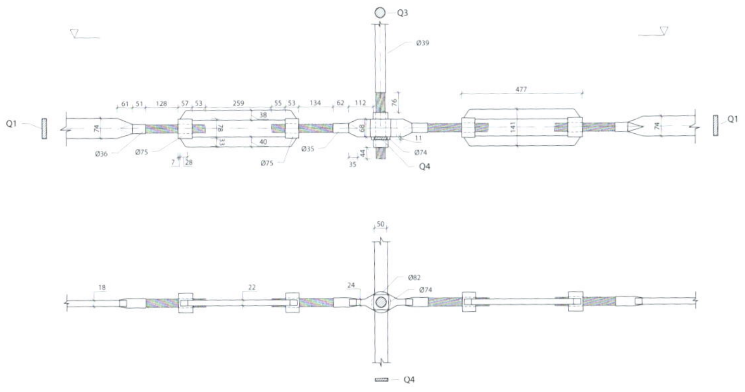

Tafel 79

Dreifach unterspannte Sparrenbinder ohne Diagonalen

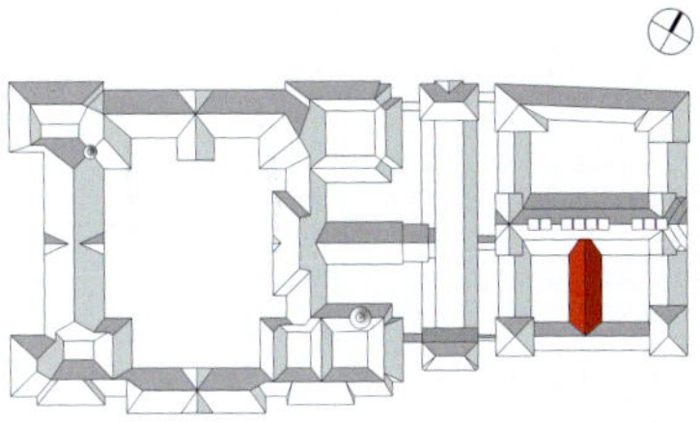

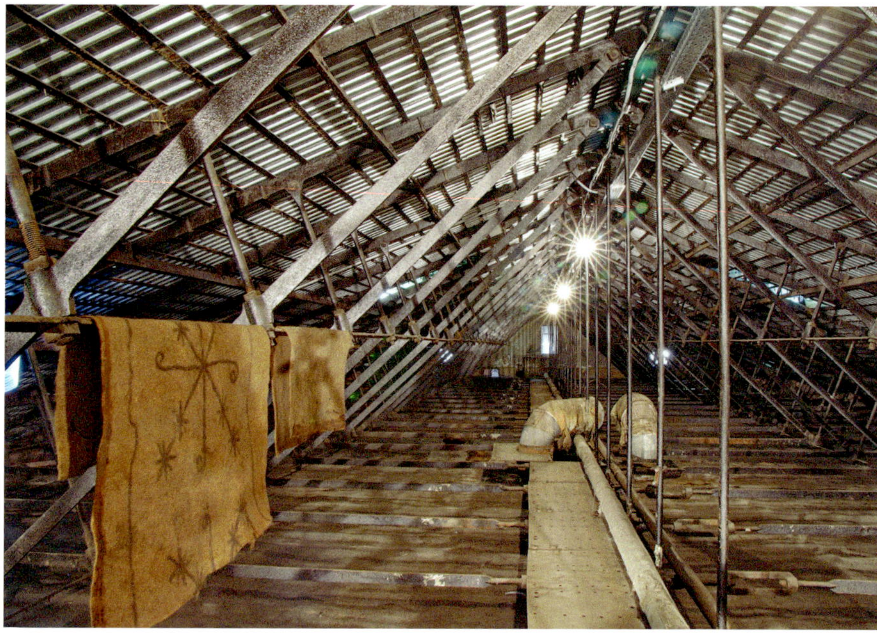

1

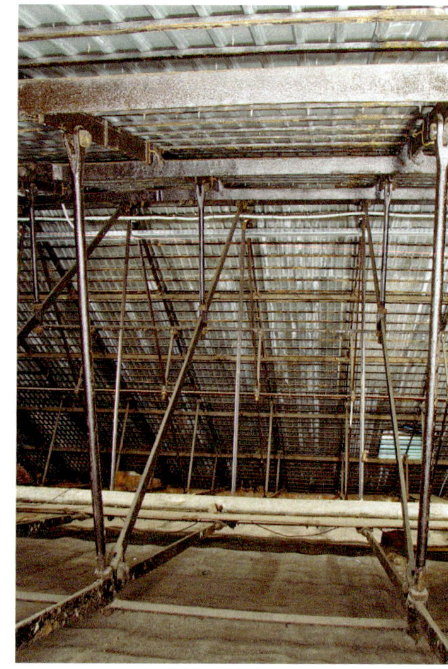

2

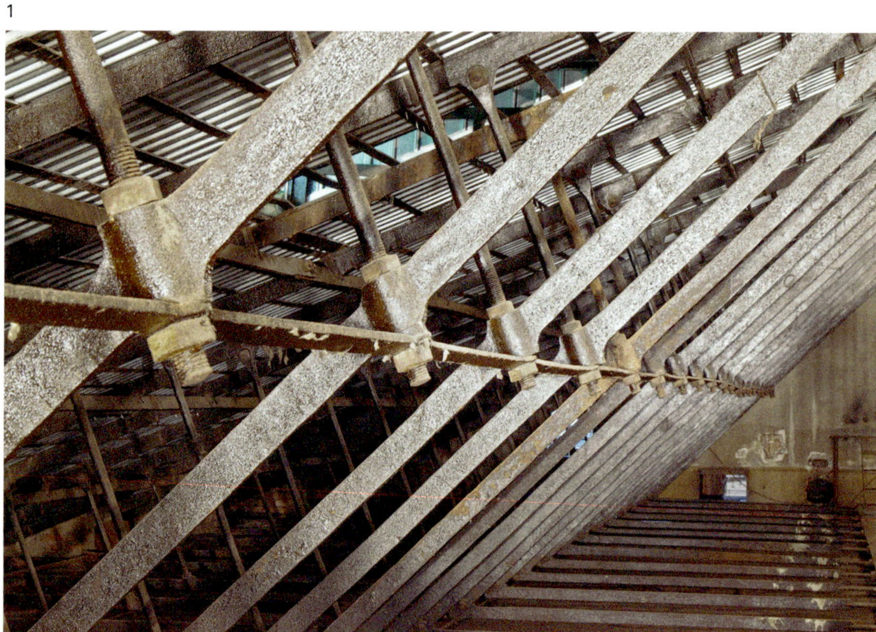

4

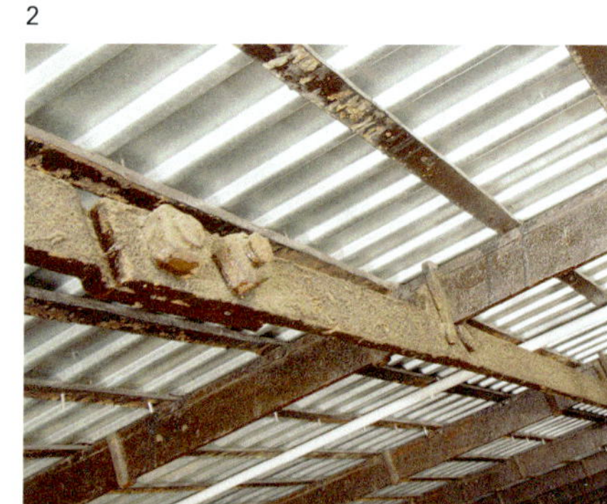

5

Systemskizze mit Knotennummern

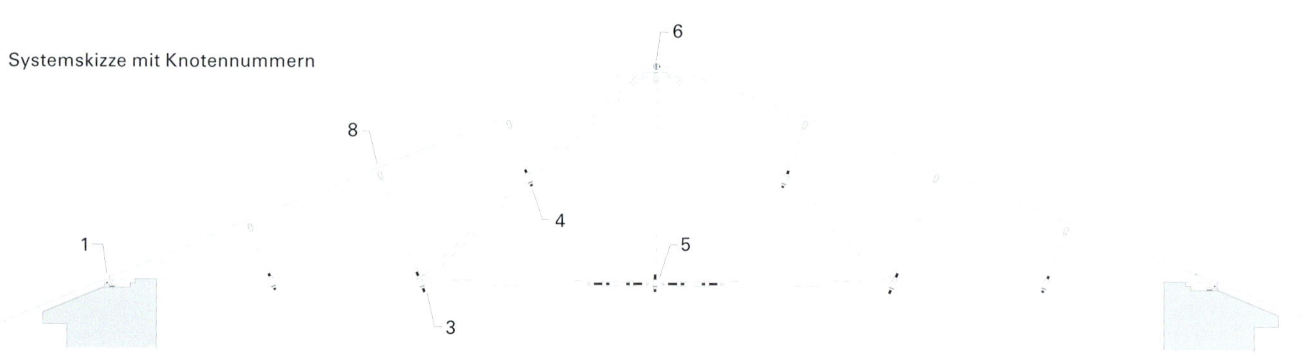

Dargestellt sind die Konstruktionen über der Paradetreppe (1, 2, 4, 5, 8, 9) und dem Rembrandtsaal (3, 6, 7) der Neuen Eremitage.

1 Dachtragwerk über der Paradetreppe, links aufgehängt entnommene Wollfilzmatten der bauzeitlichen Wärmedämmung

2 Binder aus dreifach unterspannten Sparren, Aussteifungen und Dachlattung

3 Binder aus dreifach unterspannten Sparren, hier über dem Rembrandtsaal

4 Knoten 4, mit Queraussteifung

5 Queraussteifung in Dachebene

6 Knoten 3, Verzweigung des Zugbandes und Anschluss der Druckstrebe mit Spannmöglichkeit, hier über dem Rembrandtsaal

7 Knoten 6, Firstanschluss der Sparren

8 Knoten 8, Anschluss der mittleren Druckstrebe an den Sparren

9 Knoten 1, Auflager

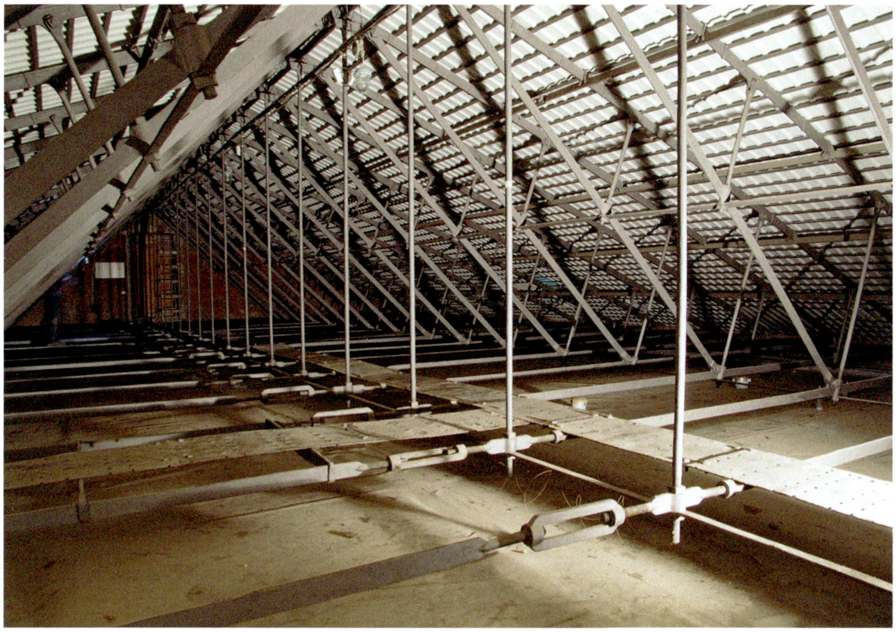

3

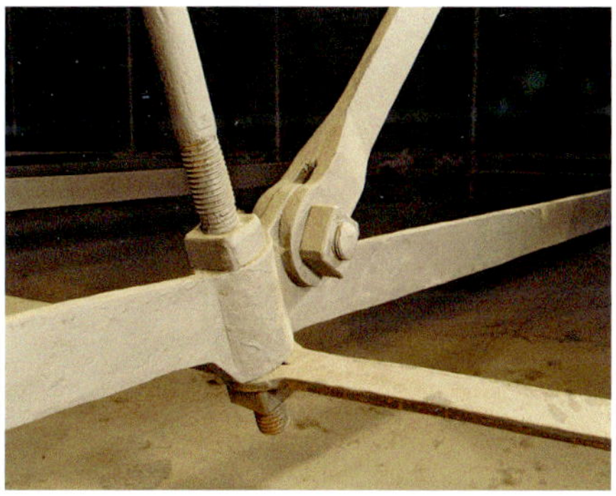

6

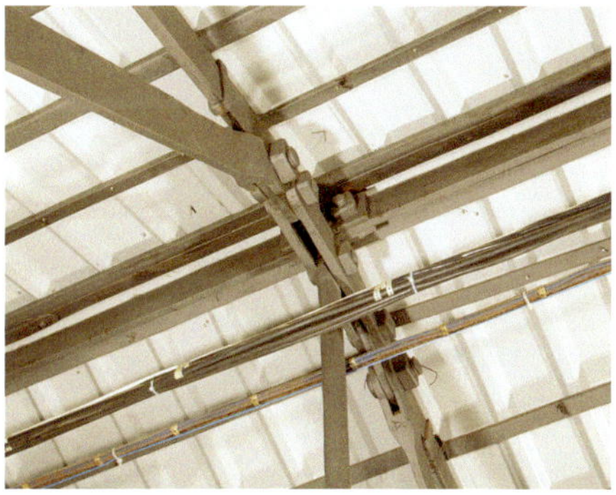

7

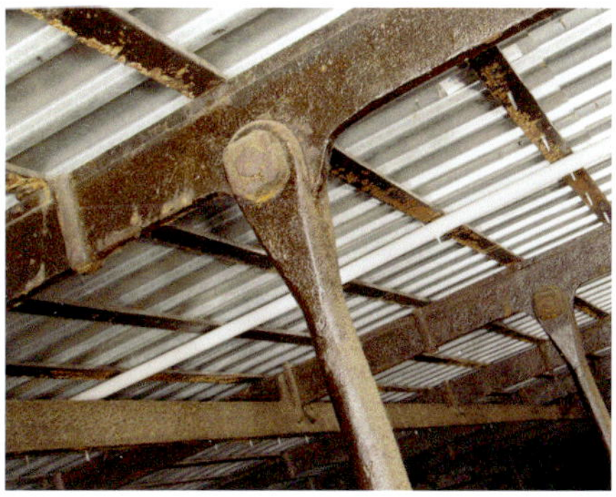

8

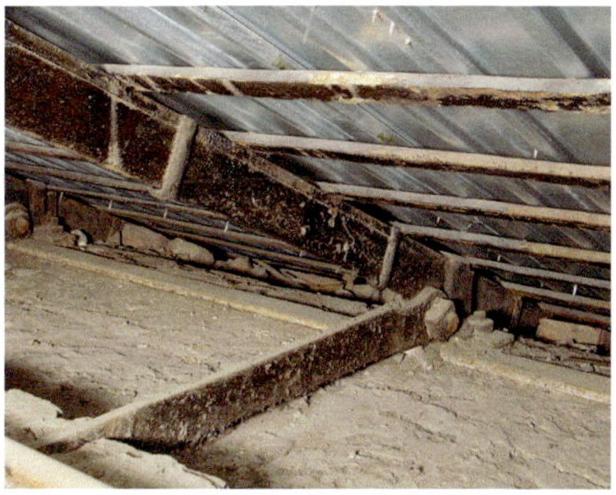

9

Tafel 80

Dreifach unterspannte Sparrenbinder ohne Diagonalen

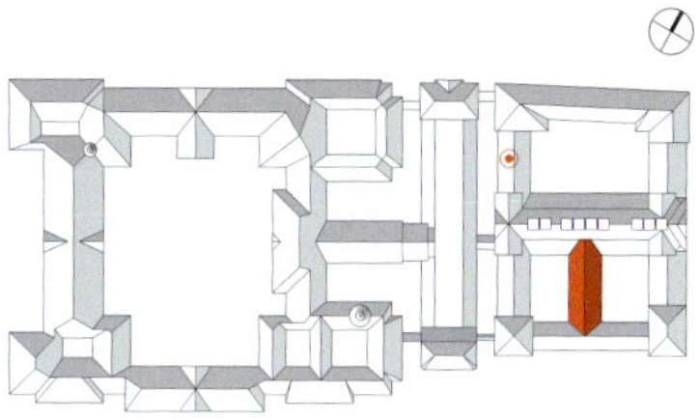

Knoten 4

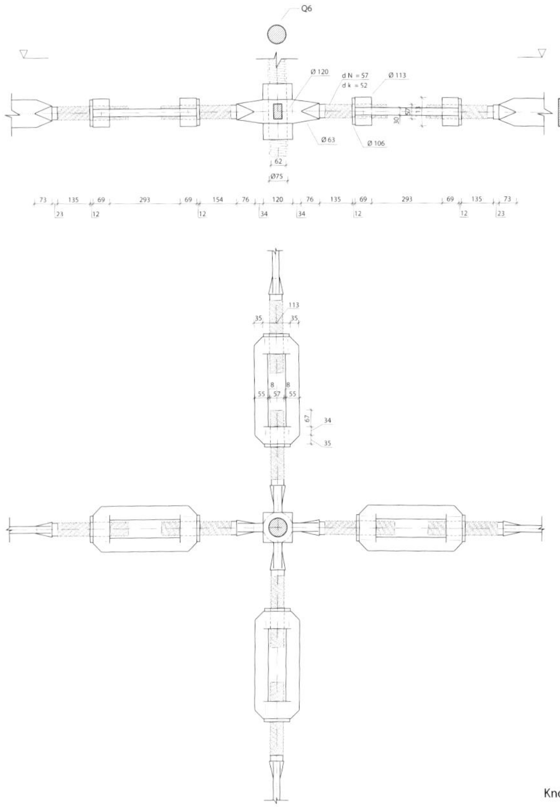

Knoten 6, 7 und 8

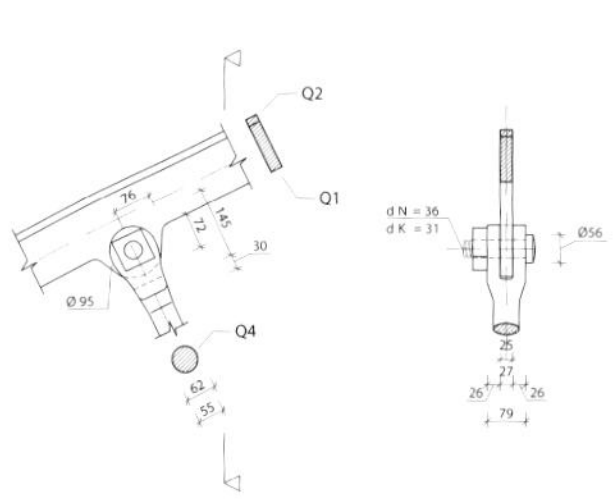

Knoten 11

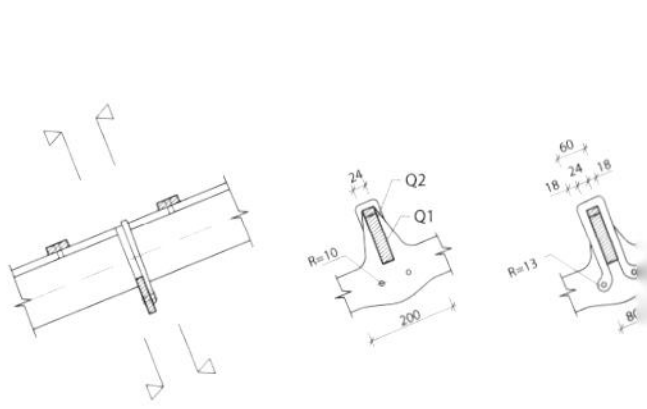

Binder
Achse 10
Blickrichtung Nord

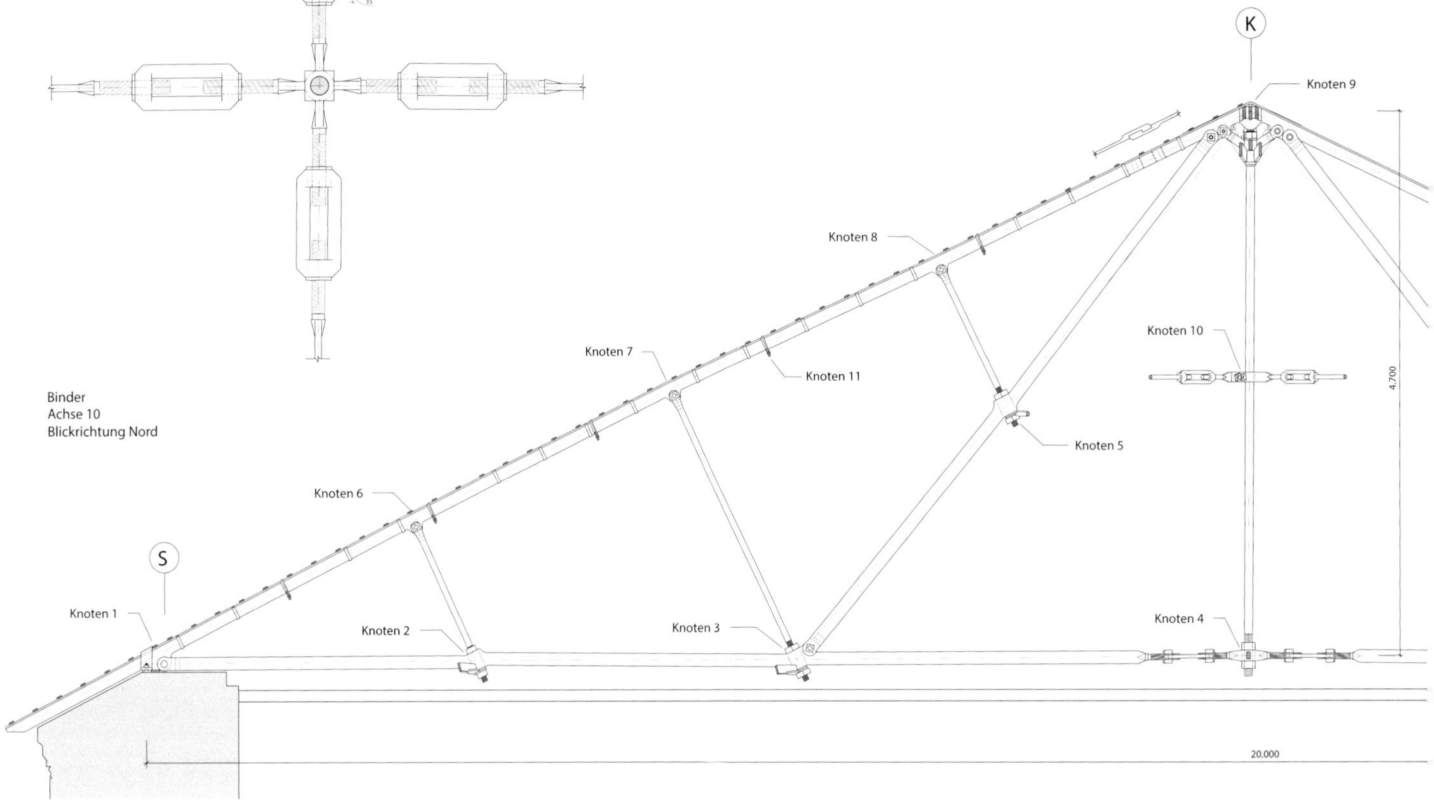

Knoten 1

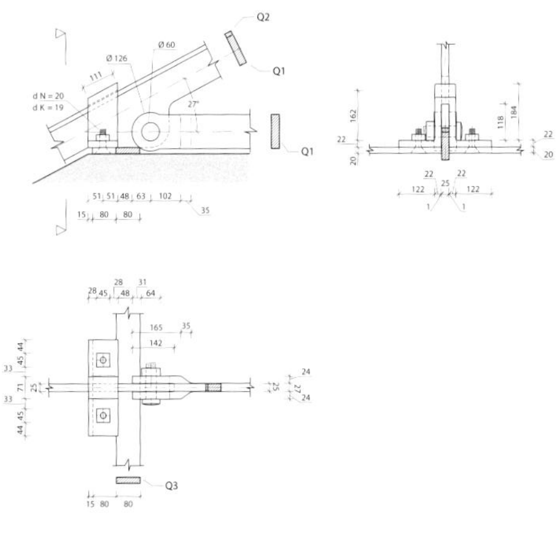

Knoten 2

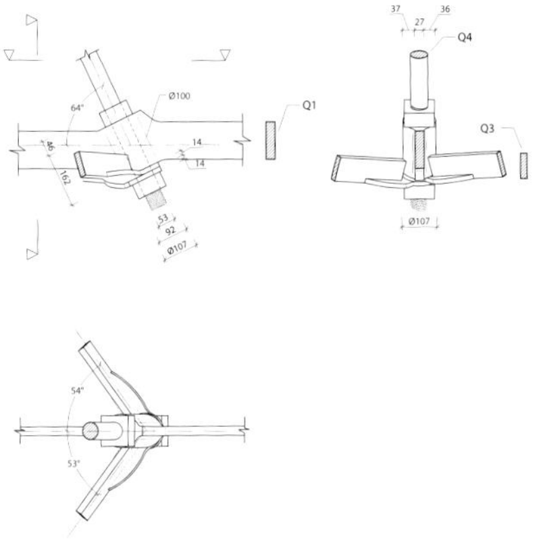

Querschnitte	Q1	Q2	Q3	Q4	Q5	Q6
	23 - 27 / 99 - 114	24 - 27 / 14 - 17	15 - 18 / 74 - 77	Ø 49 - 53	Ø 40	Ø 80

Knoten 9
ist Knoten 11 auf Tafel 66

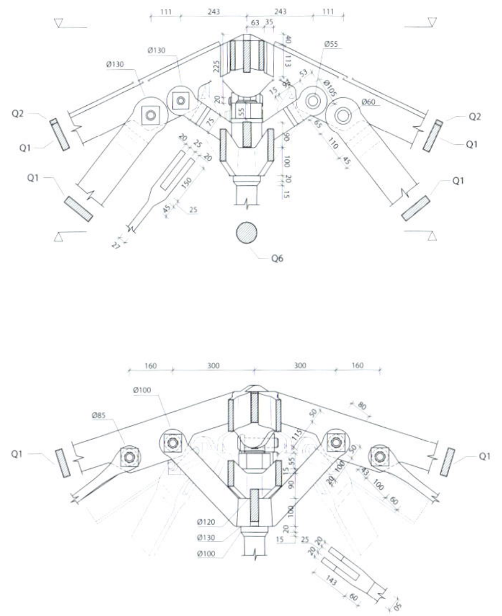

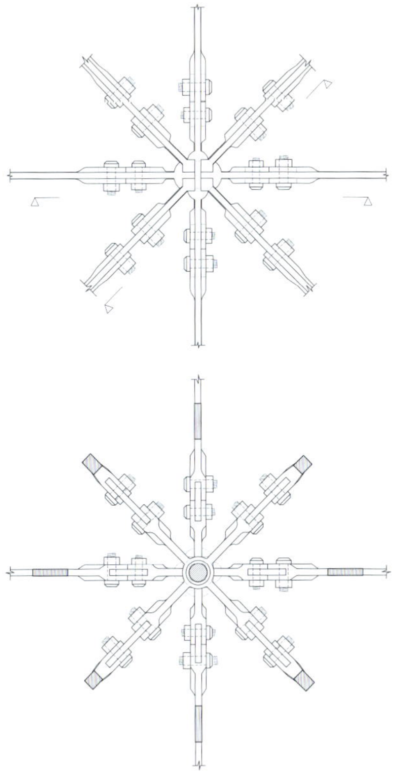

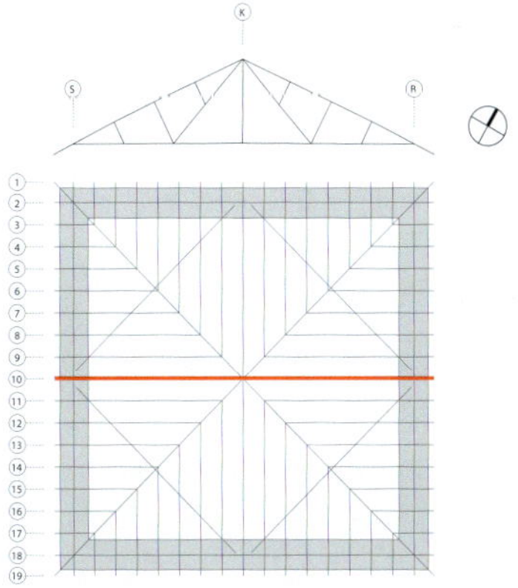

Übersicht 0 1 2 m

Details 0 50 100 cm

Baujahr 1843–1844
Aleksandrovskij-Werk, St. Petersburg
Entwurf Aleksandr Fullon
Spannweite 20,00 m
Höhe (Achsmaß) ca. 4,70 m

Abweichend von den üblichen weitgespannten Sparrenbindern des Aleksandrovskij-Werks (vgl. Tafel 79) kamen in den beiden Hauptachsen des Dachtragwerks über dem Südwestpavillon der Neuen Eremitage Ausführungen mit deutlich stärkeren Profilen zum Einsatz; baugleich findet man sie auch im Südostpavillon als Anfallsbinder und im Walmbinder. Hervorzuheben ist der aufwendig gestaltete Knoten an der Spitze des Zeltdachs – eine raffinierte Lösung für die komplexe Zusammenführung aller Grate und Hauptträger.

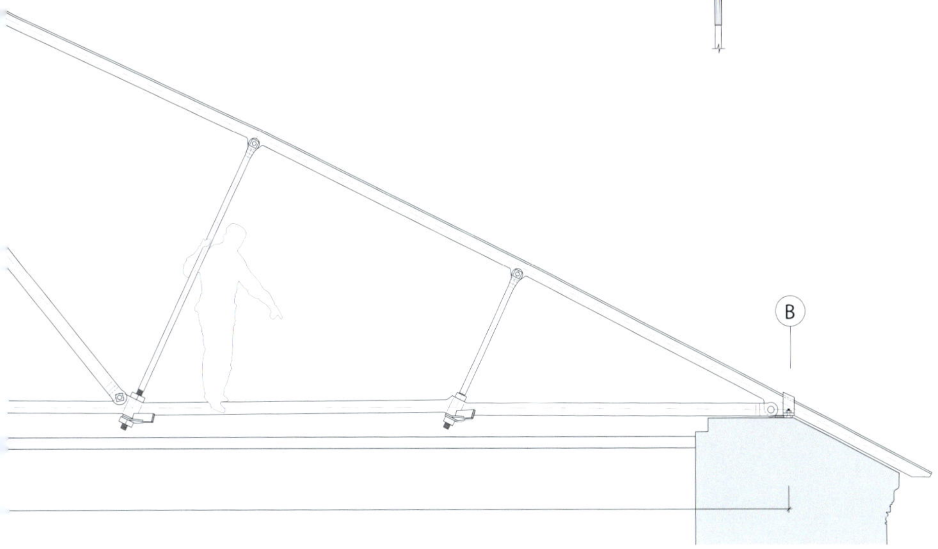

Knoten 5

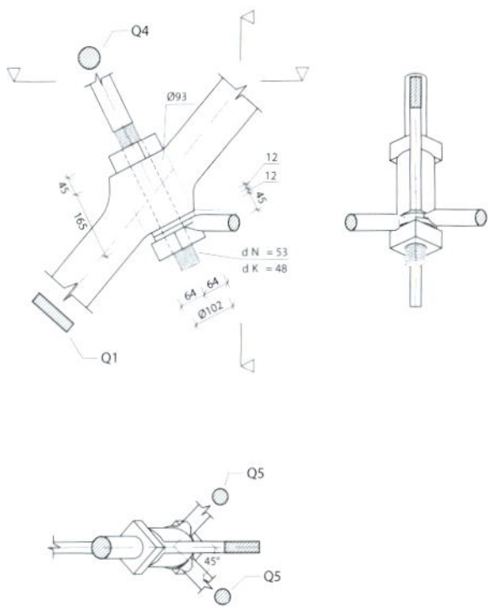

Knoten 3

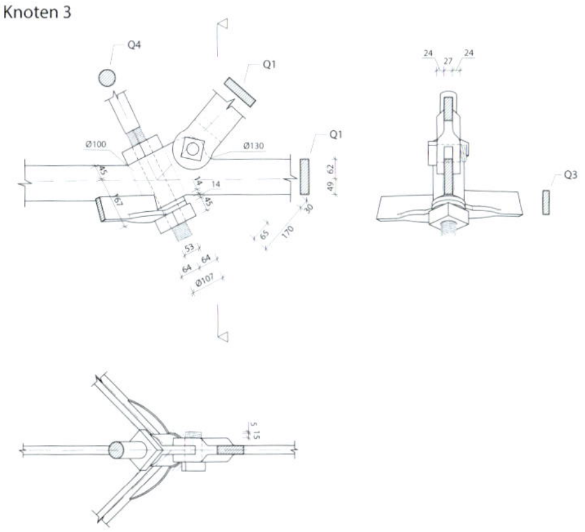

Tafel 81

Verstärkte dreifach unterspannte Sparrenbinder ohne Diagonalen

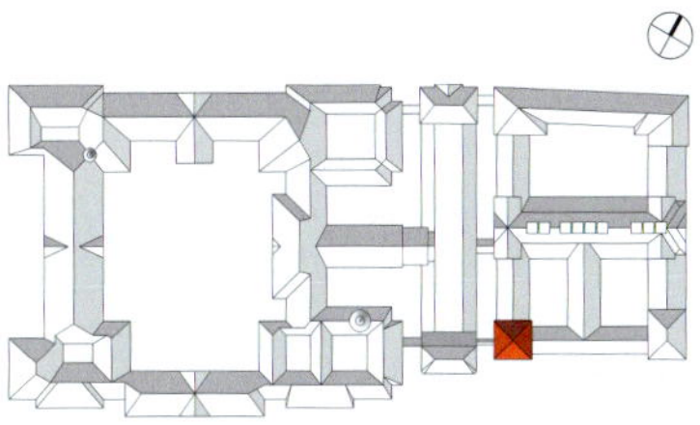

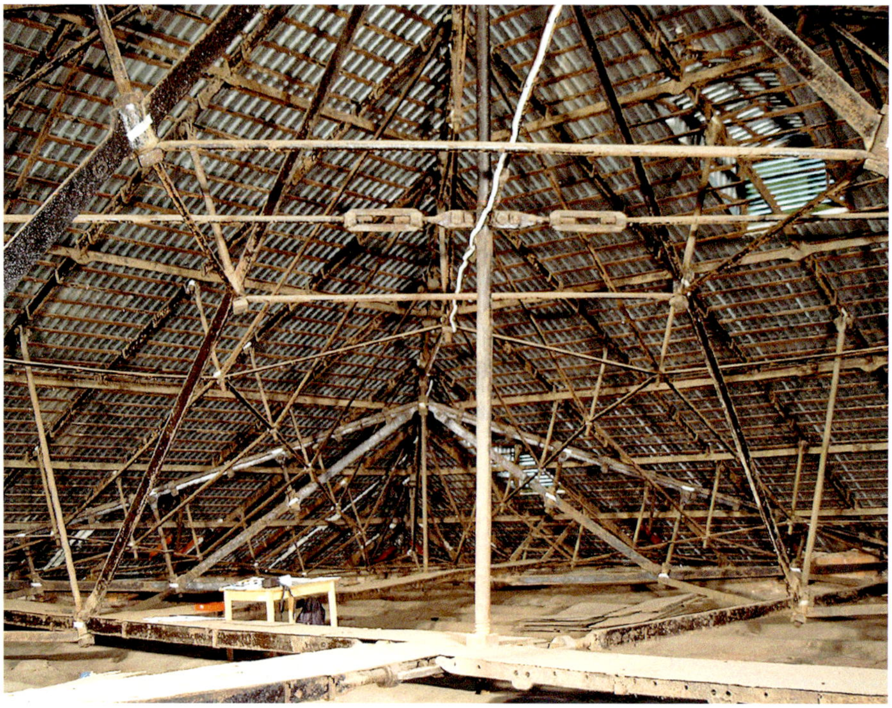

1

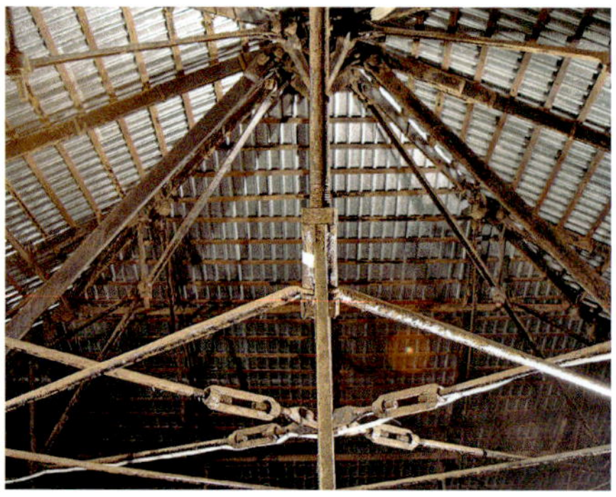

2

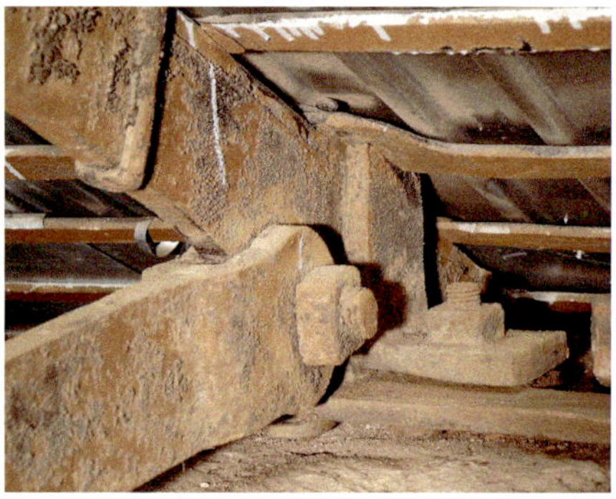

4

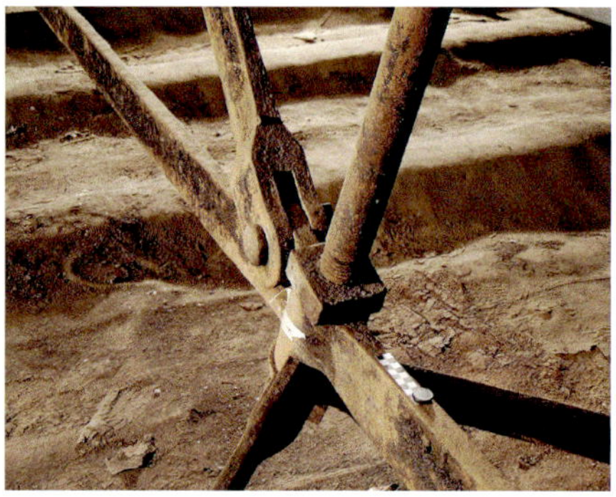

5

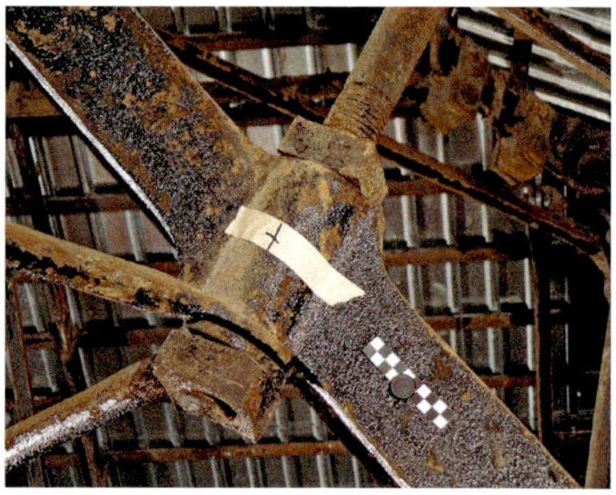

6

Systemskizze mit Knotennummern

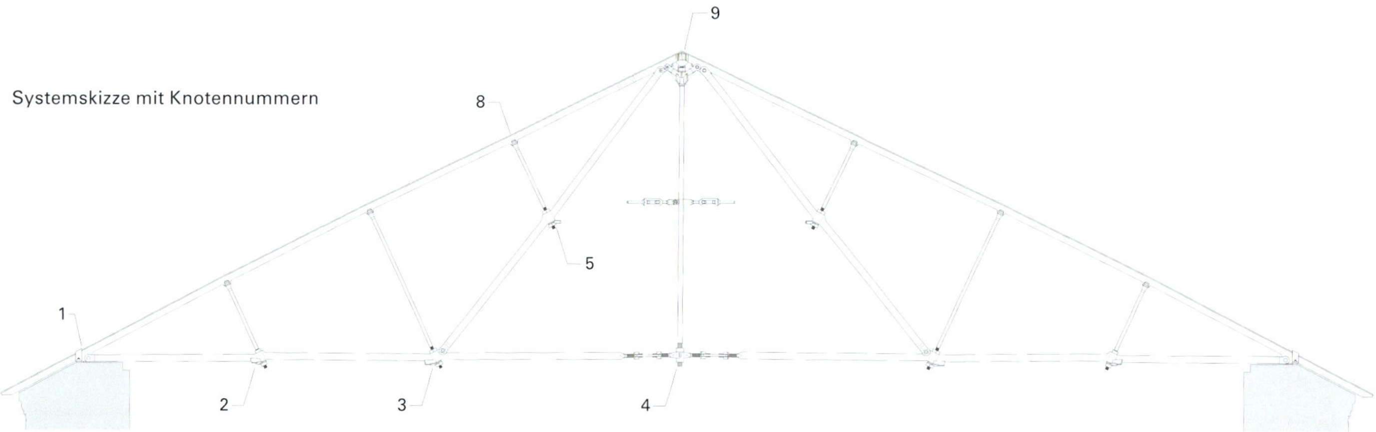

Dargestellt ist die Konstruktion über dem Südwestpavillon der Neuen Eremitage.

1 Dachraum über dem Südwestpavillon

2 Knoten 5, mit Blick zur Spitze des Tragwerkes

3 Knoten 9, Spitze des Tragwerkes

4 Knoten 1, Auflager

5 Knoten 3, Verzweigung des Zugbandes und Anschluss der Druckstrebe mit Spannmöglichkeit

6 Knoten 5, Anschluss der Druckstrebe mit Spannmöglichkeit

7 Knoten 4, Spannschlösser in der Verbindung zwischen Zugbändern und Abhängung vom First

8 Knoten 8, Anschluss der Druckstrebe an den Sparren

9 Knoten 4, verschiedene Gewindearten an Hängesäule und Spannschlössern

10 Knoten 2, Anschluss der Druckstrebe mit Spannmöglichkeit

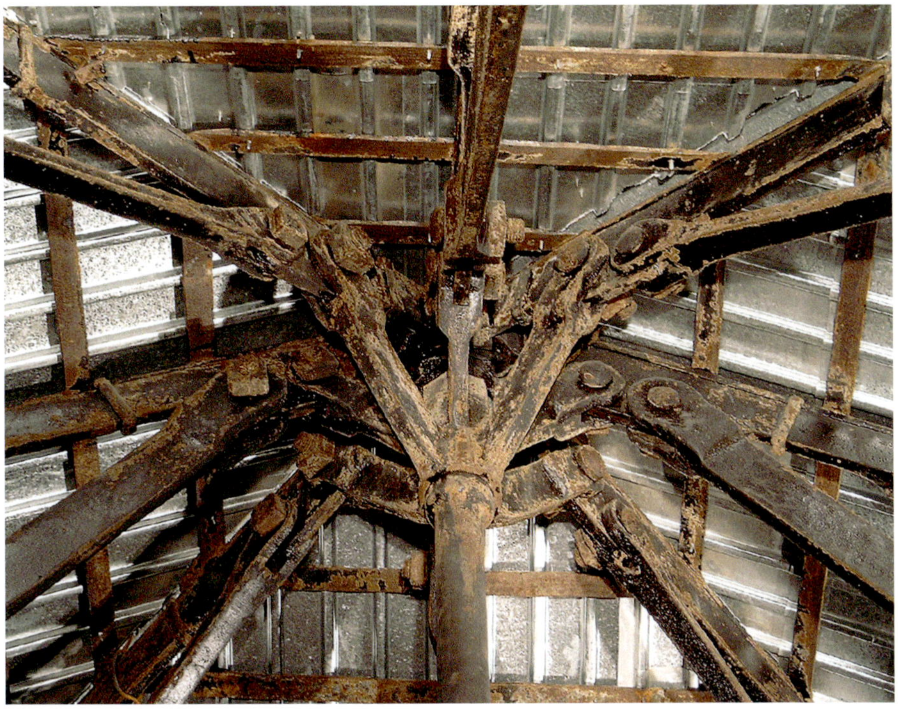

3

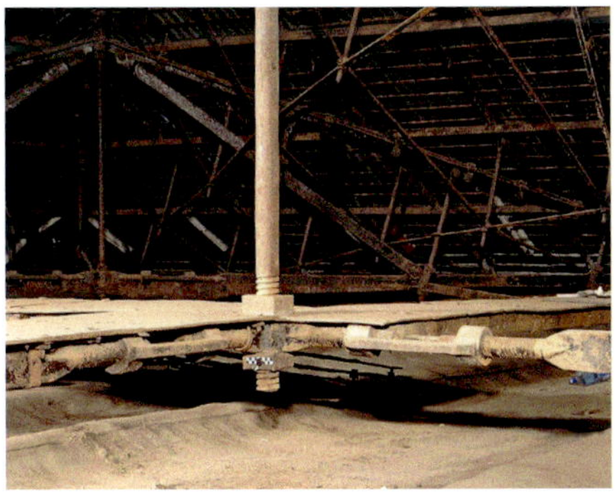

7

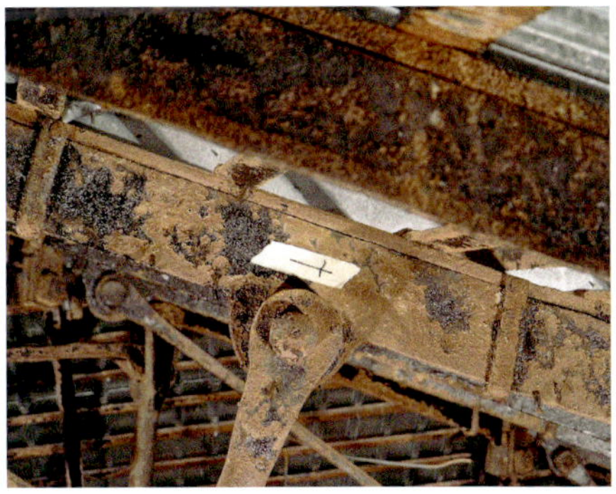

8

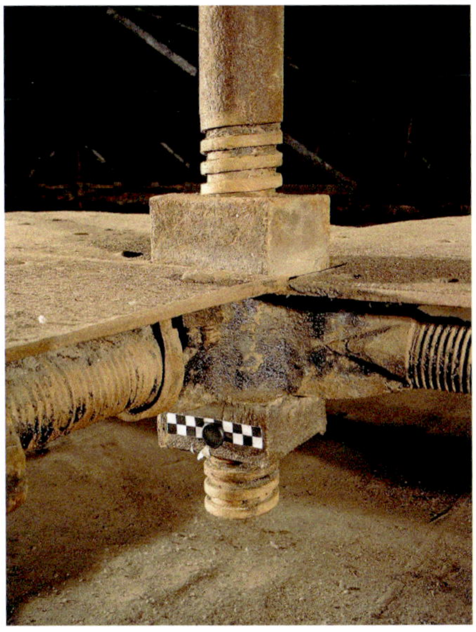

9

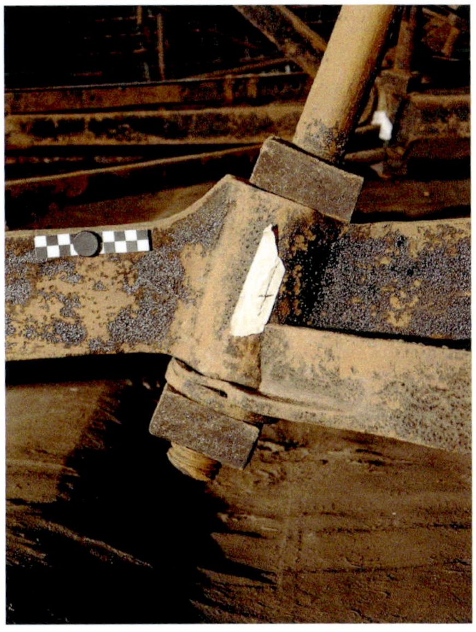

10

Tafel 82

Verstärkte dreifach unterspannte Sparrenbinder ohne Diagonalen

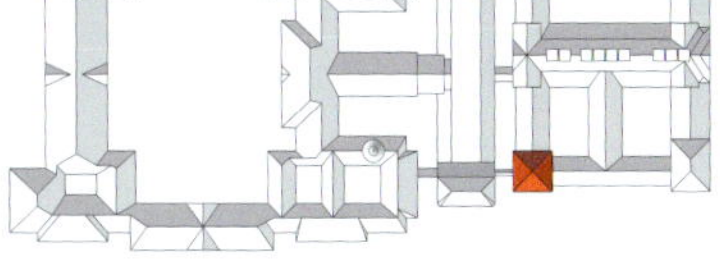

Knoten 1

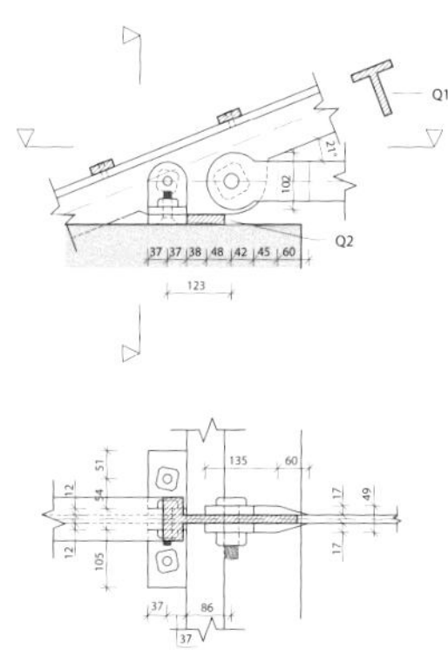

Knoten 4

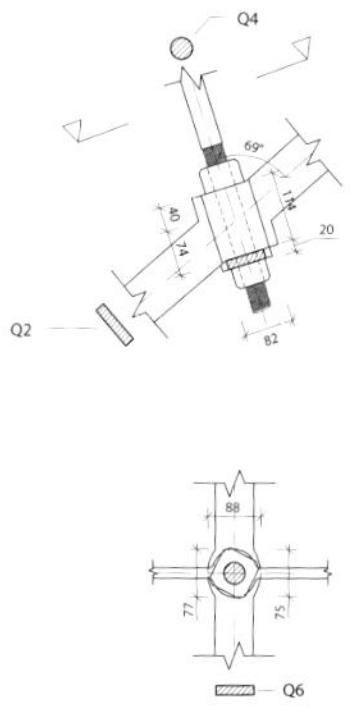

Knoten 7, 8 und 9

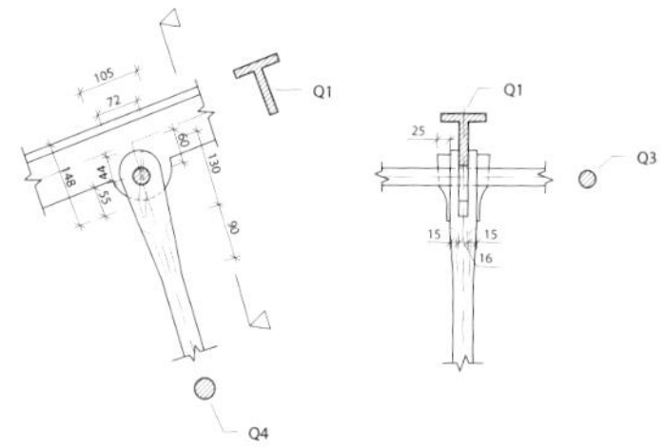

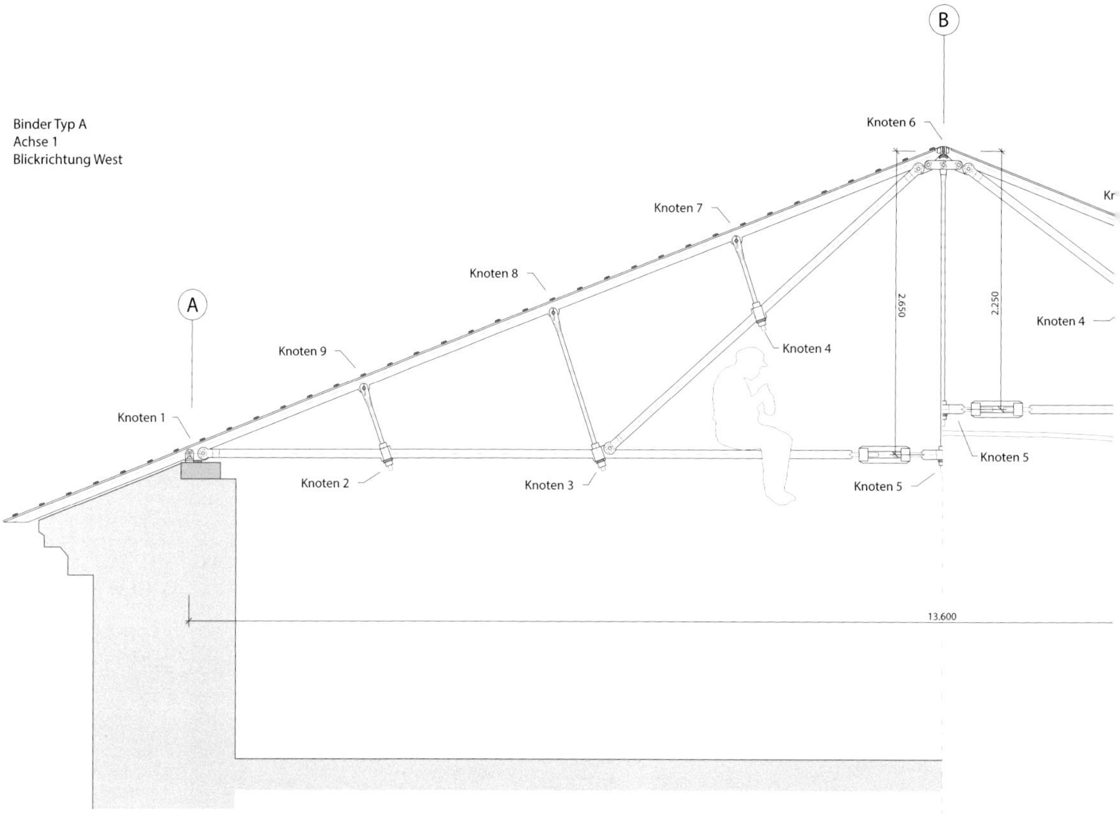

Knoten 2

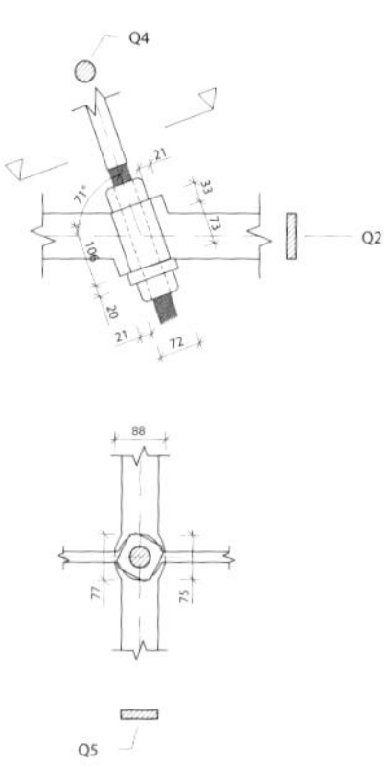

Knoten 3

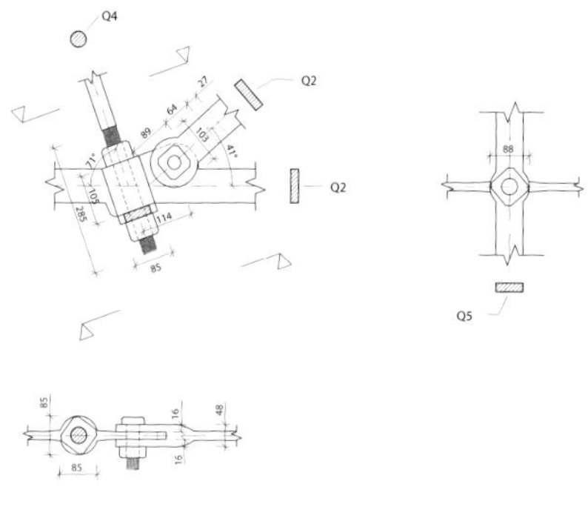

Knoten 10

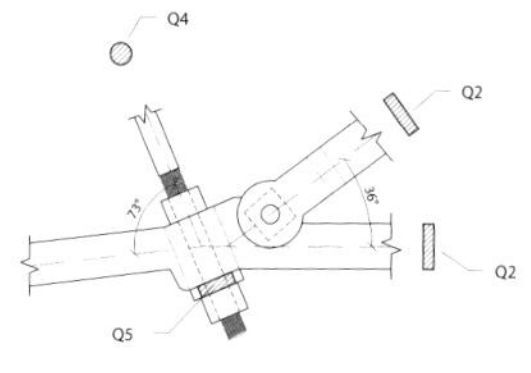

Querschnitte

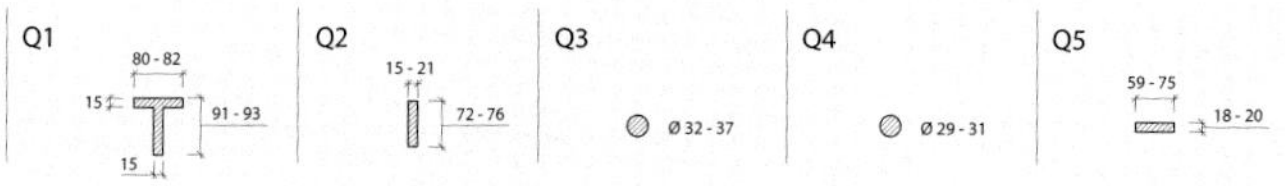

Knoten 6

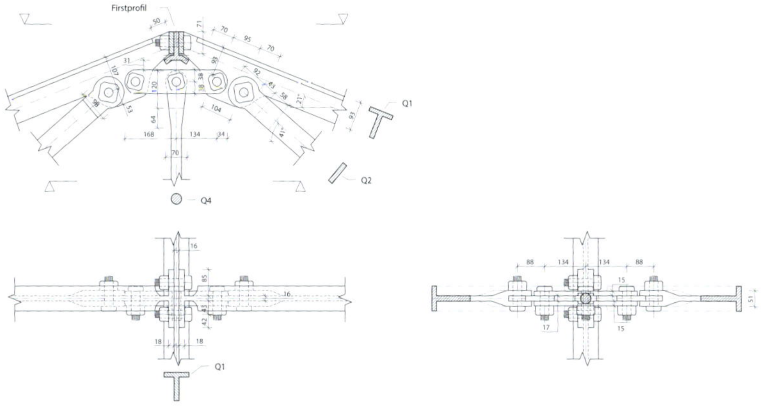

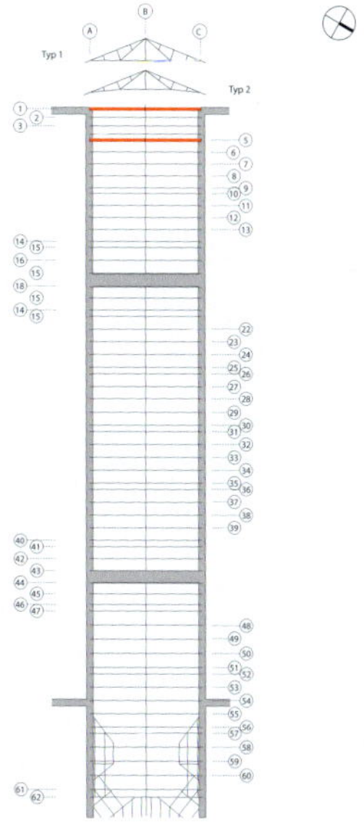

Binder Typ B
Achse 5
Blickrichtung West

Übersicht 0 1 2 m

Details 0 50 cm

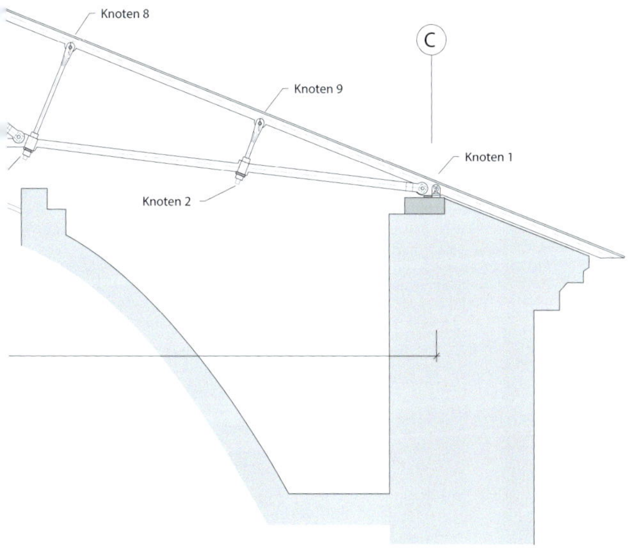

Baujahr 1844–1845
Nobel-Werk, St. Petersburg
Entwurf Baukommission,
Immanuel Nobel (vermutlich)
Spannweite 13,60 m
Höhe (Achsmaß) 2,65 m

Die vom Nobel-Werk gelieferten dreifach unterspannten Sparrenbinder über den Oberlichtsälen der Neuen Eremitage unterscheiden sich im Detail deutlich von jenen des Aleksandrovskij-Werks. Wie schon in den Lösungen für die unterspannten Sparren (vgl. Tafel 64) und die einfach unterspannten Sparrenbinder (vgl. Tafel 71) bestehen die Sparren des Nobel-Werks nun auch hier aus gewalzten T-Profilen, die Queraussteifung ist gleichzeitig Teil der Verbindung zwischen Sparren und Druckstreben und die Schraubbolzen haben Vierkantköpfe. Über die Länge des Daches zeigen sich zwei verschiedene Ausführungen: Den üblichen Strukturen stehen in den Bereichen mit Oberlichtwölbungen Varianten mit leicht abgewinkeltem Zugband gegenüber.

Knoten 5

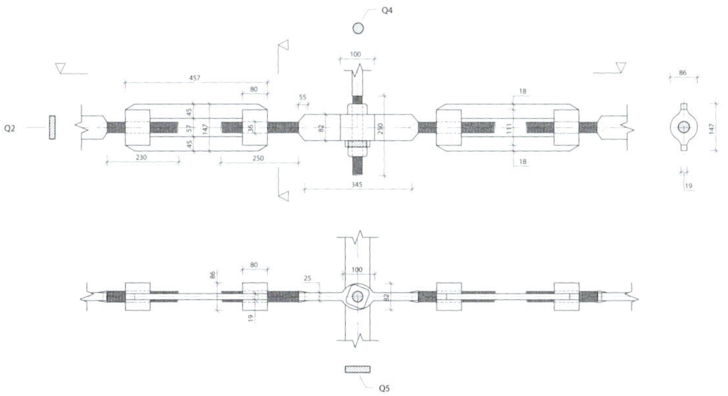

Tafel 83

Dreifach unterspannte Sparrenbinder ohne Diagonalen mit T-Profilen

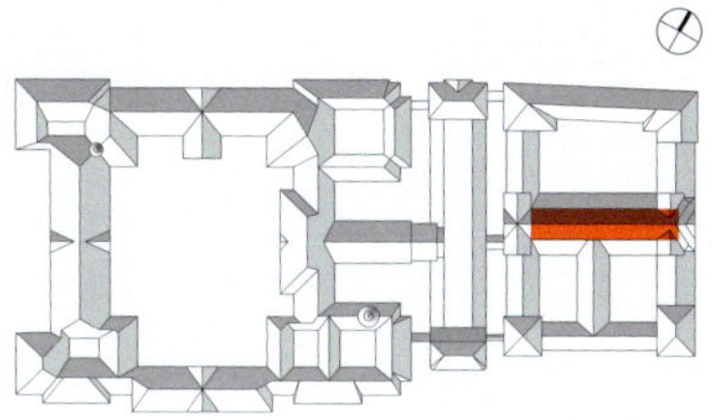

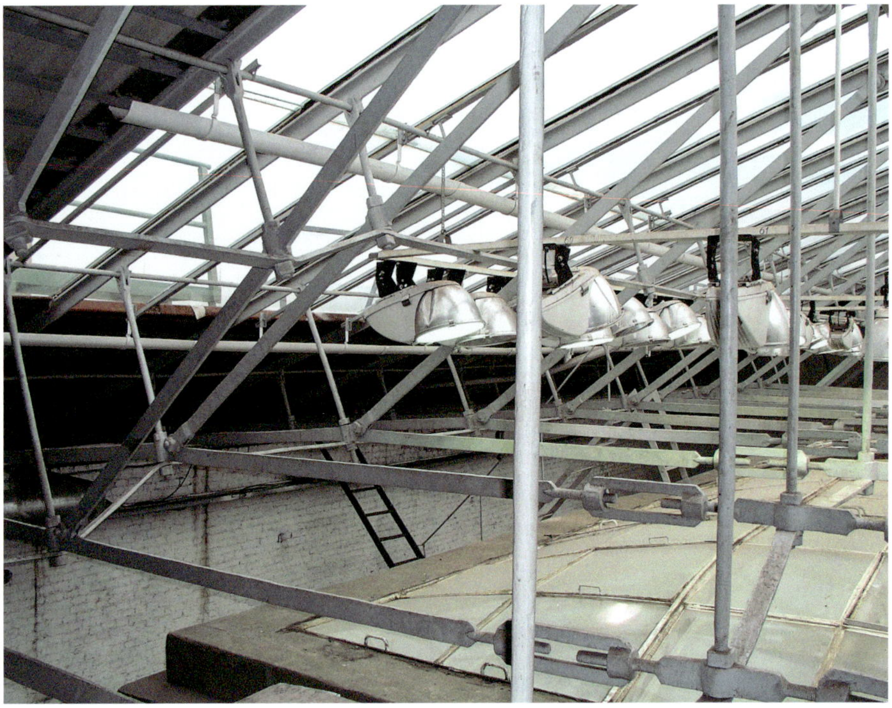

1

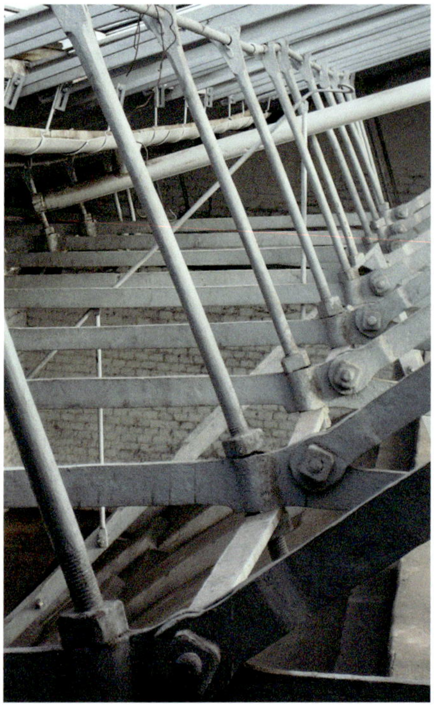

2

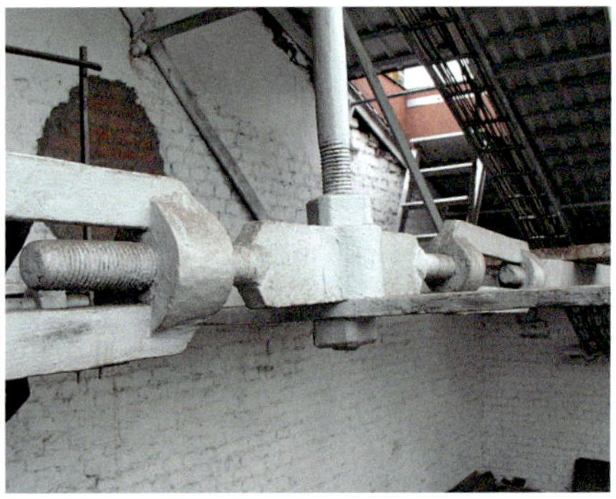

5

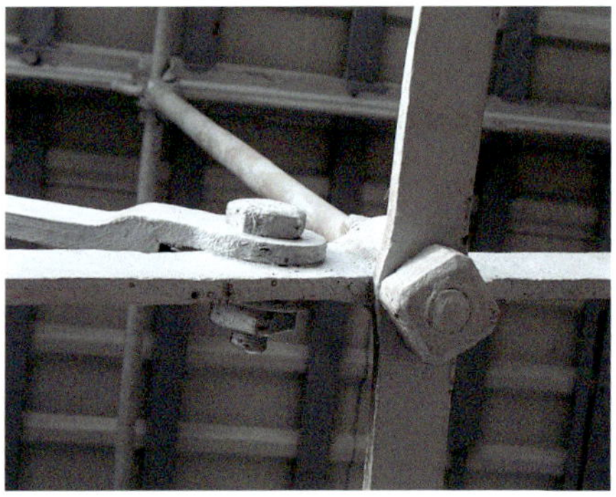

6

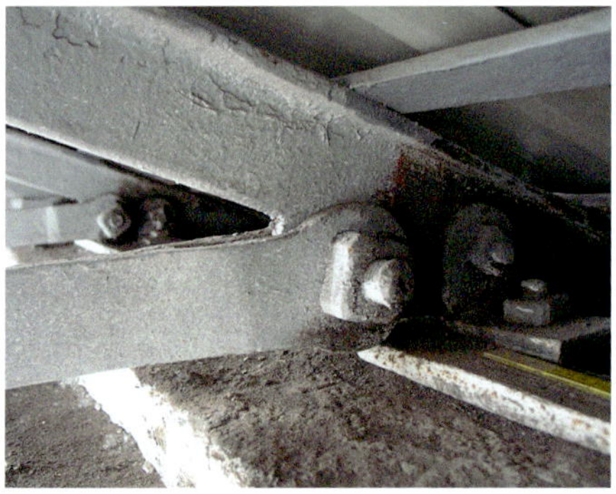

7

Systemskizze mit Knotennummern

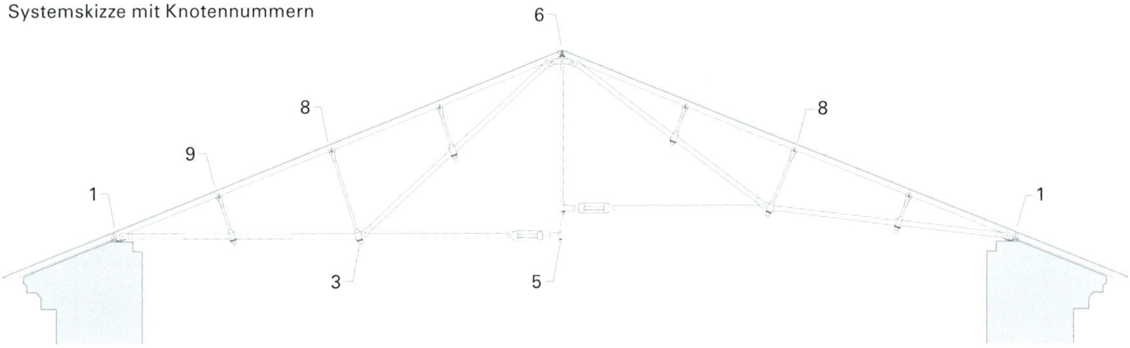

Dargestellt ist die Konstruktion über den Oberlichtsälen der Neuen Eremitage.

1 Dachtragwerk über dem westlichen Oberlichtsaal

2 Knoten 3 und 8, Verzweigung des Zugbandes, Anschlüsse der Druckstrebe mit Spannmöglichkeit, Queraussteifungen

3 Binder mit und ohne angehobenem Zugband

4 Binder mit dreifach unterspannten Sparren

5 Knoten 5, Spannschlösser in der Verbindung zwischen Zugband und dessen Abhängung vom First

6 Knoten 3, Verzweigung des Zugbandes und Anschluss der Druckstrebe mit Spannmöglichkeit

7 Knoten 1, Auflager

8 Knoten 6, Firstanschluss der Sparren

9 Knoten 9, Anschluss der Druckstrebe an den Sparren unter Nutzung der Queraussteifung

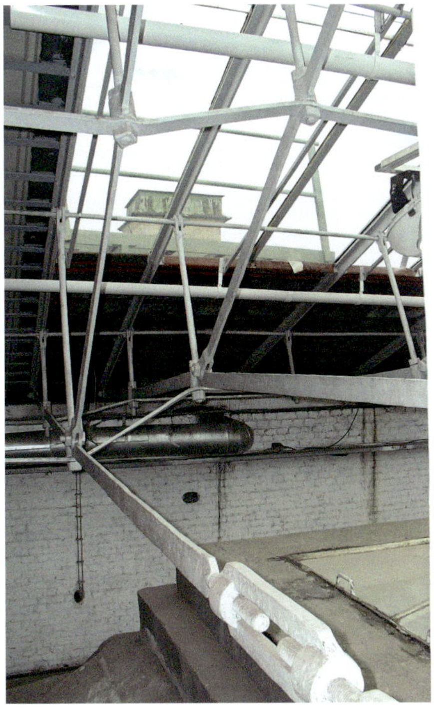

3

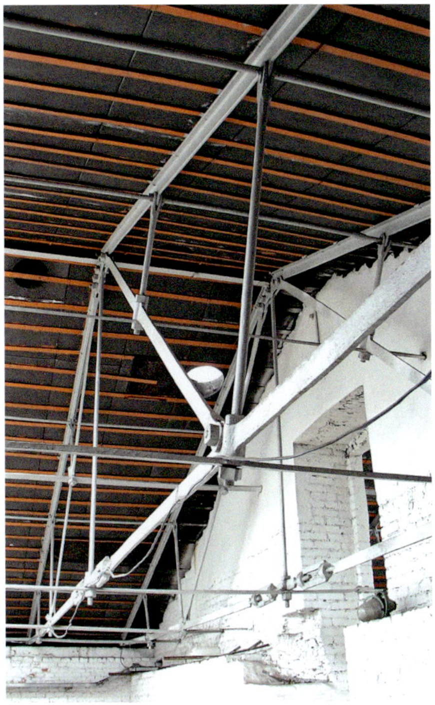

4

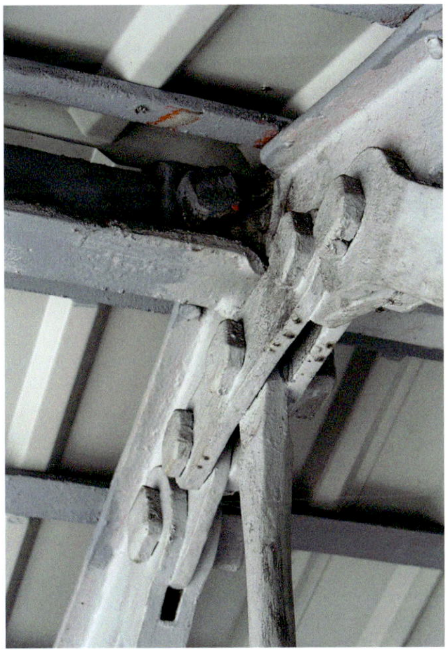

8

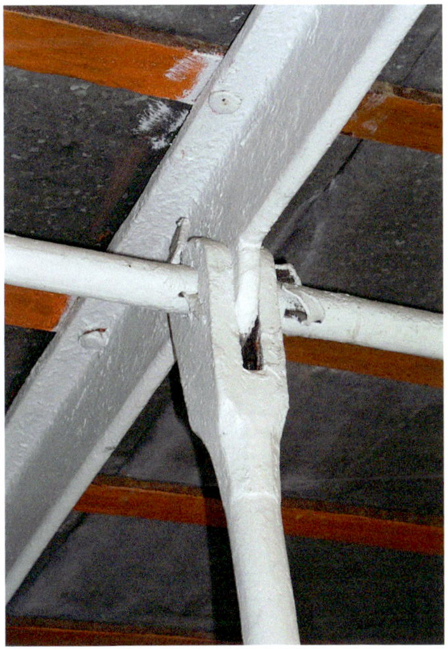

9

Tafel 84

Dreifach unterspannte Sparrenbinder ohne Diagonalen mit T-Profilen

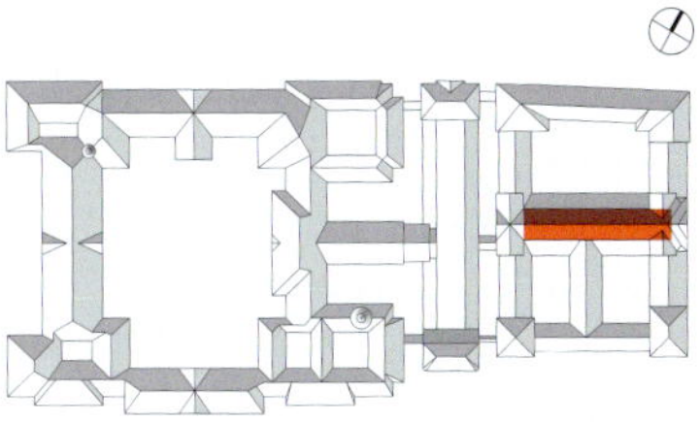

Knoten 1

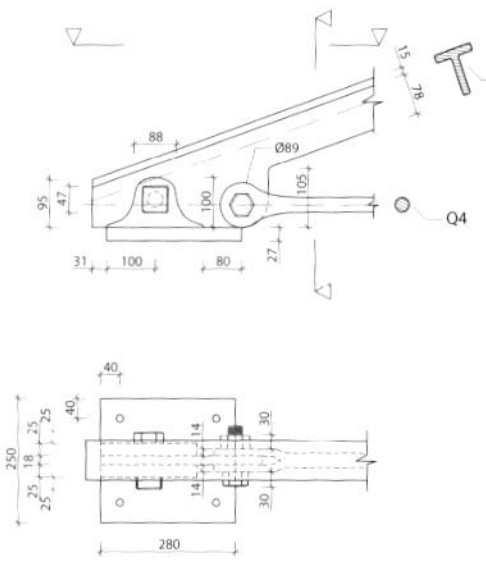

Knoten 7 und 9

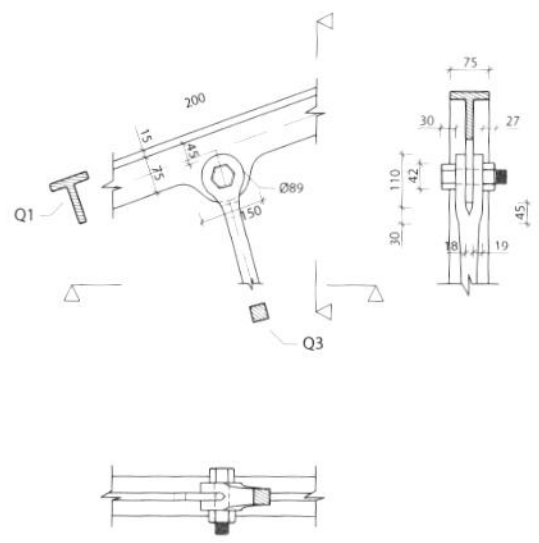

Knoten 6

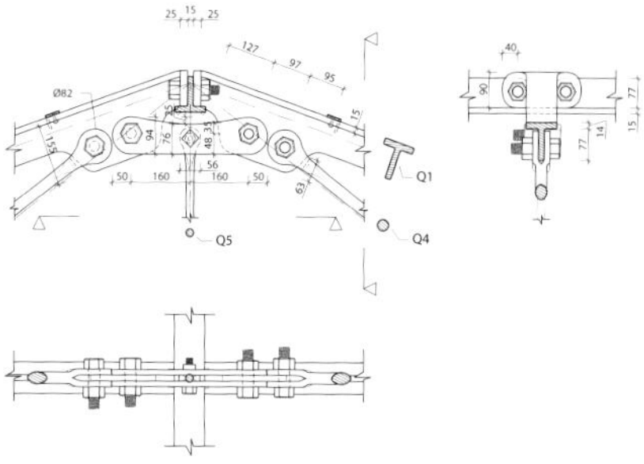

Binder
Achse 12
Blickrichtung Ost

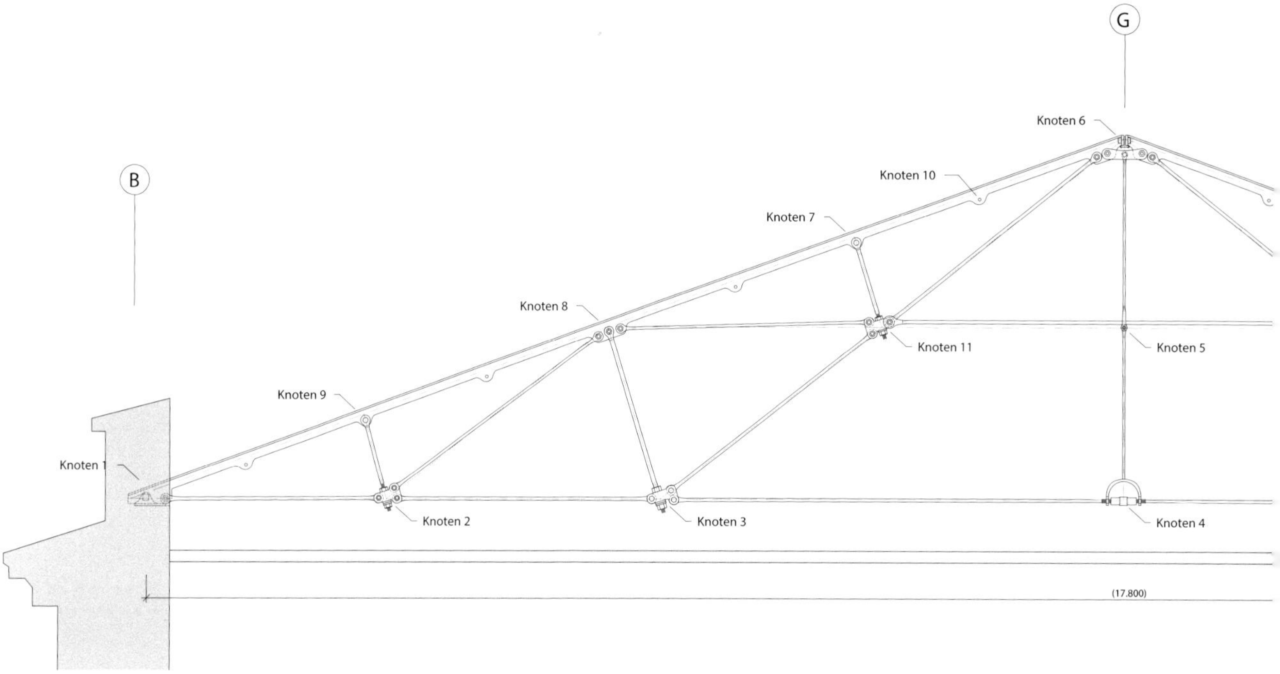

Knoten 2

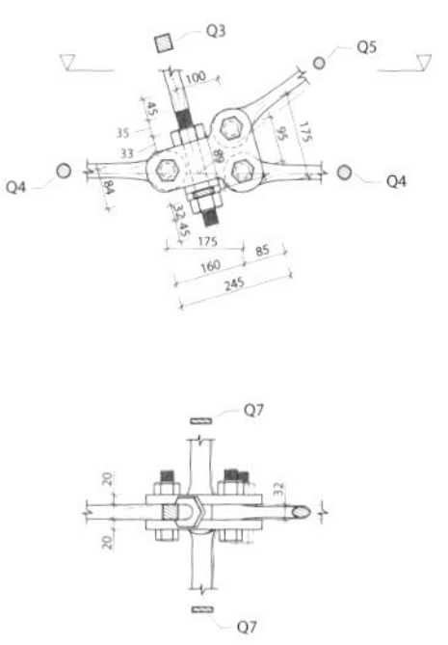

Knoten 3

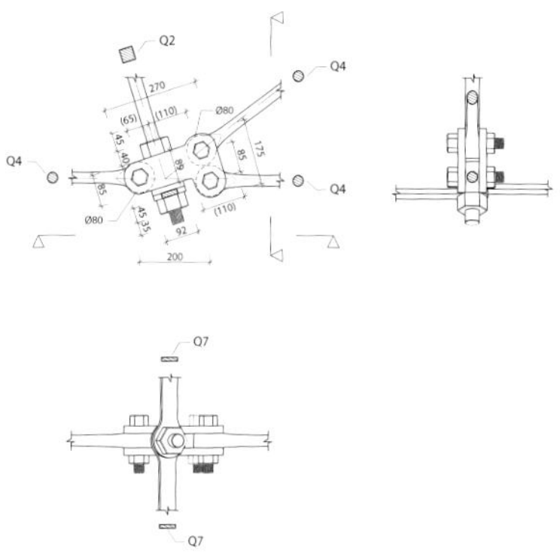

Knoten 4

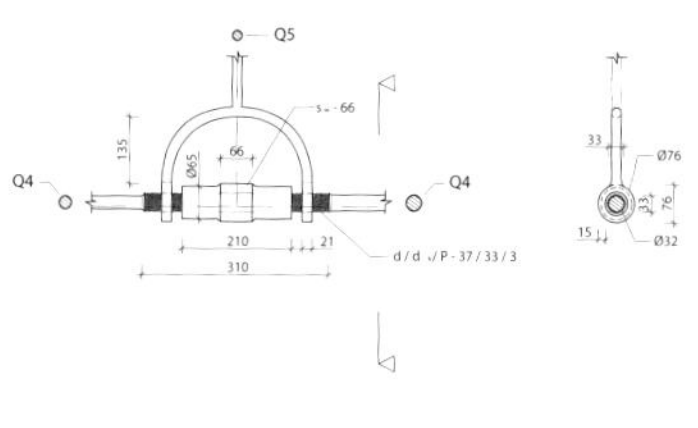

Querschnitte	Q1	Q2	Q3	Q4	Q5	Q6	Q7	Q8
	80 / 14 / 92 / 15	38 / 38	32 - 33 / 32 - 33	Ø 28 - 30	Ø 23 - 24	Ø 26	45 - 46 / 10 - 12	37 / 6

Knoten 8

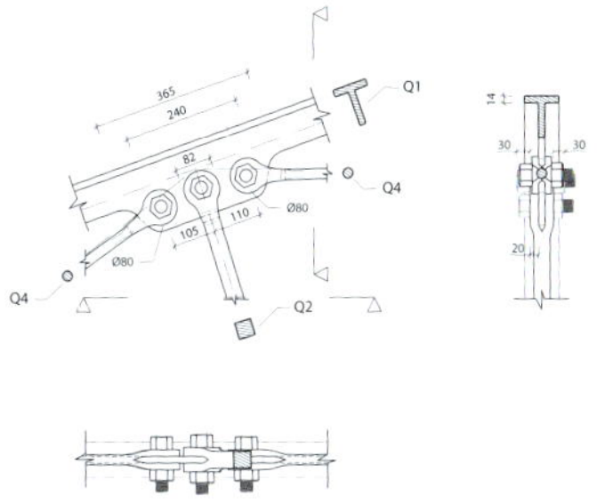

Knoten 10

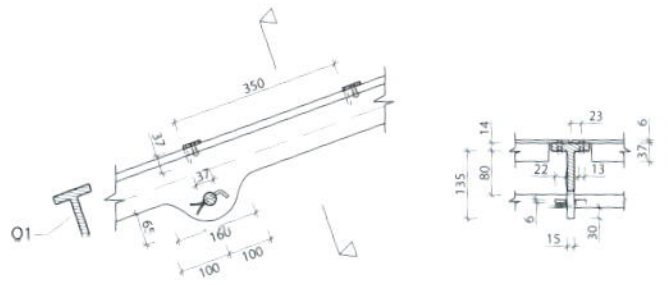

Anschlussdetail Aussteifung

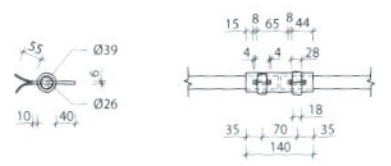

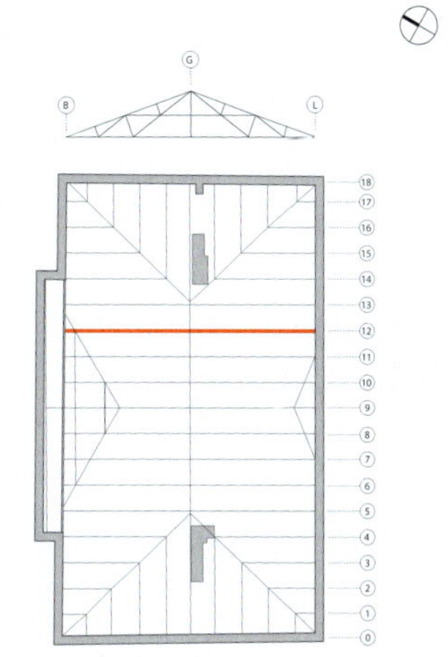

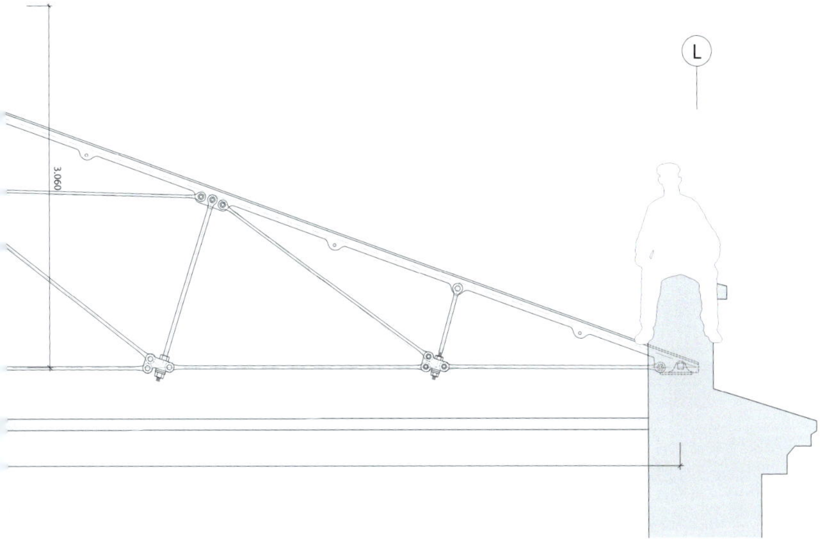

Übersicht 0 1 2 m

Details 0 50 100 cm

Baujahr ca. 1852
Baird-Werk, St. Petersburg
Entwurf Baukommission,
vermutlich Francis Baird
Spannweite ca. 17,80 m
Höhe (Achsmaß) ca. 3,06 m

Die erst gegen Ende der Baumaßnahmen konstruierten Binder über dem Nordpavillon der Kleinen Eremitage entsprechen in der Ausbildung der gelenkigen Details, der Knotenbleche und der konsequenten Gliederung der Unterspannung in Einzelstäbe der reifen Form des Wiegmann-Polonceau-Trägers. Auffällig ist jedoch der zusätzlich angeordnete Kehlriegel auf halber Höhe – eine strukturelle Eigenart, die von Matthew Clark bereits 1840–1841 in ähnlicher Weise im Dachtragwerk über dem Thronsaal (vgl. Tafel 87) eingeführt worden war.

Knoten 5

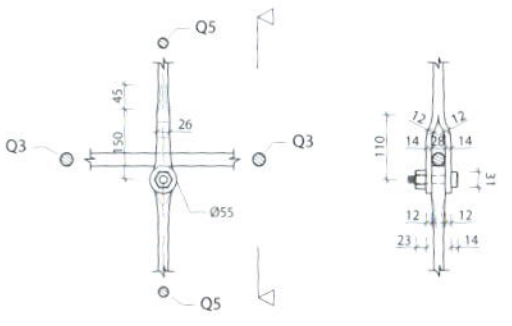

Knoten 11

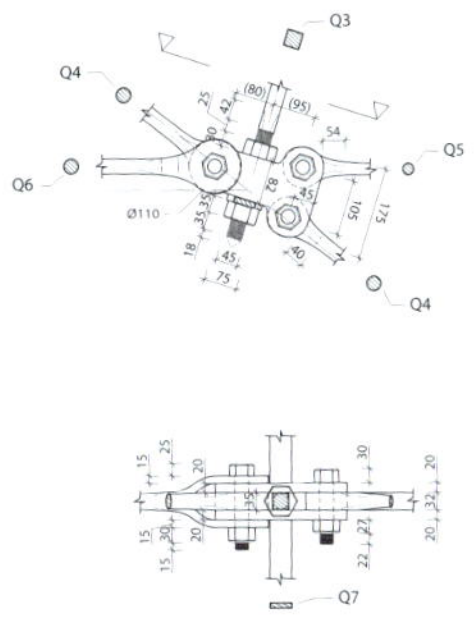

Tafel 85

Dreifach unterspannte Wiegmann-Polonceau-Binder

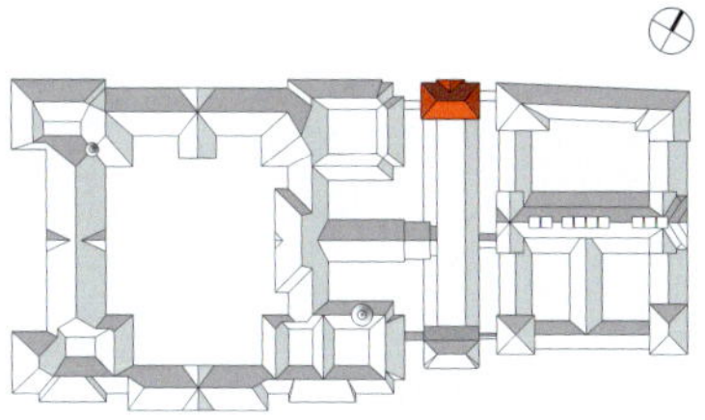

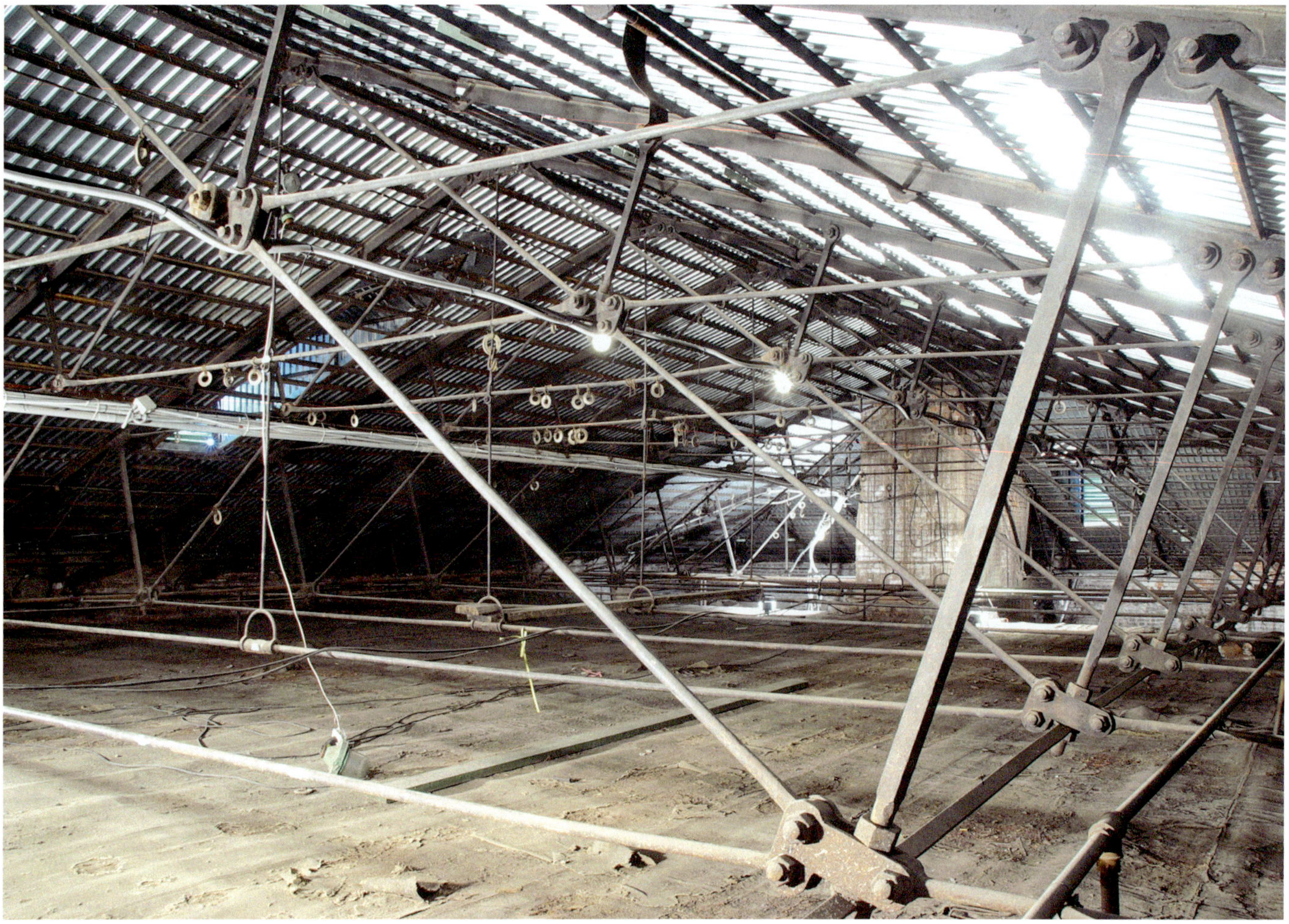

1

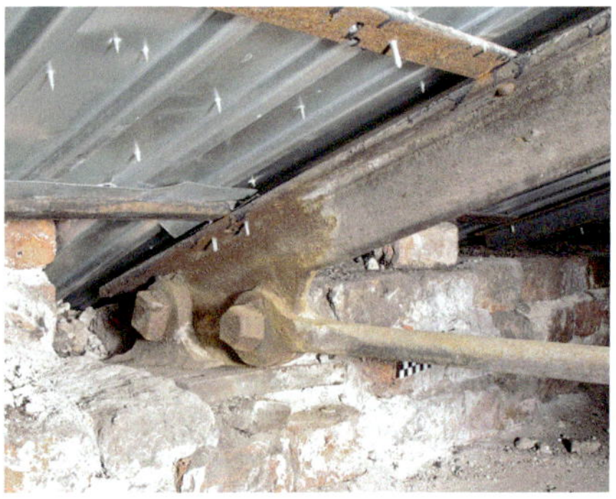

3

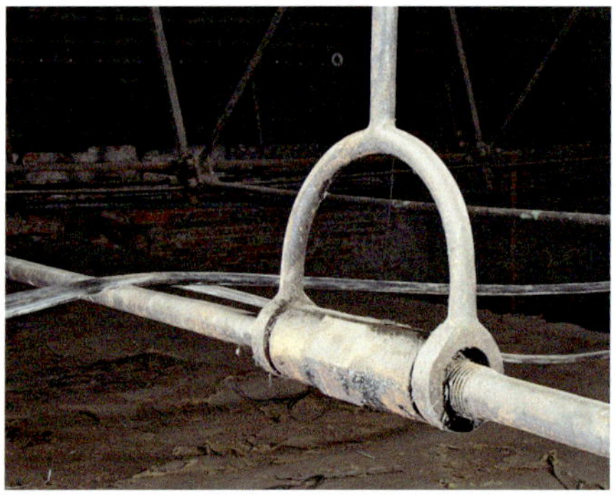

4

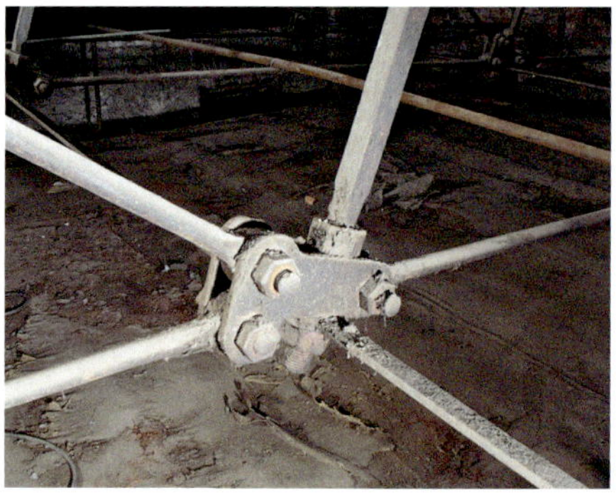

5

Systemskizze mit Knotennummern

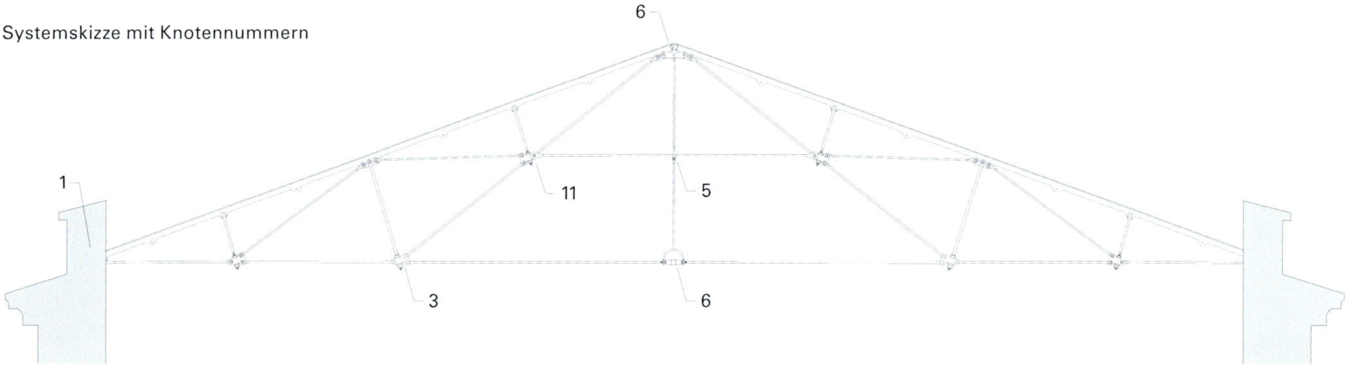

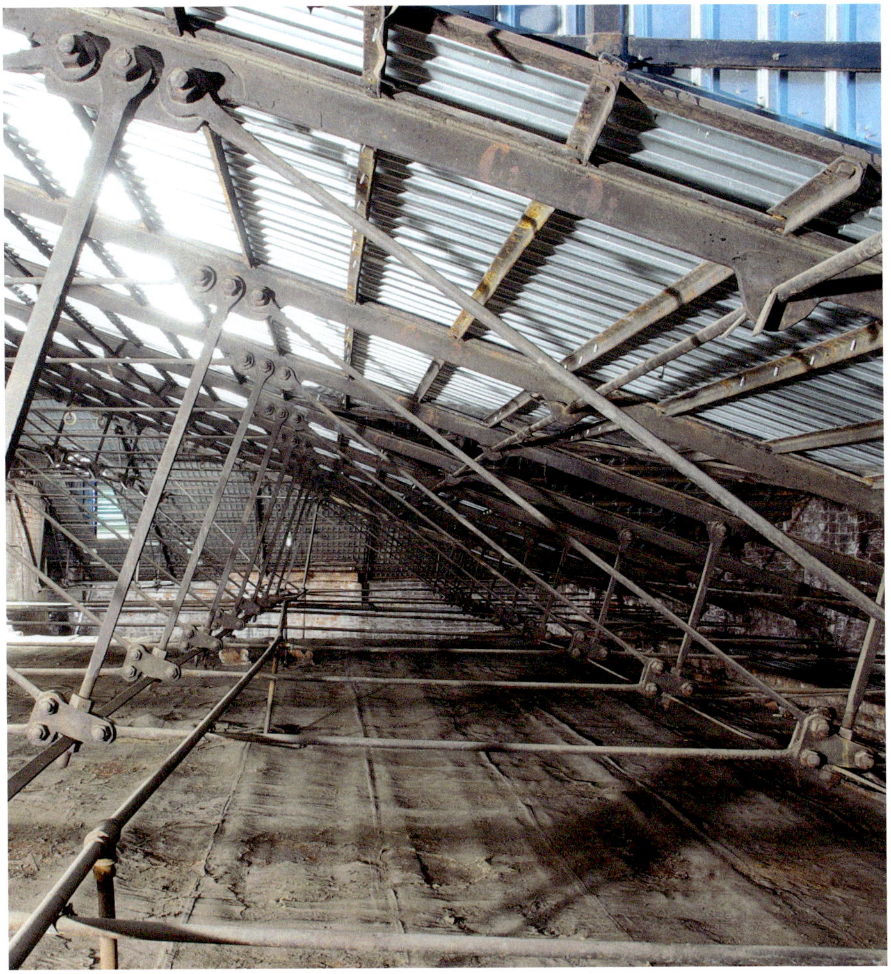

2

Dargestellt ist die Konstruktion über dem Nordpavillon der Kleinen Eremitage.

1 Dachraum über dem Nordpavillon

2 Dreifach unterspannte Sparren, mit Systemen der Queraussteifung und Dachlattung

3 Knoten 1, Auflager

4 Knoten 6, Spannschloss in der Verbindung zwischen Zugband und dessen Abhängung vom First

5 Knoten 3, Verzweigung des Zugbandes und Anschluss der Druckstrebe mit Spannmöglichkeit

6 Knoten 11, Verbindung von Zug- und Druckstreben der Unterspannung, Kehlriegel und Queraussteifung

7 Knoten 5, Kreuzung von Kehlriegel und Zugbandabhängung

8 Knoten 6, Firstanschluss der Sparren

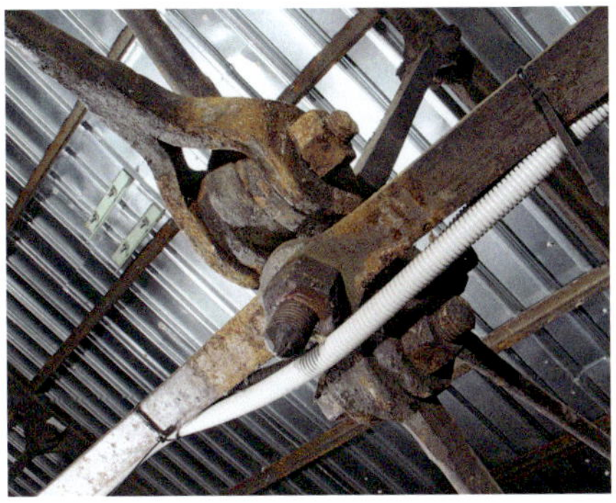

6

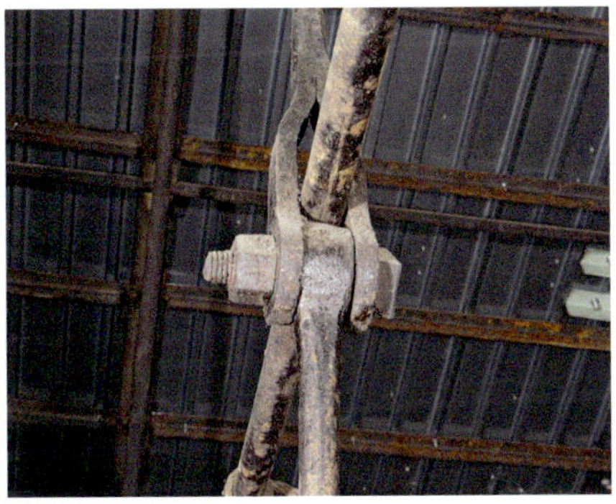

7

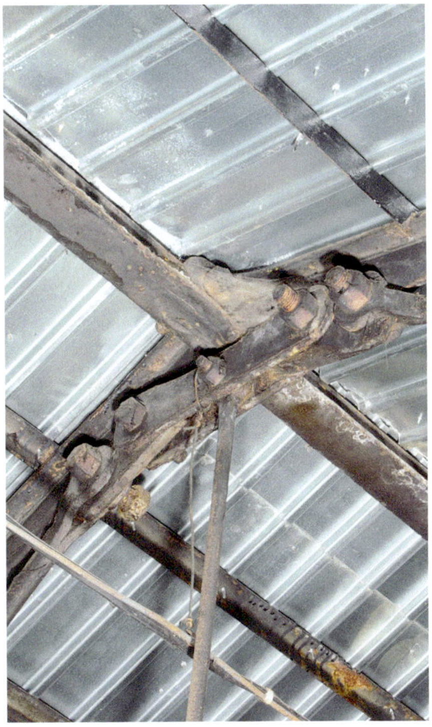

8

Tafel 86

Dreifach unterspannte Wiegmann-Polonceau-Binder

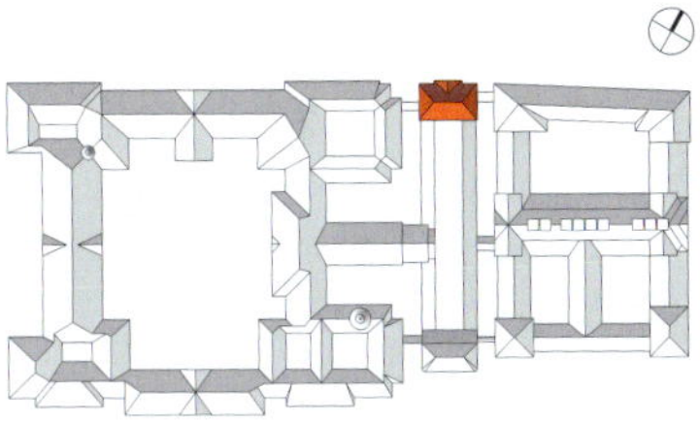

Knoten 10

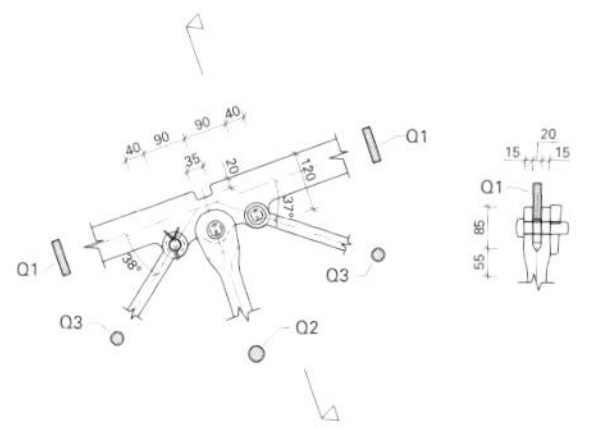

Knoten 7

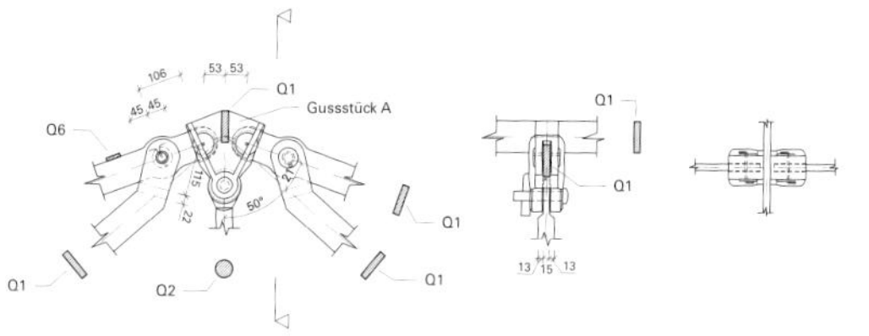

Gussstück A
Ansicht

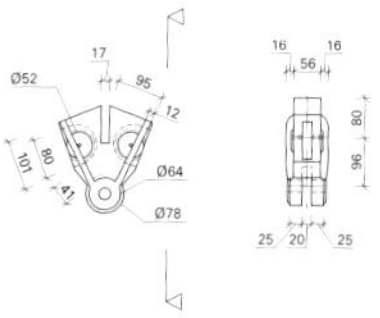

Binder
Achse 36
Blickrichtung Ost

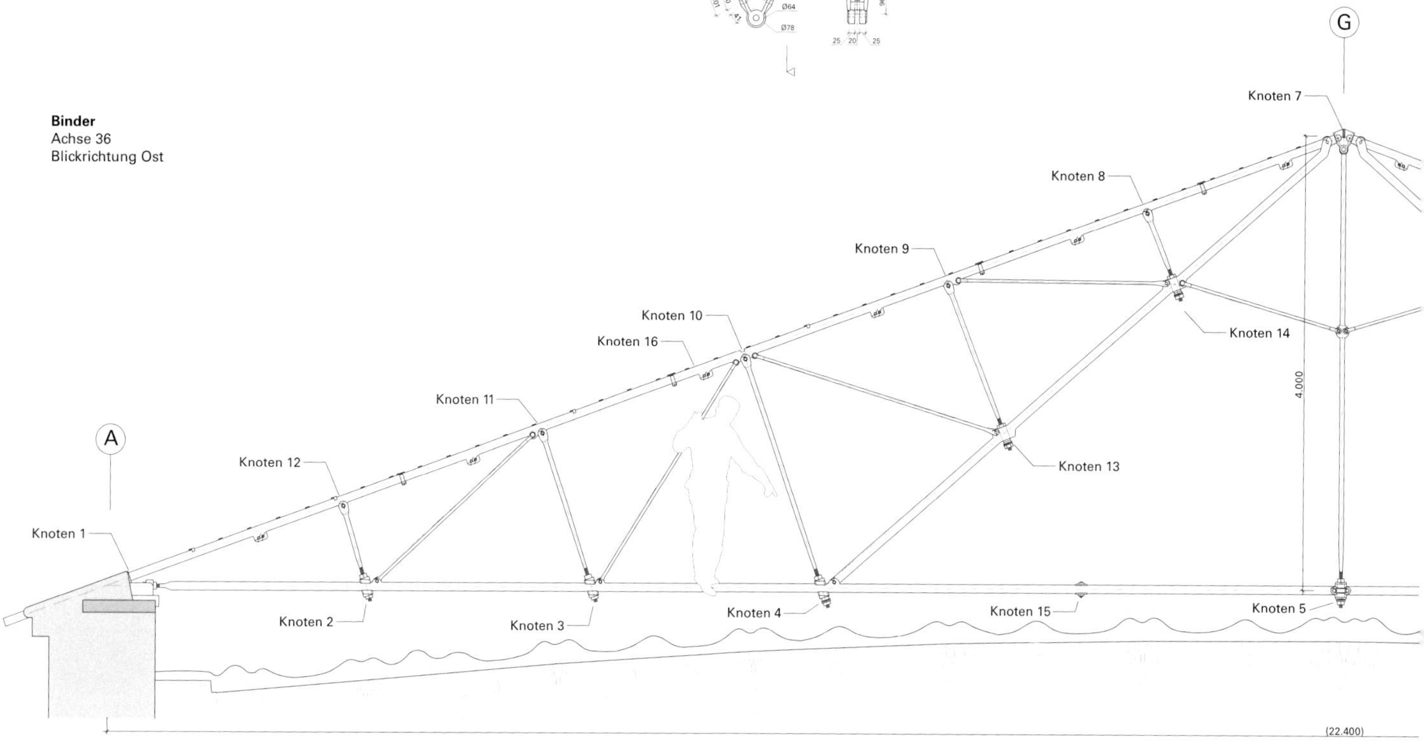

Knoten 1

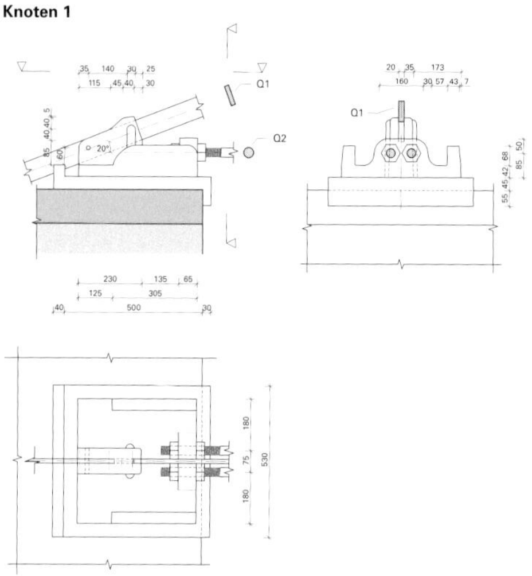

Knoten 5

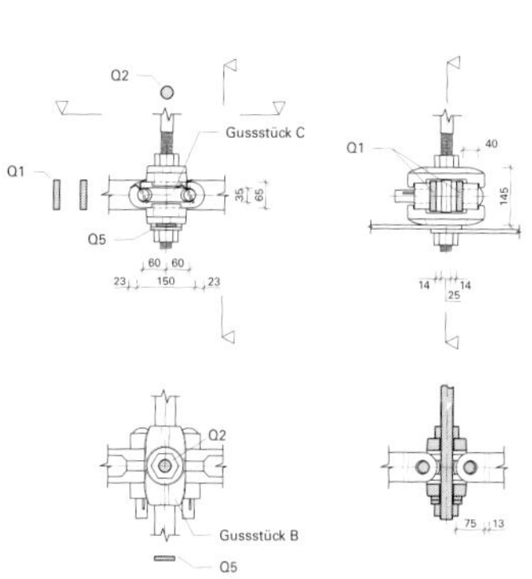

Gussstück B

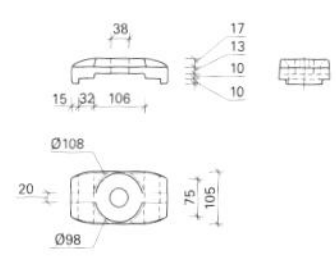

Gussstück C

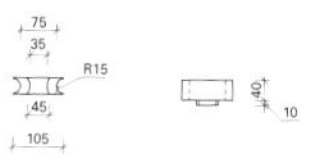

Knoten 16

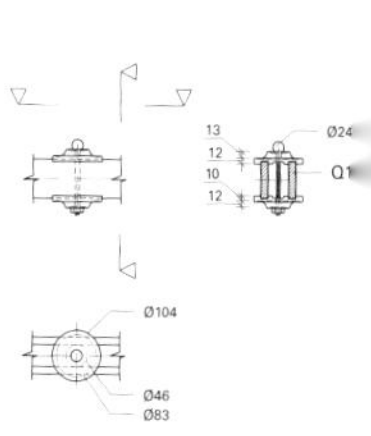

Querschnitte

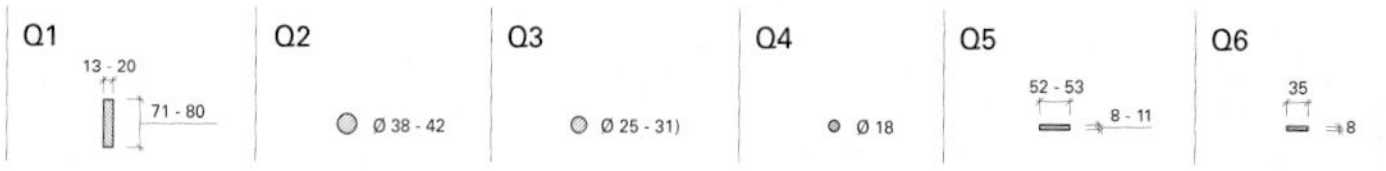

Knoten 16

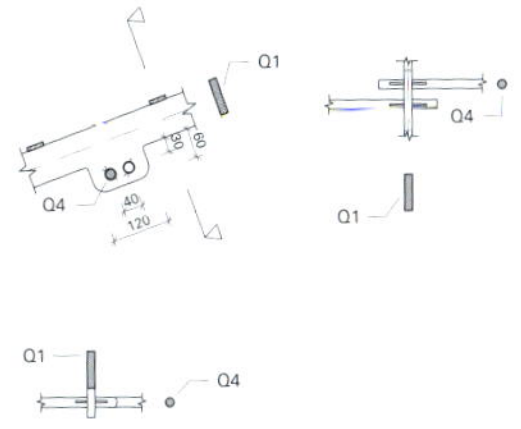

Knoten 13

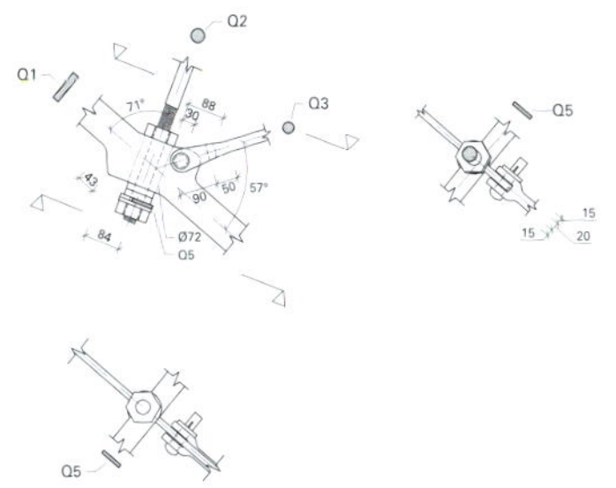

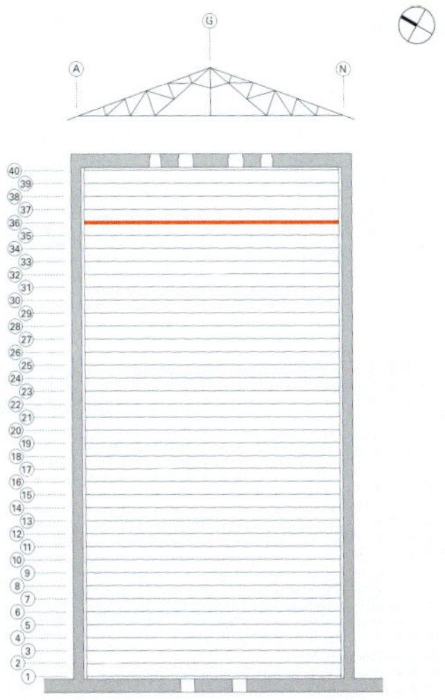

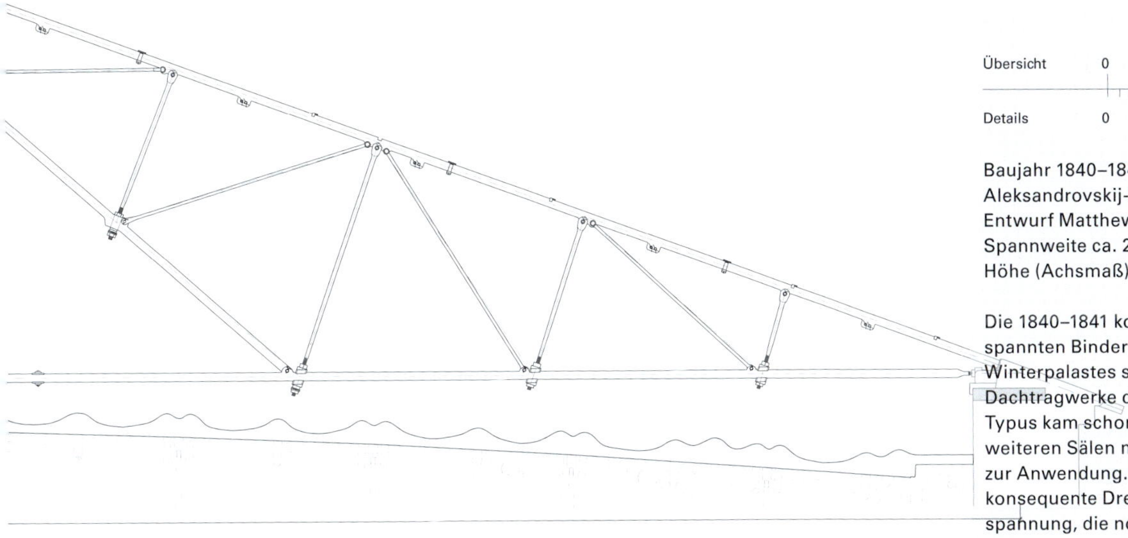

Übersicht	0	1	2 m
Details	0	50	100 cm

Baujahr 1840–1841
Aleksandrovskij-Werk, St. Petersburg
Entwurf Matthew Clark
Spannweite ca. 22,40 m
Höhe (Achsmaß) ca. 4,00 m

Die 1840–1841 konstruierten, fünffach unterspannten Binder über dem Thronsaal des Winterpalastes sind die weitest gespannten Dachtragwerke der Eremitagebauten; der Typus kam schon zuvor ähnlich über zwei weiteren Sälen mit Spannweiten um 20 m zur Anwendung. Charakteristisch sind die konsequente Dreiecksbildung der Unterspannung, die noch nicht in Einzelstäbe aufgelösten Zugglieder, vor allem aber die zusätzlichen Druckstäbe unterhalb des Firsts. Das Spektrum der Verbindungen reicht von einfachen Steckverbindungen, justierbaren Stabenden und Bolzen mit Splintsicherung bis zu Kettengliedern und Gussklammern. Nach dem Einsturz der Decke wurde das Dachtragwerk demontiert und 1842 weitgehend identisch, aber mit verstärkter Queraussteifung wiederaufgebaut.

Knoten 4

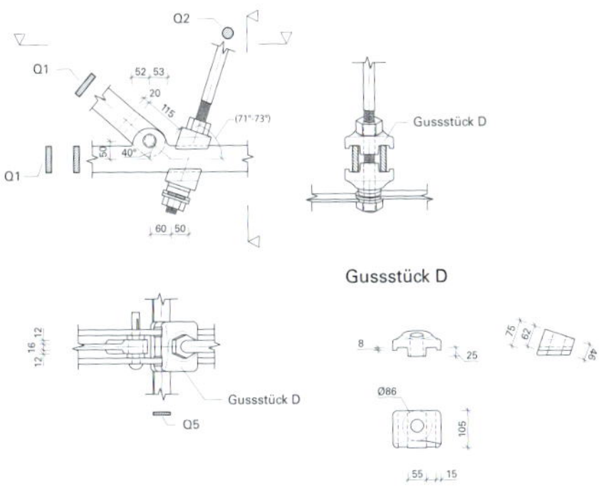

Knoten 2 und 3

wie Knoten 4, ausschließlich dargestellte Maße variieren

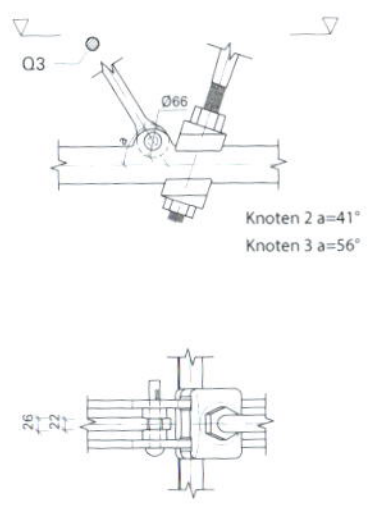

Tafel 87

Fünffach unterspannte Wiegmann-Polonceau-Binder

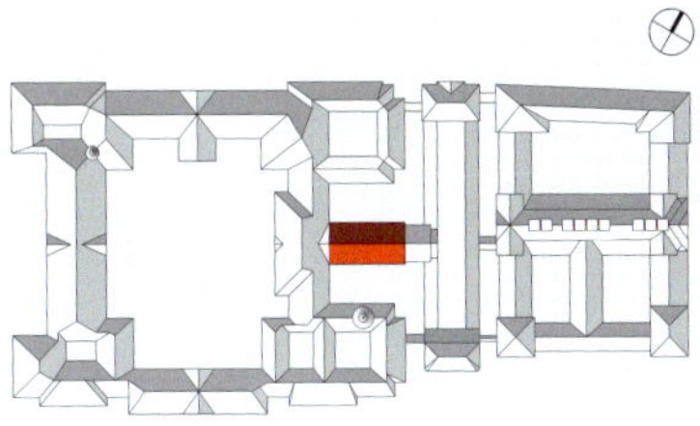

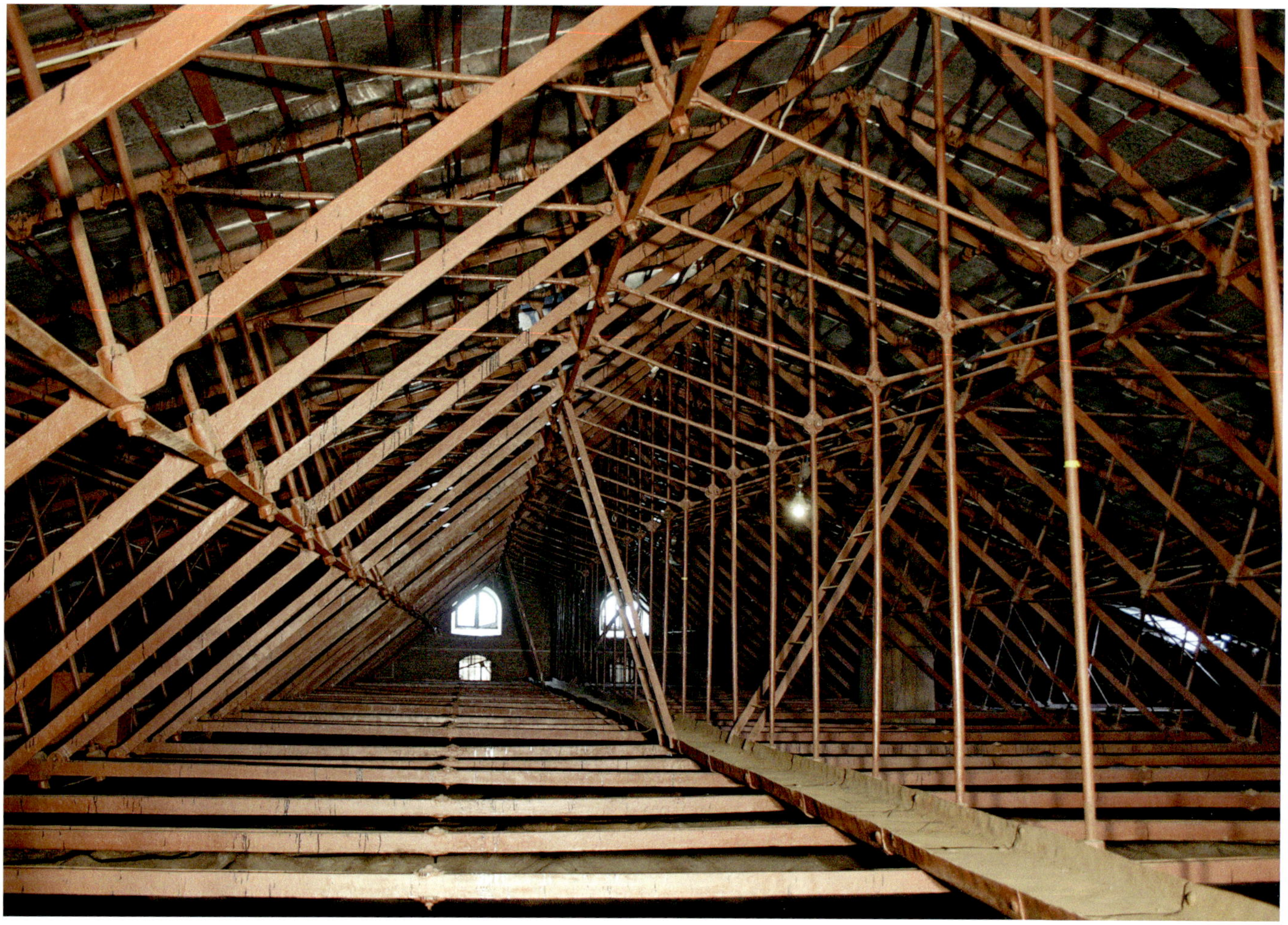

1

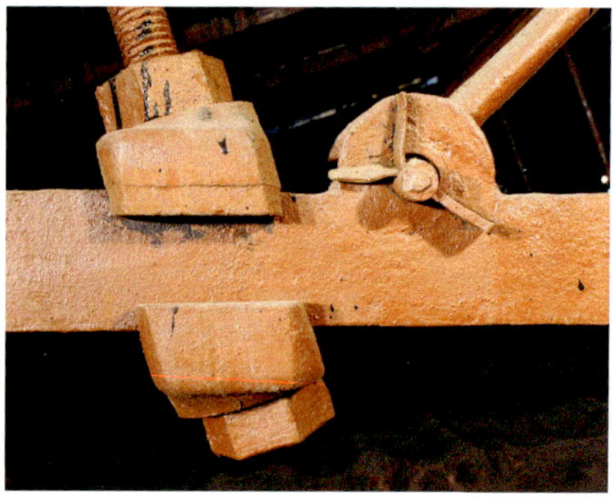

3

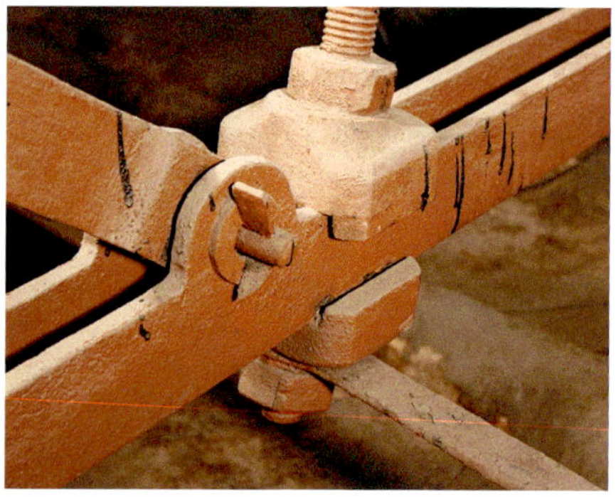

4

Systemskizze mit Knotennummern

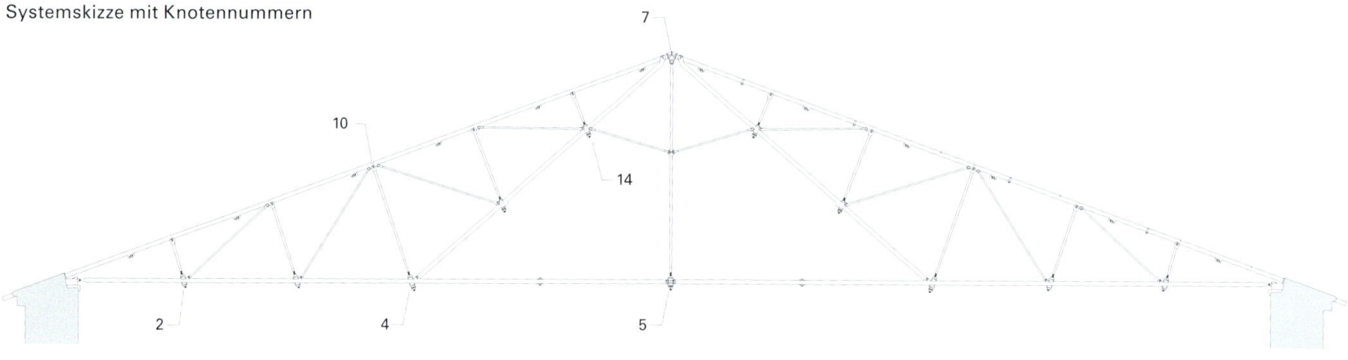

Dargestellt ist die Konstruktion über dem Thronsaal im Winterpalast; die Fotos zeigen nur die noch unverstärkte Bauweise von 1840/41.

1 Dachraum über dem Thronsaal

2 Binder mit fünffach unterspannten Sparren

3 Knoten 2, Verbindung zwischen Unterspannung und Zug- und Druckstrebe, letztere flexibel montierbar und mit Spannmöglichkeit

4 Knoten 4, Verzweigung des zweiteiligen Zugbandes und Anschluss der Druckstrebe mit Spannmöglichkeit

5 Knoten 7, Anschluss der Sparren im First

6 Knoten 14, Verbindung von Zug- und Druckstreben der Unterspannung sowie des zusätzlichen Druckstabes

7 Knoten 5, Verbindung zwischen Zugband und dessen Abhängung vom First

8 Knoten 10, Anschluss von Druck- und Zugstreben an den Sparren

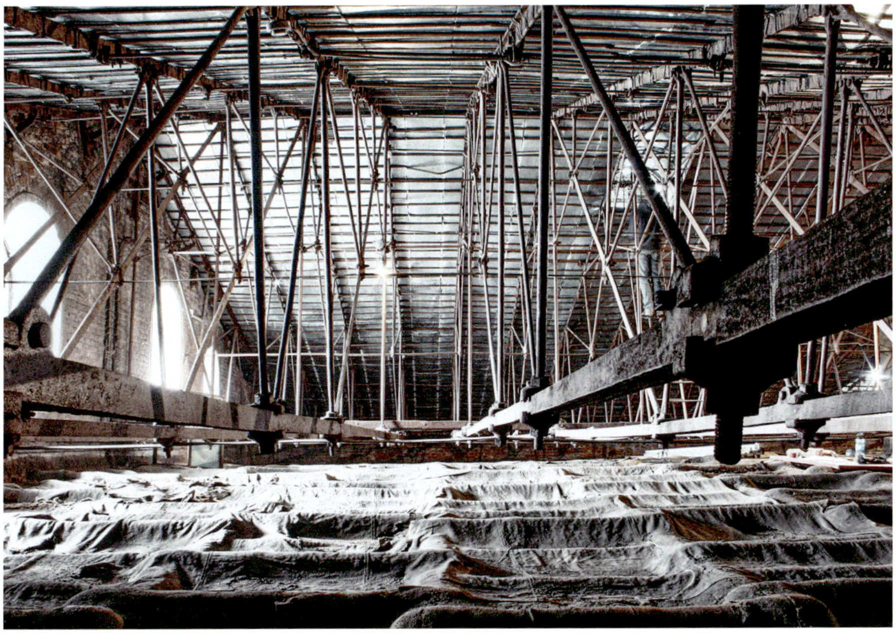

2

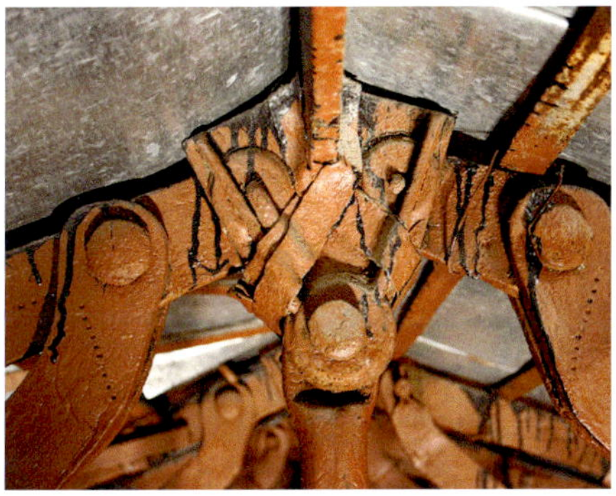

5

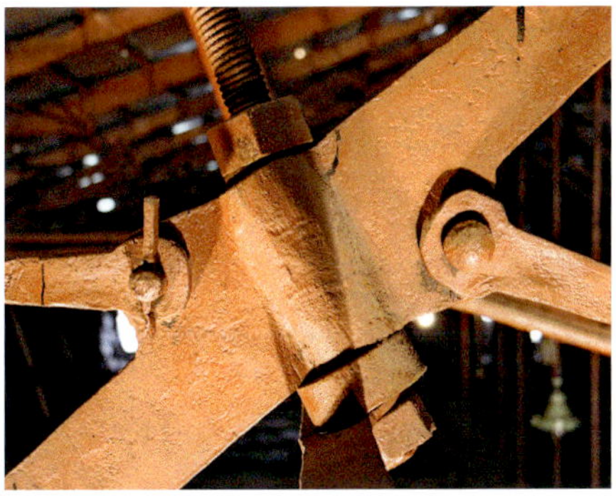

6

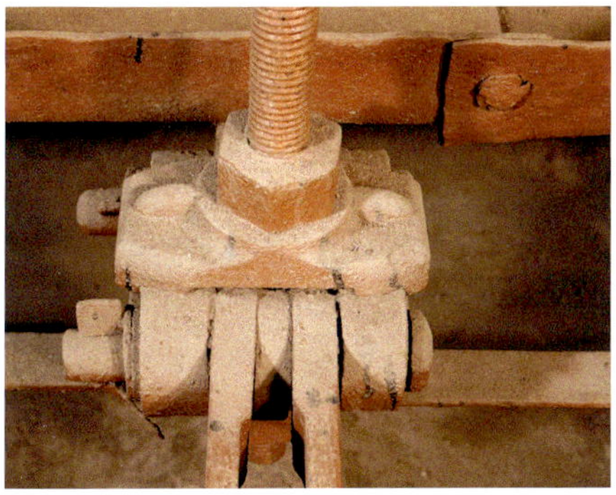

7

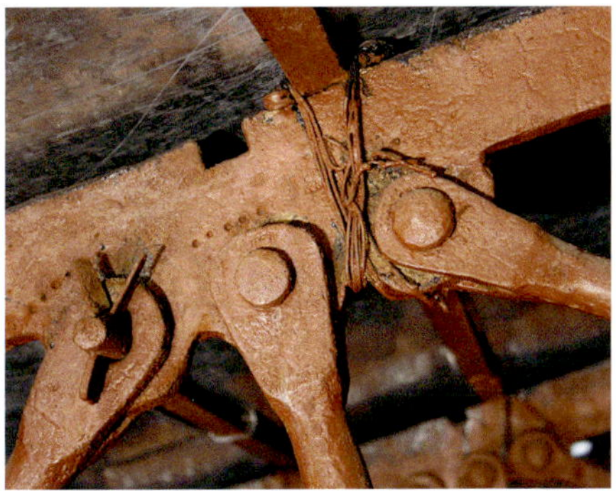

8

Tafel 88

Fünffach unterspannte Wiegmann-Polonceau-Binder

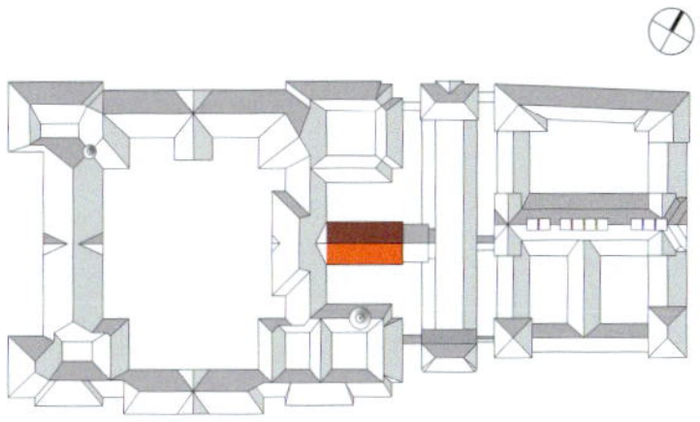

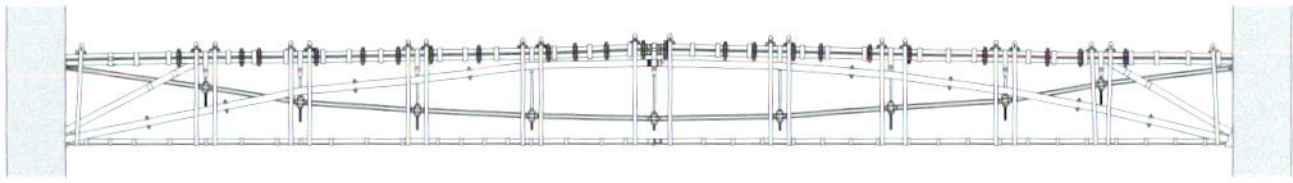

Tafel 96 Spreizträger 1. Generation

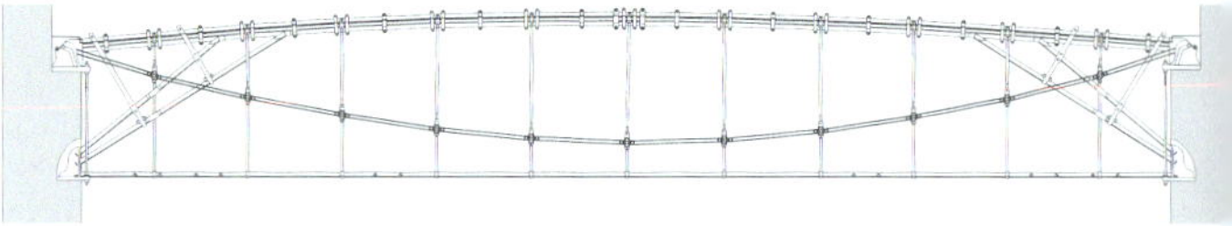

Tafel 98 Spreizträger 2. Generation

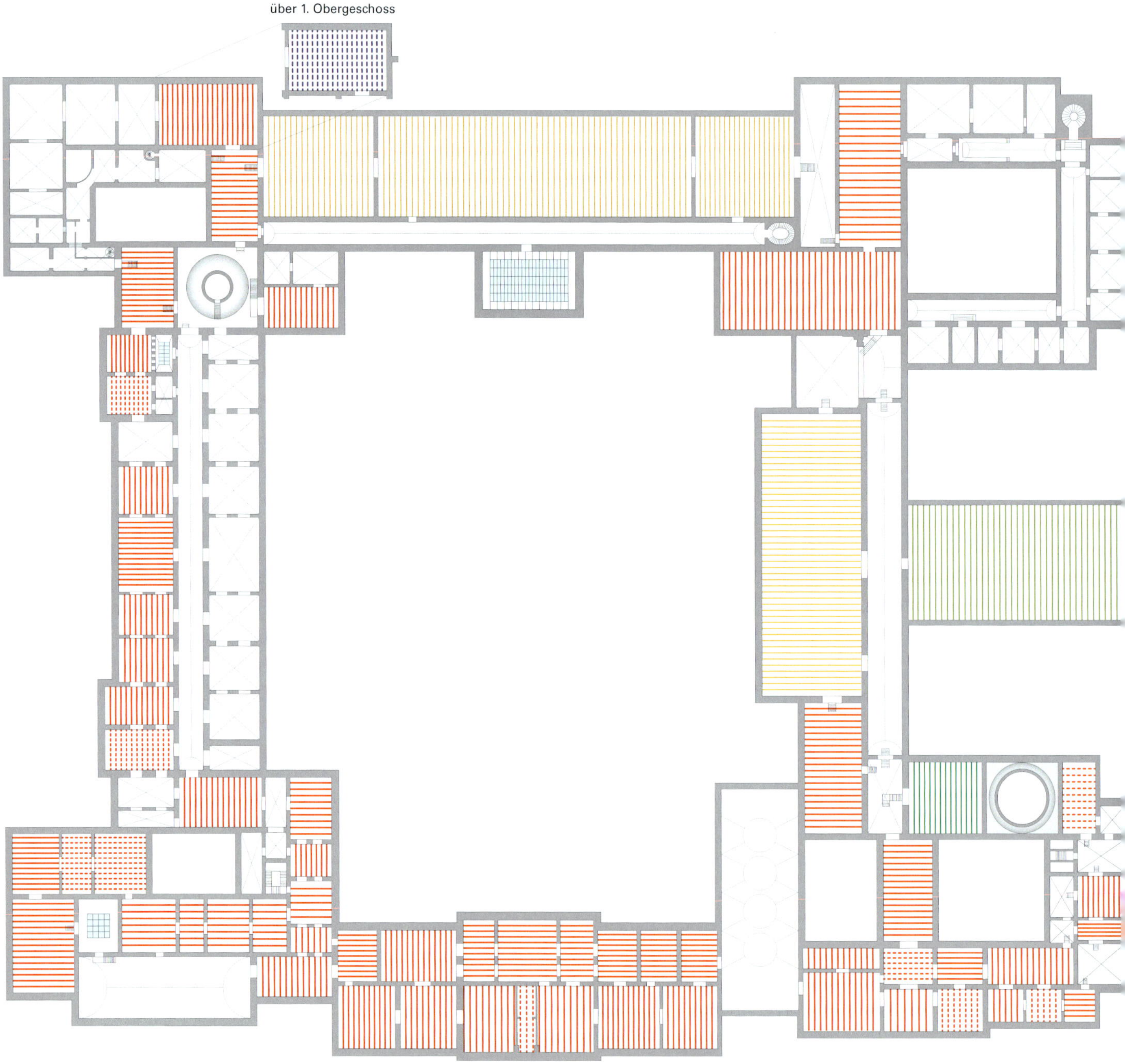

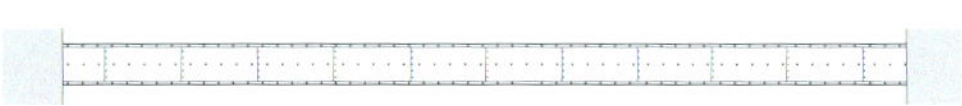

Tafel 90 Blechträger gewölbter Steg

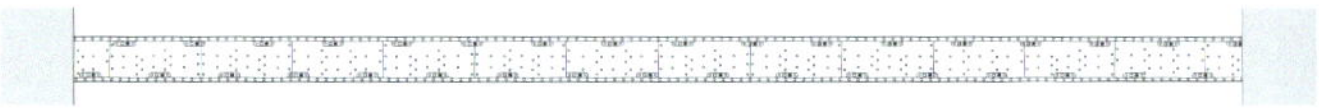

Tafel 92 Blechträger gerader Steg

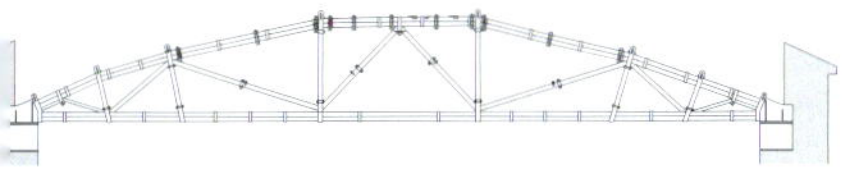

fel 94 Fachwerk

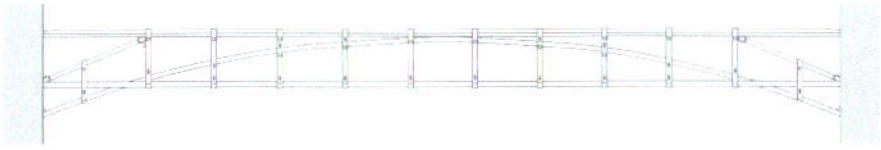

Ohne Tafel

noch vorhanden, durch eigene Untersuchung nachgewiesen, im Folgenden detailliert dargestellt

vermutlich vorhanden, Darstellung nach zeitgenössischen Quellen

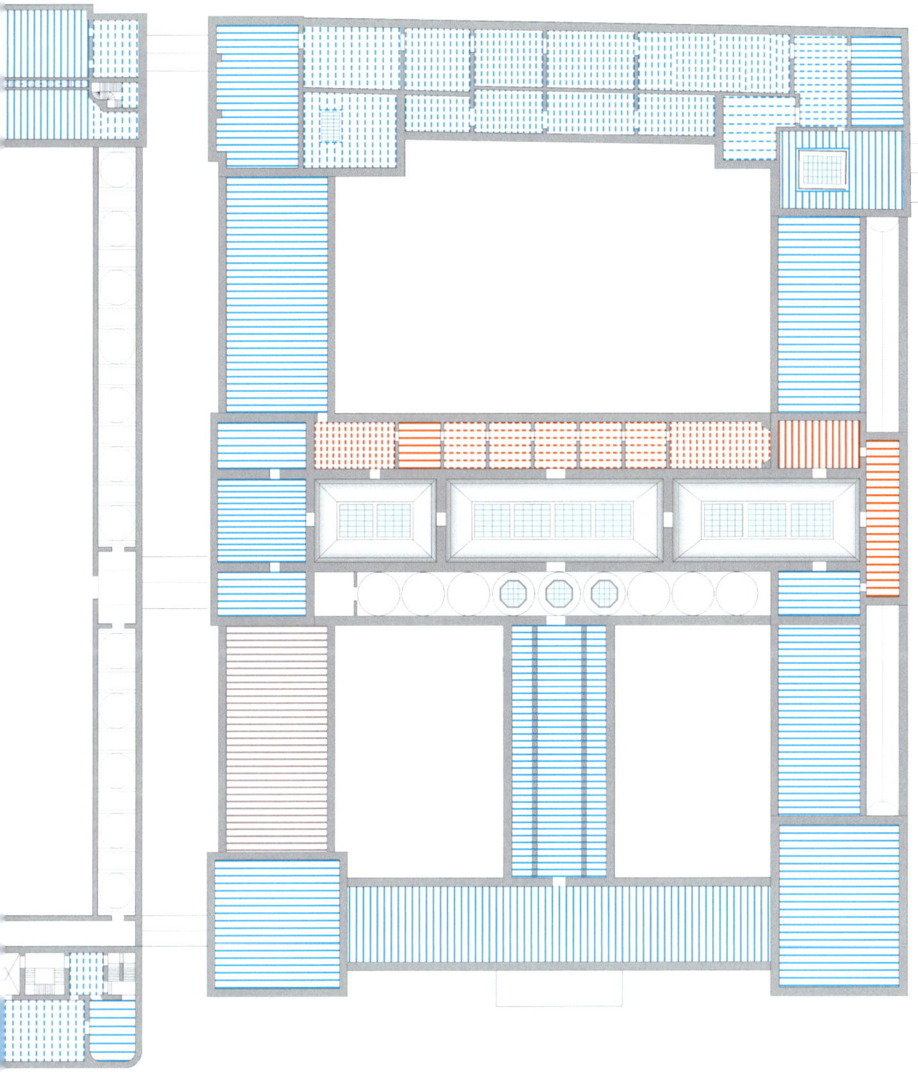

Gebäude 0 10 20 30 40 50 m

Binder 0 5 m

Die Herausforderung, bis zu etwa 20 m breite Deckenfelder mit Eisentragwerken möglichst geringer Bauhöhe freitragend zu überspannen, wurde in den Bauten des Eremitage-Ensembles auf unterschiedliche Art bewältigt. Die Konstrukteure entwickelten dafür zum einen aus Blechen zusammengesetzte Vollwandträger, zum anderen aus unterschiedlich profilierten Halbzeugen gebildete Stabwerke.

Ein wesentlicher Teil der Räume wurde freilich im Zuge des Wiederaufbaus nach wie vor mit gewölbten Decken versehen – vor allem in den unteren Geschossen, in Teilen jedoch auch in der hier dargestellten obersten Deckenlage. Anders als die Dachtragwerke sind nicht nur diese gewölbten, sondern auch die bauzeitlichen eisernen Deckentragwerke heute noch weitgehend unverändert erhalten.

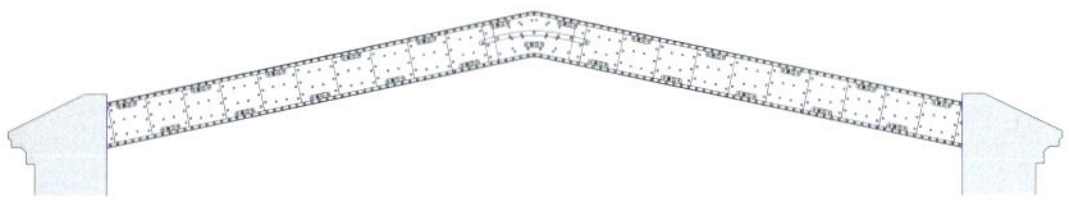

ohne Tafel

Tafel 89

Deckentragwerke – Übersicht Decken über dem obersten Geschoss

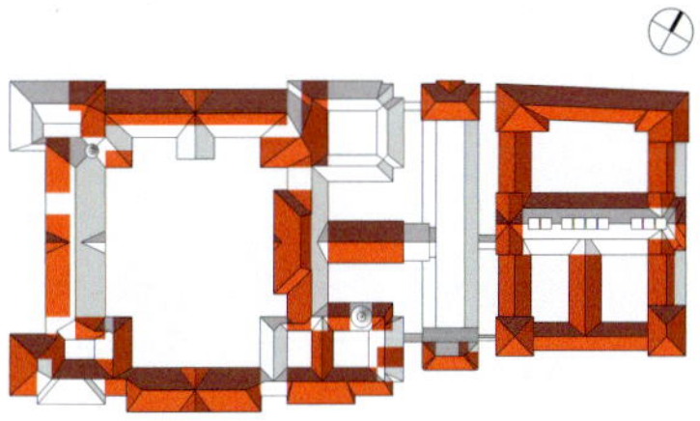

Übersicht Blechträger mit gewölbtem Steg (Elliptische Balken) in den obersten Geschossen des Winterpalastes

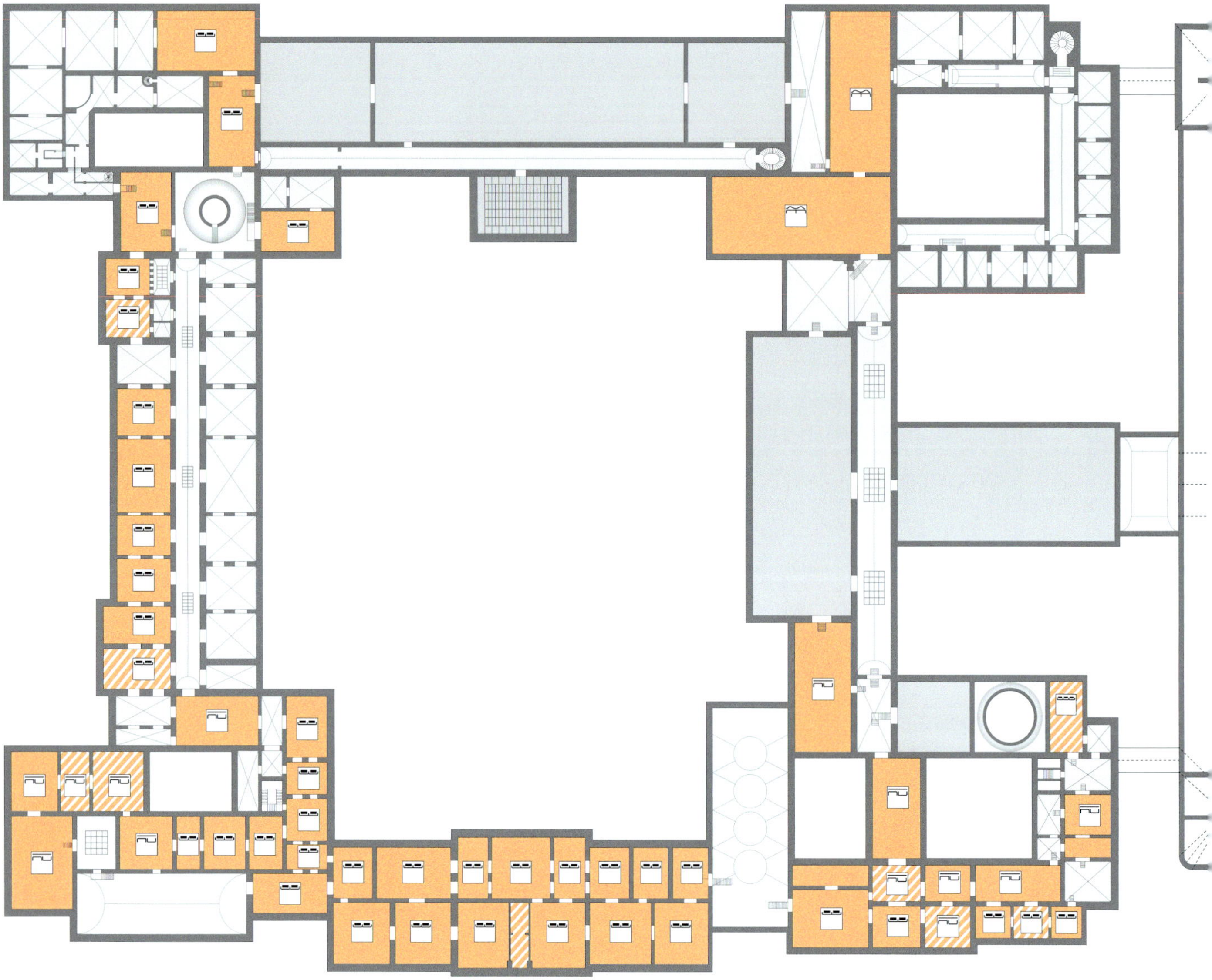

Längen, Nietverbindungen, Überhöhung

Exemplarisch gemessen an einem der freiliegenden Träger zur Abhängung von Wänden über dem Malachitsaal

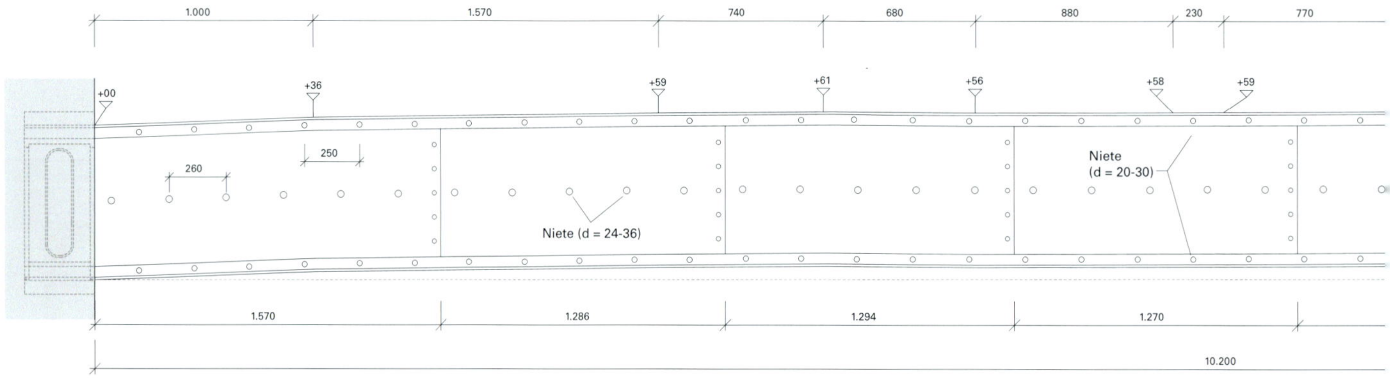

…ckenaufbau

…erdecke

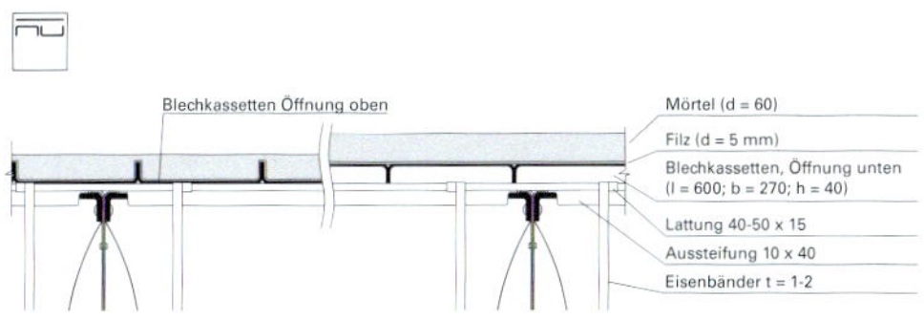

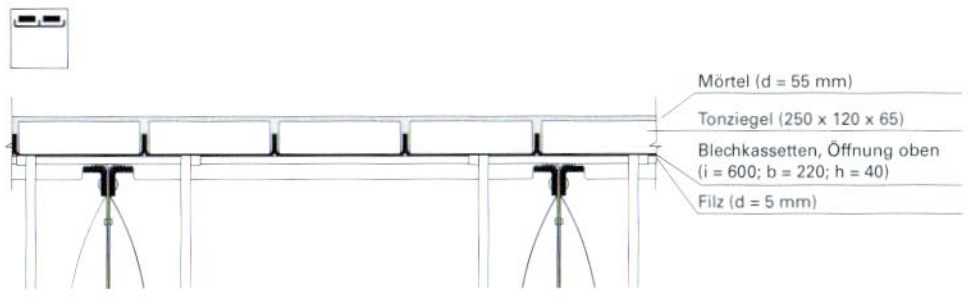

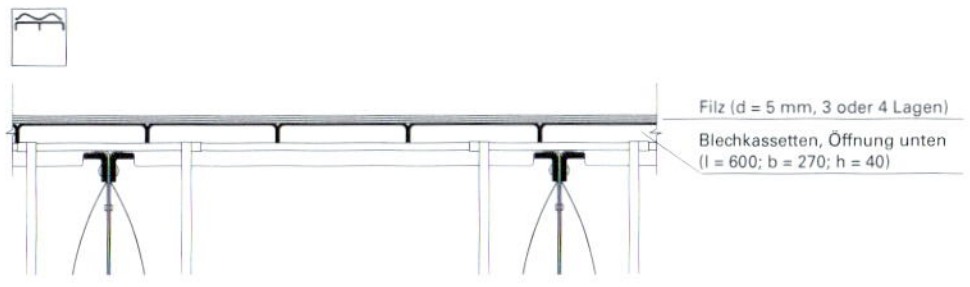

…erdecke

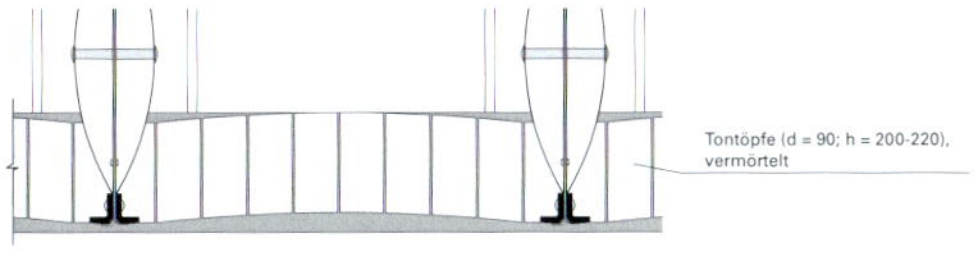

…steifung und Traglattung

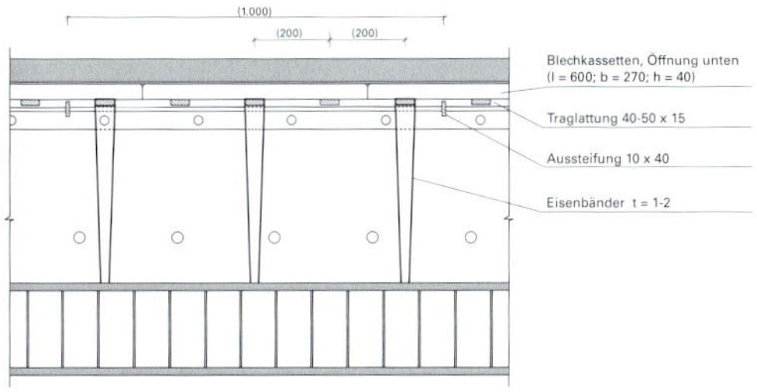

Blechträger mit gewölbtem Steg – Querschnitt

Exemplarisch gemessen

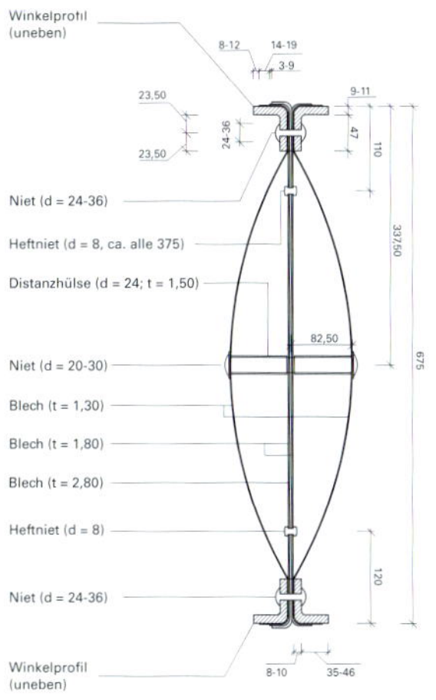

Gusseiserne Lagermanschette

Schnitt A-A

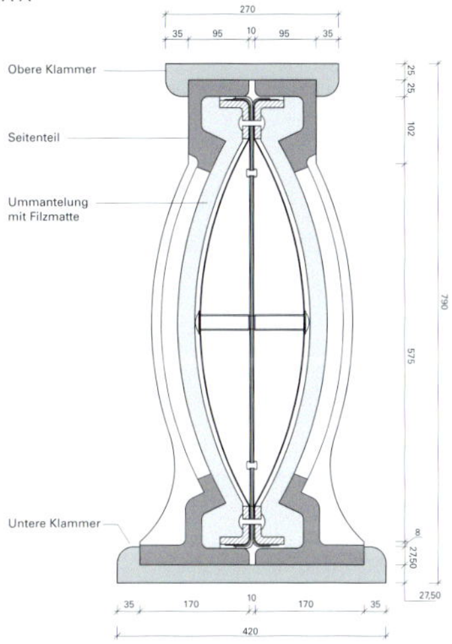

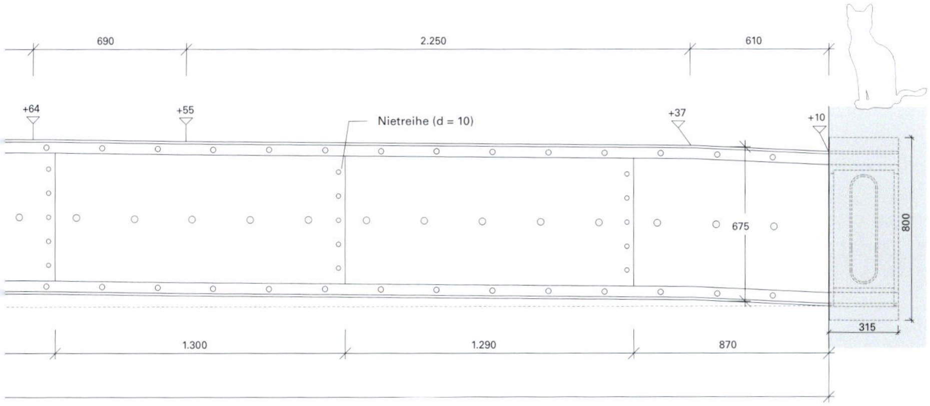

Blechträger mit gewölbtem Steg

Blechträger mit gewölbtem Steg vermutet (vor Ort nicht nachgewiesen)

Eiserne Deckenträger anderer Bauweisen

Gewölbte Decken

Übersicht 0 20 40 m

Details 0 50 50 cm

Baujahr 1838
Aleksandrovskij-Werk, St. Petersburg
Entwurf Matthew Clark
Spannweiten bis 16 m, Höhe 0,67 m

Mit den von Matthew Clark 1838 für den Wiederaufbau des Winterpalastes entwickelten Elliptischen Balken ist die erste umfangreiche Anwendung vollwandiger Blechträger im Bauwesen verbunden. Sie kamen nicht nur als Deckenträger, sondern vereinzelt auch zur Abhängung von Wänden zur Ausführung. Der Steg besteht aus meist fünf Blechlagen von jeweils zwei bis drei Millimeter Dicke, die oben und unten mit zu Winkeln abgekanteten Flacheisen vernietet sind. Um ein Ausbeulen der Stegbleche zu verhindern, sind die beiden äußeren Bleche durch Abstandhalter in einer annähernd elliptischen Wölbung fixiert. Gusseiserne Manschetten fixieren die Träger in den Auflagern. Für die Bodenaufbauten und die abgehängten Decken kamen verschiedene Varianten zur Ausführung.

Tafel 90

Blechträger mit gewölbtem Steg

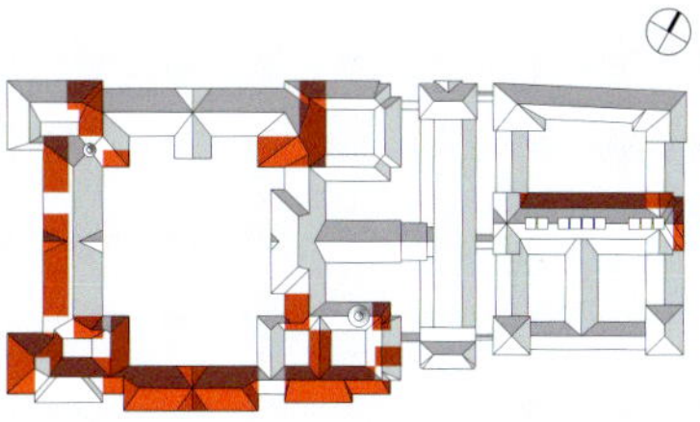

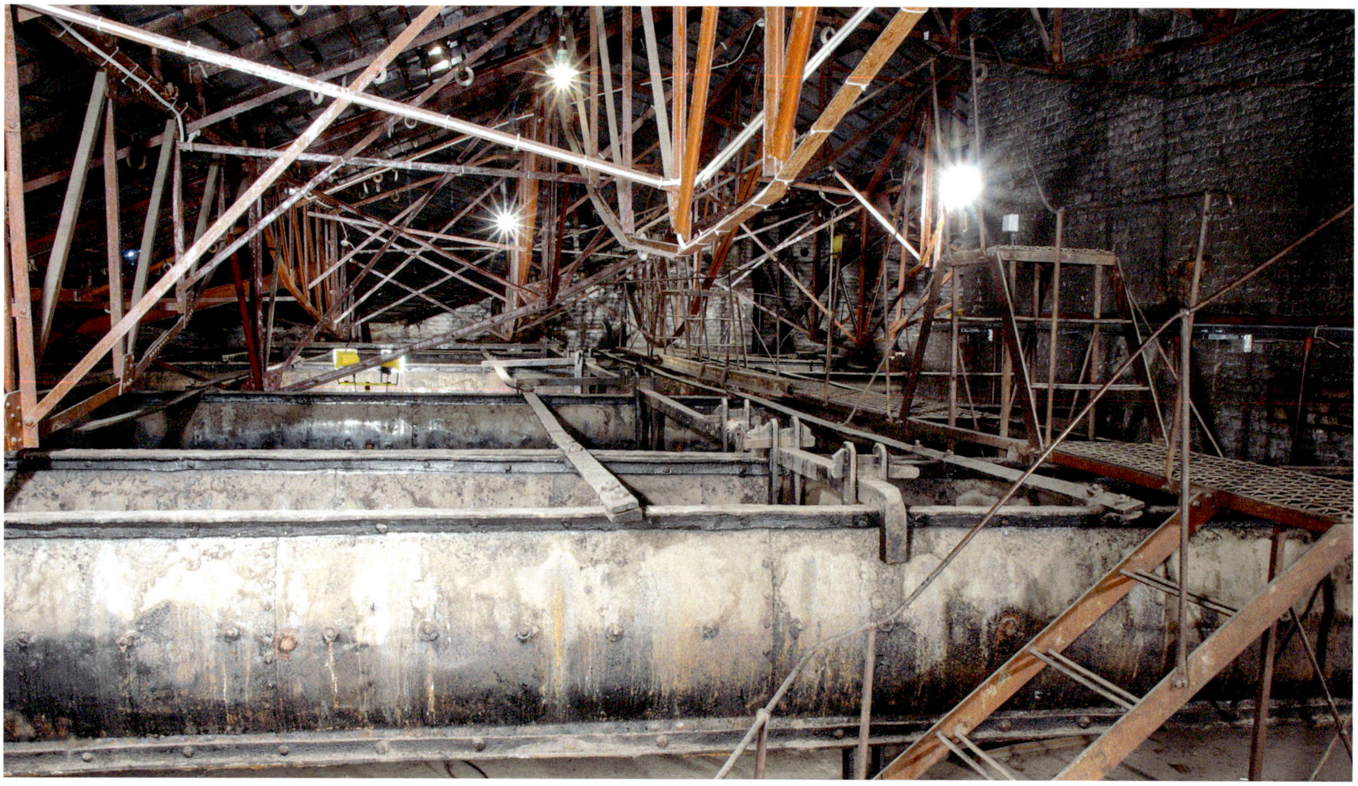

1

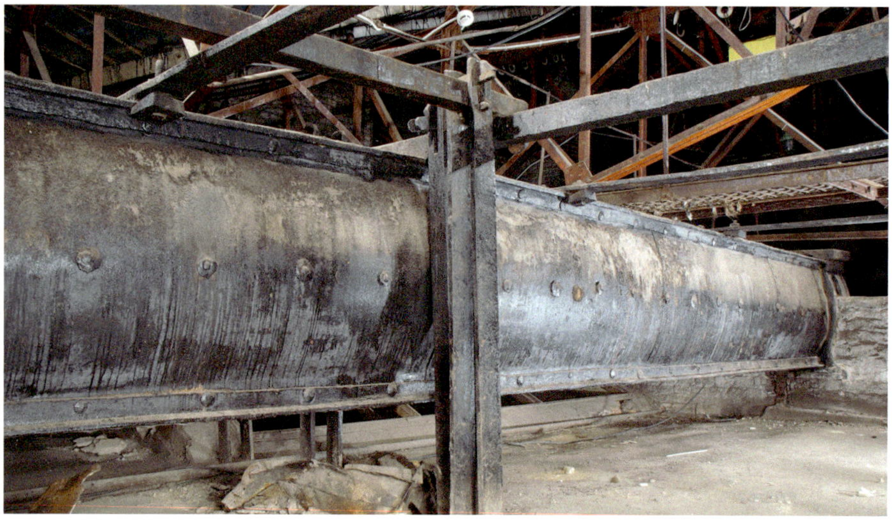

3

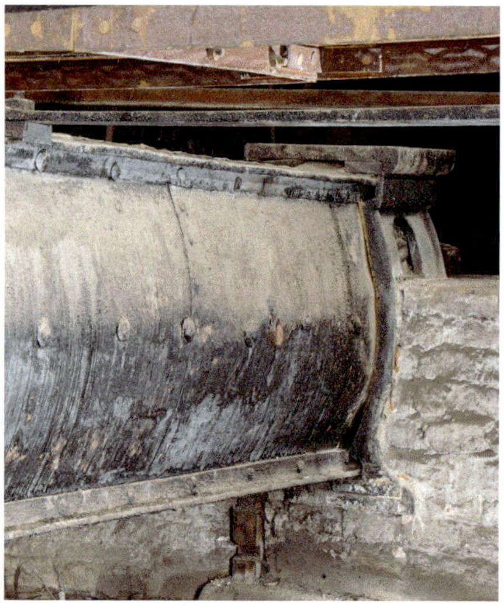

5

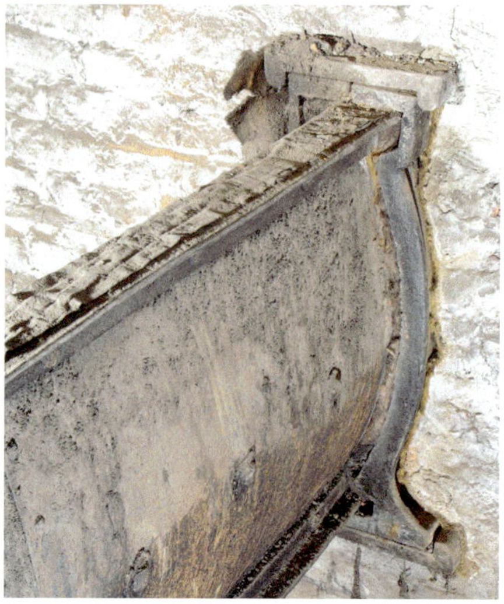

6

Dargestellt sind die freiliegenden Träger zur Abhängung von Wänden über dem Malachitsaal (1, 3, 5, 6) sowie der aus dem Trakt zwischen den Kirchenhöfen entnommene Trägerabschnitt (2, 4) und Beispiele von Deckenaufbauten im Winterpalast (7, 8).

1 Elliptische Balken im Dachraum zur Abhängung von Wänden im darunterliegenden Geschoss

2 herausgetrennter Trägerabschnitt

3 Elliptischer Balken mit Elementen der Wandabhängung und der Queraussteifung

4 Flanschausbildung durch die Vernietung von Winkeln und Blechlagen

5, 6 Einfassung der Trägerenden in gusseisernen Manschetten am Auflager, hier halb bzw. ganz eingemauert

7, 8 Raum zwischen Ober- und Unterdecke mit in Filzmatten gewickelten Trägern, Blechkassetten (nach oben bzw. nach unten geöffnet), Aussteifungen und Abhängungen für weitere Bestandteile des Deckenaufbaus

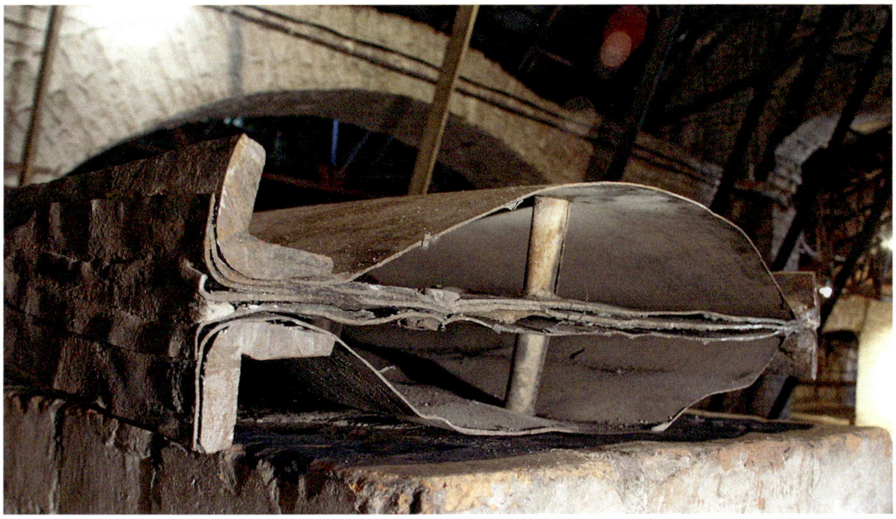

2

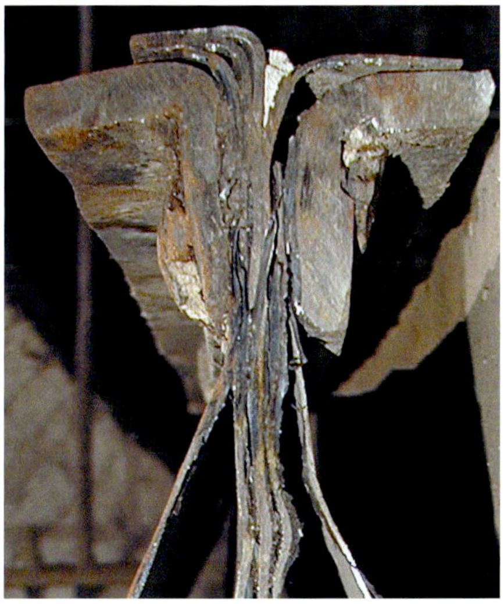

4

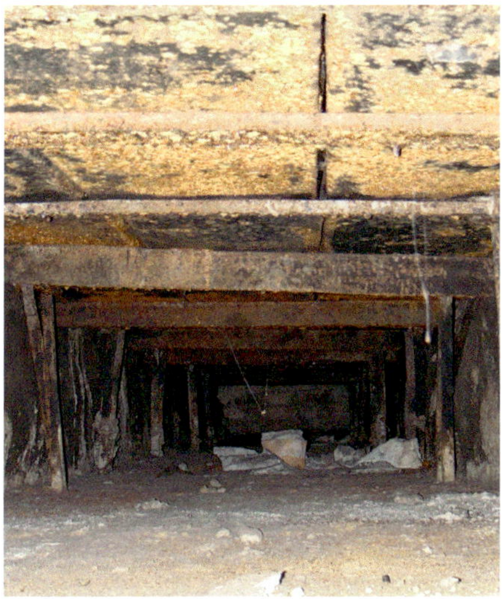

7

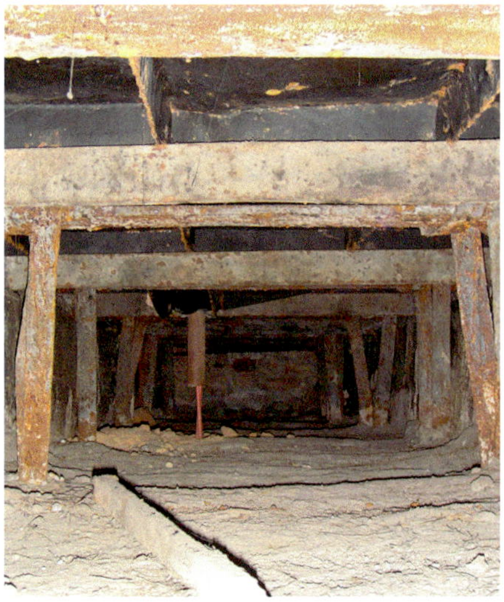

8

Tafel 91

Blechträger mit gewölbtem Steg

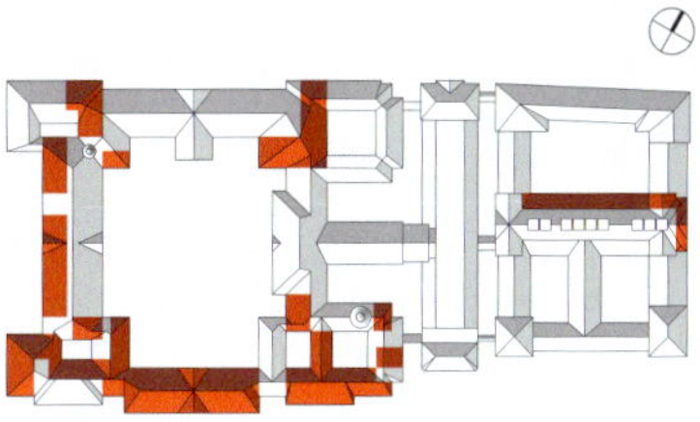

Blechträger Typ 2 (1842–1845)

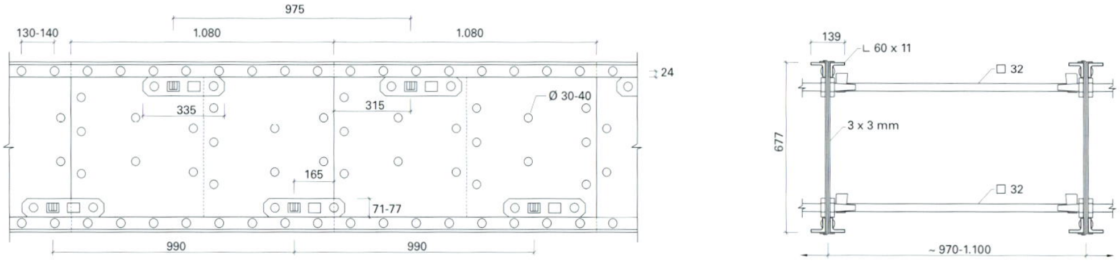

Blechträger Typ 3 (1842–1845)

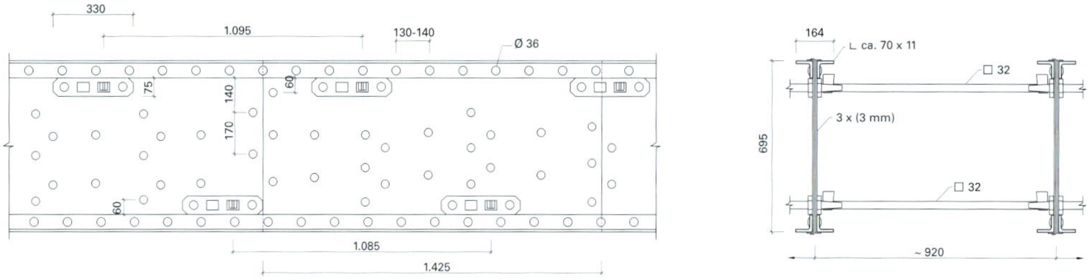

Blechträger Typ 4 (1842–1845)

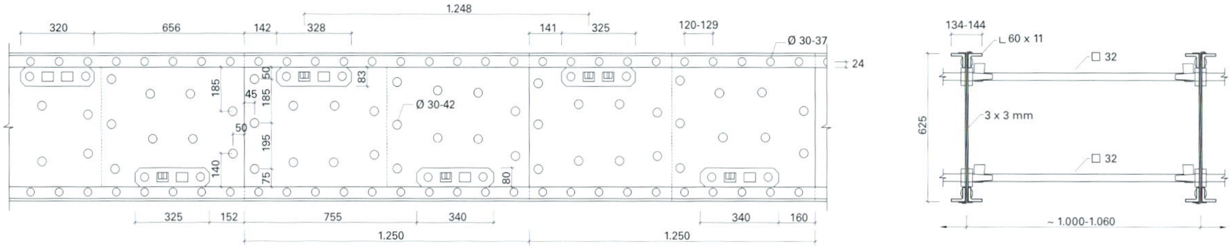

Blechträger Typ 5 (1852)

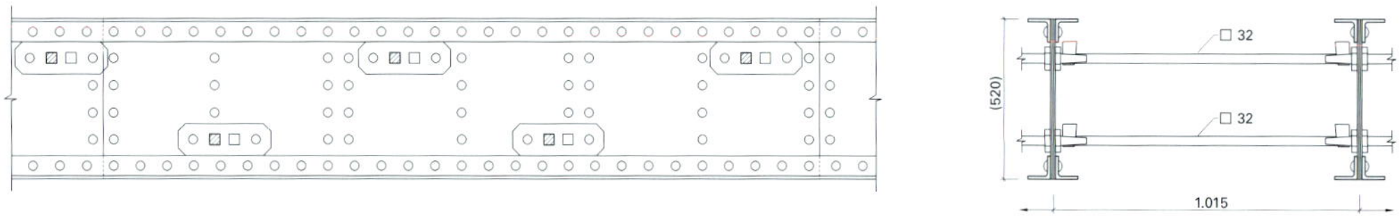

Blechträger Typ 6 (1852)

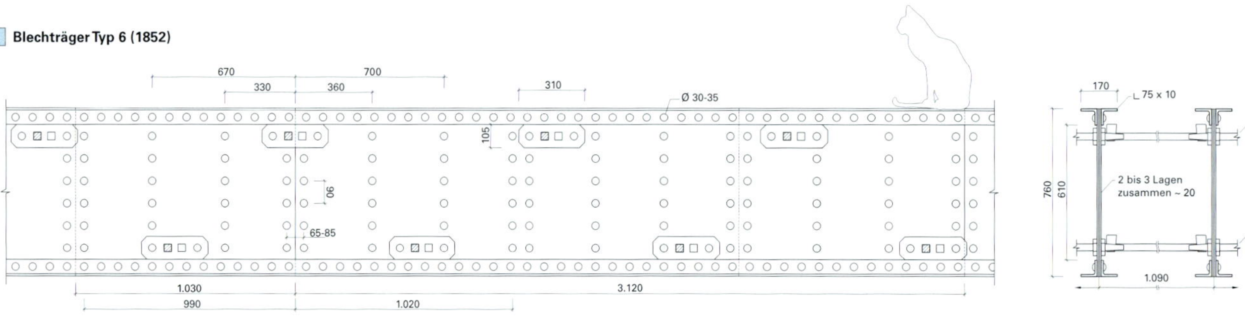

sicht Blechträgertypen im Obergeschoss

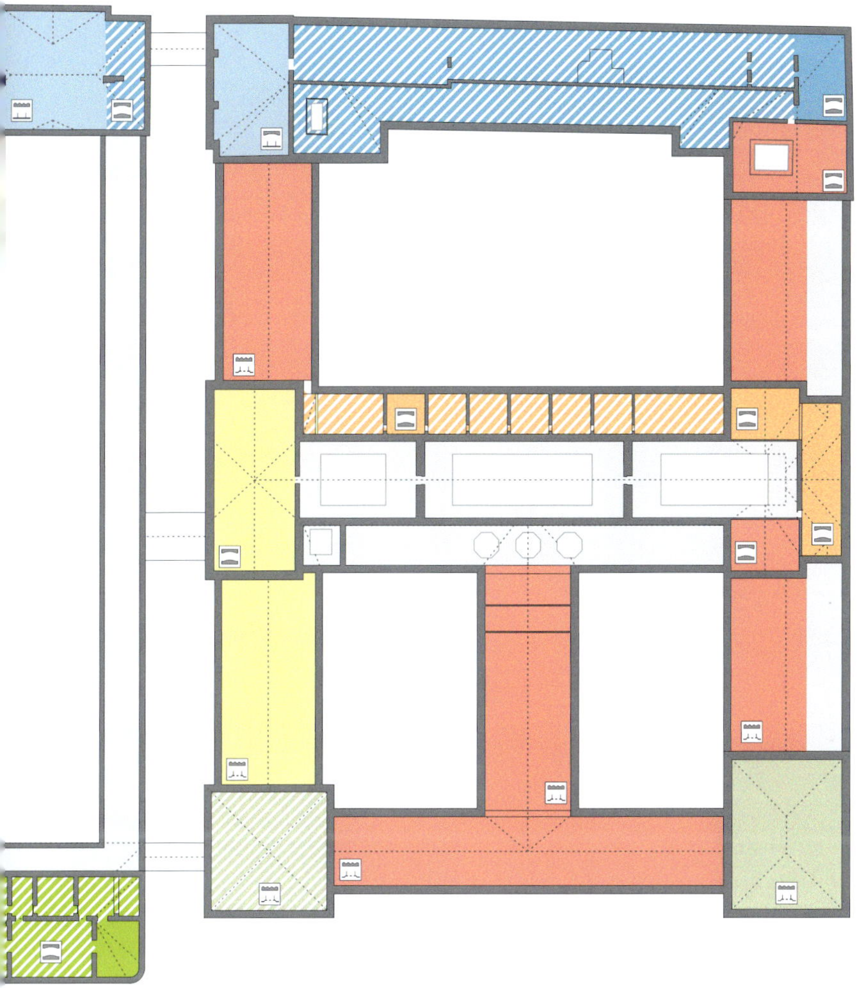

- Blechträger Typ 1 — vermutlich
- Blechträger Typ 2
- Blechträger Typ 3 — vermutlich
- Blechträger Typ 4
- Blechträger Typ 5 — vermutlich
- Blechträger Typ 6
- Blechträger mit gewölbtem Steg (s. Tafel 90) — vermutlich
- Gewölbe

Übersicht 0 20 40 m

Details 0 50 100 cm

naufbau

ecke

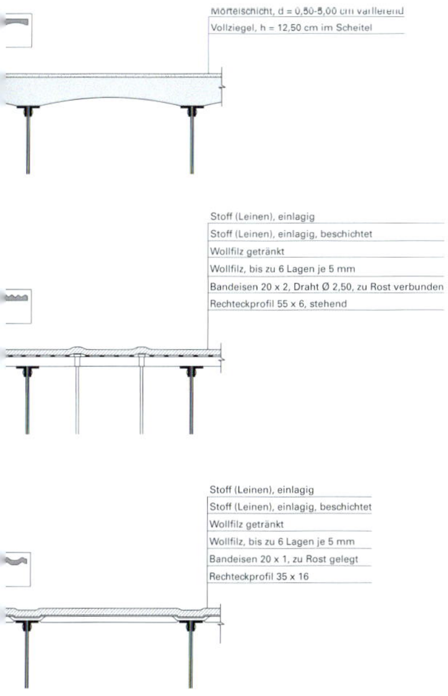

Unterdecke

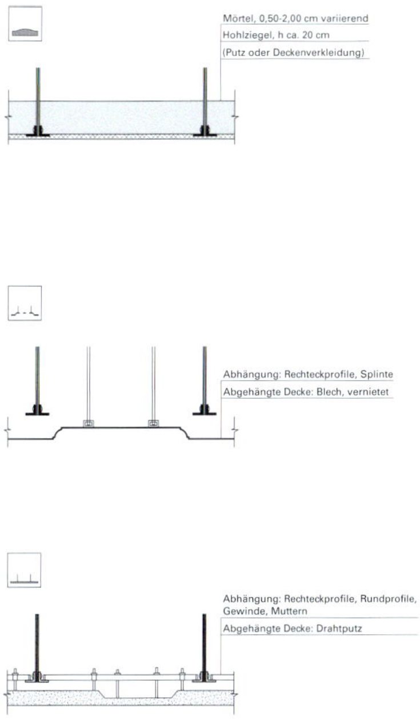

Baujahr ca. 1842–1852
Aleksandrovskij-Werk, St. Petersburg
Entwurf Baukommission,
vermutlich Francis Baird
Spannweiten bis ca. 19 m, Höhen bis 0,76 m

Für die Neue, Alte und Kleine Eremitage kamen ab etwa 1842 statt der Elliptischen Balken als neue Standardvariante Blechträger mit geradem Steg zur Ausführung. Die einzelnen Bleche sind etwas dicker und in dichteren Abständen vernietet. Die Stöße der Blechlagen sind gegeneinander versetzt und machen Stoßlaschen entbehrlich. Die die Flansche bildenden Winkel bestehen nun aus gewalzten Profilen mit zudem größeren Querschnitten. Die Bauhöhen variieren je nach Einsatzort, die verstärkte Aussteifung ist zum integrierten Bestandteil der Bauweise geworden. Für die Bodenaufbauten und die abgehängten Decken wurden auch hier verschiedene Varianten entwickelt. Erste Blechträger mit geradem Steg waren bereits 1839 über dem Thronsaal im Winterpalast eingebaut worden, durch den Einsturz 1841 sind sie nicht mehr erhalten (vgl. Tafel 121).

Tafel 92

Blechträger mit geradem Steg

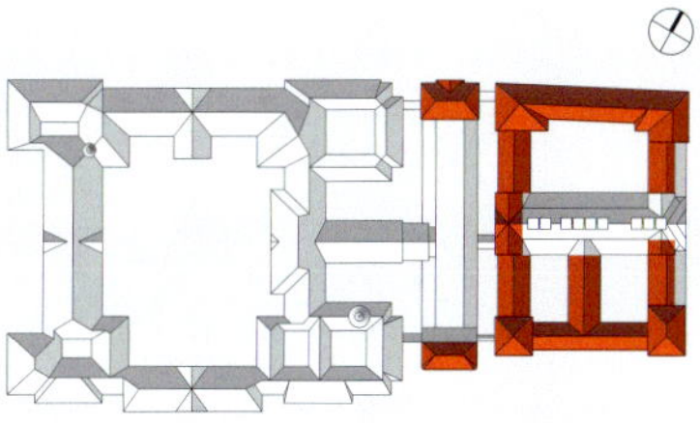

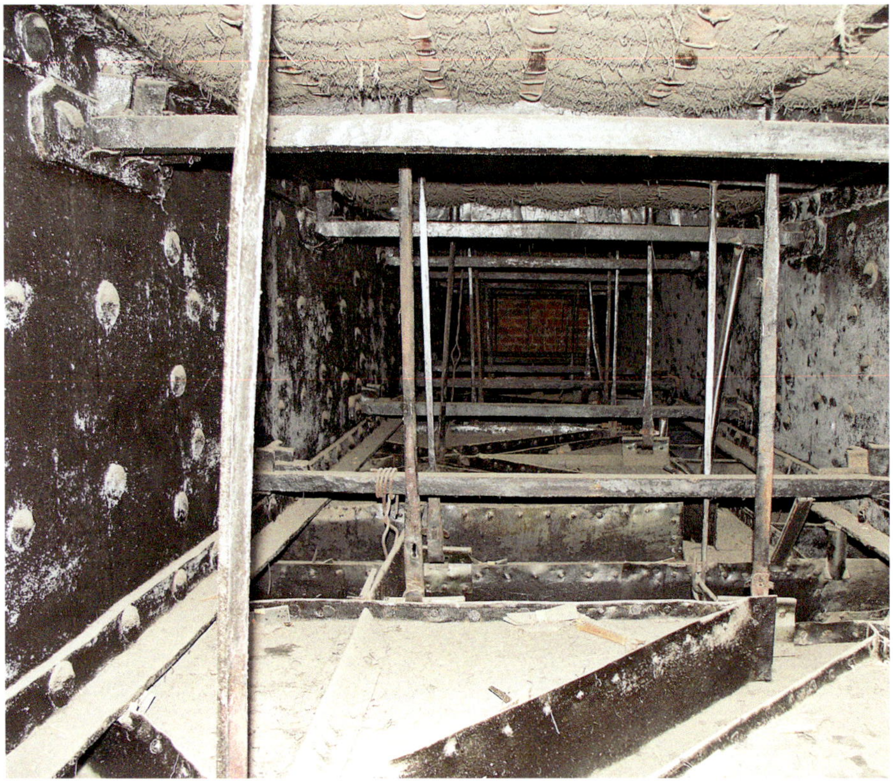

1

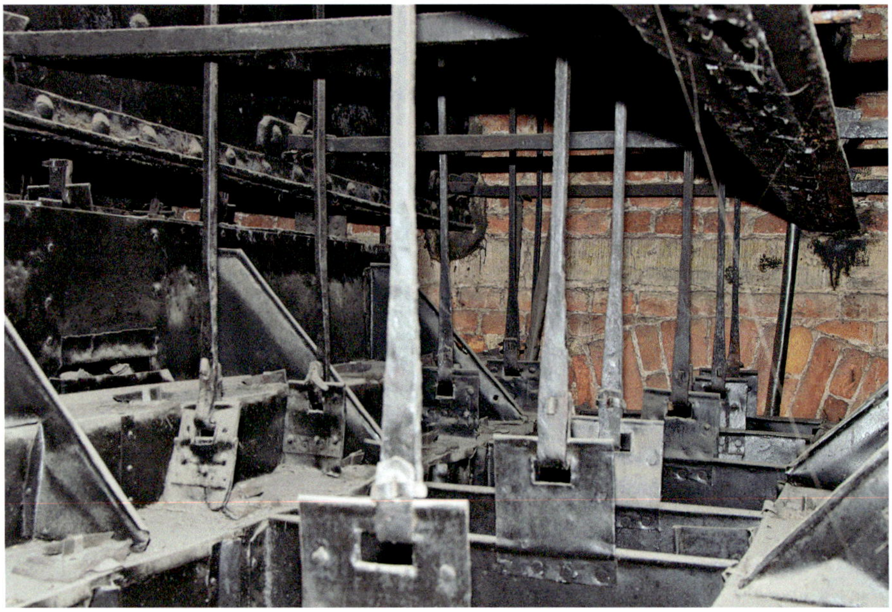

3

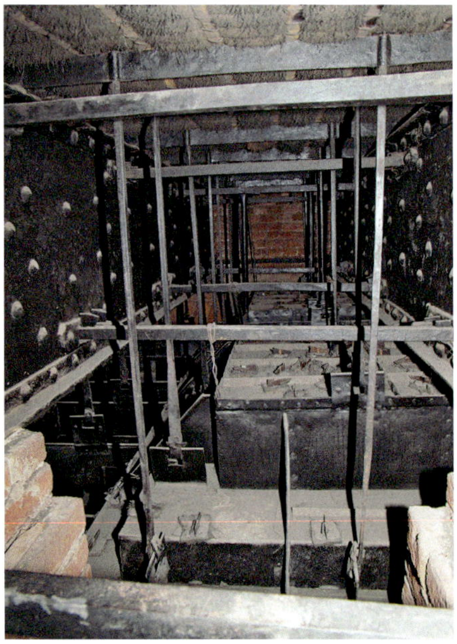

4

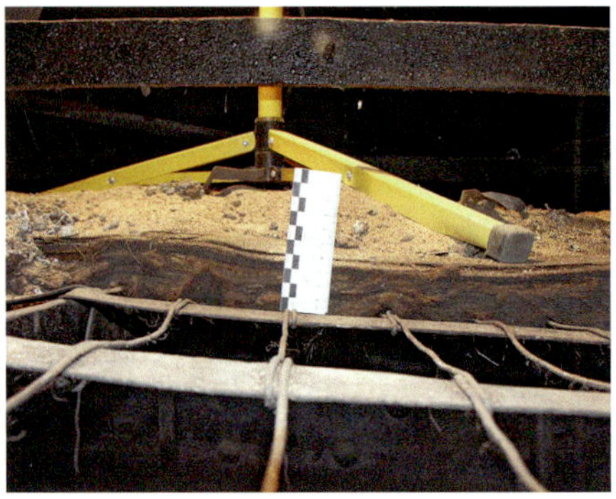

6

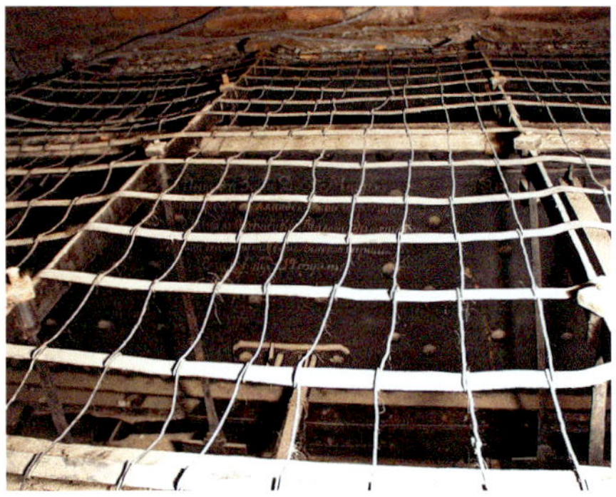

7

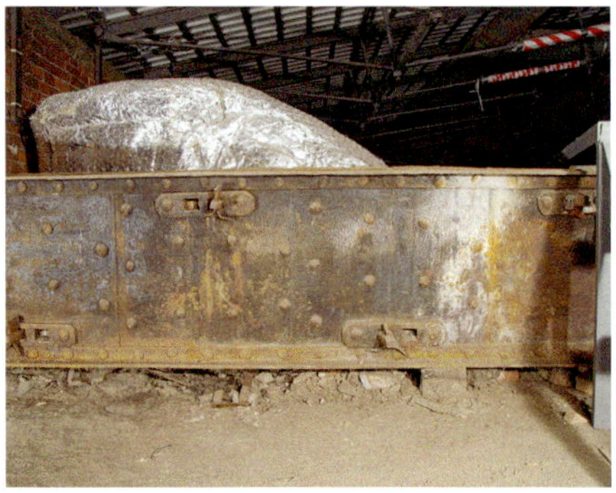

8

Dargestellt sind Träger aus dem jeweils obersten Geschossdecken von Neuer Eremitage und Kleiner Eremitage.

1 Deckenbalken mit Unterdecke aus Blechkassetten, hier über dem Majolikasaal der Neuen Eremitage

2 Oberdecke bestehend aus Traglattung, Eisenbandgeflecht und Filzmatten, hier über dem Pavillonsaal im Nordpavillon der Kleinen Eremitage

3 Abhängung der Blechkassetten, hier über der Paradetreppe der Neuen Eremitage

4 Decke über der Paradetreppe der Neuen Eremitage, Blick vom Zwischenauflager auf dem Gebälk der Säulenreihe zur Außenwand

5 Deckenbalken mit Unterdecke aus Putz und eisernem Putzträger, hier über dem Pavillonsaal im Nordpavillon der Kleinen Eremitage

6 Oberdecke aus Traglattung, Rost aus Eisenband und -draht sowie Filzmatten, hier über dem Majolikasaal der Neuen Eremitage

7 Decke über dem Zeltdachsaal der Neuen Eremitage, Aufsicht bei entfernter Dämmung (Foto Sergej Macenkov, GE, 2002)

8 Freiliegender Blechträger, Dachraum über den Italienischen Kabinetten der Neuen Eremitage

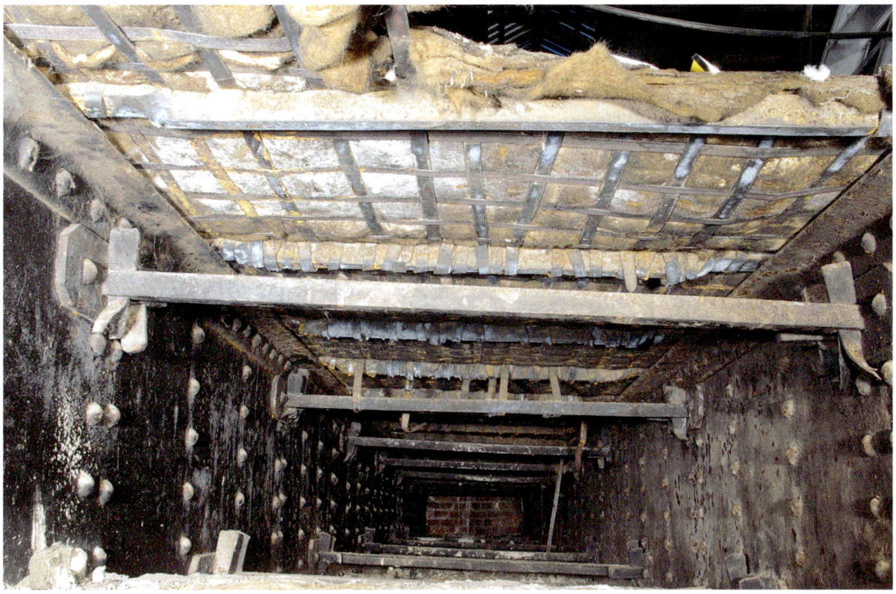

2

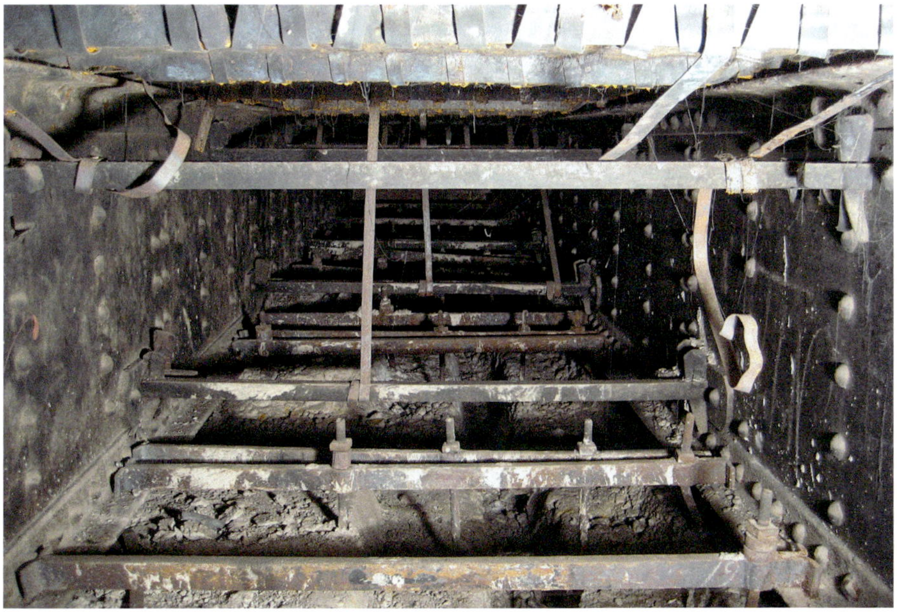

5

Tafel 93

Blechträger mit geradem Steg

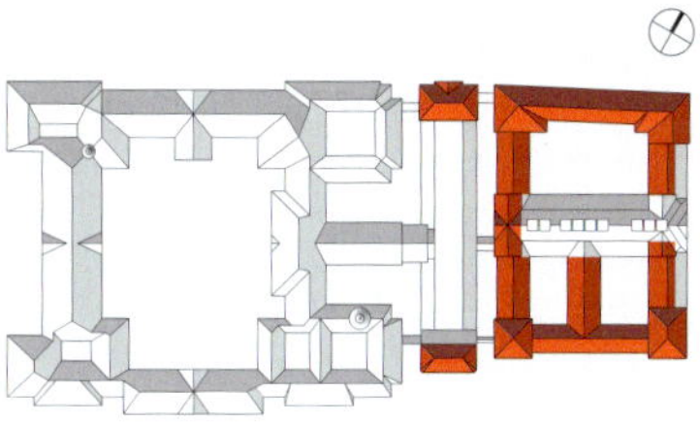

Knoten 4

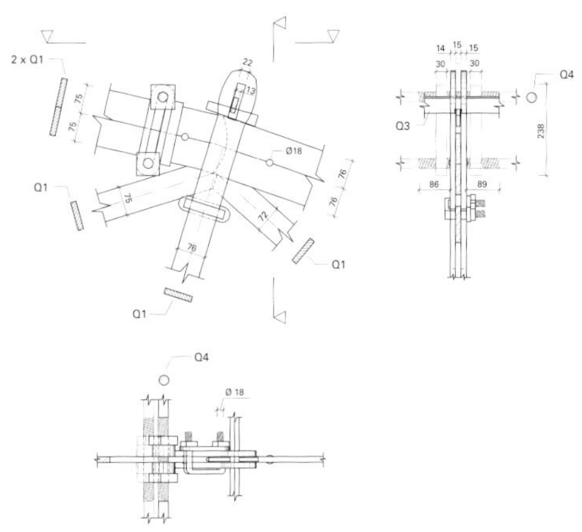

Knoten 6

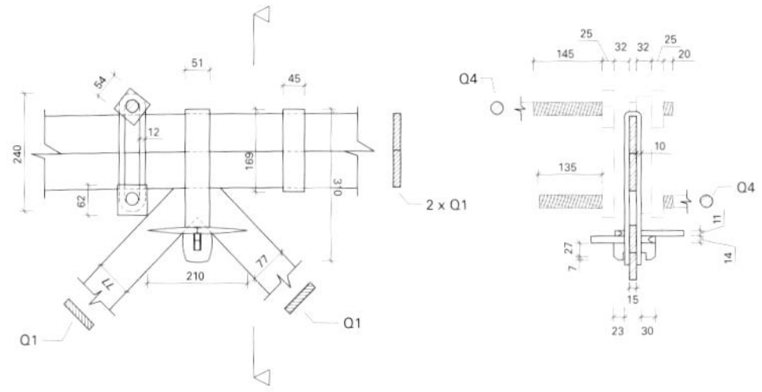

Binder
Achse 6
Blickrichtung West

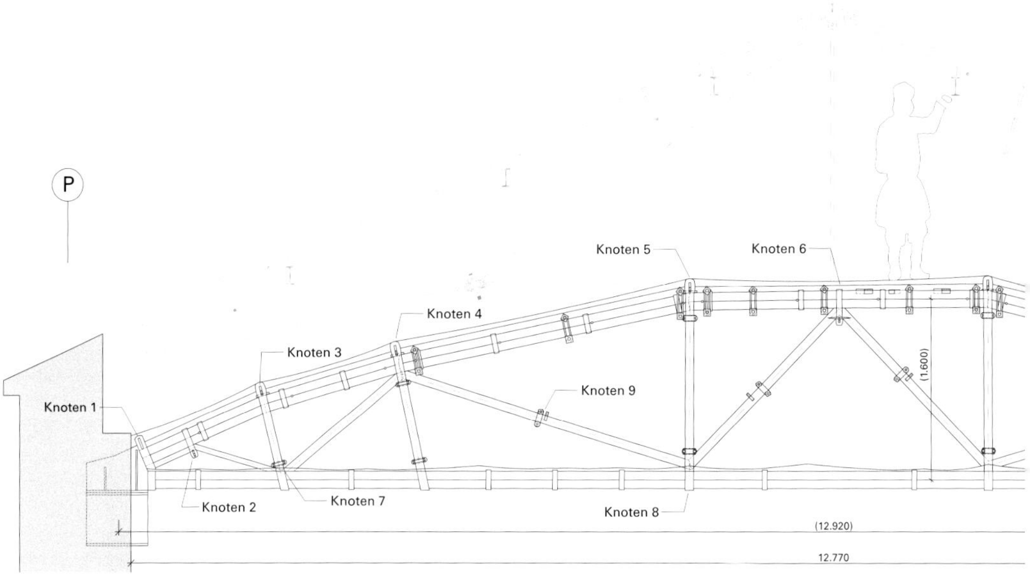

Knoten 3

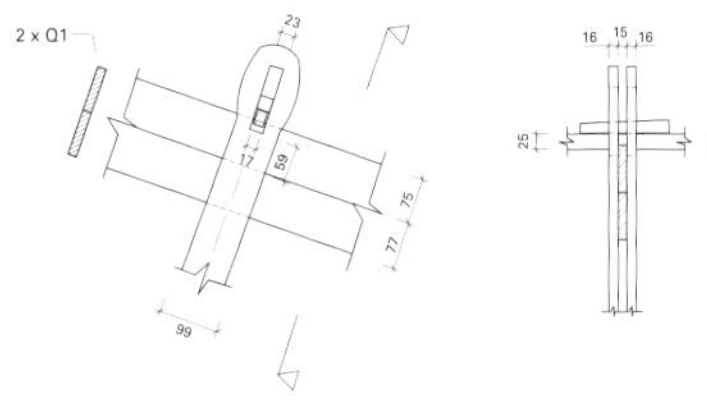

Knoten 8

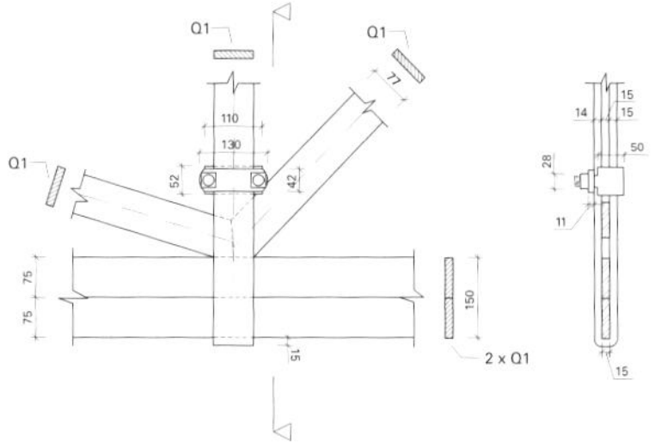

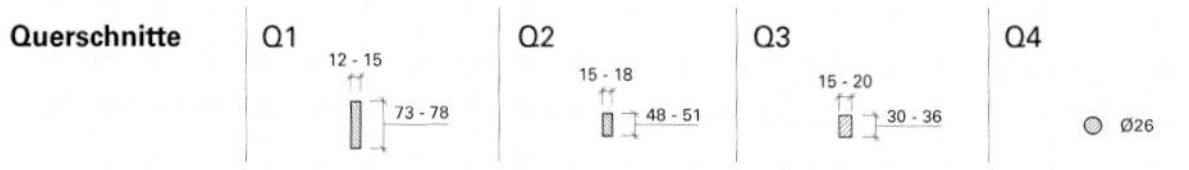

Knoten 5

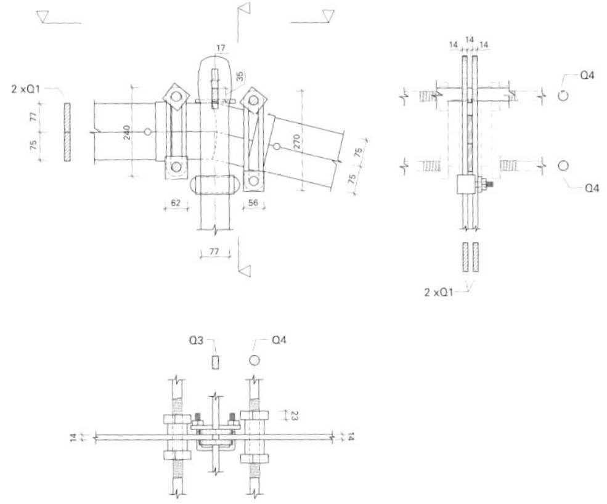

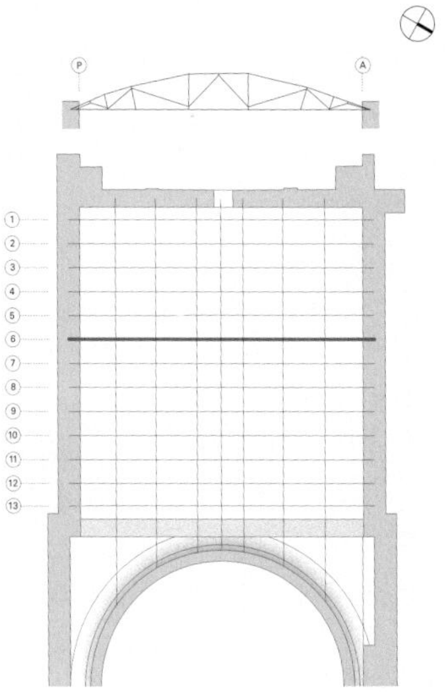

Übersicht 0 1 2 m

Details 0 50 cm

Baujahr 1838
Aleksandrovskij-Werk, St. Petersburg
Entwurf Matthew Clark
Spannweite ca. 13,40 m
Höhe (Achsmaß) ca. 1,60 m

Über dem Gemeindesaal der Großen Kirche im Winterpalast wird die Decke von fachwerkähnlichen Trägern gebildet. Alle Stäbe – Gurte wie Ausfachungen – sind aus dem typischen Bandeisen von ca. 76 × 15 mm gebildet. Im Ober- und Untergurt wurden jeweils zwei davon übereinander stehend verklammert und verdübelt. Die Queraussteifung ist durch unterschiedliche, sich ergänzende Systeme gekennzeichnet. Sie muten auf den ersten Blick recht ungeregelt an, wurden jedoch möglicherweise erst nach und nach angeordnet. Ausgefachte Deckenträger dieser Art kamen – offenbar dem vorgezogenen Fertigstellungstermin geschuldet – nur hier zur Anwendung; bei ähnlichen Spannweiten wurden im Winterpalast sonst die Elliptischen Balken eingesetzt.

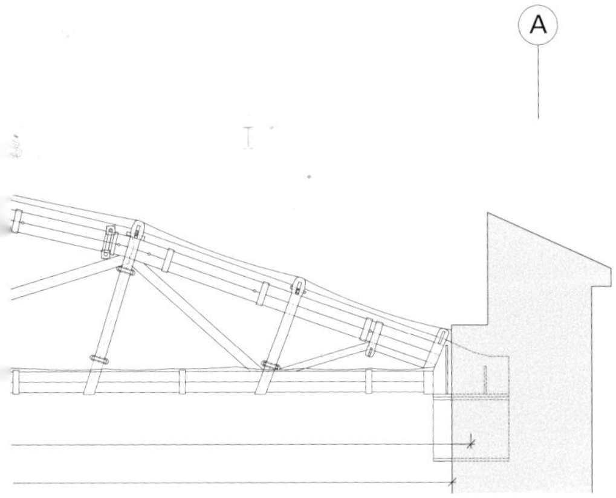

Knoten 9

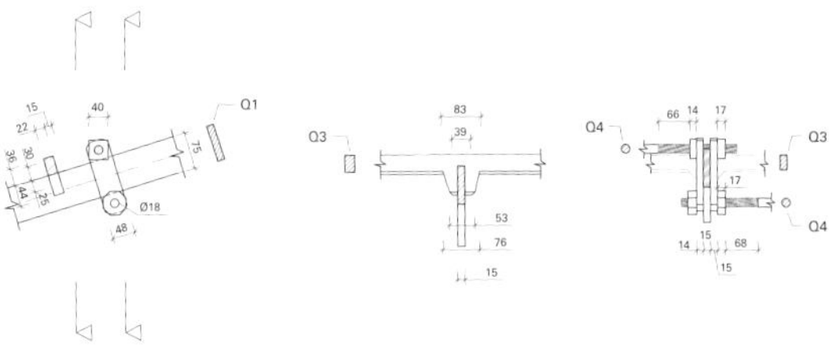

Tafel 94

Fachwerkähnliche Träger

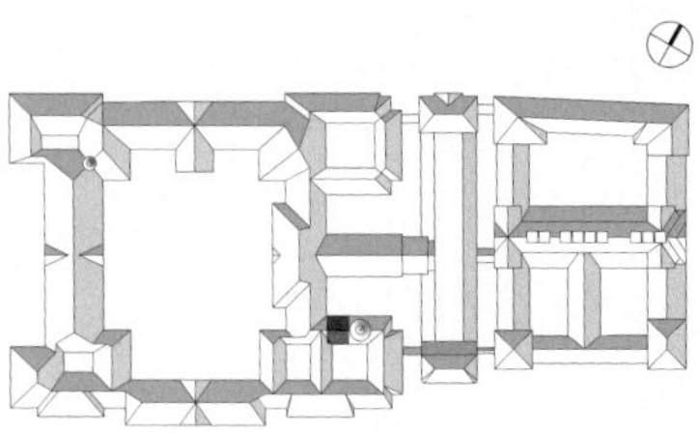

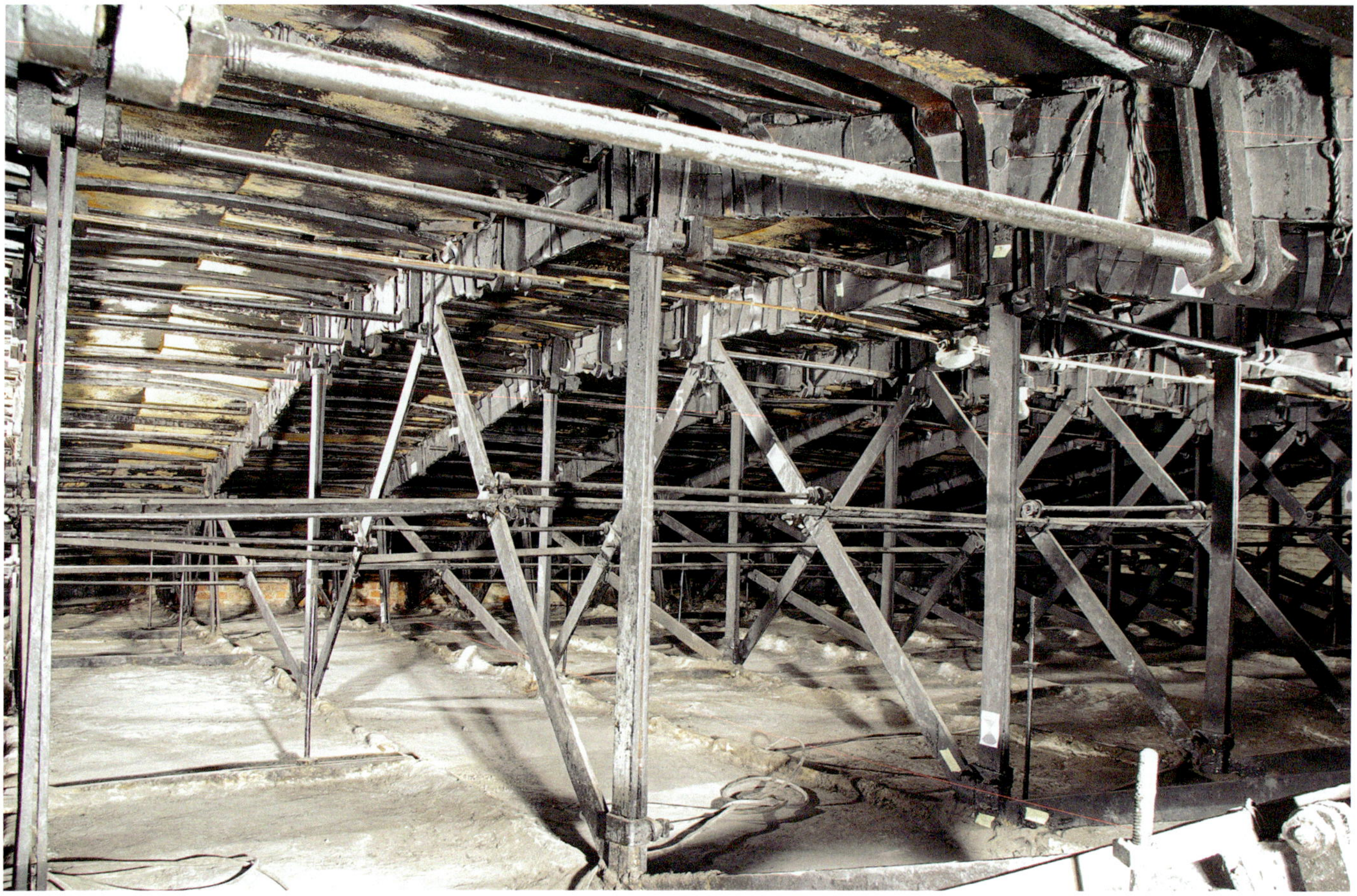

1

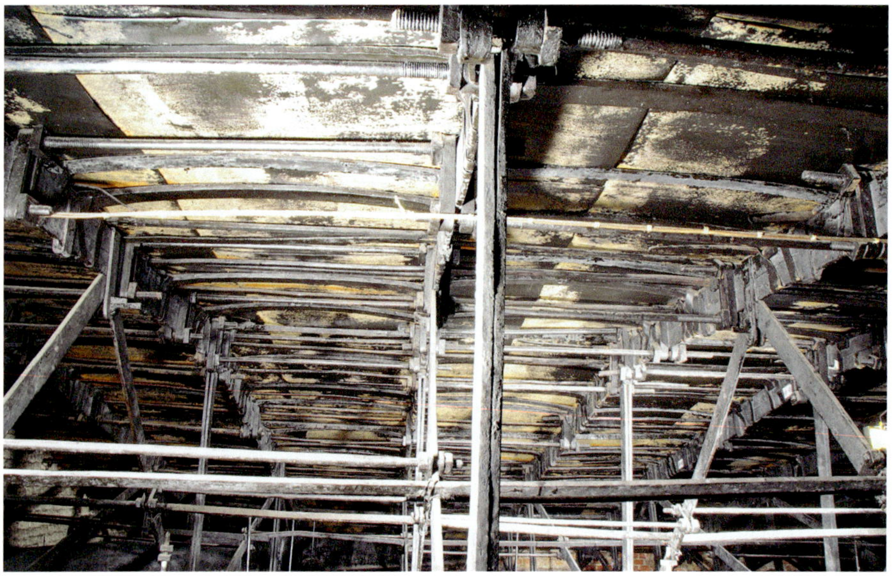

3

Systemskizze mit Knotennummern

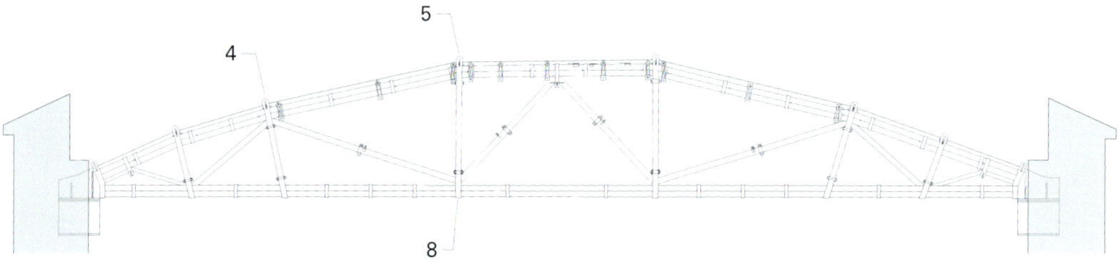

Dargestellt ist die Konstruktion über dem Gemeindesaal der Großen Kirche des Winterpalastes.

1 Fachwerkbogen über dem Gemeindesaal der Großen Kirche

2 Deckenraum über dem Gemeindesaal der Großen Kirche

3 Vertikalstab aus zwei Lagen Bandeisen sowie die Queraussteifungen zwischen den Bindern

4 Vertikalstab zwischen Knoten 5 und 8

5 Knoten 4, Anschluss von Diagonalen und Vertikalstab an den Obergurt

6 Blick in den Raum zwischen Unterdecke und Hohlkehle am Wandanschluss des Deckenplafonds (vgl. Tafel 29)

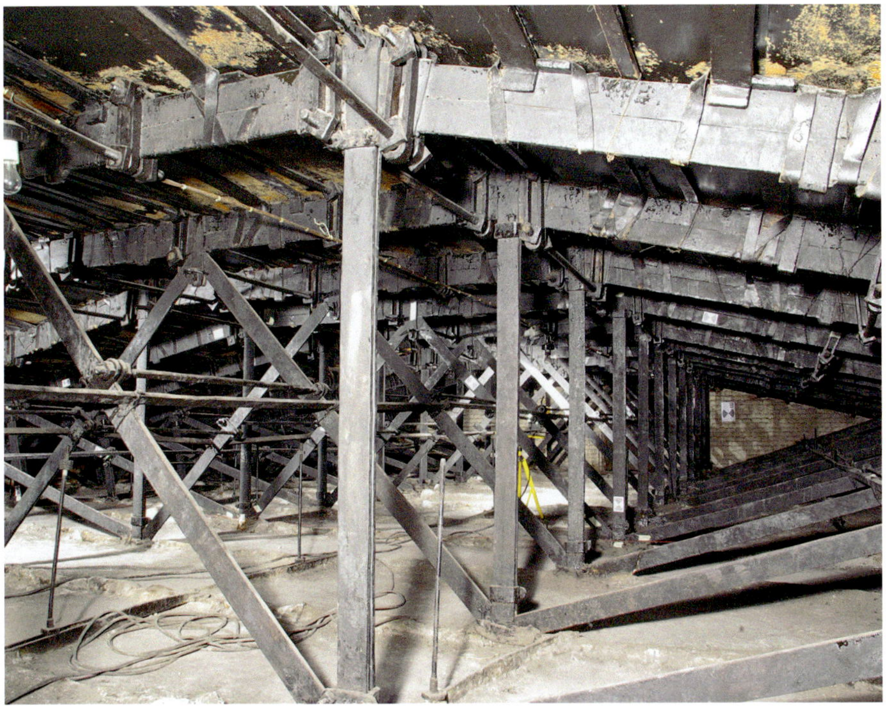

2

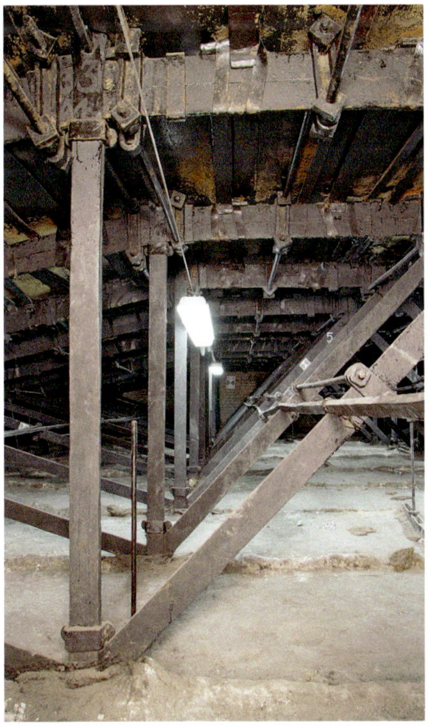

4

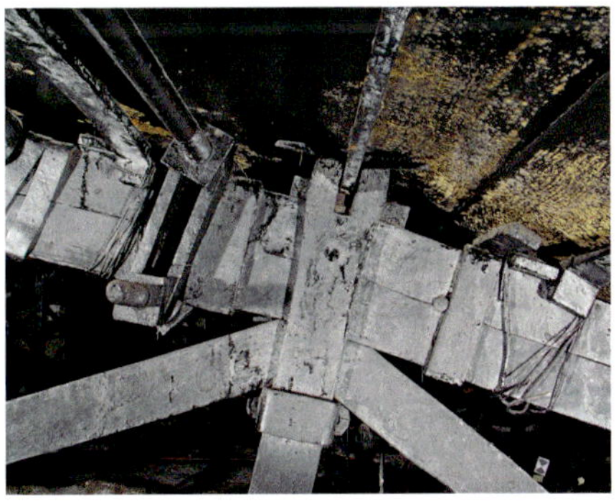

5

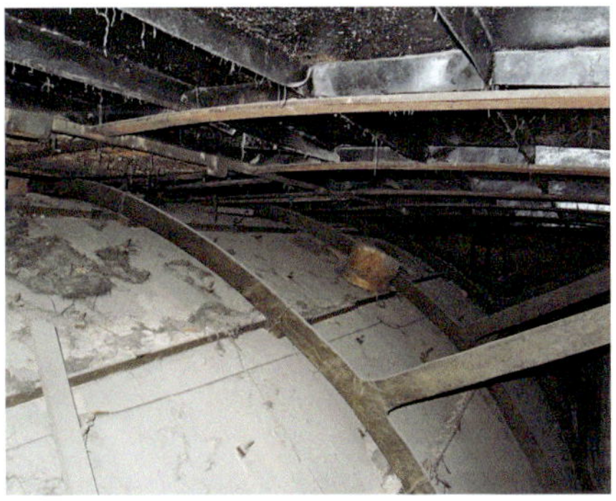

6

Tafel 95

Fachwerkähnliche Träger

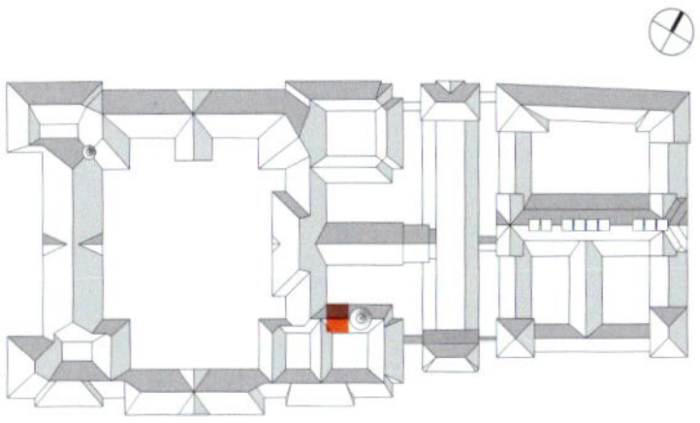

Knoten 2

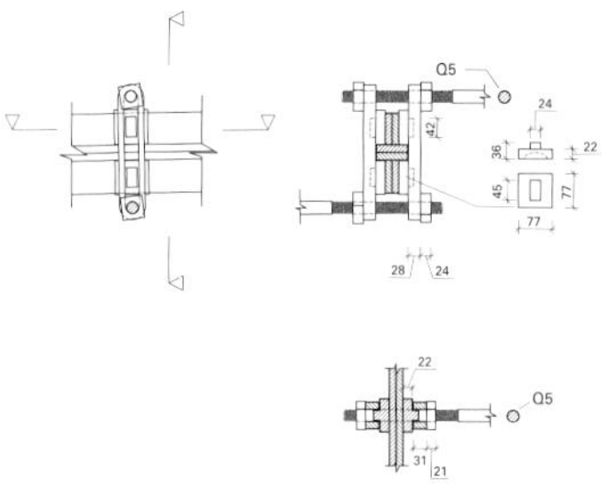

Knoten 3 und 4

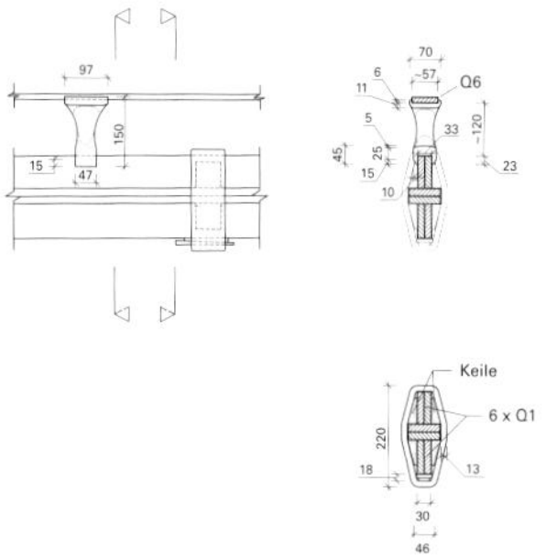

Knoten 5

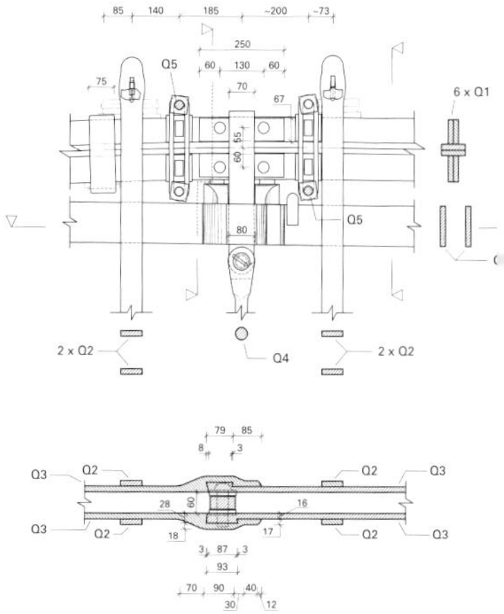

Binder
Achse 7
Blickrichtung West

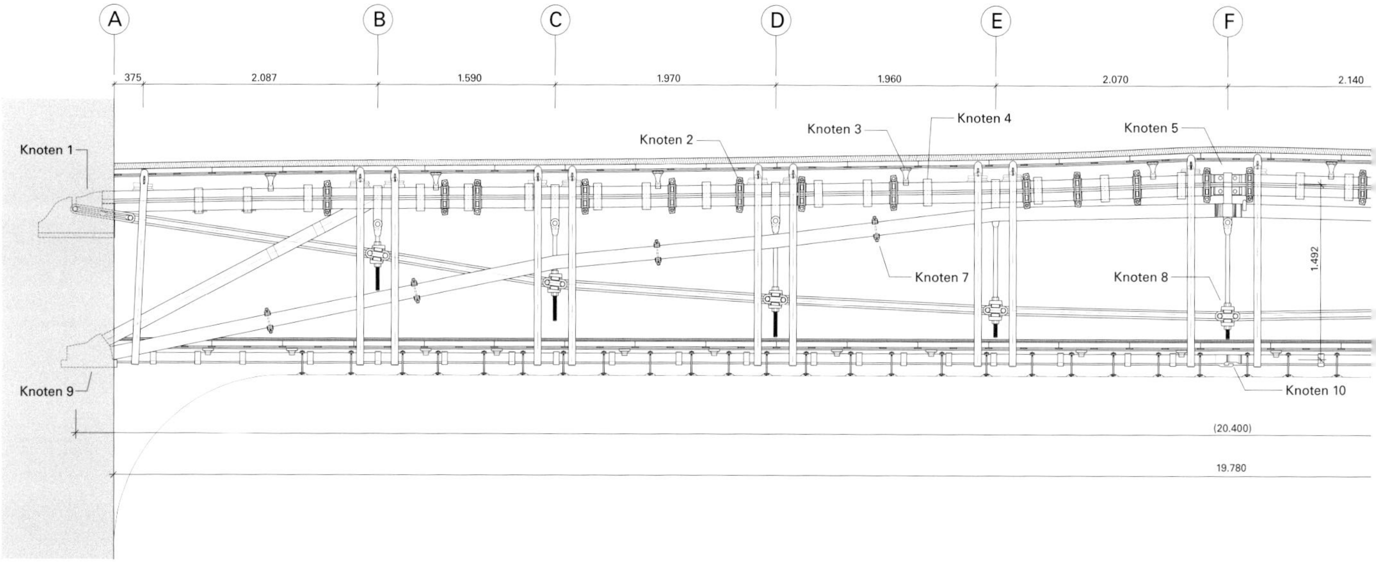

Knoten 1

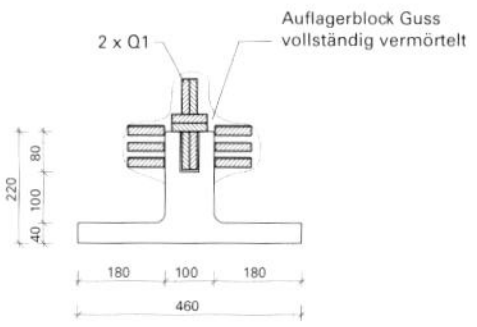

Knoten 8

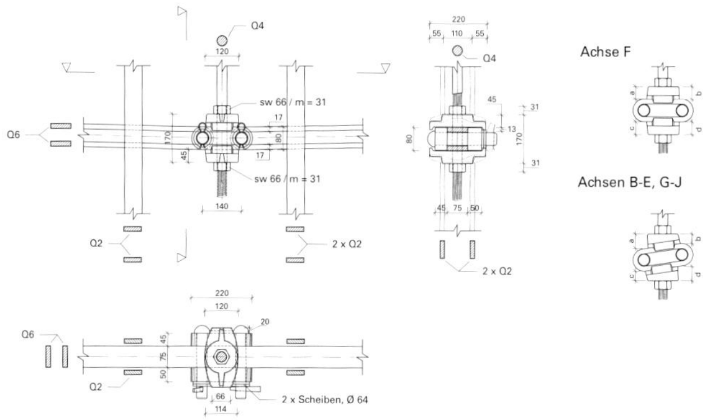

Maß (mm)	Achse								
	B	C	D	E	F	G	H	I	J
a	30	45	50	43	45	45	50	50	50
b	50	35	35	44	45	45	31	30	30
c	45	45	30	43	45	45	31	44	30
d	45	35	50	44	45	45	42	44	50

Querschnitte

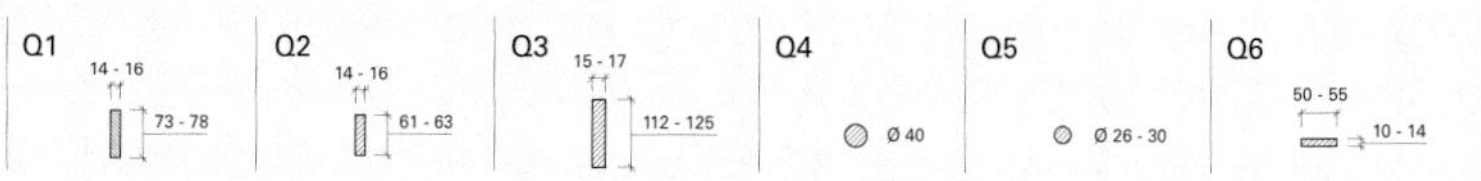

Knoten 6

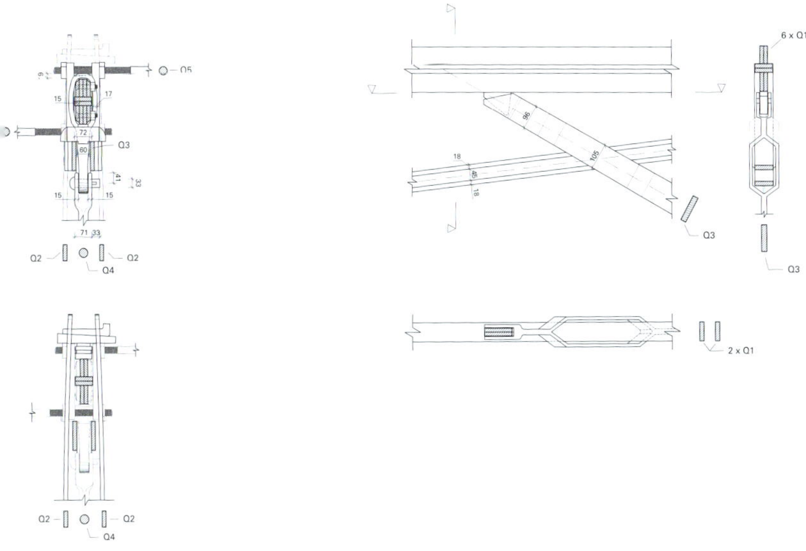

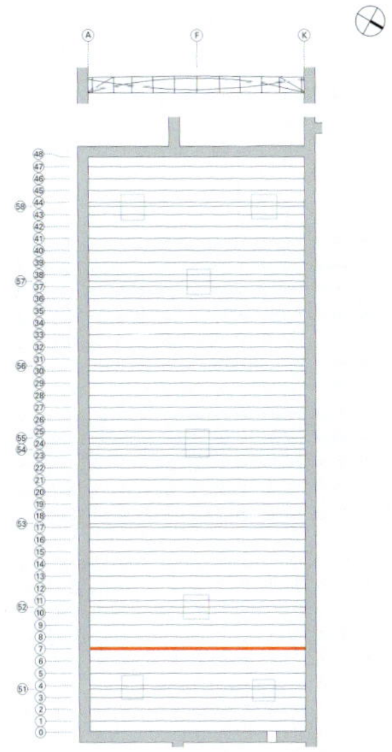

Übersicht	0	1	2 m
Details	0	50	100 cm

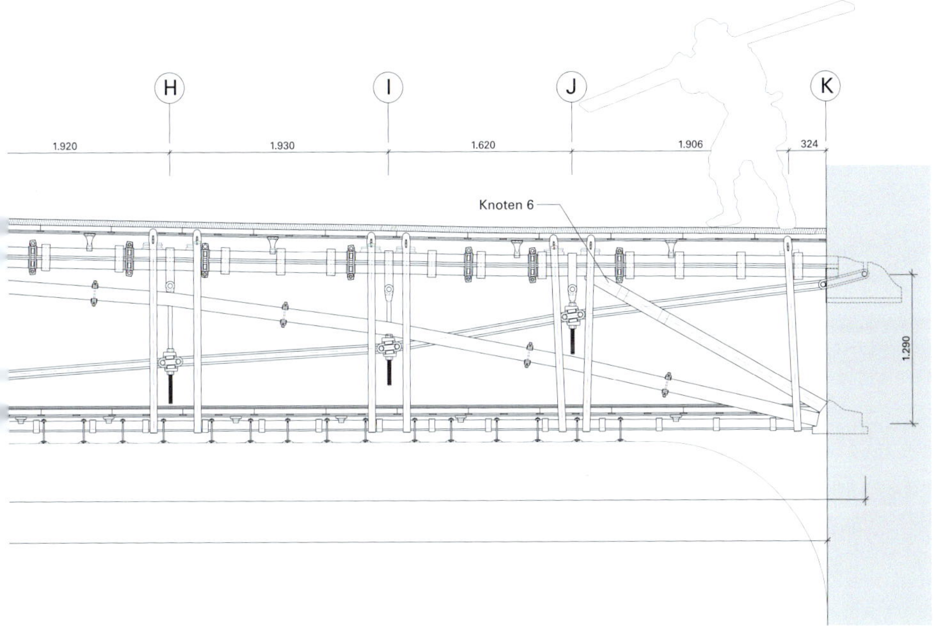

Baujahr 1838
Aleksandrovskij-Werk, St. Petersburg
Entwurf Matthew Clark
Spannweite ca. 20,40 m
Höhe (Achsmaß) ca. 1,50 m

Die Binder über dem Wappensaal des Winterpalastes stehen exemplarisch für die 1838 für Decken großer Spannweite entwickelten Spreizträger; sie finden sich nahezu baugleich auch über den Sälen der Neva-Enfilade. Das hybride Tragwerk der im Russischen als šprengel' bezeichneten Binder (vgl. das Themenfenster zu Ol'chovskij in Kap. 5) ist durch einen mit einer Kette unterspannten Obergurt gekennzeichnet, der zusätzlich mittig durch einen Bogen und an den Rändern durch Sprengstreben unterstützt wird. Hervorzuheben ist die aufwendige Profilbildung z. B. des Obergurts, für den die seinerzeit nur verfügbaren Bandeisen zu einem Kreuzquerschnitt verklammert wurden; mit erkennbarer Sorgfalt achtete man dabei auf die saubere Kraftübertragung durch z. B. verkeilte Formschlüsse.

ten 7

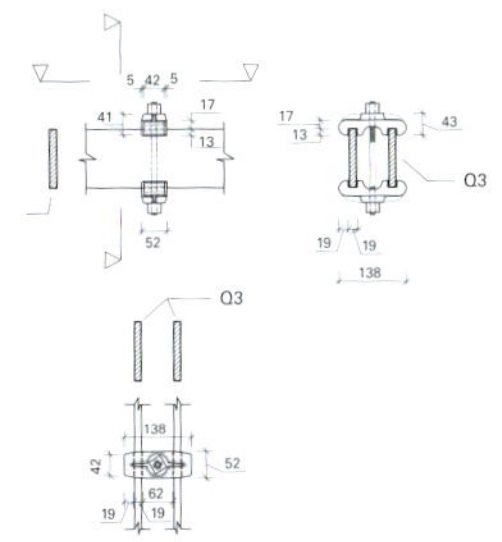

Knoten 10

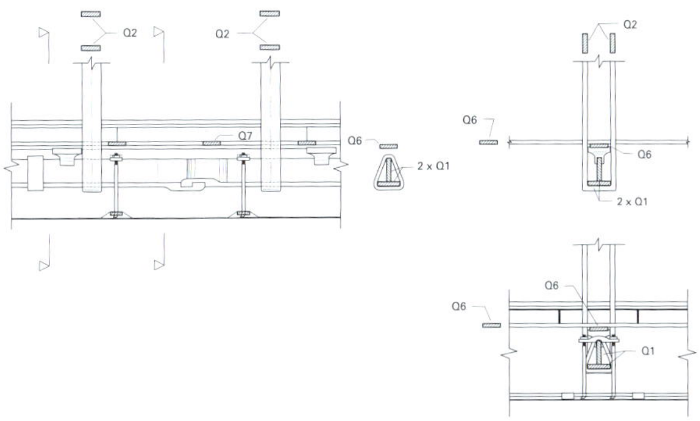

Tafel 96

Spreizträger der ersten Generation

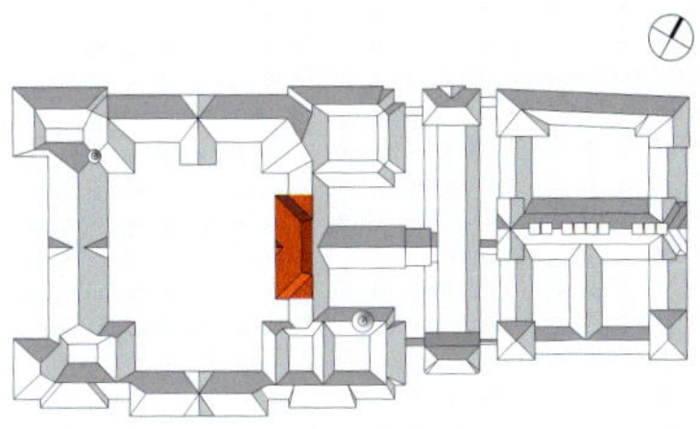

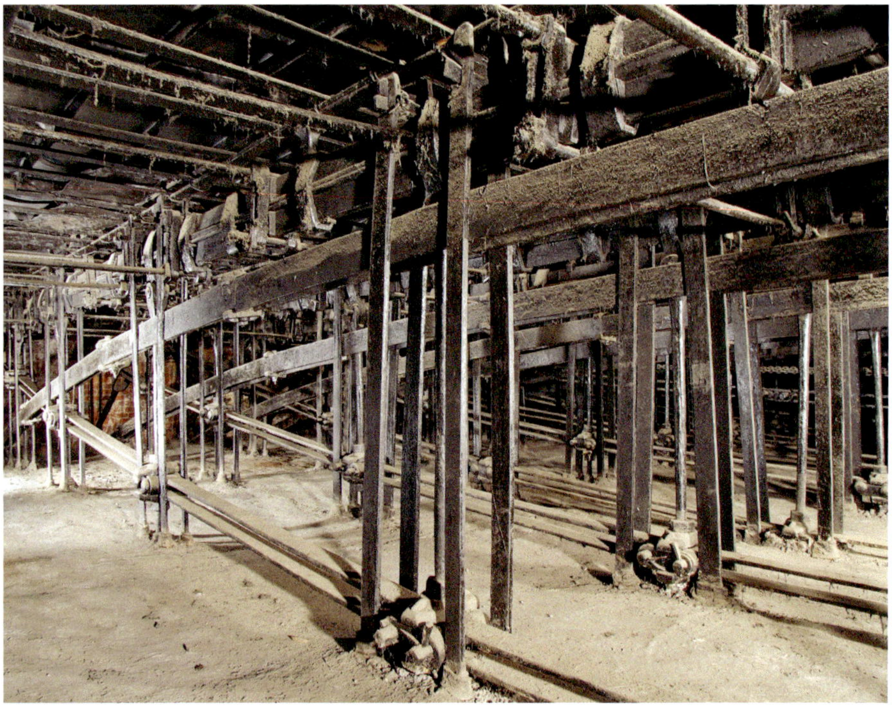

1

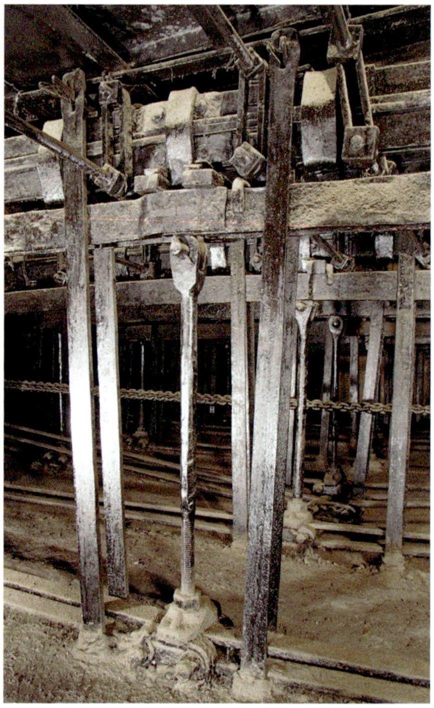

2

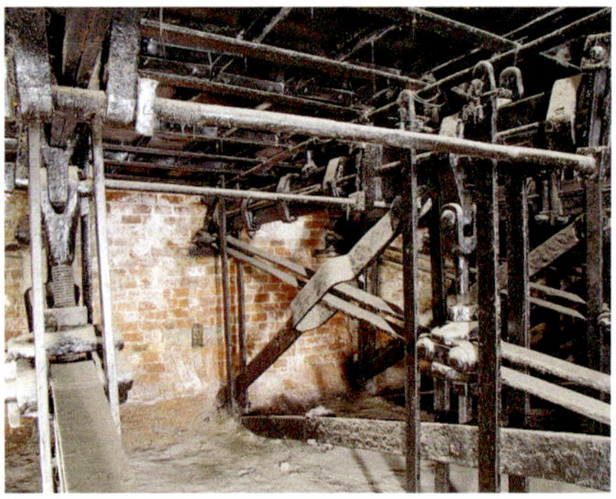

4

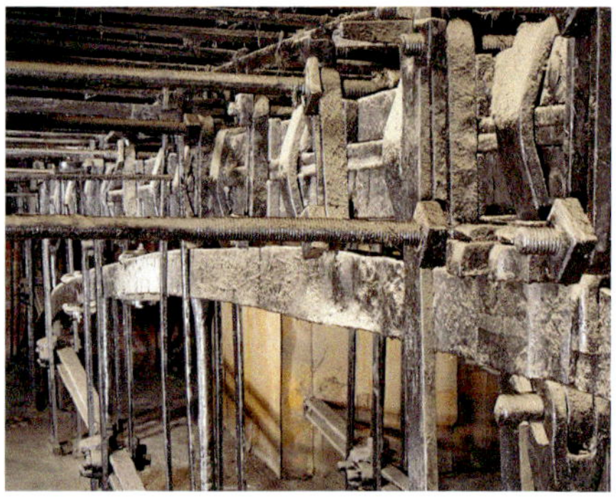

5

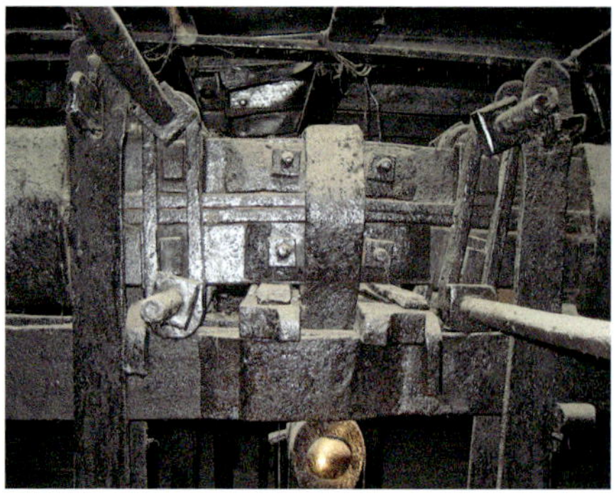

6

Systemskizze mit Knotennummern

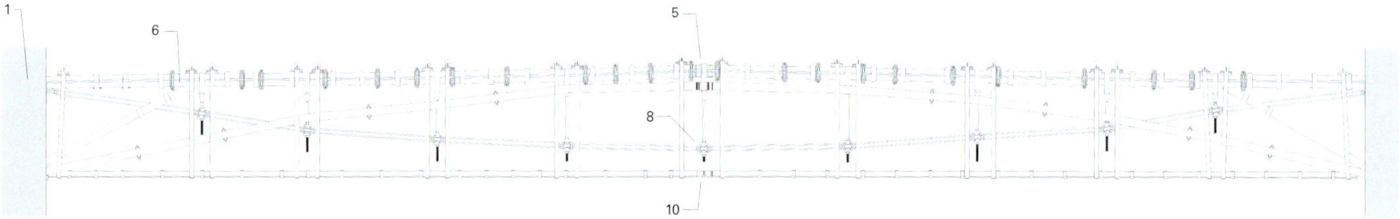

Dargestellt ist die Konstruktion über dem Wappensaal und ein Detail aus der Decke des Konzertsaals im Winterpalast.

1 Spreizträger über dem Wappensaal, Blick in den Deckenraum von der Trägermitte nach Nordwest

2 Knoten 5 und 8 in Trägermitte

3 Spreizträger über dem Wappensaal, Blick entlang der Achsen 1 und 2

4 Knoten 1 und 6 in Wand- bzw. Auflagernähe

5 Obergurt mit den Verklammerungen der Basisprofile sowie den Anschlüssen der Aussteifungen

6 Knoten 5 mit Stoß des Obergurtprofils und Verkeilung des stützenden Bogens

7 Raum zwischen der Unterdecke und der Hohlkehle am Wandanschluss des Deckenplafonds

8 Knoten 10, Verblattungsstoß des zweiteiligen Untergurtprofils, hier in einem Lüftungsschacht des Konzertsaals

9 Unterer Gurt und Unterdecke mit Traglattungen für den Boden des Deckenraums und das Deckenplafond

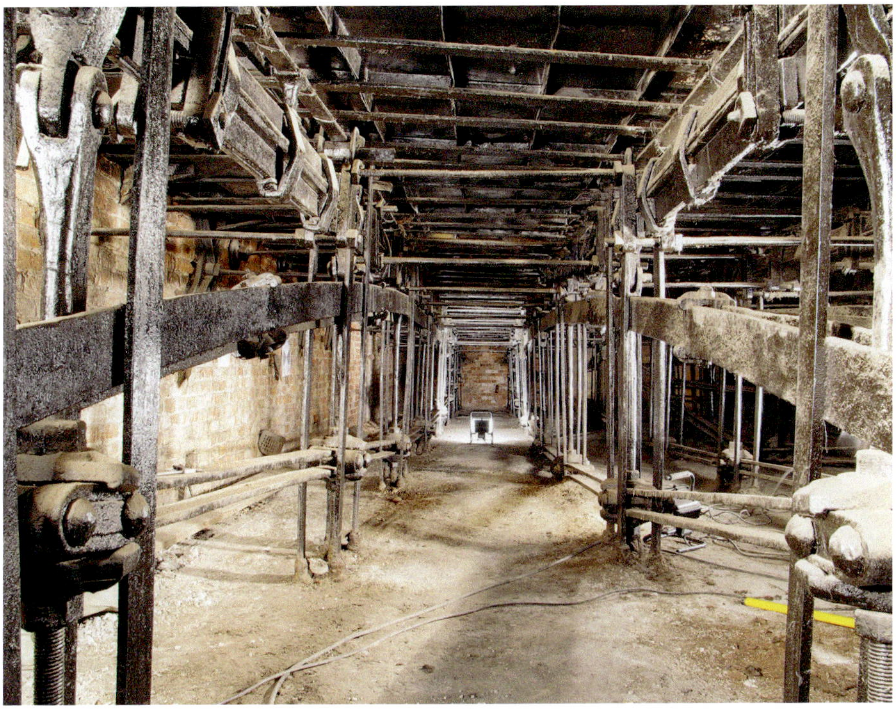

3

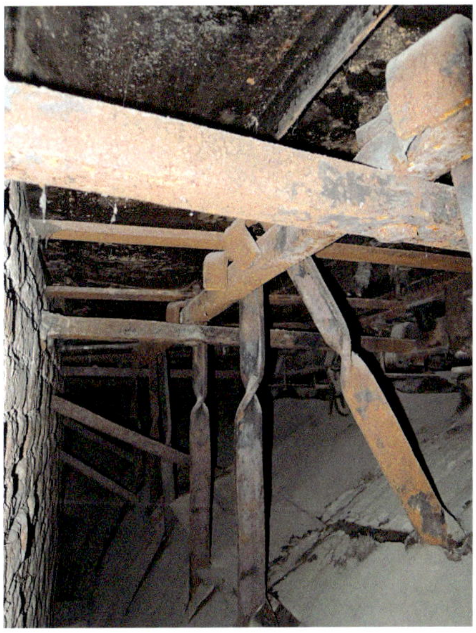

7

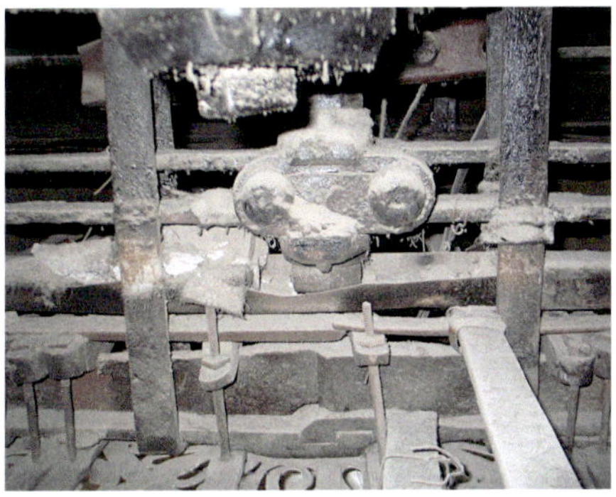

8

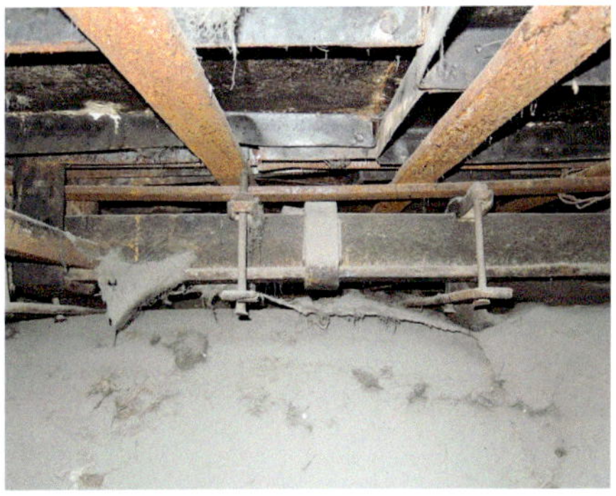

9

Tafel 97

Spreizträger der ersten Generation

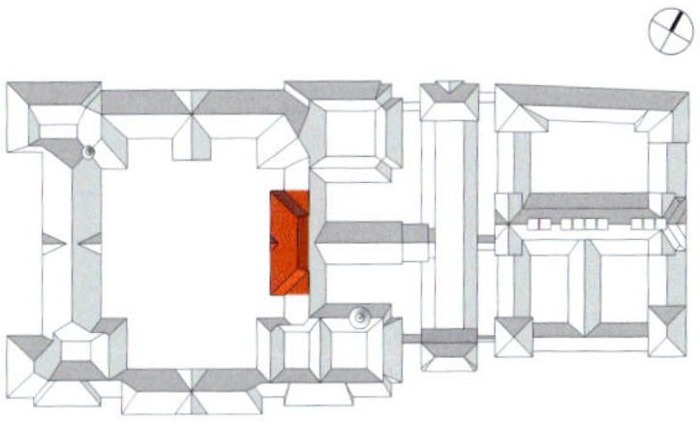

Knoten 1

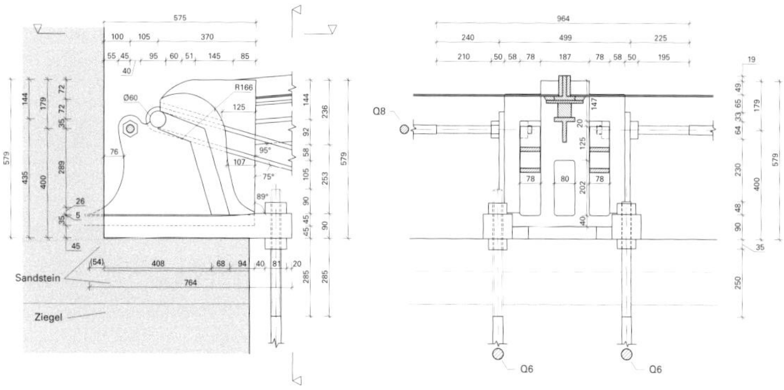

Binder
Achse 6
Blickrichtung Ost

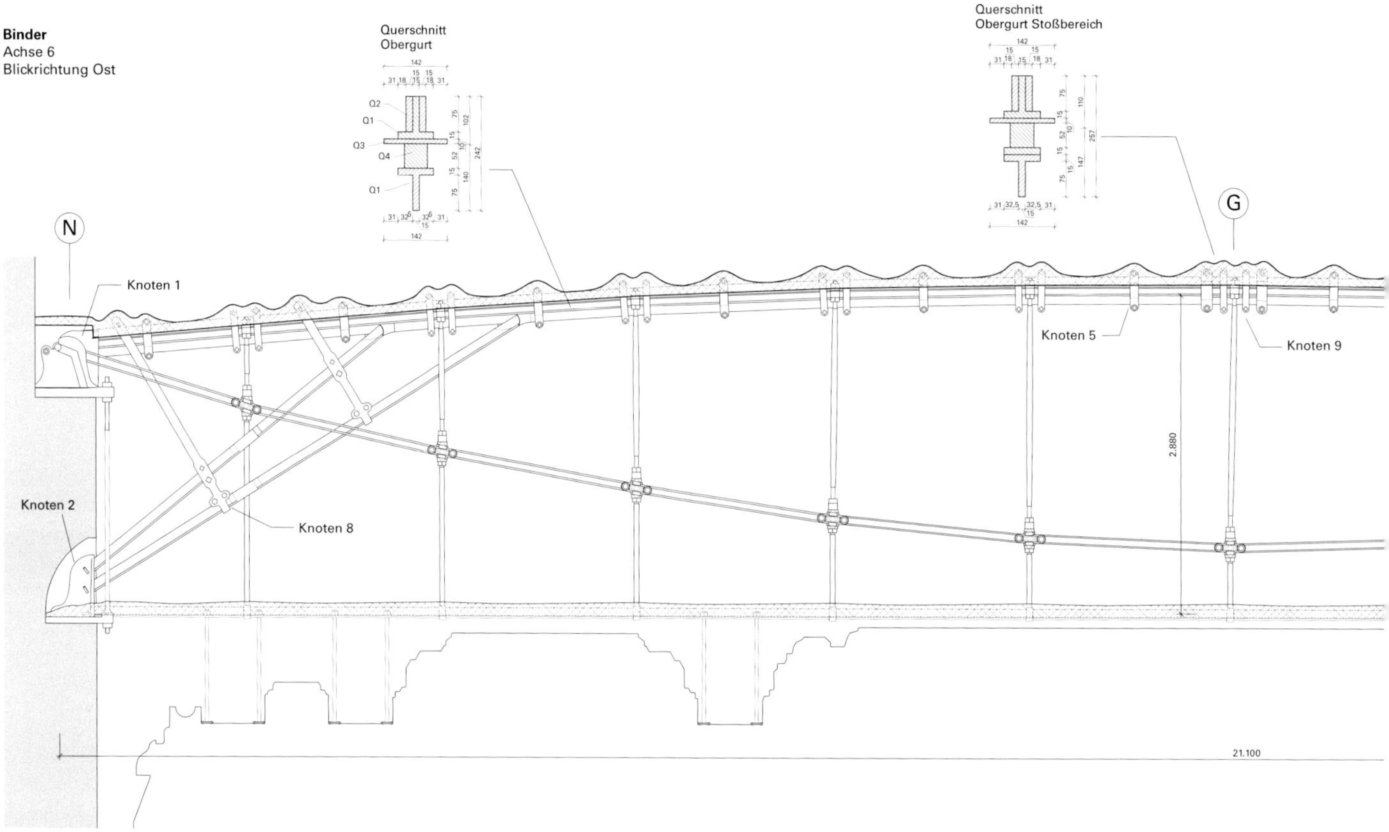

Knoten 2

(Darstellung ohne Diagonalstreben)

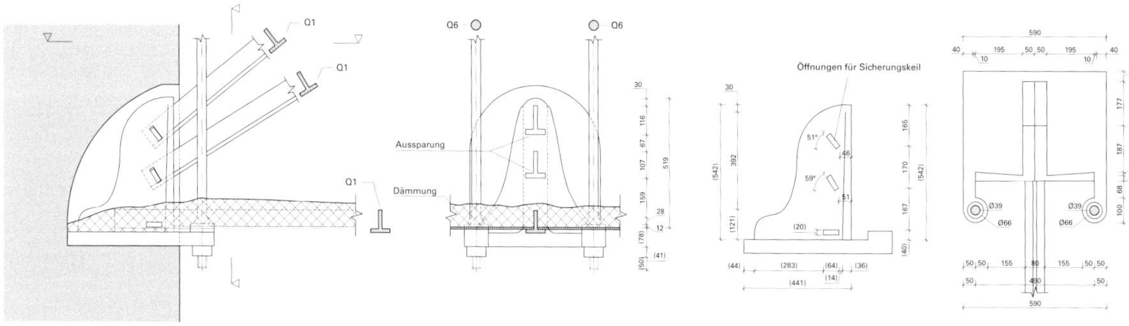

Knoten 3

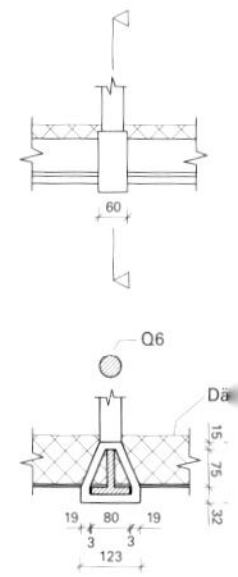

Querschnitte	Q1	Q2	Q3	Q4	Q5	Q6	Q7	Q8	Q9
	80; 15; 90; 15	15 - 16; 75 - 76	134 - 140; 10	52 - 53; 52 - 53	10; 72 - 80	Ø 50 - 58 Streben Mitte; Ø 39 - 42	Ø 40 - 41	Ø 30 - 34	Ø 25 - 27

Knoten 4

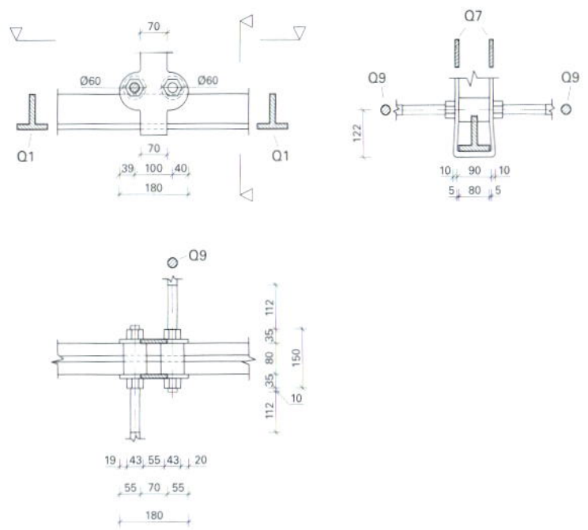

Knoten 7

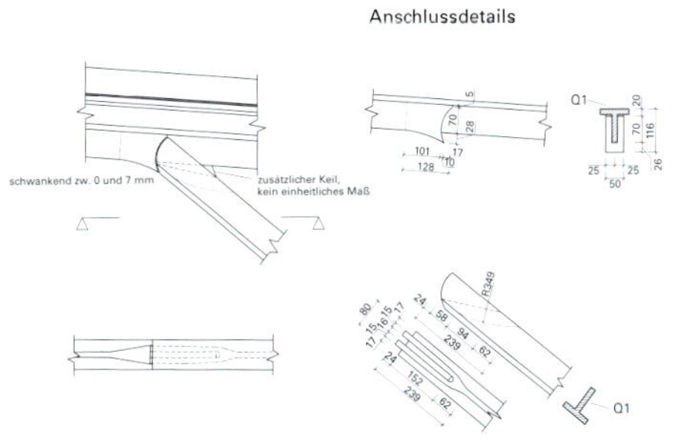

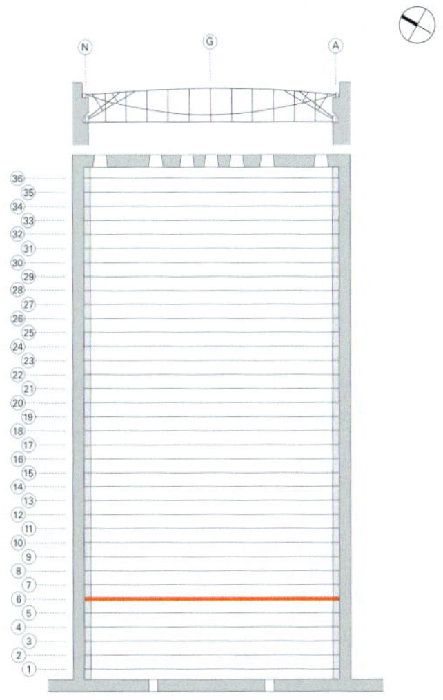

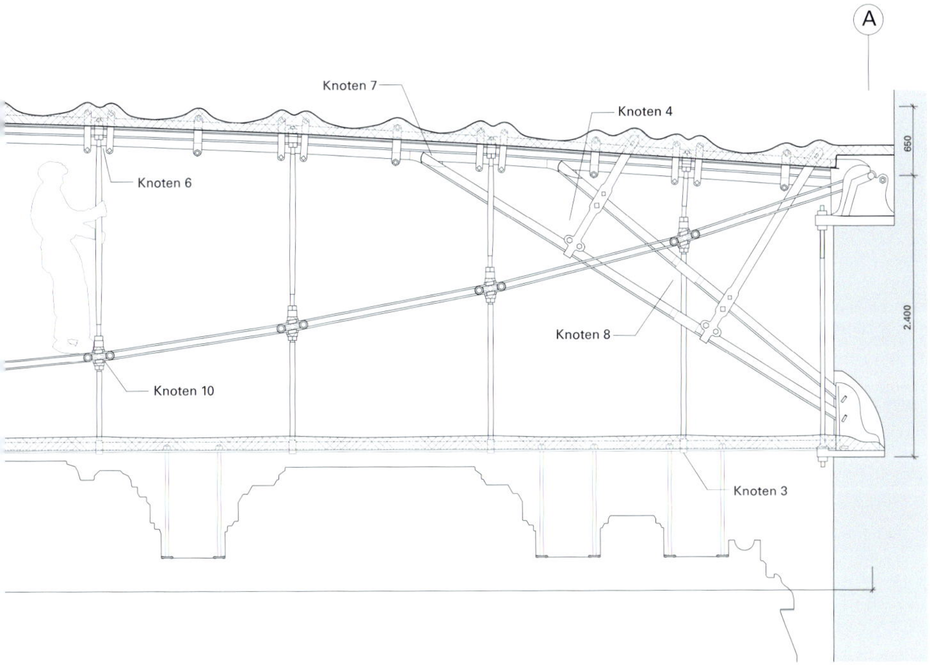

Übersicht 0 1 2 m

Details 0 50 100 cm

Baujahr 1842
Aleksandrovskij-Werk, St. Petersburg
Entwurf Matthew Clark
Spannweite ca. 21,10 m
Höhe (Achsmaß) 2,80 m

Nach dem Einsturz der ersten, 1839 aus Blechträgern errichteten Decke über dem Thronsaal favorisierte Matthew Clark für den Wiederaufbau 1842 die Bauweise der schon 1838 für große Spannweiten genutzten šprengel'. Er verbesserte sie jedoch signifikant. So ist der unterspannte Obergurt jetzt deutlich überhöht, an den Rändern wird er durch nun je zwei Sprengstreben gestützt, dafür entfällt der stützende Bogen. Auch hier wurde er aus mehreren miteinander verklammerten Profilen zusammengesetzt, doch konnte Clark dafür jetzt (ebenso wie für die Sprengstreben) u.a. auf gewalzte T-Profile zurückgreifen. Besonders markant ist die ausgeprägte Entasis der als Rundstab ausgeführten Druckspreizen. Der Deckenplafond ist nun direkt an die Unterspannung angehängt.

oten 8

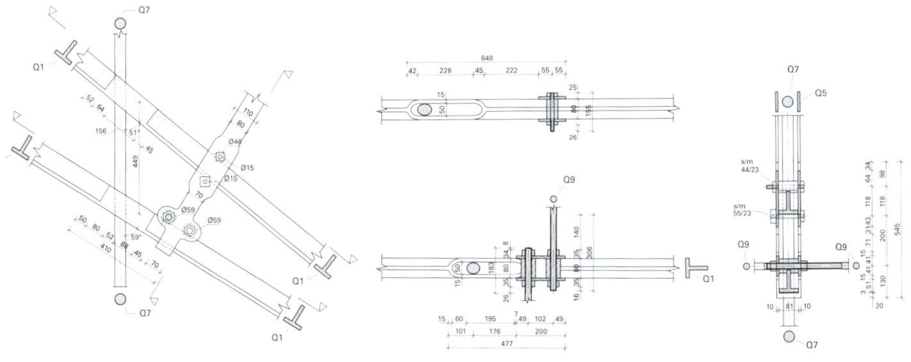

Tafel 98

Spreizträger der zweiten Generation

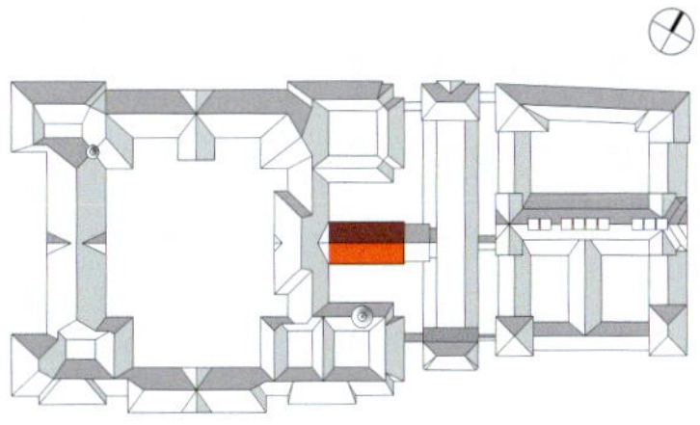

Knoten 6

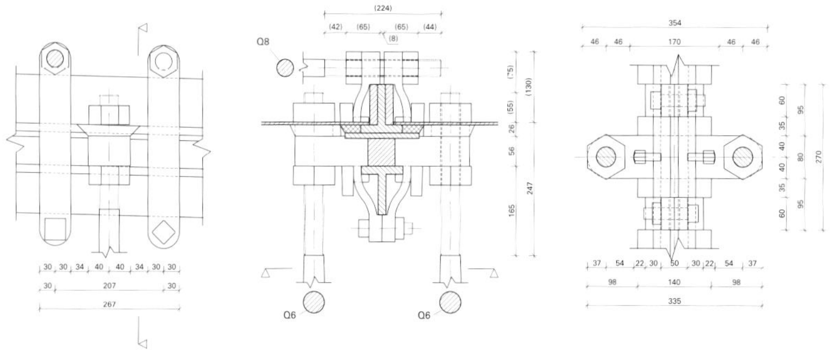

Knoten 5

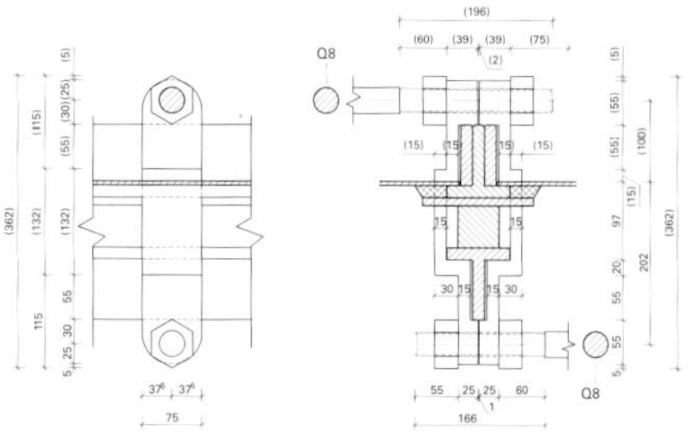

Binder
Achse 6
Blickrichtung Ost

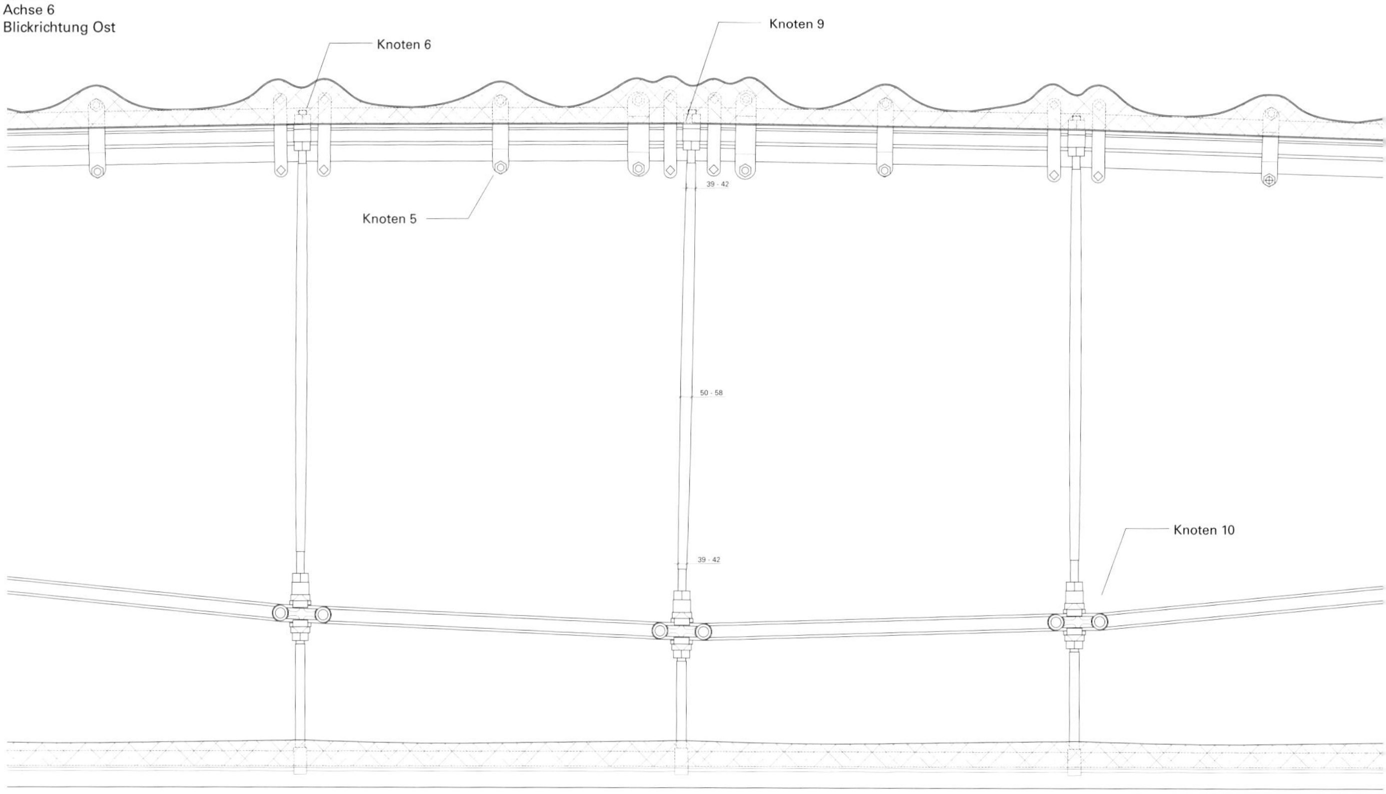

Knoten 10

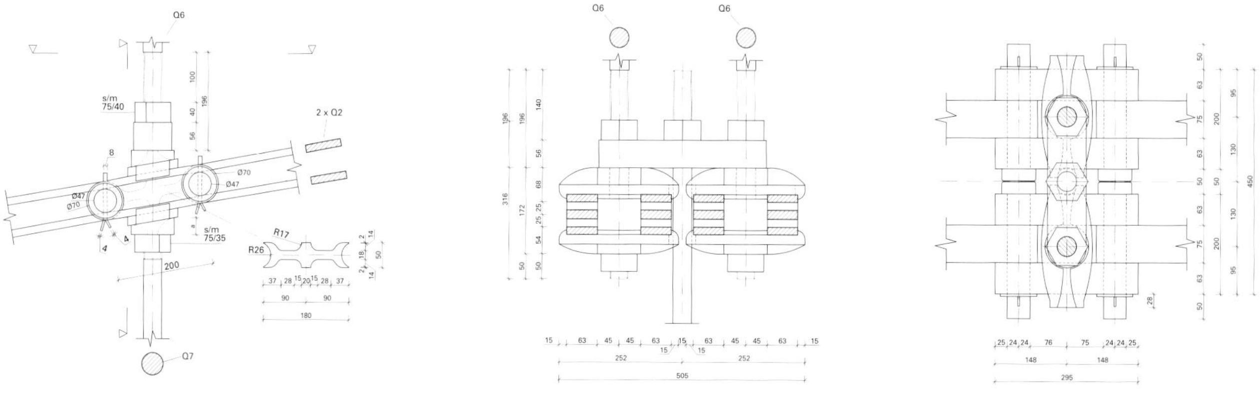

Querschnitte	Q1	Q2	Q3	Q4	Q5	Q6	Q7	Q8	Q9
	80 / 15 / 90 / 15	15 - 16 / 75 - 76	134 - 140 / 10	52 - 53 / 52 - 53	10 / 72 - 80	Ø 50 - 58 Streben Mitte; Ø 39 - 42	Ø 40 - 41	Ø 30 - 34	Ø 25 - 27

ten 9

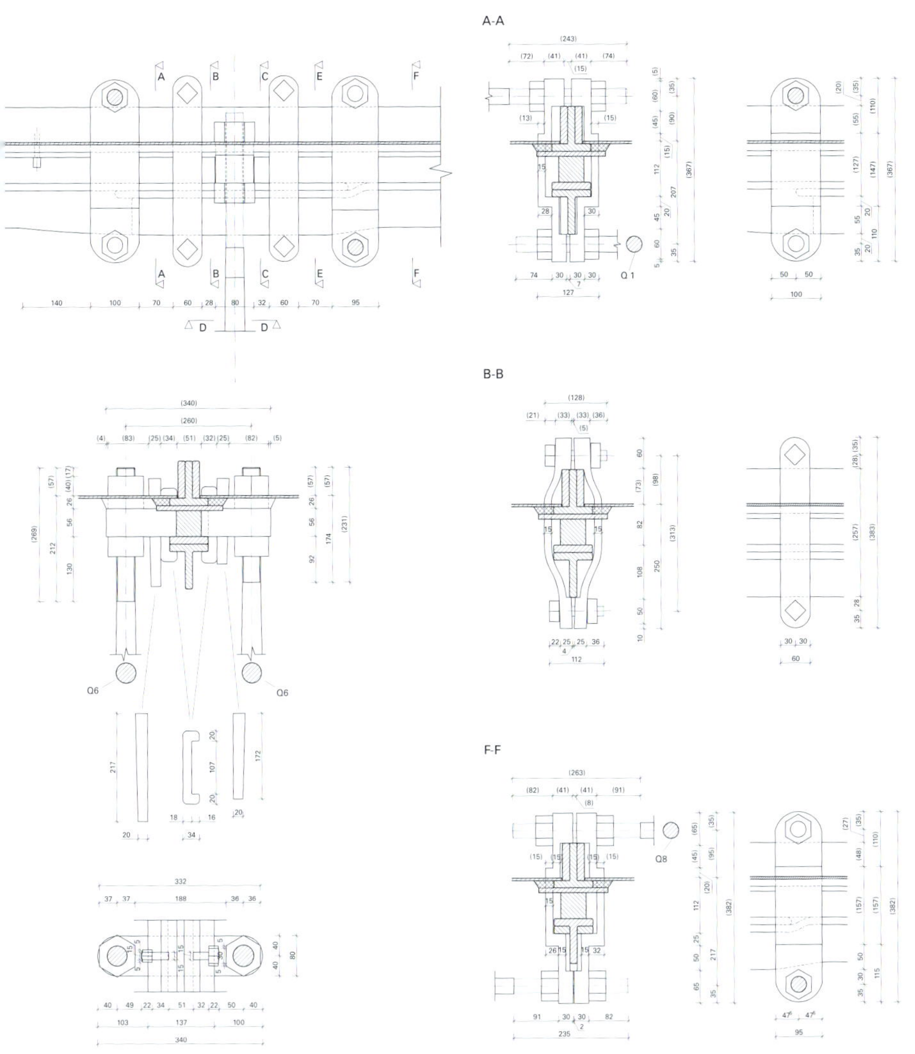

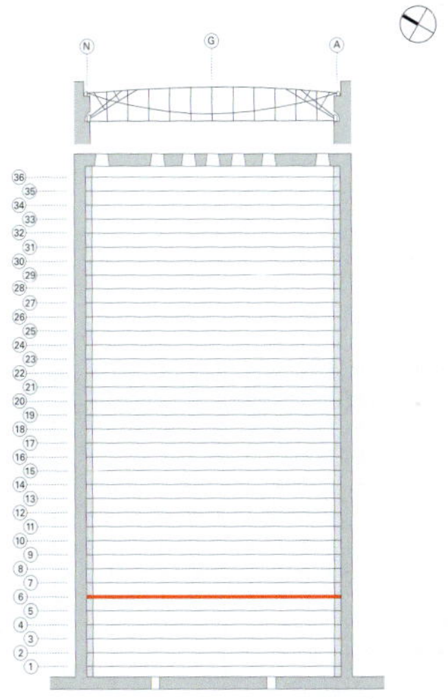

Übersicht 0 1 1 m

Details 0 25 50 cm

Baujahr 1842
Aleksandrovskij-Werk, St. Petersburg
Entwurf Matthew Clark
Spannweite ca. 21,10 m
Höhe (Achsmaß) 2,80 m

Besonderes Augenmerk legte Matthew Clark bei den neuen Spreizträgern über dem Thronsaal auf die sorgfältige Ausbildung der Details; einige besonders aufwendige und vielteilige Lösungen zeigt diese Tafel in einem größeren Maßstab. In den Kettenschlössern enden sowohl die Druckspreizen als auch die Hänger des Deckenplafonds, dafür wurden u. a. Klemmbacken gegossen, deren Geometrie die sich in jeder Achse ändernde Neigung der Kette aufnimmt (Knoten 10). Am Obergurt ist der komplizierte Übergreifungsstoß eines der T-Profile in Gurtmitte (Knoten 9) ebenso hervorzuheben wie die Einbindung der Druckspreizen, für deren kurze Jochelemente das Quadrateisen des verklammerten Querschnitts jeweils unterbrochen wird (Knoten 6).

ten 10

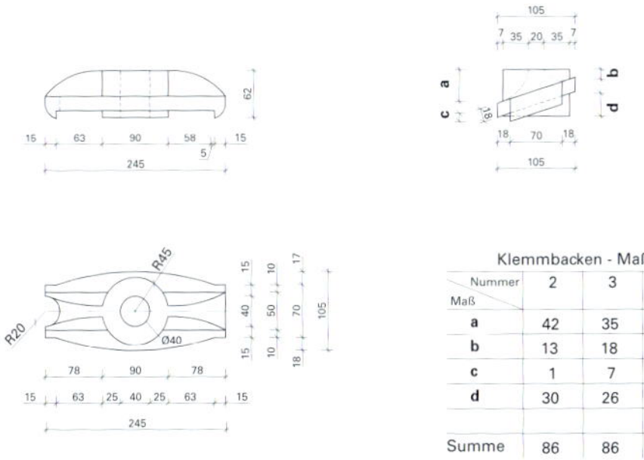

Klemmbacken - Maße [mm]

Nummer / Maß	2	3	4	5	6
a	42	35	34	30	28
b	13	18	18	24	28
c	1	7	9	13	15
d	30	26	25	17	15
Summe	86	86	86	89	86

Tafel 99

Spreizträger der zweiten Generation, weitere Details

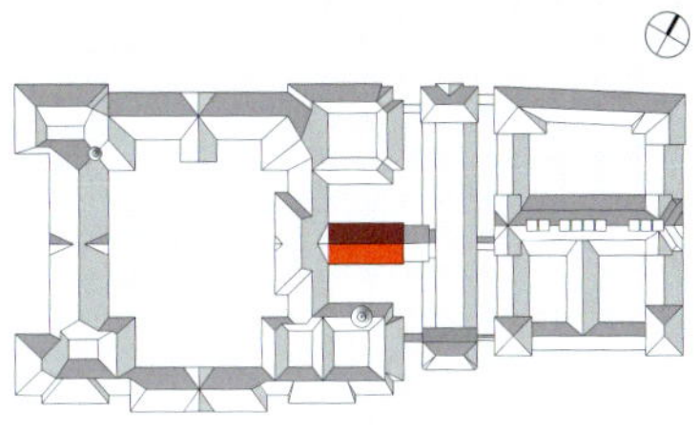

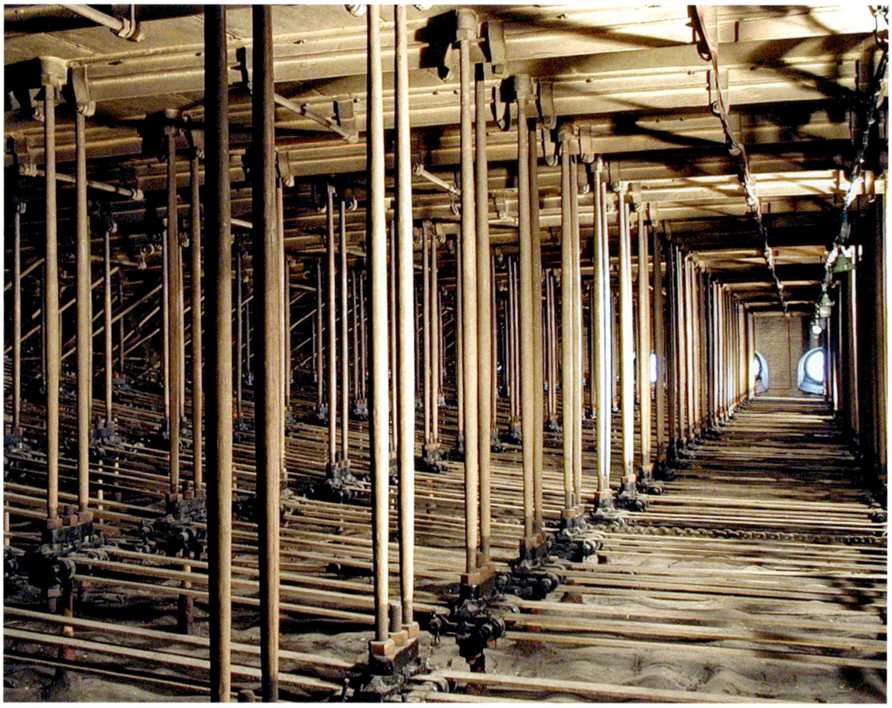

1

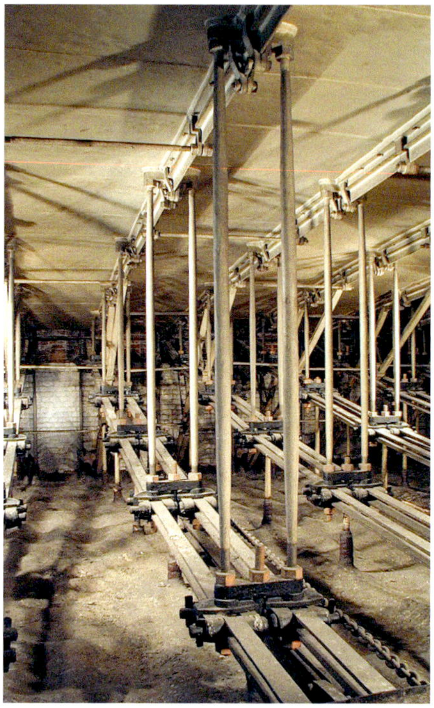

2

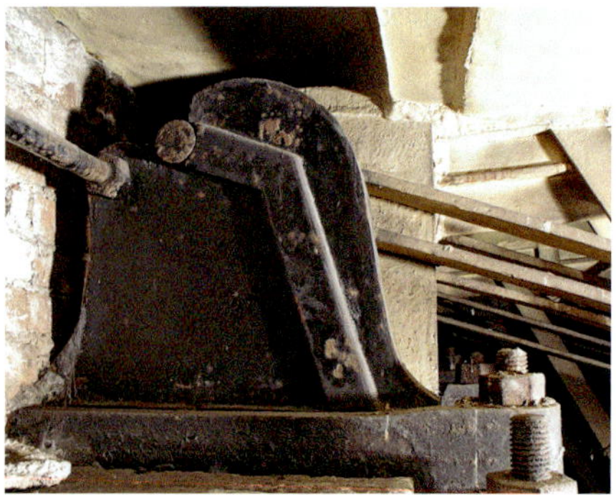

5

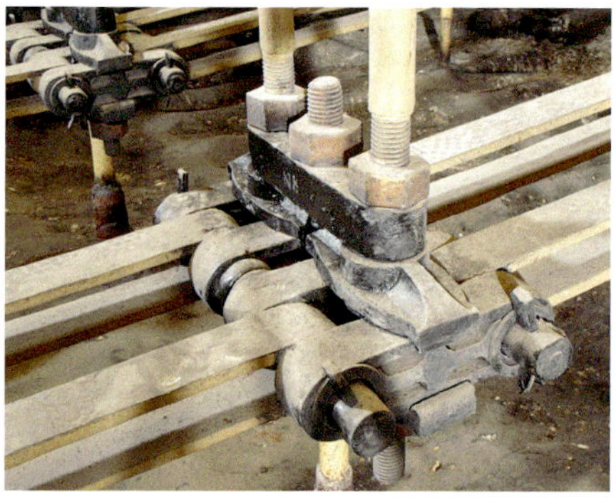

6

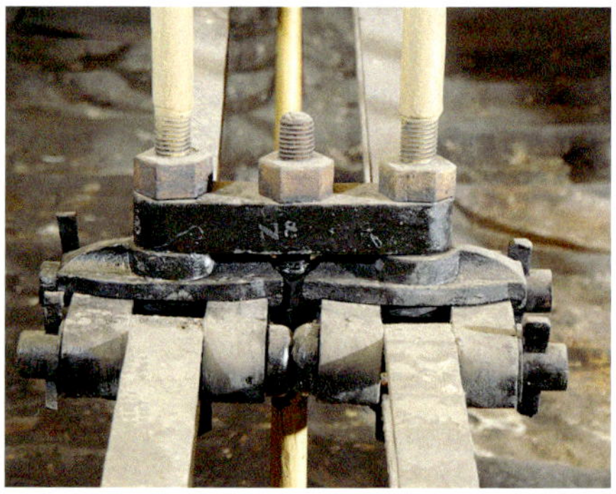

7

Systemskizze mit Knotennummern

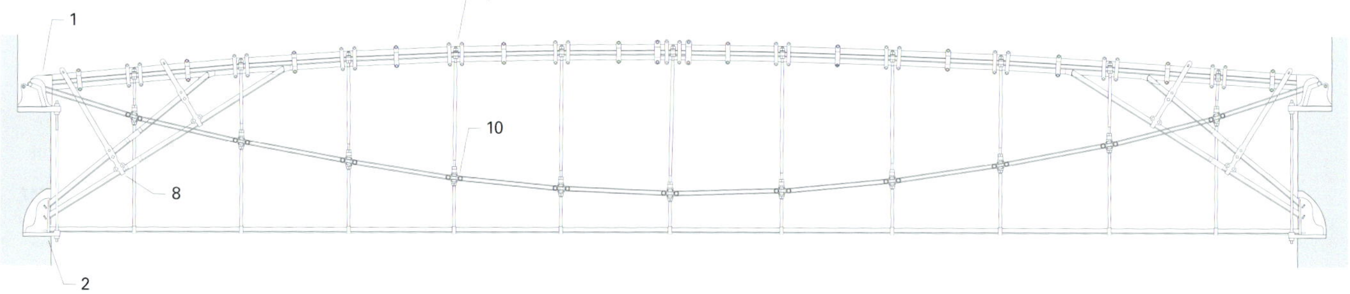

Dargestellt ist die Konstruktion über dem Thronsaal im Winterpalast.

1 Spreizträger über dem Thronsaal, Blick in den Deckenraum nach Ost (Foto Sergej Macenkov, GE, 2002)

2 Blick ab Trägermitte in Richtung Auflager (Foto Sergej Macenkov, GE, 2002)

3 Leuchterkette (Foto Sergej Macenkov, GE, 2002)

4 Knoten 1, 2 und 8 im Auflagerbereich

5 Knoten 1, gusseiserner Lagerblock mit Verstärkungsrippe unter dem Bolzen zur Aufhängung der Kette

6 Knoten 10, Kettenschlösser mit Anschluss von Druckspreizen und Untergurtabhängung

7 Knoten 10, Abhängung des unteren Gurtes zwischen den Kettenschlössern

8 Knoten 6, Anschluss der Druckspreizen an den Obergurt, Aufsicht im Dachraum bei entfernter Dämmung

9 Knoten 6, Anschluss der Druckspreizen an den Obergurt

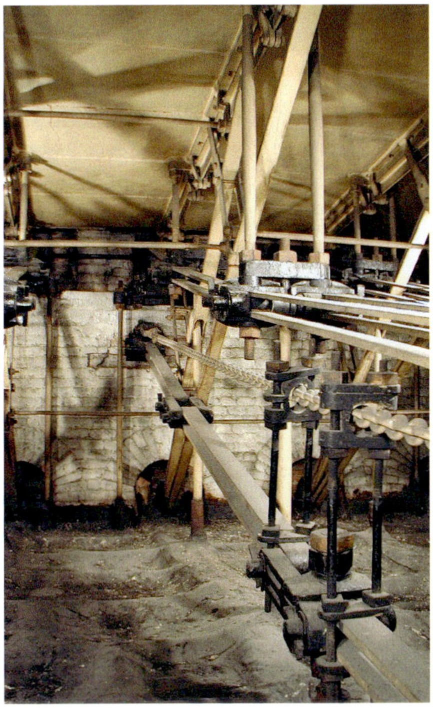

3

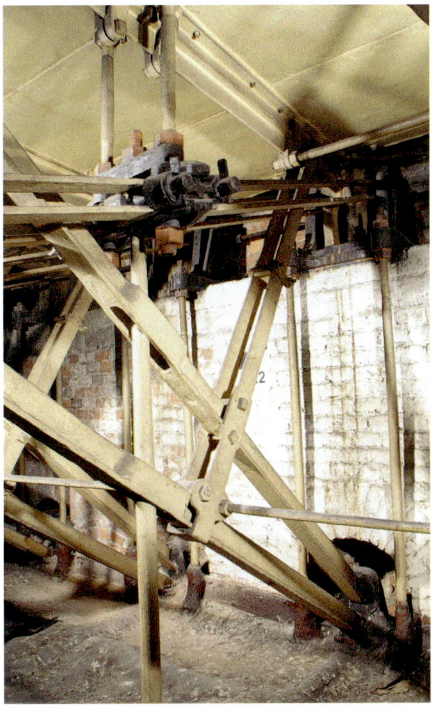

4

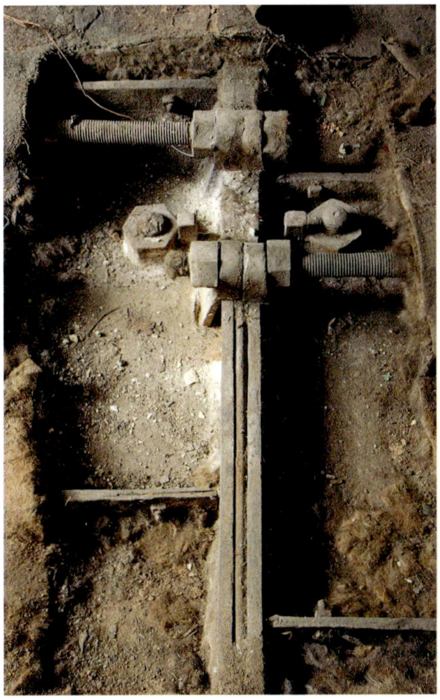

8

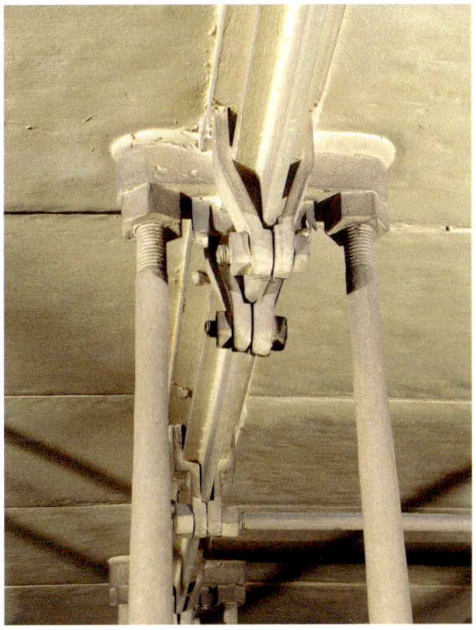

9

Tafel 100

Spreizträger der zweiten Generation

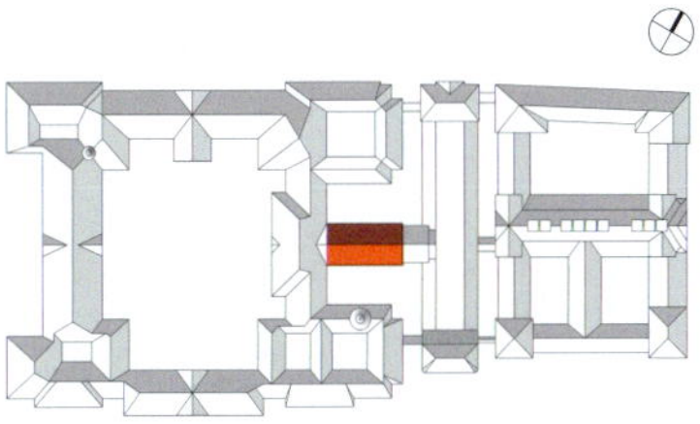

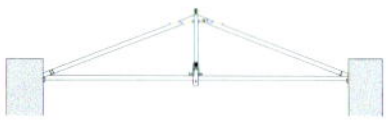

Tafel 102

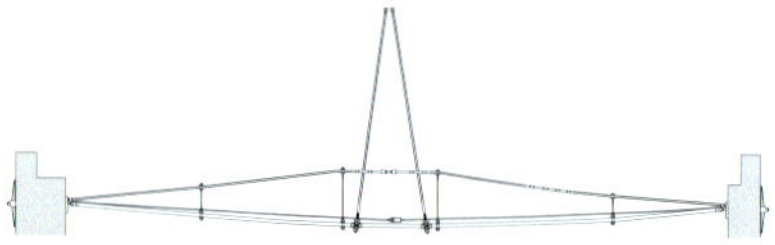

Tafel 106

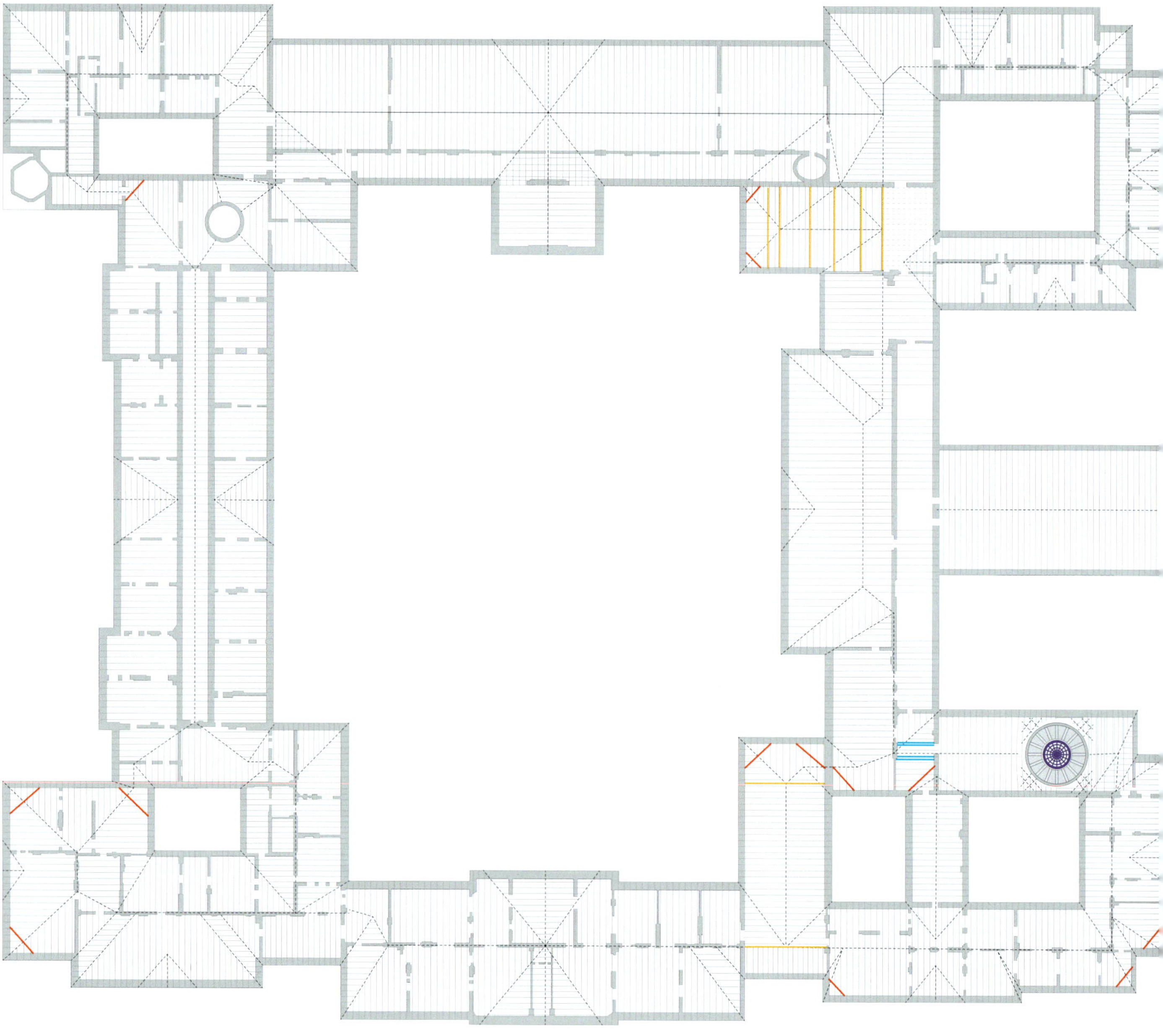

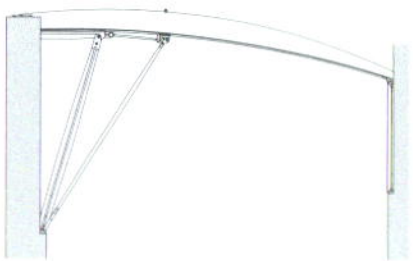

Tafel 108

noch vorhanden, durch eigene Untersuchungen nachgewiesen, im Folgenden detailliert dargestellt

andere Tragwerkstypen, (dargestellt auf Tafel 59 ff. und 70 ff.)

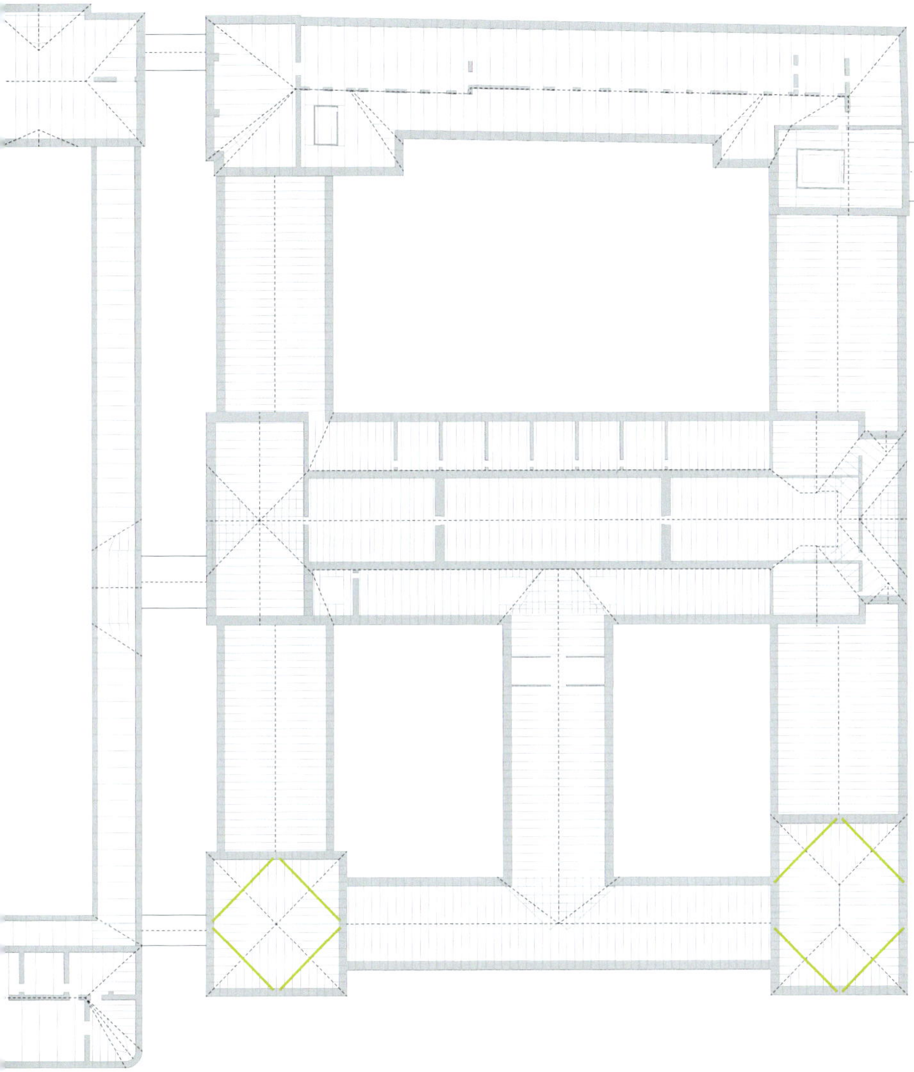

Gebäude 0 10 20 30 40 50 m

Binder 0 5 10 m

Neben den in der Regel seriell angeordneten Dach- und Deckentragwerken finden sich insbesondere in den Dächern verschiedene Sonderkonstruktionen, die von den üblichen Bauweisen abweichen. Zum einen sind dies speziell angeordnete Stützträger zur Abfangung von als besonders hoch ausgelastet angesehenen Bauteilen, zum anderen singuläre und eigenständige Tragwerke – schwere gusseiserne Balken und Streben für den ehemaligen Glockenstuhl der Großen Kirche sowie das viel- und feingliedrige Traggerüst der Zwiebelhaube auf deren Kuppel.

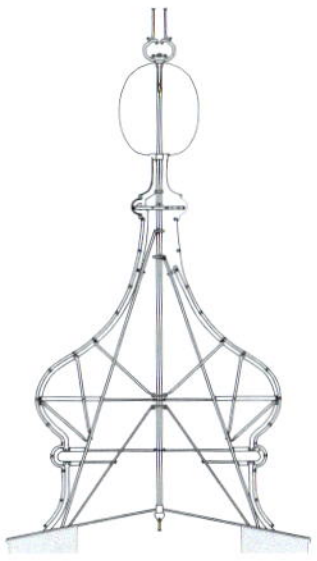

Tafel 110

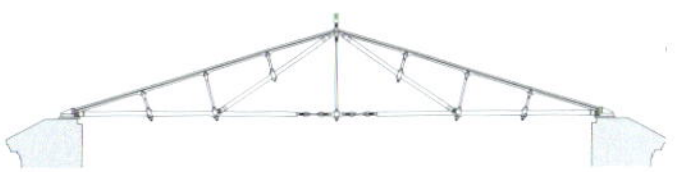

Tafel 104

Tafel 101

Sonderkonstruktionen – Übersicht

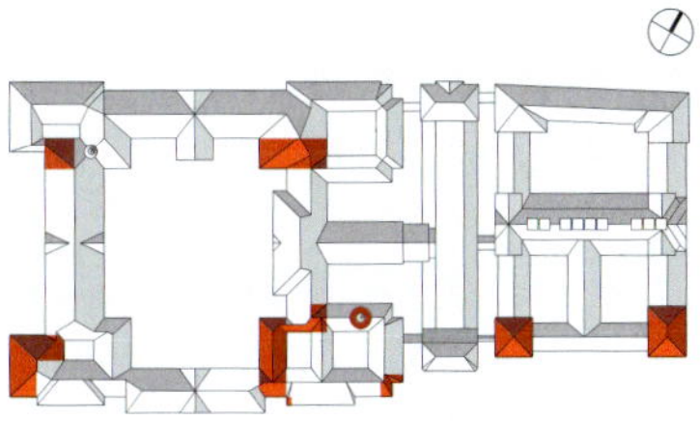

Stützträger für Gratsparren
Achse 25E–21A
Blickrichtung West

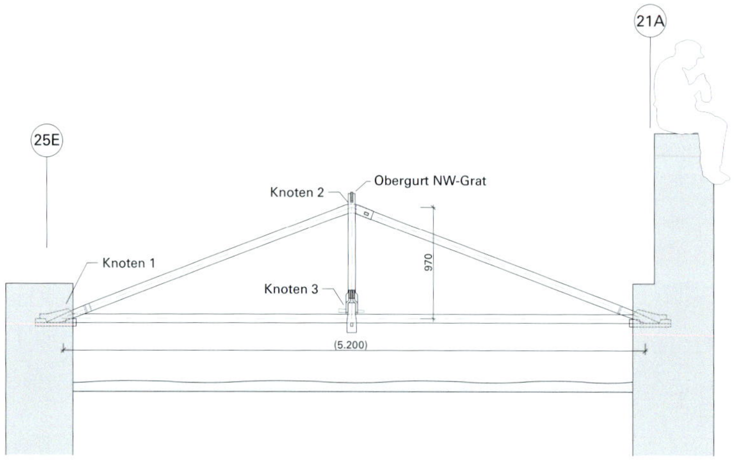

Stützträger
Funktionsweise im Haupttragwerk

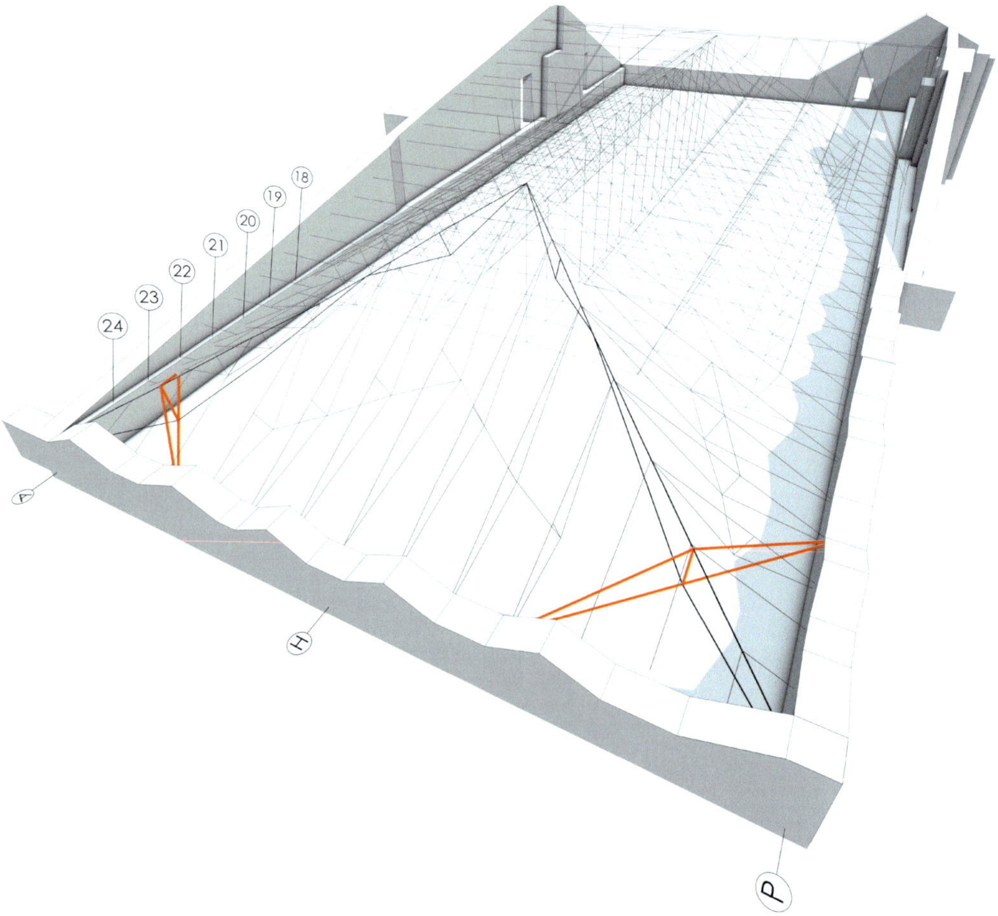

Querschnitt

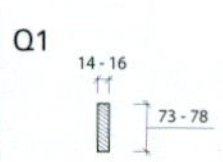

en 2 und 3

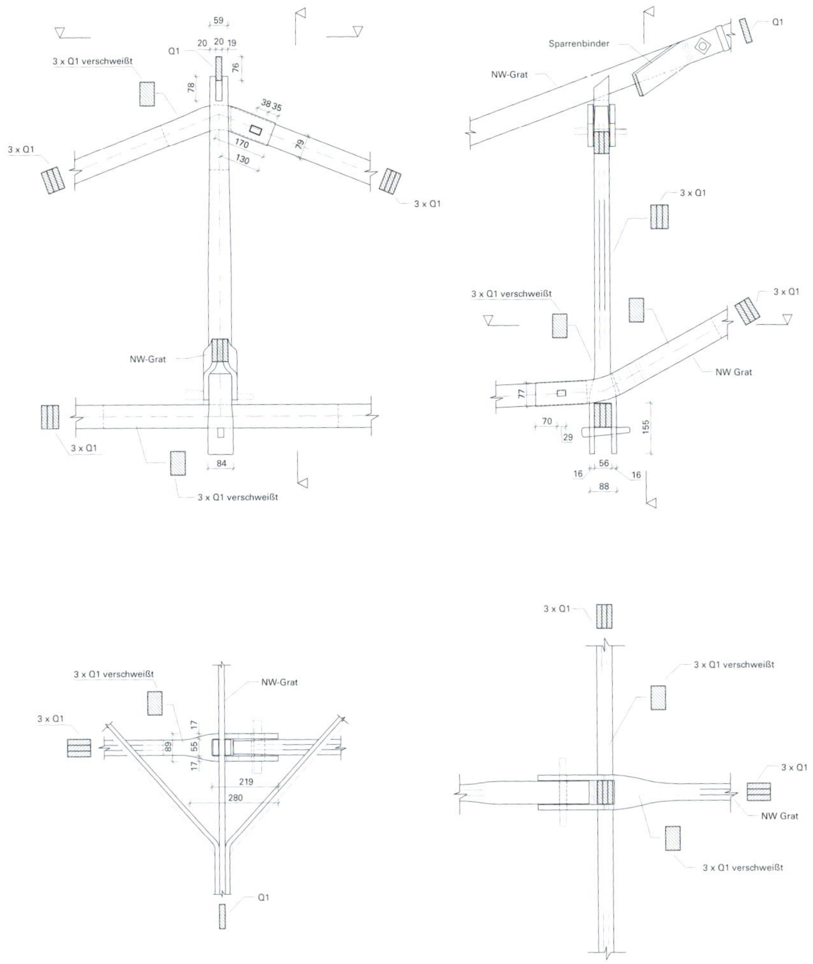

ten 1

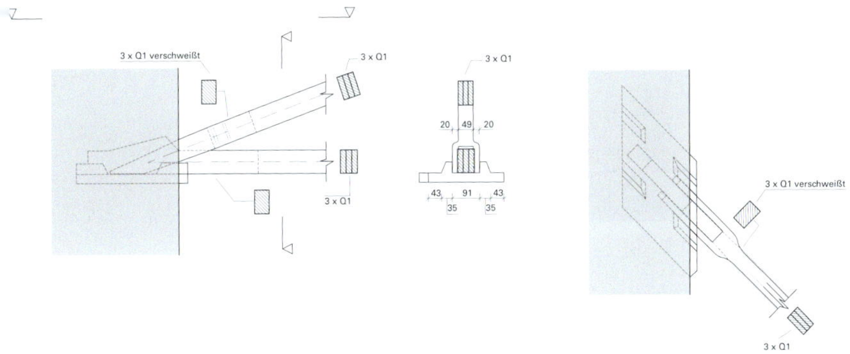

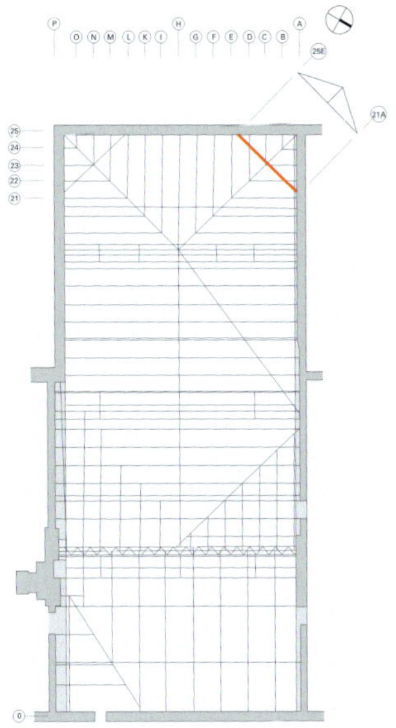

Baujahr 1838
Aleksandrovskij-Werk, St. Petersburg
Entwurf Matthew Clark
Spannweite ca. 5,20 m
Höhe (Achsmaß) 0,97 m

Als Zwischenunterstützung langer Gratsparren kamen vereinzelt zusätzliche übereck liegende Stützträger zur Anwendung, erstmals schon 1838 in der hier gezeigten Ausführung über dem Feldmarschallsaal im Winterpalast. Die einfache, pragmatische Konstruktion von Struktur und Details lässt eine improvisierte Anfertigung vor Ort vermuten. So wurden kompakte Profile einfach aus drei Lagen handelsüblichen Bandeisens abschnittsweise und dabei bevorzugt in Knotennähe zusammengeschmiedet; in den Wänden ruhen sie auf schlicht profilierten Gussplatten. Die Druckspreizen sind lediglich mit grob gearbeiteten Gabeln angeschlossen und nur teilweise mit Keilen gesichert.

Tafel 102

Frühe Stützträger für Gratsparren

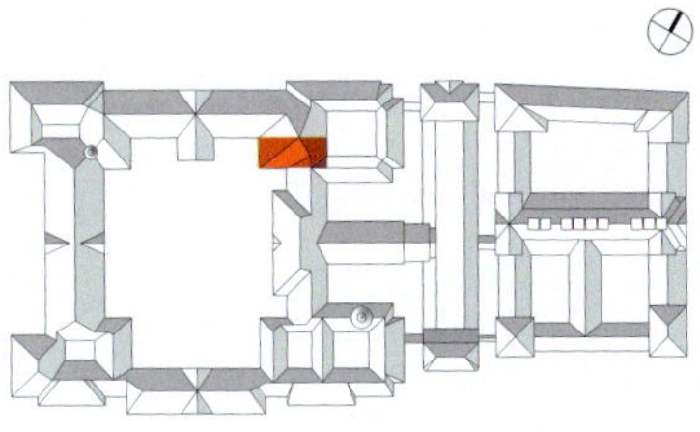

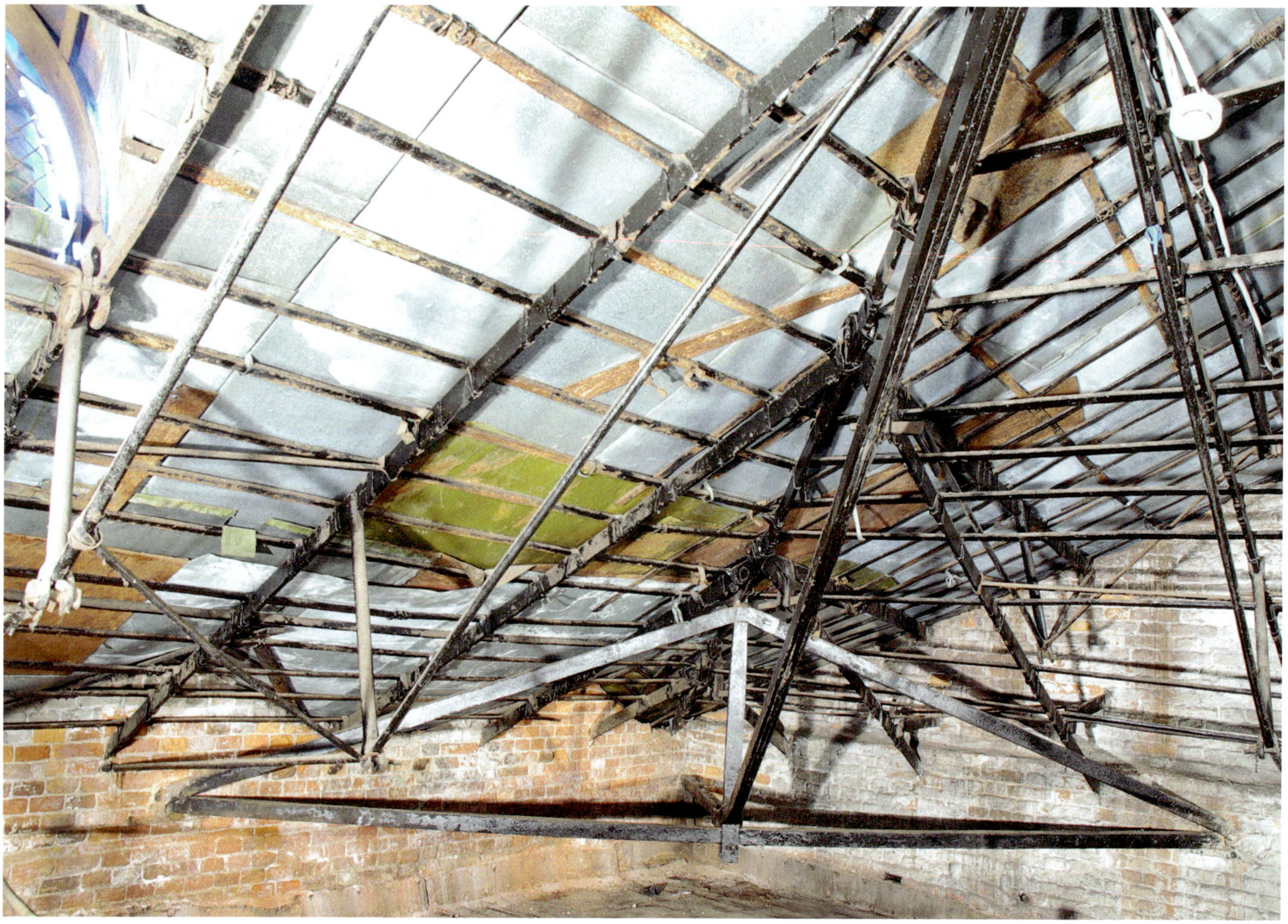

1

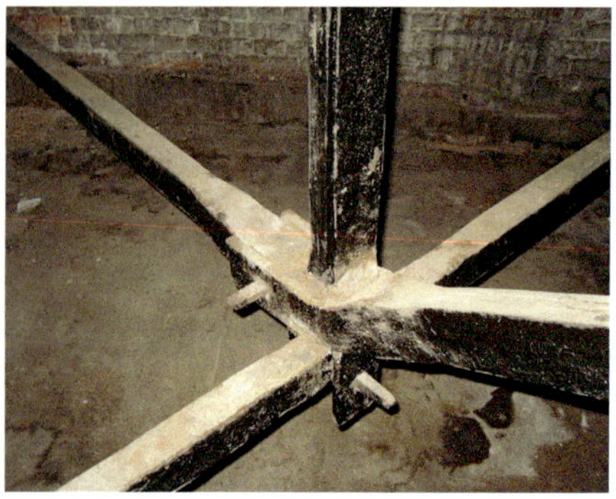

3

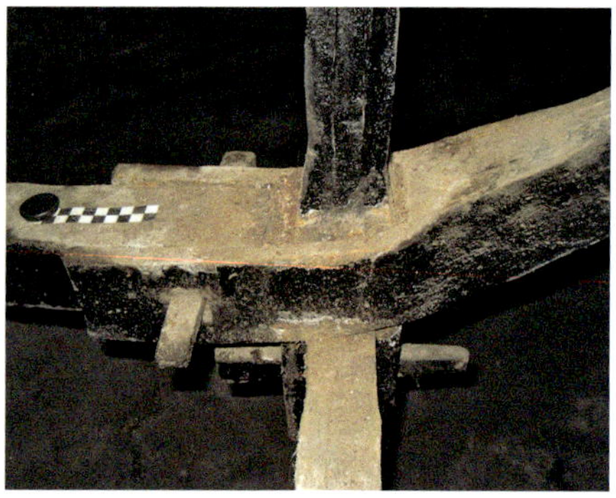

4

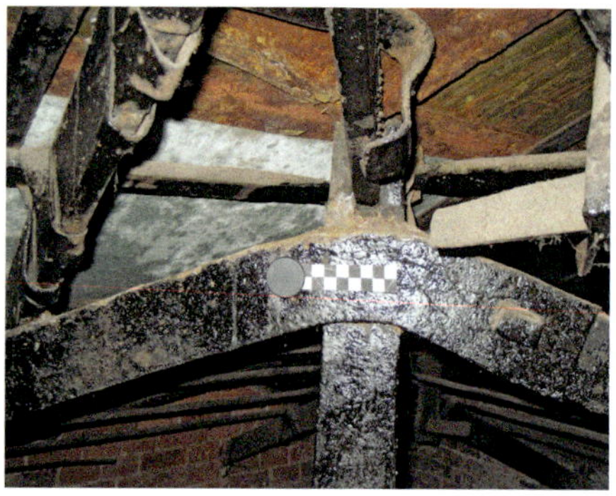

5

Systemskizze mit Knotennummern

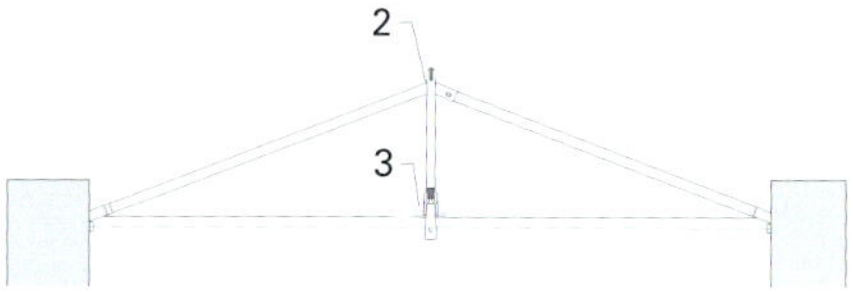

Dargestellt sind Konstruktionen über dem Feldmarschallsaal (1, 3, 4, 5) und der Südostecke (2, 6, 7) des Winterpalastes.

1 Stützträger mit Gratsparren in der Nordwestecke des Feldmarschallsaals

2 Stützträger in lokal angepasster Geometrie

3 Knoten 3, Anschluss der aus Bandeisen zusammengeschmiedeten kompakten Profile des Stützträgers und der Gratunterspannung

4 Knoten 3, grob gearbeitete Gabel mit Keilsicherung

5 Knoten 2, grob gearbeitete Verbindung der Stäbe und des Gratsparrenauflagers

6 Lagenweise zusammengeschmiedete Profile von Stützbinder, Grat und Gratunterspannung

7 Gabelverbindung mit auf einfachster Weise angeschmiedeten Laschen aus Standardprofilen, hier ebenfalls in der Südostecke des Winterpalastes

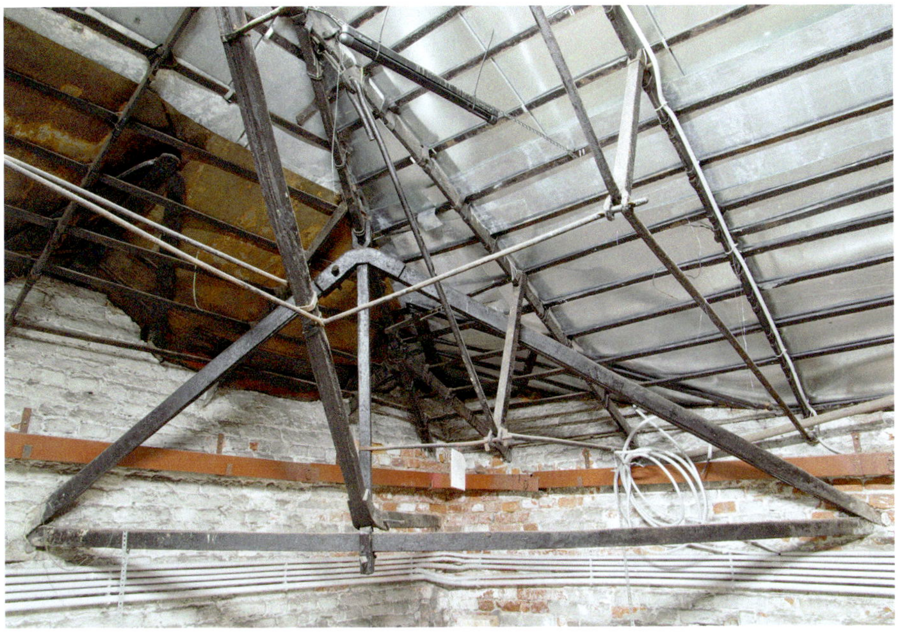

2

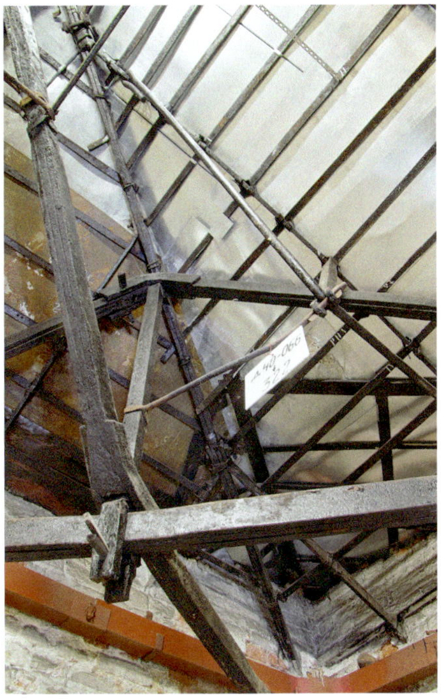

6

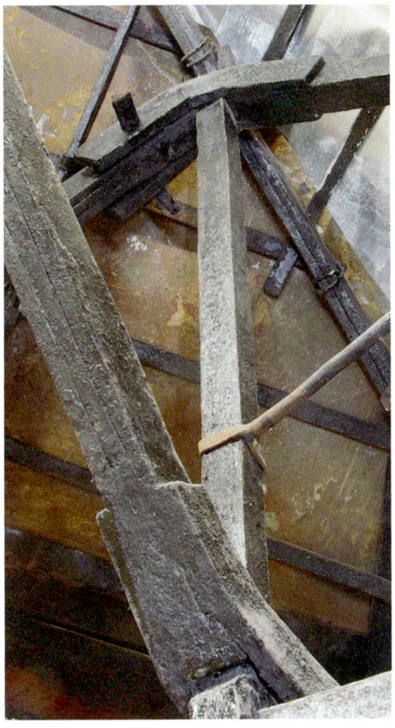

7

Tafel 103

Frühe Stützträger für Gratsparren

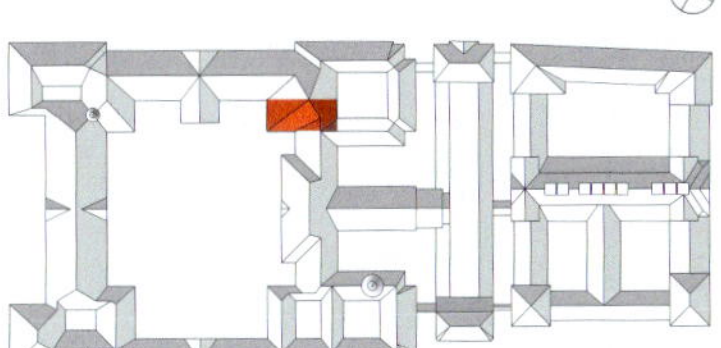

Knoten 7, 8 und 9

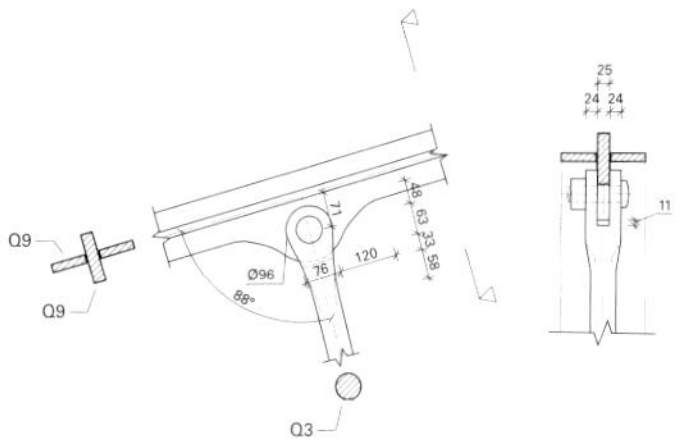

Knoten 2

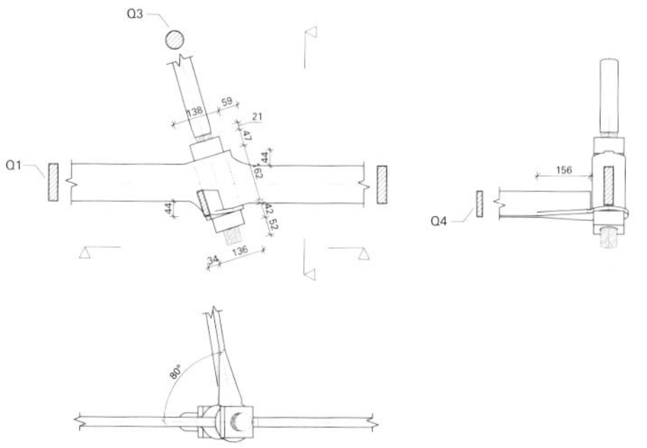

Klammern Obergurt

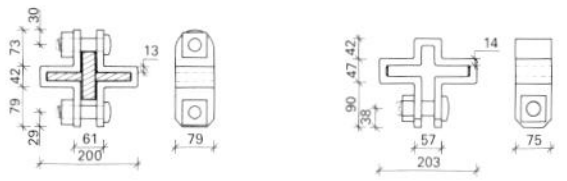

Blattstoß Obergurt

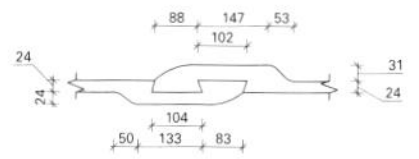

Stützträger
Achse 10S–2K
Blickrichtung Nord

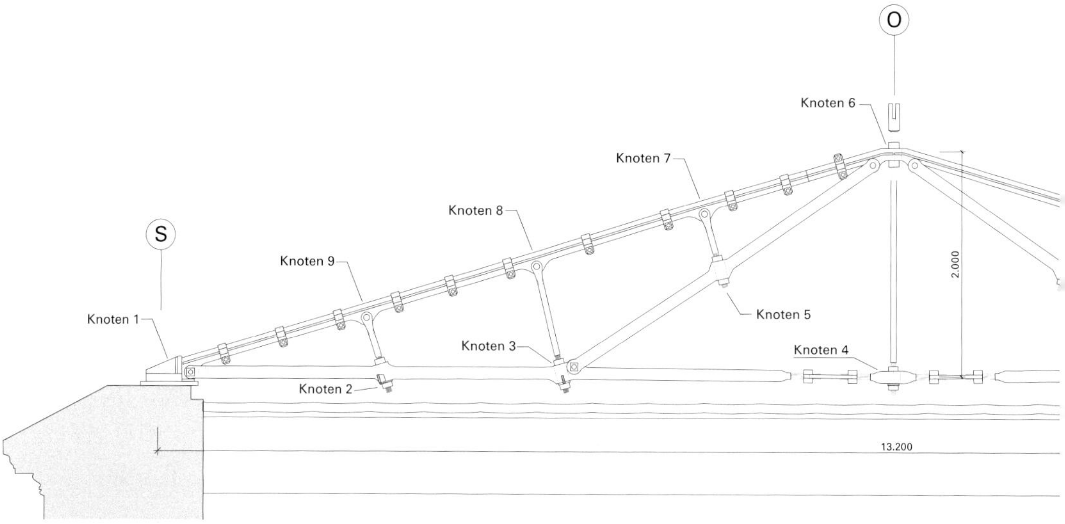

Knoten 1

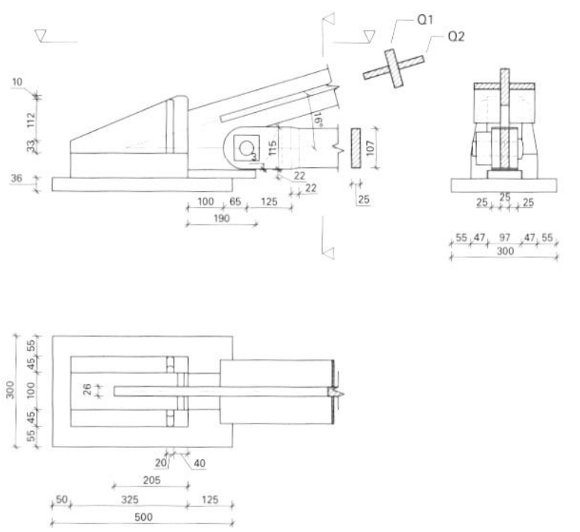

Knoten 3

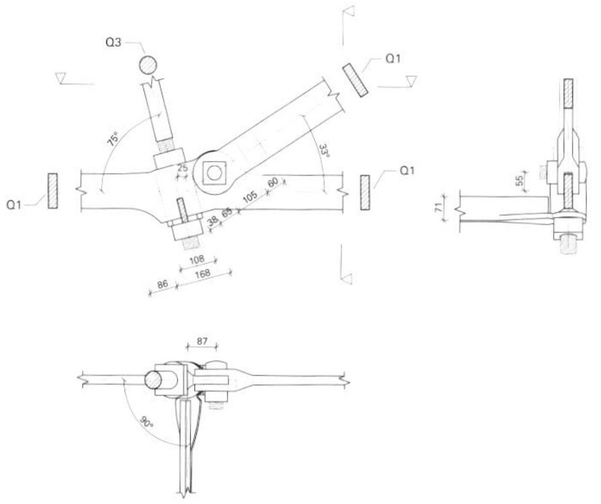

Querschnitte

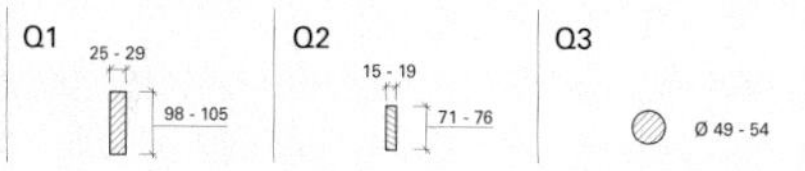

Knoten 6

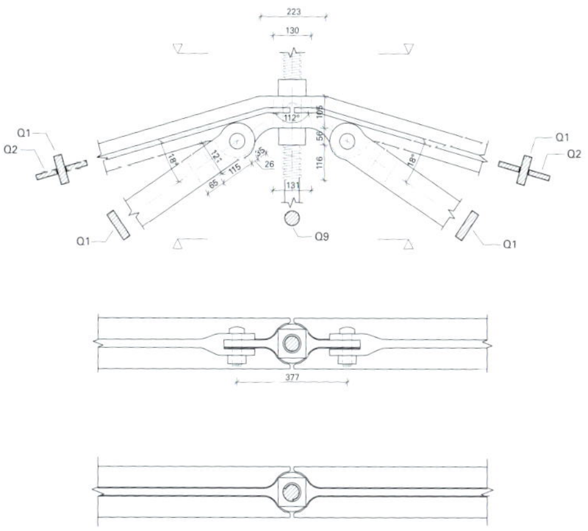

Knoten 5

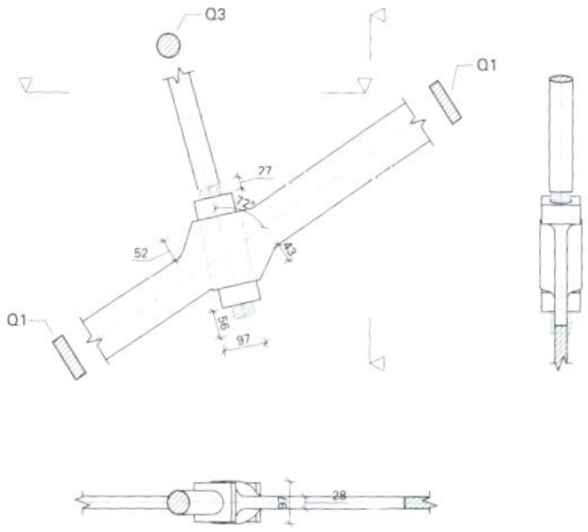

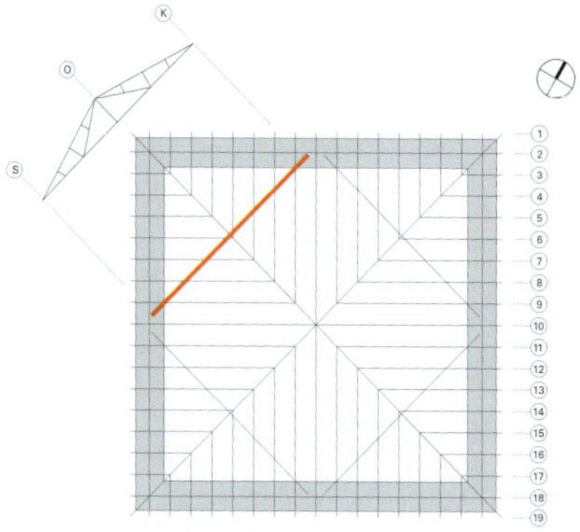

Übersicht 0 1 2 m

Details 0 50 cm

Baujahr 1843–1844
Aleksandrovskij-Werk, St. Petersburg
Entwurf Aleksandr Fullon
Spannweite ca. 13,20 m
Höhe (Achsmaß) ca. 2,00 m

Über den Eckpavillons der Neuen Eremitage kamen zur Unterstützung der Gratsparren ausgereiftere Stützträger zur Anwendung; die Notwendigkeit ihres Einbaus war zuvor kontrovers diskutiert worden. Entwickelt aus den hier üblichen Trägertypen des Aleksandrovskij-Werks, ähneln sie in Struktur und Details den Hauptbindern der Pavillons (vgl. Tafel 81). Auffallend ist jedoch der aus Bandeisen zu einem Kreuzprofil verklammerte, besonders kräftige Obergurt. Er lässt sich weder durch die Belastung noch durch eine Aussteifungsfunktion schlüssig erklären – es sei denn, die Stützträger sollten auch als Kranträger für die Montage der schweren Blechträger der obersten Pavillondecke genutzt werden (vgl. Tafel 119).

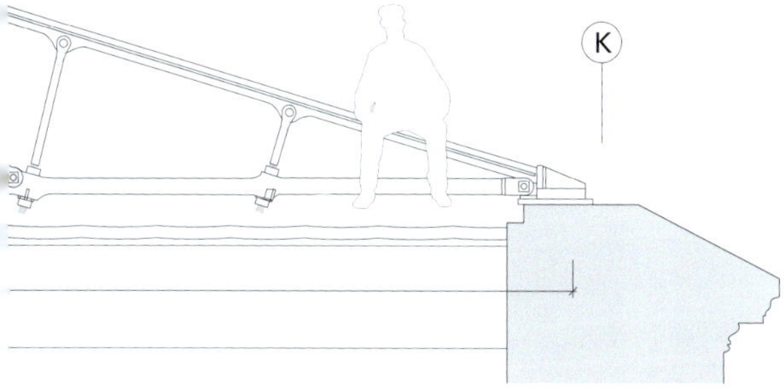

Knoten 4

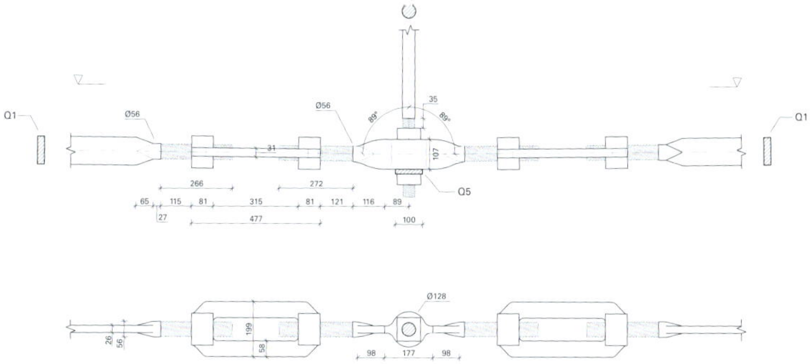

Tafel 104

Spätere Stützträger für Gratsparren

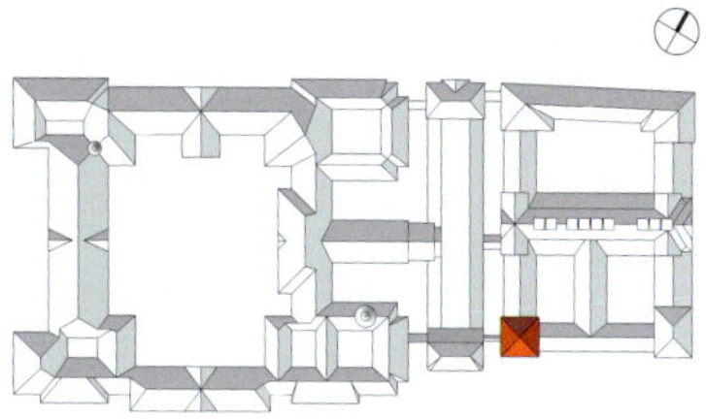

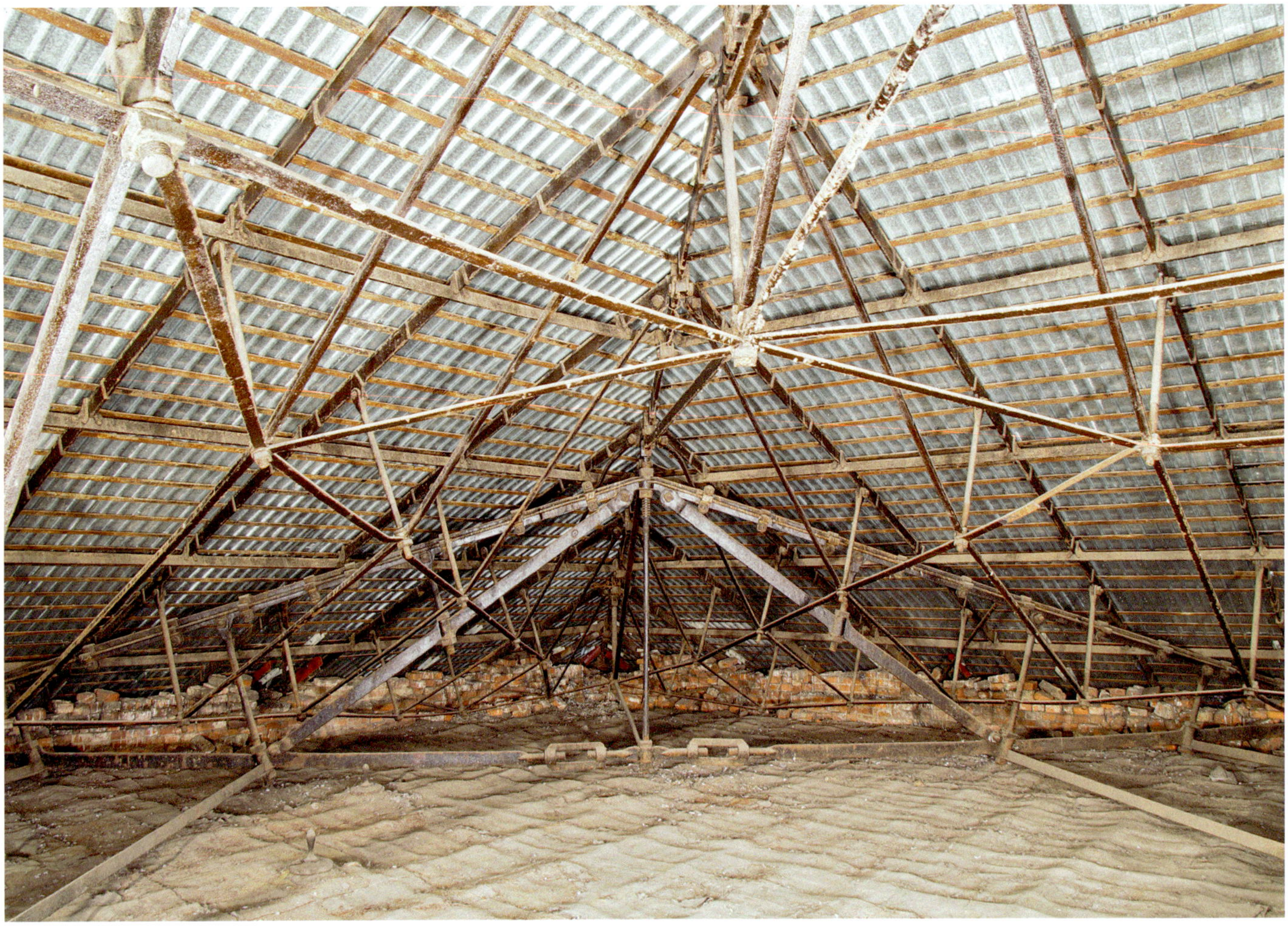

1

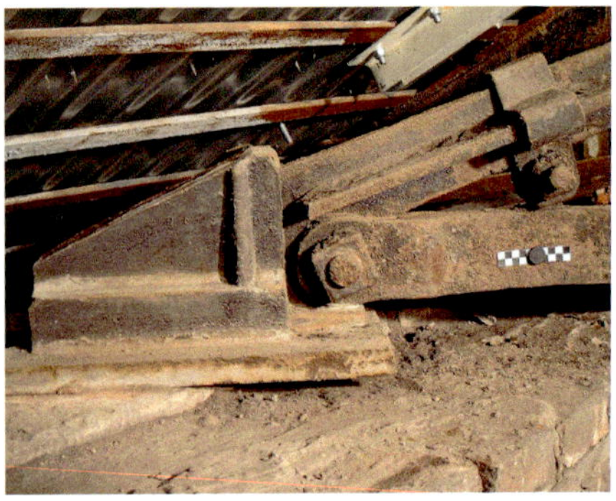

4

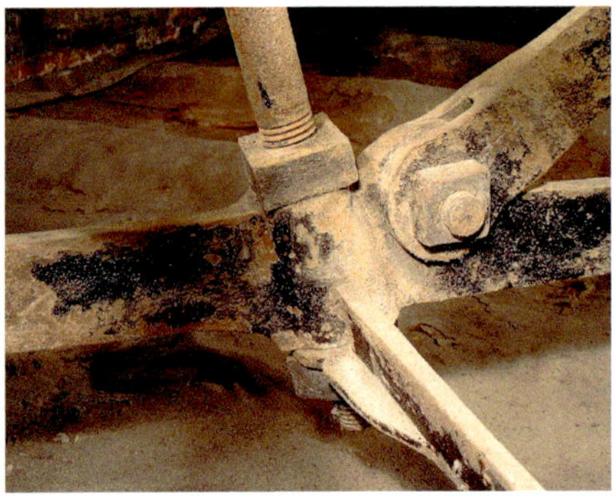

5

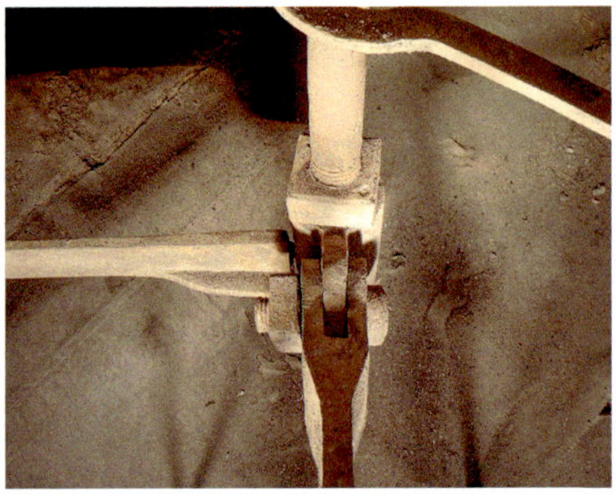

6

Systemskizze mit Knotennummern

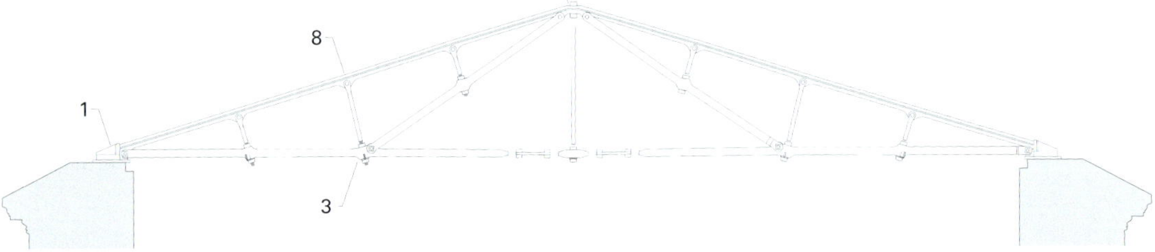

Dargestellt sind Konstruktionen über dem Südwestpavillon (4, 5, 6, 8) und Südostpavillon (1, 2, 3, 7, 9) der Neuen Eremitage.

1 Stützträger der Gratsparren über dem Südostpavillon

2 Blick entlang des Obergurtes mit Verklammerungen

3 Stoß des Obergurtes mittels Verblattung des stehenden Profils und Verkröpfung der beiden liegenden Profile

4 Knoten 1, gusseiserner Lagerschuh

5, 6 Knoten 3, Verzweigung des Zugbandes und Anschluss der Druckstrebe mit Stellmöglichkeit

7 Knoten 6, Grataufläger und angrenzende Bereiche, Stoß des Obergurtprofils

8 Knoten 6, Auflager des Gratsparrens, Stellmöglichkeit über ein Rechteckgewinde

9 Knoten 8 und Blick entlang des Obergurtes zum Auflager

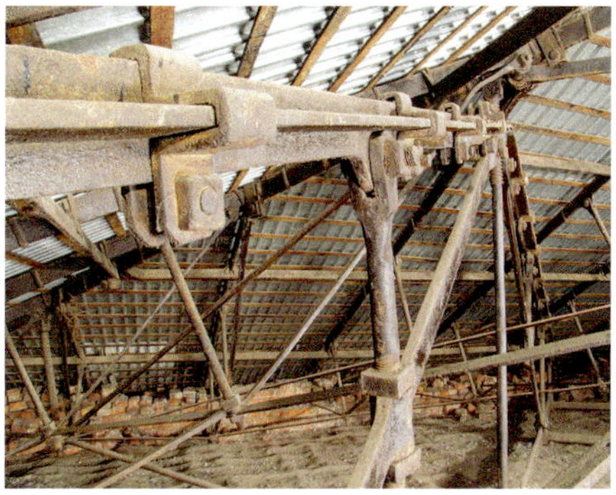

2

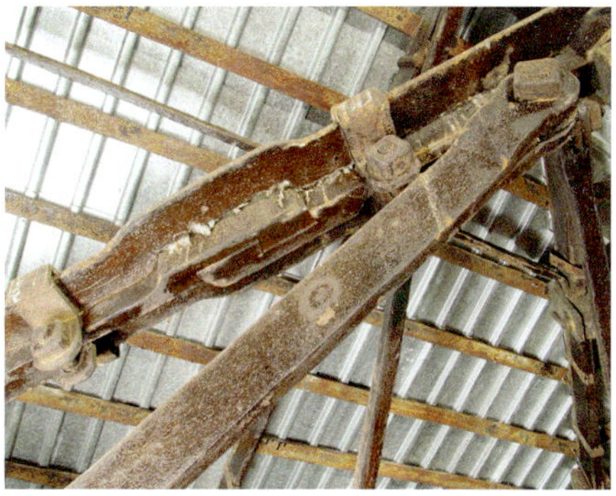

3

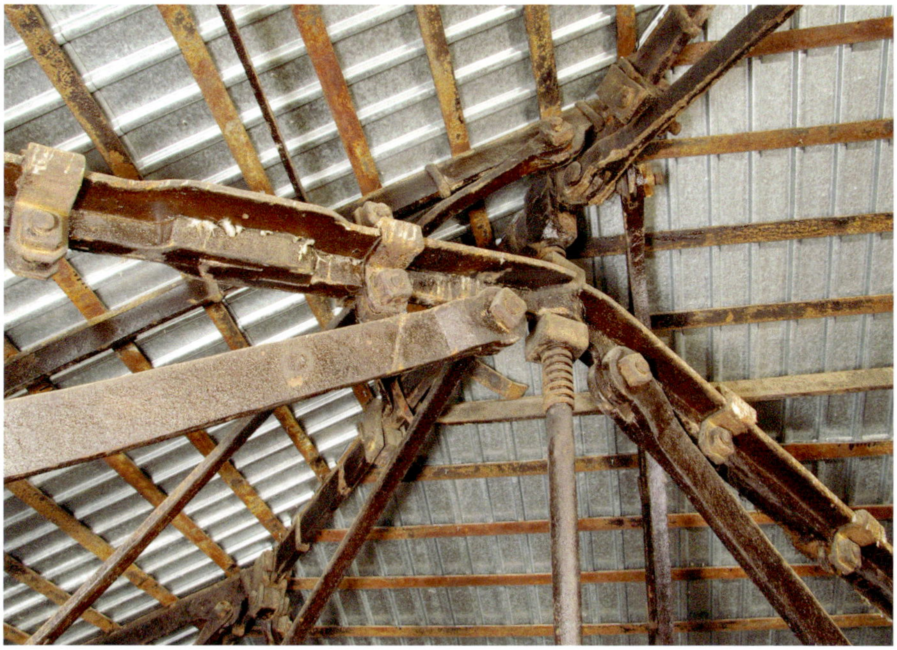

7

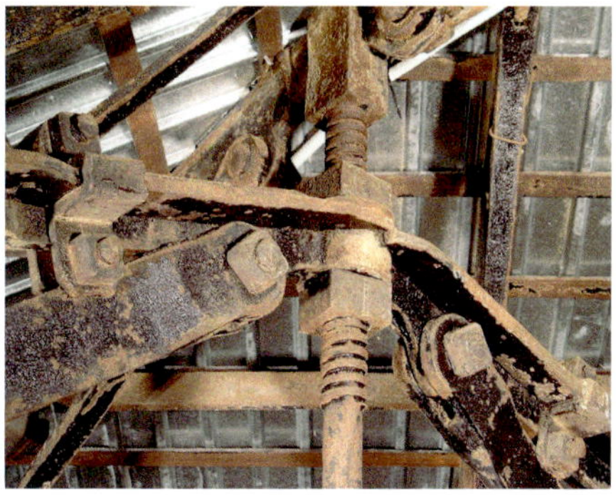

8

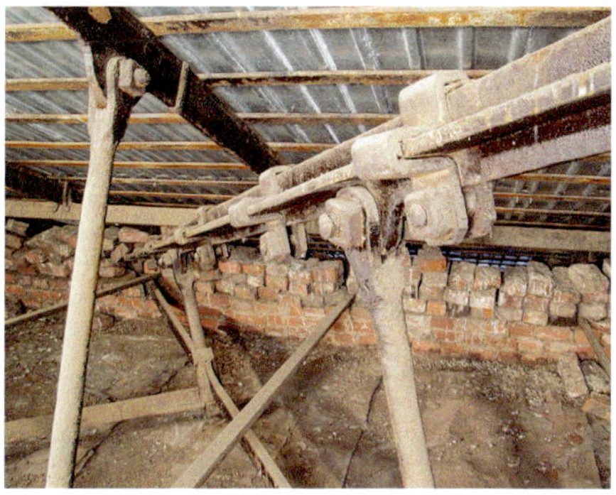

9

Tafel 105

Spätere Stützträger für Gratsparren

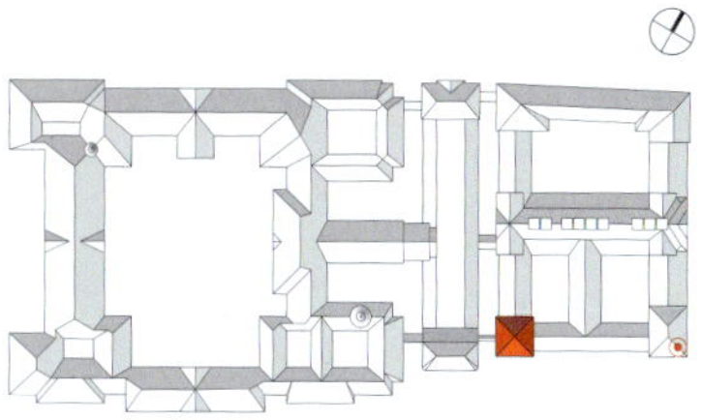

Linsenförmige Stützträger
Achse 32
Blickrichtung West

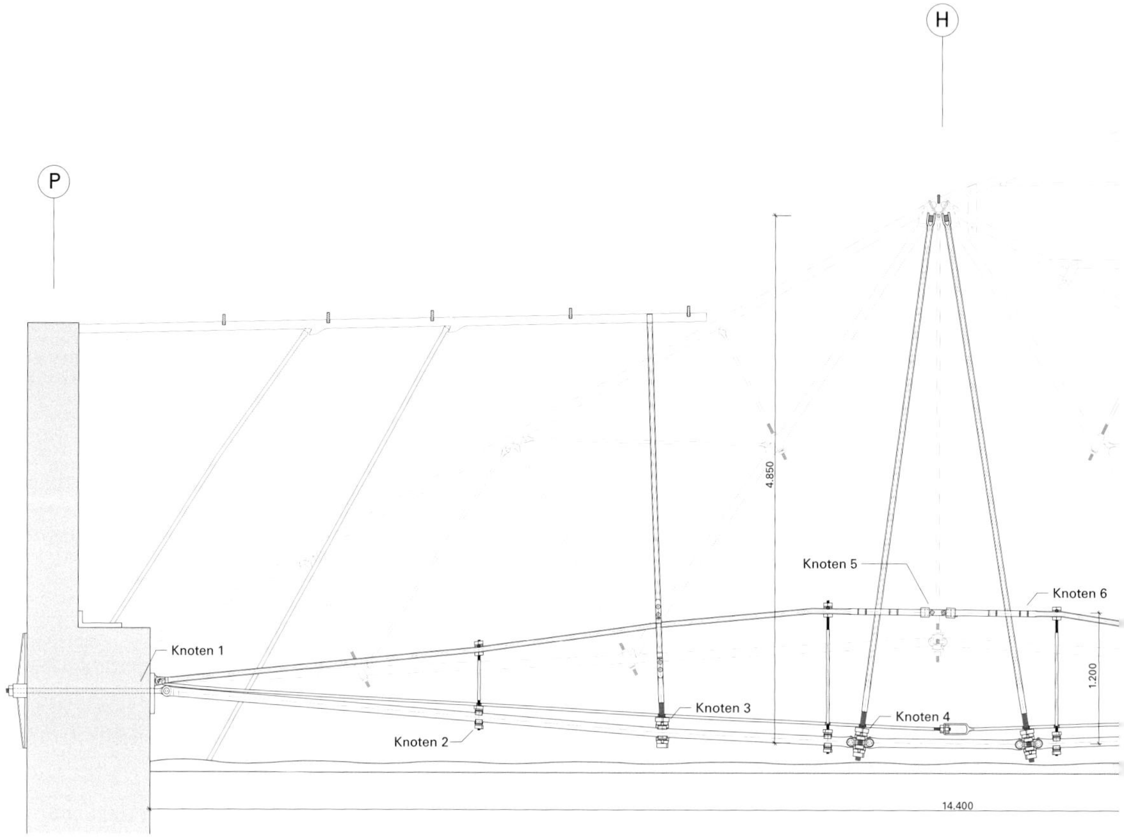

Knoten 2

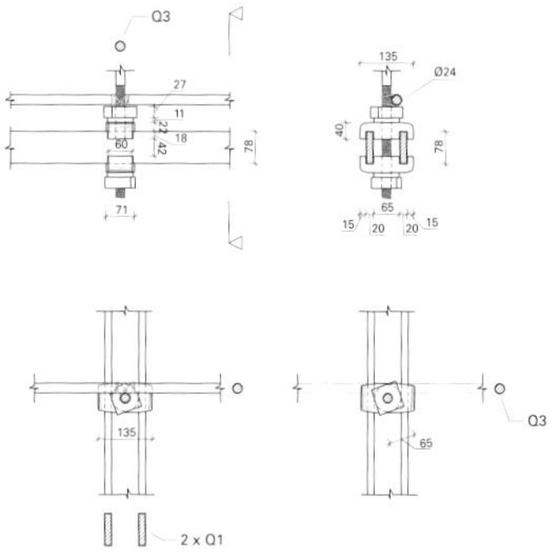

Knoten 5

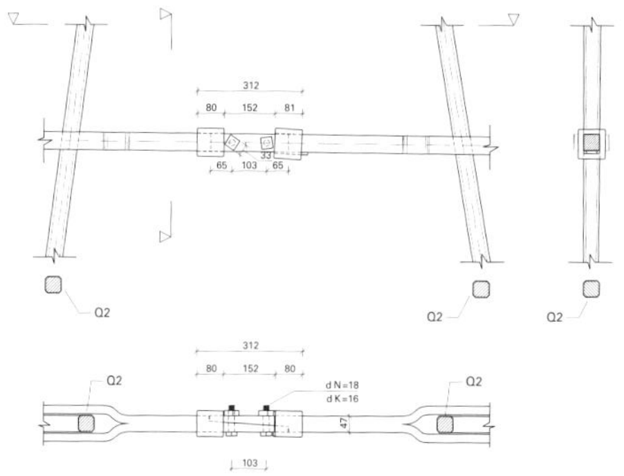

Knoten 4

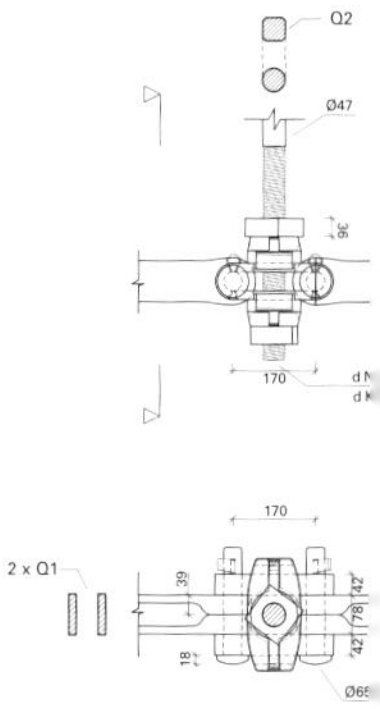

Querschnitte

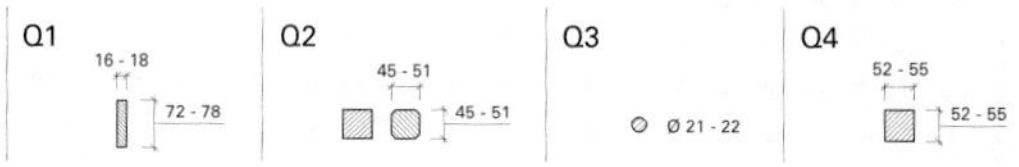

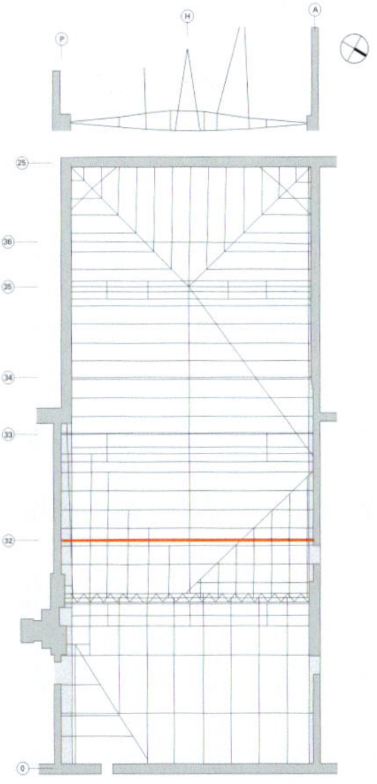

Übersicht 0 1 2 m

Details 0 50 100 cm

Knoten 6

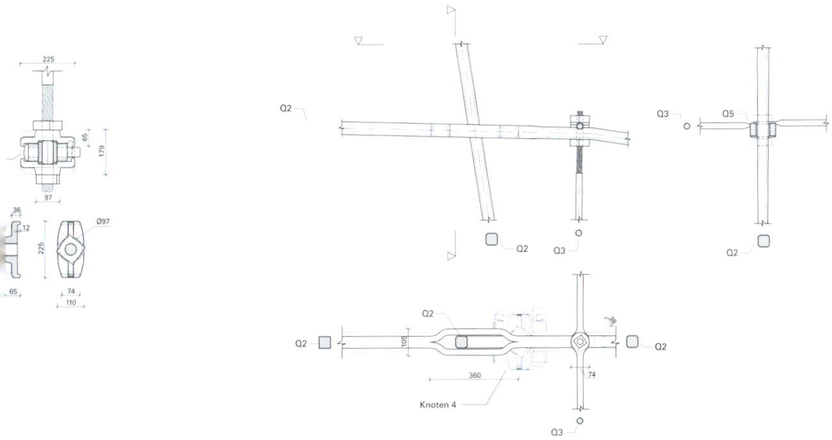

Baujahr 1838–1839
Aleksandrovskij-Werk, St. Petersburg
Entwurf Matthew Clark
Spannweite ca. 14,50 m
Höhe (Achsmaß) ca. 1,20 m

Neben den übereck liegenden Stützträgern kam um 1838 über dem Feldmarschallsaal im Winterpalast eine zweite Art stützender Tragwerke zum Einsatz – linsenförmige Träger mit langen Streben, die verschiedene hoch liegende Bauteile wie die Grate des hier verwinkelten Dachtragwerks abfangen sollen. Ihre Gurte sind über Gewindestangen gegeneinander verspannt, die Koppelung an den Enden erfolgt unter Nutzung der Wände, an deren Vorder- und Rückseite kräftige Gussplatten die jeweils anstehenden Druck- und Zugkräfte aufnehmen. Die langen Streben sind ungeachtet ihrer Knickgefährdung extrem schlank ausgebildet. In ihren gabelförmigen oberen Enden zeugen zahlreiche Keile oder Luftspalte von der eher begrenzten Wirksamkeit des Strukturkonzepts.

Tafel 106

Linsenförmige Stützträger

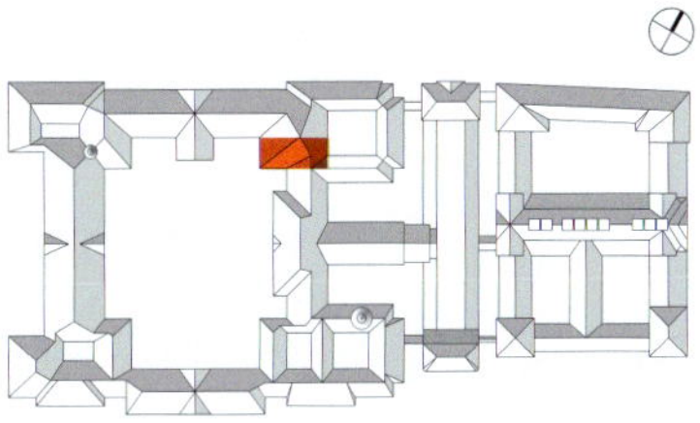

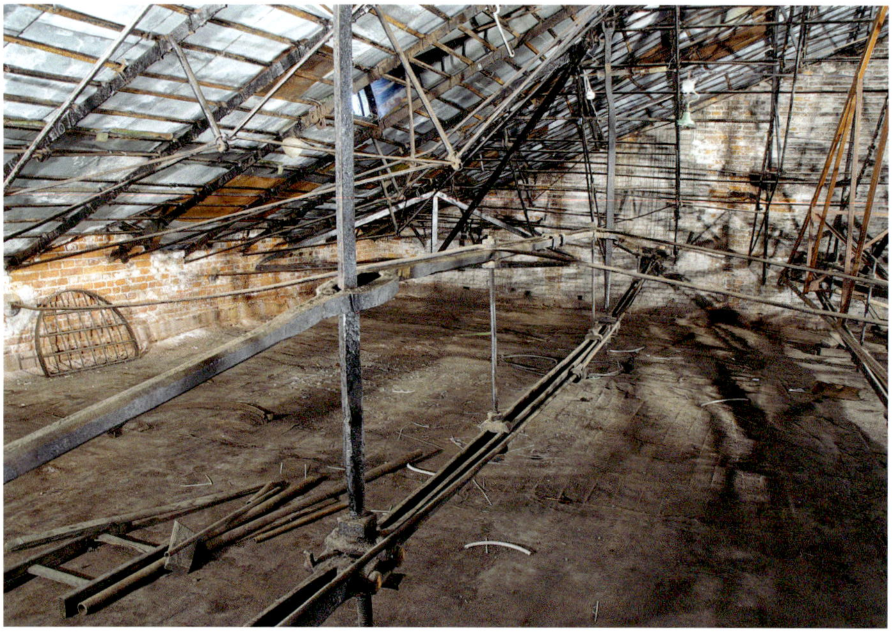
1

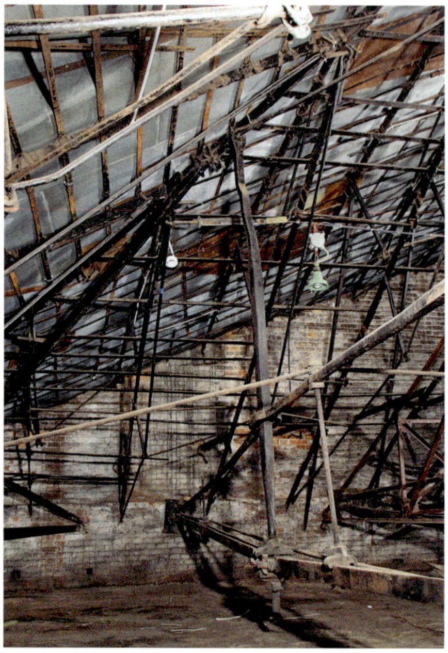
2

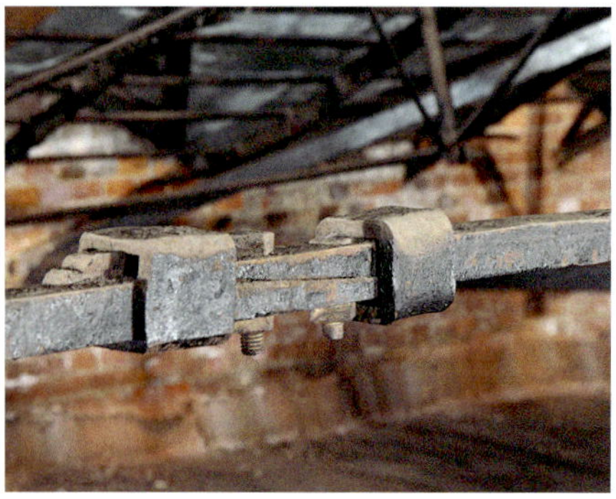
4

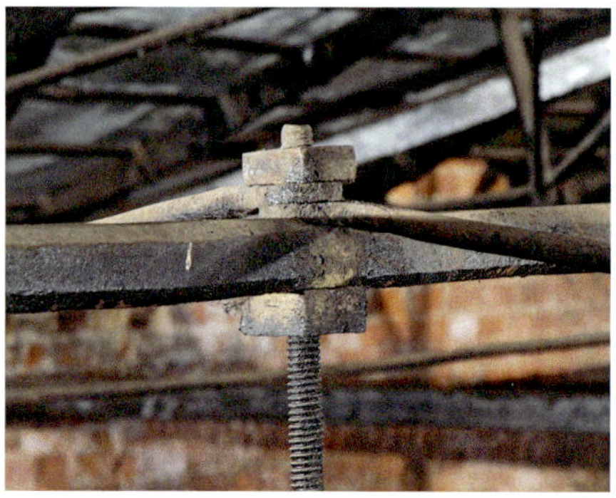
5

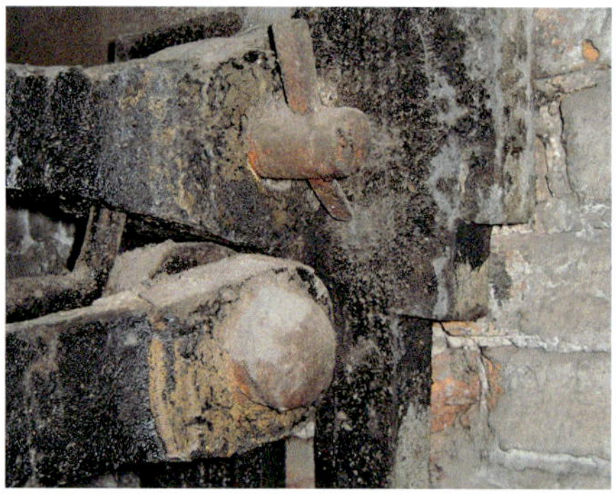
6

Systemskizze mit Knotennummern

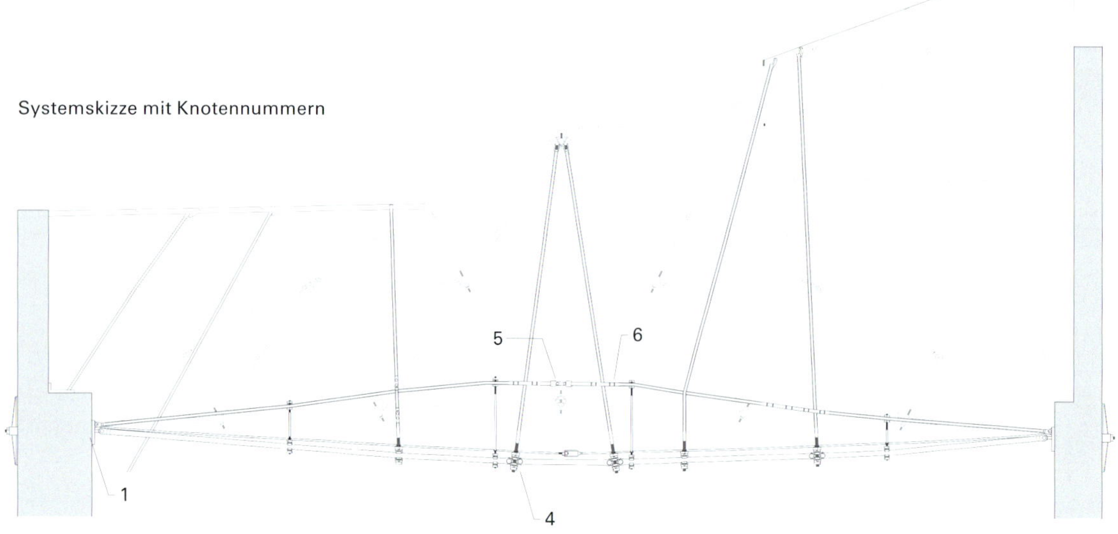

Dargestellt sind Konstruktionen über dem Feldmarschallsaal im Winterpalast.

1 Linsenförmiger Träger, hier Achse 36 zur Unterstützung der Gratsparren

2 Stützstrebe des Gratsparrens in der Nordwestecke

3 Linsenförmiger Träger, hier Achse 34 zur Unterstützung des Firstes

4 Knoten 5, Stoß des Obergurtprofils

5 Anschluss des Spannstabes und der Queraussteifung an den Obergurt

6 Knoten 1, mit mächtiger gusseiserner Lagerplatte zur Einleitung von Druckkräften aus dem Obergurt

7 Knoten 4, Anschluss der Stützstrebe an den kettenähnlichen Untergurt im Kettenschloss

8 Anschluss der Stützstreben im Firstpunkt an untergelegte Quadratprofile, hier mit jeweils zusätzlicher Verkeilung und Luftspalt

9 Knoten 4 und 6, Anschlüsse von Spannstab und Stützstrebe des Firsts

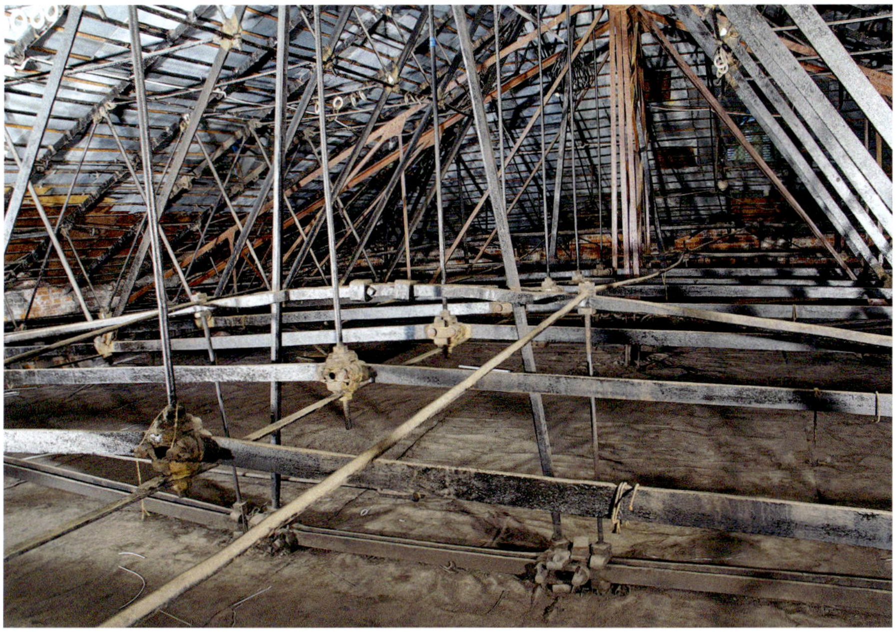

3

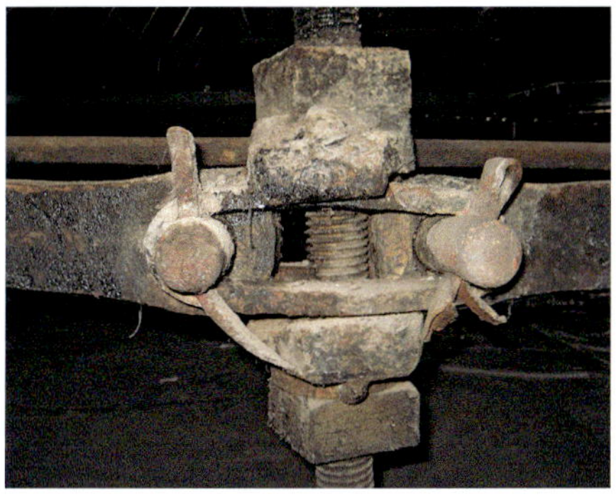

7

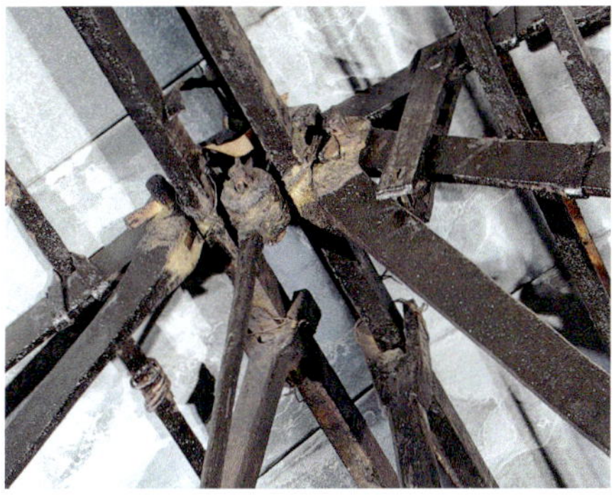

8

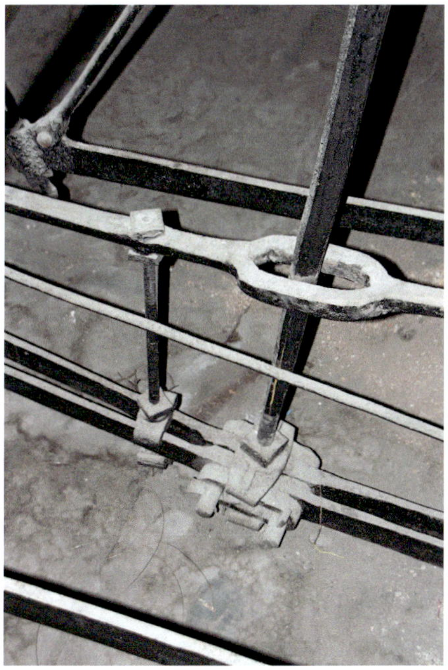

9

Tafel 107

Linsenförmige Stützträger

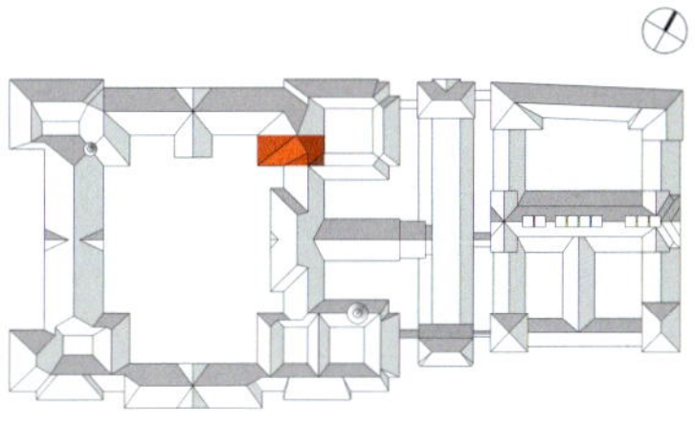

Ansicht Ost

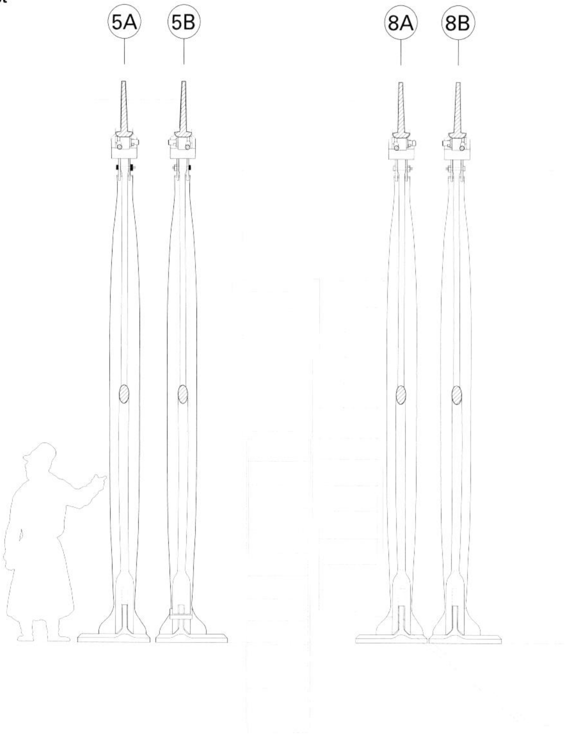

Ansicht Gussbalken mit Stützelementen
Achse 8B
Blickrichtung Süd

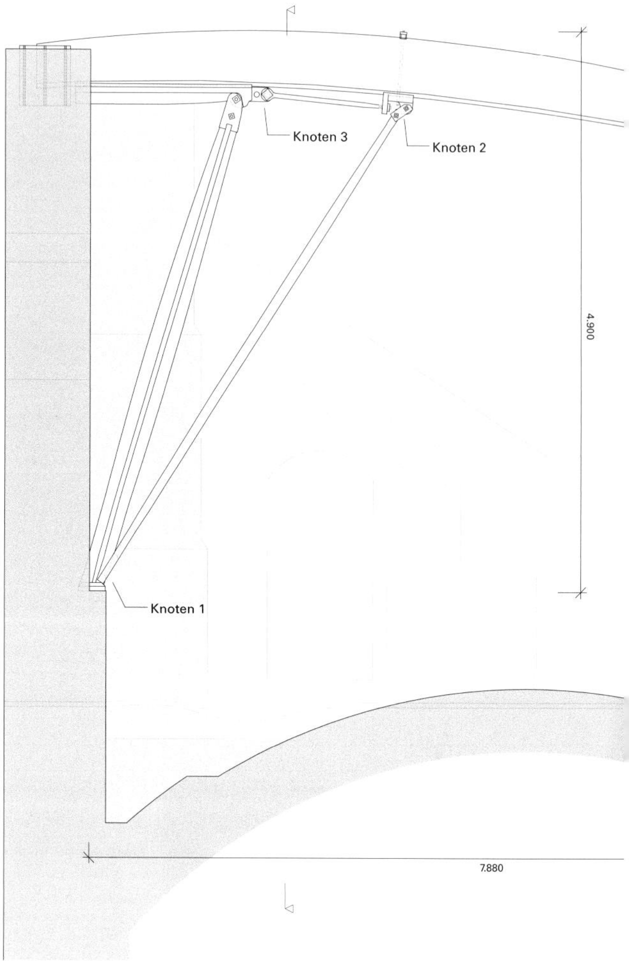

Knoten 1
Achse 8B

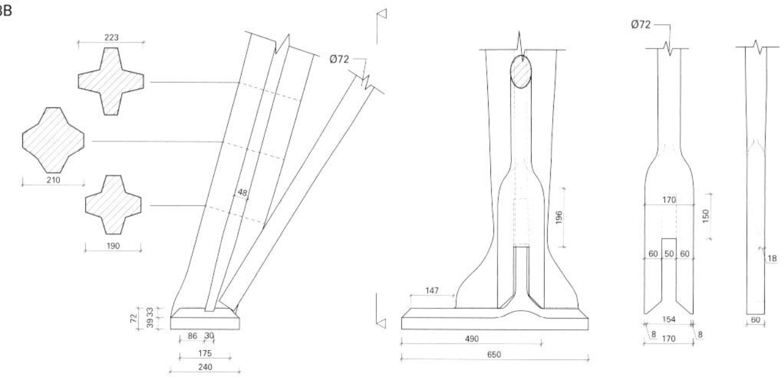

Knoten 2 und 3
Achse 8B-8A

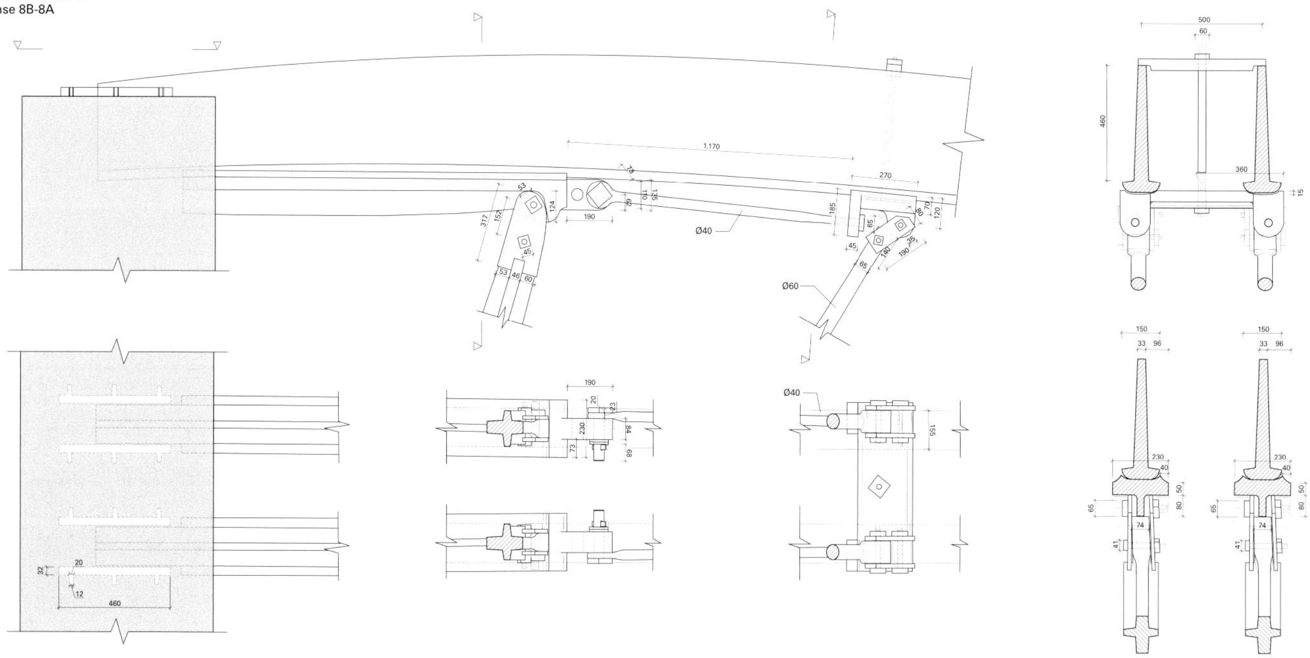

Ansicht West

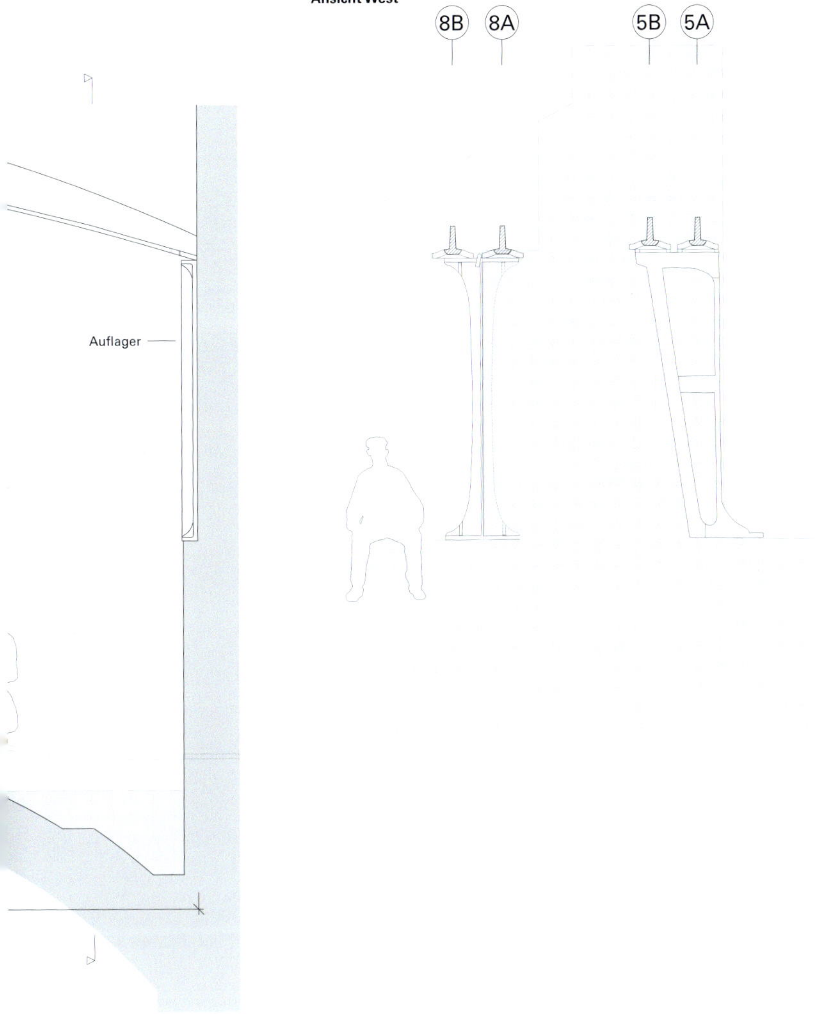

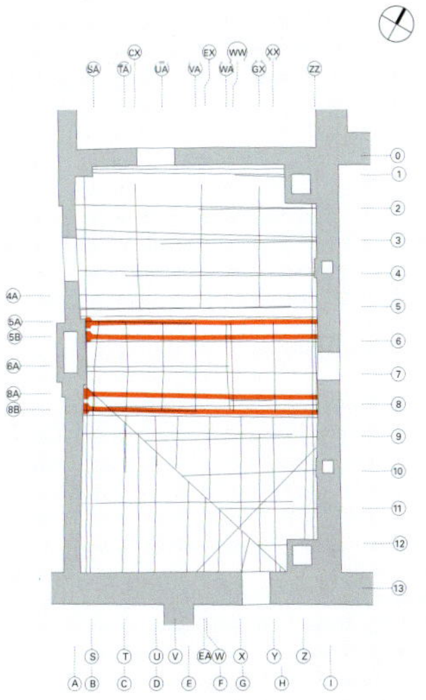

Übersicht 0 1 2 m

Details 0 50 cm

Baujahr 1838–1839
Aleksandrovskij-Werk, St. Petersburg
Entwurf Matthew Clark
Spannweite ca. 8,50 m
Bauhöhe max. 0,52 m

Die Abfangung des (in den 1930er Jahren demontierten) Glockenstuhls über dem Vorraum der Großen Kirche im Winterpalast ist die einzige großmaßstäblich aus Gusseisen gefertigte Konstruktion in den ansonsten schmiedeeisernen Dächern des Eremitage-Ensembles. Vermutlich wurden die schweren Gussbalken und -streben als weniger schwingungsanfällig erachtet.
Der Trägerquerschnitt mit seinem markant ausgeformten unteren Flansch erinnert an frühe Gussträger in britischen Fabrikgebäuden. Am tieferen Auflager entlasten mächtige Stützungen die hier durch Schornsteinzüge geschwächte Wand. Auffallend sind zudem die aufwendig gearbeiteten Justiermöglichkeiten der Streben auf der Gegenseite.

flager
se 8B-8A

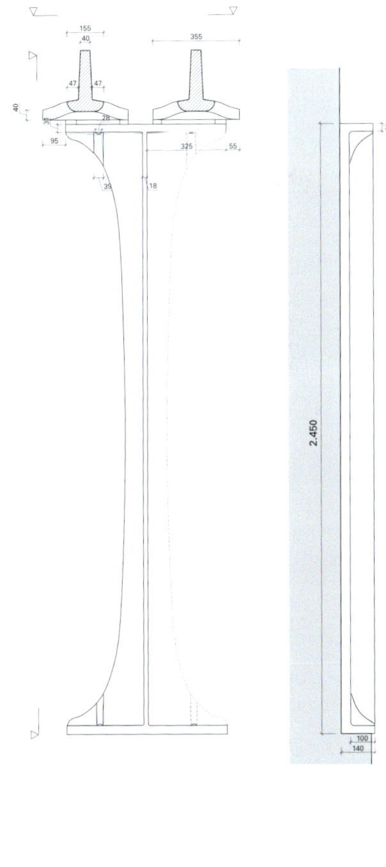

Auflager
Achse 5B-5A

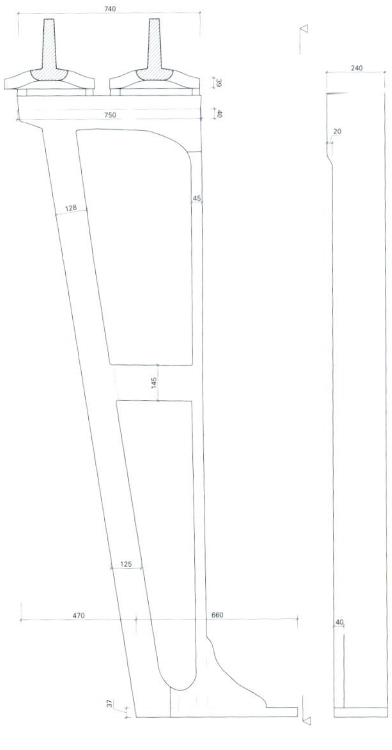

Tafel 108

Abfangung des Glockenstuhls

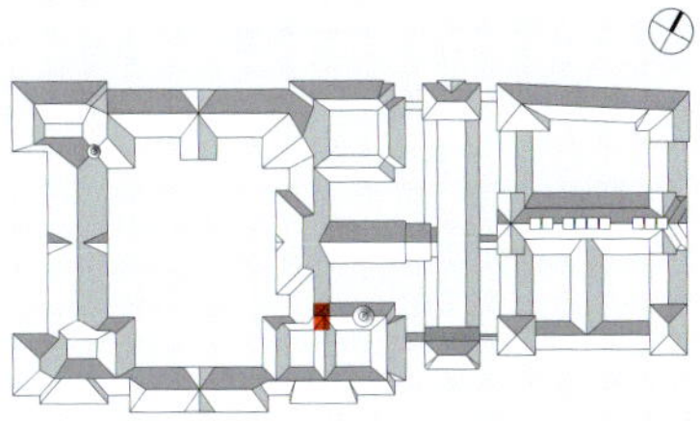

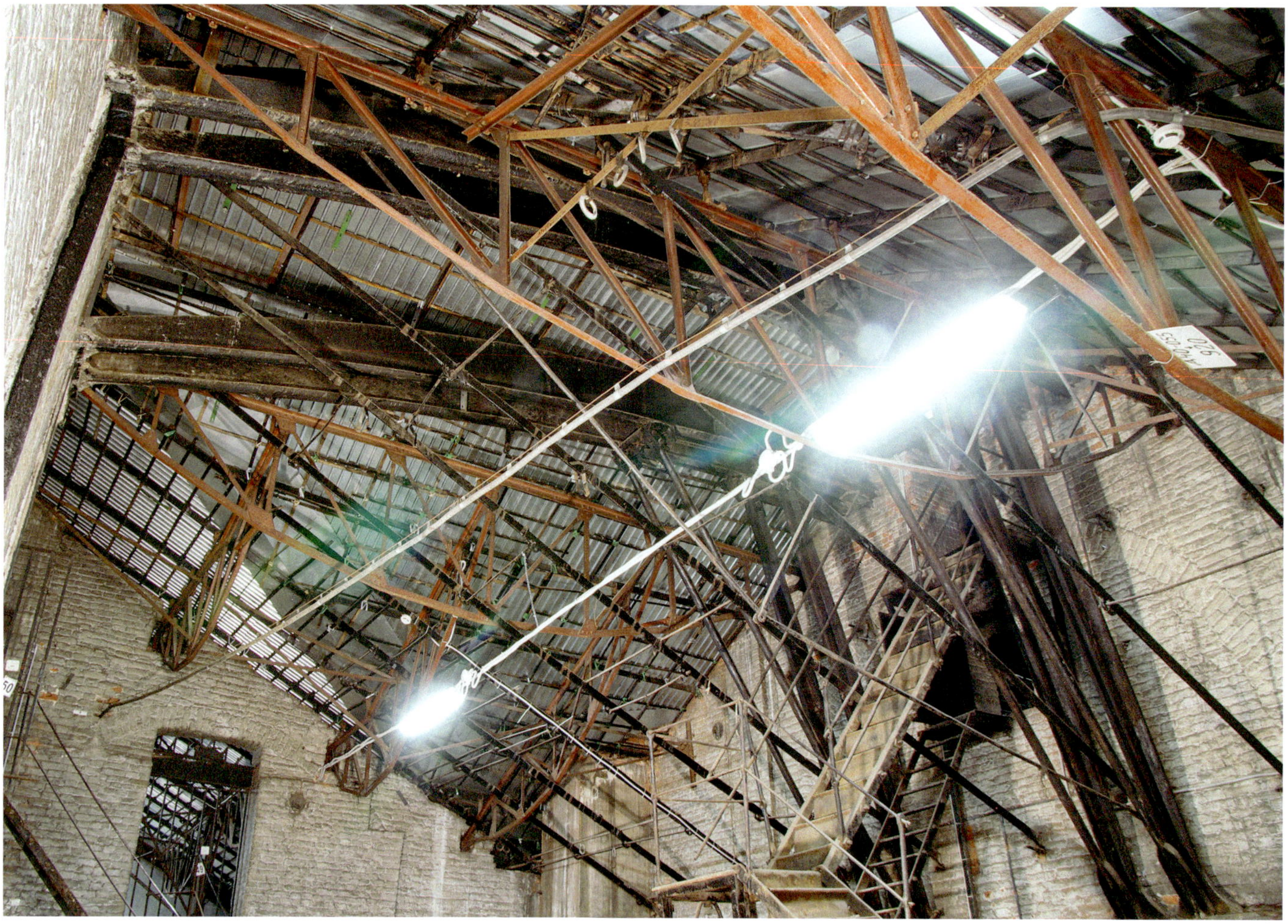

1

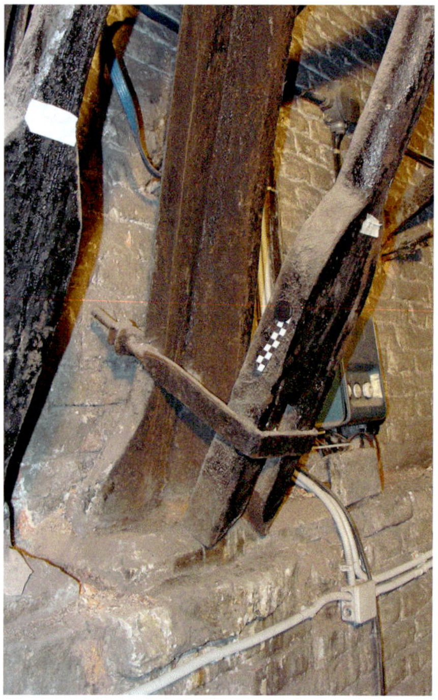

3

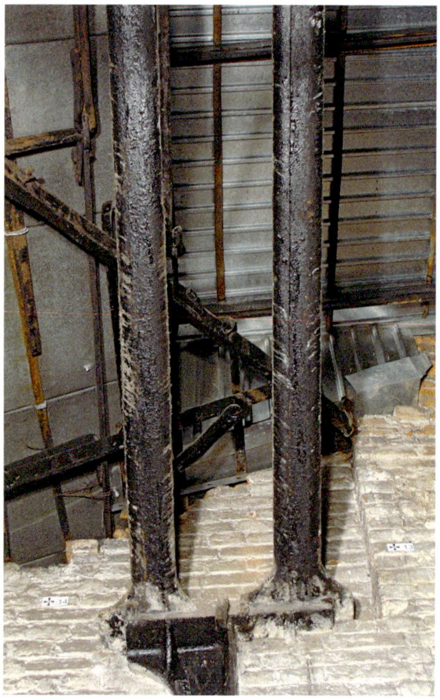

4

Dargestellt ist die Konstruktion über dem Vorraum der Großen Kirche im Winterpalast.

1 Abfangung des Glockenstuhls mit vier abgestrebten Gussträgern

2 Blick entlang der Gussträger zu den tiefer liegenden, durch mächtige Gussteile verstärkten Auflagern in der Westwand

3 Knoten 1, Verbindung der Sprengstreben im Auflager am Wandvorsprung der Ostwand

4 Träger der Achsen 8A und 8B mit dem durch eine Gussstütze verstärkten Auflager in der Westwand

5 Ansicht des Gussträgers Achse 5B mit kleinem Querschnittsprung infolge eines Gießfehlers

6 Knoten 2, Anschluss der Sprengstreben über eine horizontal verstellbare Lagerplatte

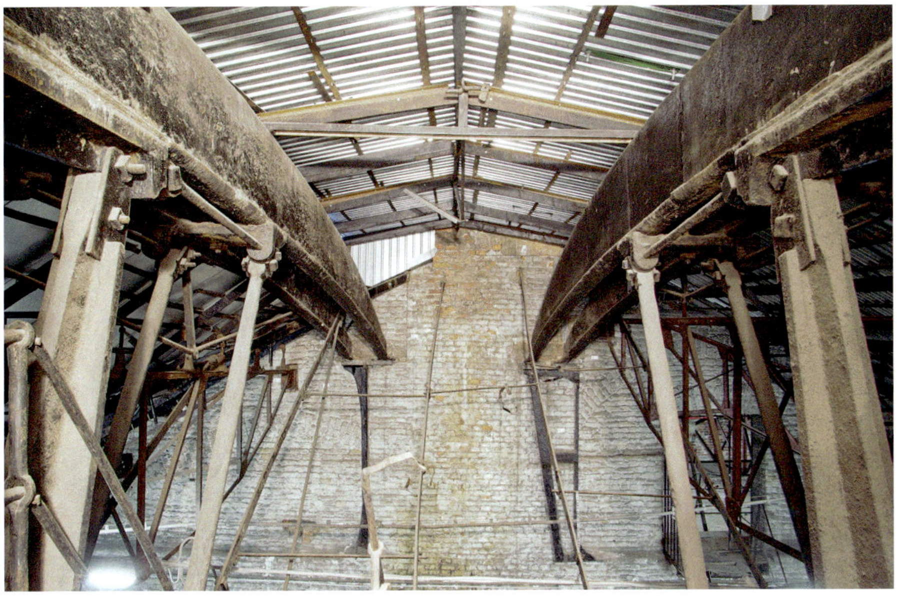

2

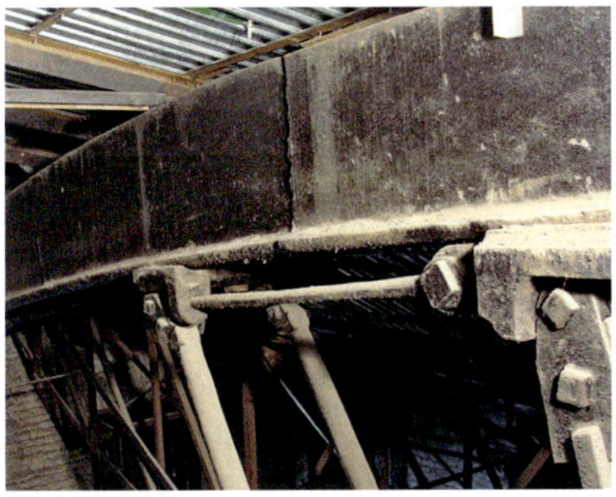

5

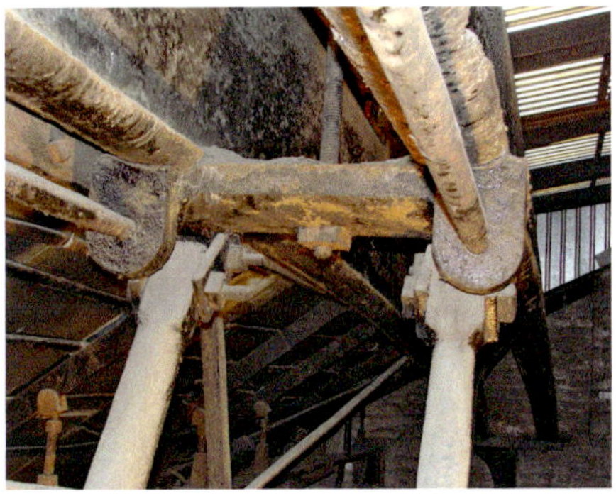

6

Systemskizze mit Knotennummern

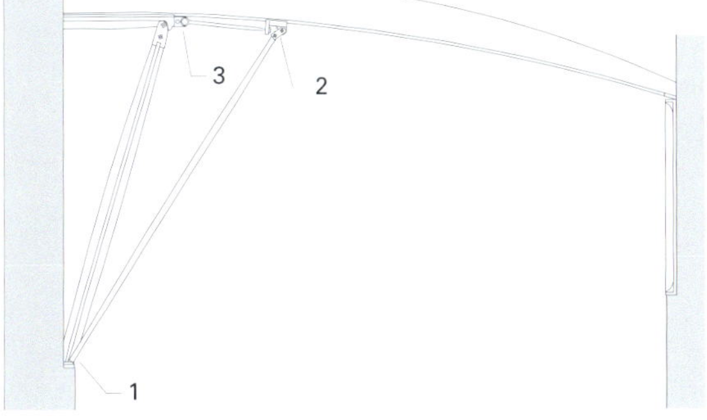

Tafel 109

Abfangung des Glockenstuhls

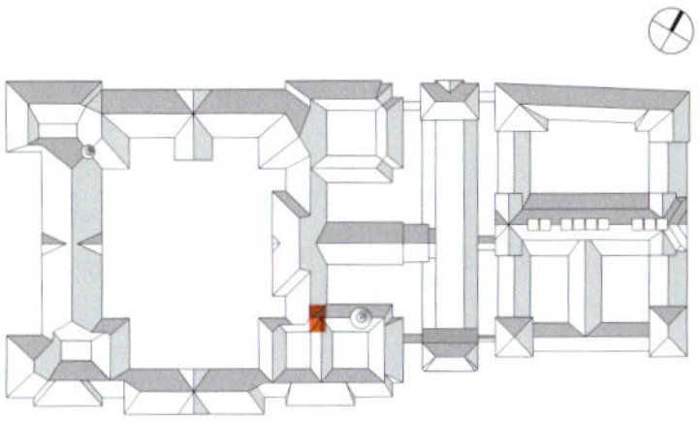

Große Kirche
Zwiebelhaube der Kuppellaterne

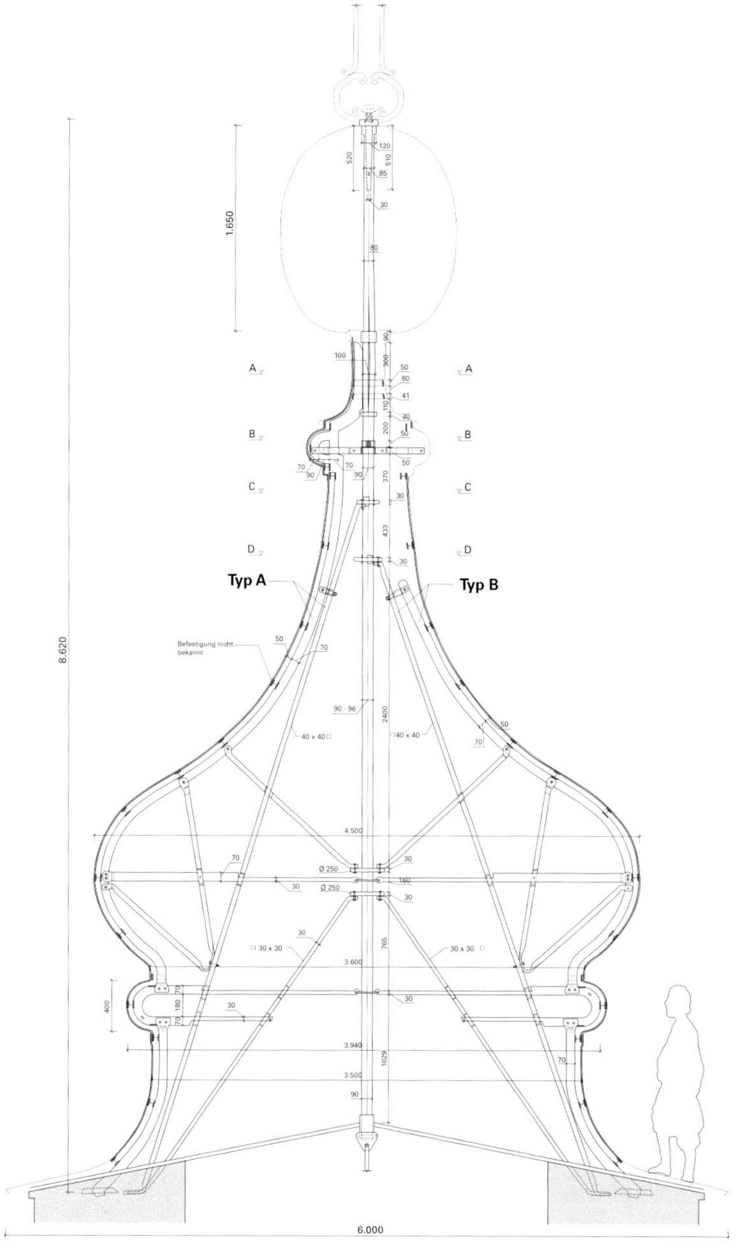

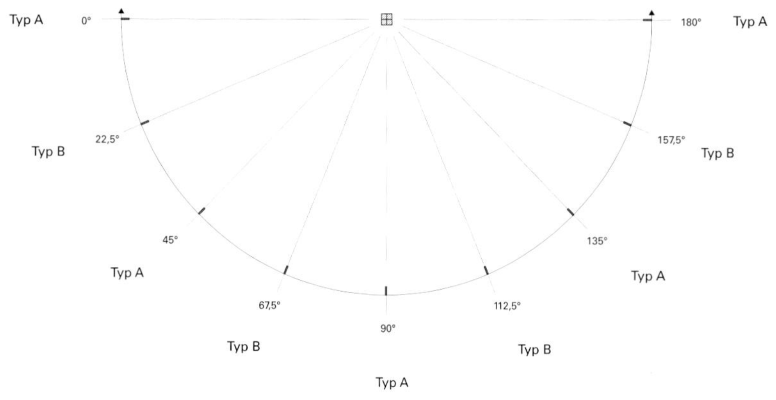

Schnitt A-A

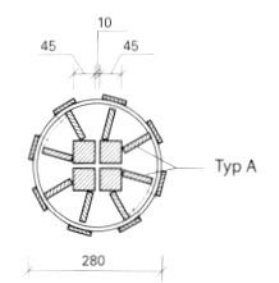

Schnitt B-B

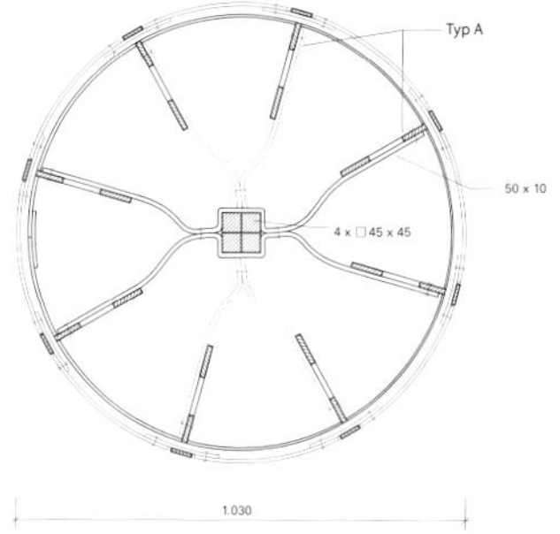

Schnitt C-C

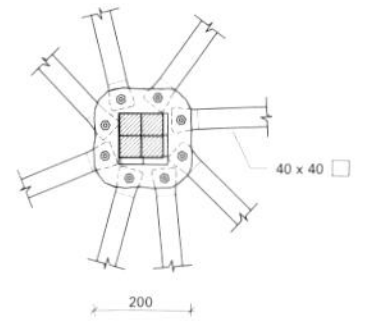

Schnitt D-D

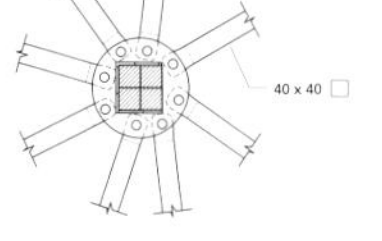

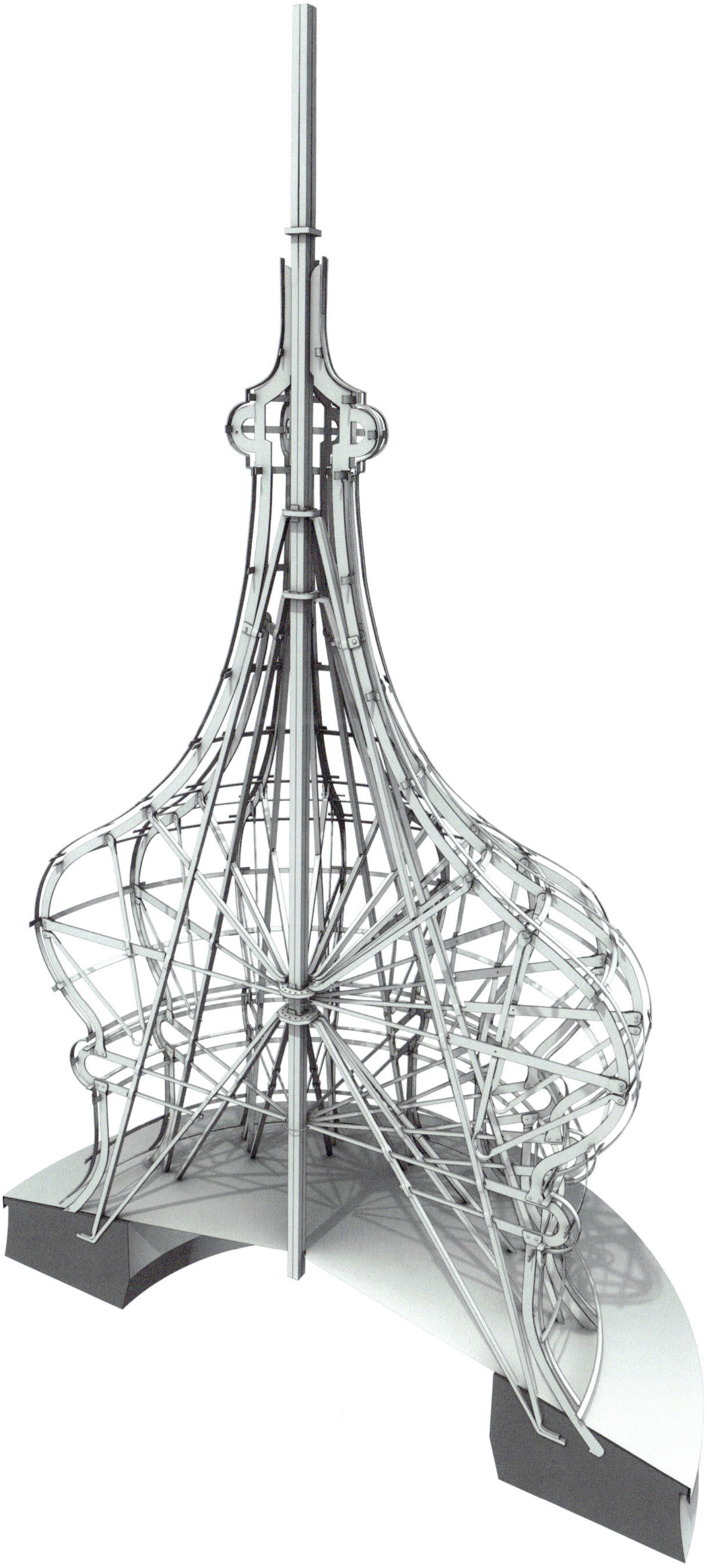

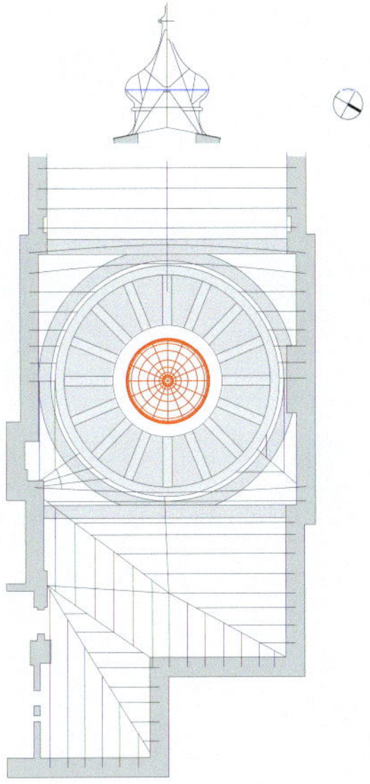

Übersicht 0 1 2 m

Details 0 50 100 cm

Baujahr vermutlich um 1760
Höhe 8,50 m, Durchmesser max. 4,50 m

Auf der Laterne krönt eine Zwiebelhaube die Kuppel der Großen Kirche im Winterpalast. Deren Traggerüst ist durch die in mehreren Scharen radial angeordneten Abstrebungen und die die Außenkontur bildenden Eisenbänder gekennzeichnet. Struktur und Details folgen einer Traditionslinie, die in Russland bereits im 17. Jahrhundert an ersten eisernen Traggerüsten für Zwiebelhauben begründet worden war. Den Jahresstempeln auf einigen der Profile zufolge wurde das Kuppeltragwerk offenbar bereits für den Rastrelli-Winterpalast errichtet und überstand den Brand von 1838. Die zeichnerische Dokumentation basiert in diesem Fall nicht auf einem eigenen, sondern auf einem Aufmaß des Ingenieurs Vladimir Šagajev, der für einen Teil der jüngsten Ertüchtigungsmaßnahmen in den Dächern des Winterpalastes verantwortlich war.

Tafel 110

Zwiebelhaube der Kuppellaterne

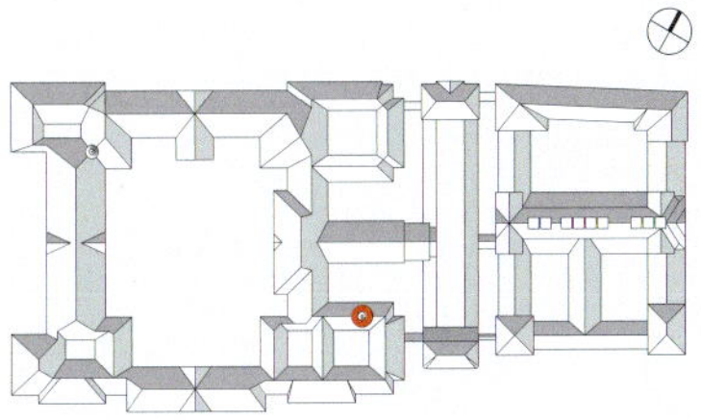

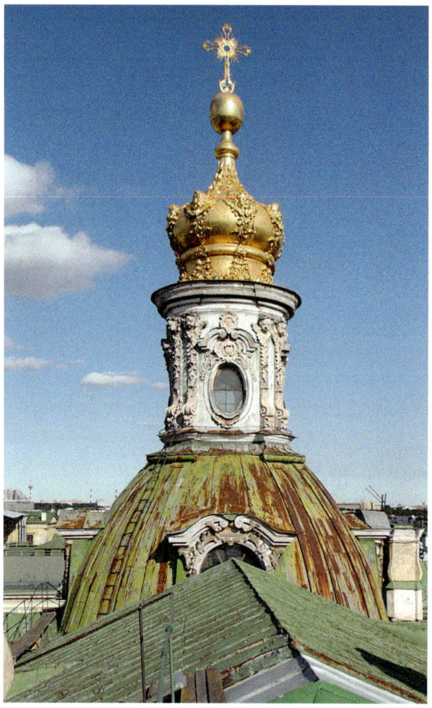
1

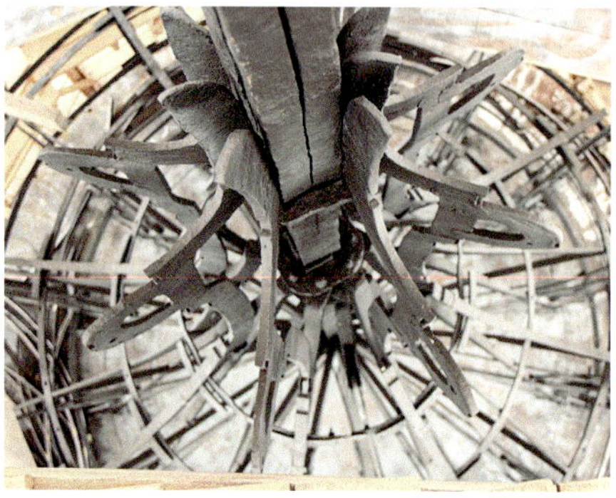
2

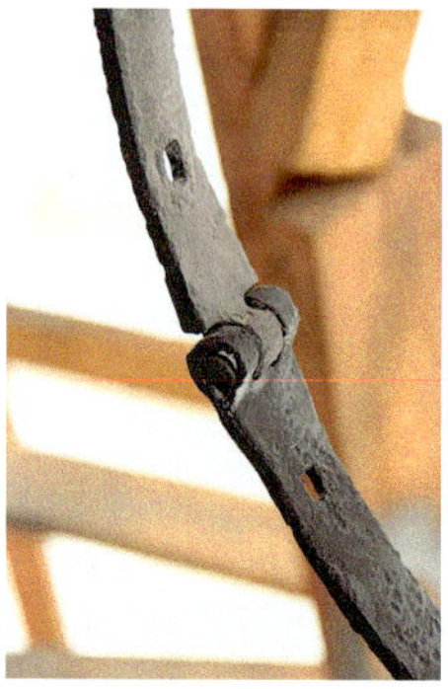
4

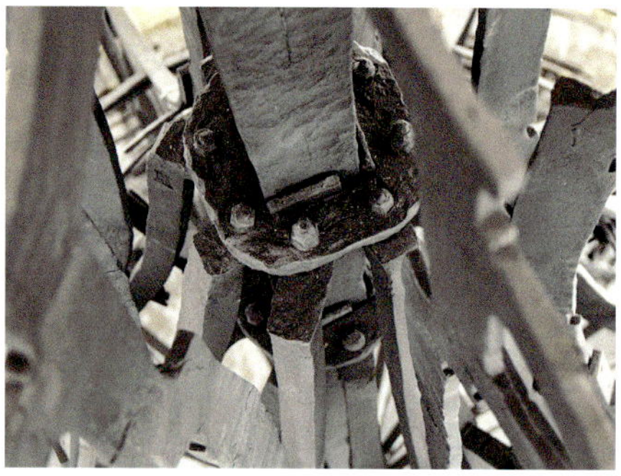
3

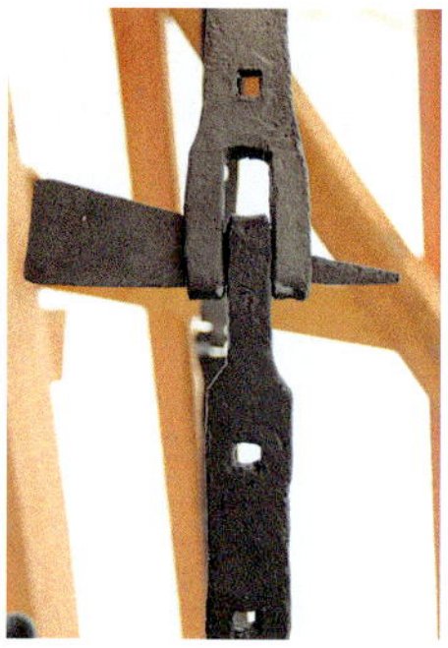
5

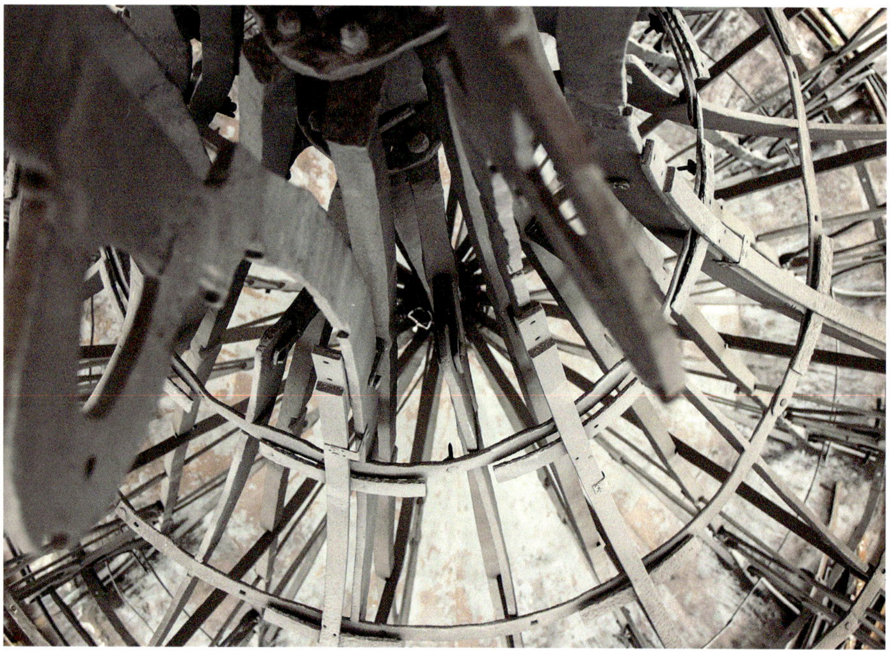
7

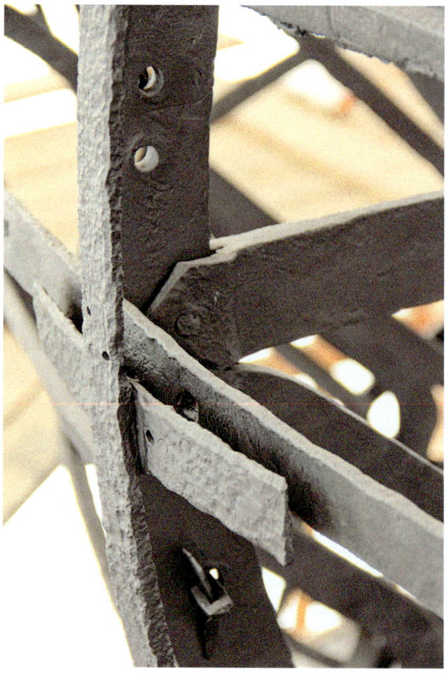
8

Dargestellt ist das Tragwerk über der Laterne der Kuppel der Großen Kirche im Winterpalast.

1 Blick von Westen auf Kuppel, Laterne und Zwiebelhaube

2 Oberes Ende der die Zwiebelform bildenden Rippen mit Anschluss an die aus vier Quadratprofilen zusammengesetzten zentralen Stütze

3 Anschluss der Abstrebungen an die zentrale Stütze kurz unterhalb der Spitze

4 Scharnier des Rings zur Fixierung der Rippen an der Spitze

5 Keilschließe des Rings zur Fixierung der Rippen an der Spitze

6 Zusammenführung der Abstrebungen von Rippen und zentraler Stütze

7 Struktur der Zwiebelhaube aus Rippen, Ringen und Abstrebungen

8 Rippe, Ring und Unterlageprofile zur Befestigung der Dachhaut

9 Rippen und Unterlageprofil am Wulst unterhalb der Zwiebelkontur

10 Schraubverbindung der Streben zwischen den äußeren konturbildenden Rippen und den Streben der zentralen Stütze

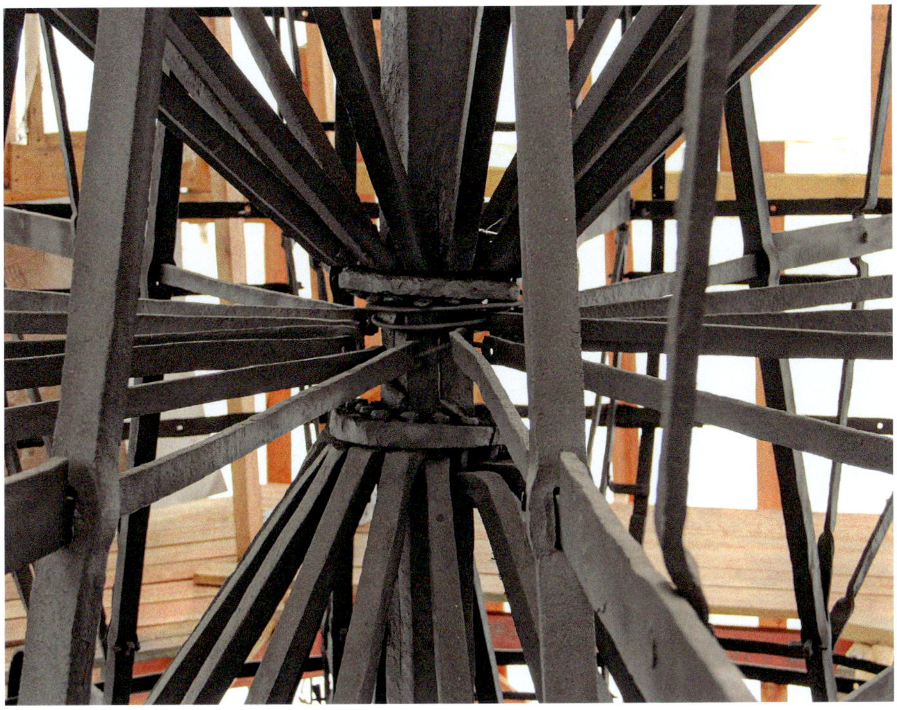

6

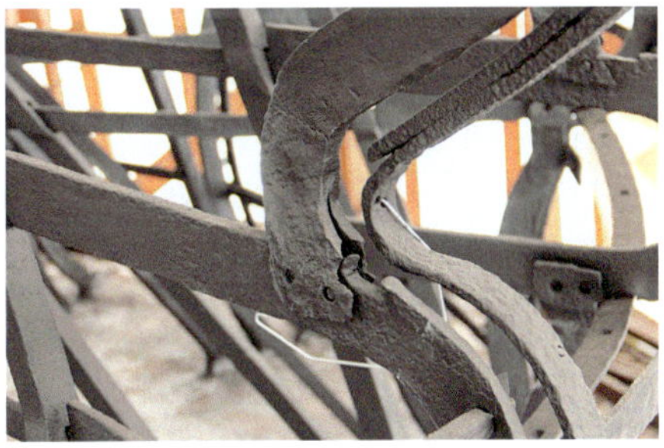

9

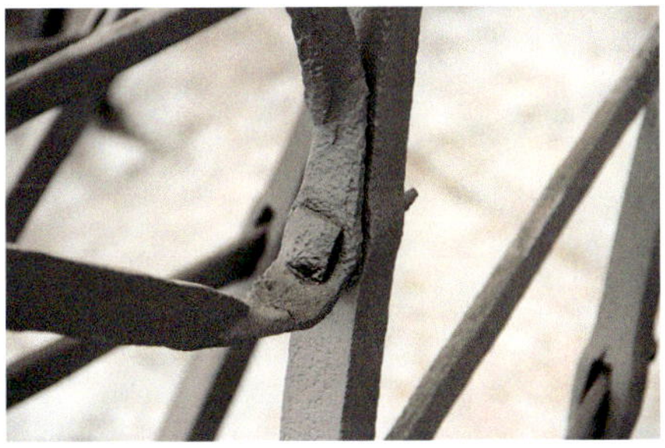

10

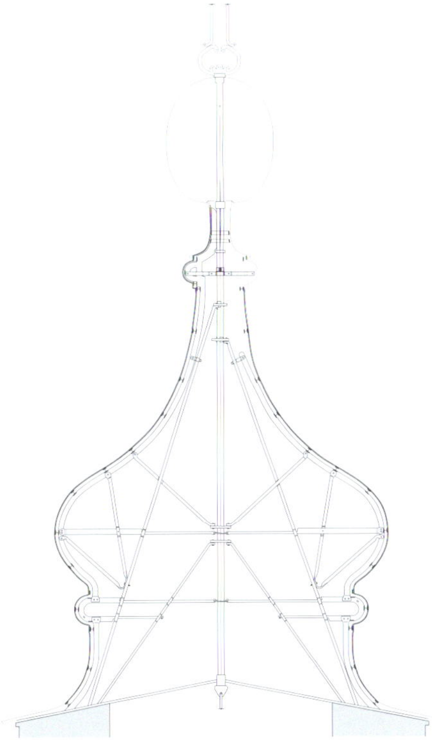

Tafel 111

Zwiebelhaube der Kuppel-Laterne

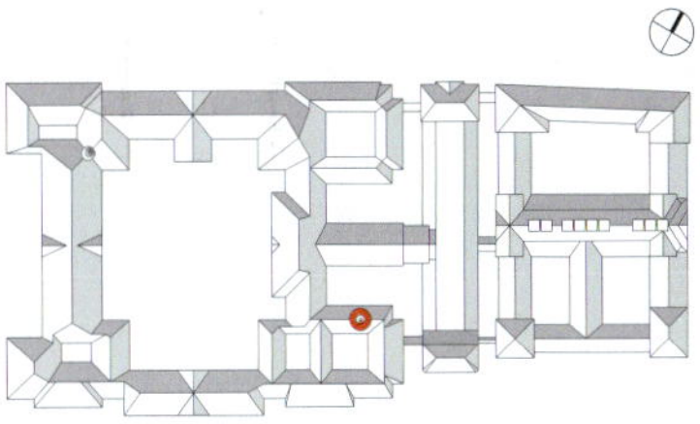

Teil 4

Ausgewählte Visualisierungen der Eisentragwerke der Eremitagebauten

Tafeln 112 bis 125

Verzeichnis der Tafeln 112 bis 125

Einführung

Über die zeichnerische und fotografische Dokumentation hinaus erweitert die Verarbeitung der Daten und Informationen zu dreidimensionalen Visualisierungen nicht nur die Möglichkeiten der Vermittlung der oft fremdartigen historischen Konstruktionsweisen. Sie bereichert wesentlich auch Analyse und Verständnis der Strukturen und Details. Die Entwicklung einer präzisen räumlichen Darstellung zwingt zu einer intensiven Auseinandersetzung mit Aufbau und Funktionsweise des dargestellten Objekts – der Prozess der Erstellung ist auch ein Weg zu vertiefter Erkenntnis.

Eine erste Serie von Visualisierungen gilt der vergleichenden Darstellung von Typologien charakteristischer Details der Dachtragwerke aus den verschiedenen Bauphasen und von den verschiedenen Herstellern. Der Fokus liegt hier insbesondere auf der Analyse und Vermittlung chronologischer Entwicklungen, experimentierfreudiger Lösungsversuche, werksspezifischer Ausführungen und kollektiver Lernprozesse, die im Mikrokosmos des Details zur sukzessiven Ausformung der Konstruktionssprache des späteren Stahlbaus beitrugen.

Die Darstellung einer möglichen Bau- und Montagefolge der Eisentragwerke des Südostpavillons der Neuen Eremitage steht exemplarisch für Analyse und Rekonstruktion von Montageprozessen, die die Ausformung der Tragwerke selbst nicht unwesentlich beeinflussen können. Im konkreten Fall steht zu vermuten, dass ein auffällig überdimensioniertes Bauteil im Dachtragwerk auch und sogar vornehmlich als Hilfsmittel für die nachfolgende Montage der eisernen Deckenbalken konzipiert und genutzt wurde.

Die anschauliche Darstellung von Bauphasen – eine der Hauptanwendungen von Visualisierungen in der historischen Bauforschung – wird hier für zwei Beispiele genutzt. Sie zeigen zum einen, wie am Dachtragwerk des Petersaals bereits kurz nach dessen Errichtung erste Versteifungen eingebracht und dann später grundlegende Änderungen der Tragstruktur vorgenommen wurden. Zum anderen wird in Auswertung aller verfügbaren Informationen die Entwicklung der Thronsaaldecke von der ersten Blechträgerkonstruktion über deren Einsturz bis hin zur zweiten, heute noch vorhandenen Lösung dargestellt.

Die letzte Reihe von Visualisierungen ist speziell eben diesen spektakulären Tragwerken über dem Thronsaal gewidmet. Ein perspektivischer Querschnitt ermöglicht die Darstellung des sonst nicht sichtbaren Zusammenhangs zwischen den Eisentragwerken von Dach und Decke mit der Architektur des darunterliegenden Saals; er verdeutlicht zugleich anschaulich die enorme Dichte der Konstruktion. Die darauf folgende Separierung der vier Grundbestandteile des Gesamttragwerks – zwei verschiedene Dachbinder, Deckenträger und Leuchterkette – dient der vertieften Analyse der komplexen Strukturen und zudem der Darstellung sonst nicht sichtbarer Teile. Zwei Tafeln mit Explosionsdarstellungen erläutern abschließend Komposition und Funktionsweise der hier besonders vielteiligen Details und Baugruppen.

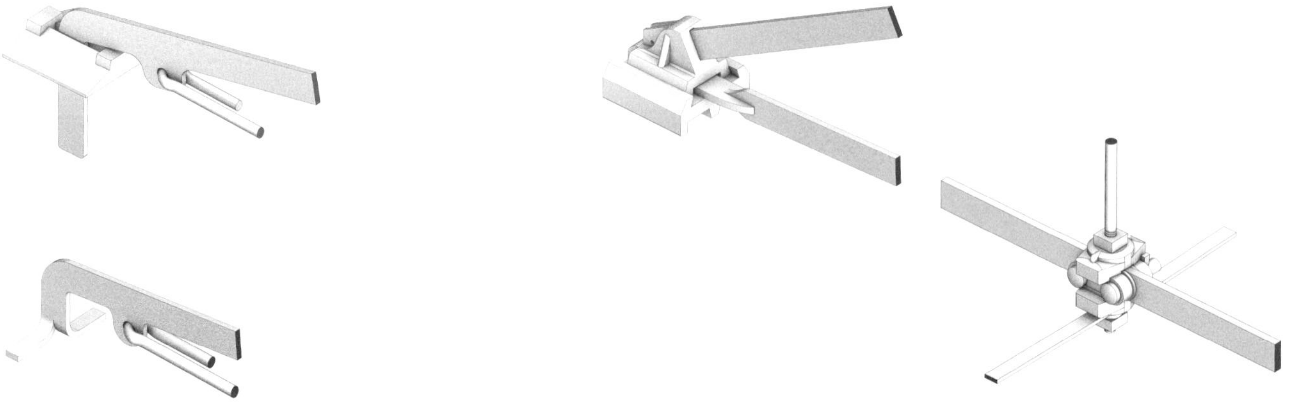

Winterpalast 1838–1839

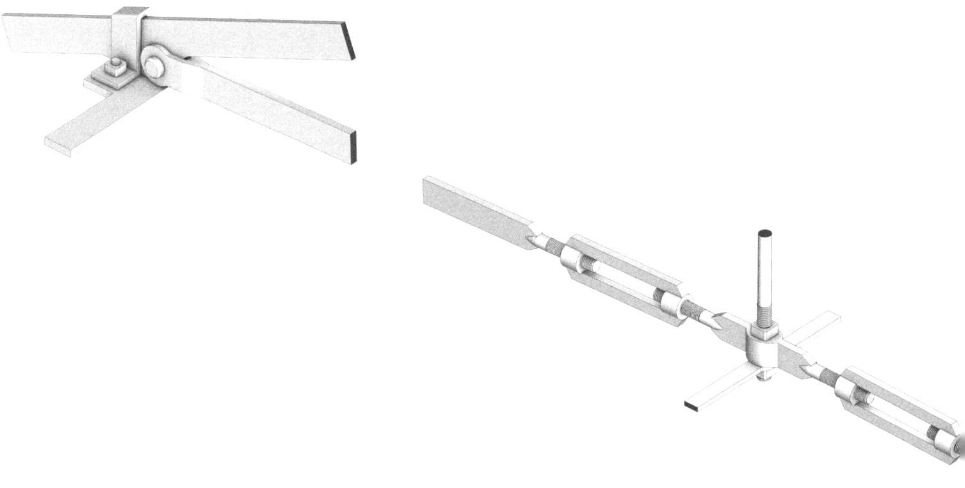

Neue Eremitage 1844

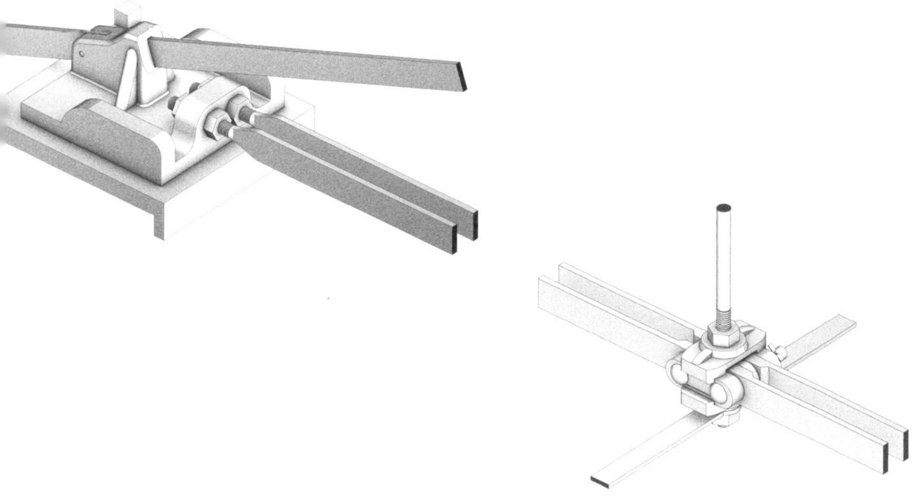

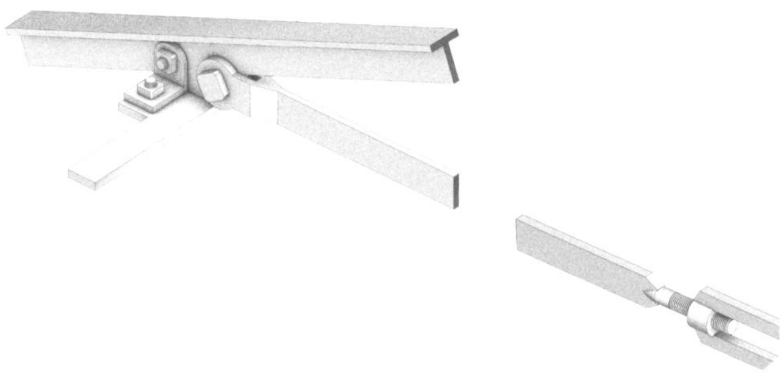

1845

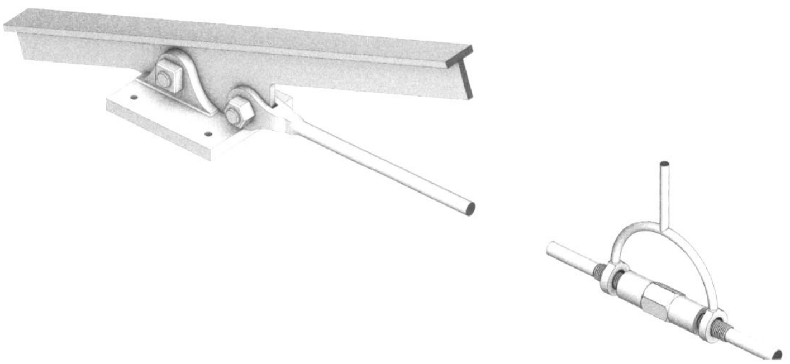

Kleine und Alte Eremitage 1852

Die Auflagerkonstruktionen der Dachtragwerke zeigen über die verschiedenen Bauphasen von 1838 bis 1852 ebenso wie die zugehörigen Justier- und Spannmöglichkeiten eine deutliche Entwicklung.

1838–1839 kamen beim Wiederaufbau des **Winterpalastes** für die als Einfeldträger ausgeführten Sparren generell recht einfache Ausführungen zur Anwendung, bei denen die Sparrenenden ohne besondere Justiermöglichkeiten im Mauerwerk verankert sind. Für die Binderauflager wurden hingegen zwei Varianten mit gusseisernen Lagerkörpern entwickelt, bei denen ein Lagerschuh auf einer Lagerplatte geführt wird – für große Spannweiten um 20 m wie etwa über dem Thronsaal mit Spannschrauben zum Ausgleichen von Bautoleranzen, für kürzere Spannweiten bis etwa 16 m ohne zusätzliche Justiermöglichkeiten.

1843–1845 wurde die Bauweise der Binderauflager beim Bau der **Neuen Eremitage** deutlich vereinfacht; einfache Laschen und Winkel ohne Spannmöglichkeiten ersetzten die Gusskörper. Dafür finden sich nun erstmals in den Zuggliedern beidseitig der Mittelabhängung eigene Spannschlösser.

1852 wurde die Ausführung der Spannmöglichkeit für die Binder der **Kleinen Eremitage** nochmals modifiziert und weiter vereinfacht; statt eines doppelten Spannschlosses liegt nur eines zwischen der zu einem Bügel aufgeweiteten Mittelabhängung.

Tafel 112

Auflager und Spannvorrichtungen

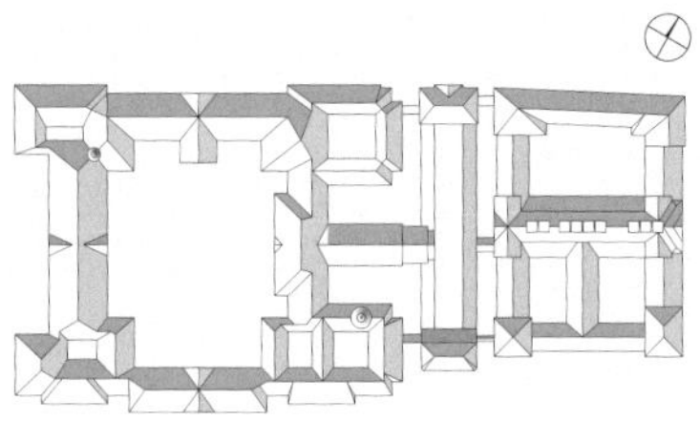

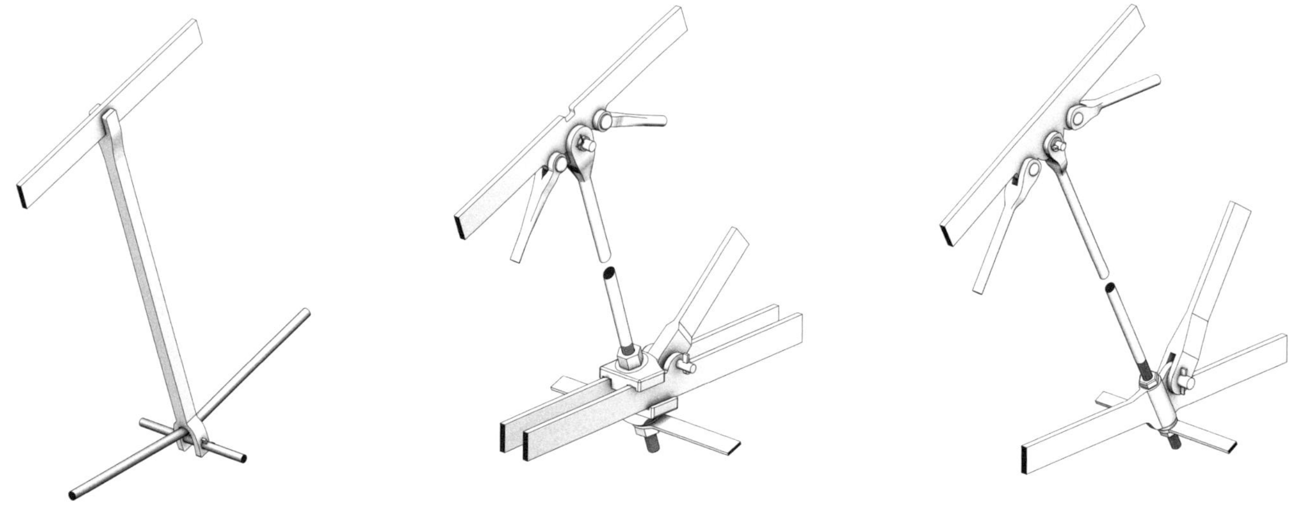

Winterpalast 1838–1839

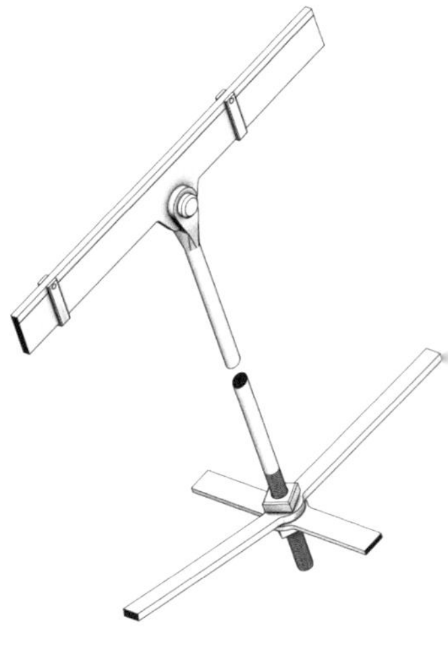

Neue Eremitage 1843–1845

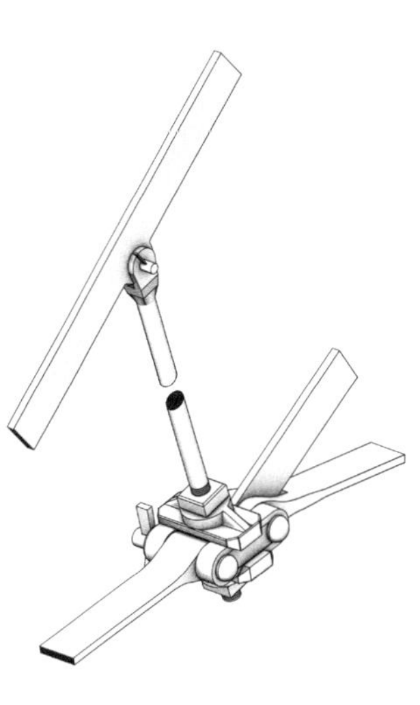

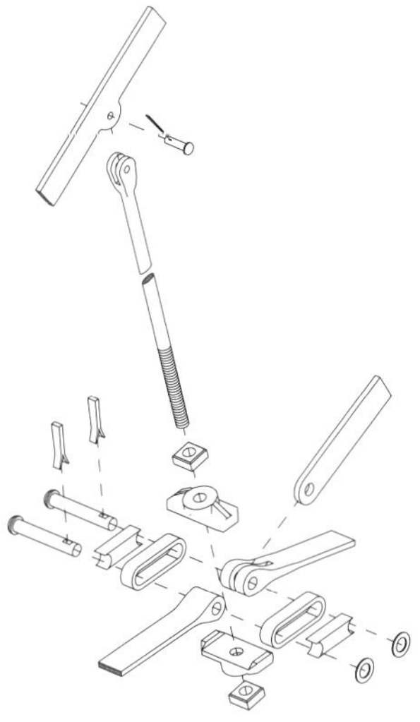

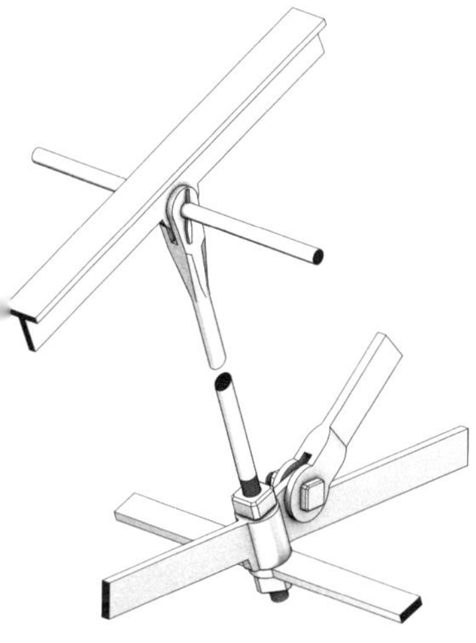

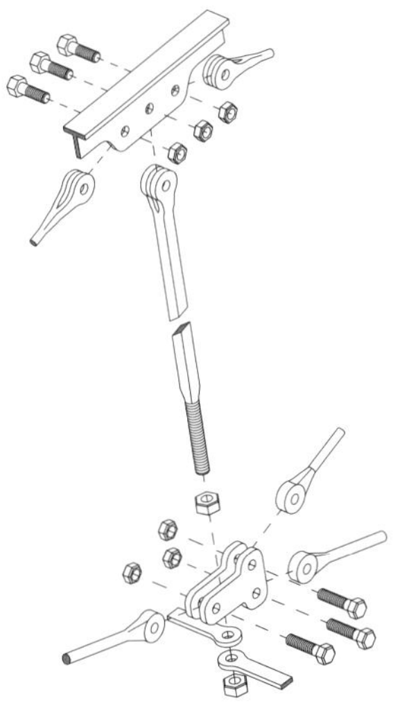

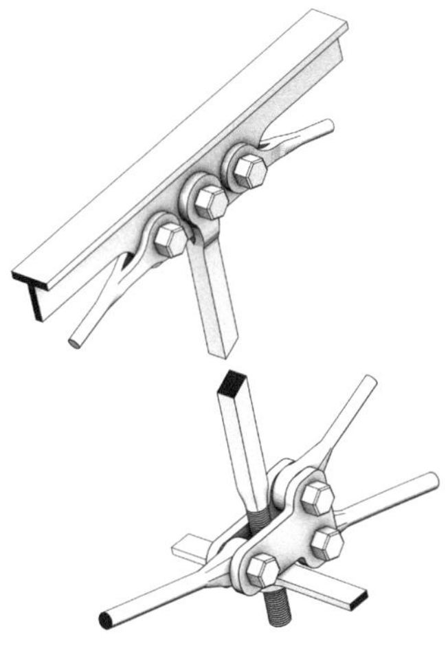

Kleine und Alte Eremitage 1852

Bereits in der ersten Bauphase im **Winterpalast** gibt es eine erstaunliche Bandbreite unterschiedlicher Lösungen für das Problem des Anschlusses der Druckstreben in unterspannten Sparren und Bindern. Neben einer sehr einfachen Ausführung für die Sparren, bei der die Spreize ohne weitere Fixierung lediglich eingestellt ist, finden sich komplexere Varianten in den Bindern. Letzteren ist gemein die obere Gabellagerung mit Bolzensicherung und die Justiermöglichkeit auf einem langen Gewinde am unteren Ende. Ihre Detaillierung unterscheidet sich jedoch in Abhängigkeit von der Ausführung des anzuschließenden Zugstabs – (liegend) unterbrochen oder (stehend) ein- oder zweiteilig.

Beim Bau der **Neuen Eremitage** wenige Jahre später wurden sämtliche Druckstreben mit Spannmöglichkeiten versehen, zudem wurde jetzt die Queraussteifung teilweise in die Anschlüsse eingebunden. Darüber hinaus sind jedoch keine weiteren wesentlichen Änderungen erkennbar.

Bei den um 1852 entwickelten Sparren und Bindern der **Kleinen** und **Alten Eremitage** hingegen entsprechen die Teilung der Unterspannung in separate Zugstäbe und deren konsequent gelenkiger Anschluss an verbindende Knotenbleche bereits der reifen Form des Wiegmann-Polonceau-Binders.

Tafel 113

Druckstrebenanschlüsse

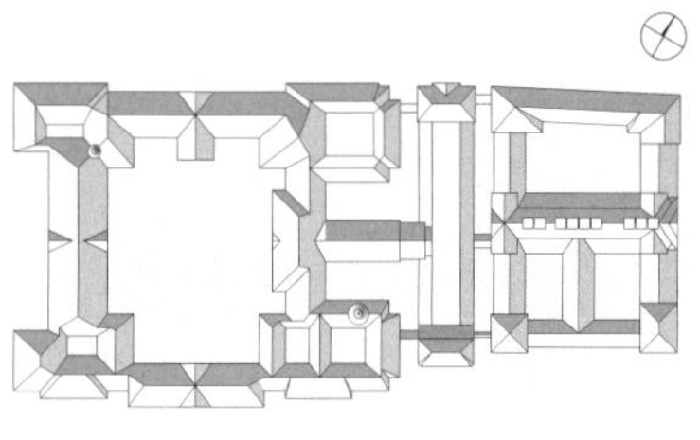

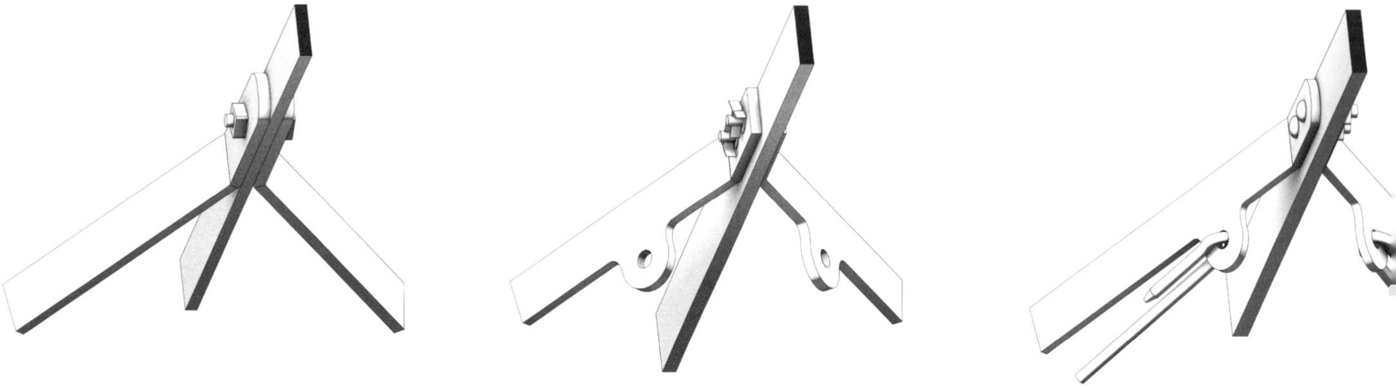

Winterpalast 1838–1839

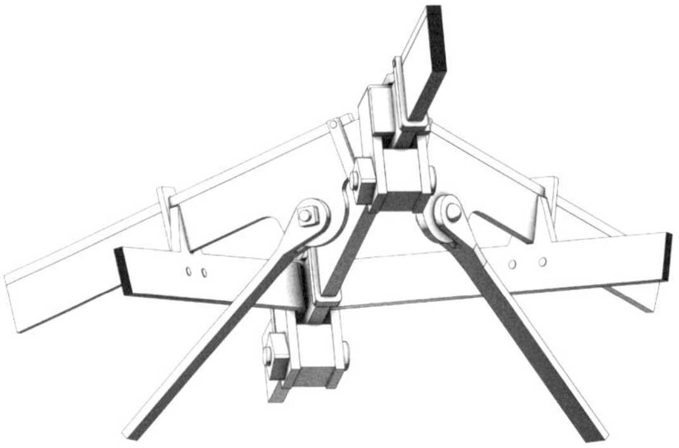

Neue Eremitage 1843–1845

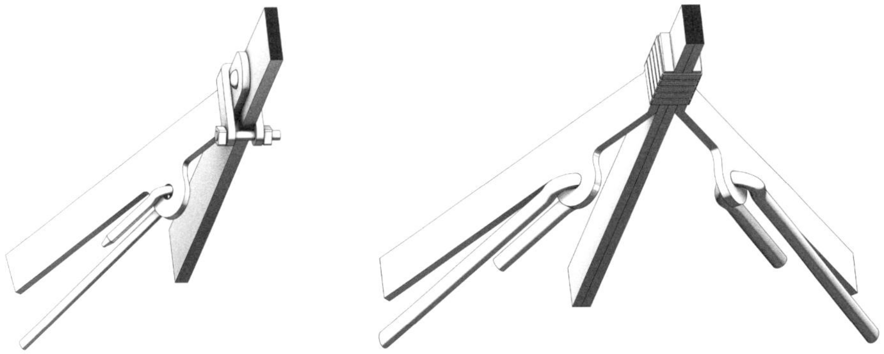

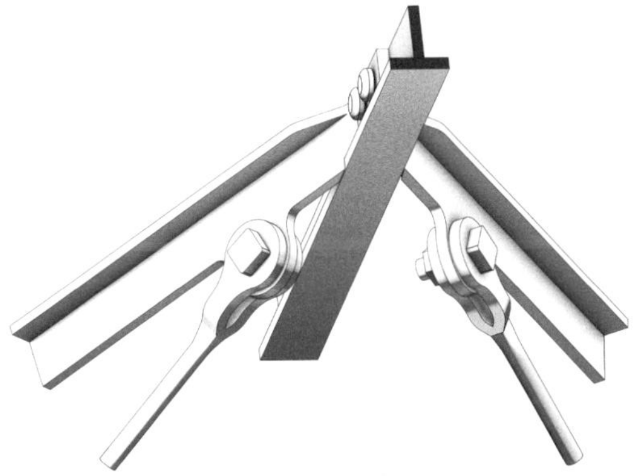

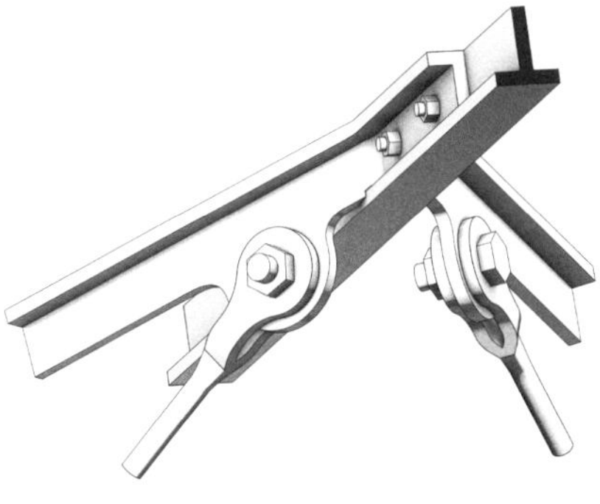

Kleine und Alte Eremitage 1852

Die besondere Herausforderung in der Konstruktion eines Grat-Schifter-Anschlusses besteht in der Anpassung und Verbindung von zwei Stäben unterschiedlicher Neigung im Raum. Die in den verschiedenen Bauphasen errichteten Dächer zeigen dafür sehr unterschiedliche Varianten, an denen sich die Probleme und Lösungsstrategien der Konstrukteure gut ablesen lassen.

Bereits in den Dächern des **Winterpalastes** realisierte man diesen Anschluss vielfach durch eine Bolzenverbindung, bei der das Ende des Schiftersparrens abgebogen und an die Seitenfläche des Gratsparren angelegt wurde. Diese Lösung erfordert ein relativ hohes Maß an Vorplanung und geometrischer Genauigkeit, gerade auch im Hinblick auf die notwendige schmiedetechnische Fertigung der Bolzenlöcher. Von den dabei aufgetretenen Problemen zeugen zahlreiche nicht genutzte Lochungen in den Gratsparren. Wesentlich flexibler war dagegen der Anschluss des abgebogenen Schifterendes mittels einer Klammer oder durch Wicklungen aus Eisenband – beide Varianten eröffneten insbesondere in den Übergängen zwischen einzelnen Dachbereichen die Möglichkeit eines anpassenden Improvisierens.

Derartige Flexibilität war offensichtlich auch für die Dachtragwerke über den Eckpavillons der **Neuen Eremitage** ein Entwurfskriterium. Auch hier finden sich ebenfalls Klammerverbindungen zum Anschluss von Schiftersparren und Aussteifung an den Gratsparren.

In den während der weiteren Bauphasen errichteten Dächern griff man auf die Verbindung mittels Bolzen zurück und wusste die Herstellung durch eine präzisere Vorfertigung zu optimieren – wovon entsprechende Markierungen an Graten und Schiftern heute noch zeugen.

Tafel 114

Grat-Schifter-Anschlüsse

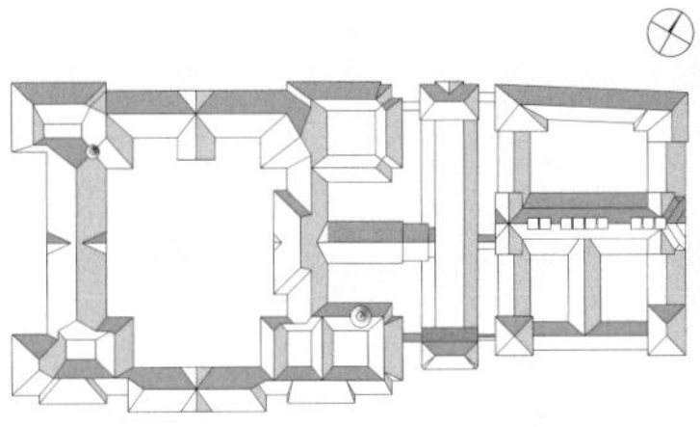

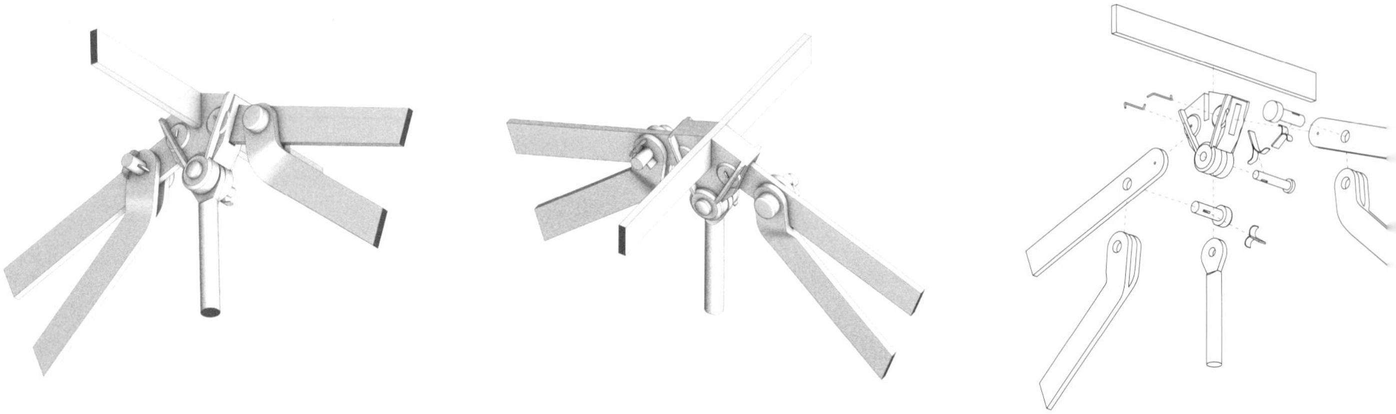

Winterpalast 1838–1839

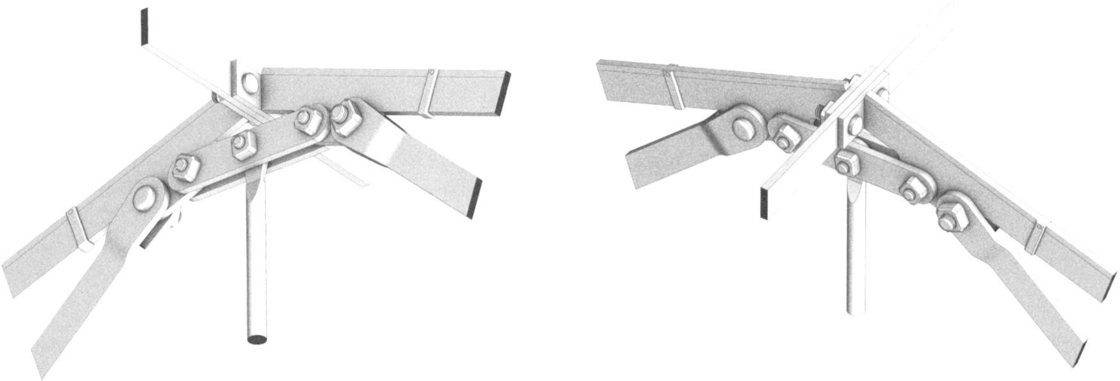

Neue Eremitage 1843–1845

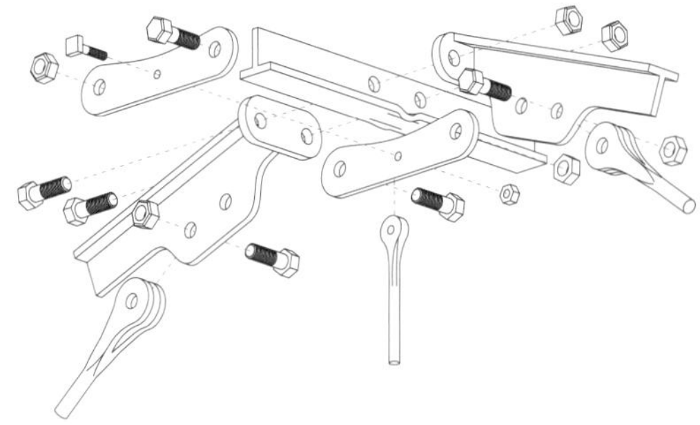

Kleine und Alte Eremitage 1852

Im Firstpunkt der Sparrenbinder mussten die beiden Sparren, ihre Unterspannungen und der Hänger mit dem Firstprofil formschlüssig verbunden werden. Dafür wurden im Wesentlichen zwei unterschiedliche Lösungen genutzt.

Für die Dächer des **Winterpalastes** entwickelten die Konstrukteure ein Gussformstück, in dem sich die beiden Sparren und das Firstprofil durch einfache Steckverbindungen und der Hänger mit einem Bolzen anschließen ließen. Die leicht gekröpften, zu Gabeln ausgearbeiteten Enden der Unterspannungen wurden mit splintgesicherten Bolzen etwas versetzt mit den Sparren verbunden.

In den späteren Bauphasen verzichtete man auf das Gussstück und löste die Aufgabe allein mit den zur Verfügung stehenden, passend geschmiedeten Stabeisen. Die Sparrenenden wurden nun mittels angeschmiedeter Flansche mit dem Firstprofil verbolzt, der Hänger separat über eine beidseitige Firstlasche angeschlossen. Die Gabelenden der Unterspannungen sind nicht mehr gekröpft, stattdessen erfolgt die Lasteinleitung in die Sparren exzentrisch über angeschmiedete Augen. Im Detail nutzten die verschiedenen Eisenbauer in **Neuer** und **Kleiner Eremitage** dabei die für sie typischen Profile und Verbindungsmittel.

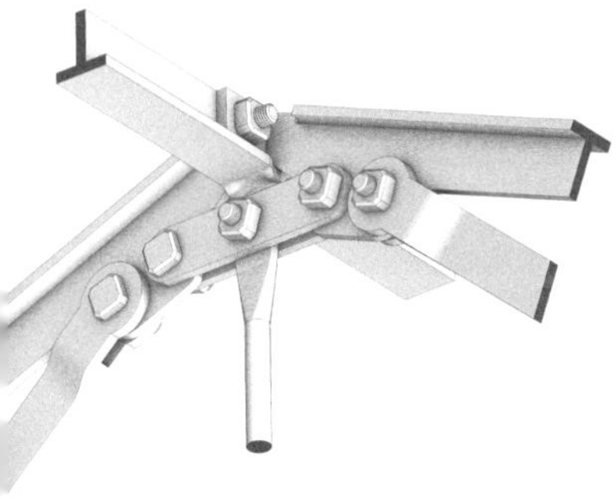

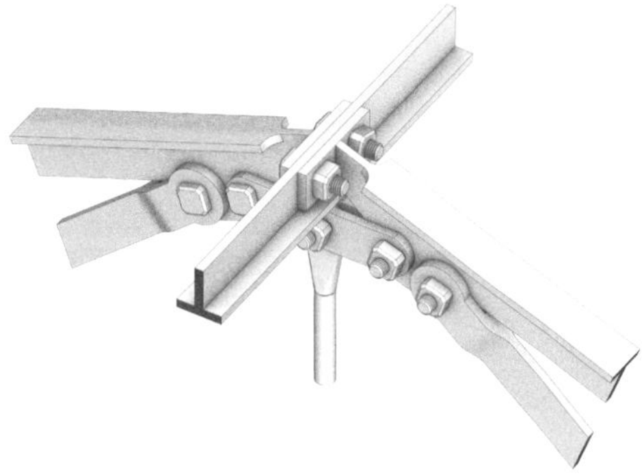

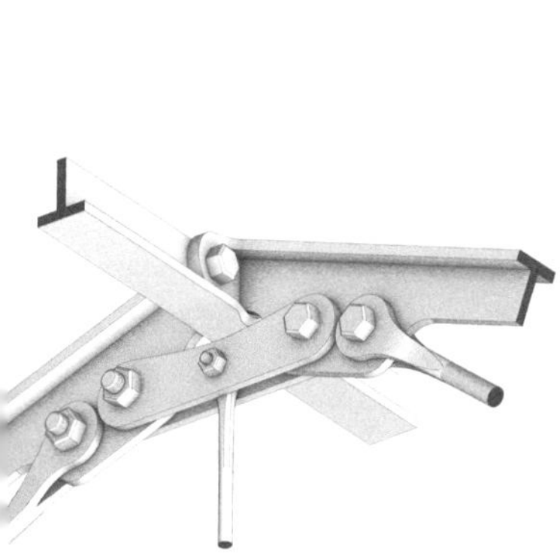

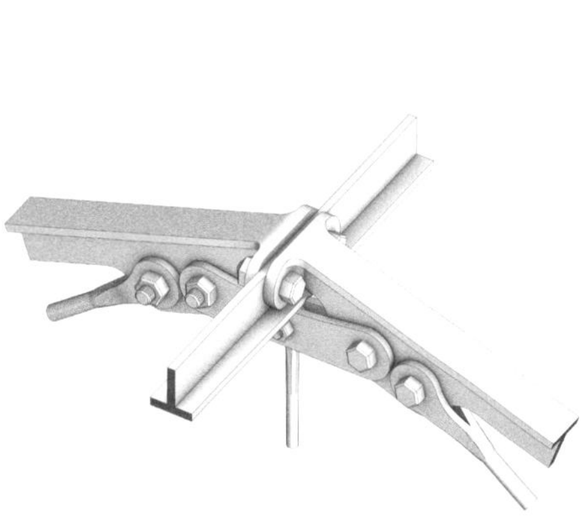

Tafel 115

Firstpunkte von Sparrenbindern

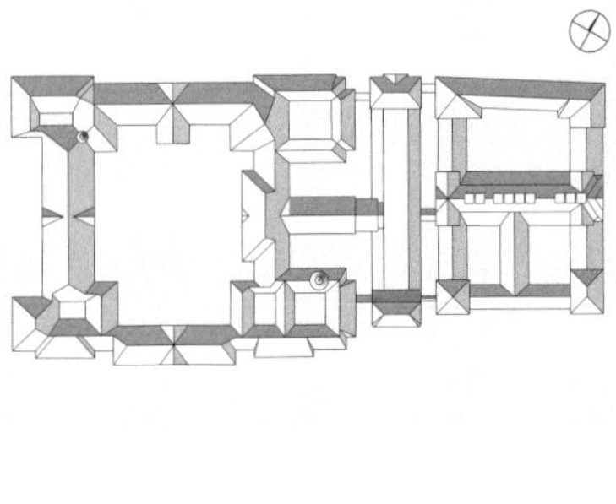

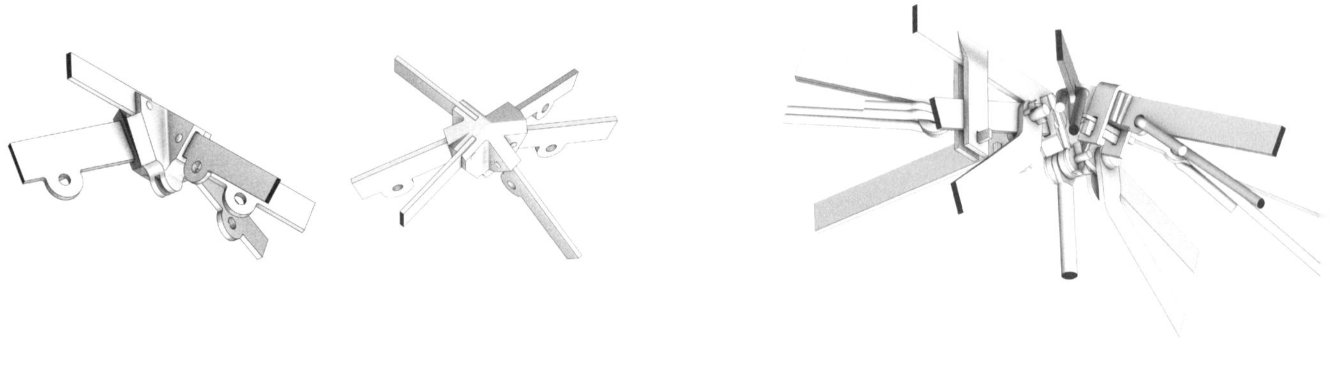

Winterpalast 1838–1839

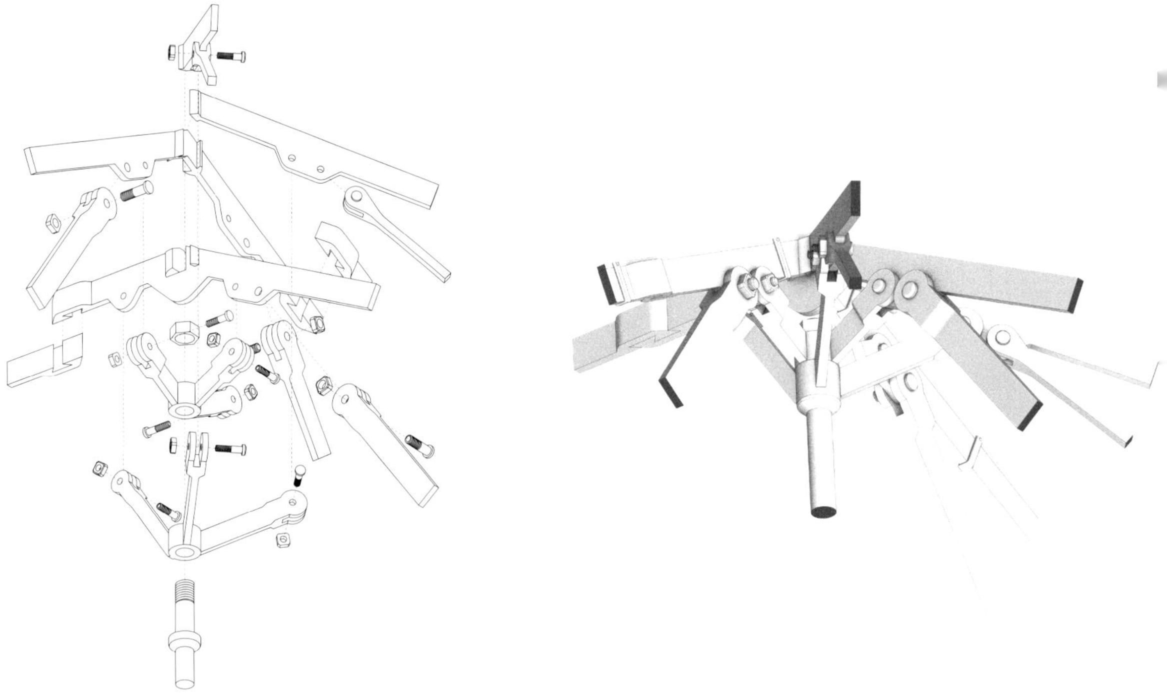

Neue Eremitage 1843–1845

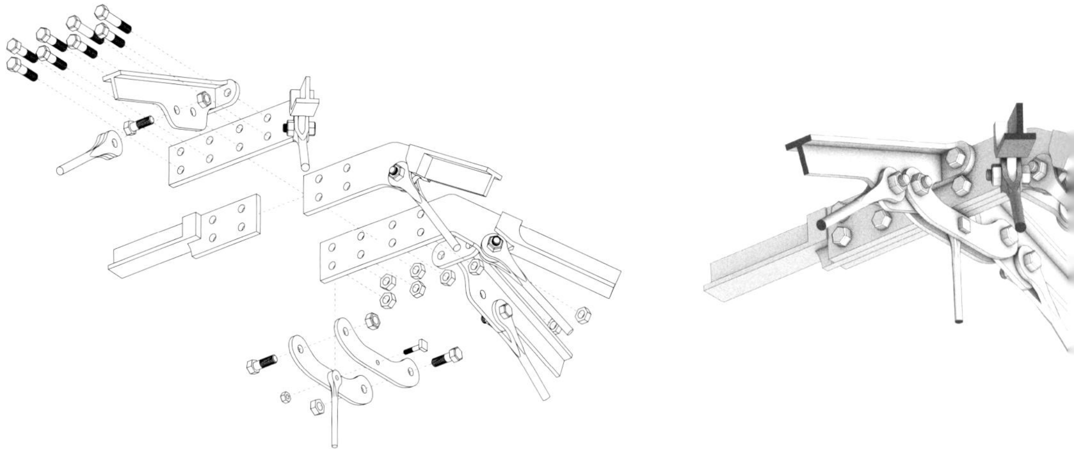

Kleine und Alte Eremitage 1852

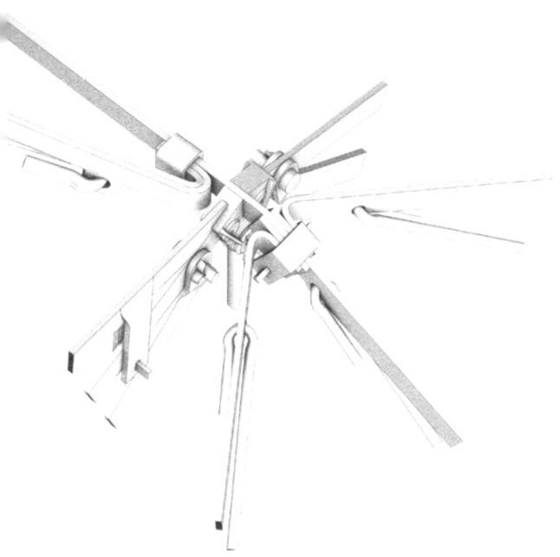

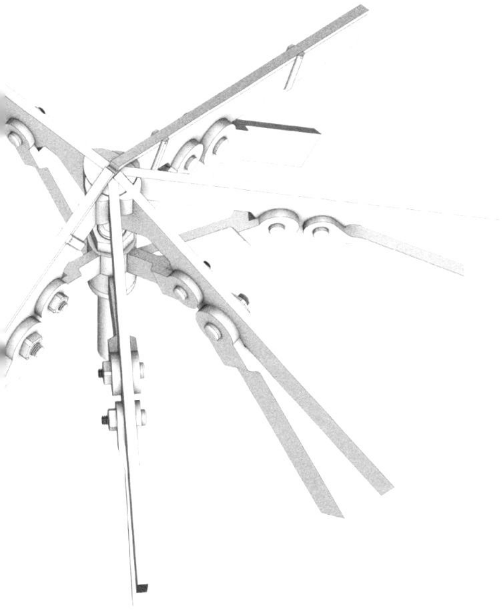

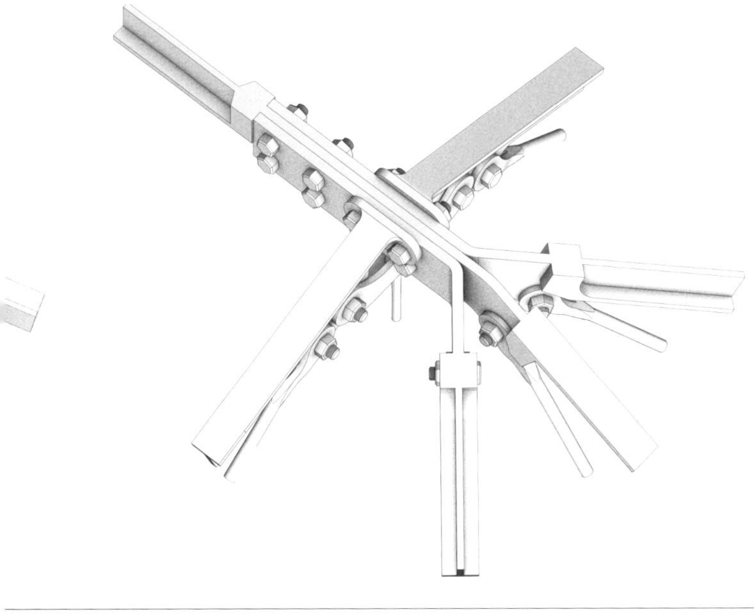

Der Anfallspunkt eines gewalmten Satteldachs stellt bereits im traditionellen Holzbau hohe Anforderungen an den Zimmermann. Auf engstem Raum laufen hier zahlreiche Bauteile zusammen: das Firstprofil, Sparren und Hänger des Anfallsbinders sowie Walm- und Gratsparren. Im frühen Eisenbau forderten die nun deutlich schlankeren Profile, neue Verbindungsmittel sowie veränderte Fertigungsprozesse und Fügetechniken für alle Stabverbindungen neue Antworten – für die Anfallspunkte aber war dies besonders schwierig.

Die in der Eremitage entwickelten Lösungen stehen exemplarisch für die unterschiedlichen Herangehensweisen der jeweiligen Akteure. Sie zeigen zudem, wie Bauweisen, die für das (im Grundsatz ebene) Problem im Firstpunkt entwickelt worden waren, nun auf das räumliche Problem im Anfallspunkt fortgeschrieben und erweitert wurden.

In den Dächern des **Winterpalastes** kamen etwa neben eigens für diese Aufgabe konstruierten Gussformstücken auch improvisierte Erweiterungen der üblichen Firstverbindung (s. Tafel 115 oben) vor; im dargestellten Beispiel aus dem Feldmarschallsaal werden die Stäbe der Grate sowie weiterer aufgehender Sparren an den Enden umgeschlagen und versetzt neben dem Gussstück mittels separater Klammern angeschlossen.

In den späteren Bauphasen löste man die Aufgabe dann allein mit passend geschmiedeten Stabeisen. Die resultierenden Knotenpunkt-Ausbildungen lassen in ihrer Komplexität an den Maschinenbau denken. So wurde in der Neuen Eremitage die ursprünglich ebene Firstlasche zu zwei sich ergänzenden, räumlichen Gabeln ausgebildet, von denen die eine Firstprofil und Gratsparren, die andere die Sparren des Anfallsbinders und des Walmbinders miteinander verbindet, und die durch den Hängeranschluss gekoppelt werden. In der Kleinen Eremitage hingegen wird die Aufgabe durch die Einbindung der verkröpften Enden von Graten und Walmsparren in die gewöhnliche ebene Firstverbindung gelöst.

Tafel 116

Anfallspunkte

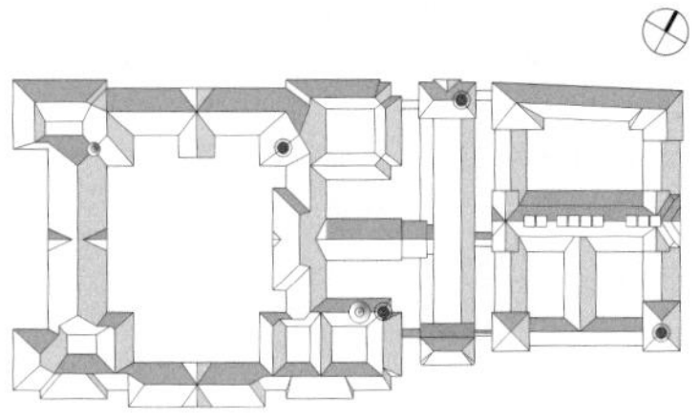

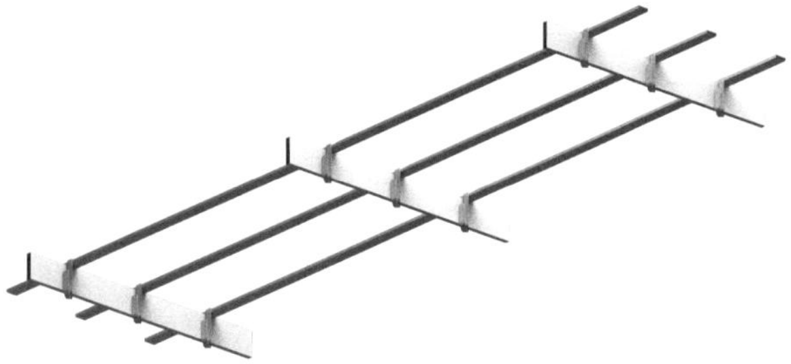

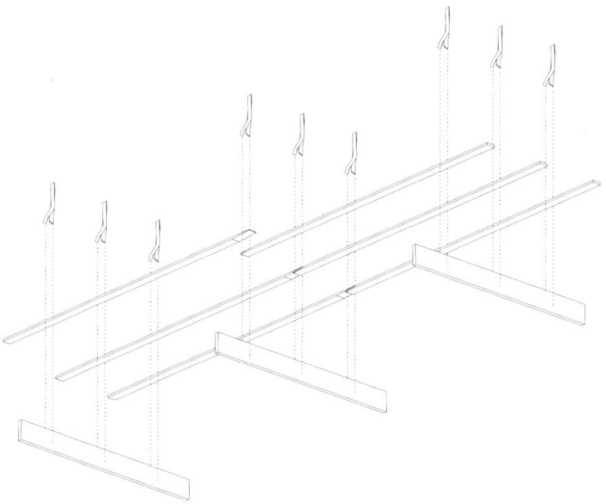

Winterpalast 1838–1839

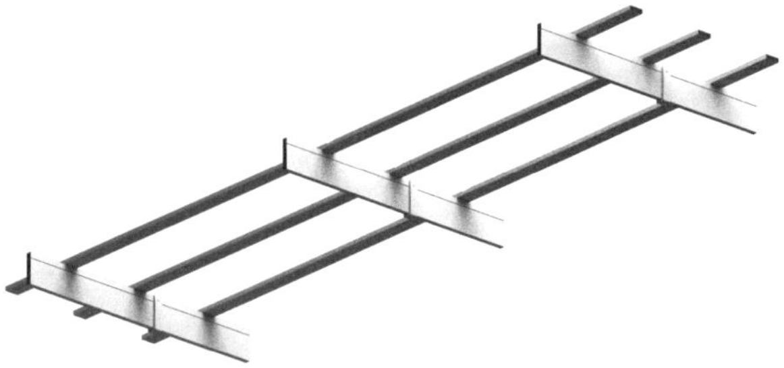

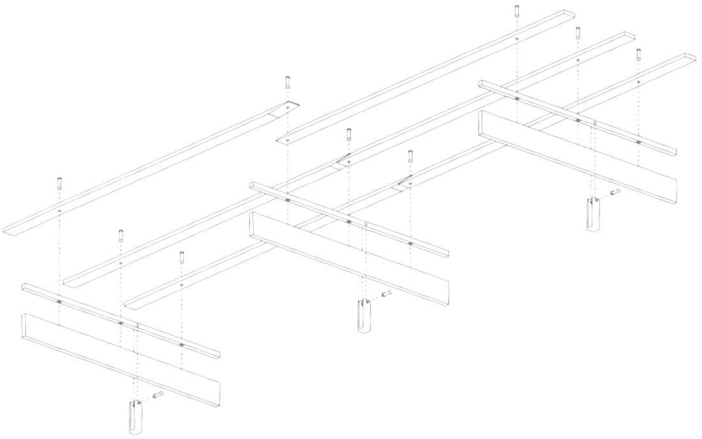

Neue Eremitage 1843–1845

Die – im Holzbau ganz einfache – Befestigung der Dachlatten an den Sparren stellte im frühen Eisenbau eine neue Aufgabe dar, für die sich die Muster des Holzbaus nicht übernehmen ließen. In den Eremitage-Bauten ist sie über die Bauphasen hinweg sehr verschieden gelöst worden.

Über dem **Winterpalast** wurden die Flacheisen der Dachlatten in der Regel durch ein kreuzweise gewickeltes Eisenband oder auch einen Draht einfach an die Sparren angebunden. In einigen Dachbereichen kam auch eine leicht modifizierte Variante zur Anwendung, bei der man einen Drahtabschnitt durch entsprechend vorgefertigte Lochungen in den Dachlatten führte und durch Umschlagen sicherte.

Die Dächer der **Neuen Eremitage** zeigen eine eher komplizierte Befestigung, die ein relativ hohes Maß an Vorfertigung erforderte; dafür aber war sie sehr solide und trug wesentlich zur Queraussteifung bei. Auf den Sparren liegen angeklammerte Quadrateisen, mit denen die quer laufenden Dachlatten vernietet sind. Gemeinsam mit den im Sparrenabstand angeordneten Quadrateisen bilden sie eine Art Rost, der vermutlich in Segmenten vorgefertigt und dann aufgelegt wurde.

Eine wiederum andere Lösung zeigen die später errichteten Dächer mit T-förmigen Sparren über der **Neuen, Kleinen** und **Alten Eremitage**. Hier wurden die Dachlatten in vorgefertigten Lochungen direkt auf den Flanschen der T-Profile vernietet.

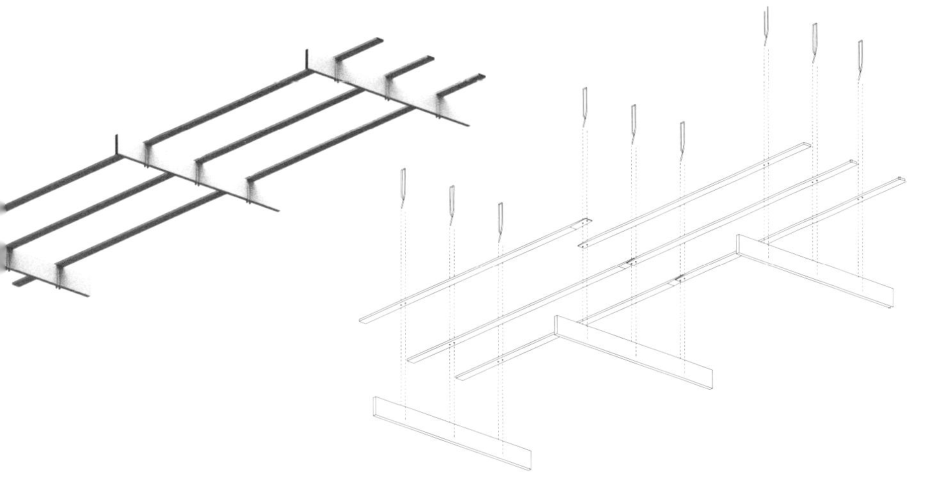

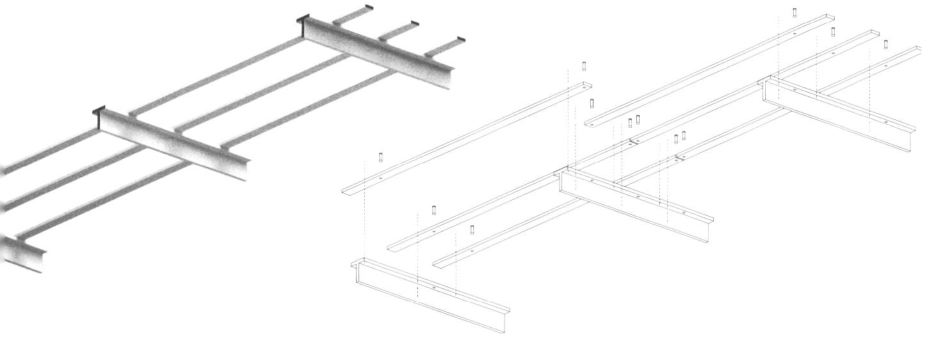

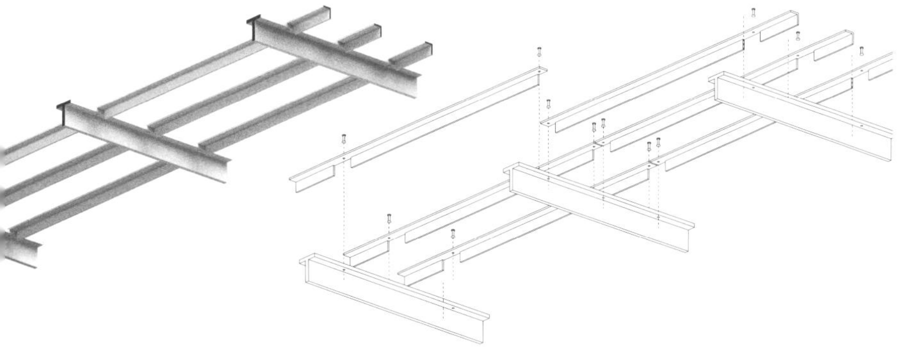

Kleine und Alte Eremitage 1852

Tafel 117

Anschlüsse der Dachlattung

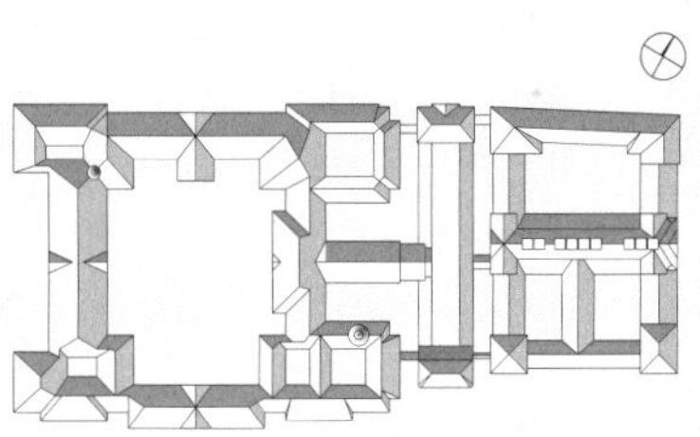

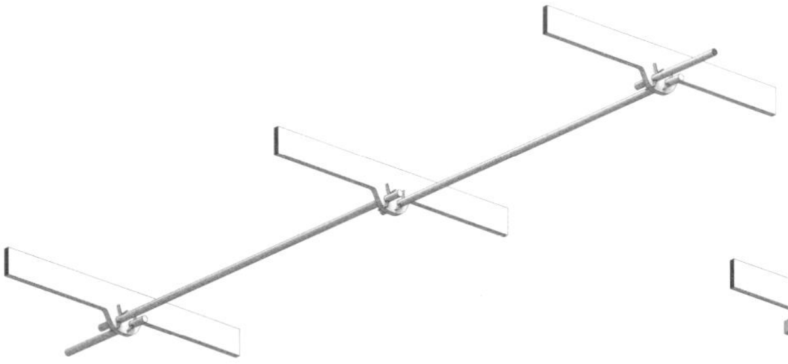

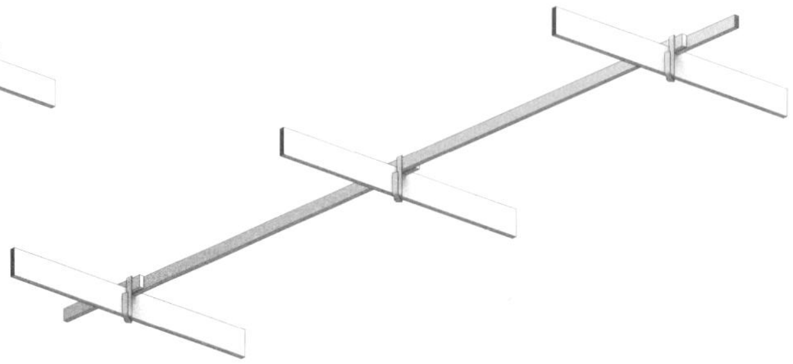

Winterpalast 1838–1839

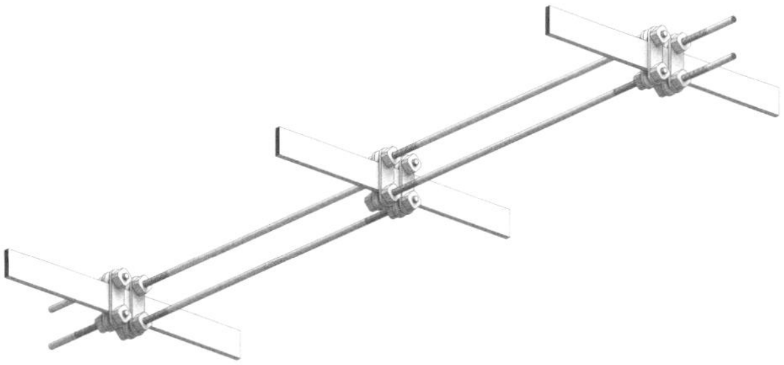

Winterpalast 1838, Petersaal

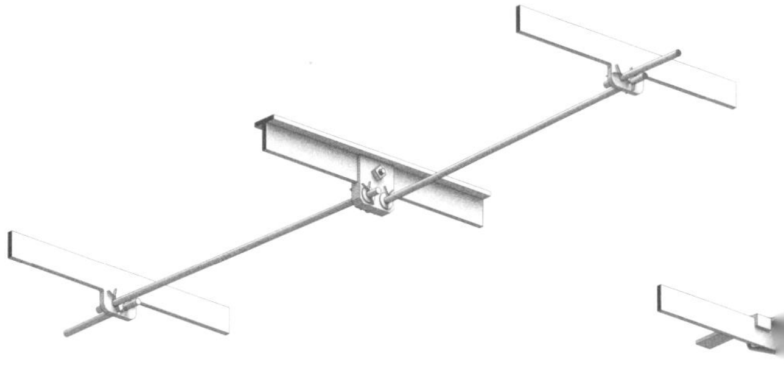

Winterpalast 1842, Thronsaal

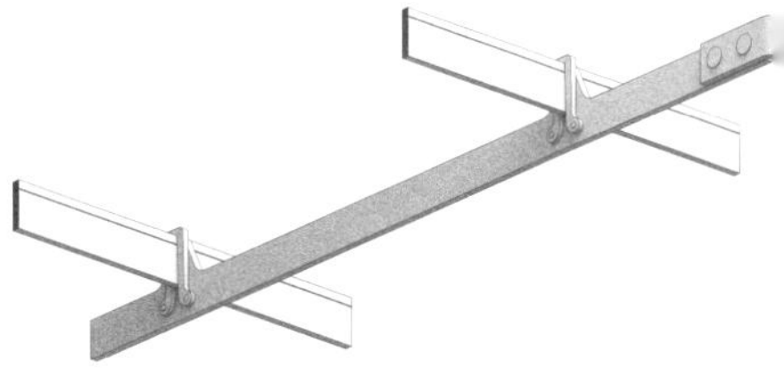

Neue Eremitage 1843

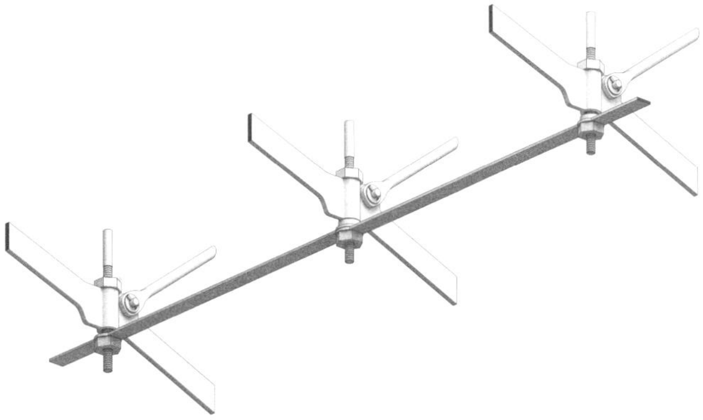

Winterpalast, Neue Eremitage,
Kleine und Alte Eremitage 1838–1852

Die mangelnde Queraussteifung ist ein verbreitetes Problem früher Eisentragwerke. Auch die Dächer der Eremitage und insbesondere deren schlanke Sparrenprofile zeigen dies deutlich, künden aber zugleich vom Ringen der Akteure um Abhilfe.

Im **Winterpalast** kamen – je nach Sparrenlänge in mehreren Lagen – zwei Systeme parallel zur Anwendung. Von Sparren zu Sparren feldweise versetzt, verbanden Rundstreben die Sparrenunterkanten und stehende, aufgesteckte Flacheisen die Sparrenoberkanten.

Nach dem Einsturz von Trägern der Decke über dem Nikolaisaal 1838 noch während der Montage wurden dort und in weiteren als gefährdet angesehenen Tragwerken ergänzende und zudem wirksamere Systeme montiert. Im Zuge der Erneuerung der Decke über dem Thronsaal 1842 musste das Dachtragwerk demontiert und neu aufgebaut werden. Dies gab gerade hier Gelegenheit, auf die bereits in den ersten Jahren an vielen Sparren aufgetretenen Querverformungen zu reagieren. Jeder vierte bis fünfte Sparren wurde durch die mittlerweile lieferbaren steiferen T-Profile ersetzt, ergänzend ordnete man weitere Aussteifungen an.

In den Dächern der **Neuen Eremitage** kamen deutlich anders konzipierte Systeme zum Einsatz. In den vom Aleksandrovskij-Werk erstellten Bereichen sind die Sparren durch ein untergesetztes Bandprofil gehalten, eine angeschmiedete Gabel umfasst sie vollständig. In den vom Nobel-Werk errichteten Sparrenbindern wird die Queraussteifung zugleich zur Befestigung der Druckstreben genutzt.

In der letzten Bauphase, in der für die Sparren nur noch T-Profile zur Anwendung kamen, griff man das Konzept der an der Sparrenunterseite angeordneten Streben wieder auf.

In allen Dächern finden sich zudem an den unteren Enden der Druckstreben weitere Queraussteifungen. Bei den Sparrenbindern sind dies die hier exemplarisch dargestellten Bandeisen, die für den Anschluss zu einem Auge aufgeweitet und in die Verschraubung der Unterspannung integriert wurden. Ein Bandeisenprofil verbindet dabei bis zu vier Binder in einem Stück.

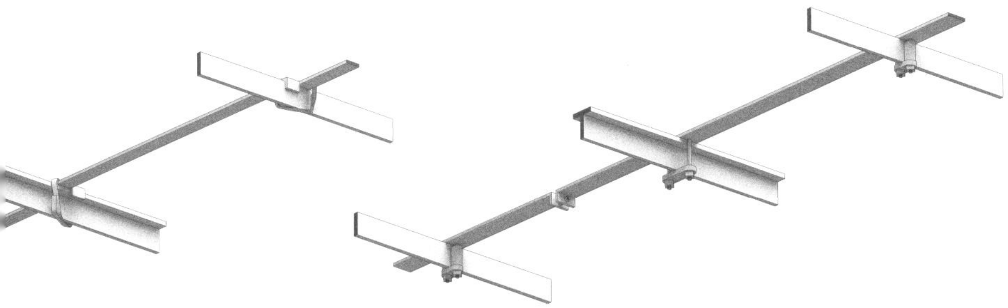

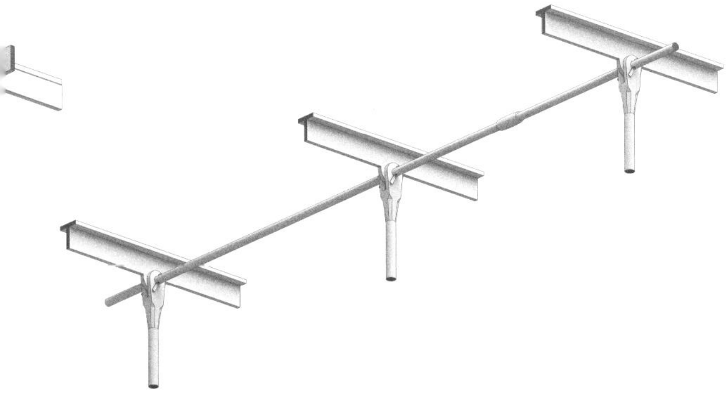

1845

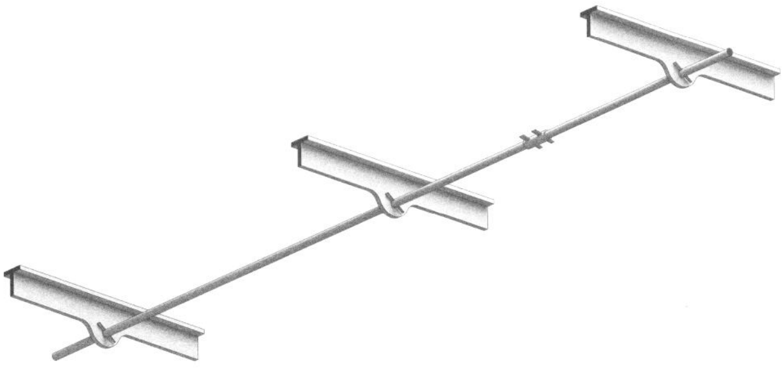

Kleine und Alte Eremitage 1852

Tafel 118

Queraussteifungen

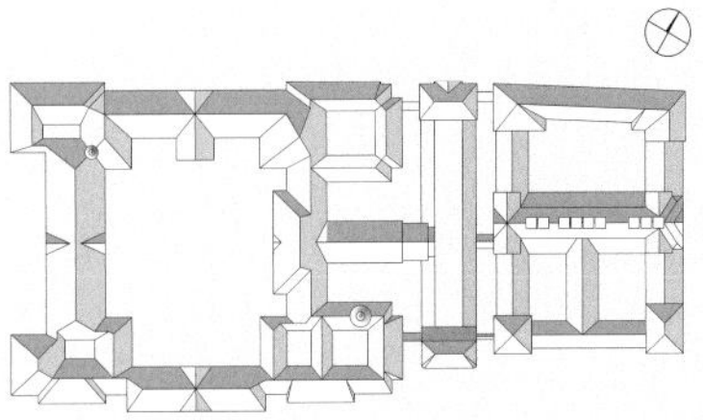

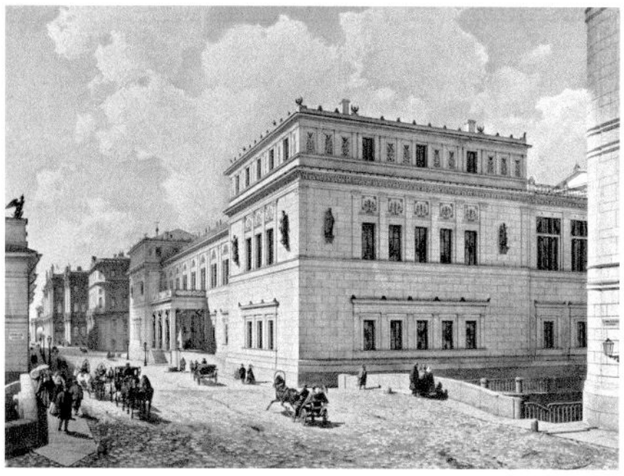

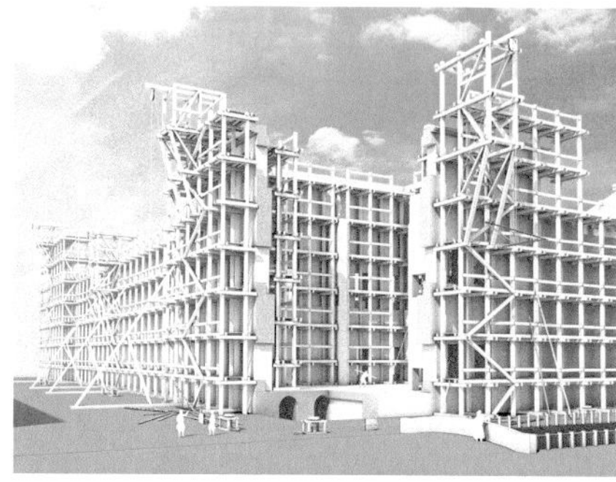

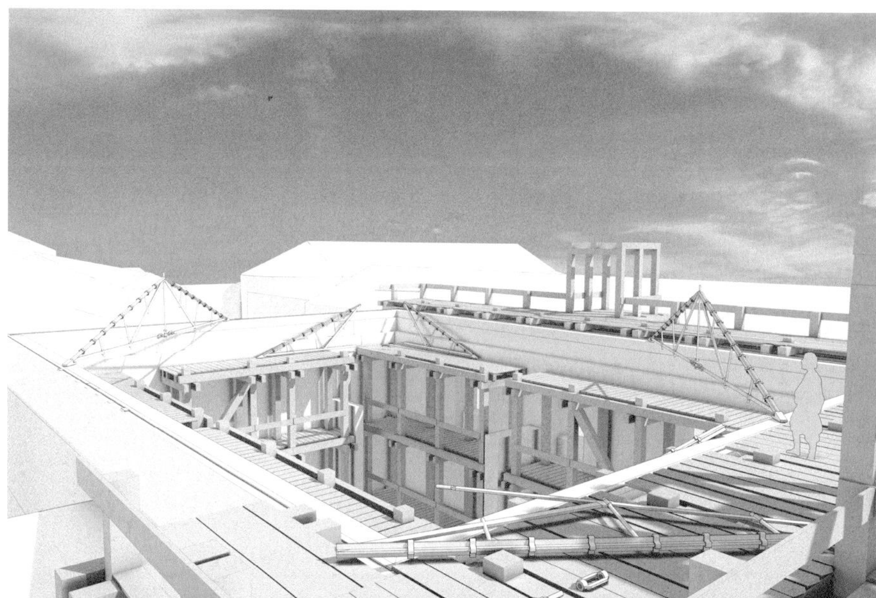

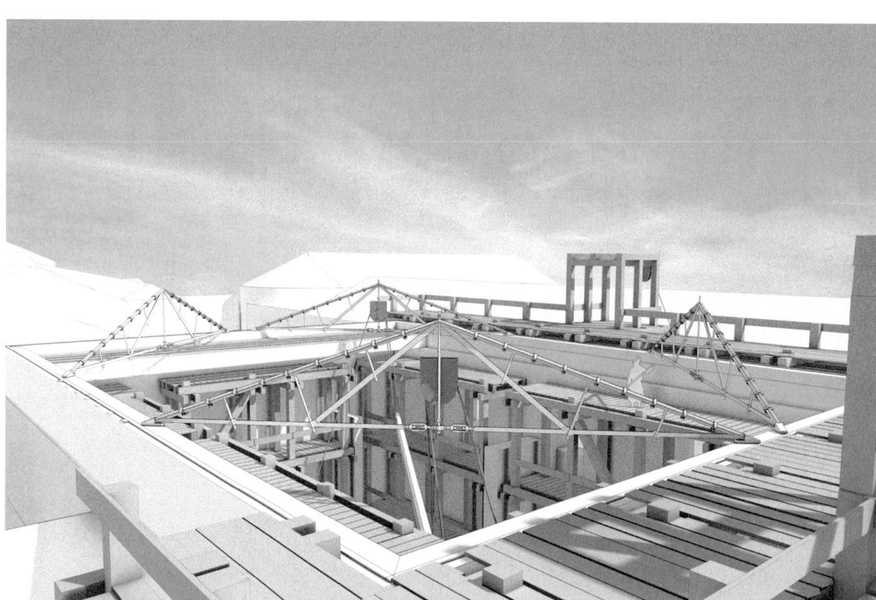

Ein besonders markantes Konstruktionselement in den Dachtragwerken über den Eckpavillons der **Neuen Eremitage** sind die quer zu den Gratsparren zusätzlich angeordneten Stützträger (vgl. Tafel 104). Ihre statische Notwendigkeit war schon in der damit befassten Baukommission umstritten; heutigen statischen Nachrechnungen zufolge sind sie erheblich überdimensioniert.

Dies gibt Anlass zu der Vermutung, dass sie weniger im Hinblick auf ihre Wirkung im Dachtragwerk als vielmehr als Hilfsträger für die Montage der Eisenkonstruktionen von Dach und Decken konzipiert worden sind.

Mit diesem Ansatz lässt sich der folgende Bauablauf rekonstruieren:
- Aufmauern der Wände bis zur Traufe, noch ohne Einbau der Geschossdecken
- Aufstellen der Stützträger und provisorische Sicherung in Querrichtung
- Heben und Lagern der Träger für die Decke über dem obersten Geschoss
- Positionieren der Deckenträger und Ausbildung einer Arbeitsbühne
- Errichten des Dachtragwerks und Schließen des Dachs
- Heben und Positionieren der Träger für die weiteren Geschossdecken.

Ein derartiger Ablauf bietet zwei Vorteile: Zum einen ermöglicht er die Montage der Deckenträger (und gegebenenfalls sogar der Säulen) ohne zusätzliche schwere Kräne, zum anderen kann dies bereits wetterunabhängig unter Dach erfolgen.

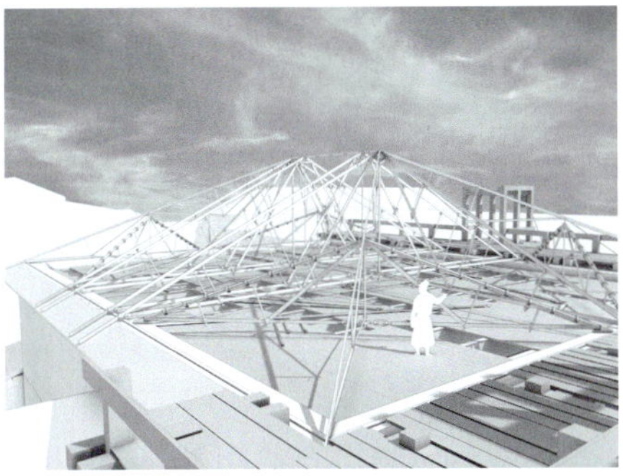

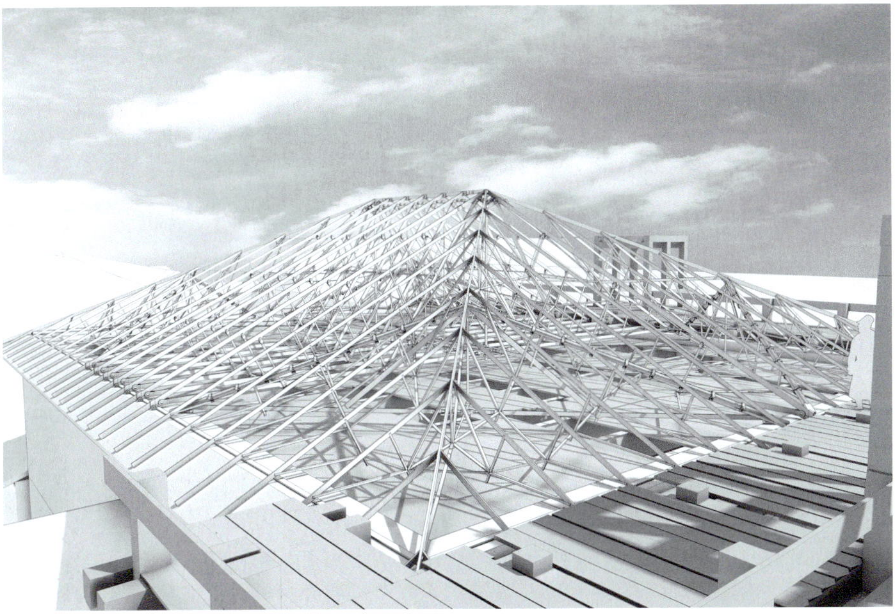

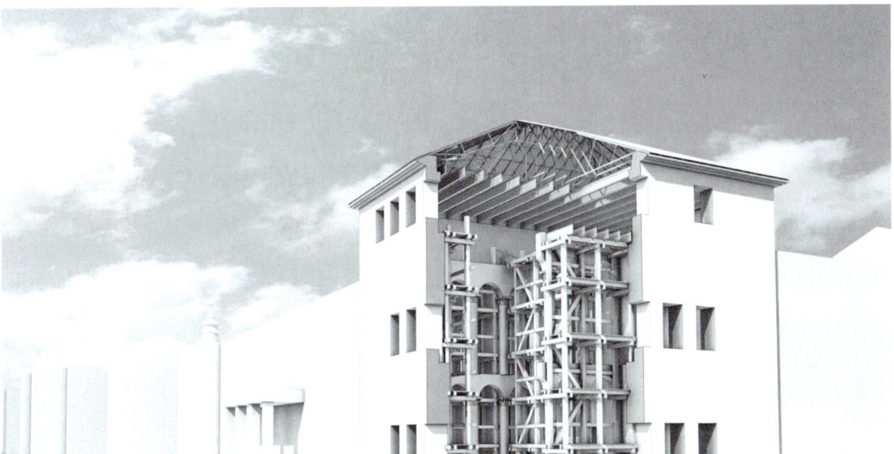

Tafel 119

Montagefolge Südostpavillon

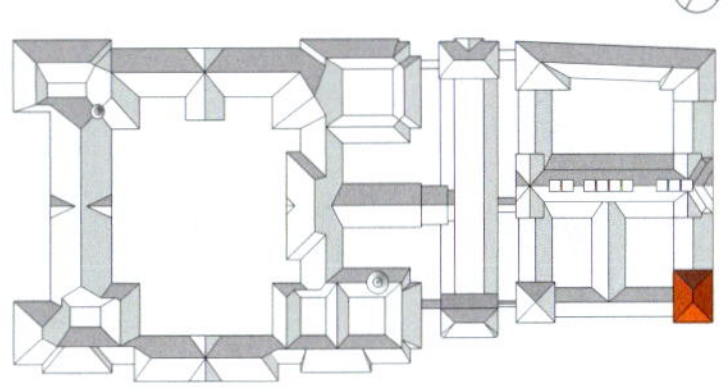

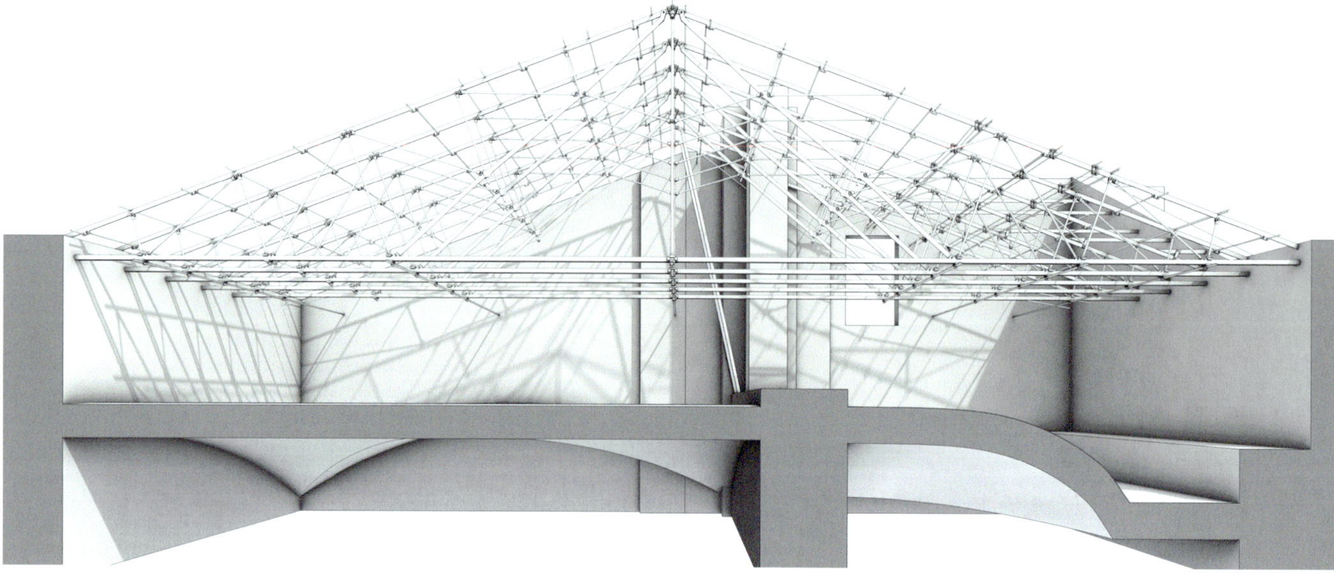

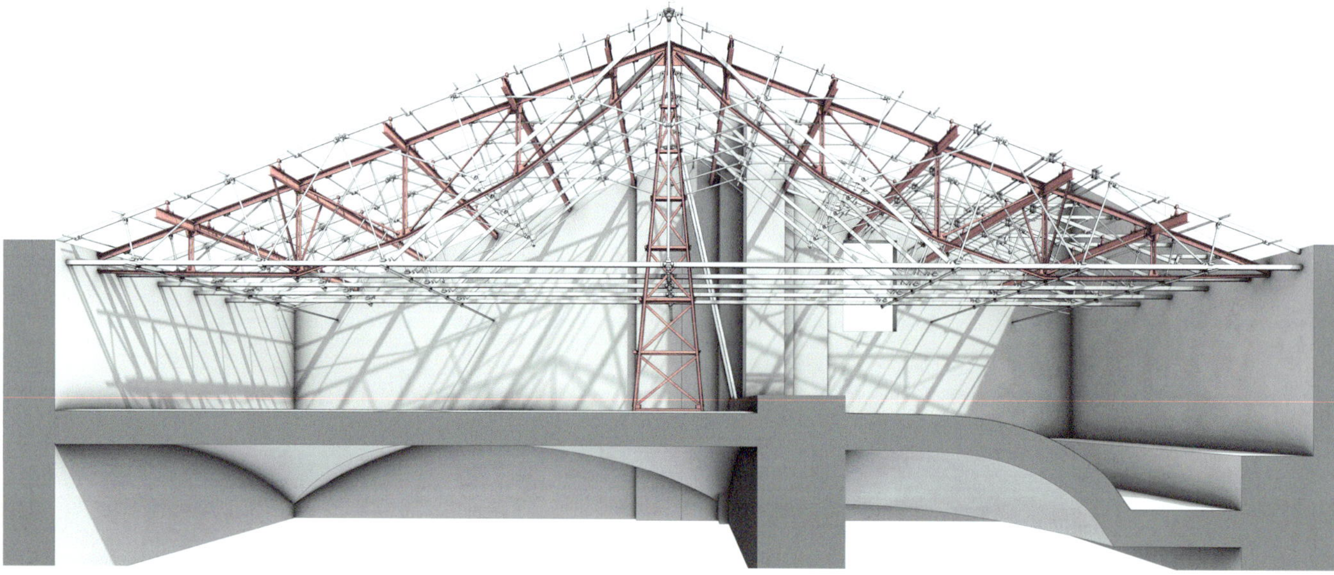

oben: Petersaal geschnitten ohne Unterstützungsbinder

unten: Petersaal geschnitten mit Unterstützungsbinder

Einige der eisernen Dachtragwerke des Winterpalastes mussten bereits kurz nach ihrer Errichtung lokal ertüchtigt werden. Ende der 1880er Jahre kam es zu umfangreichen Verstärkungsmaßnahmen, bei denen Tragwirkung und Lastfluss oft grundlegend verändert wurden. Das Dachtragwerk des Petersaals steht exemplarisch für diese beiden Phasen.

Noch 1838 wurden hier zunächst zur Erhöhung der Knicksteifigkeit der Sparren in besonders gefährdeten Bereichen zusätzliche Queraussteifungen eingebaut. Die Einbauten von 1888 veränderten das Konzept des Lastabtrags: Zur Entlastung der Sparren wurden mehrere Pfettenstränge und zwei Abfangträger eingezogen. Im Zentrum des Raums schuf ein Gittermast ein zusätzliches Auflager, der die anteiligen Lasten nun in das darunter liegende Gewölbe abträgt. Die Bilder zeigen

im Querschnitt
- das Dachtragwerk mit den ersten zusätzlichen Queraussteifungen von 1838 und
- die das System grundlegend verändernden Einbauten von 1888

sowie im Detail
- das noch unverstärkte Dachtragwerk von 1838,
- die zusätzlichen Queraussteifungen von 1838 und
- die grundlegenden Elemente der Verstärkung von 1888.

Während in diesem Fall die Ertüchtigungen von 1888 das ursprüngliche Tragwerk beließen und nur additiv ergänzten, wurden in anderen Dachbereichen die historischen Konstruktionen vollständig erneuert oder zumindest die bauzeitlichen Unterspannungen entfernt und durch Fachwerkträger ersetzt.

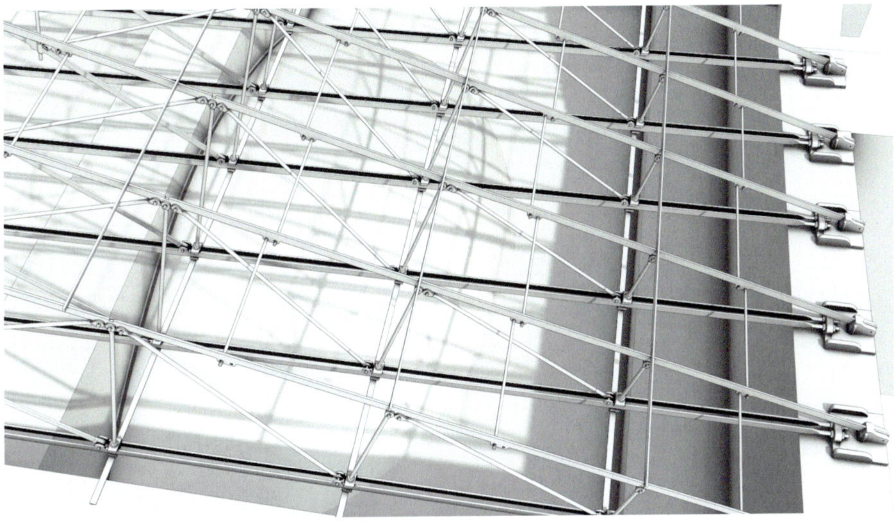

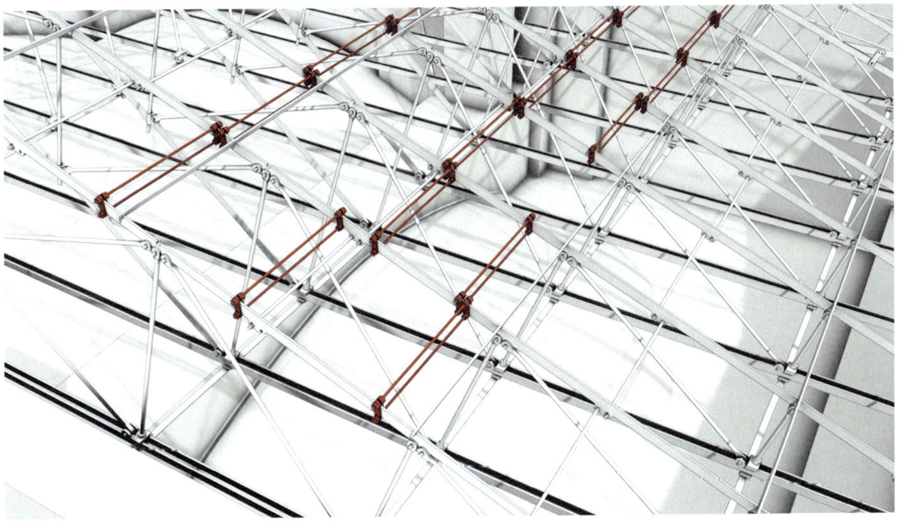

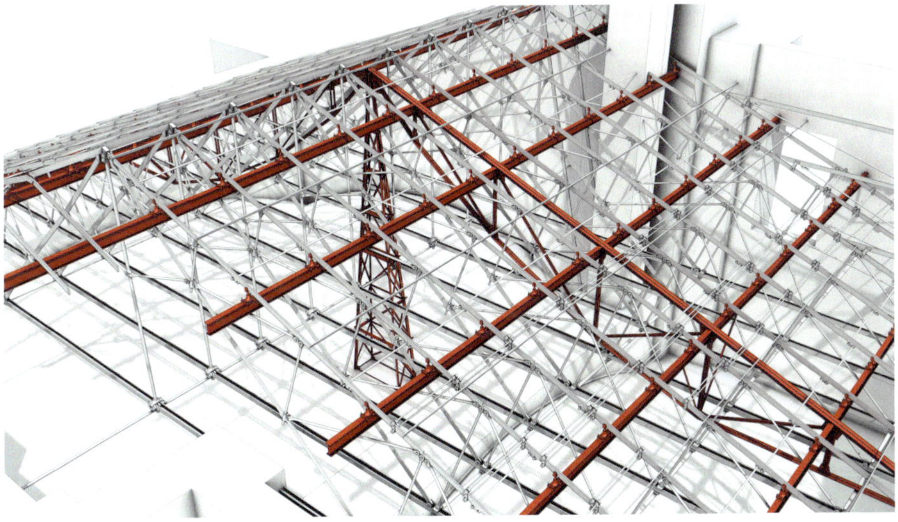

Tafel 120

Bauphasen Petersaal

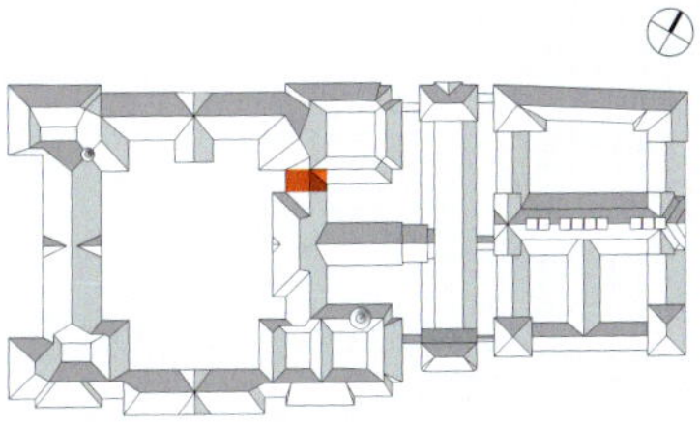

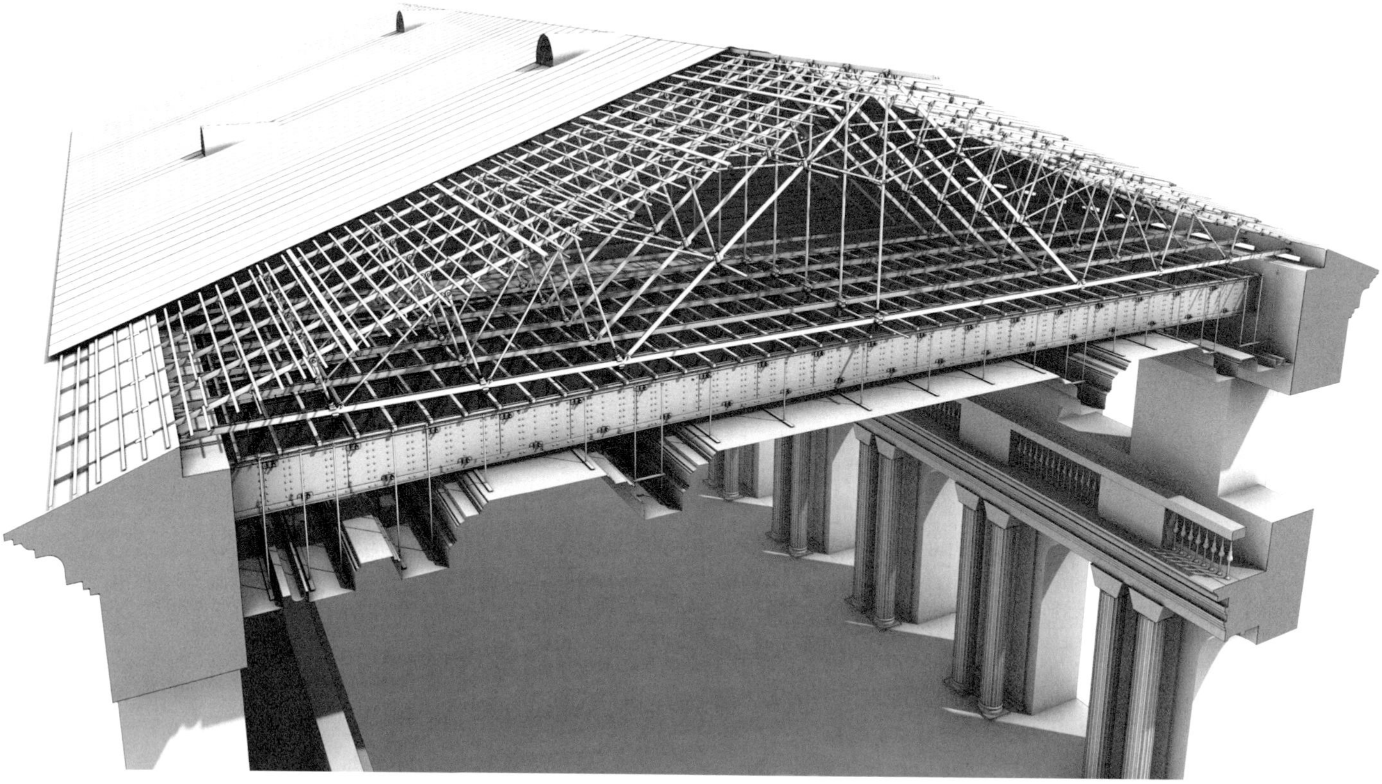

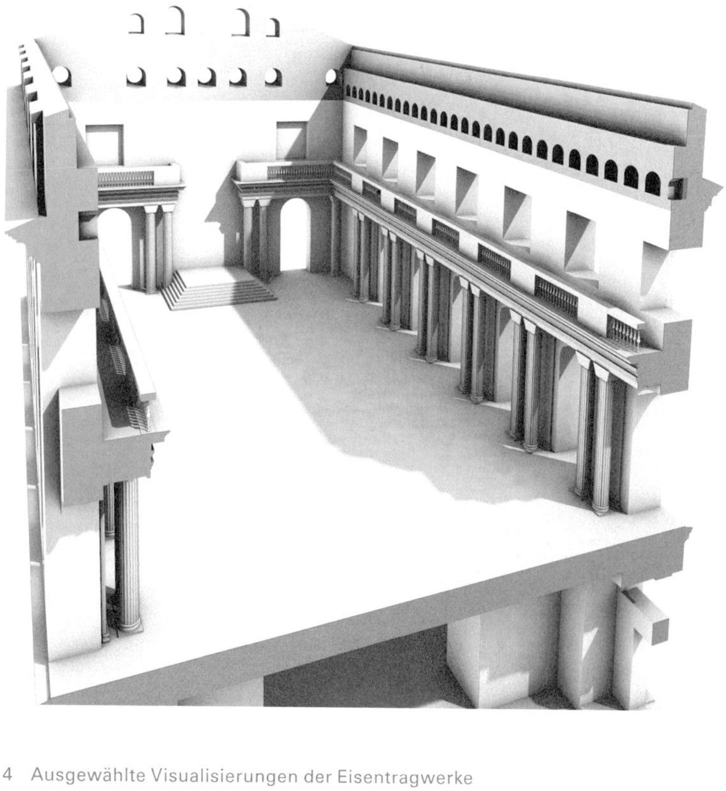

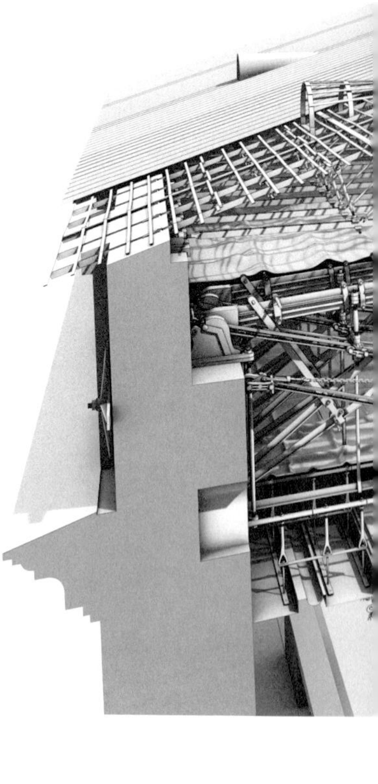

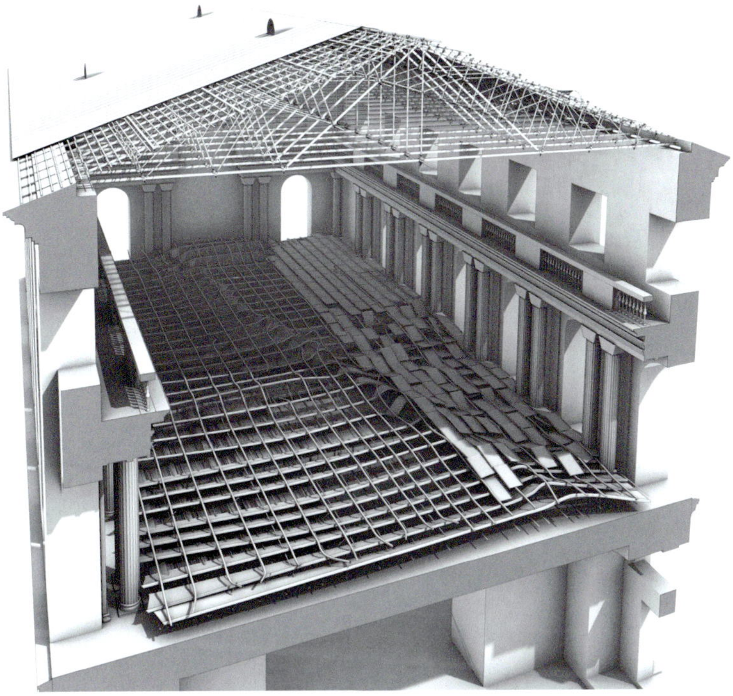

Decke und Dach über dem Thronsaal sind das prominenteste Beispiel für die Veränderungen, die verschiedene Eisentragwerke in den Bauten des kaiserlichen Palasts nach Versagensfällen und Einstürzen erfuhren. Die Spannweite von knapp 21 m in Verbindung mit einer möglichst niedrigen Bauhöhe stellte für den Konstrukteur Matthew Clark eine besondere Herausforderung dar.

Das erste Deckentragwerk konzipierte er 1838 unter Nutzung der hierfür erstmals entwickelten Blechträger mit geradem Steg (s. Tafel 92). Begründet unter anderem durch besorgniserregende Verformungen in Belastungsversuchen an Prototypen, kamen noch in der Planungsphase Zweifel an der Tragfähigkeit auf; dennoch wurden diese Träger 1839 schließlich eingebaut.

Angekündigt durch zunehmende Einsenkungen in den Tagen zuvor, stürzte die gesamte Decke im August 1841 schlagartig ein. Die Darstellung des am Saalboden liegenden Deckentragwerks bezieht sich auf eine für den peniblen Bericht des Vorfalls erstellte Dokumentationszeichnung (s. Tafel 41).

Bei der Neuplanung entfiel die Vorgabe einer möglichst flachen Deckenkonstruktion. Da die Raumhöhe und damit die Lage des Deckenplafonds unverändert bleiben sollte, blieb nur der Weg einer Erhöhung des Baukörpers – eine aufwendige Maßnahme, die unter anderem die Demontage des unversehrt gebliebenen Dachtragwerks erforderlich machte. Die Visualisierung zeigt die etwa 1,50 m hohe Aufmauerung vor der Wiedererrichtung der Dachbinder.

Noch 1842 konnte das neue Deckentragwerk fertiggestellt werden. Seine Bauweise unterscheidet sich grundlegend von der ersten Ausführung. Mit den jetzt eingebauten Trägern verbesserte Matthew Clark den bereits 1838 für die anderen großen Säle entwickelten Typ des Spreizträgers signifikant. Die sehr solide, detailliert geplante und an den Maschinenbau erinnernde Konstruktion unterscheidet sich deutlich von allen bis dahin errichteten Eisentragwerken im Winterpalast.

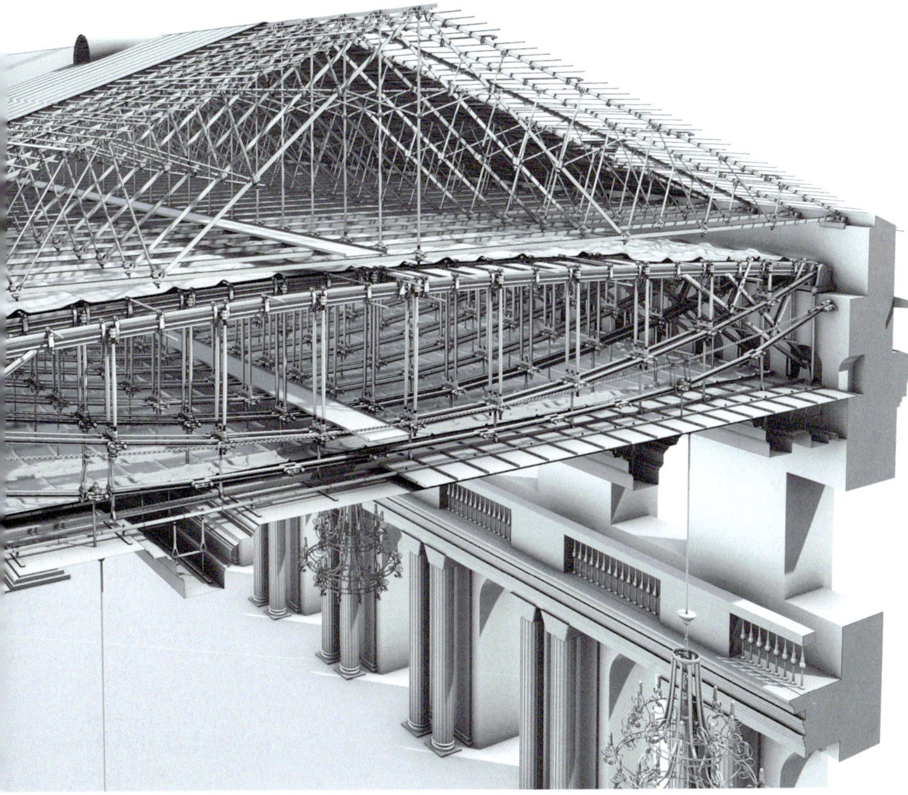

Tafel 121

Bauphasen Thronsaal

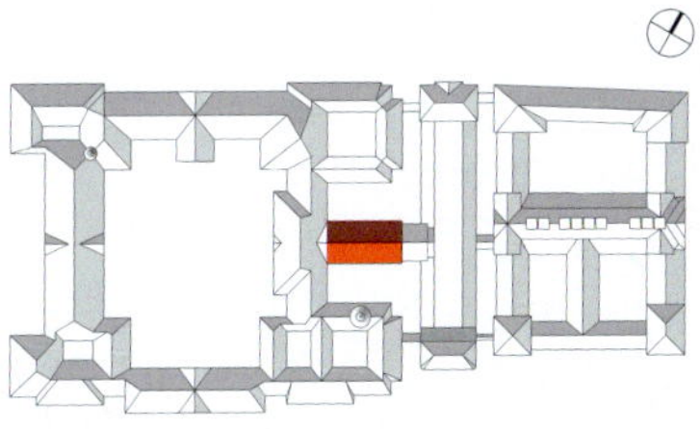

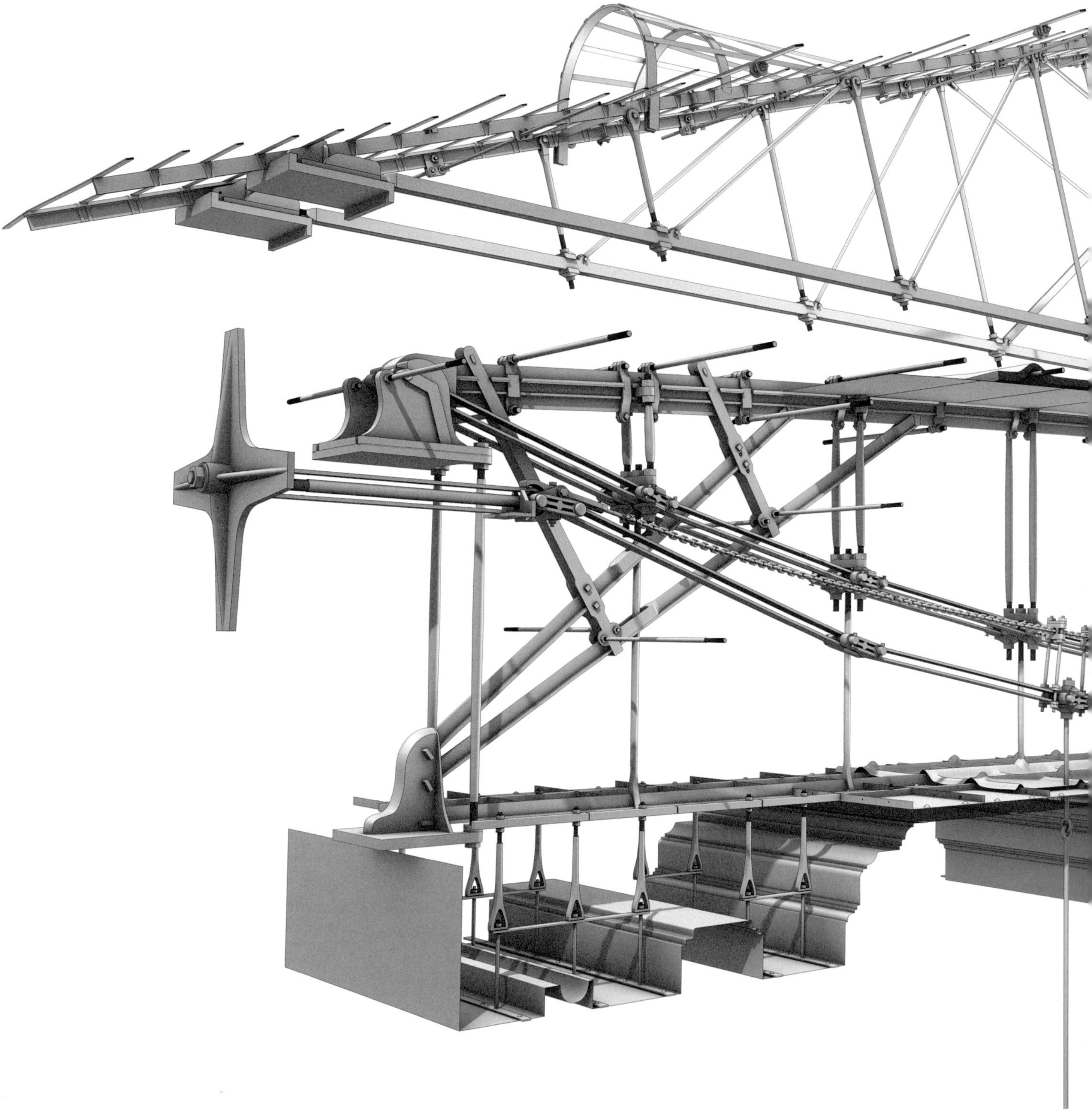

Der scheibenartige Ausschnitt zeigt exemplarisch die Komposition der Eisentragwerke über dem Thronsaal in der finalen Fassung von 1842 – den Spreizträger der 2. Generation mit abgehängtem Deckenplafond, die zusätzliche Leuchterkette mit ihrer mächtigen Wandverankerung sowie zwei Dachbinder mit den hier fünffach unterspannten Sparren. Der vordere dieser Sparren zeigt die einfache Ausführung mit Bandeisen, so wie sie entsprechend der ursprünglichen, vor dem Deckeneinsturz verwendeten Bauweise auch beim Wiederaufbau 1842 zur Anwendung kam, der hintere hingegen die verstärkte Fassung mit T-Profilen, die zur Erhöhung der Quersteifigkeit in jeder vierten bis fünften Achse eingebaut wurde.

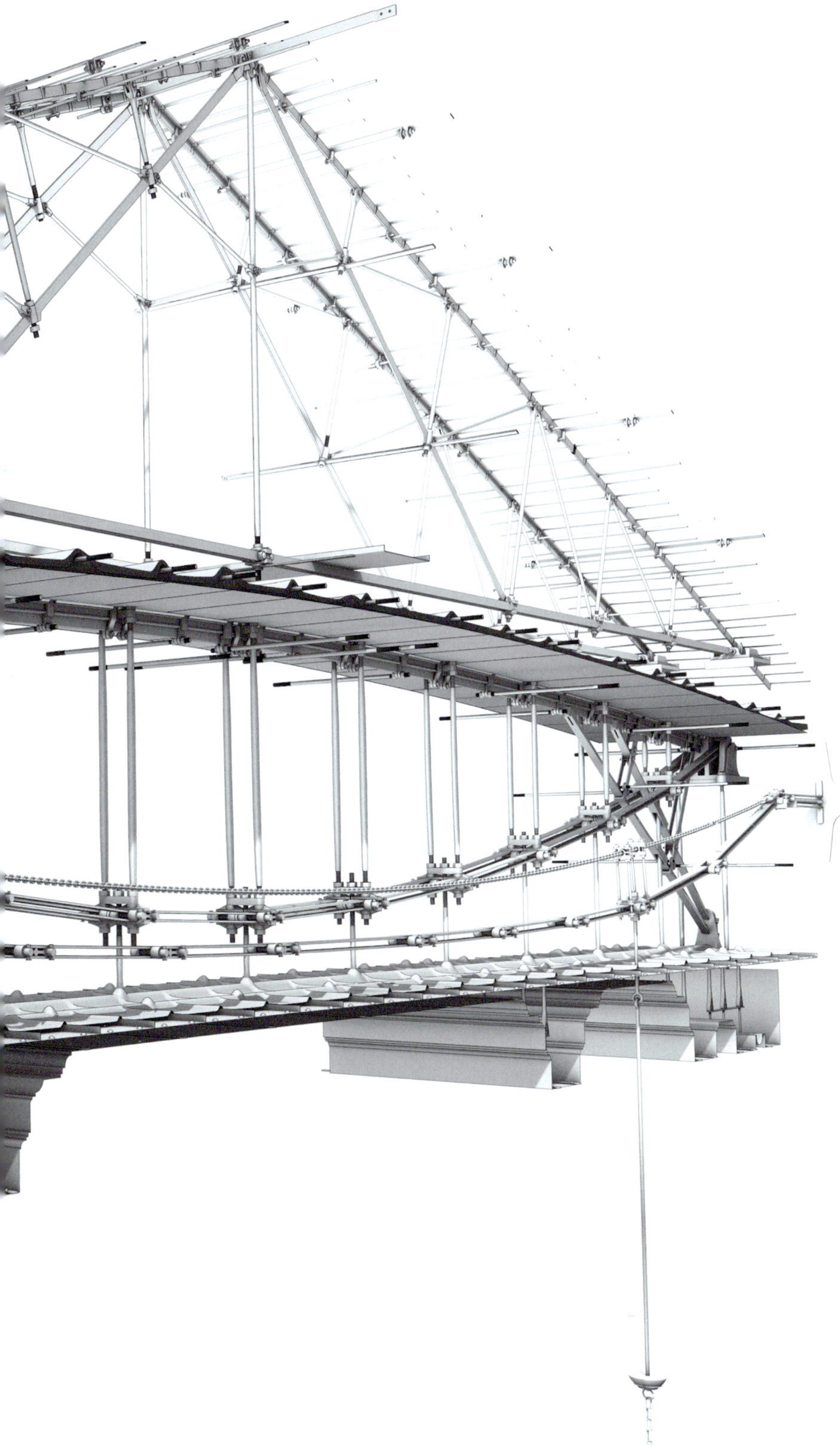

Tafel 122

Bindertypen im Dach- und Deckentragwerk

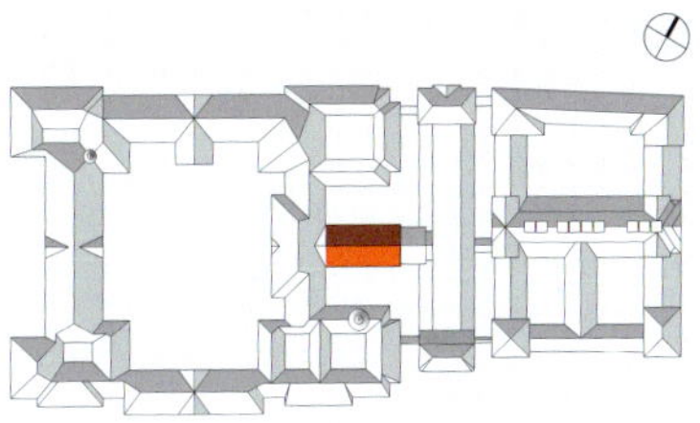

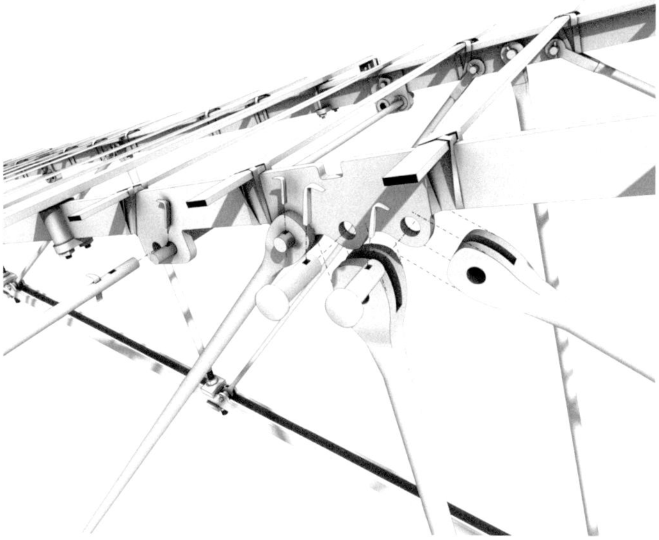

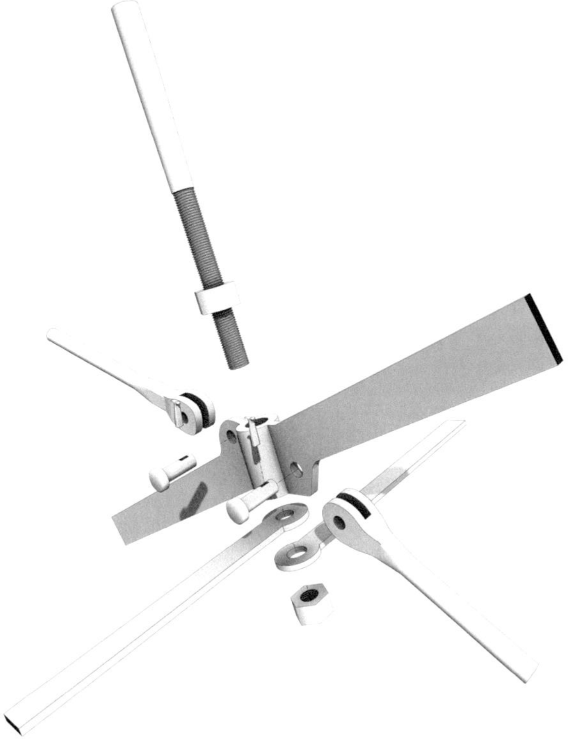

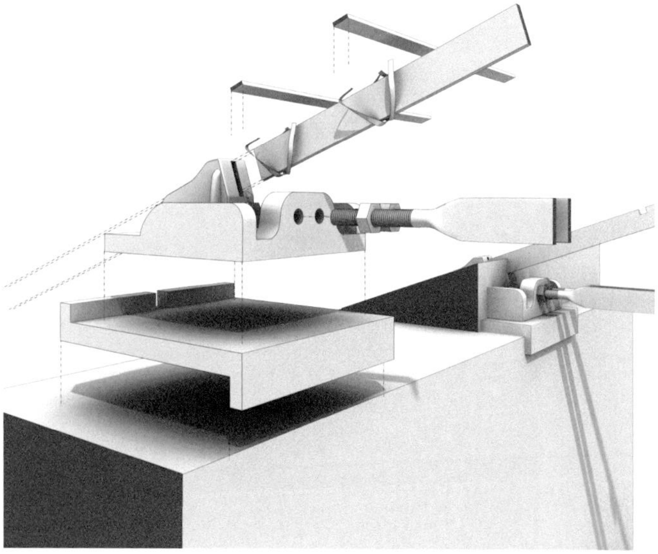

Dargestellt sind hier die charakteristischen Stabverbindungen der Sparrenbinder im Dach über dem Thronsaal. Beachtlich ist die Bandbreite der Lösungen. Sie reicht von relativ einfachen, durch Splinte gesicherten Bolzen über Steckverbindungen in den Gussformstücken an Auflager und First bis hin zu den mit einem Gewinde versehenen und über ein Mutternpaar justierbaren Stabenden sowie den einem Kettenschloss ähnlichen Kopplungen der beiden Teile des Zugbandes und der zentralen Abhängung. Baugleich oder zumindest sehr ähnlich finden sich diese Verbindungen auch in anderen Bindertypen im Dach des Winterpalastes.

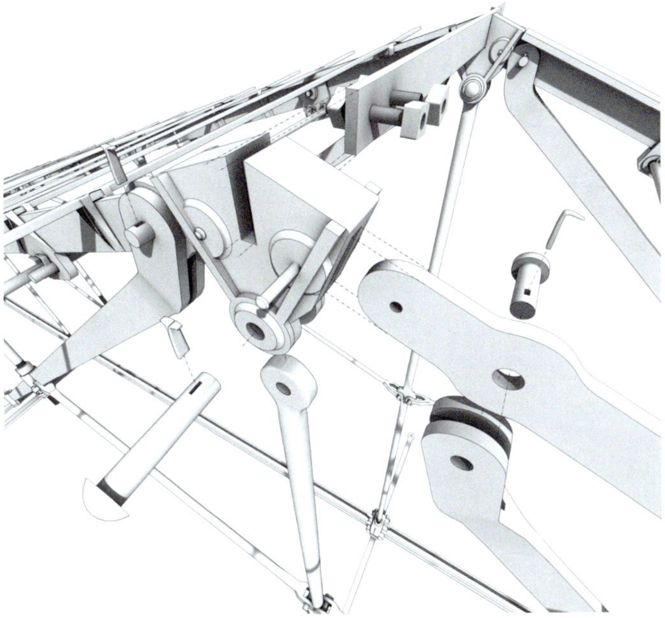

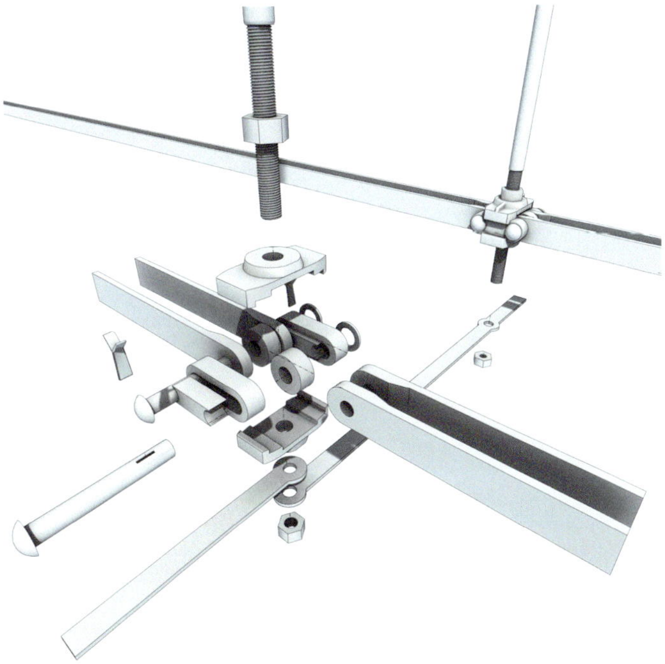

Tafel 123

Konstruktionsdetails im Dachtragwerk

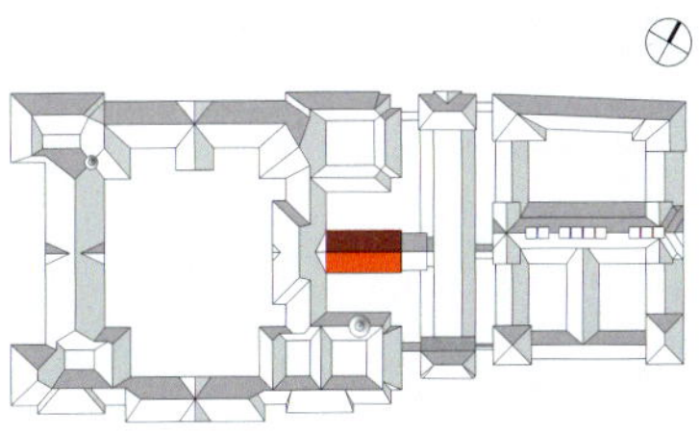

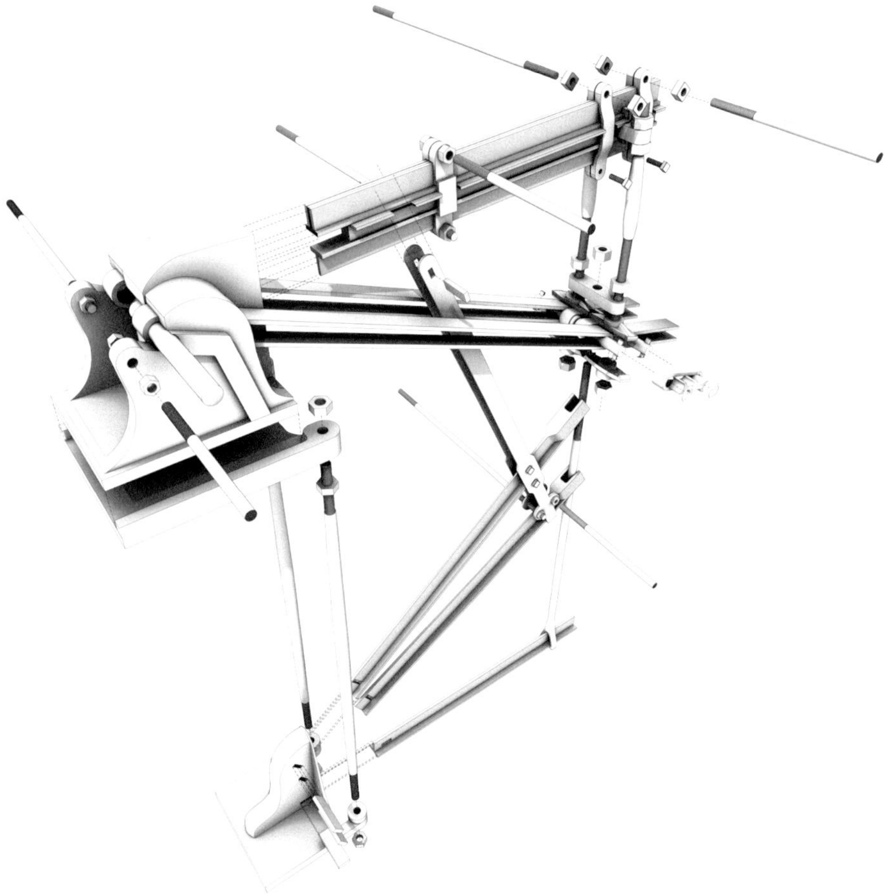

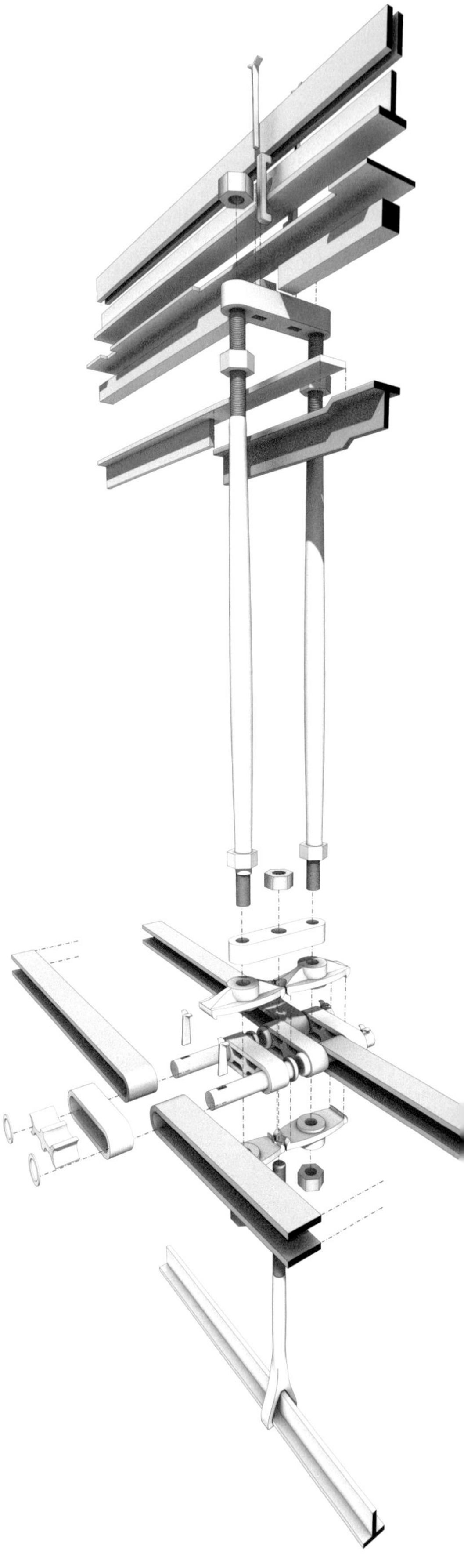

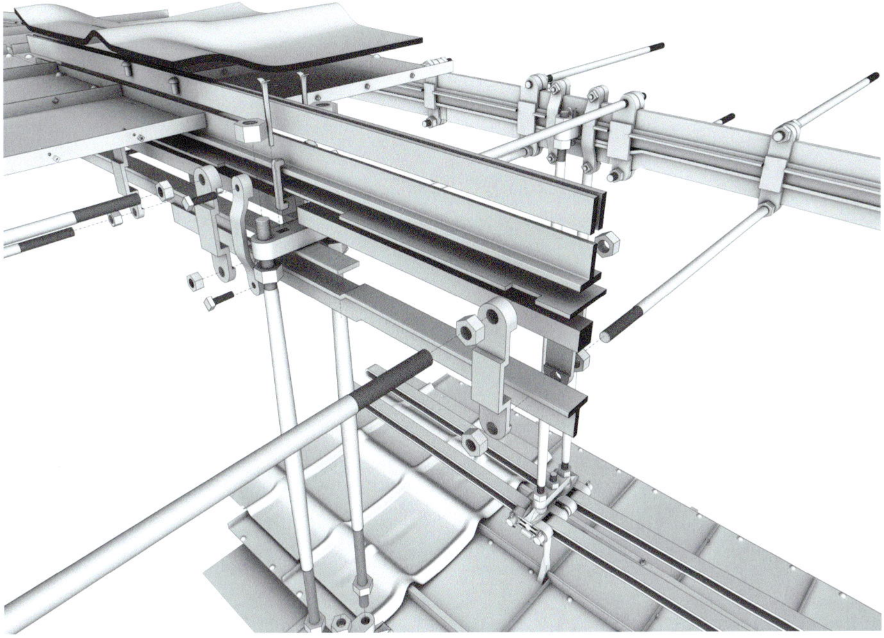

Die Tafel zeigt markante Profile und Details der Spreizträger der (zweiten) Decke über dem Thronsaal – so etwa den aus sechs Profilen zusammengesetzten Obergurt und dessen Queraussteifungen, die vielteilige Kopplung der unterspannenden Kettenglieder sowie den Anschluss der Druckspreizen an Kette und Obergurt. Zudem sind die mächtigen, gusseisernen Auflagerkörper sowie weitere Elemente des Deckenaufbaus dargestellt.

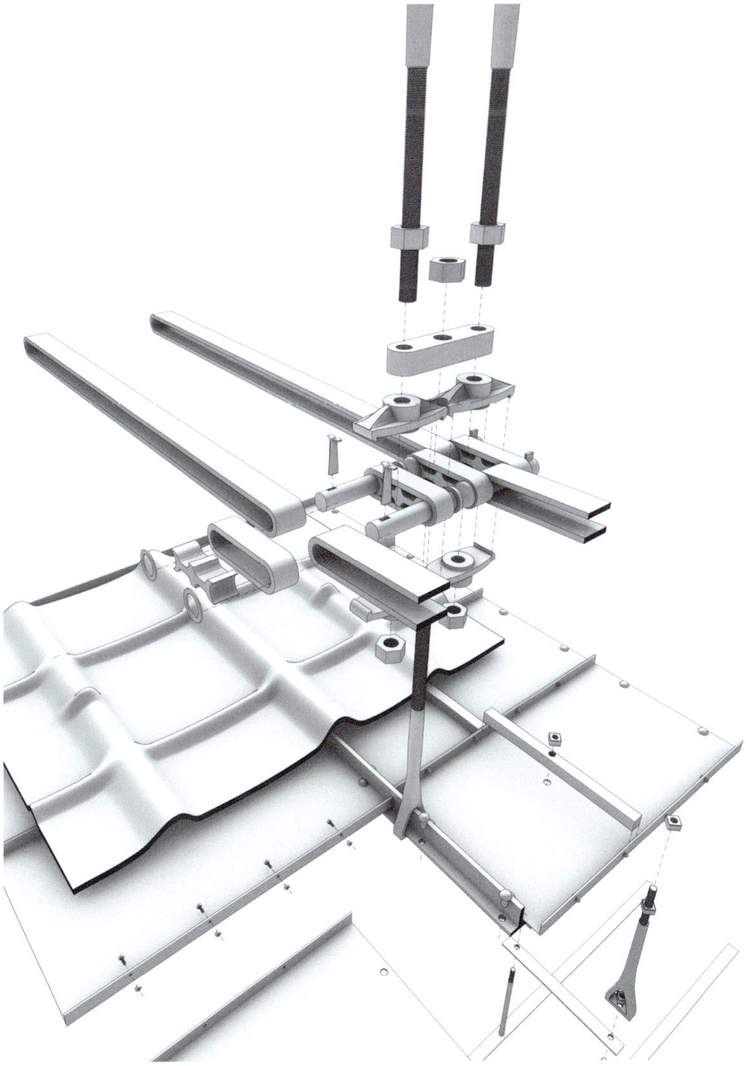

Tafel 124

Konstruktionsdetails im Deckentragwerk

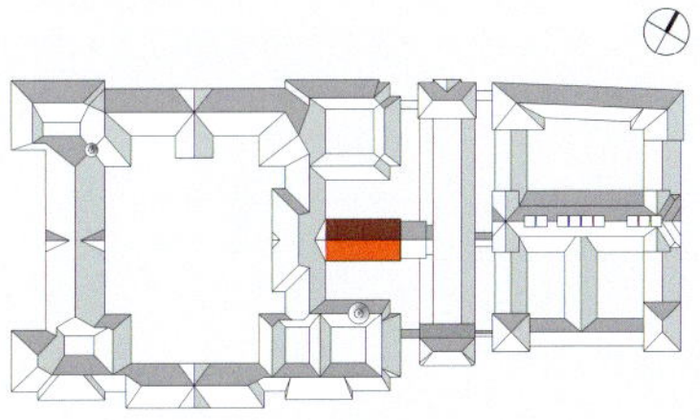

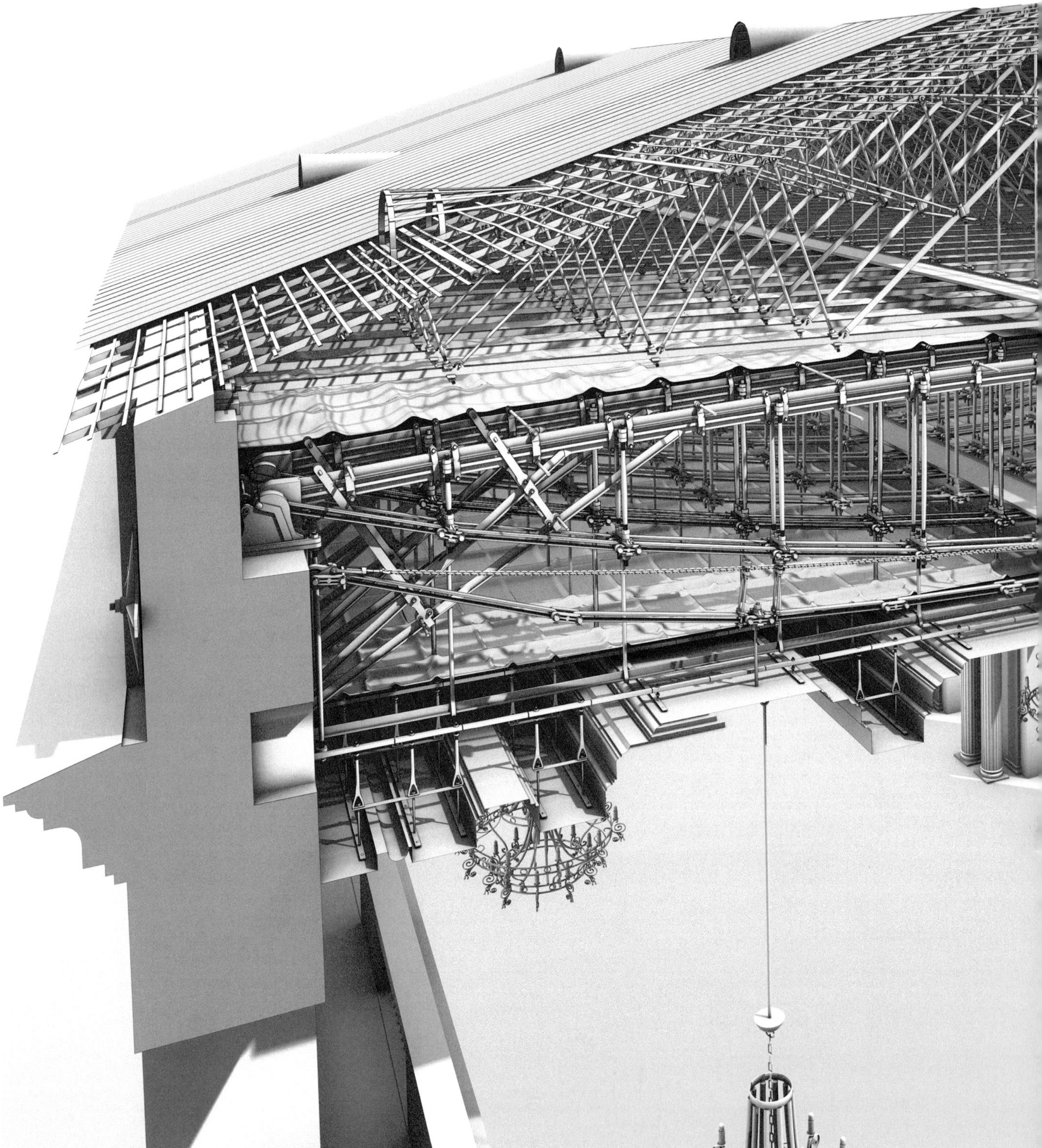

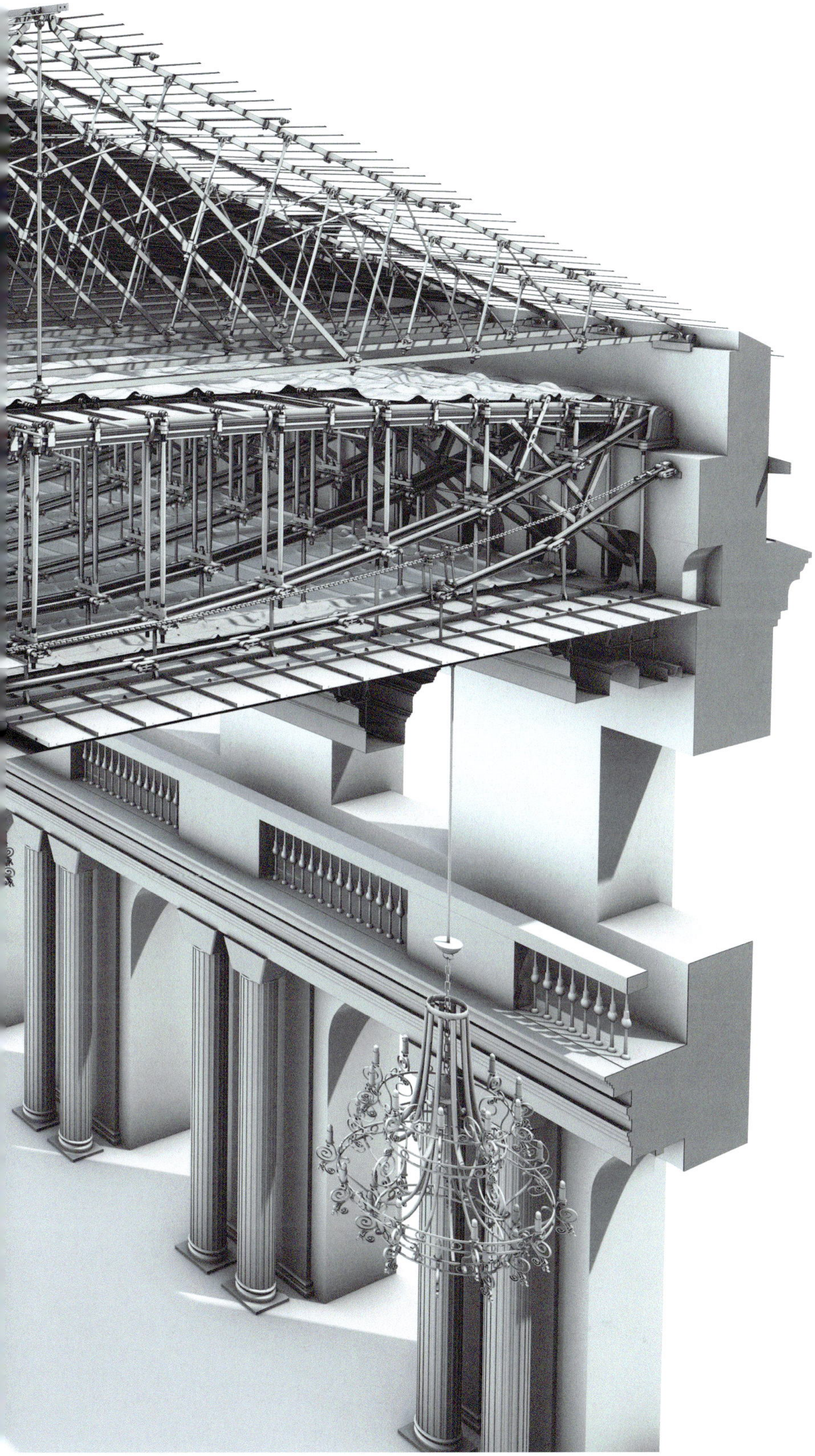

Tafel 125

Gesamtschau des Dach- und Deckentragwerks

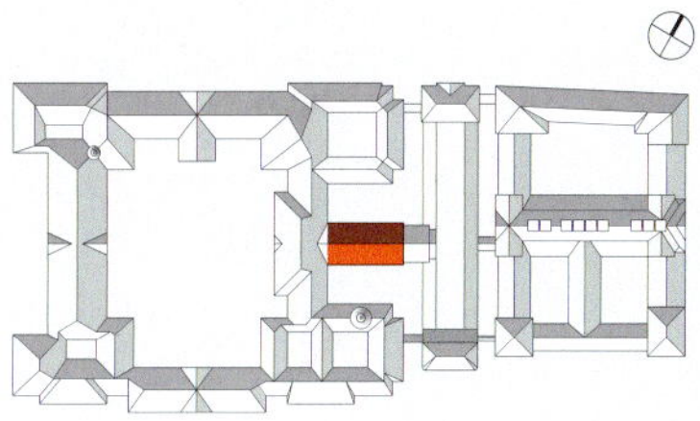